装备科技译著出版基金

系统建模语言SysML实用指南（第三版）

A Practical Guide to SysML:
The Systems Modeling Language
(Third Edition)

［美］桑福德·弗里德赛尔（Sanford Friedenthal）
［美］艾伦·摩尔（Alan Moore）　著
［美］瑞科·斯坦纳（Rick Steiner）
陆亚东　陈向东　张利强　范海涛　等译

国防工业出版社

·北京·

著作权合同登记　图字：军-2017-020 号

图书在版编目(CIP)数据

系统建模语言 SysML 实用指南：第三版／(美)桑福德·弗里德赛尔(Sanford Friedenthal)，(美)艾伦·摩尔(Alan Moore)，(美)瑞科·斯坦纳(Rick Steiner) 著；陆亚东等译. — 北京：国防工业出版社，2024.1重印

书名原文：A Practical Guide to SysML: The Systems Modeling Language (Third Edition)

ISBN 978-7-118-11863-6

Ⅰ. ①系… Ⅱ. ①桑… ②艾… ③瑞… ④陆… Ⅲ. ①系统建模-指南 Ⅳ. ①N945.12-62

中国版本图书馆 CIP 数据核字(2021)第 059869 号

A Practical Guide to SysML: The Systems Modeling Language, Third Edition
Sanford Friedenthal, Alan Moore, Rick Steiner
ISBN: 9780128002025
Copyright © 2015 Elsevier Inc. All rights reserved.
Authorized Chinese translation published by National Defense Industry Press
《系统建模语言 SysML 实用指南(第三版)》(陆亚东　陈向东　张利强　范海涛　等译)
ISBN: 978-7-118-11863-6
Copyright © Elsevier Inc. and National Defense Industry Press. All rights reserved.

No part of this publication may be reproduced or transmitted in any form or by any means, electronic or mechanical, including photocopying, recording, or any information storage and retrieval system, without permission in writing from Elsevier (Singapore) Pte Ltd. Details on how to seek permission, further information about the Elsevier's permissions policies and arrangements with organizations such as the Copyright Clearance Center and the Copyright Licensing Agency, can be found at our website: www.elsevier.com/permissions.

This book and the individual contributions contained in it are protected under copyright by Elsevier Inc. and National Defense Industry Press (other than as may be noted herein).

This edition of A Practical Guide to SysML: The Systems Modeling Language (Third Edition) is published by arrangement with ELSEVIER INC.

This edition is authorized for sale in China only, excluding Hong Kong, Macau and Taiwan. Unauthorized export of this edition is a violation of the Copyright Act. Violation of this Law is subject to Civil and Criminal Penalties.

本版由 ELSEVIER INC. 授权国防工业出版社在中国大陆地区(不包括香港、澳门以及台湾地区)出版发行。

本版仅限在中国大陆地区(不包括香港、澳门以及台湾地区)销售及标价销售。未经许可之出口，视为违反著作权法，将受民事及刑事法律之制裁。

本书封底贴有 Elsevier 防伪标签，无标签者不得销售。

※

注意

本书涉及领域的知识和实践标准在不断变化。新的研究和经验拓展我们的理解，因此须对研究方法、专业实践或医疗方法做出调整。从业者和研究人员必须始终依靠自身经验和知识来评估和使用本书中提到的所有信息、方法、化合物或本书中描述的实验。在使用这些信息或方法时，他们应注意自身和他人的安全，包括注意他们负有专业责任的当事人的安全。在法律允许的最大范围内，爱思唯尔、译文的原文作者、原文编辑及原文内容提供者均不对因产品责任、疏忽或其他人身或财产伤害及／或损失承担责任，亦不对由于使用或操作文中提到的方法、产品、说明或思想而导致的人身或财产伤害及／或损失承担责任。

※

国防工业出版社出版发行

(北京市海淀区紫竹院南路23号　邮政编码100048)
北京虎彩文化传播有限公司印刷
新华书店经售

*

开本 710×1000　1/16　印张 36¼　字数 690 千字
2024 年 1 月第 1 版第 2 次印刷　印数 2001—3000 册　定价 236.00 元

(本书如有印装错误，我社负责调换)

国防书店：(010)88540777　　发行邮购：(010)88540776
发行传真：(010)88540755　　发行业务：(010)88540717

序

系统工程是工程系统设计、建造及运行所采用的跨学科方法和手段。人类在大型工程实践中，实现了从工程经验向工程方法的跨越，逐步形成了系统工程方法论。自20世纪40年代提出系统工程概念以来，系统工程得到快速发展，并成功应用于"阿波罗计划"等项目实施过程。实践证明，对于复杂工程系统，系统工程是行之有效的。

我国系统工程的发展起步于航天领域。以钱学森为代表的老一代科学家们在导弹、卫星等系统研制过程中，不断认识、总结系统工程方法，为中国航天事业的发展奠定了坚实基础。多年以来，系统工程在卫星系统、载人航天、深空探测等大型复杂工程系统的研制中得到广泛应用，并取得显著成果。同时，系统工程方法也逐步应用于航空、船舶、轨道交通等更广泛的工业领域，促进了我国大型工程研制能力的整体提升。

随着工程系统规模和复杂度的不断提高，传统的、以文档为基础的系统工程方法面临着越来越多的挑战，迫切需要发展新的系统设计、验证等方法和手段。同时，工业化和信息化的深度融合也给传统的系统工程方法带来新的机遇。国际系统工程协会提出了基于模型的系统工程（MBSE）概念，通过建模手段支持系统的需求定义、设计、分析、验证和确认等活动，建模方法贯穿系统全生命周期。基于模型的系统工程方法是系统工程应对复杂性的新范式，已成为近年来系统工程发展的重要方向。美国喷气推进实验室等航天部门积极采用基于模型的系统工程方法研制新型航天器，取得了很好的效果。

系统建模语言（SysML）作为MBSE的基础，由统一建模语言（UML）发展而来。系统建模语言支持系统工程师从多个视角表述系统的组成、接口、行为和约束等，增强了系统建模的规范性，同时避免了以传统文本方式表述易产生歧义的问题，成为系统工程师开展需求定义、系统设计、分析、验证和确认工作的有力支撑。

在装备科技译著出版基金的资助下，中国空间技术研究院开展了本书的翻译工作。本书著作者和译者均具有丰富的系统工程经验,由基于模型的系统工程基本概念出发,全面阐述了系统建模语言,并提供了面向对象的系统建模应用案例。本书作为取得系统建模专业认证的重要参考书,将其引进并翻译出版有助于培养工程师的系统思维,增强工程师运用系统工程的能力,在系统工程实践中提升规范性、协同性和创新性,助推我国复杂工程系统项目的顺利实施。

中国科学院院士

杨孟飞

译 者 序

系统工程方法是一种研究解决复杂问题的多学科综合方法。自 20 世纪 50 年代以来,在诸多复杂系统项目的开发过程中,系统工程方法发挥了重要作用。但随着系统复杂程度的提升,尤其是某些巨型系统的出现,传统的基于文档的系统工程方法正面临着越来越多的挑战,迫切需要有更加严密和规范的系统工程方法来帮助我们完成相关工作。随着计算机辅助设计能力的提升,当前系统工程正逐步由基于文档方法向基于模型方法转变。

作为基于模型的系统工程(MBSE)方法的重要支撑,系统建模语言(SysML)由对象管理组织(OMG)、国际系统工程协会(INCOSE)和国际标准化组织合作开发。该语言是由统一建模语言(UML)发展而来,并进行了适应性改进,从而更好地满足了系统工程的需要。2007 年 SysML 1.0 版本正式发布,2017 年发布了 SysML 1.4.1 版本。

A Practical Guide to SysML:The Systems Modeling Language(Third Edition) 一书的 3 位作者均具有丰富的基于模型的系统工程方法的经验,并在 INCOSE、OMG 中担任过重要角色。自 2008 年本书第一版出版以来,短短几年内已更新到第三版,内容与 SysML 1.4 版本相匹配,并成为 INCOSE 的推荐教材,受到了系统工程师们的广泛关注。翻译本书的目的也是期望能够推动国内系统建模语言的普及,提升我国基于模型的系统工程实践的能力。

全书由陆亚东统稿。第 1、3 ~ 5、7、16 章由陆亚东翻译,第 2 章由邵文峰翻译,第 6、8 章由范海涛翻译,第 9 章由刘一帆翻译,第 10 ~ 12、14、15 章由陈向东翻译,第 13、17 章由张利强翻译,第 18 章由李宏博翻译,第 19 章和附录由韩小军翻译。

本书初始翻译工作是受杨孟飞院士鼓励而启动,深切感谢他对本书翻译、出版的持续关注。在本书的翻译过程中,航天科技集团有限公司中国空间技术研究院余后满、李大明、李明、周佐新、陈虎、金洋、张柏楠、李劲东、王永富、赵会光、史伟哲、刘霞、曾福明、张文磊,浙江大学刘玉生、朱华伟,以及 Dassault 公司的 Robert

Ong 等专家给予了很多支持与帮助，在此致以衷心感谢。本书的翻译出版得到了装备科技译著出版基金的资助和国防工业出版社的大力支持，在此一并表示感谢。

译者

2020 年 12 月

前 言

系统工程是研究解决复杂问题的一种多学科且综合的方法。随着系统复杂性程度的提升,需要有更加严密规范的系统工程实践。围绕该需求,与计算机技术发展并行,系统工程实践正逐步由基于文档方法向基于模型方法转变。基于模型方法强调由产生、控制系统文档向产生、控制系统模型的转变。基于模型的系统工程(Model – Based Systems Engineering,MBSE)可帮助应对复杂性,同时提高设计质量和减少设计周期,促进不同开发团队之间的沟通,有助于知识提取和设计改进。

MBSE 的关键在于需要有一种标准化且具有健壮性的建模语言。OMG 系统建模语言(Systems Modeling Language,SysML)作为一种通用性语言,可支持系统的规范、设计、分析和验证。这些系统包括硬件、软件、数据、人员、过程和设备。作为一种图形化的建模语言,SysML 具有表达系统(及其组成)需求、行为、结构和属性的语义基础,可应用于航天、汽车、医疗等广泛工业领域。

SysML 是基于统一建模语言(Unified Modeling Language,UML)2.0 的拓展,而 UML 已经成为事实上的标准软件建模语言。2003 年 3 月,对象管理组织(Object Management Group,OMG)发布了扩展 UML,从而满足系统建模需求。UML 之所以被选为 SysML 的基础,是由于该语言具有健壮性,能够跟踪系统建模需求,同时软件工具供应商较多且软件应用广泛,为系统工程界提供了较好的拓展基础。此外,这种方法可同时兼顾系统和软件建模集成,这对于当前软件密集型的系统尤为重要。

SysML 规范由 OMG、国际系统工程协会(INCOSE)和国际标准化组织 AP233 工作组合作开发。经历 3 年的努力,2006 年 3 月 OMG 采纳了 SysML 规范,并于 2007 年 9 月发布了 SysML 1.0,并在此后多次更新。本书第三版根据 SysML 1.4 编写。已有多个供应商在其产品中实现了 SysML。基于用户、工具供应商和研究活动的反馈,预计 OMG SysML 将在后续版本中持续改进。有关 SysML 的信息可在 OMG SysML 官方网站(http://www.omgsysml.org)上获得。

本书组成

本书提供了理解应用 SysML 系统建模的基础内容,主要由概论、语言描述、基于模型的系统工程方法示例、向基于模型的系统工程转化四部分组成。

第一部分概论,通过四章内容介绍了系统工程概述、关键 MBSE 概念综述,其中有一章是关于 SysML 入门的,并给出一个示例说明 SysML 的基本特性。第 1、2 章系统工程概述介绍了 SysML 背景,第 3、4 章对 SysML 做了基本介绍。

第二部分语言描述,详细描述了 SysML。第 5 章概述了 SysML 图和一些通用图标记方法。第 6~14 章描述了与模型组织、块、参数、活动、交互、状态、用例、需求和分配等相关的关键概念。第 15 章描述了 SysML 规范、语言架构和扩展机制,从而支持语言定制。这些章节和概念的排序并非基于系统工程过程的活动,而是基于语言概念之间的相互依赖关系。在每一章中介绍了 SysML 构造,增进读者对语言概念的理解,并给出了其含义、标记方法和应用示例。整个第二部分用一个安全监视系统示例来诠释 SysML 语言,该示例较容易被读者所理解且具有充分复杂性,可用于说明语言概念。

第三部分为基于模型的系统工程方法示例,通过两个示例说明 SysML 能够支持不同的 MBSE 方法。第 16 章中给出的示例为针对水蒸馏系统规范与设计的功能分析和分配方法。第 17 章中给出的示例为包含有一个中心监控站和多个监视地点的安全系统设计。该示例中应用了面向对象的系统工程方法(Object-Oriented Systems Engineering Method,OOSEM),突出了如何通过语言解决系统工程关注内容,包含黑盒对白盒设计、逻辑对物理设计、分布式系统设计。

第四部分介绍了向基于模型的系统工程转化,强调了一些关键点。第 18 章描述了如何将 SysML 集成到包含多学科工程工具的系统开发环境中,其中包括不同类型的模型和工具、交换数据的类型、数据交换的机制和标准。此外,还讨论了 SysML 建模工具的选取准则。第 19 章描述了在组织内应用 SysML 开发 MBSE 的过程和策略,强调提升组织的评估、计划和驾驭 MBSE 能力应先于开发项目的能力。此外,还突出了 MBSE 的成功实现所需的其他必要因素。

在各章结束处提出了一些问题,检查读者对该章内容的理解程度。关于这些问题的解答可在网站(http://www.elsevierdirect.com/companions/9780123852069/)上获取。

本书附录 A 介绍了 SysML 注释表,该表提供了 SysML 符号参考指南,同时可与本书第二部分的应用内容交叉参考。

本书使用

本书作为实用指南,读者对象为工业实践人员和学生在内的广泛人群。本书可作为工程实践人员的参考用书,同时可作为系统建模和基于系统工程的课程教材。由于 SysML 重用了许多 UML 概念,对 UML 熟悉的软件工程师可将本书作为理解系统工程概念的基础。应用表述性语言可使系统工程概念更为清晰,因此本书对于教授系统工程概念也能够起到帮助作用。最后,本书可作为准备 OMG 认证系统建模专业(OMG Certified System Modeling Professional,OCSMP)考试(参见 http://www.omg.org/ocsmp/)的重要参考书。

如何阅读本书

建议初学者重点关注介绍性章节,包括第 3 章 SysML 入门、第 4 章汽车示例中的 SysML 基本特性应用。已有一定基础的读者也可以粗略阅读第二部分中的概述章节,然后阅读第三部分中的简化水蒸馏系统示例。具有更深基础的读者可选择性阅读概述章节,深入理解第二部分,然后阅读第三部分的安全监视系统示例。第四部分可供已着手应用 SysML 开发 MBSE 的人员参考。

将本书作为 SysML 和 MBSE 课程的参考书时有以下建议。教员可参考约翰霍普金斯大学应用物理实验室的 SysML 课程,相关课件可通过网站(http://www.jhuapl.edu/ott/Technologies//Copyright/SysML.asp)下载。该课程提供了 SysML 基本特性的指导,使学员可以在项目中开始应用语言。课程包括 11 个单元,均以本书为基础。下载内容中包含关于语言概念的课程材料,但未包含工具指导的课程材料。网站也提供了该课程的精简版,作为指导材料,提供了 SysML 的概略介绍。该网站的第二项课程总结了面向对象的系统工程方法(OOSEM),该内容是本书第三部分第 17 章的主题,提供了应用 MBSE 方法规范和设计一个安全系统的示例。

通常情况下,使用本书时需要学员先阅读第 1、2 章内容,其次阅读第 3 章 SysML 入门部分,该章简要介绍了 SysML – Lite 和通用 SysML 建模工具(SysML – Lite 是一个简化的 MBSE 方法),然后再学习第 4 章中的汽车示例。

随后教员可更深入地教授语言概念,并要求学员仔细研读第二部分。教员可聚焦于 SysML 的基本特性集,以第二部分各章中的阴影部分内容。附录 A 中的注释表可用作 SysML 语法的参考总结。

对于教员来说,给出一个系统的简单示例模型非常有帮助,如第 3 章中的空气压缩机模型,第 4 章中的汽车模型及第 16 章中的蒸馏器模型。学员项目可以按团队或者个人进行。项目要求学员或团队在整个课程中按照课程顺序,不断开发他们的模型。如果需要有建模工具,则课程中应包含工具介绍。如果不需要有建模工具,则可以从 OMG SysML 网站(http://www.omgsysml.org)下载 Visio SysML 模板使用。

本书可以帮助读者通过 OMG 认证系统建模专业(OCSMP)考试,成为经专业认证的建模人员。认证的初始两级主要集中于基本 SysML 特性集。第 4 章中的汽车示例覆盖了 SysML 的基本特性集,因此适合于初始入门。读者也可以阅读第二部分各章中的阴影部分,这部分覆盖了基本特性集,如同附录 A 注释表中的阴影行部分。注释表中的非阴影行反映了全特征集的附加特征,这部分是 OCSMP 认证第三级的考查内容。

对以前版本的改进

本版本针对近期发布的 SysML 1.4 进行了同步更新。SysML 版本可见 OMG 网站(http://www.omg.org/spec/SysML/),该版本的改动内容可见规范文档中的变动条。

本书中除了在第二部分反映了 SysML 1.4 改动,同时也精简了第三部分第 16、17 章中有关 MBSE 方法的内容,并对第四部分第 18、19 章中的内容做了较大修改。第 18 章中重写了集成系统开发环境部分,重点突出了模型、工具集成以及出现诸如生命周期协作开放服务(OSLC)、功能模型接口(FMI)等工具集成标准。第 19 章中增加了开发策略部分。除了这些内容的改变,更新了所有的章节,提高了内容质量与可读性。

致　谢

在此要感谢很多人及他们所在的机构,这些人参与了SysML的开发,并在语言开发过程中提出了许多有价值的深刻见解。由于人员数量众多,此处不能一一列出,但可参见OMG SysML规范。作者尤其感谢本书的审阅人员,因为他们提供了非常有价值的建议,这些人包括Conrad Bock、Roger Burkhart、Lenny Delligatti、Jeff Estefan、Doug Ferguson、Kathy Laskey、Leon McGinnis、φystein Haugen、Robert Karban、Chris Paredis、Russell Peak、Ed Seidewitz、Bran Selic和Joe Wolfrom。还要感谢Yves Bernard、Paul Pearce、Axel Reichwein、John Watson和Dirk Zimmer对本书第三版的审阅。最后特别感谢前面提及的约翰斯·霍普金斯大学应用物理实验室SysML和OOSEM课程材料的主作者Joe Wolfrom。

SysML在许多不同工具中均已实现。本书中选择应用某些工具阐述示例,这些工具包括Sparx Systems公司的Enterprise Architect软件、No Magic公司的Magic Draw软件、InterCAX公司的ParaMagic软件和Microsoft公司的Visio SysML模板,在此对提供这些工具的开发商表示感谢。

作者简介

Sanford Friedenthal,基于模型的系统工程(MBSE)的工业领导者与独立咨询专家。作为 Lockheed Martin 公司高级研究员,他曾领导协同工程工作,支持公司的基于模型系统开发(MBSD)和其他先进实践活动,同时负责制定公司 MBSD 实践制度化过程中的开发和实现策略,并为多个项目提供基于模型的系统工程支持。

他经历了整个系统生命周期的系统工程应用,包括由概念设计到开发和研制过程。曾作为系统工程部门经理负责系统工程在项目中的实现。他是先进系统工程过程和方法(包括面向对象的系统工程方法(OOSEM))的开发管理人员,也是负责 SysML 开发的工业组负责人。

由于 Sanford Friedenthal 在 SysML 开发中的领导角色及拥有丰富的基于系统工程方法经验,其在系统工程界广为人知。目前他是国际系统工程协会(INCOSE)高级会员,并教授系统工程专业研究生的 MBSE 课程。

Alan Moore,MathWorks 公司的系统架构建模专家,在开发实时与面向对象方法及其应用方面具有丰富的经验。曾在 ARTiSAN Software Tools 公司工作,负责实时系统的开发与改进。他已成为建模工具的使用者与开发人员,包括从早期的架构编程工具到基于 UML 的建模环境。

Alan Moore 是对象管理组织(OMG)的成员,负责关于规划、性能和时间的 UML 配置文件修订定稿。同时作为 OMG 实时分析与设计工作组的共同主席,在 SysML 开发团队中负责语言架构。

Rick Steiner,系统建模技术实际应用方面的咨询专家。在其 29 年职业生涯中,先后担任 Raytheon 公司工程师、Raytheon 认证架构师、INCOSE 专家系统工程专业人员(ESEP)。

20 多年来,Rick Steiner 是模型驱动系统开发的引导者。在多个大型项目中担任主设计师、系统架构师或者系统建模的领导人员,在复杂系统模型中集成了 MBSE 方法和美国国防部体系架构框架(DoDAF)成果的实践应用。

Rick Steiner 为 SysML 原始需求与规范开发做出了突出贡献。他对该规范的主要贡献在于分配、需求和样本问题。他也是 SysML 修订任务组的共同主席,经常为国际系统工程协会(INCOSE)和美国国防工业协会(NDIA)重大会议提供指导。

目 录

第一部分 概论

第 1 章 系统工程概述 … 3
- 1.1 系统工程起因 … 3
- 1.2 系统工程过程 … 3
- 1.3 系统工程过程的典型应用 … 5
- 1.4 多学科系统工程团队 … 8
- 1.5 系统工程实践标准 … 9
- 1.6 小结 … 12
- 1.7 问题 … 13

第 2 章 基于模型的系统工程 … 14
- 2.1 基于文档与基于模型的方法对比 … 14
  - 2.1.1 基于文档的系统工程方法 … 14
  - 2.1.2 基于模型的系统工程方法 … 15
- 2.2 建模原则 … 19
  - 2.2.1 模型与 MBSE 方法定义 … 19
  - 2.2.2 系统建模目的 … 20
  - 2.2.3 模型确认 … 20
  - 2.2.4 模型质量标准构建 … 21
  - 2.2.5 基于模型的度量 … 23
  - 2.2.6 其他基于模型的度量 … 25
- 2.3 小结 … 25
- 2.4 问题 … 26

第 3 章 SysML 入门 ... 27
3.1 SysML 目标与关键特性 ... 27
3.2 SysML 图概述 ... 27
3.3 SysML–Lite 简介 ... 29
3.3.1 SysML–Lite 图与语言特征 ... 29
3.3.2 SysML–Lite 空气压缩机示例 ... 32
3.3.3 SysML 建模工具 ... 36
3.4 一种简化的 MBSE 方法 ... 41
3.5 SysML 与 MBSE 学习曲线 ... 43
3.6 小结 ... 44
3.7 问题 ... 44

第 4 章 应用 SysML 基本特性集的汽车示例 ... 46
4.1 SysML 基本特性集与 SysML 认证 ... 46
4.2 汽车示例概述 ... 46
4.2.1 问题描述 ... 47
4.3 汽车模型 ... 48
4.3.1 用于组织模型的包图 ... 48
4.3.2 应用需求图捕获汽车规范 ... 49
4.3.3 应用块定义图定义车辆及其外部环境 ... 51
4.3.4 应用用例图表示操作车辆 ... 53
4.3.5 应用序列图规范驾驶车辆行为 ... 54
4.3.6 应用序列图表示启动车辆 ... 56
4.3.7 应用活动图表示控制电源 ... 56
4.3.8 应用状态机图表示驾驶车辆状态 ... 58
4.3.9 应用内部块图表示车辆情境 ... 59
4.3.10 应用块定义图表示车辆层级 ... 60
4.3.11 应用活动图表示提供动力 ... 62
4.3.12 应用内部块图表示动力分系统 ... 63
4.3.13 应用方程定义分析车辆性能 ... 67

4.3.14　应用参数图分析车辆加速性能 69
　　　4.3.15　车辆加速性能的分析结果 70
　　　4.3.16　定义车辆控制器动作以优化发动机性能 71
　　　4.3.17　车辆及其部件规范 72
　　　4.3.18　需求追踪 73
　　　4.3.19　视图与视角 74
　4.4　模型互换 75
　4.5　小结 75
　4.6　问题 75

第二部分　语言描述

第5章　基于视图的 SysML 模型 81
　5.1　概述 81
　5.2　SysML 图 81
　　　5.2.1　图与模型比较 81
　　　5.2.2　SysML 图分类 83
　　　5.2.3　图框架 84
　　　5.2.4　图标题 84
　　　5.2.5　图描述 86
　　　5.2.6　图内容 86
　5.3　图注释 86
　　　5.3.1　关键词 86
　　　5.3.2　节点标识 86
　　　5.3.3　路径标识 87
　　　5.3.4　图标标识 87
　　　5.3.5　注解标识 88
　　　5.3.6　其他标识 88
　　　5.3.7　标识类型选项 89
　　　5.3.8　图布局 89

5.4 表格、矩阵和树的视图 …………………………………………………… 89
5.5 通用目的模型元素 …………………………………………………………… 90
    5.5.1 说明 …………………………………………………………………… 90
    5.5.2 元素组 ………………………………………………………………… 91
5.6 视图与视角 …………………………………………………………………… 91
5.7 小结 …………………………………………………………………………… 92
5.8 问题 …………………………………………………………………………… 92

第6章 应用包组织模型 …………………………………………………………… 94
6.1 概述 …………………………………………………………………………… 94
6.2 包图 …………………………………………………………………………… 95
6.3 应用包图定义包 ……………………………………………………………… 95
6.4 包层级的组织 ………………………………………………………………… 97
6.5 包图可封装元素的表示 ……………………………………………………… 99
6.6 作为命名空间的包 …………………………………………………………… 100
6.7 包中模型元素的引进 ………………………………………………………… 101
6.8 可封装元素间的依赖关系表示 ……………………………………………… 103
6.9 小结 …………………………………………………………………………… 104
6.10 问题 ………………………………………………………………………… 105

第7章 应用块为结构建模 ………………………………………………………… 107
7.1 概述 …………………………………………………………………………… 107
    7.1.1 块定义图 ……………………………………………………………… 108
    7.1.2 内部块图 ……………………………………………………………… 108
7.2 应用块定义图对块建模 ……………………………………………………… 109
7.3 应用属性对块结构与特征建模 ……………………………………………… 110
    7.3.1 应用组成对块的组合层级建模 ……………………………………… 111
    7.3.2 应用引用属性表示块间关系 ………………………………………… 117
    7.3.3 应用关联分类组件间连接器 ………………………………………… 119
    7.3.4 应用值属性建立块的量化特征模型 ………………………………… 123

7.4	流建模	128
	7.4.1 为流动的项建模	128
	7.4.2 流属性	129
	7.4.3 内部块图各组成间的流建模	130
7.5	块行为建模	133
	7.5.1 块主行为建模	135
	7.5.2 块行为特性规范	135
	7.5.3 块定义方法建模	136
	7.5.4 跨连接器的路由请求	137
7.6	应用端口实现接口建模	138
	7.6.1 完整端口	139
	7.6.2 代理端口	140
	7.6.3 端口连接	142
	7.6.4 端口间流的建模	150
	7.6.5 带有端口的接口应用	150
7.7	应用泛化对分类层级建模	153
	7.7.1 块的分类与结构化特性	154
	7.7.2 分类与行为特性	155
	7.7.3 应用泛化集为重叠分类建模	156
	7.7.4 应用分类对变体建模	156
	7.7.5 应用特定属性类型对特定情境的块特征建模	160
	7.7.6 将块配置作为特殊块建模	161
7.8	应用实例对块配置建模	164
7.9	块的语义	166
	7.9.1 基础 UML(fUML)子集	166
7.10	弃用的特性	167
	7.10.1 流端口	167
7.11	小结	168
7.12	问题	169

第 8 章　应用参数为约束建模 …… 172
8.1　概述 …… 172
8.1.1　应用块定义图定义约束 …… 172
8.1.2　参数图 …… 173
8.2　应用约束表达式表示系统约束 …… 174
8.3　约束块封装约束支持重用 …… 175
8.3.1　增加的参数特征 …… 175
8.4　应用组合构建复杂约束块 …… 176
8.5　应用参数图绑定约束块参数 …… 178
8.6　约束块的值属性 …… 179
8.7　块配置中值的提取 …… 181
8.8　时间依赖属性的约束 …… 181
8.9　项流的约束 …… 182
8.10　分析情境的描述 …… 183
8.11　可选项与权衡研究的建模评估 …… 185
8.12　小结 …… 187
8.13　问题 …… 188

第 9 章　应用活动为基于流的行为建模 …… 190
9.1　概述 …… 190
9.2　活动图 …… 191
9.3　动作——活动的基础 …… 192
9.4　活动建模基础 …… 193
9.4.1　规范活动输入和输出参数 …… 194
9.4.2　应用调用行为动作构建活动 …… 195
9.5　应用对象流描述动作间的项流 …… 196
9.5.1　对象流路由 …… 197
9.5.2　从参数集路由对象流 …… 199
9.5.3　缓冲与数据存储 …… 200

9.6 应用控制流规范动作执行顺序 ………………………………… 202
  9.6.1 应用控制节点描述控制逻辑 ……………………………… 202
  9.6.2 应用控制操作符使能/禁止动作 ………………………… 203
9.7 信号与其他事件处理 …………………………………………… 205
9.8 活动结构创建 …………………………………………………… 206
  9.8.1 可中断区 …………………………………………………… 206
  9.8.2 应用结构化的活动节点 …………………………………… 208
9.9 高级流建模 ……………………………………………………… 208
  9.9.1 流速率建模 ………………………………………………… 209
  9.9.2 流顺序建模 ………………………………………………… 209
  9.9.3 概率流建模 ………………………………………………… 210
9.10 活动执行中的约束建模 ………………………………………… 210
  9.10.1 前置/后置条件与输入/输出状态建模 ………………… 211
  9.10.2 动作中增加时间约束 …………………………………… 212
9.11 将块与其他行为相关 …………………………………………… 212
  9.11.1 应用分区连接行为与结构 ……………………………… 213
  9.11.2 块情境中规范活动 ……………………………………… 215
  9.11.3 活动与其他行为间的关系 ……………………………… 217
9.12 应用块定义图建模活动层级 …………………………………… 218
  9.12.1 应用组合关联建模活动调用 …………………………… 218
  9.12.2 应用关联建模参数与其他对象节点 …………………… 219
  9.12.3 为活动增加参数约束 …………………………………… 219
9.13 增强功能流块图 ………………………………………………… 221
9.14 活动执行 ………………………………………………………… 221
  9.14.1 基础 UML(fUML)子集 ………………………………… 221
  9.14.2 基础 UML 动作语言(Alf) ……………………………… 222
  9.14.3 基本动作 ………………………………………………… 223
  9.14.4 执行连续活动 …………………………………………… 224
9.15 小结 ……………………………………………………………… 224
9.16 问题 ……………………………………………………………… 225

第 10 章　应用交互为基于信息的行为建模 …… 227
10.1　概述 …… 227
10.2　序列图 …… 228
10.3　交互情境 …… 229
10.4　应用生命线表示交互参与方 …… 229
10.4.1　事件规范 …… 230
10.5　生命线间的消息交换 …… 231
10.5.1　同步与异步信息 …… 231
10.5.2　丢失与发现信息 …… 233
10.5.3　弱序列 …… 233
10.5.4　执行 …… 234
10.5.5　生命线创建与析构 …… 235
10.6　序列图的时间表示 …… 236
10.7　应用组合片段描述复杂场景 …… 238
10.7.1　基本交互操作符 …… 239
10.7.2　其他交互操作符 …… 241
10.7.3　状态常量 …… 243
10.8　应用交互引用构造复杂交互 …… 243
10.9　分解生命线以表示内部行为 …… 245
10.10　小结 …… 247
10.11　问题 …… 248

第 11 章　应用状态机为基于事件的行为建模 …… 250
11.1　概述 …… 250
11.2　状态机图 …… 251
11.3　在状态机中规范状态 …… 252
11.3.1　区域 …… 252
11.3.2　状态 …… 253
11.4　在状态之间转移 …… 253
11.4.1　转移基础 …… 254
11.4.2　使用伪状态执行转换 …… 257

11.4.3 图形化显示转换 ·················· 258
11.5 状态机及操作调用 ·················· 259
11.6 状态层级 ························ 260
　11.6.1 带有单区域的组合状态 ············ 260
　11.6.2 带有多(非相干)区域的组合状态 ······ 261
　11.6.3 在嵌套状态层级中的转换启动顺序 ····· 264
　11.6.4 使用历史伪状态返回之前中断的区域 ···· 264
　11.6.5 重用状态机 ·················· 266
11.7 离散状态和连续状态比较 ············· 268
11.8 小结 ·························· 269
11.9 问题 ·························· 270

第12章 应用用例为功能建模 ·············· 272
12.1 概述 ·························· 272
12.2 用例图 ························ 272
12.3 应用执行者表示系统用户 ············· 273
　12.3.1 对执行者的深层描述 ············· 274
12.4 应用用例描述系统功能 ··············· 274
　12.4.1 用例关系 ···················· 275
　12.4.2 用例描述 ···················· 277
12.5 应用行为细化用例 ·················· 278
　12.5.1 情境图 ····················· 278
　12.5.2 序列图 ····················· 279
　12.5.3 活动图 ····················· 280
　12.5.4 状态机图 ···················· 281
12.6 小结 ·························· 282
12.7 问题 ·························· 283

第13章 基于文本的需求以及需求与设计关系的建模 ······ 284
13.1 概述 ·························· 284
13.2 需求图 ························ 285

13.3 在模型中表示文本需求 ………………………………… 286
13.4 需求关系的类型 …………………………………………… 289
13.5 在 SysML 图中表示交叉关系 …………………………… 289
  13.5.1 直接描述需求关系 ………………………………… 290
  13.5.2 应用分区标记描述需求关系 ……………………… 290
  13.5.3 应用标注标记描述需求关系 ……………………… 291
13.6 描述需求关系的依据 ……………………………………… 291
13.7 用表格描述需求及它们的关系 …………………………… 292
  13.7.1 用表格描述需求关系 ……………………………… 292
  13.7.2 用矩阵描述需求关系 ……………………………… 293
13.8 包内需求层级建模 ………………………………………… 293
13.9 需求包含层级建模 ………………………………………… 294
  13.9.1 包含层级的浏览视图 ……………………………… 296
13.10 需求派生建模 ……………………………………………… 296
13.11 需求满足判定 ……………………………………………… 297
13.12 需求满足验证 ……………………………………………… 298
13.13 应用精化关系减少需求歧义 ……………………………… 300
13.14 应用通用目的的追溯关系 ………………………………… 302
13.15 应用复制关系重用需求 …………………………………… 302
13.16 小结 ………………………………………………………… 303
13.17 问题 ………………………………………………………… 304

第 14 章 应用分配为交叉关系建模 ……………………………… 305
14.1 概述 ………………………………………………………… 305
14.2 分配关系 …………………………………………………… 306
14.3 分配标记 …………………………………………………… 307
14.4 分配种类 …………………………………………………… 308
  14.4.1 需求分配 …………………………………………… 309
  14.4.2 行为或功能分配 …………………………………… 309
  14.4.3 流分配 ……………………………………………… 309
  14.4.4 结构分配 …………………………………………… 309

14.4.5 属性分配 310
14.4.6 与术语"分配"相关的关系汇总 310
14.5 重用规划:规定分配定义和使用 310
　14.5.1 使用分配 311
　14.5.2 定义分配 312
　14.5.3 非对称分配 312
　14.5.4 分配定义和使用的指导原则 313
14.6 应用功能分配将行为分配至结构 313
　14.6.1 使用的功能分配建模 314
　14.6.2 定义的功能分配建模 315
　14.6.3 使用分配活动分区(活动泳道)建立功能分配 317
14.7 分配行为流到结构流 318
　14.7.1 分配流的选择 318
　14.7.2 分配对象流到连接器 319
　14.7.3 分配对象流到项流 319
14.8 独立结构层级间的分配 321
　14.8.1 使用的结构分配建模 322
　14.8.2 逻辑连接器到物理结构的分配 322
　14.8.3 结构化定义分配建模 323
14.9 结构化的流分配建模 324
14.10 分配深层嵌套属性 325
14.11 跨用户模型分配的评估 326
　14.11.1 建立平衡性和一致性 326
14.12 将分配进行到下一步 327
14.13 小结 327
14.14 问题 328

第15章 专业领域 SysML 定制 329
15.1 概述 329
15.2 SysML 规范和语言架构 331
　15.2.1 建模语言的设计 331

15.2.2　SysML 语言规范和架构 ……… 333
15.3　定义模型库以提供可重用结构 ……… 335
15.4　定义版型以扩展 SysML 概念 ……… 336
　　15.4.1　添加版型属性和约束 ……… 338
15.5　利用配置文件扩展 SysML 语言 ……… 341
　　15.5.1　从配置文件中引用元模型或元类 ……… 342
15.6　为使用版型将配置文件应用于用户模型 ……… 342
15.7　应用版型建模 ……… 344
　　15.7.1　由应用版型特殊化模型元素 ……… 348
15.8　定义并使用视角生成模型视图 ……… 349
15.9　小结 ……… 353
15.10　问题 ……… 355

第三部分　基于模型的系统工程方法示例

第 16 章　应用功能分析的水蒸馏系统 ……… 359
16.1　问题描述——清洁饮用水的需要 ……… 359
16.2　定义基于模型的系统工程方法 ……… 359
16.3　模型组织 ……… 360
16.4　建立需求 ……… 361
　　16.4.1　利益相关方需要的特征化 ……… 361
　　16.4.2　系统需求特征化 ……… 364
　　16.4.3　行为特征化 ……… 367
　　16.4.4　行为精化 ……… 370
16.5　结构建模 ……… 374
　　16.5.1　在块定义图中定义蒸馏器块 ……… 374
　　16.5.2　行为分配 ……… 374
　　16.5.3　块端口定义 ……… 376
　　16.5.4　创建带有组成、端口、连接器和项流的内部块图 ……… 377
　　16.5.5　流分配 ……… 379

16.6 性能分析 ………………………………………………… 380
　16.6.1 项流热平衡分析 …………………………………… 380
　16.6.2 热平衡分解 ………………………………………… 382
16.7 改进原始设计 …………………………………………… 382
　16.7.1 行为更新 …………………………………………… 382
　16.7.2 分配与结构调整 …………………………………… 384
　16.7.3 蒸馏器与用户接口控制 …………………………… 386
　16.7.4 用户接口与控制器开发 …………………………… 386
　16.7.5 系统启停的考虑 …………………………………… 388
16.8 小结 ……………………………………………………… 389
16.9 问题 ……………………………………………………… 389

第17章 应用基于面向对象的系统工程方法的住宅安全系统 …… 391
17.1 方法概述 ………………………………………………… 391
　17.1.1 起因与背景 ………………………………………… 391
　17.1.2 系统开发过程概述 ………………………………… 392
　17.1.3 OOSEM 系统规范与设计过程 …………………… 396
17.2 住宅安全系统示例概述 ………………………………… 397
　17.2.1 问题背景 …………………………………………… 397
　17.2.2 项目启动 …………………………………………… 398
17.3 应用 OOSEM 规范和设计住宅安全系统 …………… 398
　17.3.1 建立模型 …………………………………………… 399
　17.3.2 分析利益相关方需要 ……………………………… 404
　17.3.3 分析系统需求 ……………………………………… 413
　17.3.4 定义逻辑架构 ……………………………………… 425
　17.3.5 综合候选物理架构 ………………………………… 431
　17.3.6 优化和评估备选方案 ……………………………… 456
　17.3.7 管理需求的可追溯性 ……………………………… 461
　17.3.8 OOSEM 支持集成和验证系统 …………………… 467
　17.3.9 开发使能系统 ……………………………………… 469

17.4 小结 ······ 471
17.5 问题 ······ 472

第四部分　向基于模型的系统工程转化

第 18 章　系统开发环境中的 SysML 集成 ······ 475
18.1 开发情境中的系统模型 ······ 475
 18.1.1 作为集成框架的系统模型 ······ 475
 18.1.2 系统开发环境中的模型种类 ······ 476
 18.1.3 不同模型的相关数据 ······ 479
18.2 规范集成的系统开发环境 ······ 482
 18.2.1 系统开发环境中的工具 ······ 482
 18.2.2 系统建模工具与其他工具间的接口 ······ 485
 18.2.3 应用配置管理工具管理模型版本 ······ 489
18.3 数据交换机制 ······ 492
 18.3.1 数据交换考虑因素 ······ 492
 18.3.2 基于文件的数据交换 ······ 494
 18.3.3 基于 API 的数据交换 ······ 496
 18.3.4 执行转换 ······ 497
18.4 基于当前标准的数据交换示例 ······ 497
 18.4.1 SysML 与 Modelica 模型转换 ······ 498
 18.4.2 应用 OSLC 和链接数据支持数据交换与工具集成 ······ 501
 18.4.3 交换数据支持协同仿真 ······ 502
 18.4.4 SysML 模型和本体互换 ······ 503
 18.4.5 模型文档与视图创建 ······ 503
18.5 系统建模工具选择 ······ 504
 18.5.1 工具选择标准 ······ 504
 18.5.2 SysML 符合性 ······ 505
18.6 小结 ······ 505
18.7 问题 ······ 506

第 19 章　组织中的 SysML 部署 508
19.1　改进过程 508
19.1.1　监督与评估 508
19.1.2　改进计划 509
19.1.3　对过程、方法、工具和培训的更改定义 510
19.1.4　方法示范 510
19.1.5　持续部署改进 511
19.2　部署策略的元素 513
19.2.1　组织化的部署策略 513
19.2.2　项目部署策略 515
19.3　小结 517
19.4　问题 518

附录 A　SysML 参考指南 519
A.1　概述 519
A.2　标记约定 519
A.3　包图 520
A.4　块定义图 523
A.5　内部块图 528
A.6　参数图 529
A.7　活动图 530
A.8　序列图 534
A.9　状态机图 536
A.10　用例图 539
A.11　需求图 540
A.12　分配 542
A.13　版型和视角 544

参考文献 546

第一部分

概 论

第一部分包括系统工程概述、基于模型的系统工程、SysML入门、应用SysML基本特性集的汽车示例4章内容,这些章节提供了SysML基础知识,为读者在第二部分掌握SysML语言奠定了基础。

第1章 系统工程概述

对象管理组织(OMG)发布的 SysML[1]是一种通用的图形建模语言,用于表示包括硬件、软件、数据、人员、设备和自然对象的系统。SysML 支持基于模型的系统工程(MBSE)实践。针对复杂和具有技术挑战性的问题,基于模型的系统工程方法提出了系统解决方案。

本章介绍独立于建模概念的系统工程方法,为如何应用 SysML 提供了背景知识。本章描述系统工程的起因,介绍系统工程过程,然后论述如何将系统工程应用于一个简单的汽车设计示例中。本章最后总结标准(如 SysML)的作用,以帮助系统工程实践。

1.1 系统工程起因

无论是先进军用飞机、混合动力汽车、手机或是分布式信息系统,人们都期望现今的系统能力能够较上一代产品性能有显著提升。竞争压力要求这些系统能够提升技术先进性以提高性能,同时降低成本及缩短交付周期。能力增长又驱动着需求增长,包括功能、互操作性、性能、可靠性提升与小型化等。

此外,系统间的互连也对系统提出了要求。不再认为系统是孤立的,而是由多个其他系统组成(包括人),作为一个更大的整体活动。期望系统能够按照互连的系统之系统(System of Systems,SoS)支持多个不同应用。这些应用同样驱动着需求的改进,而在系统最初开发过程中,这些需求可能还未出现。一个例子就是移动设备,原先提供电子邮件通信,但逐步提升为提供互连功能,包括视频、全球定位服务、社交媒体等。其他系统如汽车、飞机、金融等也在不断改变需求,尤其是在变得更为互连之后。

系统工程作为一种方法,在航天和国防工业领域已被广泛接受,它针对技术挑战和关键任务问题提供了系统解决方案。这些解决方案囊括了硬件、软件、数据、人员和设备等。系统工程对复杂性、风险进行管理,提升产量和质量,其潜在价值已被汽车、通信和医疗设备等其他工业领域所认识并接受。

1.2 系统工程过程

系统(system)包括一组元素,这些元素交互作用,同时系统也被视作一个整体,与外部环境发生交互,从而实现某个目标。**系统工程**(systems engineering)是一种多学科方法,针对不同利益相关方的需要提供综合解决方案。系统工程包括管理和技术过程,以实现权衡,并降低对项目成功有影响的风险。系统工程管理过程的目的是确保开发成本、计划进度和技术性能指标满足要求。典型的管理活动包括制定技术开发计划、监督技术性能、管理风险、控制系统技术基线。系统工程技术过程包括分析、规范、设计、验证系统,确保这些工作达到整体目标。系统工程实践活动是非静态的,需要不断处理增加的需求。

图1.1中给出了系统工程技术过程简图。系统规范和设计过程中确定系统需求,满足利益相关方的需要,并将这些需求分配给部件。随后进行部件的设计、实现和测试,确保满足需求。系统集成和测试过程中将部件集成至系统,验证是否满足系统需求。在整个系统开发期间这些过程多次迭代,同时与其他过程进行反馈。在更复杂的应用中,首先在复杂体或者系统之系统层进行多层级的系统分解,在设计的每个中间层级对该过程多次迭代,直至部件采购或建造的底层。

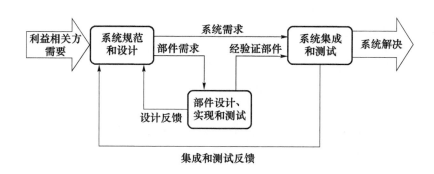

图1.1 系统工程技术过程简图

为提供经权衡的系统解决方案,满足不同利益相关方需要,图1.1中的系统规范和设计过程包括以下活动:

(1)提取并分析利益相关方需要,理解需解决的问题、系统目标、用于评估系统实现目标以及满足利益相关方需要的有效性测度;

(2)规范系统功能、接口、物理和性能特征,支撑系统实现目标和有效性测度的其他品质特征;

(3)通过由系统设计分解至部件层,综合可选择的系统方案;

(4)开展权衡分析,以评估和选择一种可满足系统需求、提供优化平衡、满足有效性测度最大化的优化方案;

(5)保持由系统目标至系统/部件需求的可追溯性,对结果进行验证,以确保需求和利益相关方需要都能满足。

1.3　系统工程过程的典型应用

这里以汽车设计为例阐述1.2节中的系统规范和设计过程。某个多学科系统工程团队正在负责推进该过程。一个典型系统工程团队的参与者及其角色将在1.4节中给出。

团队首先需识别利益相关方并分析其各自的需要。利益相关方包括汽车的采购商和使用人员。在本例中,使用人员包括司机与乘客。他们的每项需求都应当予以关注解决。利益相关方的需要依赖于特定市场,如家用型汽车、运动型汽车和功能型汽车等。针对本例,假设汽车的目标利益相关方为一位典型的职业中期人士,用车是满足日常交通需要。

系统工程的一项关键原则是解决其他利益相关方的需要,这些利益相关方也许会在整个系统生命周期中产生影响。本例中其他利益相关方包括采购汽车的厂商和汽车维护人员。他们的每项需要也应当予以考虑,确保获得综合平衡的全生命周期解决方案。相对不太明显的利益相关方是政府,他们通过法律、规范与标准提出要求。显然,并非每个利益相关方的关注点都同等重要,他们的关注需要合理地加上权重。开展分析是为了理解每位利益相关方的需要,并给出有效性测度和目标值。目标值常用于固定解决空间的边界、评估可选方案、从竞争性方案中识别出解决方案。本例中有效性测度与解决交通需要的主要指标相关,如交通可用性、到达目的地的时间、安全性、舒适性、环境影响以及其他难以量化的度量,如感官质量。这些有效性测度用于评估可选的交通解决方案,包括驾驶汽车或乘坐公共汽车火车。如果驾驶汽车为可考虑的唯一解决方案,有效性测度更为具体,如购买和拥有汽车的成本。

为解决利益相关方的需要和实现相关有效性测度,需要规范系统需求。需针对许多不同种类的需求做出规范,包括功能、接口、性能、物理和其他量化特征等。

在规范需求过程中,定义系统边界是一个重要起始点。它在系统与外部系统、用户之间建立明确的接口,如图1.2所示。本例中司机和乘客(未表示)作为外部用户,与汽车发生交互作用。加油泵和维护装置(未表示)是汽车必须交互的外部系统示例。此外,汽车与物理环境交互,包括道路。这些外部系统,包括用户和物理环境,都必须予以识别,以划清系统边界和其相关接口的界限。

通过分析为实现目标系统所需完成的工作,可以规范汽车的功能需求。例如,满足交通需要的功能需求,汽车必须执行与加速、制动、转向以及其他反映司机和乘客要求的功能。针对每项功能通过功能分析识别出输入与输出。如图1.3所示,汽车加速功能需求要求从司机处获得加速输入,输出则为对应的驱动力及为司机提供的速度表数据。功能需求分析也包括确定功能的顺序,如在加速汽车前需启动车辆。

图 1.2 系统边界定义

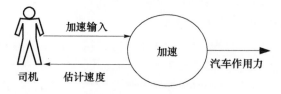

图 1.3 功能需求规定

必须评估功能需求,确定每项功能所需的性能层级。如图 1.4 所示,在规定条件下要求汽车在 8s 内速度由 0 加速至 60mile/h(1mile ≈ 1.609km)。类似的性能需求规范也包括针对不同速度的制动距离和转向响应。

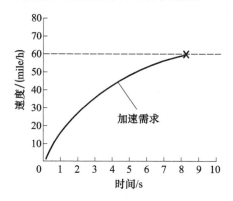

图 1.4 汽车性能需求

针对每个利益相关方所关注的需要,规定了其他需求,并通过系统目标和有效性测度定义。示例中的需求包括驾驶舒适性、燃油经济性、可靠性、可维护性、安全性、排放物等。最大满载质量等物理特性可通过性能需求派生得到,而最大车体长度可以由标准停车空间尺寸等其他约束项导出。系统需求必须能够可追溯且可验证,确保满足利益相关方需要。在这个过程中典型利益相关方应尽早并持续参与,这对于整个项目开发非常关键。

系统设计过程包括识别系统部件组成、规定各部件的需求,从而满足整个系统级需求。此过程中首先开展逻辑系统设计,然后进行反映技术选择路线的物理系统设计(注意:一个独立于技术的逻辑设计可以包括称为力矩发生器的部件,而可选的依赖于技术的物理设计可以包括内燃机或者电动机）。在图 1.5 的示例中，系统物理部件包括发动机、变速器、差动齿轮、底盘、车体、制动器等。

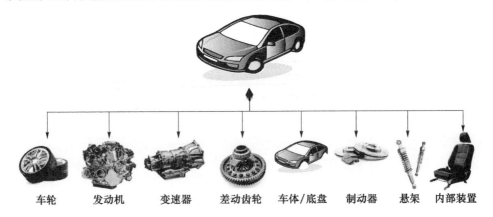

图 1.5 汽车系统至部件级的分解

如 1.2 节所提出的,对复杂系统通常会有多层系统分解。示例中内燃机可进一步分解为多个部件,如发动机本体、活塞、连接杆、机轴、阀门等,针对每一个部件都需要进一步规范。

设计约束经常会对解决方案产生影响。一类通用的约束是特殊部件的重用,如发动机需要在现有发动机清单中选择,该约束也表明不会进行额外的发动机研制。虽然设计约束通常是为了节省时间和成本,但进一步分析会发现降低约束可能会使成本更低。例如,重用发动机可能需要增加昂贵的过滤装置才能满足新的污染排放规定。另外,引入新技术后再设计的成本也可能降低。系统工程师应当对驱动约束的假设予以确认,并通过分析了解这些约束对设计的影响。

规范部件功能需求是为了满足系统功能需求。如图 1.6 所示的能源分系统包括发动机、变速器和差速器部件,需要规定每个部件的功能,从而提供能源,实现汽车加速。与之相似,转向分系统包括控制车辆方向的部件,制动分系统包括汽车减速的部件。

图 1.6 满足系统功能性能要求的部件间交互

部件的性能和物理需求通过多类分析确定。例如,通过分析得到发动机功率、车体阻力系数、各部件重量等部件需求,从而满足汽车加速这一系统需求。类似地,根据燃油经济性、排放性、可靠性和成本等系统需求,通过分析得到各项部件需求。有关乘坐舒适性的需求可能需要多重分析，因为需要考虑路面震动、车内噪声扩散、空间大小、显示与控制布局等因素。

为在多个相互矛盾的需求中获得一个综合平衡的系统设计，需要对系统设计的可选方案进行评估，确定优化解决方案。本例中，提高加速能力和燃油经济性两项需求相互矛盾，需要对可选的发动机配置进行评估，如4缸发动机或者是6缸发动机。评估过程基于跟踪系统需求和有效性测度的标准。最终与利益相关方确认优化解决方案，确保满足他们的需要。

部件需求会作为图1.1所示的部件设计、实现和测试过程的输入。部件开发人员向系统工程团队提供反馈，确保部件需求能够经他们的设计得到满足，或者他们可以要求重新分配部件需求。由于一些部件可以直接采购而无须开发，因此设计人员需要理解规范内容与可供应产品的区别。为获得平衡的系统设计解决方案，在整个开发过程中需要进行多次迭代，而系统/部件设计的评估和需求的重分配也是迭代过程的一部分。

为了验证系统满足需求，还需定义系统测试用例。作为系统集成和测试过程的一部分，在已经验证的部件集成至系统后，执行系统测试用例以验证系统需求得到满足。

在图1.7中，始终保持着利益相关方需要、系统需求和部件需求间的可追溯性，确保设计完整性。本例中，汽车加速能力、车体重量、发动机功率等系统和部件的需求与性能和燃油经济性等一起被跟踪。

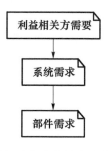

图1.7 利益相关方需要转为系统和部件需求

在系统复杂程度提高后，充分考虑不同利益相关方需要、开发综合系统解决方案的系统化过程愈显重要。系统工程的有效应用需要在聚焦系统总体目标与各利益相关方需要的基础上保持宽广的系统视野，同时关注细节和严密性，保证系统设计的完整性。SysML表示的丰富性与精确性可为设计过程提供帮助。

1.4 多学科系统工程团队

为表示利益相关方的所有期望，系统工程师需要参与到许多工程与非工程领域。这种参与除需了解终端用户（如汽车司机）外，还必须延伸至整个系统生命周期,如制造和维护。系统工程师不仅需掌握系统的技术领域知识(如能源与转向等分系统),而且需要理解专业工程领域知识(如可靠性、安全性、人因等),从而权衡系统设计。此外,他们必须与部件开发人员、测试人员有充分的沟通,确保提出的要求可实现、可验证。

多学科系统工程团队(multidisciplinary systems engineering team)应能覆盖上述每一方面。参与的程度取决于系统复杂程度和工程团队成员所掌握的知识程度。对于小型工程项目,如果系统工程师领域知识面宽,能够与硬件、软件开发组以及测试组开展紧密合作,那么系统工程团队也许只需要一位人员即可。对于大型工程项目,可能需要由负责计划和控制系统工程的项目经理组织一个系统工程团队来完成。这个项目也许需要数十位或者数百位具有不同专业知识的系统工程师。

典型的多学科系统工程团队如图1.8所示。这个团队有时也称为系统工程集成团队(SEIT)。系统工程管理团队负责技术计划和控制等管理活动。需求团队分析利益相关方需要,开发系统运行方案,明确系统需求并确认。架构团队负责划分系统部件,定义相互交互与接口关系,形成综合的系统体系架构。其中也包括将系统需求及技术规范分配至部件级。

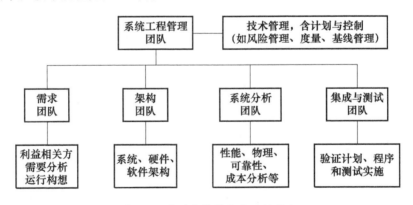

图1.8 典型多学科系统工程团队

系统分析团队负责从系统的不同方面开展分析,如性能与物理特性、可靠性、维护性、成本等。集成与测试团队负责制定测试计划与测试流程,开展测试,验证系统需求得到满足。可以有不同的组织结构来完成相似的角色,而且成员可以在不同团队内担当不同角色。

1.5 系统工程实践标准

如前所述,系统工程在多个领域已成为一项被广泛接受的实践活动,这些领域包括从航天与国防工业到工程复杂的关键任务系统。这些系统包括陆基、海基、空基和天基等各类平台、武器系统、指挥控制与通信系统、后勤系统等。

在其他工业领域,竞争性需求和新技术的出现,使得系统复杂程度也显著增加。尤其是许多产品集成了最新的处理与网络技术,这些技术中包含许多软件内容,增加了产品功能。这些产品通常通过复杂接口高度互连。因此为推动系统工程在跨领域部门、跨国界的应用,针对系统工程概念、术语、过程和方法建立标准非常必要。

系统工程标准(systems engineering standard) 在近年来不断发展,图1.9给出了部分的标准分类,包括过程标准、建模方法标准、架构描述与框架标准、建模与仿真标准、元建模与数据交换标准。某一特定的系统工程方法可能应用分类图各层中的一个或多个标准。关于系统建模标准的更多参考可查阅系统工程知识体(SEBoK)[2]中的建模标准部分。

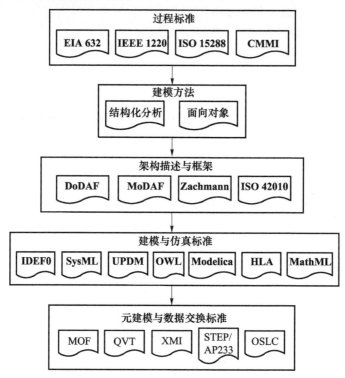

图1.9 系统工程标准分类

系统工程过程标准包括 EIA 632[3]、IEEE 1220[4] 和 ISO 15288[5],这些标准满足了广泛的工业需求,反映了系统工程的基本原则,为建立系统工程方法奠定了基础。

系统工程过程标准在很多方面利用了软件工程的实践成果,如针对计划的管理活动,无论是复杂软件开发或系统开发都很相似,因此在标准业界内非常强调实用系统和软件标准的对应性。

系统工程过程定义了需开展哪些活动,但未说明如何开展这些活动。**系统工程方法**(systems engineering method)描述了活动如何执行以及产生的系统工程制品种类。例如,系统工程的一个重要制品是**运行构想**(concept of operation)。顾名思义,运行构想定义了从用户角度出发系统需要做什么,描述的是系统与外部系统、用户之间的交互,而不用展示系统的内部交互。不同的方法可以采用不同的技术和表述来开发运行构想。对于其他系统工程制品也同样如此。

在 *Survey of Model-Based Systems Engineering*(*MBSE*)*Methodologies*[6]中介绍了几种系统工程方法,如 Harmony 方法[7,8]、面向对象的系统工程方法(OOSEM,见第17章)[9]、系统工程统一过程(Rational Unified Process for Systems Engineering,RUP SE)方法[10,11]、状态分析法[12]、Vitech 基于模型的系统工程方法[13]和对象过程方法(Object Process Method,OPM)[14]。许多组织内部也开发了相应的过程与方法。这些方法并非官方工业标准,但随着时间的推移其会成为事实上的标准,证明其价值。选择一种方法的准则包括易用性、解决相关系统工程关注的能力、工具支持程度。本书第三部分中的两个例子包括功能分析与分配方法(一种结构化分析方法)和名为 OOSEM 的由上而下的场景驱动方法(一种面向对象的系统方法)。SysML 支持多种不同的系统工程方法。

除了系统工程过程标准和方法外,也出现了用于支持系统架构的几类标准框架。架构框架包括描述系统架构的专业概念、术语、产品和分类等。在 20 世纪 80 年代引入了 Zachman 框架[15]定义复杂体架构,它定义了利益相关方期望的一套标准集与一套解决每个利益相关方组相关基本问题的制品。在 1996 年引入了自动化指挥系统(C4ISR)框架[16],为美国国防部信息系统构建提供了框架。国防部架构框架(Department of Defense Architecture Framework,DoDAF)[17]由 C4ISR 框架发展而来,通过定义架构运行、系统、技术视角,可支持国防工业体系架构。英国采用了 DoDAF 的变形结构,称为国防架构框架(Ministry of Defence Architecture Framework,MODAF)[18],该框架增加了战略与采购视角。2000 年,作为"推荐的软件密集型系统架构实践"[19],IEEE 1471—2000 标准获得颁布。该标准中增加了基本概念,如应用于软件、系统架构的视图与视角概念等。最近该标准已经被 ISO/IEC 42010:2007[20]替代。开放组织架构框架(The Open Group Architecture Framework,TOGAF)[21]作为一种开发架构的方法,于 20 世纪 90 年代获批准。

建模标准是另一种类型的系统工程标准,包括用于描述系统的通用建模语言。多年来行为模型与功能流图已经成为实际上的建模标准,并在系统工程领域广泛应用,支持不同种类的结构化分析方法。功能建模综合定义(Intergration Definition for Functional Modeling,IDEF0)[22]由美国国家标准技术局于 1993 年颁布。

作为一种通用型图形系统建模语言,OMG SysML 规范在 2006 年被对象管理组织所采纳。SysML 由统一建模语言(Unified Modeling Language,UML)发展而来,也是本书的主题。另外,也开发了 UML 的一些其他拓展,如 DoDAF 和 MODAF 统一配置文件(Unified Profile for DoDAF and MODAF,UPDM)[23]用于支持与DoDAF、MODAF需求相兼容的系统之系统和复杂体架构。最初基于UML的建模语言是OMG元对象设施(Meta Object Facility,MOF)[24],该语言用于规范其他建模语言。

此外,还有许多其他相关的系统建模标准,如仿真建模语言Modelica[25]、支持分布仿真设计运行的高层体系架构(High Level Architecture,HLA)[26]、应用可扩展标记语言(Extensible Markup Language,XML)定义描述数学方程的数学标记语言(Mathematical Markup Language,MathML)。模型和数据交换标准是建模标准的关键部分。架构分析与设计语言(Architecture Analysis & Design Language,AADL)[27]是由自动化工程师协会定义标准,最初用于嵌入式实时系统建模。网络本体语言(Web Ontology Language,OWL)[28]用于表示某领域内(如系统工程)的一组概念以及这些概念之间的相互关系。Modelica和OWL将在18.4节中详述。

模型与数据交换标准(model and data exchange standard)是建模标准的关键项,支持了不同工具之间的模型和数据交换。OMG中XML元数据交换(XML Metadata Interchange,XMI)规范[29]支持在应用基于MOF语言(如UML、SysML、UPDM和其他UML扩展)过程中的模型数据交换。系统工程的另一种数据交换标准是ISO 10303(AP233)[30]。其他正出现的数据交换标准包括基于web的交换标准,该标准正在开发,由生命周期协作开放服务(Open Services for Lifecycle Collaboration,OSLC)[31]和功能模型接口(Functional Mock-up Interface,FMI)标准而来,后者支持交互硬件和软件组件的协同仿真[32]。有关数据交换标准将在18.4.3小节和18.4.4小节中阐述。

OMG的其他建模标准与**模型驱动架构(Model Driven Architecture,MDA)**[33]相关。MDA包括创建技术独立、技术非独立模型的一组概念。MDA标准支持不同建模语言之间、以MDA基础模型描述的模型转换[34]。OMG查询视图转换(Query View Transformation,QVT)[35]是一个建模标准,定义了一种映射语言,以规范语言准确转换。MDA包含OMG建模、元建模和交换标准(由图1.9而来)。

这些标准的开发都是朝着一个趋势方向发展的,即基于标准的方法进行系统工程实践。这些标准支持了共享理解、通用培训、工具互操作、减少对专用解决方案的依赖、系统规范和设计重用。随着系统工程在更广泛领域的应用,这一趋势将持续进行。

1.6 小结

作为一种多学科方法,系统工程将利益相关方的需要转变为满足这些需要的综合平衡系统解决方案。针对复杂的、具有技术挑战性的问题,系统工程是一项关键因素。系统工程过程包括建立顶层目标、规范系统需求、综合可选系统设计、评估可选方案、分配部件需求、系统集成、系统需求验证等一系列活动,同时也包括必要的计划与控制过程等管理技术活动。

多学科团队是系统工程的必要组成,因为团队成员针对不同利益相关方期待和不同技术领域获得平衡的系统解决方案。系统工程实践是将系统作为更大互连系统之系统的一部分来考虑。在不同标准中系统工程实践正逐渐变得规范化。对于跨领域和跨地理区域的实践,这种规范化非常必要。

1.7 问题

(1)驱动系统的开发有哪些需求?
(2)系统工程的目标是什么?
(3)系统规范与设计过程中有哪些关键活动?
(4)在整个系统生命周期中,有哪些典型的利益相关方?
(5)有哪些关于不同类型需求的例子?
(6)为何多学科系统工程团队如此重要?
(7)一个典型的系统工程团队包含哪些角色?
(8)系统工程中标准发挥什么作用?

第 2 章 基于模型的系统工程

如第 1 章所述，MBSE 将系统建模作为系统工程过程的一部分，在系统研发过程中支持分析、规范、设计和验证。MBSE 的主要制品是与系统研发相一致的模型。该方法强化了系统规范与设计质量、系统规范与设计的重用以及研发团队之间的交流。

本章总结 MBSE 的概念，并未过多介绍专业建模语言、方法或工具内容。通过将 MBSE 与传统的基于文档系统工程方法相比较，推广 MBSE 的应用，突出其优点。此外，本章还讨论有效建模的原则。

2.1 基于文档与基于模型的方法对比

下面比较基于文档的系统工程方法和基于模型的系统工程方法。

2.1.1 基于文档的系统工程方法

传统大型项目均采用**基于文档的系统工程**(document – based systems engineering)方法开展系统工程活动，如 1.2 节所述。该方法的特点是通过硬复制或者电子文档格式生成文字规范与设计文档，然后在利益相关方、用户、开发者、测试人员之间传递。这些文档和图形表达了系统需求和设计信息。基于文档的系统工程方法强调的是控制文档，确保文档完整、有效、固化，保证开发的系统遵从于文档。

在基于文档的方法中，系统、分系统及其硬件和软件部件的规范通常以分层树来描述，即**规范树**(specification tree)。**系统工程管理计划**(Systems Engineering Management Plan，SEMP)阐述了在项目中如何实施系统工程过程以及如何并行开展多工程学科工作，确保编制的文档满足规范树中的需求。通过估算生成文档的时间与工作量，制定系统工程活动计划，同时依据文档的完成状态来评估系统工程活动进程。

基于文档的系统工程通常依赖于运行文档，这些文档定义了系统如何支持任务和目标要求。在分解系统功能时开展功能分析，并将其分配到系统部组件中。画图工具用于开展系统设计，如绘制功能流图、方案图等。这些图作为分散的系统设计文档保存起来。通过多学科评估、优化可选设计方案与分配性能需求等手段开展工程权衡研究，并记录下来。通过具有独立的性能、可靠性、安全性、质量特性和其他方面的分析模型开展系统分析。

在基于文档的方法中,通过跟踪不同层级规范的需求,建立并维护需求的可追溯性。需求管理工具用于解析规范文档中的需求,并将其提取出来置于需求数据库中。需求和设计之间的可追溯性是通过识别满足需求的系统或者子系统的组件来维护,和/或用于验证需求的验证过程,然后在需求数据库中反映这种追溯性。

基于文档的方法能够很严密,但仍有一些不足。由于这些信息分布在多个文档中,其完整性、一致性,以及在需求、设计、工程分析和测试之间的相互关系很难评估,导致难以掌握系统的某一特定方面,以及难以开展必要的跟踪与变更影响分析。反过来又会导致难以在需求、系统层设计和底层的详细设计(如软件、电子和机械专业设计)之间保持同步。在改进系统设计中,难以维护或者重用系统需求和设计的信息。此外,系统工程制品的提升基于文档状态,并不能充分反映系统需求和设计的质量。这些不足导致效率非常低,因为只有在集成与测试过程中才能反映潜在质量问题,有些问题甚至在系统交付用户之后才能发现。

2.1.2 基于模型的系统工程方法

多年以前,在电子、机械设计和其他学科就已经广泛采用了基于模型的方法。在机械工程中,自 20 世纪 80 年代以来,设计草图转变成更为先进的二维和三维计算机辅助设计。几乎同一时期,在电子工程中,手绘电路设计转变成自动布图与电路分析。20 世纪 80 年代,计算机辅助软件工程开始流行,在编程语言上的抽象概念层,软件通过图形模型表示。20 世纪 90 年代,UML 出现以后,建模方法在软件开发中得到越来越广泛的应用。

系统工程中基于模型的方法正变得越来越流行。1993 年,Wayne Wymore 引入了 MBSE 数学形式体系[36]。随着计算机处理与存储能力的增长以及网络技术的不断提高,MBSE 实践活动迎来了新的机遇。如在其他工程学科中的应用一样,MBSE 将成为一种标准实践活动。

"**基于模型的系统工程(Model – Based Systems Engineering,MBSE)**作为一种程式化的应用,支持系统需求、设计、分析、验证、确认全过程,覆盖概念设计阶段并贯穿于整个开发及后续全生命周期阶段。"[37] 对于原先采用传统基于文档方法的系统工程活动,引入 MBSE 后将能够提高规范与设计质量,重用系统规范与设计结果,增进开发团队之间的交流。系统工程活动的输出是系统相互关联的模型(系统模型),这些模型在应用基于模型的方法与工具后不断改进提高。

系统模型

系统模型(system model) 通常由建模工具构建并保存在模型库中。系统模型包括系统规范、设计、分析和验证信息。模型由表示需求、设计、测试用例、设计基本原理和相互关系的模型元素组成。图 2.1 中给出了作为互连模型元素集的系统模型,表示了 SysML 中定义的关键系统项目,包括结构、行为、参数和需求。模型库中模型元素之间的多重交叉关系使得系统模型能够从多个不同维度查看。这些视角聚焦于系统的不同方面，同时又能够维持不同视角之间的一致性。

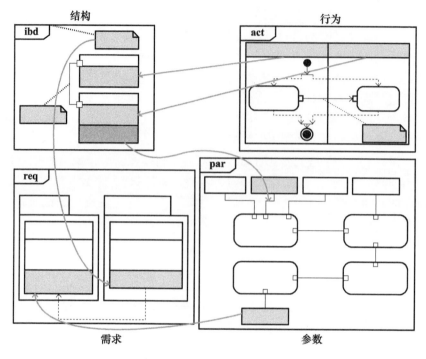

图 2.1　SysML 系统模型示例

系统模型主要是确保系统设计能够满足其需求和所有目标。该模型是系统规范和设计过程的输出结果，已在 1.2 节和 1.3 节进行了讨论。图 2.2 描述了如何应用系统模型来规范系统的硬件和软件组成。系统模型包括部件互连关系和接口、部件间的相互作用以及部件需要完成的相应功能、部件性能与物理特性。同时在模型中可建立文本形式的部件需求，并跟踪系统需求。

系统模型规范了系统的部件组成。部件规范作为获取和/或设计组件的输入，部件设计模型可以用特定领域的建模语言来表达，如 UML 用于软件设计，计算机辅助设计（CAD）和计算机辅助工程（CAE）模型用于硬件设计。系统模型和部件设计模型之间的信息交互可以通过 18.3 节中的交换机制实现，也可以通过更传统的基于文档的格式自动从系统模型中生成部件规范。系统模型的应用提供了一种机制，该机制可规范分系统和部件，将其集成至系统中，并在系统与部件需求之间保持跟踪。

系统模型也可通过工程分析、仿真模型集成进行计算与动态运行。如果系统建模环境与运行环境结合扩大，则系统模型也可以直接运行。现在对系统模型越来越强调其为集成其他工程学科模型（包括硬件、软件、测试及可靠性、安全性等其他专业工程学科）所提供的共有系统描述角色，这在 18.2 节规范集成系统开发环境中有详细阐述。

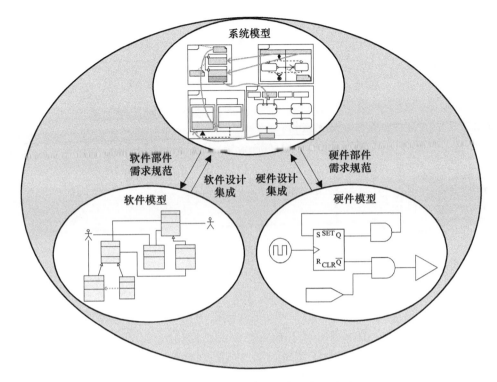

图 2.2 用于制定部件规范的系统模型

模型库

构成系统模型的模型元素存储在**模型库(model repository)** 中,以图形化的方式描述。依靠建模工具,建模人员新建、修改、删除模型库中的模型元素以及它们之间的相互关系,并将其存储在模型库中。建模人员应用图标识将模型信息输入模型库中,或者从模型库中浏览模型信息。原先在文档中的规范、设计、分析、验证信息,现在可以从模型库中提取。通过查询模型库,模型能够以视图、表格或报告方式浏览。这些视图支持从同一系统模型的不同方面理解和分析。

许多建模工具均具备灵活和自动化的文档生成能力,能够显著降低建立和维护系统规范、设计文档的时间与成本。在这种方式下,与传统的基于文档类似,报告仍然可以作为汇报信息的有效手段。从模型中实现文档的生成将在 18.2.2 小节和 18.4.5 小节中详细阐述。

对应于需求、设计、分析和验证信息的模型元素通过元素间交互关系能够逐个跟踪,即使它们在不同图中表示。例如,汽车系统的发动机部件模型与其他元素有多个关系。它是汽车系统的一部分,与传动系统相连,满足能源需求,具备将燃料转变为机械能的功能,其重量特性影响整车重量。这些关系都是系统模型的一部分。

建模语言使用规则来约束这些相互关系。例如,模型应禁止一项需求包含一个系统部件,或者一项活动产生输入而代替了输出。当应用 MBSE 方法和其他领域专用约束时,额外的模型约束可能会被强制施加。一个例子就是所有的系统功能必须分解、分配至系统部件。领域专用约束可能指的是特定类型部件必须包含某些类型的属性,如所有的电气部件必须包含预定义的电气特点。这就要求建模工具在构建模型时必须加强这些约束,或者需要在建模人员方便的时候运行模型核对程序并提供约束破坏情况报告。

相对于基于文档方法,模型提供了更为精细的信息控制手段。在基于文档方法中,信息可能是通过多个文档传播,它们的相互关系并未严格定义。基于模型的方法在规范、设计、分析与验证过程中更为严格,并且显著提高了跟踪、评估的质量与时间线。

向MBSE的转变

作为基于文档的系统工程方法的一部分,多年以来,相应的图技术与模型,如功能流图、行为图、原理块图、N2 图、性能仿真、可靠性模型等已经得到应用。然而这些模型的使用通常局限于支持系统设计过程中的某种特定分析。这些单个的模型并没有集成到一个整体系统模型中,而且建模活动也并没有集成到系统工程过程中。基于文档的系统工程向基于模型的系统工程的转变,强调的是将控制系统文档变为控制系统模型。MBSE 集成了系统需求、设计、分析和验证模型,按照整体连贯一致的思路考虑系统的多个方面,而并非是对散落模型的收集。

MBSE 提供了一种方案来解决传统基于文档方法所面临的诸多限制,它通过提供更严密的方法来提取、集成系统需求、设计、分析和验证信息,促进在整个系统生命周期内对这些信息的维持、评估和沟通。MBSE 的潜在优势包括:

(1)增进沟通:

①开发团队与利益相关方群共享对系统的理解;

②从系统多个维度来展示和集成视图的能力。

(2)降低开发风险:

①持续需求确认与设计验证;

②更多地对系统开发做精确成本估计。

(3)提高质量:

①更多的完整、无歧义、可验证的需求;

②在需求、设计、分析和测试过程中具备更严密的跟踪能力;

③提高设计完整性。

(4)增加产出:

①快速影响需求分析与设计改变;

②更有效地寻求权衡空间;

③重用现有模型支持改进设计;

④在集成测试中减少错误,缩短周期;

⑤自动生成文档。

（5）提升下游生命周期阶段的模型应用层级：

①支持系统应用操作培训；

②支持系统诊断与维护。

（6）强化知识传递：有效提炼关于系统的领域知识，这些知识以标准化的形式存在，支持评估、查询、分析、演变和重用。

在应用合理的方法与工具后，MBSE 在规范与设计过程更为严格。然而这种严格也需要有经费作为支撑，需要在过程、方法、工具和培训方面先期投入。在这个转变过程中，MBSE 将与基于文档方法相结合。例如，一个大型复杂的现有系统仍将主要依赖于已有的文档，仅有系统的一部分可以建模。为满足某个特定项目要求，也需要对建模过程中的方法和范围进行精细剪裁。这些内容将在第 19 章讨论。

2.2 建模原则

本节概述了一些关键建模原则。

2.2.1 模型与 MBSE 方法定义

模型（model）是一个或多个可以在物理世界实现的概念描述，它通常描述的是**兴趣域（domain of interest）**。兴趣域可能对应的是一个特殊的应用领域（如运输），涉及特定类型的系统（如汽车）和系统的某些方面（如车辆性能）。模型的一个关键特性在于它是一种抽象，不关注建模实体的所有细节抽象，而是仅包括所需的那一部分。模型可以是抽象的（如数量、逻辑和/或几何表示），也可以是具体的、物理的模型。抽象表示形式可以是文本（如编程语言中的文本语句）、数学方程、图形符号（如图上的节点和弧线）和曲面布局（如 CAD 模型）的组合。模型的一个通用例子是建筑物的蓝图和缩小比例的原型物理模型。建筑物蓝图是一个抽象的概念，不包括建筑物的所有细节，如它的材料特征。类似的，缩放的原型是实际建筑物的表示，它不包括建筑物的所有细节，如建筑物的材料。但是，这些模型都是实物的展示。

在 SysML 中，系统模型与建筑物蓝图相似，规范了要实现的系统。SysML 模型表示了系统的行为、结构、属性、约束和需求。SysML 具有语义基础，它定义了系统模型中出现的模型元素和相互关系。组成系统模型的模型元素存储在模型库中，它既可以是图形，也可以是表格及其他方式。SysML 模型也可以和其他设计分析模型集成来描述系统的其他方面。

方法（method）是用于实现一个或多个过程的相关活动、技术与约定的集合，通常由一系列的工具集支持。**基于模型的系统工程方法（model-based systems**

engineering method)是指以系统模型作为主要制品来实现全部或部分的系统工程过程。3.4 节提供了一种简化的 MBSE 方法,第 16 章和第 17 章提供了应用两种不同 MBSE 方法的详细案例。

2.2.2 系统建模目的

针对一个特定项目,根据不同利益相关方(包括模型内容的贡献者与使用者)如何使用模型,必须清晰定义系统建模的目的。利益相关方和模型的潜在用途在系统的整个开发全生命周期中是不断完善的,是通过持续完善的需求来描述的。例如,在系统的早期设计阶段,模型的用途可能是支持系统设计迭代的评估。在此活动中,重点可能放在系统的大小、顶层系统功能和关键系统属性上。在以后的阶段中,其用途可能是规范系统硬件和软件,重点是规范硬件和软件的行为。随着详细设计的推进,模型的潜在用途可能是支持部件设计集成和系统/分系统验证。建模的预期用途与系统工程活动相关联,该模型支持整个系统的生命周期,并且可能包括如下用途:

(1) 描述现有系统。
(2) 规范、设计新系统或改进系统:
①表示一个系统方案;
②规范和确认系统需求;
③保持系统设计一致性;
④规范部件需求;
⑤维持需求跟踪能力。
(3) 评估系统:
①指导系统设计权衡;
②分析系统性能需求或者其他质量特性;
③验证系统设计满足需求;
④评估需求或设计变更后的影响;
⑤估计系统成本(如开发成本、生命周期成本)。
(4) 培训用户如何运行维护系统。
(5) 支持系统维护和/或诊断。

2.2.3 模型确认

模型确认(model validation)是对建模人员准确表达兴趣域(如系统及其环境)以满足模型期望使用程度的确认过程。对于分析模型,通过模型静态核查,由领域专家复查输入数据和假设、模型、分析结论等实现确认。在这些数据有效的情况下,通过模型执行,并且与真实世界的结果进行对比,得出分析结果。

SysML 中的系统模型是对系统的描述。为满足预期使用,该环境必须能够充分精确地表示。模型的精确度依赖于源信息的质量(用于生成模型)、假设有效性(考虑源信息应用)、模型中提取的源信息和假设范围等。与分析模型相同,系统模型确认可通过模型核查与领域专家复查相结合的手段进行。另外,系统模型可作为其他分析模型和仿真的输入,这些模型和仿真能够运行且被确认,从而为系统模型的确认提供了另一种手段。

验证一个模型是否能够满足其预期用途,也需要考虑建模语言的内在能力和限制,这取决于语言是否丰富与精确。例如,一种仅表示过程和/或功能流的建模语言可能并不具备表示系统性能、物理特性和方程的能力。

2.2.4 模型质量标准构建

建立质量标准是为了评估一个模型满足其建模目的的程度。然而,首先需要区分好的模型与好的设计。好的模型但不属于好的设计、好的设计但不属于好的模型两种情况都会存在。模型的优劣取决于模型满足其目的的程度;好的设计是基于设计满足其要求的程度,它包含质量设计准则。例如,一把椅子可以有一个好的模型,通过对椅子设计的精确表示,这个模型满足模型目的。然而如果结构不完整,椅子的设计并非是好的设计。一个好的模型提供了可视化的能力,辅助设计团队来识别设计问题和评估设计质量。MBSE 方法与工具的选择应当能够方便团队去实现好的模型与好的设计。

以下问题的回答经常用于评估模型有效性和模型质量特性。反之,质量特性用于建立优化的建模实践。建模工具通过提供模型检查和报告的方式,对实践进行评估。

模型的目的是否准确定义?

无论是长期还是短期使用模型,模型的目的都必须清晰定义,如 2.2.2 小节所示。这包括识别具有代表性的利益相关方,例如参与研发过程的不同学科人员,以及他们对贯穿于系统生命周期的模型预期使用(备注:利益相关方和他们的期望应用应从利益相关方的视角定义)。

模型范围是否充分满足其预期用途?

模型范围必须充分满足模型的预期用途。模型的范围可以通过模型的广度、深度和精确度来定义,它涵盖不同的研发阶段,应该与计划进度、预算、技术水平和其他资源进行平衡。

(1)模型广度。模型广度必须充分,以满足预期的用途,这是通过确定系统需要建模的部分来实现。只需对满足系统需求的范围进行建模,确定模型的广度。例如,如果新的功能加入到现有系统,则可以选择仅对需要支持新功能的部分建模。在汽车设计中,如果强调的是新增或改进的燃油经济性与加速的需求,则模型可以集中在动力部分的部件,而不用集中在制动与转向分系统。这并不意味着系统的其他部分不会受到该变更的影响,只是建模的重点被限制在描述新的功能上。

(2)模型深度。模型深度必须充分,它确定了系统设计的层级。对于方案设计或者初始设计迭代,模型可以仅是一个高层设计。在汽车例子中,初始设计迭代可以仅是对系统至发动机黑盒层级的建模,而在发动机进一步开发后,后续设计迭代可以对发动机部件建模。

(3)模型精确度。模型精确度必须支持细节要求的层级。例如,一个简单的包含控制流的活动图对于描述系统或分系统的初始功能是充分的。如果需要执行行为模型,则需要增加模型细节。又如,在对接口建模时,低精度模型可能仅包括了数据的定义和流向的起点与终点,而高精度模型则对消息结构、通信协议和详细的通信路径建模。再如低精度模型用来分析系统性能,高精度模型包括更多的时间信息、系统性能特点和约束。

模型是否与它的范围完全相关?

模型完整的必要条件是它的广度、深度和精确度应能够与其定义的范围相匹配。其他完整性标准可能与模型的其他质量属性(如命名规范是否得到了恰当的应用)和设计完成标准(如所有的设计元素是否都能够追溯到对应的需求)相关。

模型是否很好地组织?

一个组织良好的模型符合建模语言的规定。例如,SysML 规定允许一个部件满足一条需求但不允许一条需求满足一个部件。建模工具应当强化由建模语言规定施加的约束,或者对违反情况进行报告。

模型是否一致?

SysML 中建立了一些规范,确保模型一致性。例如,兼容性规范支持类型检查,用于确定接口是否兼容或者单元的不同属性是否一致。可通过已采用的 MBSE 方法增加其他约束。例如,某种方法可以确定一项约束(逻辑部件仅能分配至硬件、软件或者运行步骤中)。可以用对象约束语言(OCL)[38]来表示这些约束,并通过建模工具强化。

强化约束有助于维护模型一致性,但不能阻止设计的非一致性。例如,两个独立建模人员各自给同一部件赋予不同的名称,却被模型审核人员视为两种不同部件而集成。这种非一致性应当通过检查、报告等形式暴露出来。然而当多个人员针对相同模型开展工作时,非一致性的可能性就会增加。良好的模型定义约定和严格遵循规范能够降低这种可能性。

模型是否易理解?

系统模型的本意是能够让人和计算机都能理解。人在理解模型的时候会受到多种因素影响,除了模型的语法之外,信息表达方式也非常重要。一个可理解的模型应该包括模型相关信息的各类视图,这些信息用来表达利益相关方的特定潜在用途。

通过控制显示在视图和其他报告的信息,可以增强理解能力。通常模型中有许多细节,但仅有部分信息与沟通设计某一特定方面相关。通过工具可以控制图的信息,以隐藏非必要信息而仅显示与图目的相关的信息,从而避免对模型检查人员造成信息过量。

视图的布局一般不包括语法信息,但是影响对模型的理解。例如,活动图可以通过不同的布局方式来展示。如果活动是按照活动时序排列,则更容易让人理解。

图标的使用有助于理解,以图标的形式展示某个特定的部件(如泵、活栓)。同时当向利益相关方展示某些类型的信息时,表格可能比视图更好。其他有助于理解的因素还有模型约定的应用和模型文档化的程度,如下面所述。

建模约定是否文档化并在应用中保持一致?

建模约定和标准对于确保模型的一致性表示和风格非常重要。这包括针对各种类型的模型元素、图名称、图内容而建立的命名约定。命名约定包括语言风格,例如什么时候应用上角标与下角标,什么时候在名称中应用空格。约定和标准也应能说明工具引起的约束,例如字母数字与特殊字符的使用。推荐针对每个图建立一个模板以保证使用相同的风格。

用于反映核心领域概念及其关系的领域专用词汇表可以更正式地定义出来,它可以本体、概念模型或元模型的形式展现。这种表现手段可用来定义特定领域语言的扩展。在 18.4.4 小节描述了一个本体的例子。

模型是否能够自动文档化?

整个模型中使用一致性的注释和表述会有助于提供增量信息。这包括设计决策的合理性,标记问题解决方案,针对模型元素提供附加的文本描述。这些信息也可以以文档的形式通过模型自动生成。但是这些信息必须作为模型的一部分,所以需要谨慎地考虑都有什么信息以及如何提取这些信息。

模型是否精确地反映兴趣域?

这个问题可以通过建立模型确认方法来回答,如 2.2.3 小节所述。模型的精确性依赖于源信息的质量、源信息适应能力假设的有效性、在模型中提取源信息和假设的程度,以及建模语言本身内在的能力和限制。源信息的质量和假设的有效性主要是通过主题审查来评估的。

模型是否与其他模型集成?

系统模型可能需要与电子、机械、软件、测试、工程分析的模型等集成(可参见 2.1.2 小节),这由专门的方法、工具、建模语言来实现。例如,由使用 SysML 的系统模型向使用 UML 的软件模型传递信息的方法可通过专门的方法、工具和交换标准来定义。概而言之,需要建立建模信息的一致表述,通过这种表述能够与信息用户(如硬件/软件开发人员、测试人员、工程分析人员等)沟通。模型、工具的集成方法将在第 18 章中介绍。

2.2.5 基于模型的度量

如 2.2.4 小节所述,良好的模型和良好的设计有所区别。应用 2.2.4 小节模型质量标准能够帮助满足模型的预期用途。但是,这些标准的应用并不能明显地反映设计的质量。例如，一个部件需求的模型可以在范围、定义、一致性、可理解性、文档化、验证性和集成性与其他模型完全一致，但是并没有反映到质量需求上，这样的结果依赖于系统工程团队的技能和知识。

在整个系统开发过程中，测量数据的收集、分析和报告是一项管理技术，这些活动用于评估设计品质和开发过程。这个评估反过来再来评估技术、成本、进度状态和风险，支持项目规划与控制。**基于模型的度量(model – based metrics)** 能够提供有用数据来帮助回答以下问题。这些有用数据来源于以 SysML 表示的系统模型，随时间收集，通过对数据趋势和统计分布的评估提供视角。

设计品质如何？

设计品质定义为对基于模型系统设计的品质的度量。一些度量方法是基于原先的以文档为中心设计的传统方式，如需求满足性评估、需求验证、技术性能度量等。而其他的度量还包括设计如何划分以及复杂性测量等。

SysML 模型能够包括清晰的相互关系，这种关系用于度量需求的满足程度。通过识别满足特定需求的模型元素，模型能够提供粒度，可以建立由任务级需求至部件级需求的需求跟踪能力，用其他的 SysML 关系相似的方式来度量哪些需求已被确认。这些数据能够直接从模型中提取，或者间接地从集成在 SysML 建模工具中的需求管理工具提取。

SysML 模型包括贯穿于整个设计过程被监测的关键特性——性能特性(如潜在因素)、物理特性(如重量)以及其他特性(如可靠性、成本)。应用标准的技术性能度量(TPM)方法，这些特性能够被监测。SysML 模型也包括集成其他分析模型的特性间的参数关系，这些特性可以通过标准的技术性能测量手段来监控。

按照设计内聚与耦合的层级可以度量设计分区。耦合可以根据接口数量或者不同模型组成间的依赖关系来度量。内聚度量更难定义，它是度量一个部件在不需外部数据情况下的功能实现程度。面向对象的封装就反映了这个概念。

设计和开发工作进展如何？

通过建立设计完整性标准，可以定义基于模型的度量以评估设计过程。前面提到的品质属性是指模型相对于所定义的建模范围是否完整。对于评估设计完整性，这是必要但非充分。系统设计满足系统需求的程度是设计品质和设计完整性的度量。必须指定部件接口、行为和属性来评估系统设计是否满足其需求，可以通过模型的度量来完成。其他度量包括已完成的用例场景数量或者已经分配至物理部件的逻辑部件百分比。

其他评估过程的度量包括部件验证与集成到系统的程度以及系统验证与满足需求的程度等。测试用例与验证状态可以在模型中提取，并作为评估的基础。

完成设计和研发的预计工作量是多少？

建设性的系统工程成本模型(COSYSMO)用于估计开展系统工程活动所需要的成本与工作量。该模型包括规模与生产率参数，其中规模参数估计工作的程度，生产率因子是估计工作中的实际工作量。

在基于模型方法中,规模参数可以根据不同模型包含以下内容的数量来确定:

(1) 模型元素;
(2) 需求;
(3) 用例;
(4) 场景;
(5) 系统和部件的状态;
(6) 系统和部件的接口;
(7) 系统和部件的活动或运行;
(8) 系统和部件的特性;
(9) 部件类型(如硬件、软件、数据、运行程序);
(10) 约束;
(11) 测试用例。

度量也解释了模型元素间的相互关系,如满足的需求数量、验证的需求数量、实现的用例数量、分配至块中的活动数量、已开展的分析数量。

MBSE 规模参数集成于成本模型中,这些参数可以带有复杂性因子。例如用例的复杂性可以根据交互中参与的行动方数量得到。需要考虑的其他因子是相对于新建模型、现有模型重用与修改的数量。

需要经常地收集并确认规模与生产率数据,建立统计充分的数据和成本估计关系,用于支持精确成本估计。MBSE 初期用户可以识别出对建模工作具有显著贡献的规模参数,并经常使用该数据开展局部估计,评估生产率随时间的提高量。

2.2.6 其他基于模型的度量

前面讨论的是一些能够被定义的基于模型的度量。其他度量也可以从模型中引出,例如需求与设计更改数量的稳定性或者是潜在的缺陷比例。度量也可以设想为建立标杆,从而度量 2.1.2 小节中提到的 MBSE 收益,例如 MBSE 所导致的产出能力提升。应定义提取这些度量,从而支持 MBSE 的业务用例。19.1.1 小节将讨论组织中开展 MBSE 的其他度量。

2.3 小结

与其他工程学科(如机械、电子)相似,系统工程实践正由基于文档方法向基于模型方法转变。MBSE 提供了显著的潜在优势,在降低开发风险的同时,提高了规范和设计的质量和一致性,便于规范和设计制品的重用,增加了开发团队之间的交流,提高了质量和工作效率。

系统建模可支持许多预期应用,例如评估可选系统设计方案,或者是规范系统硬件、软件部件。良好的模型满足预期应用,经确认的模型可精确表示系统的兴趣域。虽然一个好的模型并不一定表明其是一个好的设计,但它可以向熟练的设计团队提供必要的信息,从而开发满足需求的高质量设计。

在建模资源约束情况下,模型的范围应当支持其预期应用。模型质量可通过模型质量属性(如模型一致性、可理解性和好的形式)和建模约定来评估,从而获得更优的建模实践。MBSE 度量也可用于评估设计质量,确定工作进度和风险,支撑开发工作管理。

2.4 问题

(1) 基于模型的方法与基于文档的方法的主要区别是什么?
(2) 相对于基于文档的方法,基于模型的方法有哪些优势?
(3) 系统模型的模型元素存储在哪里?
(4) 模型为什么需要确认?
(5) 好的模型由哪些方面组成?
(6) 好的模型与好的设计之间有什么区别?
(7) 模型的哪些方面可用于定义模型的范围?
(8) 模型应当满足哪些关键质量标准?
(9) MBSE 度量可帮助回答问题的示例有哪些?
(10) 评估 MBSE 工作的规模参数有哪些?

第 3 章 SysML 入门

本章介绍 SysML 并指导如何应用 SysML 启动建模。在概述 SysML 的基础上，介绍 SysML–Lite 语言的简单版本及一个简单示例，同时介绍在典型建模工具中如何应用工具技巧提取模型。本章引入一种简化的基于模型的系统工程方法，该方法与 1.2 节中的系统工程过程一致。最后探讨学习 SysML 和 MBSE 的一些挑战。

3.1 SysML 目标与关键特性

SysML[①] 是一种通用目的的图形建模语言，支持复杂系统的分析、规范、设计、验证与确认。这些系统包括硬件、软件、数据、人员、过程、设备及其他人造和自然系统的元素。该语言是为了帮助规范、构建系统和规范部件，后续这些部件可以通过应用专业领域的语言(如软件设计所采用的 UML、硬件设计所采用的 VHDL 及三维几何建模)来开展设计。SysML 目的是推动应用 MBSE 方法建立内聚并且一致的系统模型，其优点在 2.1.2 小节中已经论述。

SysML 能够表示系统、部件和其他实体的以下方面内容：
(1) 结构组成、互连和分类；
(2) 基于流、消息和状态的行为；
(3) 对物理和性能特性的约束；
(4) 行为、结构和约束之间的分配；
(5) 需求及其与其他需求、设计元素、测试用例之间的关系。

3.2 SysML 图概述

SysML 包括 9 种图，图 3.1 中给出了这些图的分类。下面总结了每个图的类型及其与 UML 图的相互关系。

[①] OMG 系统建模语言(OMG SysML™)是正式语言名称，简称 SysML。有关 SysML 的更多信息可浏览 OMG SysML 官方网站 http://www.omgsysml.org。

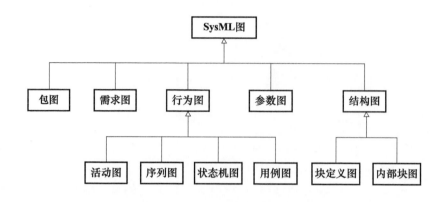

图 3.1 SysML 图分类

(1) 包图:按照包含模型元素的包的形式表示一个模型的组织(与 UML 包图一致)。

(2) 需求图:表示基于文本的需求及其与其他需求、设计元素、测试用例之间的关系,用以支持需求跟踪(UML 中无此图)。

(3) 活动图:表示基于流的行为中各动作执行顺序,基于各动作的输入、输出、控制和动作如何将输入转化为输出(UML 活动图的修改)。

(4) 序列图:根据系统间或系统组成间的消息交换序列表示行为(与 UML 序列图相同)。

(5) 状态机图:根据由事件触发的状态转换表示实体的行为(与 UML 状态机图相同)。

(6) 用例图:根据系统如何被外部实体(如执行者)使用来实现一组目标表示功能(与 UML 用例图相同)。

(7) 块定义图:表示名为块的结构元素及其它们的组成与分类(UML 类图的修改)。

(8) 内部块图:表示块组成之间的互连与接口(UML 组成结构图的修改)。

(9) 参数图:表示有关属性值的约束,如 $F = m \times a$,用于支持工程分析(UML 中无此图)。

图表示了从系统模型中选择的模型元素。系统模型的某个模型元素与出现在图中的相关符号(如图元素)的种类是由图种类所约束的。例如,活动图是代表动作、控制流和输入/输出流(对象流)的图元素,而不是连接器和端口的图元素。因此,图表示在 2.1.2 小节中描述的潜在模型知识库的子集。SysML 也支持表格表示(如配置表),作为对图的补充。

3.3 SysML-Lite 简介

SysML-Lite 是为了帮助初学者开始 SysML 建模的一个简化版本,本身并非 SysML 标准的一部分。它包括 SysML 9 类图中的 6 类,且每个图中包括语言特征的子集。SysML-Lite 提供了较强的建模能力。下面简单介绍 SysML-Lite,并用简例说明 SysML-Lite 的特征。为帮助初学者应用典型的建模工具,提供了一些工具技巧。

3.3.1 SysML-Lite 图与语言特征

图 3.2 中给出了 SysML-Lite 的 6 类图,每个图包括用于识别图种类的图标题和关于图的其他信息(在 5.2 节中阐述)。SysML-Lite 包括以下内容:

(1)包图:表示模型组织。
(2)需求图:表示基于文本的需求及其相互关系。
(3)活动图:表示系统及其部件的行为。
(4)块定义图:表示系统的层级。
(5)内部块图:表示系统的互连。
(6)参数图:表示系统特性间的相互关系,支持工程分析。

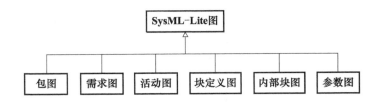

图 3.2 SysML-Lite 图

SysML-Lite 包括上述 6 个图语言特征的子集。图 3.3 表示了 SysML-Lite 的部分特征。SysML 语言特征的精确子集能够适应要求。图中带箭头的粗线并非语言的一部分,只是强调了块之间的重要关系。这些关系与传统系统工程方法基本一致,如功能分解与分配。

包图以 *pkg* 表示,用于组织模型中的**模型元素(model element)**。在包图中,*System Model*(系统模型)①出现在图标题中,包含了 *Requirements*(需求)、*Behavior*

---

① 为方便阅读,图中专有名词在每章正文中首次出现时以"英文(*中文*)"的形式表示,译者注。

(行为)、Structure(结构)、Parametrics(参数)等包。这些包中又各自包含需求图、活动图、块定义图、内部块图和参数图。需要注意的是,用于块定义图和内部块图的模型元素包含在包 Structure 中。

需求图以 req 表示,描述了基于文本需求的简单层级,这些需求通常是规范文档的一部分。顶层需求 R1 包括 R1.1 和 R1.2 两个需求。对应于 R1.1 的需求作为需求的文本属性提取,对应的文本在规范文档中可以找到。

活动图以 act 表示。图中名称为 A0 的图表示了 System 1(系统1)与 System 2(系统2)之间的交互作用。黑实圈和半黑圈分别代表了活动的起点和终点。活动图确定了一个活动的简单顺序,活动执行以 :A1 开始,后面跟随着活动 :A2 的执行。活动名称和其他符号中的冒号(:)是一种特定用法,与可重用相关,这部分在 4.3.12 小节中进行了描述,并在 7.3.1 小节和 9.4.2 小节中得到进一步阐述。:A1 的输出和 :A2 的输入以矩形框插脚表示。另外,活动分区 :System 1 和 :System 2 表示了每个分区内需开展的活动。活动 :A1 满足需求 R1.2,通过 satisfy(满足)关系表示。

在名称为 A1 的活动图内,活动图 A0 内的活动 A1 分解为活动图 :A1.1 和 :A1.2。这两个活动分别由 :Component 1(部件1)和 :Component 2(部件2)执行。活动 A1 的输出以矩形框插脚表示,对应于活动 A0 内的活动 :A1 输出插脚。在活动图 A0 和 A1 中上一层的输出与分解至下一层的输入保持一致。

块定义图以 bdd 表示,通常描述类似于树结构(如设备树)的系统层级。该图定义了系统各个层级的系统或者部件。图中块定义图表示了由 System 1 和 System 2 组成的块 System Context(系统情境)。System 1 进一步分解为 Component 1(部件1)和 Component 2(部件2)。System 1 与 Component 1 都包含值属性,该属性对应于物理或者性能特征,如重量或者响应时间。

内部块图以 ibd 表示,闭合图框架对应于 System 1。该图描述了 System 1 是如何互连。System 1(框架)上的小矩形及其组件(Component 1 和 Component 2)称为端口,表示接口关系。连接端口的线称为连接器。System 1 同时通过活动图 A0 表示活动,部件的活动在活动图 A1 中表示。

参数图以 par 表示,描述了特性之间的关系,可用于工程如性能、可靠性或者重量等特性的分析。本例中,参数图包括一个简单约束 Constraint 1(约束1),对应于一个方程或者方程组。在约束条件下的小方块描述了这个方程的参数,系统和部件块的属性可以绑定到方程的参数中,从而建立一个对等关系。根据该方法,能够开展系统设计的特定分析。一个单约束经常表示一个特定分析,参数代表了分析的输入与输出。

图 3.3 仅描述了 SysML–Lite 语言特性的一小部分。下面以空气压缩机简化模型为例说明如何应用 SysML–Lite 图与语言特性。

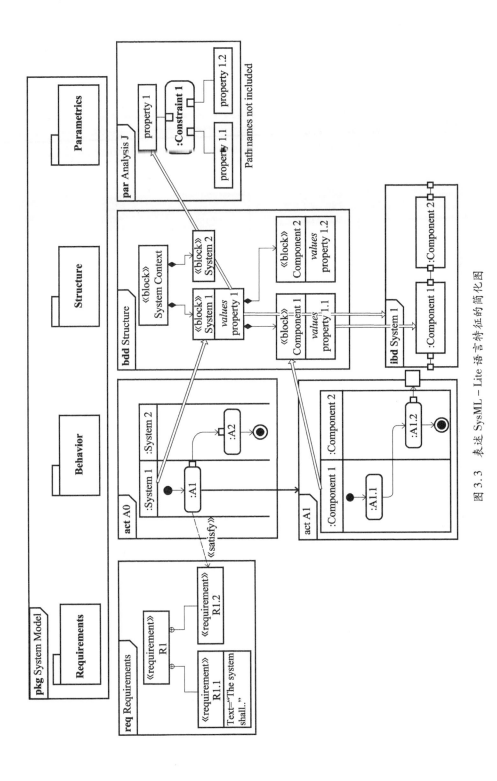

图 3.3 表述 SysML – Lite 语言特征的简化图

3.3.2 SysML – Lite 空气压缩机示例

以下给出采用 SysML – Lite 对空气压缩机建模的示例。为了方便叙述,模型高度简化,如图 3.3 所示。

图 3.4 给出了 *Air Compressor Model*(*空气压缩机模型*)的包图,其中包括 *Requirements*、*Behavior*、*Structure*、*Parametrics*。模型组织与图 3.3 相似。

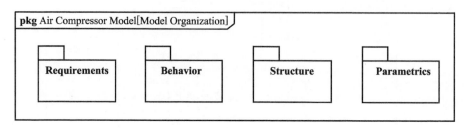

图 3.4 空气压缩机模型包图

包 *Requirements* 包括了需求集合,这些需求通常由空气压缩机的系统规范得到。需求在图 3.5 需求图中提取。顶层需求 *Air Compressor Specification*(*空气压缩机规范*)包括了基本需求——压缩空气、用于规定最大压力和最大流速的性能需求、规定存储能力的需求、输入能源需求、可靠性与可移动性需求等。为避免混乱,图中仅给出了文本需求——*Storage Capacity*(*存储能力*),其他文本需求未给出。

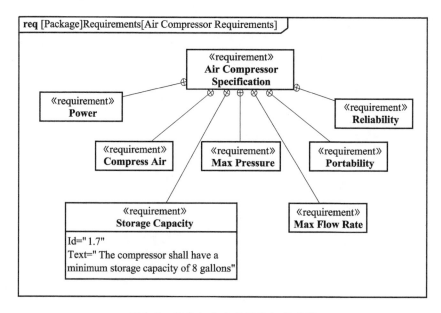

图 3.5 需求包内空气压缩机需求图

包 *Behavior* 包括了一个名为 *Operate Air Tool*(操作气动工具)的活动图,如图 3.6 所示。该图规范了 *Air Compressor*(空气压缩机)如何与其他外部系统相互作用,包括 *Air Tool*(气动工具)、*Atmosphere*(空气)以及非直接的 *Operator*(操作者)。*Air Compressor* 执行的功能(动作)为 *Compress Air*(压缩空气),其输入为 *low pressure air*(低压空气),输出为 *high pressure air*(高压空气)。活动从初始节点(黑实圈)开始,然后 *Operator* 执行 *Control Tool*(控制工具)动作。待执行完该动作后,最终活动结束于活动终节点(半黑圈)。图 3.9 中进一步分解了 *Compress Air* 动作。

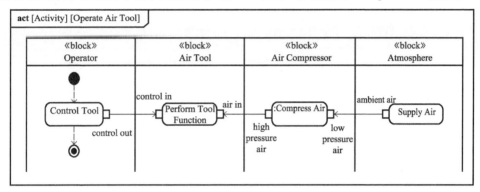

图 3.6 执行操作气动工具活动的活动图

包 *Structure* 包括图 3.7 和图 3.8 中块定义图所表示的块。图 3.7 中名为 *Air Compressor Top Level*(空气压缩机顶层)的块定义图包括了 *Air Compressor Context*(空气压缩机情境),该情境由块 *Air Compressor* 以及表示用户、外部系统和物理环境的块组成。本例中用户为 *Operator*,外部系统为 *Air Tool*,物理环境为 *Atmosphere*。图 3.8 中的块定义图名称为 *Air Compressor System Hierarchy*(空气压缩机系统层级)。该图中的块 *Air Compressor* 与图 3.7 中相同,但该图中的块 *Air Compressor* 是由 *Motor Controller*(电机控制器)、*Motor*(电机)、*Pump*(泵)、*Tank*(容器)等部件组成。*Air Compressor*、*Motor*、*Pump*、*Tank* 均含有值属性,用于分析流速率需求。

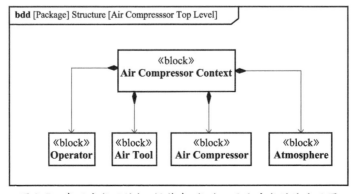

图 3.7 表示空气压缩机、操作者、气动工具和空气的块定义图

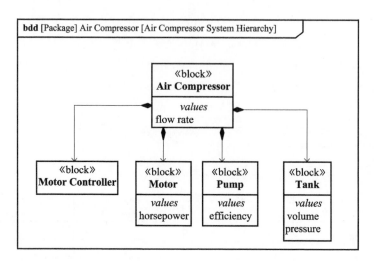

图3.8 表示空气压缩机及其部件的块定义图

图3.9中的活动图将图3.6中的动作——*Compress Air*分解,表示该动作中部件如何相互作用。图中的活动分区表示了空气压缩机的部件。*Motor Controller*包括的动作有*Sensor Pressure*(测量气压)和*Control Motor*(控制电机)。*Motor*执行的动作是*Generate Torque*(产生力矩),*Pump*执行的动作是*Pump Air*(泵气),*Tank*执行的动作是*Store Air*(存储空气)。输入*low pressure air*(低压空气),输出*high pressure air*(高压空气)与图3.6中*Compress Air*动作的输入、输出相一致。这个动作与动作*Operate Air Tool*一并包含在包*Behavior*内。

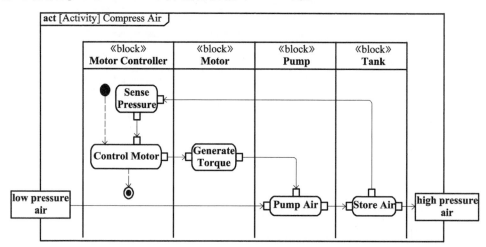

图3.9 表示部件交互作用执行压缩空气动作的活动图

图3.10中名为*Interconnection*(互连)内部块图表示了图3.8中的*Air Compressor*是如何互连的。图框表示了块*Air Compressor*,图的端口表示了*Air Compressor*的外部接口。内部块图中的部件包括在包*Structure*内。

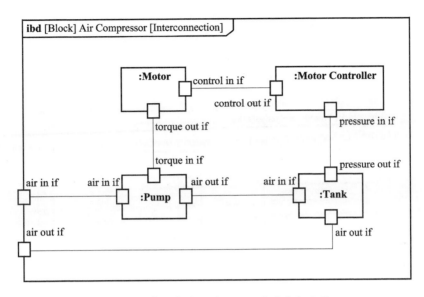

图 3.10　表示部件通过端口互连的内部块图

图 3.11 中名为 *Analysis Context*（分析情境）的块定义图定义了流速率分析的描述。该图包括了一个块——*Flow Rate Analysis*（流速率分析）。这个块是由约束块 *Flow Rate Equations*（流速率方程）组成。约束块定义了方程的参数，但方程没有在此处定义。块 *Flow Rate Analysis* 同样涉及图 3.7 中的块 *Air Compressor Context*，该块是分析的主体。

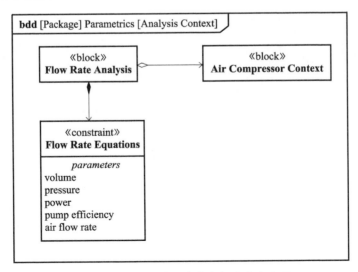

图 3.11　用于规范流速率分析的块定义图

块 *Analysis Context* 的定义为块 *Flow Rate Analysis* 建立了一个参数图，如图 3.12 所示。图 3.12 表示了 *Air Compressor* 及其端口的值特性，包括 *flow rate*（流

速率)、容器 volume(容量)与 pressure(压力)、电机 horsepower(功率)、泵 efficiency (效率),同时还表示了这些值如何与块 Flow Rate Equations 的参数绑定。流速率分析方程可通过某一分析工具计算,从而确定 Air Compressor 及其端口的特性值。有关分析描述图将在 8.10 节和 17.3.6 小节中介绍。

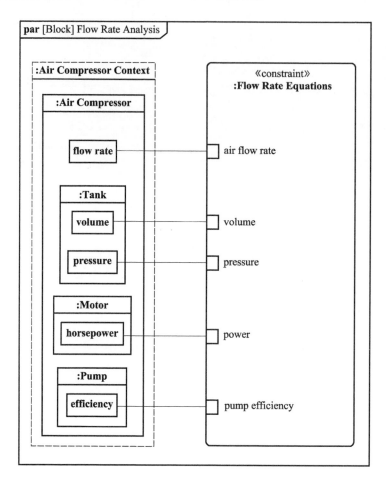

图 3.12 表示流速率分析和方程参数与设计属性绑定的参数图

此例阐述了一个系统如何通过 SysML-Lite 来建模。即使对于一个简单模型,也都包含许多模型元素,这就导致不易管理。因此需要有建模工具来有效建立一个自身一致的模型,同时建模工具能够管理复杂性。下面描述如何应用 SysML 建模工具来建立这个模型。

3.3.3 SysML 建模工具

本部分简要介绍如何应用典型 **SysML 建模工具**(SysML modeling tool)开展建模,在初学者第一次应用建模工具时经常会面临如何启动建模的问题。虽然不同工具都有明显的区别,但从使用界面角度看这些工具还是有许多共同点。如果建模人员利用某个工具学会了建立 SysML 模型,那么在使用另一工具时通常不会再花费很多时间。

工具界面

典型的 SysML 建模工具界面如图 3.13 所示,通常包括图区域、工具箱、模型浏览窗口和工具栏。图区域用于显示图,工具箱包括用以新建或修改图的图元素。工具箱通常与所处的敏感情境相关,出现在工具箱中的图元素由图区域中的当前视图决定。例如,当前视图为块定义图,则工具箱将包括用于块定义图的块及其他元素;当前视图为活动图,则工具箱将包括用于活动图的活动及其他元素。模型浏览窗口表示模型中模型元素的分层视图。典型的浏览窗口展示的是包分层结构中的分组模型元素,每个包均以文件夹方式显示,可以展开查看其中的内容。包可以包括其他的嵌套包。工具栏包含了一组菜单选择,支持不同操作,如文件管理、编辑、视图、配置工具特性和其他动作等。许多建模工具也支持更进一步工具定制,如开发用于模型审查的脚本。

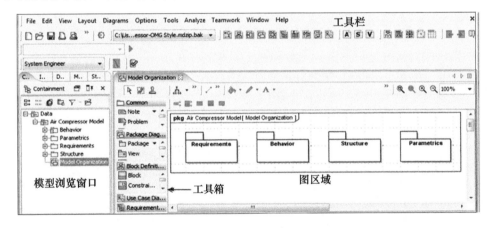

图 3.13 典型的 SysML 建模工具界面

基本的工具功能包括增加图、为图增加元素和关系、图与浏览窗口间的导航、从图和/或浏览窗口中删除元素、增加/修改/删除特定模型元素的细节。

在建立新图时,建模人员选择图的种类并给图命名。选择图种类通常有多种方式,如从图菜单或者工具栏中的图标选择。图区域中出现的新图没有任何内容。图标题信息是可见的,包含图种类、图名称和其他图框架信息。

建模人员可以从工具箱中拖拽图元素放入图区域的图中,并给新元素命名。完成该步骤后,浏览窗口中即出现对应的模型元素。另一种方法是建模人员首先在浏览窗口中直接新建模型元素,然后拖拽该模型元素至图中。一个模型元素仅出现在浏览窗口中的一个地方,但可以在图中不出现,也可以出现一次或者多次。

可以采用相似的方式将其他图元素添加到图内。通过从工具箱选择关系标识并将此标识从一个元素拖拽至另一个元素，可以添加元素间关系。另一种方法是许多工具提供了情境敏感菜单，可从一个元素选择关系并拖拽至另一个元素。这种关系像其他元素一样出现在浏览器中。

建模工具提供了在图中标识和浏览窗口中对应的模型元素之间导航的机制。由于一个大型模型可能包括数百个图、成千上万的模型元素，因此显得非常方便。大多数工具允许建模人员首先在图中选择模型元素，然后在浏览窗口确定其位置。建模人员也可以在浏览窗口选择一个模型元素，然后找到其所在每张图中的模型位置。

建模工具允许建模人员显示、隐藏模型细节，这对于管理图复杂性非常重要。建模人员只需显示支持图目的的重要内容。

如果建模人员希望从图中删除某一模型元素，那么工具会询问是仅从图中删除模型元素，还是通过从浏览器中移除模型元素或从模型中删除模型元素。建模人员也可以直接从浏览窗口中删除模型元素。

建模工具有许多其他功能来支持建模人员开发、管理系统模型。一旦新建模型元素后，建模人员就可以选择模型元素并打开该规范，模型元素的细节可在此规范中进行添加、修改或删除。建模人员也可以选择图中的模型元素，通过查询方式显示所有可以出现在特定图种类中与其直接相关的模型元素。

值得注意的一点是，建模工具通常与配置管理工具结合，将模型置于配置控制之下。这对于建模工作由一个分散的工作组完成且多人对同一模型建模时尤显重要。在这种情况下，一个典型的配置管理工具允许将读和/或写的权限分配给用户，以控制对模型不同部分访问。一旦这种机制执行，对模型特定部分具有读取权限的人员能够浏览模型的指定部分，具有改写权限的人员能够检出修改模型指定部分。

第 18 章描述了 SysML 建模工具与其他工具的系统开发环境（包括配置管理、需求管理、硬件/软件设计与分析工具）如何进行集成，也包括选择 SysML 建模工具的建议标准。

模型构建

下面介绍如何应用建模工具来构建 3.3.2 小节中的 *Air Compressor Model*。每个工具都有其独特的用户界面、不同的建模指导和 MBSE 方法，下面的例子提供了一种具有代表性的启动方法。

首先建模人员需要安装配置建模工具，使得工具能够按照 SysML 建立模型。许多 SysML 工具也支持 UML 或者其他语言，因此建模人员需要选择应用 SysML 配置文件（参见 15.5 节有关配置文件的论述）。完成该工作后，建模人员可以新建一个项目并命名，本例中的项目名称为 *Air Compress Project*（空气压缩机项目）。

建模的第一步是创建图 3.13 中浏览窗口中的顶层包 *Air Compressor Model*，然后在浏览窗口中选定该包并新建嵌套包 *requirements*、*Behavior*、*Structure*、*Parameters*。另一种方法是建模人员新建一个与图 3.13 相似的包图，其中的新包从工具箱中拖拽出并命名。

建模人员可以创建图 3.5～图 3.12，将模型元素放入包中，创建图的顺序可以借鉴这些示例图的顺序，但这个顺序是可以改变的，取决于 MBSE 的方法、信息的有效性和/或用户喜好。在指定图中使用的模型元素可能是在其他图中创建的。建模人员可以在图中创建一部分，然后在另一个图中再增加一些元素，最后返回到原始图中使用所有的这些元素。换言之，建模是一个高度迭代的过程，模型的各个组成可以在一个图中创建，在其他图中使用。

建模人员可以按照图 3.5 所示选择浏览窗口中的包 *Requirements* 来新建一个需求图，命名为 *Air Compressor Requirements*（空气压缩机需求）。待图区域中出现该图后，建模人员可以由工具箱拖拽新的需求至图中，并命名为图 3.5 中所述的需求名称。应用工具箱中的关系类型可以定义这些模型元素的相互关系。利用父子需求上的情境敏感菜单，名为 *Air Compressor Specification* 的顶层父需求可以通过十字圈标识与各子需求连接。通过打开该模型元素规范并在文本属性中添加文本，可以将需求陈述的文本加入到需求 *Storage Capacity* 中。附加图表示选项用于显示/隐藏图中的文本。

第二步创建图 3.6 中所示的顶层活动图 *Operate Air Tool*。选择包 *Behavior*，新建一个活动图，命名为 *Operate Air Tool*。建模人员可以从工具箱中拖拽活动至活动图，并用合适的流连接活动。控制流用于连接起始节点至 *Control Tool*，其他控制流连接 *Control Tool* 至活动结束节点。对象流连接了各个动作之间的输入和输出。输入和输出是动作上名为管脚的小矩形，可以由情境敏感菜单选择输入管脚和输出管脚。在定义 *Air Compressor* 和外部实体后，可以增加活动分区，这在本过程的下一步骤中完成。

第三步为图 3.7 中所示的 *Air Compressor Context* 新建块定义图。在浏览窗口中选择包 *Structure* 并新建一个块定义图，命名为 *Air Compressor Top Level*。从工具箱中拖拽新块至图中，并命名为 *Air Compressor Context*。其他块也采用类似的方法定义。由情境敏感菜单选择组合关系（以一端为黑菱形的线表示），从而建立块 *Air Compressor Context* 与其他块之间的关系。另一种方法是由工具箱选择组合关系。

待完成块定义后，可添加图 3.6 活动图中对应于块的活动分区（泳道）。这个活动图表示了 *Air Compressor*、*Operator*、*Air Tool*、*Atmosphere* 之间的相互作用，以执行活动 *Operate Air Tool*。原先建立的活动图 *Operate Air Tool* 在浏览窗口中选择包 *Behavior* 后显示。建模人员可以从工具箱拖拽活动分区至图，确保动作均附上分区，如图 3.6 所示。为定义与某特定块相对应的活动分区，建模人员打开活动分区规范，然后选定由分区表示的特定块。例如包围 *Compress Air* 的活动分区对应于块 Air Compressor。按照此方式，每个动作均包含在一个与执行该动作的块相对应的动作分区内。

通过创建图 3.8 所示的块定义图，建模人员可以将系统分解至部件。在选中包 Structure、新建一个块定义图并命名为 Air Compressor System Hierarchy 后，即可完成该创建过程。新块可以由工具箱拖拽至图内并命名。采用与图 3.7 块定义图 Air Compressor Top Level 描述相似的方式可以建立块的相互关系。通过从工具箱拖拽一个端口至块可建立每个块的端口，或者是选中某个块，打开其规范并增加端口。另外，在选中图中块或浏览器窗口中的块、打开块规范、增加属性并命名后，可实现新增块属性。图 3.8 中，端口包含于模型中，但为简化图未予以显示。

第四步，建模人员创建活动图 Compress Air，如图 3.9 所示。该活动表示了图 3.6 活动 Operate Air Tool 中 Air Compressor 执行动作 Compress Air 的分解。建模人员在活动 Operate Air Tool 中选中动作 Compress Air，然后新建一个名为 Compress Air 的活动图。工具能够确保该活动的输入和输出与动作 Compress Air 的输入和输出管脚相一致。这个活动图表示了 Air Compressor 的部件如何执行 Compress Air 活动。活动分区对应于 Air Compressor System Hierarchy 块定义图中的部件块。

第五步，建模人员创建如图 3.10 所示的内部块来表示 Air Compressor 的组成如何相互连接。这通过从浏览窗口包 Structure 选中块 Air Compressor、新建一个内部块实现。块的组成在 Air Compressor System Hierarchy 块定义图中由部件块分类后，一些工具能够将这些组成自动植入内部块图中。4.3.12 小节中对类型做出了说明，第 7 章中给出了详细介绍。图中的组成端口有可能是不可见的，即使它们在先前已经在模型中定义。许多工具需要建模人员选中组成并激活一个菜单选项后才能显示端口，再视需要增加端口或连接端口。

第六步，建模人员创建如图 3.11 所示的块定义图，依据分析约束与分析主题而定义 Flow Rate Analysis。这通过选中浏览窗口中的包 Parameter、新建一个块定义图并命名为 Analysis Context 而实现。块 Flow Rate Analysis 创建后，将位于包 Structure 中的块 Air Compressor 拖拽于该图中，并由块 Flow Rate Analysis 应用聚合关系（白菱形标识表示）引用。由工具箱拖拽新建一个约束块并命名为 Flow Rate Equations，块 Flow Rate Analysis 应用组合关系（黑菱形标识表示）与该约束块相关。通过类似于前述添加块属性的方式将流速率方程组的参数添加入约束块中。这些方程组可被定义为约束块的组成。

第七步，建模人员在参数包内建立如图 3.12 所示的参数图。对于由约束块 Flow Rate Equations 分类的约束属性和由块 Air Compressor Context 分类的组成，均从浏览窗口拖拽至参数图内。工具也可以使用与组成相似的方式自动植入参数图。在图中选中 Air Compressor Context 后将显示其嵌套组成与属性。不同工具以不同的方式实现。在此项完成后，包含于 Air Compressor、Tank、Motor 和 Pump 内的值属性将与 Flow Rate Equations 约束的参数相连接。

在建模工具中创建本示例仅是学习如何建模的第一步。在理解这些内容后,可以进一步添加 SysML 语言特性并拓展其他工具能力,如图层功能、文档与报告生成、模型执行等。第 4 章中的汽车示例作为学习过程的下一步将介绍 SysML 的其他三类图和其他语言特性。相关的语言特性将在第二部分各章中分别详述。

3.4 一种简化的 MBSE 方法

建模人员除了学习建模语言和工具外,也必须能够应用基于模型的系统工程方法,遵循健全的系统工程和建模实践,从而建立高质量的系统模型。SysML 提供了一种提取系统建模信息的手段,而无须指定某种特定的 MBSE 方法。

选择的 **MBSE 方法**(**MBSE method**)决定了所进行的建模活动、活动的顺序和建模的种类。例如,传统的架构分析方法可用于分解功能并将其分配至部件。另一种方法是应用场景驱动方法,通过分析场景和组成间的交互作用提出系统功能。这两种方法也许都包括了不同的活动,需要综合不同图来表示系统规范和设计信息。*Survey of Model-based Systems Engineering Methodologies*[6]中给出了几种 MBSE 方法。第 16 章和第 17 章给出了应用不同 MBSE 方法的两个示例。

图 3.14 中突出了一个简化 MBSE 方法的顶层活动。这些活动与 1.2 节介绍的系统工程过程一致。系统模型代表了系统规范和设计信息,也是该方法的主要制品。方法包括对以下活动的一次或者多次迭代,从而规范和设计系统。

(1) *Organize the Model*(组织模型):定义包图从而组织系统模型。

(2) *Analyze Stakeholder Needs*(分析利益相关方需要):理解需解决问题、系统目标和有效性测度,以评估系统如何支持这些目标和满足利益相关方的需要。

①识别利益相关方和解决的问题;

②定义域模型(如块定义图),从而识别系统和外部系统及用户;

③定义顶层用例,以表示系统所需支持目标;

④定义有效性测度(moe),为利益相关方提供用于量化解决方案值。

(3) *Specify System Requirements*(规范系统需求):包括要求的系统功能、接口、物理和性能特征以及支持目标和有效性测度的其他品质特征。

①在需求图中捕捉支持系统目标和有效性测度的基于文本的需求;

②以活动图形式创建每个用例场景,规范系统行为需求;

③建立系统情境图(内部块图),规范系统的外部接口。

(4) *Synthesize Alternative System Solutions*(综合各可选系统解决方案):通过分解设计至部件实现,从而满足系统需求。

①应用块定义图分解系统;

②应用活动图定义各组成间的交互作用;

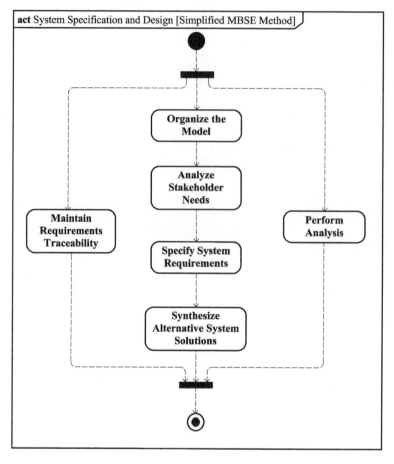

图3.14 一种简化的MBSE方法

③应用内部块图定义各组成间的互连。

(5) *Perform Analysis*(开展分析):以评估选择满足系统需求和最大化有效性测度的系统解决方案。

①提取分析情境(块定义图),识别需要开展的分析,如性能、质量属性、可靠性、成本和其他关键属性分析等;

②以参数图提取每个分析;

③开展工程分析以确定系统属性值(注意:应用工程分析工具开展分析)。

(6) *Maintain Requirements Traceability*(保持需求可追踪性):以确保提出的解决方案满足系统需求和利益相关方需要。

①在需求图中提取系统需求和利益相关方需要之间的追踪能力(如用例、有效性测度);

②在需求图或表中表示系统如何满足系统需求;

③在需求图或表中识别验证系统需求所需的测试用例,提取验证结果。

其他系统工程管理活动,如计划、评估、风险管理和配置管理等,与上述建模活动共同进行。第4章将给出一个简单示例,该示例采用本节所描述的MBSE方法,阐述基于模型的一些制品。第16章和第17章将给出有关SysML支持功能分析、分配方法和面向对象的系统工程方法(OOSEM)的更为详细的示例。

3.5 SysML与MBSE学习曲线

与学习机械、电子、软件和其他技术学科的建模相类似,学习SysML和MBSE也需要有投入。有很多附加因素影响学习SysML和MBSE的曲线。特别一点是,针对基于模型系统工程方法的主要聚焦点是从多角度理解系统,确保从多个方面集成。在SysML中,系统需求、行为、结构和参数均代表了系统的不同方面,均需要理解。

每个方面均介绍了各自的复杂性。例如,建模人员可以应用活动图表示行为,以规范系统如何响应一个激励。这包含规范系统如何执行每个用例场景的细节。活动图也可以集成为一个复合系统行为,该行为在状态机图中提取。详细的行为表示和不同行为方式的集成(如活动图和状态机)可以说明复杂性。

如前所述,建模人员必须维持一个反映多个不同方面的一致模型。SysML通常用于表示需求、行为、结构和参数的层级。每个层级必须自我一致,例如行为和结构的不同层级。在所有不同层级中模型必须保持一致。3.3.1小节和3.3.2小节的示例强调了其中的某些关系。其他专业领域的视图,如安全性视图、可靠性视图或者制造视图,可以跨越需求、行为、结构和参数。确保这些交叉视图的一致性增加了系统建模和MBSE的复杂程度。

相对于以前的表述方式(如IDEF0),SysML是一种更为复杂的语言。它提供了针对上述各方面的显著表示能力。SysML也是一种形式语言,它能够显著增加重用性。例如,在重用车轮的相同定义情况下,SysML模型可以区分车辆的前轮与后轮。作为一种形式语言,SysML通过提供描述复杂数据结构的能力支持与分析模型的有效集成,例如系统的位置以X、Y、Z坐标和各自单位表示。这些能力增加了复杂性。随着语言的发展,期望工具可以隐藏一些复杂性,而一些其他能力的增强可以使语言更为直观,如领域专业符号使用。

有效的MBSE方法不仅需要一种如SysML一样能够表示系统的语言,而且需要有一种定义活动和制品的方法,如同实现建模语言和方法的工具。语言、方法和工具均引入了各自的概念,为掌握基于模型的系统工程必须学习这些概念。语言、方法和工具也需要在特定应用领域应用,如飞行器、汽车、通信系统、医疗设备等复杂系统的设计。

其他建模的挑战包含更大项目的建模工作。管理模型的挑战在于使用。多个建模人员可能使用了不同的工具,并分布于不同位置。需要有专业的过程和工具来管理模型。SysML 模型必须能够与其他不同种类的模型集成,如分析模型、电子/机械/软件设计模型、验证模型。不同模型、工具与其他工程制品的集成和管理是伴随 MBSE 的另一个挑战。

基于模型的系统工程固化了系统工程实践活动。学习 MBSE 的复杂性和相应挑战反映了应用系统工程开发复杂系统的内在复杂性与挑战。1.3 节汽车设计示例中反映了其中的一些复杂性。在开始学习 MBSE 时,针对学习 MBSE 并在兴趣域应用的挑战设定期望非常重要。除了获得第 2 章中所述的 MBSE 潜在收益外,接受这些挑战并熟练掌握 SysML 和 MBSE 能够提供对系统和系统工程概念更深刻的理解。

3.6 小结

SysML 作为一种通用图形化的系统建模语言,可以针对包含硬件、软件、数据、人员、设施和其他物理环境中元素的系统建模。该语言支持需求、结构、行为和参数建模,提供了对系统及其部件、环境的健壮性描述。

SysML 包含 9 种图,每种图均具有多种特性。该语言语义支持建模人员开发系统集成模型,而每种图均能表示系统的不同视角。每个图的模型元素可与其他图的模型元素相关联。这些图支持提取模型库中的信息,从模型库中检视这些信息,从而帮助系统规范、设计、分析和验证。为帮助学习,本章引入了 SysML – Lite,其中包括 SysML 的 6 种图,并且每种图均包含语言特性的子集。

SysML 是 MBSE 的关键支撑。对语言的有效应用需要有定义良好的 MBSE 方法。本章介绍了一种简化的 MBSE 方法以辅助初学,但 SysML 本身可以根据不同的 MBSE 方法而应用。

SysML 支持从多个方面表述系统。每个方面本身可能很复杂,但是确保了一个集成不同方面的一致性模型。这给学习 SysML 和 MBSE 带来额外的挑战。当学习作为 MBSE 方法一部分的 SysML 时,过程、方法和工具都引入了它们自己的概念和复杂性。应用 SysML 使得系统工程实践形式化。最终 SysML 和 MBSE 的挑战反映了应用系统工程开发复杂系统的内在复杂性,因此应当确定学习期望。

3.7 问题

(1) SysML 表示系统的哪 5 个方面?
(2) 包图应用于什么方面?
(3) 需求图应用于什么方面?
(4) 活动图应用于什么方面?
(5) 块定义图应用于什么方面?

(6) 内部块图应用于什么方面?
(7) 参数图应用于什么方面?
(8) 一个典型 SysML 建模工具的用户界面有哪些通用部分?
(9) 用户界面的哪部分表示了模型元素的层级视图?
(10) 应用 MBSE 方法的目的是什么?
(11) 简化 MBSE 方法的主要活动有哪些?

讨 论

哪些因素构成了学习 SysML 和 MBSE 的挑战,这些因素与学习系统工程的挑战有何关系?

第4章 应用 SysML 基本特性集的汽车示例

本章介绍 SysML 的**基本特性集(basic feature set)**。基本特性集在 SysML 所有图中均有应用,它提供了第3章 SysML-Lite 特性之外的语言特性子集。与 SysML 全部特性集无复杂关联,基本特性集提供了语言的重要功能。

本章中采用与1.3节相似的汽车系统模型来阐述基本特性集的应用。该示例在本书第二部分中有更详细的图和语言概念描述。由基本特性集组成的 SysML 构建子集在第二部分和附录 A 注释表中以阴影图突出表示。

4.1 SysML 基本特性集与 SysML 认证

基本特性集与全部特性集均提供了语言的功能,作为 SysML 认证的基础,可分步骤学习掌握。SysML 认证项目名称为 OMG 认证系统建模职业认证(OCSMP)[39]。OCSMP 包含四个等级:前两个等级覆盖了 SysML 基本特性集,这两个等级的对象分别为模型使用人员与基本建模人员,针对模型使用人员等级的认证是期望该类人员能够应用基本特性集阐述 SysML 图,而基本建模人员等级的认证是期望该类人员能够应用基本特性集建立模型;第三等级覆盖了 SysML 全部特性集,该等级称为中级建模人员,认证是期望该类人员能够应用全部特性集建立模型;第四等级覆盖了超出 SysML 的附加建模概念。

4.2 汽车示例概述

下面的一个简单示例阐述了 SysML 特性集如何作为基于模型方法的一部分来规范、设计汽车系统。本例与1.3节中的汽车示例相似,后者描述了如何将系统工程过程应用到汽车规范与系统层级设计。在第1章中并未应用基于模型的方法,而本章中的示例将强调如何应用典型 MBSE 方法来建立模型,从而帮助规范、设计一个系统。MBSE 方法与3.4节所介绍内容相似。第16章和第17章将有关于 MBSE 方法的更详细介绍。

本例诠释了 SysML 基本特性集的大部分内容,包括 SysML 的所有图类型。示例中超出 SysML 基本特性集的特性有连续流和泛化集,因为它们阐述了本示例的重要特性。这些附加特性在使用处均有说明。另外,本节中包含对第二部分中一些章节的引用,在第二部分中对这些特性均有详细描述。

本例也包括一些如**版型(stereotype)**的用户定义语言概念。在第15章中描述如何应用版型定制针对特定领域应用的语言。本例中所用的用户定义概念以《 》内的名称表示,如下所示:

《hardware》

《software》

《store》

《system of interest》

所有的 SysML 图均包括一个**图框架(diagram frame)**,其中包含**图标题(diagram header)**和**图内容(diagram content)**。图标题描述了图的种类、名称和提供图内容情境的附加信息。关于图框架和图标题详见 5.2 节。

4.2.1 问题描述

本例描述了应用 SysML 来规范、设计一个汽车系统。如前所述,本例中所建的模型均是 MBSE 方法中有代表性的模型种类。本例也仅对系统需求和设计的一小部分子集做出说明,强调语言的应用。本例中所用的图如表 4.1 所列。

表 4.1 汽车示例中所用的图

图号	图种类	图名称
4.1	包图	Model Organization
4.2	需求图	Automobile System Requirements
4.3	块定义图	Automobile Domain
4.4	用例图	Operate Vehicle
4.5	序列图	Drive Vehicle
4.6	序列图	Turn on Vehicle
4.7	活动图	Control Power
4.8	状态机图	Drive Vehicle States
4.9	内部块图	Vehicle Context
4.10	块定义图	Vehicle Hierarchy
4.11	活动图	Provide Power
4.12	内部块图	Power Subsystem
4.13	块定义图	Analysis Context
4.14	参数图	Vehicle Acceleration Analysis
4.15	时机图(非 SysML)	Vehicle Performance Timeline
4.16	块定义图	Engine Specification
4.17	需求图	Max Acceleration Requirement Traceability
4.18	包图	Architect and Regulator Viewpoints

某项市场分析表明,需要在现有能力的基础上提高汽车的加速性能和燃油效率。在这个简单的示例中,设计工作主要是进行初步的权衡分析,权衡分析包括对4缸发动机和6缸发动机评估,确定它们是否满足加速性能和燃油效率需求。

4.3 汽车模型

以下描述了汽车示例的系统模型。

4.3.1 用于组织模型的包图

如 2.1.2 小节所述,集成系统模型概念是 MBSE 的基本概念。模型包含模型元素,这些模型元素存储于模型库中。某个特定的模型元素可以出现在零个、一个或多个图中。此外,模型元素也可以与相同图内或其他图中的模型元素产生关系。

对于模型管理而言,模型组织非常必要。一个组织良好的模型应类似于用一组抽屉来组织供给,每个供给元素都包含在一个抽屉内,而每个抽屉则包含在一个特定柜子中。模型组织使可理解性、访问控制、更改管理和模型重用变得更方便。

图 4.1 表示了汽车示例的包图。图种类以 *pkg* 表示,图的名称为 *Model Organization*(*模型组织*)。包图表示了如何将模型组织入包(**package**)中。该模型组织包括一个多包的扩充集,这些包的数量要多于 3.3.2 小节空气压缩机示例中SysML–Lite 包的数量。每个包**包含**(**contain**)一组模型元素,每个模型元素仅包含于某一个包内,因此称包拥有包含于其中的元素。对于被包含的模型元素而言,包也是一个命名空间,每个模型元素都被赋予一个在模型内唯一的名称,也称为全限定名称。包内模型元素可以与其他包内的模型元素产生关系。以包组织模型的详细内容见第 6 章。

本例中的模型组织包括一个名为 *Automobile Domain*(*汽车域*)的包。该包作为顶层模型(以三角形标识),包含所有的其他模型元素。包 *Automobile Domain* 包含 *Use Cases*(*用例*)、*Behavior*(*行为*)、*Structure*(*结构*)、*Parametrics*(*参数*)、*IO Definitions*(*输入和输出定义*)、*Viewpoints*(*视角*)、*Value Types*(*值类型*) 和 *Vehicle*(*车辆*)等嵌套包。包 *Vehicle* 包含附加的 *Requirements*(*需求*)、*Behavior*、*Structure* 等嵌套包,包 *Use Cases*、*Behavior*、*Structure*、*Parametrics* 包含关于车辆情境及其外部环境的模型元素,而包 *Vehicle* 包含的是关于车辆设计的模型元素。包 *IO Definitions* 包含确定接口的元素,如端口定义与输入输出定义。包 *Viewpoints* 定义选择的模型视角,这些视角突出了特定利益相关方的关注。包 *Value Types* 包含用于规范数量属性(称为**值属性**(**value property**))单位的定义。

本章后面部分描述这些包的内容。包中的模型元素可以由前述的全限定名称引用。限定名称包括其相对于模型的路径名称,其中以双冒号(::)作为分隔符。例如,图 4.1 车辆行为包中名为 *Provide Power*(*提供动力*)的活动被规定为 *Automobile Domain::Vehicle::Behavior::Provide Power*。

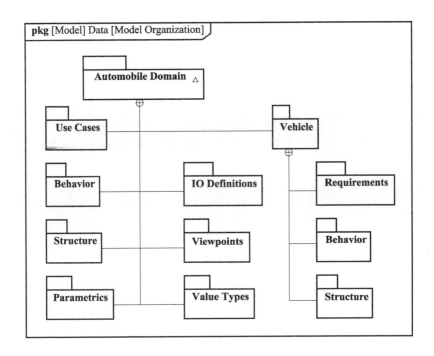

图 4.1　表示将模型组织入包的包图

4.3.2　应用需求图捕获汽车规范

汽车系统的**需求图**(requirement diagram)如图 4.2 所示。图的左上方 req 表示了该图为需求图类型,同时给出了图名称 Automobile System Requirements(汽车系统需求)。图标题也说明了图框架对应于一个 Package(包)。

图 4.2 给出了从文本需求中提取的典型需求。这些需求以包含层级显示,表示其间的父 - 子关系。顶部的十字圈标识(⊕)表示**包含**(contain)。Automobile Specification(汽车规范)作为顶层需求,包含其他的需求。

Automobile Specification 包含 Passenger and Baggage Load(乘客与行李负荷)、Vehicle Performance(车辆性能)、Riding Comfort(乘坐舒适性)、Emissions(排放)、Fuel Efficiency(燃油效率)、Production Cost(制造成本)、Reliability(可靠性)和 Occupant Safety(乘员安全性)等需求。Vehicle Performance 需求包含 Maximum Acceleration(最大加速度)、Top Speed(最高速度)、Braking Distance(制动距离)和 Turning Radius(转弯半径)等需求。每个需求包含一个唯一识别号和需求文本,也可包含其他由用户定义的与需求相关属性,如验证状态和风险。Maximum Acceleration 需求的文字内容为"The vehicle shall accelerate from 0 to 60 mph in less than 8 seconds under specified conditions(在规定时间内汽车速度由 0 加速到 60mile/h 所用时间需低于 8s)",Fuel Efficiency 需求的文字内容为

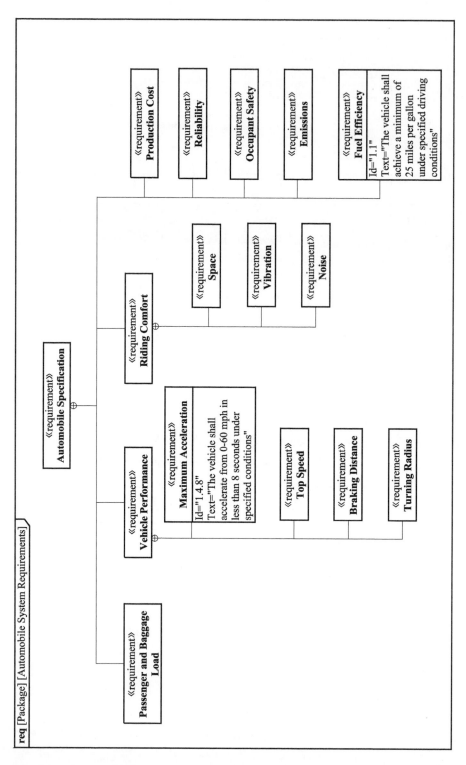

图 4.2 表示汽车规范中包含系统需求的需求图

"The vehicle shall achieve a minimum of 25 miles per gallon under specified driving conditions(在规定驾驶条件下,车辆油耗应达到最小值25mile/gal(1gal=3.785L))"。

需求既可以在 SysML 建模工具中创建,也可在需求管理工具或者文本文档中创建并引入模型中。需求在模型中被提取后,可以通过派生(derive)、满足(satisfy)、验证(verify)、精化(refine)、追踪(trace)、复制(copy)等方式与其他需求、设计元素、分析和测试用例相关。这些需求用于建立需求可追踪能力,确保需求被满足和被验证,并管理需求和设计的变化。4.3.18 小节介绍了其中一些关系。

为观察需求、需求属性以及它们的关系,可通过多种显示选项来表示。表格表示是其中之一。第 13 章详细描述了在 SysML 中如何对需求建模,17.3.7 小节中给出了需求建模的附加指南。

4.3.3 应用块定义图定义车辆及其外部环境

在系统设计中,识别出与系统发生直接或间接作用的外部实体非常重要。图 4.3 中 *Automobile Domain*(汽车域)块定义图(block definition diagram)定义了 *Vehicle* 及其外部系统、操作人员和其他与车辆发生交互作用的实体。

在 SysML 中块(block)是一常用的建模概念,用于对具有结构的实体建模,如系统、硬件与装备、软件或者物理对象。即块可以表示任何真实或抽象的存在,这些存在可以概念化为具有一个或多个特征的结构单元。块定义图提取了块间的相互关系,如块层级。

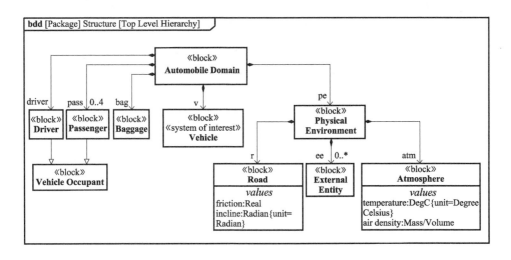

图 4.3 汽车域块定义图

在图 4.3 所示的块定义图中，*Automobile Domain* 是顶层块，它提供了 *Vehicle* 的情境。该块由块 *Vehicle*（指定为《system of interest》）和其他作为 *Vehicle* 外部的块组成，后者包括了 *Driver*（驾驶员）、*Passenger*（乘客）、*Baggage*（行李）和 *Physical Environment*（物理环境）。注意：虽然 *Driver*、*Passenger*、*Baggage* 物理上位于 *Vehicle* 内，但它们并非 *Vehicle* 的组成，属于其外部。

这种整体－组成关系称为**组合关联**(**composite association**)，以黑菱形标识及带有箭头的线表示，箭头方向指向组成它的块。组合关联组成端箭头附近的名称表示块的特定使用，详见 4.3.10 小节和 4.3.12 小节。组合层级说明见 7.3.1 小节，它与包含关系(⊕)不同，后者是父到子的需求连接，如图 4.2 所示。需求包含层级详见 13.9 节。

Driver 和 *Passenger* 是 *Vehicle Occupant*（车辆乘员）的**子类**(**subclass**)，该关系以中空三角形标识(△)表示。这表明它们继承了 *Vehicle Occupant* 的通用特性。按照这种方式，一个类可以由多个泛化块经特殊化后产生。

Physical Environment 由 *Road*（道路）、*Atmosphere*（空气）和多个 *External Entities*（外部实体）组成。*External Entities* 可以表示任何物理对象，如交通灯或者另一部车辆，与 *Driver* 发生交互作用。*Driver* 与 *External Entities* 之间的交互作用会影响 *Driver* 与 *Vehicle* 之间的交互作用，例如在 *Driver* 看到交通灯由绿灯转换为黄灯或红灯时将会制动汽车。**多重性**(**multiplicity**)标识 *0..** 表示未定的外部实体最大数量。多重性标识也可以表示为一个正整数（如 4），或者一个范围（如 *0..4*），表示 *Passengers* 的人数。

每个块都定义了一个结构单元，如系统、硬件、软件、数据元素或者其他概念化实体。块可以有一组**特性**(**feature**)，这些特性包括**值属性**(**value propertie**)（如重量）、**分配**(**allocate**) 至块活动的**行为**(**behavior**)、块的**操作**(**operation**)、由其**端口**(**ports**) 定义的接口等。建模人员通过这些特征可以详细规范块，使之符合预期应用。

块 *Road* 有一个名为 *incline*（倾斜度）、单位为 *Radians*（弧度）的值属性和一个名为 *friction*（摩擦力）、定义为实数的值属性。类似地，块 *Atmosphere* 具有 *temperature*（温度）和 *air density*（大气密度）两个值属性。这些值属性用于支持车辆加速性能和燃油效率的分析，见 4.3.13 ~ 4.3.16 小节。

块定义图规范了块及其相互关系。这在系统建模中经常应用，从而描述系统的多重层级。这种层级由顶层领域或者情境块（如 *Automobile Domain*）一直向下至表示车辆部件的块。第 7 章详细描述了在 SysML 中如何对块建模以及块的特性与相互关系。

4.3.4 应用用例图表示操作车辆

图4.4中的 *Operate Vehicle*(*操作车辆*)**用例图**(**use case diagram**)描述了涉及操控车辆的一些高层级功能。包含在包 *Use Cases* 中的**用例**(**use case**)有 *Enter Vehicle*(*进入车辆*)、*Exit Vehicle*(*离开车辆*)、*Control Vehicle Accessory*(*控制车辆附件*)和 *Drive Vehicle*(*驾驶车辆*)。*Vehicle* 是用例的**主体**(**subject**),以矩形框表示。*Vehicle Occupant* 是车辆的外部**执行者**(**actor**),以一个人形图表示。在用例图中,主体(如 *Vehicle*)由执行者(如 *Vehicle Occupant*)使用,获得由用例(如 *Drive Vehicle*)定义的执行者目标。执行者被分配至图4.3中同名的块,从而建立它们之间的对等关系。图中未显示分配。

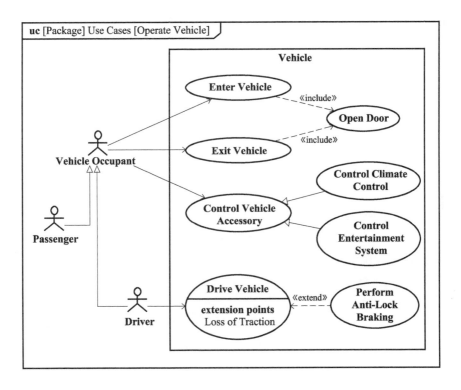

图4.4 描述车辆主要功能的用例图

Passenger 和 *Driver* 均是 *Vehicle Occupant* 的一类。所有的车辆乘员都参与进入/离开车辆、控制车辆附件等用例,但仅有 *Driver* 参与 *Drive Vehicle* 用例。

SysML提供了规范用例间关系的能力。用例 *Enter Vehicle* 与 *Exit Vehicle* 均包含用例 *Open Door*。用例 *Open Door* 定义了通用功能,该通用功能在用例 *Enter Vehicle* 与 *Exit Vehicle* 执行时也都执行。*Enter Vehicle* 与 *Exit Vehicle* 称为基础用例,

Open Door 称为被包含用例。这种关系称为**包含**(include 或 inclusion)关系。用例 *Perform Anti - Lock Braking*(*执行防抱死制动*)扩展了基础用例 *Drive Vehicle*。防抱死制动仅在满足某一特定条件时才会执行，这个特定条件由名为 *Loss of Traction*(*牵引丧失*)的扩展点确定。这种关系称为**扩展**(extension 或 extend)，表示了扩展用例(*Perform Anti - Lock Braking*)相对于基础用例(*Drive Vehicle*)的关系。除了包含关系与扩展关系,特殊化的用例可以表示为用例 *Control Vehicle Accessory* 的子类。特殊化的用例 *Control Climate Control*(*控制通风*)和 *Control Entertainment System*(*控制娱乐系统*)均享有用例 *Control Vehicle Accessory* 的共同功能,但也都有各自与特定附件关联的特殊功能。

用例定义了整个系统生命周期内使用系统的目标,如与制造、运行、维护车辆等相关的目标。本例中主要强调的是针对 *Drive Vehicle* 的运行用例,对应加速性能与燃油效率需求。第 12 章将详述在 SysML 中如何建立用例模型。

由于用例表示的是系统的高层级功能或者目标,因此用例通常与需求相关。通常一个用例精化一组需求。有时用例定义伴随着一个用例文本描述定义。用例描述中的步骤也可被提取作为 SysML 需求,并通过精化关系与用例相关联。

用例通过执行者(如 *Driver*)和主体(如 *Vehicle*)之间的相互作用实现,这将在下节中予以介绍。

4.3.5　应用序列图规范驾驶车辆行为

图 4.5 中的**序列图**(sequence diagram)表示了图 4.4 中用例 *Drive Vehicle* 的行为。序列图规定了 *Driver* 与 *Vehicle* 之间的**交互作用**(interaction), *Driver* 与 *Vehicle* 以**生命线**(lifeline)上方的名称表示。时间过程沿图的垂直方向向下。第一个交互作用是 *Turn On Vehicle*(*启动车辆*),以下是 *Driver* 和 *Vehicle* 的交互作用: *Control Power*(*控制动力*)、*Control Brake*(*控制制动*)、*Control Direction*(*控制方向*)。以 **par** 表示的这三个交互作用并行发生。以 **alt** 表示的交互作用 *Control Power* 为备选项,表示当方括号内的 *vehicle state*(*车辆状态*)条件发生时才会有 *Control Neutral Power*(*控制怠速动力*)、*Control Forward Power*(*控制前向动力*)、*Control Reverse Power*(*控制后向动力*)交互作用。4.3.8 小节中的状态机图对 *vehicle state* 做出规范。在上述这些交互作用之后为 *Turn Off Vehicle*(*关闭汽车*)交互作用。

图中的每个**交互作用应用**(interaction use)都引用了一个更为详细的交互作用,以 **ref** 表示。*Turn On Vehicle* 所引用的交互是另一个序列图,见 4.3.6 小节。序列图 *Drive Vehicle* 和其他被引用的交互作用都包含在包 *Automobile Domain :: Behavior* 中。*Control Neutral Power*、*Control Forward Power*、*Control Reverse Power* 的引用置于活动图中,见 4.3.7 小节。

第4章 应用SysML基本特性集的汽车示例

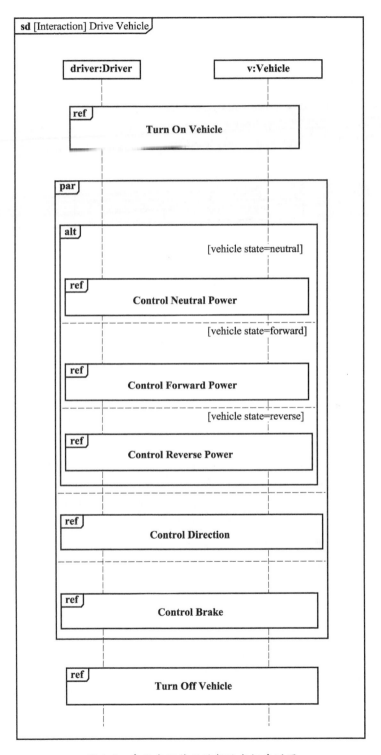

图4.5 表示交互作用的驾驶车辆序列图

4.3.6 应用序列图表示启动车辆

图 4.6 所示的序列图 *Turn On Vehicle* 是图 4.5 中序列图所引用的一个交互。如前所述,时间过程沿图的垂直方向向下。本例中的序列图表示了驾驶员发出一个 *ignition on*(点火)的**信号**(**signal**)启动车辆,车辆发送 *vehicle on*(车辆工作)信号给驾驶员,表示车辆已经点火工作。

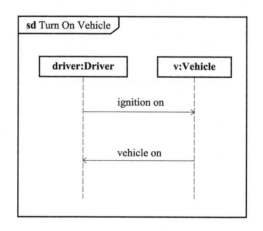

图 4.6 启动车辆交互的序列图

序列图可以表示多种**消息**(**message**)。本例中为**异步**(**asynchronous**)消息,以开放箭头表示。对于异步消息,发送方不会等待回应。**同步**(**synchronous**)消息以闭合箭头表示,它是调用一个服务请求,发送方会等待回应。该调用的参数是输入数据及返回。

图 4.6 序列图非常简单,更复杂的序列图包括表示交互作用实体的多重生命线之间的多消息交换。序列图也具有附加功能,既可表示包括其他种类的消息、时间约束、附加控制逻辑的行为,也可表示将一个生命线行为分解为其组成交互作用的能力。第 10 章详细描述了通过序列图建模交互行为。

4.3.7 应用活动图表示控制电源

序列图能够有效地表示控制流与离散信号流的行为,如图 4.6 所示的序列图 *Turn On Vehicle*。但对于强调输入和输出流及控制流的行为,如 *Control Power*、*Control Brake*、*Control Direction* 等交互作用,有时以活动图表示更为有效。

图 4.5 中的序列图 *Drive Vehicle* 包括对 *Control Neutral Power*、*Control Forward Power*、*Control Reverse Power* 的引用。活动图可用于表示这些交互作用的细节。为实现该目的,*Control Neutral Power*、*Control Forward Power*、*Control Reverse Power* 交互作用通过 SysML 中的分配关系(未表示)被**分配**(**allocate**)至一个对应的活

动 *Control Power* 中,该活动位于包 *Automobile Domain* 的 *Behavior* 内。

图 4.7 所示的**活动图**(**activity diagram**)表示了 *Driver* 和 *Vehicle* 为 *Control Power* 所需实现的**动作**(**action**)。**活动分区**(**activity partition**)(或**泳道**(**swim lane**))分别对应于 *Driver* 和 *Vehicle*。活动分区中的行为规定了 *Driver* 和 *Vehicle* 需要执行的功能需求。

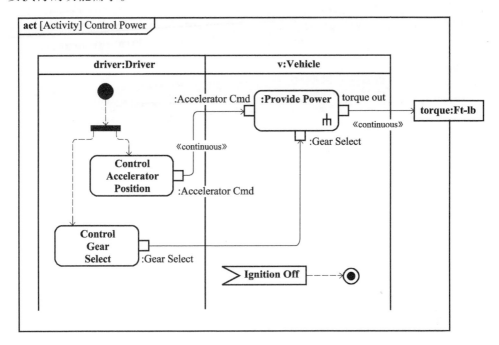

图 4.7 由控制怠速动力、控制前向动力和控制后向动力交互作用使用分配的活动图

当活动发起时,首先在**初始节点**(**initial node**)(以黑实圈标识表示)处启动运行,然后通过**分叉节点**(**fork node**)启动由 *Driver* 执行的动作 *Control Accelerator Position*(控制加速位置)和动作 *Control Gear Select*(控制选挡)。动作 *Control Accelerator Position* 的输出为 *Accelerator Cmd*(加速指令),其作为连续输入提供给动作 *Provide Power*(提供动力),该动作由 *Vehicle* 执行。动作 *Control Gear Select* 产生一个名为 *Gear Select*(选挡)的输出。动作 *Provide Power* 的输出是连续 *torque out*(输出力矩),用于车辆加速。当 *Vehicle* 接收到信号 *Ignition Off*(熄火)时(称为**接收事件动作**(**accept event action**)),活动在**活动末端节点**(**activity final node**)(以半黑圈标识表示)处终止。基于本场景,*Driver* 需要完成动作 *Control Accelerator Position* 和 *Control Gear Select*,*Vehicle* 需要完成动作 *Provide Power*。称动作 *Provide Power* 为**调用行为动作**(**call behavior action**),在其执行时将引发更为详细的行为,如图 4.11 所示(注意«continuous»并不属于基本特性集)。

根据控制流与输入输出流,活动图包括准确规定行为的语义。控制流用于规定动作序列,以带有箭头的虚线表示(图 4.7),由分叉节点引入引出。对象流用于规范输入和输出流,输入和输出流以动作中的矩形管脚表示,而对象流以带有箭头的实线表示。对象流由动作的输出管脚引出,连接至另一个动作的输入管脚。第9章详述了如何对动作建模。

4.3.8 应用状态机图表示驾驶车辆状态

图4.8表示了**状态机图(state machine diagram)** *Drive Vehicle States*(驾驶车辆状态)。该图表示了*Vehicle*的状态和**触发(trigger)**状态间**转换(transition)**的**事件(event)**。

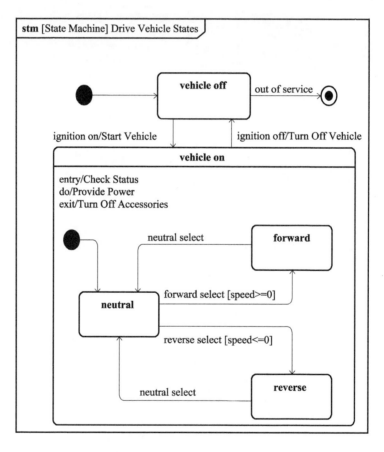

图4.8 表示车辆状态和状态间转换的状态机图

在准备驾驶*Vehicle*时刻车辆最初处于*vehicle off*(车辆非工作)状态。将接收到来自图4.6序列图的*ignition on*(点火)信号作为一个事件,它触发车辆状态转换为*vehicle on*(车辆工作)状态。关于转换的文本表示*Start Vehicle*行为的执行先于进入*vehicle on*状态。

待进入 vehicle on 状态后，执行**进入行为（entry behavior）** Check Status（检查状态），确认车辆的健康状态。待进入行为完成后，Vehicle 启动称为**执行行为（do behavior）**的行为 Provide Power，参见图 4.7 中的活动图。

在 Vehicle 进入 vehicle on 状态后，立即转换为 neutral（怠速）状态。如果**守护条件（guard condition）**[speed >=0] 为真，则 forward select（选择前向）触发状态转换为 forward（前进）。事件 neutral select（选择怠速）触发了由状态 forward 至状态 neutral 的转换。状态机图还给出了状态 neutral 和状态 reverse 之间的转换。事件 ignition off（熄火）触发车辆状态转换为 vehicle off。在退出状态 vehicle on 和转换进入状态 vehicle off 前，vehicle 执行一个**退出行为（exit behavior）**——Turn Off Accessories（关闭附件）。在事件 ignition on 发生时，Vehicle 可以重新进入状态 vehicle on。

该状态机归属于块 Vehicle，在此情况下，状态机与块 Vehicle 归属于同一包，或者该状态机也可以归属于车辆的包 Behavior，并位于该包内。

依据块的离散状态与转换关系，状态机可规范块在生命周期内的所有行为，通常和序列图和/或活动图一起使用，如本例中所示。状态机可以有很多其他特性，详见第 11 章，其中包括了多重区域支持以描述当前行为与附加转换语义。

4.3.9 应用内部块图表示车辆情境

图 4.9 表示了 Vehicle Context（车辆情境）图，定义了 Vehicle、Driver 和 Physical Environment（物理环境）（Road、Atmosphere 和 External Entity）之间的接口。Vehicle 与 Driver、Atmosphere 和 Road 有直接接口，Driver 与交通灯、其他车辆等 External Entities 通过 Sensor Input（传感器输入）到 Driver 的接口。但是 Vehicle 与 External Entities 之间没有直接接口。External Entities 的多重性为常值，表示在图 4.3 块定义图中。

情境图是一个**内部块图（internal block diagram）**，表示了图 4.3 中块 Automobile Domain 中的**组成（part）**是如何连接的。该图称为内部块图，表示了块的内部结构，本例中表示的是块 Automobile Domain 的内部结构。Vehicle **端口（port）**以组成边框上的小矩形表示，规范了与其他组成的接口。**连接器（connector）**以端口之间的连线表示，定义了组成之间如何相互连接。当建模人员不关注接口细节时，组成也可以不通过端口连接，如 Atmosphere 和 External Entity 之间的连接。

图 4.9 表示了可为 Vehicle 提供动力的外部接口。在假定 Vehicle 为后轮驱动情况下，图中表示了后轮胎与道路之间的接口。由于轮胎至道路牵引和其他因素，分配至左、右后轮的动力各不相同，因此均给出到左、右后轮胎的接口。本图中未给出前轮胎与道路之间的接口。虽然附加信息也可以包括在模型中，但通常在建模实践中仅给出与图目的相关的信息。

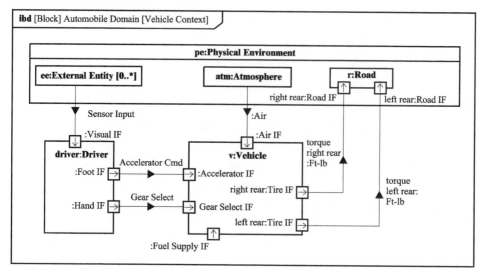

图4.9 描述车辆情境的汽车领域内部块图

组成之间的**项流**(**item flow**)以连接器上的黑实箭头表示。流动的项可以包括质量、能量和/或信息。本例中,图4.7活动图中定义的 Accelerator Cmd 由 Driver Foot IF 流向 Vehicle Accelerator IF,Gear Select 由 Driver Hand IF 流向 Vehicle Gear Select IF。图4.7活动图中连接输入至输出的对象流在内部块图中可以被**分配**(**allocate**)至连接器上的项流。在第14章中,分配是作为将一个模型元素映射至另一个模型元素的通用关系而讨论的。

SysML 端口提供了接口建模的能力。端口规范某一组成流入与流出的项,也规定由组成所请求或提供的服务。通过支持访问组成行为和其他特性,端口提供了一种将系统行为与其结构集成的机制,参见7.6节。

建模人员通过内部块图可以规定块的外部与内部接口,表示块组成如何连接。7.3节详述了内部块图中组成如何连接。

4.3.10 应用块定义图表示车辆层级

本例主要集中于根据车辆的外部交互作用与接口来规范车辆。图4.1所示的包 Vehicle 包含对 Vehicle 及其组成的需求、结构和行为描述。块 Vehicle 包含于包 Automobile Domain∷Vehicle∷Structure中。

图4.10中的块定义图 Vehicle Hierarchy(车辆层级)表示了 Vehicle 至其组成的分解。Vehicle 由 Chassis(底盘)、Body(车体)、Interior(内部)、Power Train(动力传动系统)及其他部件组成。每个硬件部件均以«hardware»指定。

Power Train 进一步分解为 Engine(发动机)、Transmission(变速器)、Differential(差速器)和 Wheel(车轮)。需要注意的是,right rear(右后轮)和 left rear(左后轮)表示了在 Power Train 情境中 Wheel 的不同使用。因此,每个后轮均有不同的角色,可承受不同的力,如一个车轮丢失牵引力的情况。前轮在本图中未表示。

第4章 应用SysML基本特性集的汽车示例

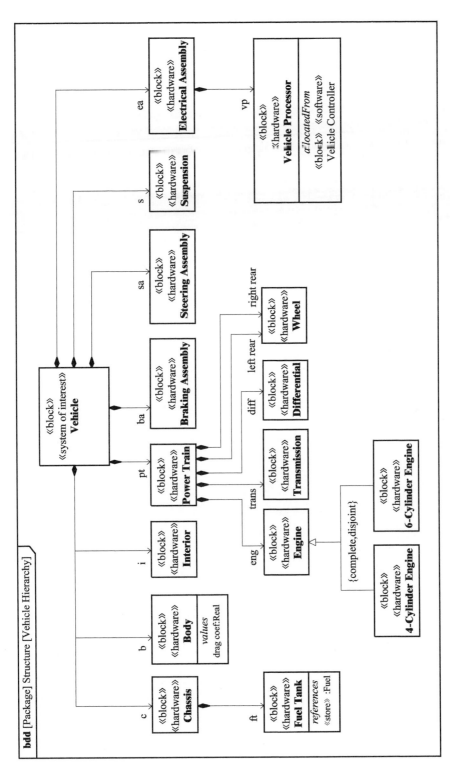

图 4.10 车辆层级块定义图

Engine 可以有 4 个或 6 个汽缸，通过特殊化关系表示。为满足加速性能和燃油效率需求，可以选配 4 个或 6 个汽缸。*engine size*（发动机尺寸）表示为{*complete*,*disjoint*}，说明 4 个和 6 个汽缸为此车辆所有可能的发动机类型，并且 4 个和 6 个汽缸发动机为互斥（注意：该结构称为**泛化集**(**generalization set**)，并不属于 SysML 基本特性集）。

Vehicle Controller（车辆控制器）«software»规定了一个软件部件，在分配分区中表示了该软件部件被分配给 *Vehicle Processor*（车辆处理器）。本例中软件负责许多汽车发动机和传动的控制功能，从而优化发动机性能和燃油效率，*Vehicle Processor* 是车辆控制软件的执行平台。标签 *allocatedFrom* 表示分配是由软件至处理器。

Fuel（燃油）在块 *Fuel Tank*（燃油箱）的 *reference*（引用）分区中表示。由于 *Fuel* 储存于 *Fuel Tank* 中但并非其组成，因此以引用表示。

车辆内部交互作用、部件之间的互连表示方式与前述的 *Vehicle* 外部交互作用、互连方式相类似。更低设计层的建模用于规定 *Vehicle* 系统的部件，如后面小节中所述。

4.3.11 应用活动图表示提供动力

图 4.7 所示的活动图表示车辆必须响应驾驶员的加速指令 *Provide Power*，并在道路表面产生 *torque out*（力矩输出）。图 4.11 所示的活动图 *Provide Power* 表示了车辆部件如何产生该力矩。

活动的外部输入包括来自 *Driver* 的：*Accelerator Cmd* 和：*Gear Select*，来自 *Atmosphere*、用于支持发动机燃烧的：*Air*。活动的输出为来自右、左后轮的 *torque right rear*（右后轮力矩）和 *torque left rear*（左后轮力矩），这两个力矩用于加速 *Vehicle*。图 4.7 中：*Provide Power* 动作的输入和输出被细化作为模型进一步精化的结果，目前包括输入：*Air*、来自每个后轮的力矩作为输出。为简化起见，模型中未包括其他输入和输出（如发动机的排放）。活动分区表示了图 4.10 块定义图中车辆部件的使用。

Vehicle Controller 接收来自 *Driver* 的输入，包括：*Accelerator Cmd* 和：*Gear Select*，并向 *Engine* 和 *Transmission* 提供输出。*Fuel Tank* 存储：*Fuel* 并向 *Engine* 分配。来自于 *Vehicle Controller* 的：*Fuel – Air Cmd* 和来自于 *Atmosphere* 的：*Air* 作为动作 *Generate Torque* 的输入。发动机力矩是动作 *Amplify Torque*（放大力矩）的输入，该动作由 *Transmission* 执行。放大力矩是动作 *Distribute Torque*（分配力矩）的输入，该动作由 *Differential* 执行，将力矩分配至左右后轮。两后轮 *Provide Traction*（提供牵引）至道路表面以产生加速 *Vehicle* 的力矩。*Differential* 监视控制后轮力矩的类别。如果其中一个后轮丢失牵引力，则 *Differential* 发送一个信号 *Loss of Traction*（牵引力丧失）给制动系统，调整制动。*Loss of Traction* 信号通过一个发送信号动作发出。

本例中的一些其他项值得注意。除了 *Gear Select* 外，其他所有流均为连续。输入和输出在动作之间持续地进出。*Continuous*（连续）意味着输入到达与输出之间的时间差接近于零。连续流是基于流输入和输出参数的概念，即当动作执行时接收输入、产生输出。相反，非流输入仅在动作执行起始时才有效，非流输出仅在动作执行结束后才能产生。流和连续流的表示为传统使用功能流图的行为建模显著增强了能力。在图中连续流均假定为流态，但并未表示出来（注意：连续和流态并非基本特性集的组成）。

活动建模提供了根据控制流和数据流精确规定行为的能力，有关详细描述见第9章。

4.3.12 应用内部块图表示动力分系统

前述的活动块图描述了系统组成如何相互作用以 *Provide Power*。在活动图中系统的组成以活动分区表示。图 4.12 中的内部块图 *Vehicle* 表示了组成如何通过端口相互连接以实现 *Provide Power* 功能。相较于活动图中的行为视图，这是系统的一个结构视图。

内部块图表示 *Power Subsystem*（动力分系统），包括 *Vehicle* 中与 *Provide Power* 交互的组成。图框架对应于 *Vehicle* 黑盒。在图 4.12 中，图框架上的端口对应于图 4.9 内部块图 *Vehicle Context* 中 *Vehicle* 上的同名端口。外部接口作为 *Vehicle* 的内部结构被保留，后面再详细描述。

Engine、*Transmission*、*Differential*、*right rear : Wheel*、*left rear : Wheel*、*Vehicle Processor*、*Fuel Tank* 等通过各自的端口相互连接。*Fuel* 储存于 *Fuel Tank* 中，以《store》表示。*Fuel* 以虚线矩形表示，表明其并非是 *Fuel Tank* 的组成，但被 *Fuel Tank* 所引用，只有选择的项流表示在连接器上。项流由图 4.11 活动图 *Provide Power* 中的输入和输出分配。

每个分系统均可以与 *Power Subsystem* 相似的方式表示，从而实现特定功能，如制动和驾驶。每个内部块图的封闭框架可以与块 *Vehicle* 相同，但每个图仅仅表示与特定分系统相关的组成。该方法可用于提供车辆内部结构的分系统视图。例如，为表示驾驶分系统内部块图，需对超出图 4.10 块定义图表示的附加部件予以定义，包括驾驶方向车轮、驾驶杆、转向助力装置、转向联动装置和前轮。也可以在一个单独的内部块图中表示所有分系统互连组成的合视图，但这样可能包含太多信息而不利于有效沟通。

SysML 中的一个重要概念就是区分**定义**(definition)和**使用**(usage)。很多类型的模型元素(如块)可以同时定义，但其在不同情境中的使用必须唯一识别。在 4.3.10 小节，*right rear* 和 *left rear* 在 *Power Train* 情境中被描述为 *Wheel* 的不同使用。块表示了组成的真实定义，组成则表示在某一特定情境下块的一个应用。更正式的说法为：块是组成的类型，组成由块分类。

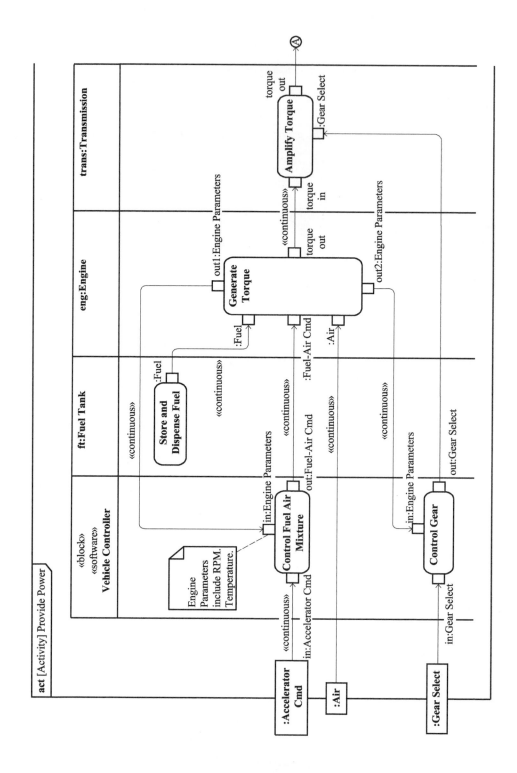

第4章 应用SysML基本特性集的汽车示例

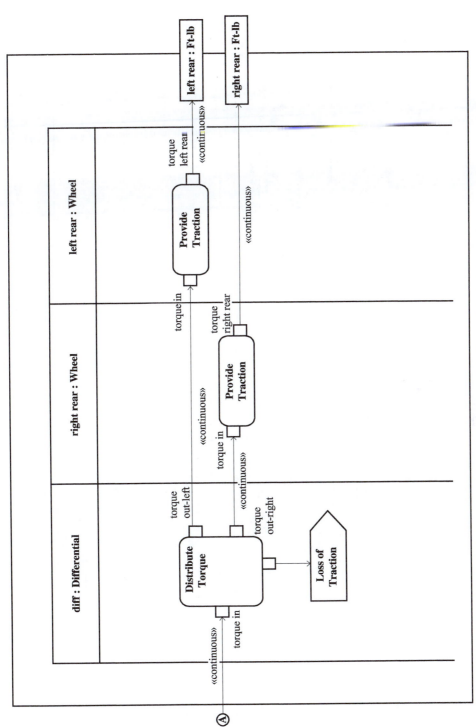

图4.11 表示车辆部件产生力矩的活动图

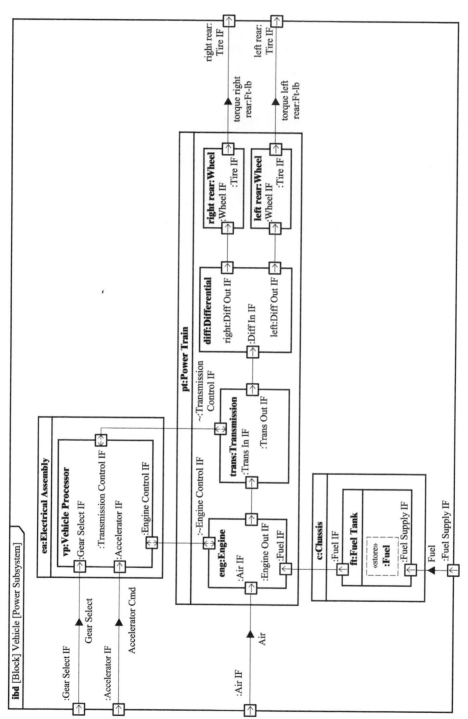

图 4.12 表示动力分系统的内部块图

第4章　应用SysML基本特性集的汽车示例　　67

在图4.10和图4.12中，*right rear*和*left rear*是不同的组成，表示了在*Power Train*情境中*Wheel*的区别使用。块的每个使用都需要块定义图中的组合关系，如图4.10中的右后轮与左后轮。图4.12中的冒号（:）注释用于区分由块（即定义）而来的组成（即使用）。冒号右边的名称*wheel*为块，冒号左边的*right rear*和*left rear*是特定组成或者*Wheel*的使用。依据惯例，使用名称的首字母为小写，定义名称的首字母为大写。

组成使得同一个块（如*Wheel*）可以在不同情境下重用，并通过其使用（如*right rear*和*left rear*）而唯一识别。每个组成也可以进一步重定义，以便具有适合其特定应用的行为、值属性和约束。

定义与使用的概念不仅可以应用于块和组成，而且可应用至其他SysML结构中。一个例子就是项流可以同时有定义和使用。例如，图4.12中流入燃油箱的项流可以为*in : Fuel*，流出燃油箱的项流为*out : Fuel*。这两个流均由*Fuel*定义，但流入和流出代表了在*Vehicle*情境中*Fuel*的不同使用（注意：该使用并未在图中表示）。块上的端口和动作上的管脚也可以有规范，规定可重用详细接口信息。例如，可以定义支持110V、60Hz的流的接口并重用。对于*Automobile*示例，大多数管脚和端口已经分类，包括在包*IO Definitions*内。

如前所述，第7章将给出块定义图和内部块图的详细语言描述以及针对块、组成、端口和连接器建模的关键概念。

4.3.13　应用方程定义分析车辆性能

汽车设计的关键需求是在速度由0提升至60mile/h所用时间不大于8s，同时燃油效率超过25mile/gal。这两项条件导致了设计空间中的矛盾需求，因为车辆最大加速能力的提升会导致低燃油效率。因此，本例中对两个备选配置（4缸与6缸发动机）开展评估，确定何种配置更适合满足加速和燃油效率需求。

图4.10中给出了*4 – Cylinder Engine*和*6 – Cylinder Engine*备选方案。选择不同的发动机对汽车设计将产生很多影响，如车辆重量、车体外形、电功率等。本简单示例仅考虑了对*Power Subsystem*的部分影响。假定车辆控制器控制燃油和空气的混合比。车辆控制器也控制自动变速器何时换挡，以优化发动机和整体性能。

图4.13中块定义图*Analysis Context*（分析情境）用于定义这些分析方程。本图引入了另一种块，名为**约束块（constraint block）**。该块并非定义系统和部件，而是根据可由一个或多个分析使用的可重用方程及其**参数（parameter）**定义来定义约束。

在该示例中，块*Vehicle Acceleration Analysis*（车辆加速分析）位于包*Parametrics*（参数）内，并包含几个用于分析车辆加速能力的约束块。通过分析确定是4缸车辆还是6缸车辆能够满足加速能力需求。约束块定义了用于*Gravitational Force*（重力）、*Drag Force*（阻力）、*Power Train Force*（传动系力）、*Total Force*（合力）、*Acceleration*（加速度）和*Integrator*（积分）的方程。例如，*Total Force*方程表示ft为fi、fj与fk之和。注意在约束块中参数与其单位一起定义。

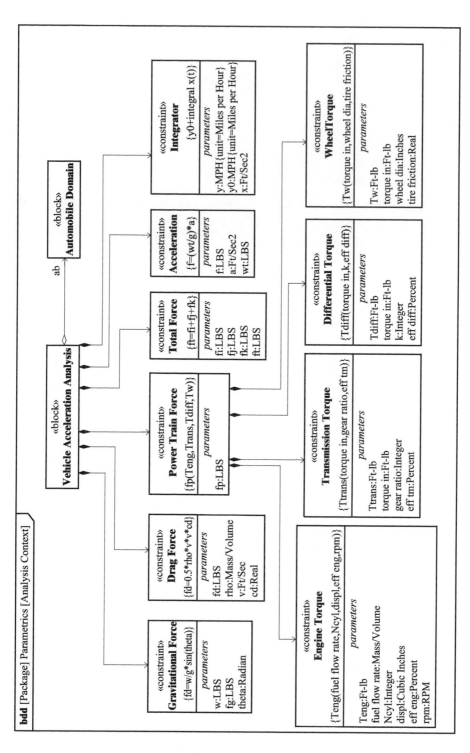

图 4.13 定义分析车辆加速需求的方程块定义图

Power Train Force 进一步分解为针对 *Engine*、*Transmission*、*Differential* 与 *Wheels* 扭矩方程的其他约束块。这些方程没有详细定义,但方程的关键参数均已识别出。在设计早期阶段,分析识别关键参数非常重要,而待详细设计阶段再定义方程。

块 *Vehicle Acceleration Analysis* 也引用了图 4.3 中的块 *Automobile Domain*。*Automobile Domain* 是分析的主体,通过对其引用,可以访问 *Vehicle* 和 *Physical Environment* 的值属性,并将这些值属性绑定为方程参数,详见 4.3.14 小节所述。

4.3.14　应用参数图分析车辆加速性能

前面块定义图定义了系统分析所需的方程及其相关参数。图 4.14 中的**参数图**(**parametric diagram**)表示了如何应用这些方程分析 *Vehicle* 速度由 0 提升至 60mile/h 所需的时间。图框架对应于图 4.13 块定义图中的块 *Vehicle Acceleration Analysis*。

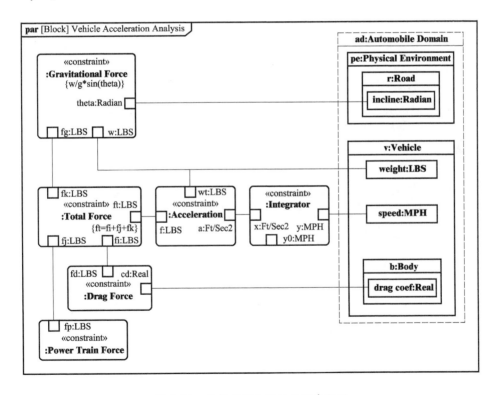

图 4.14　分析车辆加速性能的参数图

参数图表示了一个约束网络,其中每个约束是图 4.13 块定义图中所定义的一个约束块的使用。本参数图示例中给出了一些约束的方程。方程的参数以约束边界内部的小矩形表示。

方程中的参数可通过**绑定连接器**(**binding connector**)与另一方程中的参数相绑定。一个例子就是 *Total Force* 方程中的参数 *ft* 与 *Acceleration* 方程中的参数 *f* 相绑定,表明两者相等。

参数也可以与块的**值属性**(**value property**)绑定,使得方程的参数等于系统或环境的值属性。本例中值属性表示为嵌套于 *ad : Automobile Domain* 中的矩形。一个例子就是 *Drag Force* 方程中阻力系数参数 *cd* 与名为 *drag coef* 的阻力属性相绑定,后者是车辆 *Body* 的值属性。有时不以嵌套组成而以点标记识别值属性更为方便。阻力系数表示为 *ad. v. b. drag coef*,以说明这是车体 *b* 的值属性,车体 *b* 是车辆 *v* 的组成,车辆 *v* 是汽车领域 *ad* 的组成。另一个例子是车辆 *incline*(*倾斜*)角度与重力方程中的角度 *theta* 绑定。此绑定使得通用方程的参数值与块的特定值属性的值相等。按照该方法,通过将方程参数与不同设计的值属性相绑定,可重用方程,从而分析不同的设计。

参数图和相关建模信息可用于规范如 18.2.2 小节和 18.4 节所述的在独立仿真或分析工具中执行的分析。可应用仿真或分析工具开展灵敏度分析,确定满足加速能力需求所需的属性值。本例中仅表示了一些车辆属性,然而更完整的描述将显示其他汽车值属性与其他约束参数的绑定。虽然在图 4.14 中未表示,但 *Power Train Force* 约束包含了与约束块相一致的嵌套约束,这些约束块构成了来自图 4-13 *Analysis Context* 块定义图中的约束。

除了加速性能与燃油效率需求,其他分析可以突出针对制动距离、车辆操纵、振动、噪声、安全性、可靠性、制造成本和其他等需求。通过这些分析确定系统部件(如 *Body*、*Chassis*、*Engine*、*Transmission*、*Differential*、*Brakes*、*Steering*、*Assembly* 等)的期望属性值,从而满足整体系统需求。参数使得系统设计的关键值属性能够被识别,并与分析模型中的参数集成。第 8 章中详细描述了在参数图中如何建立约束块模型及其使用。

4.3.15　车辆加速性能的分析结果

如 4.3.14 小节分析所述,参数图可用于规定工程分析工具中执行的分析,以提供分析结果。这个工具可以是一个独立的专业分析工具,例如一个简单的电子表格或者一个高可靠的性能仿真,也可以是 SysML 建模工具所能提供的能力。这些分析结论提供的值可以用于更新 SysML 模型中的值属性。

图 4.15 表示了在参数图中执行约束后的分析结论。本例应用了 **UML 时间图**(**UML timing diagram**)来表示结论。该图并不属于 SysML 图的种类。它可以与 SysML 一起使用,同时应用其他更具健壮性的可视化方法(如响应表面)来表示多参数关系。在本时间图中,*Vehicle Speed*(*车辆速度*)和 *Vehicle State*(*车辆状态*)均表示为一个时间的函数。*Vehicle State* 对应于图 4.8 中所示的 *forward* 状态内的嵌套状态。基于分析,6 缸(V6)车辆配置能够满足加速需求,4 缸(V4)车辆配置不能满足该需求。

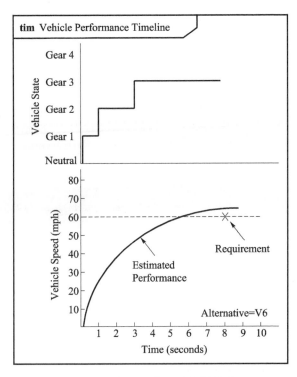

图 4.15 执行约束后的分析结论

4.3.16 定义车辆控制器动作以优化发动机性能

分析结论表明,为满足车辆加速需求需有 V6 配置。另外,还需要开展分析,评估 V6 配置在确定驾驶条件下能否满足最小 25mile/gal 的燃油效率需求,如图 4.2 中的需求 *Fuel Efficiency*。

为优化燃油效率和发动机性能,应用图 4.11 中的活动图 *Provide Power* 开展分析。如 4.3.10 小节所述,:*Vehicle Controller*《software》被分配给 *Vehicle Processor*,它包括控制发动机加速指令的动作 *Control Fuel Air Mixture*(控制燃油空气混合)。该动作的输入包括来自 *Driver*、*Engine Parameters* 的 *Accelerator Cmd*(单位为 r/min)和来自 *Engine* 的发动机温度。*Vehicle Controller* 还包括了动作 *Control Gear*(控制换挡),以使基于发动机转速(如 r/min)确定何时控制换挡,从而优化性能和燃油效率。*Vehicle Controller* 软件规范可包括一个状态机图,该图根据与图 4.8 状态机一致的输入响应改变状态。

用于实现 *Vehicle Controller* 动作的算法规范需要有更进一步的分析。算法可以通过进一步将动作规定为数学或逻辑表达式来定义,这些表达式可以在更详细的活动图中捕获或直接以代码表示。也可以开发参数图,以规定约束 *Vehicle Controller* 动作输入和输出的算法性能需求。例如,约束可以规定将需要的燃油空气混合比作为发动机转速和温度的函数,以获得最优燃油效率。算法用以控制燃油流速、空气进入量以及其他可能的参数,从而满足这些约束。基于工程分析(此处忽略具体细节),V6发动机能够满足加速性能需求和燃油效率需求,因此可选作优选的汽车系统配置。

4.3.17 车辆及其部件规范

图4.10中的块定义图对 Vehicle 及其部件做出定义。模型用于从功能、接口、性能、物理属性的角度规范 Vehicle 及每一个部件。规范的另一方面可以包括状态机以表示系统、部件基于状态的行为,也包括系统和部件中存储项的定义,如燃油箱内的燃油或者计算机内存中的数据。

图4.16块定义图中给出了关于块 6 – Cylinder Engine 规范的简单示例。块 Engine 和块 6 – Cylinder Engine 最初在图4.10的块定义图 Vehicle Hierarchy 中展示。

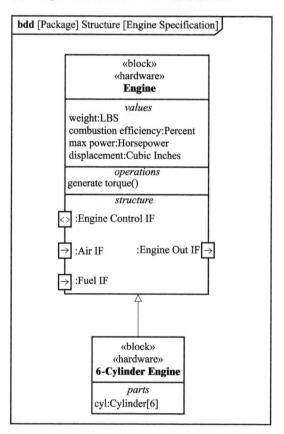

图4.16 表示发动机块的块定义图与用于规范块的特性

本例中,硬件元素 Engine 执行名为 generate torque(产生力矩)功能,本功能在操作分区内表示为块的一个操作。该操作对应于图4.11中的动作 Generate Torque。Engine 的端口对其接口做出规定,例如 Air IF、Fuel IF、Engine Control IF 和 Engine

Out IF。已选取的发动机值属性在代表其性能和物理属性的值分区内表示,包括 *displacement*(排量)、*combustion efficiency*(燃烧效率)、*max power*(最大功率)和 *weight*(重量)。每个值属性通过规定其数据类型(如整数型、实数型)和单位(如 *Percent*、*Cubic Inches*)的**值类型**(**value type**)进行分类。

4.3.18 需求追踪

图 4.2 给出了 *Automobile System Requirements*(汽车系统需求)。在 SysML 中对基于文本需求的提取提供了在基于文本需求和其他规范、设计、分析、模型验证元素之间建立追踪能力的手段。

有关 *Maximum Acceleration*(最大加速)需求的追踪能力如图 4.17 所示。该需

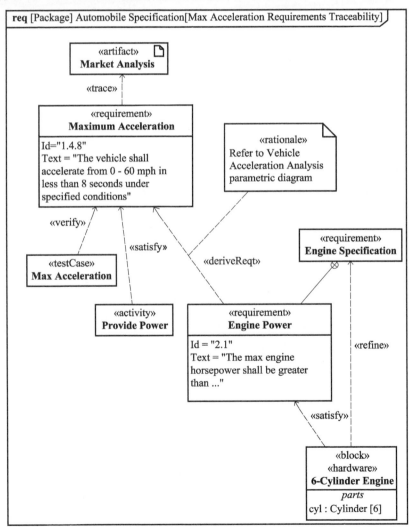

图 4.17 表示最大加速需求追踪性的需求图

求跟踪 Market Analysis（市场分析），以支持系统需求分析。通过图 4.11 中的活动 Provide Power，需求得到满足。**测试用例(test case)** Max Acceleration（最大加速）用于验证需求是否满足。另外，需求 Engine Power 由需求 Maximum Acceleration 派生，并包含在 Engine Specification（发动机规范）中。派生需求的依据参见图 4.14 Vehicle Acceleration Analysis。块 6 – Cylinder Engine 通过更为精确的表示文本需求，精化了 Engine Specification。以上关系支持了由系统需求到系统设计、测试用例和分析的追踪能力。

箭头方向由活动 Provide Power、测试用例 Max Acceleration 和需求 Engine Power 指向作为源需求的 Maximum Acceleration，这与传统描述需求流向的方向相反。方向反映了设计、测试用例和派生需求对源需求的依赖性，例如当源需求改变时，设计、测试用例和派生需求也都需要改变。

需求通常由直接、标注、表格表示等多个标记方法支持。第 13 章详述了如何对 SysML 需求和其相互关系建模。

4.3.19 视图与视角

SysML 应用了**视图(view)**和**视角(viewpoint)**的概念来反映不同利益相关方的观点。图 4.18 中 Architect（架构师）和 Regulator（监控方）视角各自反映了 System Architect（系统架构师）和 National Highway Traffic Safety Administration（国家公路交通安全管理）利益相关方的观点。为了构建模型的视图以强调利益相关方的关注，这些视角包括**利益相关方(stakeholder)**、目的、语言、方法的识别。本例中，System Architect 关注于燃油效率对加速性能的权衡折中，Government Regulator（政府监控方）关注于车辆的安全需求。通过执行一个由视角方法规定的模型需求，并以一种规范格式提供该信息，可以建立视图。如图中所示，通过提供对燃油效率和加速性能需求、需求图中的关联设计依据的追踪能力，视图 Vehicle Performance

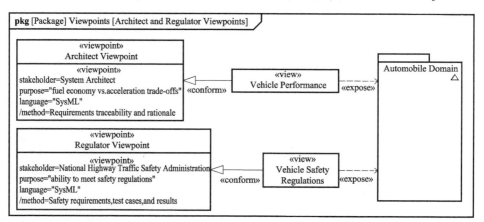

图 4.18　表示架构师视角的包图

遵从(conform)视角 Architect。通过提供安全性需求、测试用例和表格形式的测试结果，Vehicle Safety Regulations(车辆安全性监控)视图遵从 Regulator 视角。建模工具可以将查询结果提供给应用，从而按照不同格式表示信息，包括以文本、图、表等表示的文档。

有关视图和视角建模的详细描述见 5.6 节和 15.8 节。

4.4 模型互换

系统建模的一个重要方面是工具间交换模型信息的能力。模型库中提取的 SysML 模型可以由兼容 SysML 的工具按照名为 **XML 元数据交换(XML Metadata Interchange, XMI)** 标准格式输入和输出。这使得其他支持 XMI 的工具可以交换信息。一个例子就是将 SysML 模型的部分组成输出至一个 UML 工具，以支持 Vehicle Controller 软件开发，或者由一个需求管理工具输入和输出需求，或者是输入和输出参数图及相关信息至工程分析工具。获得无缝模型交换的能力可能受模型质量、工具遵从标准程度的制约。其他交换机制可以使用工具的应用编程接口(API)来访问模型信息。18.3 节描述了 XMI 和其他数据交换机制。

4.5 小结

SysML 基本特性集是应用于所有 9 种 SysML 图的语言特性集的子集。基本特性集仅提供了表示系统的标志性能力，而未引入全特性集中的语言复杂性。对于 SysML 认证的前面两级(称为模型用户和初级建模人员)，基本特性集必须要学习。

汽车示例阐述了应用基本特性集的 SysML 模型如何帮助系统规范、设计、分析和验证。这个示例说明系统的需求、行为、结构和参数需要以精确、一致、综合的方式表示。示例也清晰地表明建模人员必须应用系统的方法来构建系统模型，此模型要考虑与预期应用相关的建模目标。

4.6 问题

(1) 说明如何在图 4.2 中捕捉停车距离的需求。
在下面的问题中，假设需要改变停车距离。
(2) 是否可预见图 4.3 中的块定义图变化？
(3) 是否可预见图 4.4 中的用例图变化？
(4) 是否可预见图 4.5 中的时序图变化？
(5) 模仿图 4.7 给出活动图以表示汽车刹车需求。

(6) 模仿图 4.9 给出内部块图以表示汽车刹车需求。
(7) 增加图 4.10 汽车层级描述以表示汽车刹车需求。
(8) 模仿图 4.11 给出活动图以表示汽车刹车如何执行。
(9) 模仿图 4.12 给出内部块图以表示汽车刹车分系统。
(10) 模仿图 4.13 给出块定义图以定义分析汽车刹车距离性能的方程。
(11) 模仿图 4.14 给出参数图以表示刹车距离性能分析。

讨 论

如上所述,由需求变更而导致模型变化,会有哪些观察结果(如停车距离会发生变化)?

第二部分

语言描述

第二部分的章节描述了SysML语言，以及如何利用它开展系统建模。第5章介绍SysML图的分类和图的基本方面。第6~15章详细描述了语言概念和注释。章节的顺序是基于语言概念的逻辑发展，包括模型组织、结构、行为、分配、需求和配置文件的概念。该排序并不是基于系统工程的过程。

每一章都描述了可应用的语言概念、图的注释和图的示例，来说明如何创建符合语言规范的图和模型。

监视系统案例研究

本书这一部分通过一个单独的案例研究来帮助理解 SysML 语言概念。

案例概述

一家名为 ACME Surveillance,Inc. 的公司生产和销售监视系统。该公司的监视系统产品旨在为住宅或小型商业场所提供安全保障。系统使用复杂的平摆和倾斜摄像头来拍摄周围区域的视频图像,可以连接到中心监控服务中,并收取费用,ACME 还生产摄像头,并将它们作为独立的产品销售给 DIY 的爱好者。

在第 17 章中举了一个类似的例子,展示了基于模型的系统工程方法在住宅安全系统开发中的应用。

图 II.1 展示了一个针对小型商业站点的典型监视系统安装布局,系统有 4 个壁挂式监控摄像头,3 个连接到该公司的以太网网络,第 4 个通过无线接入点连接。监视系统的监控站位于某一个办公室内,并与办公网络连接。监控站包括一个工作站和一个显示屏。该办公室有一个 PBX,用于监控站与指挥中心通信。

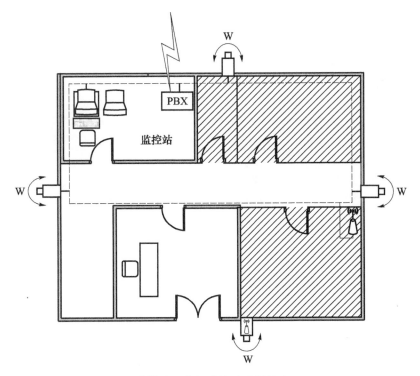

图 II.1 监视系统的示例描述

建模约定

示例模型中对元素进行命名时,通常是有效的英文名称。当名称有多个单词时,单词由空格分隔。模型元素的名称用于定义时,所有单词的第一个字母均大写。表示特性的名称,其单词均小写。定义和特性指的是某些模型元素的类型,将在第 7 章中描述。

后面的章节包含大量的 SysML 图,用于说明语言的概念。除了少数例外,每个图表都附有说明。为了将描述与图关联起来,图中使用的名称在正文描述时均以*斜体*的形式显示。蒙纳字体术语指的是语言文本语法中的元素。**粗体(bold)** 的术语强调 SysML 语言中的基本概念。

OCSMP 认证覆盖范围和 SysML 1.3

OMG 认证系统建模专业™(OCSMP)认证项目用于考核候选人的知识、基于模型的系统工程概念,特别是 SysML 的知识。该项目根据考试可以获得四级证书:OCSMP 模型使用者;OCSMP 模型建造师——初级;OCSMP 模型建造师——中级;OCSMP 模型建造师——高级。

OCSMP 认证项目将 SysML 分为基础和完全两个特性集。OCSMP 认证项目的前两个考试级别使用的是 SysML 的一个子集,称为基本特性集,而第三个考试级别使用完整的 SysML 特性集。本书的这一部分是为前三个等级认证提供参考。第四个认证级别涉及第 I、III 和 IV 部分中讨论的系统建模的更普遍的问题。

为了帮助 OCSMP 候选人通过前两个级别的考试,描述基本 OCSMP 特性集的段落以阴影表示,注释附录使用相同的约定。

OCSMP 不包括 SysML 1.2 之外的版本,但我们仍然想要在本书中介绍后续发展。例如,SysML 1.3 添加了一些特性,并弃用了其他特性。在第 7 章中所有的弃用特性都保留了,但是在章节末尾的一个特别部分中。SysML 1.3 所添加的特性在章节的正文和附录表的描述列中都有标识。类似地,SysML 1.4 更改了视图和视角的描述。变更总结详见 15.8 节。

第 5 章 基于视图的 SysML 模型

SysML 模型可以表示系统的不同方面,包括其行为、结构、需求和参数。在第 2 章中介绍了模型的一些基本概念,第 3 章简单介绍了 SysML 图。本章将详细阐述由 SysML 表示的模型如何在图中可视化,同时将介绍有关通用图形标记的一些内容。

5.1 概述

图是出于某一特定目的而给出的模型视图,允许使用人员访问模型的内容,向模型提供输入。SysML 包含 9 种标准图,表示模型的不同视图。除了图外,SysML 也支持模型的表格、矩阵和树形结构视图。

SysML 图包含图元素或者标识(symbol),这些图元素或标识对应模型中的模型元素。图的种类包含这个图所能提供的模型元素的种类,以及这些模型元素如何在图中显示。一个模型元素可以在多个图中出现,对该元素的任何修改都将反映到其所出现的所有图中。

SysML 图包含图框架和内容区。图框架是对某个特定模型元素的反映,对图内容做出描述。图内容以节点标识表示,例如通过线标识连接的矩形、椭圆形和圆角。图标识可饰以文本、图标和工具特有的特性,如颜色和字体。

SysML 也包括一些通用目的图元素来对模型和模型元素组做出注解。

5.2 SysML 图

如 2.2.1 小节中所述,模型是物理世界中可实现的一个或多个概念的表示。SysML 图提供了一种机制,从某个特定目的出发表示模型的聚焦视图。图的标识与模型元素相映射,后者的含义由模型语言(SysML)所规定。15.2 节将论述如何规范 SysML 模型元素的细节,第二部分的其他章将描述标识的特定含义和它们的潜在模型元素。这些图概念将在以下内容中介绍。

5.2.1 图与模型比较

图 5.1 给出了一个简单示例,该示例表示了模型元素与代表模型元素的图之

间的区别。在一个典型建模工具的浏览窗口视图中显示了 Vehicle(车辆)的一些模型元素。模型元素代表了有关 Vehicle 的不同视图,包括选中的车辆部件、Vehicle 和其部件之间的整体-组成关系。图中给出了模型元素的一个视图,其中图的标识对应于模型元素。

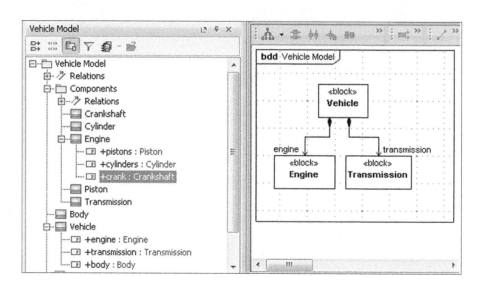

图 5.1 模型与图的区别

注意图中仅给出了图 5.1 浏览器中模型元素的一部分。图作为模型的一个视图,用于强调某个特定目的,建模人员可以选择哪些内容在图中显示,哪些内容在图中隐藏。

SysML 模型的另一个重要方面在于某个特定的模型元素可以出现在零个、一个或多个图中。图 5.2 表示了一个模型的视图,即 Engine(发动机)如何进一步由 cylinders(气缸)和 pistons(活塞)组成。相同的模型元素 Engine 出现在两个不同的图中。如果模型元素修改,则改动将反映在所有出现该模型元素的图中。如果将模型元素名称由 Engine 改为 Motor,则名称将在这两个图中均有改变,也包括浏览器窗口。需注意图 5.1 中名为 Body 的部件并未出现在任何图中,但其仍然包含在模型内。

相同的模型种类可以映射为多个标识。图 5.3 中 Engine 的各种部件采用了不同的标识。Engine 与 Cylinder 以方盒标识表示,但 Piston 应用了图标从而使得该模型元素可视化。除了以单独标识表示,在 Engine 标识的组成分区中以文本字符串表示了 Piston 和 Cylinder。所有这些标识性表示均指向相同的模型元素。在 Engine 组成分区内的省略号表示隐藏了一些条目(详见 5.3.6 小节)。

除了图之外,还有其他一些方式来展示模型。例如,相同的模型元素可以用表格视图表示,图 5.10 给出了一个示例。

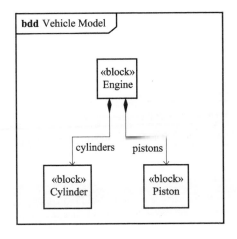

图 5.2　另一个图中表示的发动机

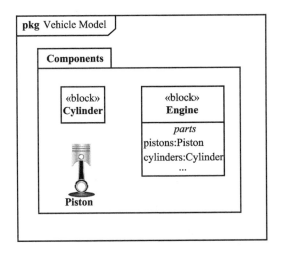

图 5.3　相同模型元素的不同标识

5.2.2　SysML 图分类

图 5.4 表示了 SysML 的图分类,这在 3.2 节中已有总结。本书附录 A 中给出了 SysML 图标识的详细注释表。

SysML 图和注释均基于 UML 的图和注释,尽管对象图、协作图、部署图、交流图、交互作用概览图、时间图和配置文件图等 UML 图在 SysML 中已经取消。从满足系统建模需求角度出发,这些被取消的图并非必须。SysML 包含了对其他 UML 图的修改,如类图、组成结构图和活动图,并且增加了需求图和参数图。

在 SysML 图中除了以图形形式表示外,也支持模型的表格、矩阵和树形视图,在第 13 章和第 14 章中,有关需求和分配的内容分别给出了一些示例。

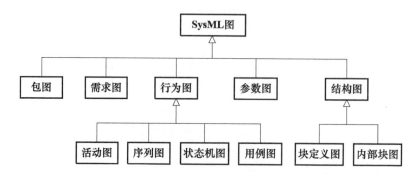

图 5.4　SysML 图分类

5.2.3　图框架

每个 SysML 图都必须有**图框架**(**diagram frame**)，用以封装图的内容。图框架对应于某个模型元素，提供了针对图内容的情境。某些图可以在图框架中包含标识，用来连接图框架内的其他元素。

图框架是一个带有标题(或标签)的矩形框，标题位于上左方，包含标准信息。由图框架包围的其他部分为内容区或画布区，标识显示在其中。在图框架外可附加一个可选的图描述，提供图状态和目的的更进一步细节。

5.2.4　图标题

图标题(**diagram header**)是一个右下角被切割的矩形，包括以下信息：
(1) *Diagram kind*(*图类型*)——图类型的缩写；
(2) *Model element kind*(*模型元素类型*)——模型元素的类型；
(3) *Model element name*(*模型元素名称*)——模型元素的名称；
(4) *Diagram name*(*图名称*)——图的名称，通常用于表示图的目的；
(5) *Diagram usage*(*图使用*)——表明图特殊使用的一个关键词。
图 5.5 中给出了一个带有标题的图框架示例，该示例包含以上所有信息。

图类型
根据图的类型，**图类型**(**diagram kind**)可以是以下缩写之一：
(1) 活动图——**act**；
(2) 块定义图——**bdd**；
(3) 内部块图——**ibd**；
(4) 包图——**pkg**；
(5) 参数图——**par**；
(6) 需求图——**req**；
(7) 序列图——**sd**；

(8) 状态机图——**stm**;
(9) 用例图——**uc**。

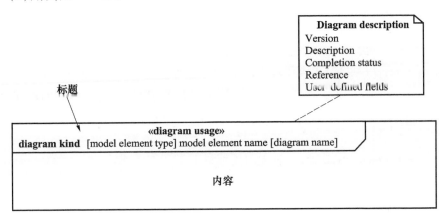

图 5.5 图框架

模型元素类型

不同的图有对应于不同类型模型元素的图框架,根据图类型排列如下:
(1) Activity diagram(活动图)——活动;
(2) Block definition diagram(块定义图)——块、约束块、包、模型、模型库;
(3) Internal block diagram(内部块图)——块;
(4) Package diagram(包图)——包、模型、模型库、配置文件、视图;
(5) Parametric diagram(参数图)——块、约束块;
(6) Requirement diagram(需求图)——包、模型、模型库、需求;
(7) Sequence diagram(序列图)——交互作用;
(8) State machine diagram(状态机图)——状态机;
(9) Use case diagram(用例图)——包、模型、模型库。

在第二部分后续章节中讨论图时,将进一步解释**模型元素类型**(model element kind)。在图可以表示多于一种模型元素类型情况下,标题中需显示模型元素类型以避免模糊性,也有助于理解图的情境。

图名称

由于一个模型可能包括大量信息,建模人员可以选择在一个特定图内仅阐述与某目的相关的特性,而隐藏其他与目的无关的特性。**图名称**(diagram name)由使用人员定义,用于简要描述图目的。

图使用

图使用(diagram usage)描述了一种图类型的特定使用。图使用名称以加书名号(《 》)的形式包含在标题中。例如,可将一个用例图作为情境图引用,情境图就是图使用名称。该机制将在 15.7 节定制语言部分进一步阐述。

5.2.5 图描述

图描述(diagram discription)作为一个可选的注释,可以附加在图框架的内部或外部,用于支持建模人员提取图的额外信息。信息既包括一些预定义的部分,也包括用户定义区域。以下为预定义区域内容:

(1) *Version*(版本)——图版本号;

(2) *Completion status*(完成状态)——图作者关于图完成状态的说明,既可以包括一种陈述(如"进程中""草案""完成"等),也可以包括图中未有信息的特定描述;

(3) *Description*(描述)——对图内容或目的的文本描述;

(4) *Reference*(参考)——对图其他信息的说明,或者用于辅助导航,提供对其他图的超级链接。

5.2.6 图内容

图内容(diagram content)区包括表示模型的图形元素,有时也称为**画布**(canvas)。内容区包括表示所关注模型元素的图元素(标识)。如前所述,图类型约束了可以显示哪些类型的模型元素以及这些模型元素如何显示。在图的约束范围内,建模人员确定显示/隐藏哪些模型元素,从而实现图的目的。

5.3 图注释

SysML图由节点和路径两类图元素组成。节点通常以某一形状表示,如带有文本标签的矩形或椭圆形。节点可以包括附加的文本字符串和/或对应于其他模型元素的图形标识。路径通常以线表示,也包括附于其上的箭头和文本字符串。

5.3.1 关键词

SysML的**关键词**(keyword)包含在书名号中,在一些模型元素名称前以«keyword»表示。关键词表示模型元素的类型,另外在一类图元素(如矩形框、虚线箭头)表示多个模型概念时通过关键词可以消除模糊性。例如,在SysML中一个矩形可分别用于描述某个需求和某个块,但在增加关键词«requirement»或«block»后就可以消除该模糊性。

5.3.2 节点标识

节点标识通常为矩形框形式,也有圆形角、椭圆或其他多边形等形式。所有的节点标识均有名称部分,显示了所表示的模型元素的名称字符串以及关键词或特性。一些节点标识还有其他间隔,用于显示嵌套元素的细节,以文本或图形的方式给出。

图 5.6 给出了节点标识的两个例子，一个名为 *Fly Airplane*（飞机飞行）的用例，另一个名为 *Airplane*（飞机）的块。标识 *Airplane* 中有一个 *values*（值）的内部分区，用以存储值属性。

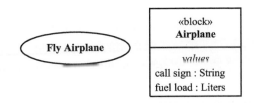

图 5.6　节点标识示例

5.3.3　路径标识

所有的路径标识都是某种类型的线，根据模型概念，这种线可以有不同线型和末端。路径可以附有包含名称字符串、关键词和其他特性的文本，这些文本也都可以隐藏。当模型元素需要附加文本信息时，这些文本信息也可以显示在线的末端。

图 5.7 给出了路径标识的两个示例，一个是关联，另一个是泛化。关联标识表示 *Airplane* 有两个机翼，泛化标识表示 *Airplane* 是 *Flying Thing*（飞行事物）的一种。

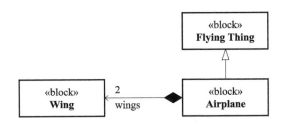

图 5.7　路径标识示例

5.3.4　图标标识

通常**图标**（icon）用于表示一个特定领域概念，例如某个文档，或者是一类硬件部件（如泵）。原型可以区分用于显示原型元素的图标。在以图标表示的模型元素有特性（如名称）时，可以在对象附近以文本字符串显示这些特性。典型的图标表示在图的上方，或者在节点标识的内部，但图标也可以出现在线上。图 5.8 表示了两个图标的示例：一个表示执行者 *Pilot*（飞行驾驶员）的人形图；另一个表示燃油流向块 *Airplane* 的包含箭头的小方盒。

图 5.8　图标标识示例

5.3.5 注解标识

注解(note) 标识通过一条虚线附加到任何模型元素或者元素集的标识。注解标识为模型提供附加文本信息,其中包括参考文档的超级链接。注解标识是一个包含文本信息的矩形盒,右上方有一个剪切标记。通常注解内容为对模型元素的自由格式文本描述,但也可以显示用户定义的标签。注解内容也显示交叉信息,如对需求的追踪(见13.5.3小节)与分配(见14.3节)。在这种情况下,标识的注释内容与模型元素相关。

图5.9给出了注解标识的两个示例:一个是对 *Pilot* 的说明;另一个表示 *call sign*(呼叫信号)满足 *Airplane Unique Identity*(飞机唯一识别符)的需求。

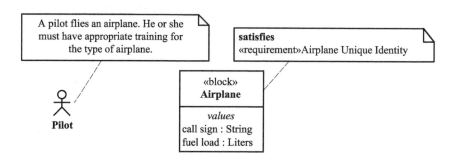

图5.9　注解标识示例

5.3.6 其他标识

SysML 还有如下一些其他特定标识和标识类型。

省略号

建模人员可以在一个给定图中仅表示某一模型元素的信息子集,这有助于减少杂乱,使得更能集中反映图的目标。SysML 允许建模人员在分区底部显示省略号,表示并非所有可视分区元素均显示。图5.3给出了一个示例。

离页连接器

两节点之间的路径标识反映了节点所表示的两个模型元素之间的关系。但有时在图布局中由于位置原因很难连接两个节点。在此情况下,SysML 也允许用两个标识来表示一个路径。这两个标识各有一个末端与节点符号连接,而另一个末端则与一个含有标签的圆圈连接。这两个带有相同标签的"半路径"标识共同构成一个全路径标识。该机制可以用于单个图中,但更常见的是在不同图的两个节点之间实现连接可视化。因此上述圆圈称为"离页连接器"。SysML 规范建议少利用该机制,避免形成"复式图"。附录 A 中给出了离页连接器的一个示例。

第5章　基于视图的SysML模型

利用耙形标识分解和详细阐述

某些标识可以利用耙形标识来注释,标识它们所对应的模型元素是否由另一个图描述。这些表示的细节将在相关章节中给出,但考虑完整性,这里给出了标识汇总：

(1)活动图——引用另一个活动图的调用行为活动；
(2)内部块图——引用另一个内部块图的组件；
(3)包图——引用另一个包图的包；
(4)参数图——引用另一个参数图的约束属性；
(5)需求图——引用另一个需求图的需求；
(6)序列图——引用另一个序列图的交互片段；
(7)状态机图——引用另一个状态机图的状态；
(8)用例图——由其他行为图(活动、状态机、序列)实现的某一用例。

建模人员可表明某给定视图是否显示标识分解,以及该图中的某给定标识是否显示耙形标识。

5.3.7　标识类型选项

(1)约束属性形状——建模人员可表明约束属性(见8.4节)的标识是圆角还是方形角。
(2)控制流类型——建模人员可表明控制流(见9.6节)的路径标识是虚线箭头还是实线箭头。
(3)波浪线——建模人员可以规定两个路径相互交叉时是否需要以波浪线、半圆环来表示。

5.3.8　图布局

图元素应排列规范,以确保图能够被良好组织并易于有效沟通。例如,活动图中的动作顺序应按照由上至下或由左至右顺序排列表示时间顺序。虽然模型并没有这样的要求,但由于时序关系是语义的一部分,如此排列后会让人更容易理解。图布局通常由建模人员手工实现。但 SysML 建模工具通常也提供了自动图布局功能,从而减少了建模活动的时间和精力。布局算法和图的复杂性决定了这一特殊应用的有效程度。

5.4　表格、矩阵和树的视图

SysML 也包括模型信息的非图形表示,这些表示通常对大量信息的显示非常有效。SysML 支持的非图形表示格式包括表、矩阵和树。

表(table) 是一种高效且有表现力的信息表达方式。传统上表用于提取系统工程的广泛信息,如需求表和 N2 表[40]提取接口信息。SysML 允许应用表注释作为图注释的替代方式来表示包含在 SysML 模型库中的建模信息。表格式可以表示模型元素特性和/或模型元素间的关系。虽然未规范表的信息提取内容和形式,但期待工具供应商能够支持实现。第 13 章和第 14 章中需求和分配内容描述了期望工具供应商所支持的典型表格式。

使用时,表包含在图框中,在图标签中以图类型 **table** 表示;否则,图标签格式与其他类型图无区别。图 5.10 给出了 SysML 表格式示例。

table [Requirement] Capacity [Decomposition of Capacity Requirement]		
id	req't name	req't text
4	Capacity	The Hybrid SUV shall carry 5 adult passengers, along with sufficient luggage and fuel for a typical weekend campout.
4.1	CargoCapacity	The Hybrid SUV shall carry sufficient luggage for 5 people for a typical weekend campout.
4.2	FuelCapacity	The Hybrid SUV shall carry sufficient fuel for a typical weekend campout.
4.3	PassengerCapacity	The Hybrid SUV shall carry 5 adult passengers.

图 5.10 SysML 表格式示例

矩阵(matrices) 以图类型 **matrix** 表示,非常适用于阐述相互关系。通常,矩阵的顶行与第一列表示模型元素,其他单元格描述了行与列元素之间的关系。一个简单的例子可参见图 13.9,顶行为 *satisfy dependency Matrix*(*满足依赖关系矩阵*)的需求,第一列为模型元素,其他单元格表明了它们之间是否存在关系。**树(tree)** 以图类型 **tree** 表示。通常描述层级和其他类型关系,在 SysML 建模工具中通常应用浏览窗口来表示树。

5.5 通用目的模型元素

以下模型元素可以针对各种目的而应用于所有图中。其他模型元素,如依赖和分配,也可以应用在所有图中。这些模型元素都有专门用途,将会在其他章节中介绍。

5.5.1 说明

说明(comment) 是一个文本描述,可以与其他任何模型元素关联。它采用注解标识,与其所要阐述模型元素的标识连接。说明与注解标识之间的主要区别在于说明是模型元素,为模型的组成,而注解标识仅是图的注释。

5.5.2 元素组

元素组(element group) 提供了为各类模型元素分组的机制,它可用于为特定目的、特定风险级别和/或遗留设计等相关的元素分组,同时可对组内成员进行排序。

元素组有名称,也可包括划分为组内成员的准则。需注意 SysML 并不规范准则语义。通过对元素分组,建模人员只需确定适用于成员的准则。模型元素可出现在多个元素组内,元素组也包含属性供查询,反映组内成员的数量。

元素组也可以将其他元素组作为成员,但组成员不可传递。即 *model element 1* 是 *element group A* 的一个成员,*element group A* 是 *element group B* 的一个成员,并不表示 *model element 1* 是 *element group B* 的成员。元素组的非传递性基本原理可通过一个简单示例说明,*element group B* 的成员准则是有不少于 5 位成员的所有组,而 *element group A* 的成员准则是所有红色的块。一个特殊红色块是 *element group A* 的成员,但并非是 *element group B* 的成员。

元素组可以用上方带有关键词«elementGroup»的注解标识表示。组的名称与大小表示在关键词后面的括号内。组内元素的包含关系以一条虚线表示,连接了组和元素。元素包含的准则表示在说明标识内。

图 5.11 给出了一个包图内元素组的示例。组 *Task*(任务)包含了一个用例(*Process Order*(处理顺序))、一个活动(*Process*(处理))和一个块(*Order*(顺序)),因此组的大小为 3。组的准则为 *Elements that I have been asked to work on this week*(本周被要求工作的元素)。

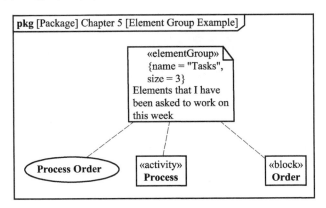

图 5.11　元素组示例

5.6　视图与视角

SysML 提供了一种名为视角的机制来规定超出语言本身能直接提供的视图之

外的模型定制视图。SysML 视角和视图概念与 ISO－42010[20]标准一致。视角通过构建一组利益相关方的关注内容以及解决问题的方法描述了他们看待问题的视角。视图规范了制品中提交给利益相关方的模型内容。典型例子可包括运行、制造或者安全化视角。符合这些目的的视角和视图非常重要,因为他们允许 SysML 概念不仅在 SysML 图中表示,而且可以以适合特定目的和受众的方式表示。

有关视角和视图的详述见 15.8 节。但需指出的是视角对于本章强调的主体非常重要,可称为 SysML 模型可视化。视角规范了以下内容:

(1)视角目的;

(2)利益相关方和关注;

(3)视图内容应如何表示(需要什么样的建模语言表示视图中的信息);

(4)由视图形成制品的文档格式(如 PowerPoint 幻灯片、PDF 文件、Word 文档、web 可视化格式等);

(5)制品中信息如何表示(如规定数据值应以图形或特定表格形式给出,或者提供英语文本和西班牙语文本,或者图片应以最小 $100mm^2$ 尺寸彩色输出);

(6)由视图产生制品的方法。

理解到这点很重要,即视图是存在于 SysML 模型内的一个 SysML 构建,由视图产生的制品独立于建模环境外。例如,由视图产生的一段视频或 PDF 文档并不直接集成至 SysML 模型中,但视图本身则是集成入该模型。

5.7 小结

对于任何建模语言,建模人员和模型相关方所具有的将模型内容有效可视化的能力都是至关重要的。SysML 中模型可视化的重要方面如下:

(1)SysML 有 9 类图,能够以图形化方式将系统模型的不同方面可视化;

(2)任何 SysML 图只能表示模型元素的一个子集,而模型元素则可以在多个图中出现;

(3)SysML 同时支持非图形化视图,如矩阵、树和表等;

(4)通过视角机制,SysML 支持定制可视化。

5.8 问题

(1)图和模型有何区别?

(2)图标题有哪 5 个元素,各自的作用是什么?

(3)图中可以出现哪 4 种标识?

(4)在何种情况下需要有关键词,并作为图形标识的一部分?

(5) 省略号有何含义?
(6) SysML 如何支持定制可视化?

讨 论

传统的工程师建模工具在任何图中均显示所有相关的模型元素,而 SysML 允许建模人员有选择地隐藏细节内容。讨论这两种方法各有什么优势。

除了以图的方式对模型图形化表示外,SysML 也支持应用非图形化方式表示,如表和树。这些不同的表示方式分别适用于何种环境下?

第 6 章 应用包组织模型

本章主要讨论模型组织及 SyML 中的组织概念,在 SysML 中,模型组织的基本单元是包。

6.1 概述

一个复杂系统的 SysML 模型可以包含数千个甚至数百万个模型元素。在 SysML 中,每个模型元素都归属于某个容器(也称为物主或父方)。被包含的模型元素通常称为子元素。当删除或复制容器时,其子元素也同时被删除或复制。某些子元素同时也是容器,从而产生了关于模型元素的嵌套包容层级。

包是容器的一个例子。包中的模型元素称为可封装元素,这些元素可以是包、用例和活动。由于包本身也是可封装的元素,因此可以支持包层级。模型是一种特殊的包,它包含一组描述兴趣域的模型元素。

除了在包容层级中占有一席之地外,每个有名称的模型元素也必须是命名空间的一分子。命名空间使得该空间内的元素均能通过名称被唯一识别。对于其包容的可封装元素而言,包就是一个命名空间。可封装元素有一个完全限定的名称,通过它可以清晰地确定其在模型包层级中的位置。

导入关系允许包中的元素导入到另一个包中,以便这些元素可以在该包中通过它们的名称来进行引用,SysML 还包含了一种称为"依赖"命名元素之间的关系,它可以根据需要产生,以反映更具体的语义。

本章描述了如何组织模型元素来加强建模效果。一个有效的模型组织包含了模型元素的重用,并能在模型元素间方便访问与导航。模型组织也支持模型的配置管理、通过其他工具交换建模数据(在第 18 章中描述)。维护一个定义良好的模型组织的重要性随着模型的增大而增加,但即使是小模型也能从一致的组织原则中获益。模型划分的规范准则依赖于方法学,但本章后面将给出有关模型组织原则的一些示例。

建模中重用非常重要,因此 SysML 包括了模型库的概念。模型库专门用于置放模型内或模型间可共享的模型元素,有关内容将在第 15 章阐述。

6.2 包图

包中所包含的模型元素可以通过**包图**(**package diagram**)表示。包图的完整标题如下：

pkg [model element kind] package name [diagram name]

图类型为 **pkg**,*model element kind*(模型元素类型)可以是模型、包或模型库。图 6.1 中给出了一个包图的示例。该图表示了 ACME 监视系统模型包 *Products*(产品)的几个层级。包图的注释表参见附表 A.1。

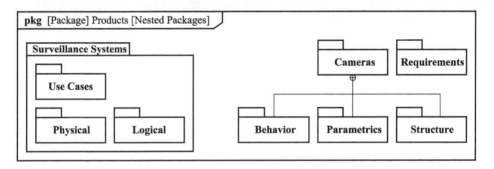

图 6.1 包图示例

6.3 应用包图定义包

SysML 模型都被组织到一个包的层级树中,如同计算机文件结构中的文件夹。包将模型中的模型元素划分入相关的单元,以更好地进行访问控制、模型导航、配置管理和其他考虑等。

包(**package**)是其他模型元素的容器,它有一个名称和可选 URI,将包作为可访问的 web 资源唯一识别。当包在组织内或组织之间广泛使用时,这是很有用的。任何模型元素都包含在某一容器中。当删除或复制容器时,其中的模型元素也随之一起被删除或复制。包容模式意味着任何 SysML 模型都是模型元素的树形层级。

能够包容于包内的模型元素称为**可封装元素**(**packageable element**),包括块、活动、值类型等。包自身也是可封装元素,允许分层嵌套包容规则与其他类型可封装元素的相关特征在相关章节中有描述。

SysML 中的**模型**(**model**)位于嵌套包层级的顶层。在包层级中,模型可以包含其他模型、包。模型内容与细节的选择(如是否有模型的层级)依赖于应用的方法。然而通常将模型理解为表示某个系统或兴趣域的完整描述,如第 2 章所述。

模型有一个简单的主层级,包含所有的元素。组成这些元素的原则是基于什么最适合满足项目的需要。

通常一个包由其内部组成构建,而在许多模型中其内部组成可以重用。SysML 包含了**模型库(model library)** 的概念,即包可以设计为包含可重用元素。模型库以包标识描述,在包名称上方以关键词«modelLibrary»标识,如图 6.2 所示的 *Components*(*部件*)与 *Standard Definitions*(*标准定义*)。有关模型库的更多细节见 15.3 节。

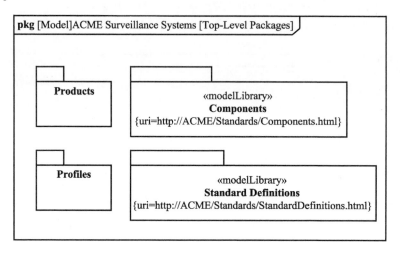

图 6.2 监视系统模型的包图

包图的图内容区域表示了包和其他可封包元素。使用文件夹符号表示包,其中包名称和关键词可以出现在标签或标识体中。如果规定 URI,则在包名称后面的括号中出现。

如果包图上出现模型,则表示存在模型的层级架构,标准的文件夹标识包括在标识的右上角有一个三角形。

图 6.2 中的包图表示了 *ACME surveillance Systems*(*ACME 监视系统*)的模型顶层包。其中用户定义的图名称为 *Top-Level package*(*顶层包*),说明该图是表示模型包结构的顶层。该例中,模型包含了针对以下方面的单独包层次架构:

(1)公司产品;

(2)标准现货部件;

(3)标准工程定义,如 SI 单元,来源于法国 *Système International d' Unités*(也称为国际系统单位);

(4)支持特定领域的注释和概念所需的任何具体扩展(SysML 的扩展,也称为配置文件,将在第 15 章中详细描述)。

包 *Component* 和 *Standard Definitions* 都有 URI,因为它们在 *ACME Surveillance Systems* 中广泛应用,因此需要在跨公司项目中能够唯一标识和 web 访问。

每个包都应该包含与模型组织方法一致的可封装元素。这些元素可以根据需要在不同的 SysML 关系图(包括结构、行为、参数和需求图)中表示,如 3.2 节所述,更多的细节将在后面的章节中详述。

6.4 包层级的组织

如前所述,模型按照一个单层级包结构组织。顶层的包是一个模型,通常包括下一模型层级的包,如图 6.2 所示。而这些包也通常包括子包,将模型元素进一步分解至逻辑组中。随着模型元素数量的增加,定义良好的模型组织变得越来越重要。图 6.3 采用的是一种嵌套的包结构,图 6.4 采用的是类似扁平模型组织的结构。显然,如果不将大型模型划分为子包,大型模型可能会很快就变得难以管理。

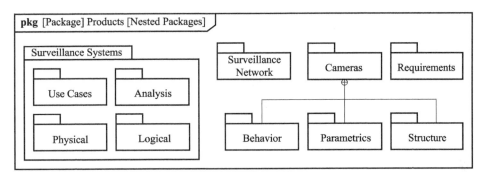

图 6.3 嵌套包表示

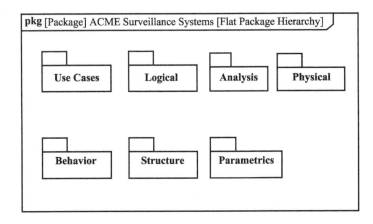

图 6.4 平展包层级的备选模型

模型的组织方法是建模者需要面对的一个关键选择,它影响开发过程的重用、访问控制、导航、配置管理、数据交换和其他关键方面。例如,包可能是被指定访问权限的模型单元,只授予特定的用户修改其内容的权限。另外,当某个包被检出并修改它的内容时,其他用户可能在包被检入之前无法对模型进行修改。组织不好的模型也会使得用户难以理解,模型导航也难以开展。

模型层级应当基于一系列组织原则,以下给出一些组织模型的可能途径:

(1) 根据系统层级(如系统级、分系统级、部件级);

(2) 根据生命周期过程,每个模型子包均代表了过程的某个阶段(如需求分析、系统设计);

(3) 根据在模型工作中的团队(如需求团队、集成产品团队(IPT)1、2);

(4) 根据包含的模型元素类型(如需求、行为、结构);

(5) 根据可能一起改变的模型元素;

(6) 根据支持重用的模型元素(如模型库);

(7) 根据已定义的模型划分准则,形成的具有其他逻辑或内聚分组的模型元素;

(8) 上述原则的结合。

包容(containment) 将包层级中的父子相关联。运用包容关系,可以在包图中表示多层级包容。包容关系用带交叉十字圈(⊕)的直线来表示,其中交叉十字圈连接包容端(父端),另一端连接被包容元素(子端)。每个父子包容关系都可以用独立路径表示,但典型的是以树形式表示,该种表示中有一个交叉十字圈(⊕)标识,另外多条线由其引出。另一种包容关系的表示方式是在包标识体中嵌套模型元素。

图 6.3 表示包 *Products*(产品)所包含的 *Surveillance System*(监视系统)、*Surveillance Network*(监视网络)、*Cameras*(摄像头)和 *Requirements*(需求)4 个包。该例使用了对包包容关系的注释,不同的组织原则应用于包 *Products*、*Cameras*、*Surveillance Systems* 中。包 *Products* 被组织为包含公司三个主要产品线的包和用于所有需求规范的包。包 *Cameras* 的层级根据产品类型组织,包含摄像头结构、行为和参数等方面的包。包 *Surveillance System* 的层级基于架构原则组织,包含包 *Logical Architecture*(逻辑架构)、包 *Physical Architecture*(物理架构)和包 *Use Cases*(用例)。另外还包括分析包,用来包含各种分析及结果。

包容层级通常是工具中浏览器的视图。图 6.5 给出了扩展浏览器视图的一个示例,该示例与图 6.3 中的模型组织相对应。包容层级通常随着模型改进而不断扩充,并在模型元素数量与种类增加后会包容其他嵌套包。开发工具通常支持包容层级,并将相关的内容在浏览器中以展开或压缩的方式显示,如同 Windows 中的文件浏览器。模型和包形成了包容层级的主干,其他模型元素则作为更低层的主干和枝叶。

第6章 应用包组织模型

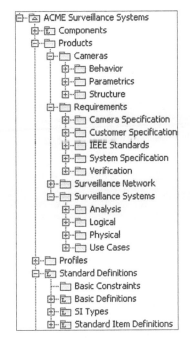

图 6.5 模型包层级的浏览器视图

6.5 包图可封装元素的表示

除了包以外,包图也用于展示可封装元素。可封装元素通常用节点标识或它们相应的图标来表示。

图 6.6 中的包图给出了图 6.2 中包 *Component* 的更多细节,其中图 6.2 是一个模型库,包括一组用于构建摄像头和监视系统的成品部件。部件都是块,以关键词«block»表示,出现在表示包 *Component* 的图框内。为避免拥挤,图中仅给出了包中的一部分模型元素。如第 2 章与第 5 章中所述,图仅仅为基础模型的简单视图,不能显示图中表示的所有可能内容。图名称可省略,但也可将其纳入以突出图的目的。

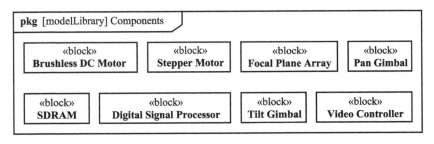

图 6.6 应用包图表示部件包内容

6.6 作为命名空间的包

除了作为可封装元素的容器,包同时也是其中所有元素的**命名空间(namespace)**。大多数 SysML 模型元素均有名称,但少数没有,如注释。命名空间定义了一组唯一性准则,以区分命名空间内不同的已命名元素。针对可封装元素的唯一性准则:包中给定元素类型的每个元素都必须有唯一名称。

如前所述,包层级可包括多层嵌套包,意味着模型元素能够包容在某个包内,而该包可以被包容于任意多个更高层级内的包内。父包与子包的包容关系在工具的模型浏览器视图中是清晰的。

模型元素可以出现在某个图中,但该图的框架不一定指定其父命名空间。而在与其父命名空间不一致的图上显示该模型元素又可能会带来错误印象,即模型元素包含在该图框指定的命名空间中。解决该问题的方法是在标识中为模型元素给出一个**限定名称(qualified name)**。如果模型元素嵌套于以图表示的包容层级中,则限定名称表示由包至包容元素的相对路径;如果模型元素未嵌套于以图表示的包中,则限定名称包括了由根模型至元素的完整路径。

对模型元素而言,限定名称均是以模型元素名称结尾,前面为路径,并以双冒号(::)划界。如此在阅读限定名称时,同时由左至右也确定了路径。例如,模型元素 X 包含于包 B 内,而包 B 又包含于包 A 内,则表示为 A::B::X。

图 6.7 表示了应用名称的几个示例,其中包图为图 6.2 中的包 *Standard Definitions*(标准定义)。名为 *Basic Definitions::Waypoint* 的标识表示了一个值类型,该类型名称为 *Waypoint*(航点),且包含于名称为的 *Basic Definitions*(基本定义)的包内,而包 *Basic Definitions* 则位于包 *Standard Definitions* 内。*Waypoint* 用于明确监控摄像头的扫描模式。另外两个标识表示为包 *Standard Definitions* 的外部模型元素,因此两个标识均有完整的限定名称,且限定名称对应于由公司模型 *ACME Surveillance Systems* 而来的路径名称。

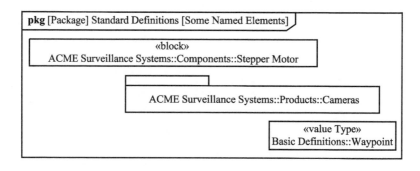

图 6.7 某包含层级中的模型元素名称

在包层级中，每个模型元素都可通过限定名称来唯一标识，而不论它出现在哪个图中。需要注意的是，为减少图的混乱，许多SysML工具都默认隐藏了限定名称。

6.7 包中模型元素的引进

依靠模型的组织，不同包和模型中的模型元素常常相互关联。例如，一个模型可能包含一组部件，而这些部件是另一个模型想要重用的。

引进关系用于将属于某个源命名空间的单个元素或多个元素集合放至另一命名空间(也称为目标空间)中。被引进元素的名称成为目标命名空间的一部分，被引进元素的限定名称基于元素在目标命名空间中的位置。因此，在已指定目标命名空间的图中显示时，不再需要限定名称。

包引进(**package import**)引入整个包，即源包的所有模型元素均被引进至目标命名空间中。**元素引进**(**element import**)应用于单个模型元素，在无须引入包全部元素且引入可能带来混淆的情况下可以采用元素引进。

因引进而导致目标命名空间中的两个或多个模型元素拥有相同的名称，就会引起名称冲突。元素引进有一个别名区域，可用于提供该模型元素的另一个名称，以避免目标命名空间中的名称冲突。名称冲突规则如下：

(1)如果被引进元素名称与目标空间的子元素冲突，则不会引进该元素，除非应用别名来提供唯一名称；

(2)如果两个或多个引入元素名称冲突，则任何一个都不能引进入目标命名空间。

命名空间中的元素或者通过直接包容关系确定，或者是引进确定，这些元素都称为**成员**(**member**)。成员具有**可视性**(**visibility**)，在其命名空间内或公开或私有，默认为公开。成员的可见性确定了其是否能被引进至另一命名空间。包引进仅是将源包中具有公开可见性的成员引入至目标命名空间。此外，引进关系可以确定目标命名空间中的引入名称为公开还是私有。

当模型的访问控制由建模工具执行时，引进的元素只能在源包中更改，尽管对元素的任何更改都可以在表示目标包的任何图中看到。

引进关系用虚线箭头表示，并标注关键词«import»。箭头端指向被引入的源，箭头尾部指向引进的目标命名空间。箭头起始端可以指向某一单独模型元素(元素引进)，也可以指向整个包(包引进)。当元素作为目标空间的私有成员引进时，用关键词«access»替代«import»。

图6.8中表示了包 *Parent*(父方)中的三个子包 *P1*、*P2* 与 *P3*。名为 *Model :: P1* 的包并未包含在图情境中，因此必须要用限定名称。*Model :: P1* 包含有一个

块,该块名为 A,具有公开可见性(SysML 针对可见性并无图形注释,因此注释是依附于标识)。包 P2 以私有方式引进包 P1,该包包含有多个块,其中块 B、C 以公开可见性定义,块 F 定义为私有可见性。包 P2 还包括了名为 Child of P2(P2 子包)的嵌套包,该子包中包含公开块 E。包 P3 定义了一个公开块 C,并引进了整个包 P2。为避免名称冲突,引进时将 P2 包中的块 C 以别名块 D 表示。注意在引进关系中对别名 D 做了注释。

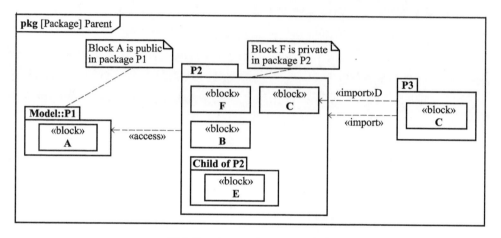

图 6.8 《import》与《access》说明

图 6.9 阐述了引进关系对命名的影响。包图 P3 表示了图 6.8 中的各模型元素的名称。块 B、C 和 D(P2::C 的别名)通过简单的名称表示,因为它们是包 P3 的成员,或者是直接包含或者是通过引进。块 E 需要根据其父 Child of P2 限定,该名称可见,这是因为 P3 已经引进 P2。块 F 需要根据 P2 限定,因为块 F 被定义为私有,因此未被引进。但包 P2 可见,因为其与包 P3 在相同的命名空间内。块 A 需要根据其父名称 Model::P1 限定,因为虽然其被定义为公用可见性,但 Model::P1 是以私有方式进入 P2,因此在 P2 中并不可见,因此未被引进 P3。

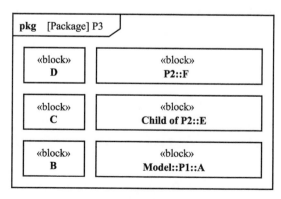

图 6.9 P3 包中的命名

图 6.10 表示了包 *Standard Definitions* 的一些引进关系,其中包括名为 *ISO80000*(此包在 SysML 规范的附录 E.6 中定义为非规范模型库)可重用模型库的示例。为了使 *ISO80000* 网站可访问,它设有一个 URI,*ISO80000* 被引进到 *SI Value Types*(*SI 值类型*)模型库中。反过来包 *SI Value Types* 在很多其他包中被引进使用,其中之一就是 *Standard Item Definitions*(*标准项定义*)模型库,该包包含对整个监视系统信息、材料、能量流的定义。

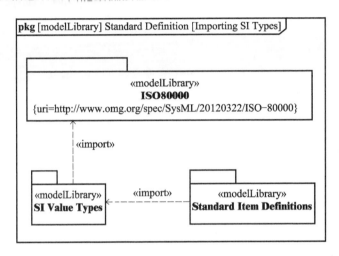

图 6.10 标准定义包中国际单位类型库的引进

6.8 可封装元素间的依赖关系表示

可以在命名元素之间应用**依赖(dependency)**关系,以表示一端的元素改变会导致另一端元素的变化。位于依赖关系两端的模型元素分别称为客户端与供应端。客户端依赖于供应端,因此供应端的变化将导致客户端的变化。

当某个包中的内容依赖于另一包中的内容时,构成了包间依赖。例如,系统软件的应用层软件应用可能依赖于系统软件服务层的软件组件。这可以表示为软件架构的一个模型,表示应用层的包(客户端)和表示服务层的包(供应端)之间存在依赖关系。

依赖关系通常用于在建模过程的初期规范明确关系,在关系属性被进一步精确定义后,依赖关系将被替代或扩展。在包图和其他图中可应用多种依赖关系。以下给出了几种通用类型。

(1)**应用(use)**——表示客户端将使用供应端作为其定义的一部分。

(2)**精化(refine)**——表示客户端相较于供应端规范增加了细节,例如在部件定义中包括了更详细的物理和性能特征。这种关系通常用于需求分析,如第 13.3

节所述。

（3）**实现(realization)**——表示客户端实现了供应端中所描述的规范,如当一个实施包实现了设计包时。

（4）**跟踪(trace)**——表示客户端与供应端之间存在着联系,但并未施加更为明确的精确关系语义约束,这种关系通常用于需求分析,如13.14节所述。

（5）**分配(allocate)**——表示某个模型元素被分配至另一个模型。该关系在第14章描述。

依赖关系以虚线带开放的箭头表示,由客户端指向供应端。依赖关系的类型通过书名号内的关键词表示。

图6.11表示了 *Camera Performance*（摄像头性能）包内的几种依赖关系。约束块 *Video Stream Rate*（视频流速率）是对 *Video Performance*（视频性能）需求的更精确表示（精化）。*Video Stream Rate* 将兆比特/秒（Mb/s）的定义作为其自身定义的一部分。活动 *Generate Video Output*（产生视频输出）跟踪 *Video Stream Rate*,如果该约束改变,则活动性能可能需要重新评估。*Generate Video Output* 被分配给 *Camera*,表明摄像头负责开展该项活动。这些模型元素的细节将在后续章节中阐述。

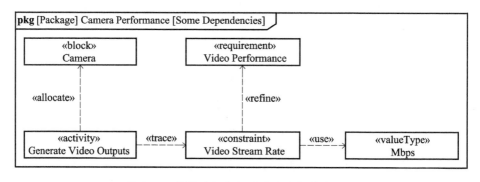

图6.11 摄像头性能视图中的依赖关系示例

6.9 小结

为确保模型可以划分为支持重用、访问控制、导航、配置管理和数据交换的模型元素,需要有一个定义良好的模型组织。可以应用不同的组织原则,从而建立一个一致的带有嵌套包的包层级,每个包均包含有可封装元素的逻辑组。模型组织的一些重要方面如下:

（1）SysML的主要组成结构称为包。包图根据包及其内容、关系描述模型组织。

（2）模型是一种包,表示针对某一特定目的的兴趣域。模型是包层级的根。

如果兴趣域非常复杂,则模型可以包含子模型。

(3)包层级是基于包含或者是可封装元素所有权的概念。包含的一个基本方面是包中的可封装元素与其包容方一起删除或者复制。可封装元素的示例有块、活动和值类型。模型有包含层级,因此可以针对模型施加组织的方法。模型的包含层级通常在建模工具中以浏览器方式显示。

(4)对于被称为成员的元素而言,包也是它的命名空间。命名空间定义了一组规则,用于唯一识别单个成员。包的命名空间规则是每个成员必须在包内有唯一的名称。

(5)图的标识名称应使得浏览者能够清晰地理解所表示元素在包含层级中的位置。如某个标识表示了图框架所指定的包的某一成员,其名称(有时为关键词)就是需要的全部名称;否则,需要有限定名称,其既包括成员的名称,也包括位于成员和根模型(或图情境)之间所有命名空间的路径。

(6)SysML 提供了一种机制,可以将来自某个包或者另一模型的成员引进至某一命名空间,或者作为整个包,或者作为单个模型元素。成员在其源包中的可见性决定它是否是目标命名空间的成员。被引进元素的限定名称是基于元素在目标命名空间中的位置而定。

(7)模型元素以多种方式相互依赖。供应端元素与客户端元素的依赖关系表示,如果供应端元素改变,则客户端元素也随之改变。不同类型的依赖关系通过关键词表示,用于不同的目的,如精化、分配和可追溯能力。

6.10 问题

(1)包图的类型有哪些?
(2)哪些类型的模型元素可由包图指定?
(3)在包中包含的模型元素属性项有哪些?
(4)模型出现在包层级的什么位置?
(5)可用于构建模型包层级的三项组织原则是什么?
(6)如何在包图中表示某个包包含另一个包?
(7)包对于其成员元素应采用什么规则?
(8)通过查看包图,如何区分图中表示的模型元素是由图框架所指定的包的成员?
(9)块 *B1* 包含在包 *P1* 中,而包 *P1* 包含在模型 *M1* 中,写出 *B1* 的限定名称。
(10)包 *P1* 包含三个元素,块 *B1*、块 *B2* 和块 *B3*,这三个元素均具有公共可见性。包 *P4* 具有私有可见性。另一个包 *P2* 包含块 *B1*、块 *B2* 和块 *B4*。如果包 *P2* 以公共可见性引入包 *P1*,列出包 *P2* 的所有成员。

（11）如果某一空包 $P9$ 以公共可见性引入问题（10）中所定义的包 $P2$，列出包 $P9$ 中的所有成员。

（12）别名的用途是什么？

（13）三种通用依赖关系是什么？

（14）包图中如何表示依赖关系？

讨 论

针对准备构建的模型，讨论适合应用的模型组织种类。

第 7 章 应用块为结构建模

本章主要论述根据系统的架构与互连建立系统结构的模型,并应用值属性对系统结构特征化。本章介绍作为 SysML 主要结构形式的块和用于表示结构的两种类型图,即块定义图与内部块图。这些图是对传统系统工程块图的形式化,支持对接口和系统结构其他方面的更精确表示。

7.1 概述

块是 SysML 中结构的模块单元,用于定义一类系统、部件、部件互连,或者是流经系统的项,也用于定义外部实体、概念实体或其他逻辑抽象。一个块描述共享块定义的一组实例。块由其特性所定义,这些特性可分为结构特性和行为特性。

块定义图用于定义块以及块之间的相互关系,如层级关系。块定义图也可用于规定块的实例,包括配置和数据值。内部块图用于根据块的组成如何互连来描述块的结构。

属性是块的主要结构特性。本章描述不同类型的属性,包括表示组成、引用和值的属性等。组成用于描述块的组合层级,定义整个块情境中的一个组件。值属性描述块的可量化物理值、性能以及其他特征,如重量、速度等。值属性通过值类型定义,值类型描述值的有效范围、数量种类(如长度)、单位(如英尺或米)等。值属性可以使用第 8 章中阐述的参数约束相关联。

与块相关联的行为定义了块如何响应激励。第 9~11 章将分别阐述不同的行为形式,包括活动、交互作用、状态机等。包括操作和接收在内的块行为特性提供了一种针对外部激励的机制以引发上述行为。

组成可以在内部块图中通过连接器连接,从而使得它们之间可以交互作用,包括流入/流出组成的传递项及引发行为。

端口是块的结构化特性,规定了块和其他块交互的访问点。

在 SysML 1.3 中,流端口和流规范不主张使用,取而代之的是完整端口和代理端口。同时针对端口引入了一些新增的能力,如嵌套端口的能力、规定其他类型接口(如匹配面)的能力等。

除了组合层级,块也可用于组织形成分类层级,以允许块根据其相似性与差异性来定义。在分类层级中,块可以对另一个更通用的块做特殊化处理,允许该块继承通用块的特性,并增加新的特性。

实例规范用于识别块的具体配置,包括值属性的值。

7.1.1 块定义图

块定义图(block definition diagram) 用于根据块的特性以及与其他块的结构关系定义块。块定义图的完整标题形式如下:

bdd[model element kind] model element name [diagram name]

图种类以 bdd 表示,对应于图框架的 *model element kind*(*模型元素类型*)可以是包、块或者约束块。图 7.1 为一个块定义图示例,包含了一些常见的符号。该图展示了 ACME *Camera*(*摄像头*)组成层次结构的两个层级。

块定义图中用于描述块及其相互关系的标记见附表 A.3~附表 A.6。

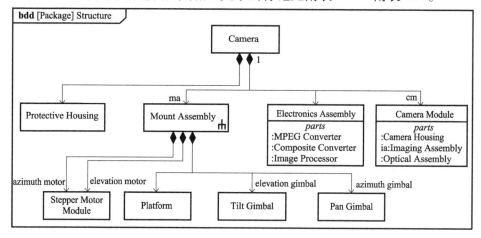

图 7.1 块定义图示例

7.1.2 内部块图

内部块图(internal block diagram) 与传统的系统块图类似,表示了块内各组成之间的连接。内部块图的标题形式如下:

ibd[block] block name [diagram name]

内部块图框架对应于某个块,因此其图标题中,模型元素类型通常省略。*block name* 是块的名称,由框架所指定。

图 7.2 表示了包含通用标识的内部块图示例。图描述了 *Camera* 内部结构的组成以及光如何流入并通过各个中间组成而到达 *Optical Assembly*(*光学组件*)。

内部块图中用于描述块(被称为组件)的使用及块互连的标记见附表 A.6、附表 A.11 和附表 A.12。内部块图注释也可以在块定义图的块结构分区中表示,图 7.26 和图 7.27 均给出了示例。

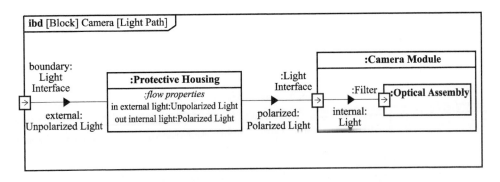

图7.2 内部块图示例

7.2 应用块定义图对块建模

块(block)是SysML中描述系统结构的基本模块单元,它可以定义一类逻辑或概念实体、物理实体(如某个系统)、硬件、软件或数据部件、人、设备、流经系统的实体(如水)或者自然环境中的某一实体(如空气或海洋)。块通常用于描述可重用部件,可在不同系统中应用。用于定义块的不同类型块特性将在后面进行阐述,可分为结构特性、行为特性和约束。

块是对一类相似**实例(instance)**或**对象(object)**的描述,这些实例、对象均呈现共同的特征。块拥有描述实例特点的一组特性。结构特性定义了块的内部结构和属性。行为特性定义了块如何与环境交互或者修改其自身状态。作为块的一个例子,汽车可以包含物理、性能及其他属性(如重量、速度、里程计读数、车辆牌照号),还包括一些行为特性,定义了汽车如何响应转向和油门指令。每个汽车块的实例都包括这些特性,并通过某些属性值而唯一识别。例如,Honda Civic 可以建模为一个块,车辆牌照号属性为"A1F R3D"的 Honda Civic 是 Honda Civic 的一个特殊实例。在SysML中,块实例能够作为一个唯一的设计配置而清晰地建模,如7.7.6小节所述。实例也可包括随时间改变的值属性,如速度和里程计读数。

块标识表示为一个可分隔为多个分区的矩形,名称分区位于标识的顶部,是唯一强制性分区。块特性的其他类型(如组成、操作、值属性与端口等)可以在块标识的其他分区中表示。除了名称分区外,其他分区均有表示其所包含的特性类型的标签。标签以小写斜体表示,为复数形式,包括单词间的空格符号。

块定义图中的名称遵从与包图相同的约定。直接被包含在或被导入对应图的命名空间的模型元素通过其名称指定。其他模型元素则需由它们的限定名称指定,以清楚地表示它们在模型层级中的位置。

块定义图中的任何矩形均默认为表示块。如果需要,关键词«block»也可选用,置于名称分区的块名称之前。为避免杂乱,本章中仅当相同块定义图中出现了块和以矩形表示的其他模型元素时才使用关键词«block»。

图7.3表示了一个块定义图示例,名称为 *ACME Surveillance System*（*ACME 监视系统*）,包含了公司产品模型的三个块。这三个块名称均有路径限定,表示了各块在模型包层级中的位置(图6.5)。这些显示的块有一系列的用途:*Camera* 描述了 ACME 的一个产品,*Stepper Motor Module*（*步进电机模块*）是 ACME 摄像头所用到的一个成品部件,*Video*（*视频*）用于描述摄像头产生的视频影像。

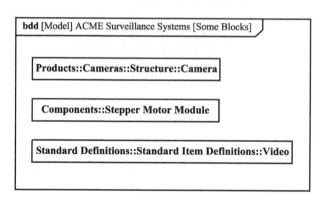

图7.3 块定义图中的块

7.3 应用属性对块结构与特征建模

属性(properties) 是块的结构化特性。属性定义块特征的类型,这种类型可以是另一个块,或者是更为基本的一种类型(如整数)。本部分描述了属性的三个大类及其应用。

(1)组成属性(简称组成):描述由块至其组合元素的分解,该内容将在7.3.1小节中论述。

(2)引用属性:是一种属性,其值引用其他块的组成,该内容将在7.3.2小节中论述。

(3)值属性:描述块的量化特征,如重量与速度,该内容将在7.3.4小节中论述。

与属性相关的更高级的主题包括:

(1)属性派生、静态属性、只读属性,在7.3.4小节中论述。

(2)属性重定义和构造子集,分别在7.7.1小节和7.7.6小节中论述。

(3)属性排序与唯一性,在8.3.1小节中论述。

块的属性分区内可以显示任何一种属性。

7.3.1 应用组成对块的组合层级建模

组成(parts) 描述了块之间的组合关系。这种块的层级组合类型通常出现在材料清单(也称为组成清单或者设备树)中。组合关系也称为整体-部分关系。虽然一个组成也可以由12.5.1小节描述的执行者分类,但它通常由块分类。

组成标识了其类型在情境中的用法。组成与块实例之间的关键区别在于:组成描述了在其组合块的实例情境下块的一个或者多个实例;实例并不需要有情境。

组合块的实例可以包括在组成端块的多个实例。实例的潜在数量是由组成的多重性所规定,定义如下:

(1)下边界(最小实例数量)可以是0或者任意正整数。因为整体的一个实例并不强制包括在组成末端的块的任何实例,所以当下边界为0时,名词"optional(可选)"通常用于表示多重性。

(2)上边界(最大实例数量)可以是1,可以是多个(以"*"表示),或者是大于等于下边界的正整数。

组成是块的一种特性,也可以列在块中独立的组成分区中。组成分区以关键词 *parts* 表示,包含块中每个组成的入口。每个入口有以下格式:

part name:block name [multiplicity]

多重性的上、下边界通常以"lower bound..upper bound"格式表示,在出现上下边界相同值的特殊情况下,给出该值。如果在组成端未显示多重性,则默认为1。

图7.4给出了四轮汽车的简单示例。*Wheel*(车轮)的每个应用均通过组成属性唯一标识。本例中,*Automobile*(汽车)是整体,车轮作为组成。每个车轮均有一个通用块定义 *Wheel*(具有 *size*(尺寸)、*pressure*(压力)等特征),但每个车轮在特定汽车情境中均可以有唯一的**使用(usage)** 或**角色(role)**。前、后轮的作用各不相同,且压力值也不一致。在汽车转向或加速过程中每个轮的行为也各不相同,并受不同约束条件的支配。同样地,在前轮驱动汽车与后轮驱动汽车中前轮发挥的作用也不一致。

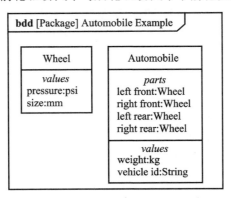

图7.4 独立组成表示的四轮汽车

组成定义了一组实例,这些实例属于整体块或组合块的实例。如果某个块是多个组合块的组成,在 SysML 语义中规定任何时间内该块的实例最多是某一块实例的组成。例如,发动机可以是两种不同类型车辆(汽车和卡车)的组成。但在某一时刻,任何发动机实例只能是某个车辆实例的组成。该规则表明,组合层级是一个严格的树状关系,因为一个实例最多对应一个父方。

典型情况下,整体-部分关系意味着应用于整体的操作也可以应用至每个组成。如果整体代表了某个物理实体,则整体位置的变化也将导致各组成相应位置的变化。整体的属性,如重量,也可以由其各组成推得。但是这些推断出的特性通常必须通过应用第 8 章中的约束方法在模型中规定。

当块表示物理系统的部件时,整体-部分关系有时可作为集合关系,整体端块的实例是由组成端块的实例聚合得到。软件中整体-部分关系与计算中建立和返回内存的位置相关。对于软件对象,整体-部分关系的典型描述是整体的创建、删除、复制操作也同样应用于各组成。例如,整体-部分语义规定了在删除整体端实例时,组成端的实例也将被删除。

组合关联

组合关联(composite association) 将整体-部分关系中的两个块联系起来。关联有两端,一端描述整体,另一端描述组成,组成由关联中整体端的块拥有。整体端的多重性上边界始终为 1,因为在任何时刻某个组成的实例仅能存在于一个整体中,但整体端的多重性下边界可以是 0 或 1。1 表示组成端的块实例必须一直包含于整体端的块实例中,0 表示在没有整体端块实例存在情况下组成端块实例也可以存在。对于后者情况,组成端的块实例也可以包含在其他块实例中,但仍然要求该块实例在任何时刻只能是某一实例的组成。例如,发动机的实例在任何时刻都是物理存在的,无论是其自身,还是作为汽车或卡车实例的组成。

组合关联以两块间的连线来表示,末端可以有不同的形式。整体端以黑菱形表示,一个黑菱形连接多个连线的简化符号表示该整体块有多个组合关联。

组合关联的每个末端都可以显示名称和多重性。在未显示多重性时,则默认整体端多重性为 0..1,组成端多重性为 1。虽然组成并不需要命名,但如果有名称作为装饰出现在组成端,则该名称为对应组成的名称。关联端也可以表示对应于所代表的其他属性特征,如后文所述。在大多数组合关联情况下,整体端通常并不命名,组成端有组成名称,并以开放箭头表示。组成端如无箭头则表示为 7.3.2 小节中所定义的引用属性。

块的组成分区显示组合关联中位于组成端的各组成。通常组成或者显示于组成分区,或者显示于关联端,只能二选其一。

图 7.5 给出了 *Camera* 组合层级最上面两层的内容,其中 *Camera* 和 *Mount Assembly*(底座装置,简写为 *ma*)显示为组合关联。*Camera Module*(摄像头模块,简写为 *cm*)和 *Electronics Assembly*(电子装置)的组成在分区中显示。虽然可以在单个

图中表示分解的多个层级，但即使对于比较简单的系统，也可能会导致杂乱。因此，实践中通常在特定的图中仅显示单层分解。注意：图框架对应于包 *Structure*（结构），如图标题所示，该包中包含了图中所有块。

组成的命名方式可以有多种。本章除特别说明外，采用以下命名方式：

（1）名称用于区分具有相同类型（块）的组成。本例中以 *Stepper Motor Module* 区分两个组成，*elevation motor*（俯仰电机）和 *azimuth motor*（方位电机）。

（2）当类型名称不能充分表述组成所充当的角色时，可以给组成命名。如本例中由于块名称 *Tilt Gimbal*（倾斜万向节）和 *Pan Gimbal*（平摆万向节）均不能清晰地描述 *Camera* 应用中的万向节运动平面，所以需将组成命名为 *elevation gimbal*（俯仰万向节）和 *azimuth gimbal*（方位万向节）。

（3）在类型（块）名称提供充分信息、可以推导出组成角色情况下，不再给组成命名。如本例中的 *Protective Housing*（保护罩）和 *Electronics Assembly*。在块已经清晰表示组成的情况下，通常采用该方法。*Mount Assembly*、*Camera Module* 和 *Imaging Assembly*（成像装置，简写为 *ia*）也应用该方法，但它们的名称被用于阐述图 7.8 和图 7.54 中的组成名称标记。

如果组成已有名称，那么在描述图时引用该名称；否则，使用块名称。

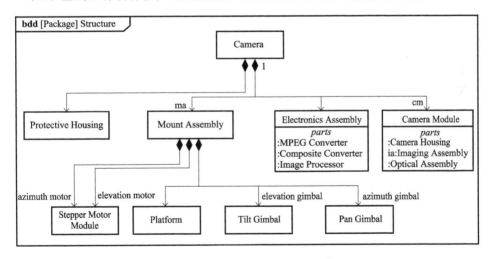

图 7.5　块定义图中的块组合层级表示

在图 7.5 中，各组成端均无多重性表示，说明在 *Camera* 组合层级中的各个组成仅有一个实例。在整体端有多重性，表示 *Electronics Assembly*、*ma* 和 *cm* 始终为 *Camera* 的组成，而块 *Protective Housing* 可以在其他块中应用。*ma* 的所有组成是可重用块，在其他情境中有应用。*Electronics Assembly* 和 *cm* 均有组成分区显示，其中列出了它们的各自组成。*Electronics Assembly* 的组成均无名称，默认多重性均为 1。

内部块图中的组成建模

除在块定义图中表示外,组成也可以在另一种图中表示。该图称为内部块图,表示块组合的另一种可视化形式。通过后文提到的连接器和端口,内部块图支持组成与其他组成连接。

块定义图与内部块图中所表述的组合关系如下:

(1)整体端或者组合(块)由内部块图的图框架指定,块名称位于图标题中。它提供了图中所有元素的情境。

(2)组成或者位于组合关联的组成端(整体端为组合块),或者位于组合块的组成分区内。组成在内部块图框架中以矩形标识出现,并有实边界。矩形标识的名称字符串包括组成名称,后面接冒号与组成类型。组成名称和类型名称均可省略。

每个组成的多重性可以表示在组成标识的右上角或者类型名称后方括号内。如果未显示多重性,则默认多重性为1。

图7.6给出了由组合关联引出的内部块图,该组合关联的整体端为图7.5中的 *Mount Assembly*。图标题将 *Mount Assembly* 作为闭合块,提供了图中五个组成的情境。本例中未显示多重性,表明多重性为默认值1(非默认多重性的例子见图7.13)。注意,该图只是内部块图的简化形式。

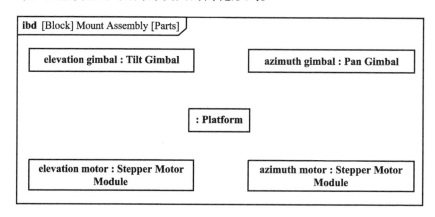

图7.6 底座装置的内部块图

建模人员可以选择用特定组成符号来表示该组成块的内部结构是否在某个内部块图中进一步描述。如果选择该方式,且该块有关联的内部块图,则在右下角包含一个耙形图标。图7.13中组成 *residence*(住宅)的耙形图标表示该块在某个内部块图(图7.42)中进一步详细说明。

内部块图中的组成连接

内部块图可用于表示块中组成之间的连接。虽然仅连接器并不能说明互操作的本质,但是**连接器(connector)** 仍可用于连接两个组成,并提供组成间的互操作。连接器也可以连接端口(见7.6.3小节)。

块的组成间交互由组成的行为来规定(见第9~11章)。交互可以包括组成间的输入/输出流、组成的操作引发、组成间的信号发送与接收,或者由任何一端组成属性的约束所规定。在合适的情况下,连接器上流动项的特性和方向可以由项流表示,具体见7.4.3小节。

连接器可以由关联或关联块分类,关联块也可以更进一步定义连接的特征,具体见7.3.3小节。连接器的末端可以包括多重性,表示可由**链接(link)**连接的实例数量,该链接通过连接器类型描述。例如,笔记本电脑与一组USB设备的连接可通过单连接器建模,但对于每个连接的设备要有一个单独的链接。

在内部块图中,两个组成间的连接器以组成标识间的连线表示。一个组成可以连接其他多个组成,但对每个连接都需要一个单独的连接器。连接器的全名称字符串格式如下:

connector name:association name

连接器的两个末端可以有箭头,表示分类连接器关联了相同的表示物,但该箭头通常不表示,也不应与流混淆。连接器的末端可以用连接器名称和末端多重性表示。如果未出现多重性,则默认多重性为1。在连接器标识交叉情况下,交叉部分以半圆区分两个连接器。

Camera的内部块图如图7.7中所示。用于保护摄像头内部的 *Protective Housing* 与 *Mount Assembly* 机械连接。*Mount Assembly* 为 *Camera Module* 和 *Electronic Assembly* 提供了平台,后两者连接并通过电信号使得摄像头工作。本例中连接器都有名称,表明它们均为机械连接(*m1~m3*)或电子连接(*e1*),但这些名称没有语义暗示。可通过对连接器归类添加有意义的语义,如7.3.3小节所述,或者通过专业领域的配置文件添加,如第15章所述。所有的连接器均默认多重性为一对一连接。

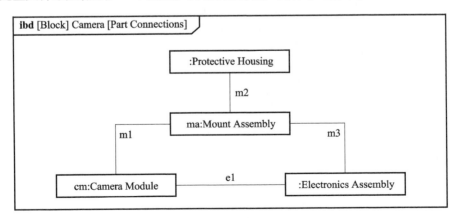

图7.7 内部块图中的连接组成

嵌套结构与连接器的建模

有时需要在内部块图中表示系统层级中的多层嵌套组成,这些嵌套组成可以在组成标识中继续以组成标识表示,如图 7.8 所示。SysML 也引入了另一种可选标记来表示嵌套组成,如图 7.8 所示。其中嵌套组成的每一层级在单个组成标识的名称字符串中均以句点(".")分隔。名称字符串表明了由图情境块层级至被嵌套组成的分解路径。图 7.8 中 *azimuth gimbal* 以嵌套矩形的形式表示在 *ma : Mount Assembly* 标识内,也以句点标记表示更高层级的组成名称 *ma*,句点后是组成名称 *azimuth gimbal*。表示时通常两种方式选其一。

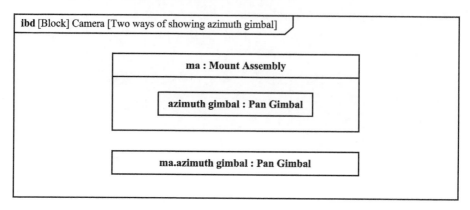

图 7.8　内部块图中的深嵌套组成

连接器可直接连接位于不同嵌套层级的组成,而无须连接嵌套组成的中间层级。例如,轮胎可以直接与路面连接,而无须路面连至车、车连至悬架、悬架连至车轮、车轮连至车胎这些各层级的中间连接。为了直接连接车胎与路面,连接器简单地穿过嵌套组成边界。块有一个名称为 isEncapsulated(是否为封装状态)的特殊布尔属性,如果该值为 true,则禁止连接器不经中间嵌套组成而穿过边界。经常会出现这种情况,最初在顶层组成之间规定连接,待组成的内部细节逐步清晰后,再在更低层级元素之间规定连接器。建模时需要选择是将外部连接器移除还是保留。

除了需穿过组成标识的边框外,带有嵌套端的连接器显示与正常连接器相同。如果块的封装状态属性值为 true,则显示;如果为 false,则不显示。在显示情况下,该属性出现在块名称前的括号内的名称分区中。

针对图 7.7 中的分组件,图 7.9 给出了更详细的连接细节。连接器 *m1* 拓展成名为 *platform to housing*(平台至外壳)的嵌套连接器,该嵌套连接器直接将 *ma* 的 *Platform*(平台)连接至 *Camera Module* 中的 *Camera Housing*。同样,电子连接器 *e1* 拓展成名为 *imaging to video*(成像至视频)的嵌套连接器,该嵌套连接器将 *cm* 中的 *Imaging Assembly* 连接至 *Electronics Assembly* 中的 *Image Processor*(成像处理器)。

当位于结构某一层级的连接器用于补充位于更高层级连接器的更多细节时,需要考虑潜在的已生成模型的维护问题。例如,如果图 7.7 中的连接器 *m1* 从模型中移除,连接器 *platform to housing* 也需要移除吗?如果该关系很重要,则应使用

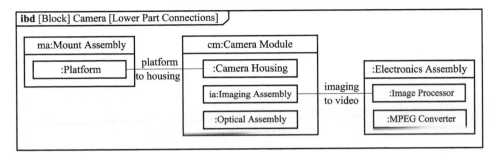

图 7.9 内部块图中的嵌套连接器

关联块表示连接器的分解,如同用块表示组成的分解。关联块将在 7.3.3 小节中描述。端口也是一种重要的解决方法,将在 7.6 节中描述。

绑定连接器

绑定连接器(binding connector)是一种特殊连接器,它约束连接器两端具有相同值。该连接器是参数模型(见第 8 章)构建的基础,同时也用于以内部块图进行结构建模。有两个具体的例子,分别为将代理端口与组成绑定(见 7.6.3 小节)和使用绑定引用来确定块中变量(见 7.7.4 小节)。

除了在可选连接器路径中有关键词«equal»以外,绑定连接器使用前面介绍的连接器标记表示。

7.3.2 应用引用属性表示块间关系

引用属性(reference properties)简称**引用**(reference),使得包含引用属性的块实例可以引用将该引用属性分类的块实例。前文已提到,整体－部分关系的组合语义定义了整体端块实例与组成端块实例之间的特定关系。例如析构语义,在删除整体端块实例时,组成端块的实例也会被删除。而对于引用属性,与组合关联的析构语义不适用。如果引用属性引用了相同实例,则对于可以有这种引用属性的块的数量也没有限制,这个特别有用,后面将继续介绍。

引用属性可用于描述引用块的逻辑层级,这些引用块是其他组合层级的组成。因此引用属性能够切割组合层级的树形结构,从而允许在主系统整体－部分层级之外新增一些分解视图。这种逻辑层级组织可由块定义图与内部块图表示。绑定连接器可用于约束逻辑层级中的引用属性,使得其值与组合层级中的特定组成相同。另一种引用属性应用是存储项建模,如存储于某容器中的水。阀门是容器的组成,而水并非容器的组成。水可以由另一个块拥有,而标识为容器的引用属性。

与组成相同,引用属性可列在块的单独分区中,引用分区的标题有关键词 *references*,对于块中的每个引用属性均包含有一个入口,并带有与组成相同的描述。

引用关联

本章前面讨论了通过组合关联来表示块的层级。**引用关联(reference association)** 在块定义图中使用,捕获块之间的不同关系,关联一端的块可以被另一端的块引用。引用关联可规定一端或两端的块的引用属性。

引用关联以两块之间的连线表示,并未使用表示组合关联的黑菱形。在仅有一端为引用属性时,开放连线箭头从引用属性拥有方引出指向引用方。如果关联为双向(两端均有引用属性),则两方均无箭头。引用关联端的多重性形式与组合关联一致。

引用关联的一端可以以白菱形表示。无论白菱形是否存在,SysML 都指定了相同的含义。但建议白菱形与应用版型一起使用,规定专业领域的唯一性语义。

组合关联也可定义引用属性。如果组合关联的组成端无箭头,则对组成分类的块有一个对应的引用属性,其名称在组合关联的整体端给出。

图 7.10 表示了一个名为 *Mechanical Power Subsystem*(机械能源分系统)的块,该块应用了引用关联以引用 *Camera* 的 *Power Supply*(能源供应)、耗电的机械部件(包括各类装置中的电机)和 *Distribution Harness*(分布电缆束)。*Distribution Harness* 本身又引用了 *Camera* 中作为不同组成的其他 *Harness*(电缆束)。在 *Camera* 的组合层级中,部件是许多不同装置的组成,其中一些如图 7.5 所示。*Mechanical Power Subsystem* 表示了这些部件的逻辑聚合,这些部件交互作用为摄像头的其他部分提供能源。该例中采用了白菱形表示,以强调*Mechanical Power Subsystem* 的层级特性,但这是严格标记,并没有语义暗示。

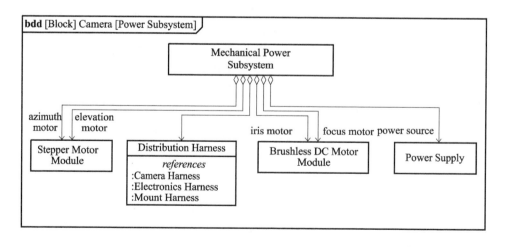

图 7.10　块定义图中的引用关联

不同的基于模型方法可在不同的模型结构组成中,包含如 *Mechanical Power Subsystem* 这样的块。此处仅是将其包含在块 *Camera* 中,但它也可以置于一个相似分系统的特殊包中。Mechanical Power Subsystem 的实例不会出现在 Camera 的装备树中,但它更像是部分装备树的交叉视图。

引用关联也可用于表示出于其他目的的不同块之间的关联,例如在典型的实体 – 关系 – 属性(ERA)类数据建模或更通用的类建模中使用。

内部块图的引用属性建模

在内部块图中,除了块边框以虚线代替实线表示外,引用属性的表示与组成属性表示相同。否则,引用属性将有与组成标识类似的装饰,并能以同样的方式连接。

图 7.11 表示了 Mechanical Power Subsystem 中引用属性的连接,以表示在分系统内部的能量传输。其中一个单独的 power source(能量源)通过 Distribution Harness 提供了摄像头中机械组成的所有能量需求。

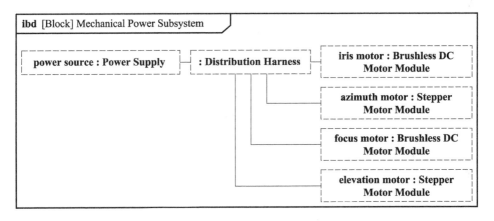

图 7.11 内部块图中的引用属性及其互连

7.3.3 应用关联分类组件间连接器

如同块可作为组成类型用于对系统结构建模,**关联(association)** 可作为连接器类型用于对组成间的连接建模。关联有两种应用方式:一是定义块如何正确连接;二是定义连接的细节,包括这些连接的进一步结构。

通过关联分类连接器以维护兼容性

分类连接器的一个应用是维护其所连接的组成之间的兼容性,这主要是通过要求连接器任何一端的组成必须满足关联所施加的约束实现。对于由某个关联所分类的连接器,其连接的组成必须有与该关联的所有端均兼容的类型。一个兼容的组成类型或者与关联端类型相同,或者是该类型的特例。

一个规范的过程可要求对所有连接器分类,确保连接器端的兼容性。在此过程中,需提供具有可兼容末端类型的关联库,每个连接器都必须由该库中的某个关联分类,确保仅能连接合适的组成。这个过程是假设连接器端类型特性的兼容性已经过确认(见7.4.3小节和7.5.4小节)。

关联定义了其各端的块实例多重性。虽然连接器可以有其自身多重性,但其上、下边界被限定在关联端的多重性范围内。

图7.12表示了用于处理住宅用户的 *ACME Surveillance Network*(*ACME 监视网络*)组成。异步数字用户线路(ADSL)用于连接 *Surveillance System*(*监视系统*)与 *Command Center*(*指挥中心*),表示为 *ADSL Connection*(*ADSL 连接*)关联。*ADSL Connection* 的末端表示了各末端块的引用属性,分别命名为 *adsl dte* 与 *adsl dce*,表示了相关块的各自角色。*Surveillance System* 是一个数据终端,下载数据量比上传大,必须通过其引用属性 *adsl dce* 与 *Command Center* 相关。*Command Center* 通过引用属性 *adsl dte* 与零个或多个 *Surveillance System* 相关。

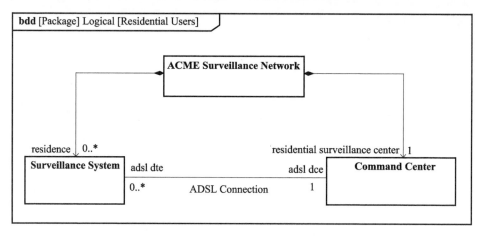

图7.12 两块之间的引用关联

图7.13 为利用内部块图表示的 *ACME Surveillance Network* 住宅组成。*residential surveillance center*(*住宅监视中心*)与多个 *residence* 连接,连接器 *res comms* 由 *ADSL Connection* 分类,因此必须遵从于其末端的类型与多重性。本例中连接器未进一步约束关联中的多重性,因此无须对连接器增加多重性。对于具有多重性的连接器示例可参见图7.42。

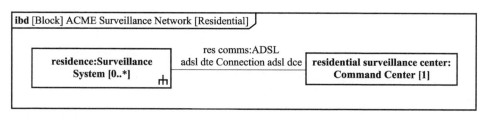

图7.13 关联分类的连接器

应用关联块定义连接器结构

通过**关联块**(association block)将连接器分类,可针对连接器规定更多的细节。如名称所示,关联块是关联与块的组合体,因此其不仅能同时关联两个块,而且可有内部结构与其他特性。内部结构用于分解由关联块所分类的连接器。

关联块的各端由一类特殊属性表示,称为**参与属性**(participant property),该属性与引用属性相仿。该属性支持关联块末端的块被关联块所引用,而不必成为关联块的组成。这也使得关联块与系统组成架构中的其他组成不发生混淆。

关联块在块定义图中以一个带有块标识、虚线连接的关联路径标识。关联块名称在块标识中表示,而不是在关联路径上表示。

图7.14是对图7.12的精化,其中 *ADSL Connection* 成为一个关联块。该图同时表示了 *Surveillance System* 与 *Command Center* 的新增内部结构,分别为 *ADSL Modem*(ADSL 调制解调器)和 *ADSL Gateway*(ADSL 网关)。这些新组成用于处理它们之间的 ADSL 通信,如图7.15所示。

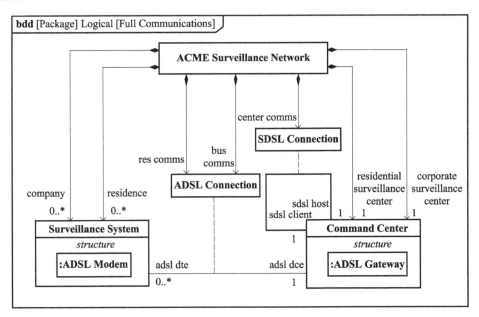

图7.14 块间关联块应用

图7.14同时包括了另一关联块 *SDSL Connection*(SDSL 连接)。*SDSL Connection* 表示了 *Command Center* 之间使用的同步数字用户线路(SDSL),但图中未给出支持 SDSL 的组成。另外,图中给出了 *ACME Surveillance Network* 与用户连接的相关部分,通过连接器 *res comms*、*bus comms* 和 *center comms* 表示。关于这些连接器属性的进一步描述参见下节。

关联块内部结构的规范方式与其他块相同,常用的方式是以内部块图规定关联块的内部结构。其中图框架对应于关联块,参与属性以虚线矩形表示,如同引用属性,但用关键词«participant»与其他属性区分。通过使用大括号中的字符串 end = property name 也可以表示关联末端。

图 7.15 表示了 ADSL Connection 关联块的内部细节。其中两个参与属性分别为 adsl dte 和 adsl dce,用关键词«participant»表示。图中给出了 adsl dte 和 adsl dce 的嵌套组成,用于描述如何通过 ADSL Modem 和 ADSL Gateway 之间的名为 adsl link(adsl 链接)的连接器实现一个 ADSL Connection。很明显,由 ADSL Connection 分类的每个连接器保证支持 adsl dte 的 ADSL Modem 和支持 adsl dce 的 ADSL Gateway 借助名为 adsl link 连接器连接。注意:由于 adsl link 连接器未分类,因此没有其他的链接特性细节内容。若要求有其他内部细节,如 ADSL 连接的物理细节特性,连接器可通过关联块分类。

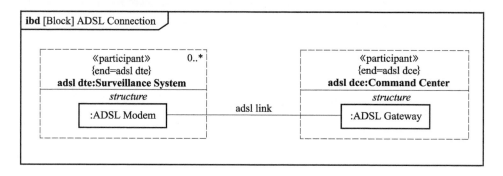

图 7.15　关联块的内部结构

图 7.16 表示了 ADSL Connection 和 SDSL Connection 的应用。如图 7.14 所示,ACME Surveillance Network 有两个指挥中心,一个用于公司用户,另一个用于住宅用户。指挥中心之间通过 SDSL Connection 通信,而与用户通信则通过 ADSL Connection。

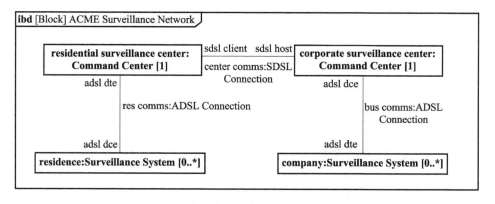

图 7.16　拥有两个控制中心的 ACME 监视网络

连接器属性

如前所述，连接器可由关联或关联块分类，成为块的一个特性。SysML 允许由关联块分类的连接器通过**连接器属性**(connector property)来表示。连接器属性可在块定义图中由块至关联块的组合关联表示。组成端的名称表示了整体端的块所拥有的连接器属性。连接器属性也可以在内部块图中以矩形符号表示，由虚线连至连接器路径。连接器属性标识的名称字符串如下：

«connector» connector name: association name

图 7.14 给出了 *res comms*、*bus comms* 和 *center comms* 三个连接器属性，前两者由 *ADSL Connection* 分类，后者由 *SDSL Connection* 分类。

7.3.4 应用值属性建立块的量化特征模型

值属性(value properties)用于建立与块相关的量化特征模型，如重量、速度等。同时，值属性也可用于建立矢量量化模型，如位置、速度。组成或引用属性都是基于某个块来定义，而值属性的定义则是基于值类型来定义，在描述块实例时这些值类型规定了属性有效值的范围。此外，SysML 定义了单位和数量种类概念，用于更进一步描述值类型特征，尽管值类型并不需要有单位或数量种类。值属性可以有默认值，也可以定义值的概率分布。

块定义图的值类型建模

值类型(value type)用于描述数量值。例如，一个名为 *total weight*(总重量)和 *component weight*(部件重量)的值属性可通过名为 *kilograms*(千克，简写为 kg)的值类型分类，该值可以是大于等于零的实数。值类型的目的是提供一个能被多个值属性分享的统一数量定义。通过对带相同值类型的值属性分类，值类型定义可以重用。

值类型描述了表述数量的数据结构，并规定了其可允许的值集合。在依靠计算机运行值运算时，这显得尤为重要。值类型可基于 SysML 提供的预定义值类型，或者是定义的新值类型。以下给出了不同的值类型：

(1) 支持标量值定义的**基本类型**(primitive type)，包括 SysML 预定义的基本类型，*Integer*(整数型)、*String*(字符串型)、*Boolean*(布尔型)、*Real*(实数型)。

(2) 定义了一组文字名称值的**枚举类型**(enumeration)，如颜色和星期。

(3) 表示数据结构规范的**结构类型**(structured type)，数据结构中包括多个数据元素，每个数据元素以一个值属性表示。SysML 提供的 *Complex*(复数型)即为一个预定义的结构类型。另一个例子是 *Position*(位置)值类型，包括值属性 x、y、z。

值类型表示的都是值，而不是实体。因此与块不同，它们都没有身份的概念，即一个值类型的两个实例如果值相同，则这两个实例必定一致，而块实例并非如此。

在块定义图中，值类型以实边框的盒标识表示。值类型的名称分区中在名称前有关键词«valueType»。

表示枚举类型的标识有一个标记为 *literals* 的单独分区,列出了所有枚举的文字,名称分区中在名称前有关键词《enumeration》。表示结构类型的标识也有一个标记为 *values*(值)的单独分区,其中列出了值类型的嵌套值属性,并采用与其他值属性相同的分区标记。

图 7.17 表示了包 *Basic Definitions*(基本定义)中的一些值类型。*Size*(尺寸)是一个结构类型,有 *width*(宽度)、*height*(高度)和 *length*(长度)三个嵌套值属性。它们由另一个值类型 *m*(米)分类。*m* 的定义包括了单位,如图 7.19 所示。*Image Quality*(成像质量)为枚举型,表示了摄像头的成像水平,摄像头用于控制获取每个视频帧需要的数据量。其他数据类型均为实数,因此是 SysML 值类型 *Real* 的特殊化。本例中特殊化只是说明 *MHz*、*MB*、*Frames per Second*(帧每秒)的值均为实数。在 7.7 节中有对特殊化含义和标记的进一步说明。

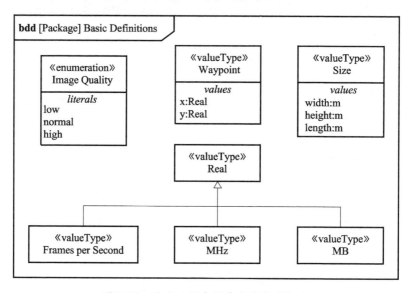

图 7.17 块定义图中的基本值类型定义

值类型中增加单位与数量

SysML 定义了单位和数量的概念,并作为可共享的定义支持跨模型应用,或在某个模型库中捕获,支持跨模型组重用。**数量种类(quantity kind)** 确定了一类物理数量,如长度,其值可以根据定义的**单位(unit)**(如米或英尺)来确定。虽然典型情况下单位只与一个数量种类关联,但为覆盖所有潜在情形,单位可以与多个数量种类关联。通常方程可根据数量表达,其中数量包括数量种类,但并不规定单位。数量种类和单位都可以有标识等,如图 7.18 中所示,SysML 模型编辑器和其他工具可以应用符号代替数量种类和单位的全名称。

在开发系统模型时,保证系统数据单位的兼容性非常重要。当多个组织和项目团队并行开发系统时,仅仅使用某个名称甚至某个模型库并不能唯一识别单位和数量种类。SysML 单位和数量种类也包括**定义 URI(definitionURI)**,可将其与某个唯一网址引用相关,进行定义的比较。

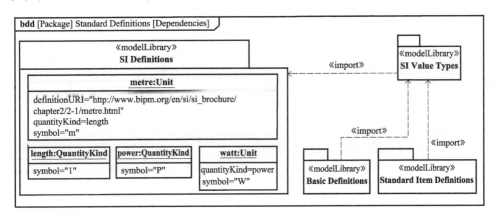

图 7.18　引入由 SysML 定义的国际单位系统定义

表示某个物理数量的值类型可以引用一个数量种类和/或单位,将其作为定义的一部分,从而以此指定其所分类的任何值属性的数量种类和单位。

块定义图中的单位和数量种类用矩形标识表示,它们的名称和类型(单位或数量种类)用下划线表示,并有冒号分隔,显示于名称分区中。在分区中表示不同的名单。

单位与数量种类的国际单位系统标准

国际单位系统(SI)是由国际标准化组织(ISO)发布的关于单位和数量种类的标准。在 OMG SysML 规范附录 E.6 的 ISO80000 模型库中,给出了完整 SI 数量种类和单位。该模型库可以引入任何模型直接使用 SI 定义,或者将其作为基础来定义更专业的单位和数量种类。虽然该模型库并非 SysML 规范的正式部分,但预期许多 SysML 建模工具包括该库并做拓展。ISO80000 模型库中的所有单位和数量种类都有定义 URI(来自 http://www.bipm.org)。

图 7.18 表示了 ACME 监视系统的 *Standard Definitions*(*标准定义*)库中 *SI Definitions*(*SI 定义*)模型库的一些定义。虽然图中仅有 *metre*(米)显示有定义 URI,但所有的单位和数量种类均有定义 URI。*SI Value Types*(*SI 值类型*)是一个局部定义模型库,通过引进 *SI Definitions* 来定义一组 SI 值类型。

图 7.19 中给出了模型库 *SI Value Types* 的一些值类型。这些值类型采用了由包 *SI Definitions* 引进的单位定义,从而支持一致的数量和单位表示。图中所有的值类型均定义为实数,但在图中未表示出来。

给块增加值属性

在值属性被定义后,即可用其对块中的值属性分类。值属性可有多重性。与其他属性相似,值属性显示在归属块的分区中。值分区的标签为 *values*。

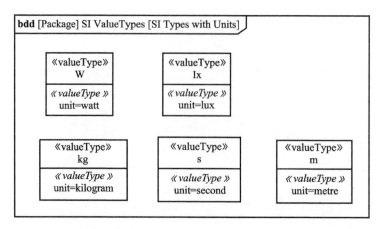

图7.19 值类型定义中的单位应用

图 7.20 表示了一个块定义图,其中包含了 Camera、Electronics Assembly 和 Optical Assembly 三个带有值属性的块。一些值属性由图 7.17 中的值类型分类,如 Electronics Assembly 的 clock speed(时钟速度)和 memory(内存)。其他由值类型分类的值属性如图 7.19 所示,如 Camera 的 sensitivity(敏感度)以测量亮度的 lux(勒克斯)表示。值类型的名称并不局限于字母数字符。例如 Camera 的 pan field of regard(关注的平摆视域范围)以标识"°"表示度数。

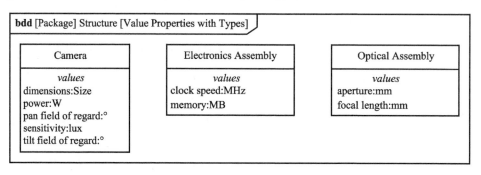

图7.20 块定义图中使用值类型对值属性分类

只读与静态属性

属性可以设置为只读,表示其在归属方的生命周期内不能更改。**只读属性(read only property)** 使用关键词 readOnly 表示,位于属性字符串末端的括号中。

属性也可以设置为静态,表示在由该块描述的所有实例中,其值均相同。**静态属性(static property)** 常用于描述某种配置特征,即针对某一特定类型具有相同值,如立方体的面数量。静态属性以属性名称字符串下划线表示。

派生属性

属性可以设置为派生,表示它们的值可以由其他值派生得到。在软件系统中,派生属性(derived property)通常由系统软件计算。在物理系统中,标为派生的属性表示派生属性的值通常是基于分析或仿真,也可以由约束支配(见8.3.1小节)。根据定义,约束表示了属性间非因果关系,而派生属性则解释为依赖变量,因此对于以约束形式表示的方程,允许其按照数学函数对待。

派生属性以属性名称前的符号斜杠"/"表示。

图 7.21 表示 Optical Assembly 的新增属性 $f-number$(f数),该属性为派生属性。同时也表示了 focal length(焦距)、aperture(光学口径)和 $f-number$ 之间的约束,通过 focal length、aperture 计算得到 $f-number$ 值。

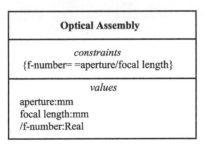

图 7.21 派生属性示例

属性值与分布建模

属性可以有**默认值(default value)**,该值可以在块分区内作为属性字符串的一部分表示,使用语法如下:

property name:type name = default value

组成的**初始值(initial value)** 可通过标签为 initial Values 的分区设置。在对组成分类的块中,初始值覆盖属性默认值。如无初始值定义,默认值作为组成的属性。初始值分区可用于组成,但不能用于块。

对于值范围以**概率分布(probability distribution)** 而非单值描述的值属性称为**分布属性(distributed property)**。OMG SysML 的规范附录 E.7 模型库中定义了一些通用的概率分布形式。以下标记表示分布属性:

«distributionName»{p1 = value, p2 = value ⋯} property name:type name

$p1$ 和 $p2$ 表征了概率分布。例如,对于一个正态分布,这两个值为 mean(均值)和 standard deviation(标准方差);对于一个均匀分布,这两个值为 min(最小值)和 max(最大值)。

图 7.22 表示了一组分布属性,包括 pan field of regard 和 focal length。pan field of regard 是摄像头在平摆拍摄时能够覆盖的视域大小。它被定义为最小值 0°、最大值 360°的区间分布,因为实际的视域取决于摄像头的安装位置。Optical Assembly 的焦距定义为均值 7mm、标准方差 0.35mm 的正态分布。该偏差主要是由镜头安装位置偏差和镜头加工偏差合成而产生。

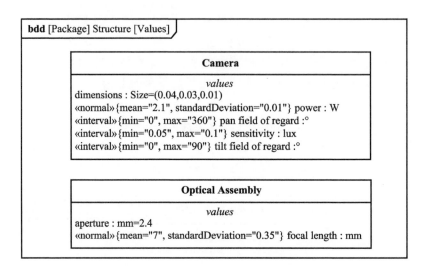

图 7.22 属性值和分布示例

pan field of regard 和 *focal length* 的分布是关于全部摄像头和光学组件的总体分布。*Camera* 的 *dimensions*（尺寸）和 *Optical Assembly* 的 *aperture* 都有默认值。对于后者是一个简单的标量，对于前者各个维度值属性均有值。

7.4 流建模

对系统不同组成之间的流做出定义可提供它们之间交互作用的抽象视图。流可以是自然界中的物理存在。例如，水泵可以规定水流入和流出泵体，电能可以流入。在电子系统中，通常是流动的信息和/或控制，如表示目标位置和速度的雷达系统信号或者是键盘上的按键信号。

项是定义为流动事物的通用术语。块可以包含名为流属性的特殊属性，流属性定义了该块可以流入或流出的项。另外，项流规定了组成间的连接器所实际流动的内容。

7.4.1 为流动的项建模

项(item) 用于描述一类流动的实体，它可以是物理流（如物质和能量），也可以是信息流。项可以是块、值类型或者是信号。当项作为块建模时，通常包括描述项特征的值属性，如在表示流动的水块中有温度和压力。项可以有内部结构，如流经组装线上的汽车或者是数据总线上发送的复杂消息。流也可以简化为仅表示一个可量化的属性（如水温），在此情况下项可以用一个值类型来代替块表示。

控制流和/或信息流也可用信号表示。信号用于控制组成的行为,而该组成是信号流向的目标。SysML 允许(但非要求)借由流属性在信号流入或流出块时产生事件。这些事件可以由块的行为访问,因此可用于控制信号流向的目标组成的行为(有关事件如何被访问详见第 9 ~ 11 章)。

项可以在不同抽象层级定义,并可以在整个设计过程不断精化。例如,一个由安全系统至操作员的告警流可以在较高抽象层表示为一个信号。然而在详细分析告警信号如何传递的本质时,项可以进一步重定义。如果告警以声频方式通信,则可以重定义为一个块,包含有声音的幅度与频率属性。

图 7.23 表示模型库组成 *Standard Item Definitions*(*标准项定义*),包含了流经摄像头的项。这些项按照块建模,包含了描述特性的值属性。块 *Light*(*光*)定义了辐射 *flux*(*通量*,单位为 W)和 *illuminance*(*照度*,单位为 lux)。块 *MPEG4* 定义了 *frame rate*(*帧速率*,单位为 Hz)和单帧中的 *line*(*线*)数量。

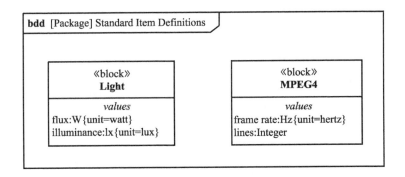

图 7.23 流入摄像头系统的项

7.4.2 流属性

块可以包含**流属性(flow property)**,规定哪些可以流入或流出块。每个流属性都有一个名称、类型、多重性和方向。流属性的类型可以是块、值类型或者是信号,取决于流规范。流属性的多重性定义了作为其所属块实例的组成,它可以包含值的数量。

块的流属性在标签为 *flow properties* 的特殊分区中表示,每个流属性的格式如下:
direction property name:item type[multiplicity]
流属性的方向可以为 in、out、inout 之一。

图 7.24 所示的块图表示了 *Light Source*(*光源*)和 *Light Sensor*(*光传感器*)两个光学设备。*Light Source* 输出 *beam of Light*(*光束*),*Light Sensor* 接收 *incoming light*(*来向光*)。这两个块的流属性由图 7.23 中的块 *Light* 分类。

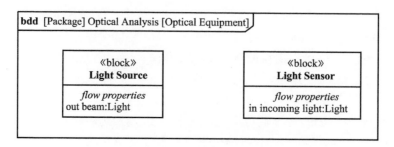

图 7.24　块的流属性

7.4.3　内部块图各组成间的流建模

连接器一端(源端)的流属性被赋予某个值(属性多重性大于 1 的情况下为多值)后产生流,流属性必须要有输出或输入/输出方向。被赋的值通过一个或多个连接器传播到与被连接组成上相互兼容的流属性中,流属性必须有输入或输入/输出方向。

流属性兼容性

项流经组成间连接器的能力依赖于连接器两端组成中所规定的流属性。对于由源组成至目标组成的流,连接器两端都必须有一个值属性,该值属性至少具备一个兼容类型和方向。如果目标流属性的类型与源流属性相同或者是源流属性的泛化,则两者是兼容的。如果两个属性都有输入/输出方向,或者它们的方向相反,则这两个流属性的方向也兼容。如果基于类型和方向有多个的流属性匹配,则基于其名称确定可兼容的流属性。

图 7.25 所示的内部块图表示了图 7.24 中的 *Light Source* 和 *Light Sensor* 在块 *Light Test*(光测试)中的连接。这两个流属性的类型和方向均兼容,允许 *Light* 由 *Light Source* 流出并流入至 *Light Sensor*。

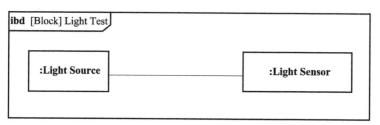

图 7.25　具有流属性的连接组成

图 7.26 块定义图扩展了图 7.24 中有关 *Light* 的定义,包括了有附加属性的 *Polarized Light*(偏振光)和 *Unpolarized Light*(非偏振光)(见 7.7.1 小节关于分类的讨论)。图中还表示了一种特定光源 *Lamp*(灯)和 *Polarized Light Sensor*(偏振光传感器)。由 *Lamp* 发射的 *beam*(光束)类型为 *Unpolarized Light*,因此与 *Polarized Light Sensor* 的属性 *incoming light*(入射光)并不兼容。注意:这是一个抽象的表达,更精确的表达是针对 *Unpolarized Light*,*Polarized Light Sensor* 将产生不正确的结

果。后续期望 SysML 建模工具能够通过消息或者改变连接器颜色来提供非兼容性的通知。

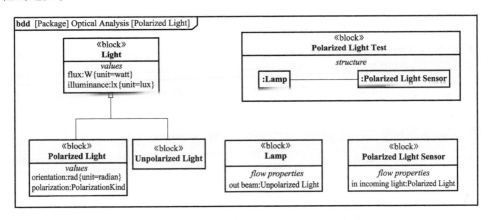

图 7.26 具有非兼容流属性的连接组成

流属性传播

如果某个组成与多个组成连接,且这些组成具有兼容流属性和/或该组成与表示有多个链接的某个给定连接器连接,则该组成输出流属性的值通过所有链接传播出去,称为扇出。相反,当组成输入流属性与连接的多个组成输出流属性兼容时,则称为扇入。SysML 对单个流属性并不定义多个输入流值。例如,流属性可以有与输入流源相同数量的多重性,或者流属性的多重性为1,以及一些可能出现的某种平均形式。语言也可以通过配置文件扩展以明确意图与含义,详见第15章。

项流

项流(item flow)用于规定实际流经连接器的项。项流决定了流动项的类型和流的方向,如水可以在泵与容器间流动。虽然与连接器各端组成关联的流属性定义了可以流动的内容,但实际的流动项可以不同。特别是,项流可以是流属性类型的泛化层级中的某些其他元素。

项流可以有关联的属性,称为**项属性**(item property)。该属性包含于封装块内,用于表示封装块情境中项的特定使用。特别是,多个项属性可以有相同的类型,但每个项属性代表了不同的使用。例如,水流入泵内是水的一个应用,而水流出泵则是水的另一个应用。流入和流出的水由不同的项属性表示。

项流必须与连接器各端的流属性兼容。SysML 兼容性约束较为松散,为如何建立项流模型提供了灵活性。实际上项流唯一的约束是其必须与源流属性、目标流属性在相同的分类层级。尽管如此,保持兼容性的一个通用方法是项流的类型与源流属性相同或者是前者比后者更通用,目标流属性类型与项流类型相同或者是前者比后者更通用。换而言之,在由源至目标的传递过程中,流应当规定得越来越通用。兼容性的一个简单示例就是源流属性类型为侵入告警状态,项流类型为告警状态，目标流属性类型为状态。侵入告警状态流出源组成，作为告警状态通过连接器，并作为状态进入另一个组成。

项流以连接器上的黑实箭头表示，箭头的方向表示了流向。当连接器上有多个项流时，相同方向的项流在该箭头附近以逗号分隔的列表表示。定义后每个项流都有单独类型名称和项属性名称。方向相反的项流由单独连接器表示。

图 7.27 表示了不同类型光源和光传感器之间的项流。其中增加了一种新型的 *Polarized Light*，名为 *Coherent Light*（相干光），该光是 *Laser*（激光）光源的输出。块 *Laser Test*（激光测试）的结构分区表示了由 *Laser* 分类的三个组成与由 *Polarized Light Sensor* 分类的三个组成。它们之间的连接器表示了三种可能的项流。上方的两个项流表示了期望的兼容模式。*l1* 和 *s1* 之间的流有 *Coherent Light* 项，与源流属性 *beam* 相同，目标流属性 *incoming light*（由图 7.26 而来）为 *Polarized Light*，较项流更为通用。*l2* 和 *s2* 之间的流类型为 *Polarized Light*，较源流属性更为通用，与目标流属性相同。另外，*l3* 和 *s3* 为最小约束情况，其中的项流 *Light* 处于分类层级的最底层。最后这种情况并不依附于前面的模式，但仍然有效。

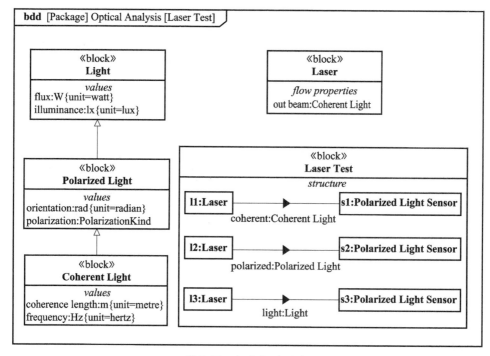

图 7.27　组成间的项流

项也可以在连接的引用属性间流动。图 7.28 表示了由块 *DC* 表示的电流首先通过图 7.11 中的 *Mechanical Power Subsystem*。所有的流均从 *power source* 流出，流经 *Distribution Harness*，最终到达各电机。每个项流均以 *Mechanical Power Subsystem* 所拥有的项属性表示。

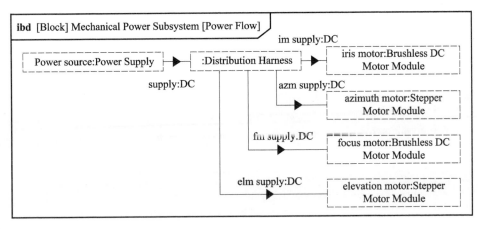

图7.28 引用属性间的项流

项属性可由参数方程约束,具体内容将在第 8 章中介绍。有关示例如图 16.22 所示。

7.5 块行为建模

块提供了行为情境,行为这个 SysML 词条覆盖了块如何处理输入/输出和其内部状态改变的所有描述。块可以指定某个行为作为其主行为或者分类器行为,该行为在块实例化后启动执行。其他行为可以指定为方法,提供了处理服务请求的细节。这两类行为也可以反过来引发块的其他行为。行为拥有参数,这些参数用于行为执行之前、之后、正在执行时将项传入行为或传出行为。

如第 9 章～11 章所述,SysML 中有如下三种主要行为形式:

(1)活动——将输入转换为输出;

(2)状态机——用于描述块如何响应事件;

(3)交互——描述了块组成间如何通过消息相互作用。

SysML 识别了语言中的其他两种行为形式。**非透明行为(opaque behavior)** 在一些 SysML 外部语言中以文本形式表示。**功能行为(function behavior)** 与非透明行为类似,增加了不允许直接影响归属块状态且仅能通过参数通信的约束。功能行为通常用于定义数学函数。

块行为可在块标识的分区内表示。分区 *Classifier behavior*(分类器行为)给出了分类器行为的名称,分区 *owned behavior*(归属行为)给出了块拥有的其他所有行为的名称。图 7.30 中的块 *Surveillance System* 给出了它的分类器行为和两个归属行为的名称,其中分类器行为是名为 *Surveillance System* 的状态机,归属行为是 *Monitor Site*(监视现场)和 *Handle Status Request*(处理状态请求)。这些行为将在第 9～11 章中介绍。

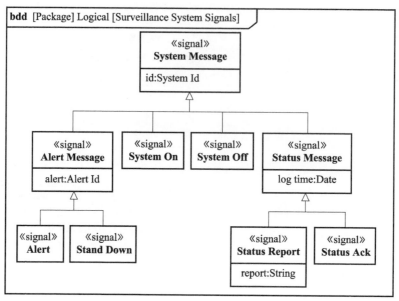

图 7.29 某个信号分类层级

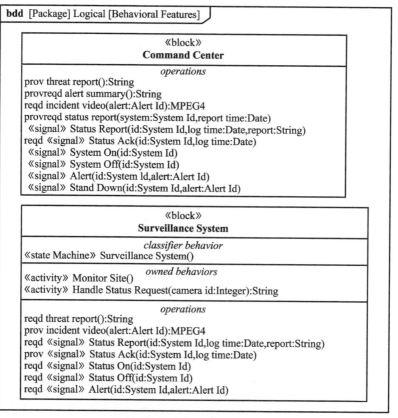

图 7.30 带有行为特性的块

7.5.1 块主行为建模

块的**主行为**(main behavior)也称为**分类器行为**(classifier behavior),起始于块生命周期的开始,通常在块生命周期的终点终止(也可在终点前终止)。依赖于块的性质,分类器行为的形式选择可以是状态机(如果块主要是由事件驱动),也可以是活动(如果块主要用于将输入项转换为输出项)。一种流行的混合方法是使用状态机描述块的状态,而当块在给定状态下或在状态间转换时,使用活动来执行。行为也可独立于块而规定,被分配至块或块的组成。

当块有主行为并包含带行为的组成时,建模人员应确保整体和组成间的行为在各个系统层级中保持一致。主行为可以充当控制器的作用,在协调其组成的行为过程中发挥主动作用。这种情况下块的行为是其主行为,该行为是由其各组成的主行为扩展。另一个方法是将块的分类器行为视作各组成行为的某种抽象,通常称为黑盒视图。这种情况下块的主行为表示了各组成都必须实现的规范。通常称组成行为为白盒视图,按照保留黑盒行为的方式进行交互。

7.5.2 块行为特性规范

与结构特性一样,块也拥有描述能够响应何种请求的**行为特性**(behavioral features)。行为特性可以具有关联的方法,该方法是当块处理对特征的请求时调用的行为。行为特性有操作和接收两种类型。

操作(operation)通常是由同步请求触发的行为特性(当请求者等待响应时)。每个操作定义了一组描述请求发出时传入自变量的**参数**(parameter),或者在请求处理后传回自变量的参数,或者两者都有。注意,操作可以由异步请求触发(当请求者不等待响应时)。在此情况下,没有自变量传回给请求方。

接收(reception)与**信号**(signal)相关联,信号定义了集的某个消息,信号的属性集表示消息的内容;接收的参数必须与相关联信号的属性相同。因此信号的属性间接地定义了随请求传递的自变量集。不同块中的接收可以响应相同的信号,因此频繁使用的消息可以定义一次,并在许多块中重复使用。操作和接收之间的主要区别是,操作可以由同步请求和异步请求触发,而接收只能由异步请求触发。通常操作通过执行其关联的方法触发来自块的立即响应,而接收请求是由明确接受请求的块处理,例如,当块的状态机中状态之间的转换由接收信号触发时,或者当块的活动包括对信号的接收信号动作时。

有关行为特性在第 9～11 章的活动、交互和状态机中进一步讨论。

信号是用一个具有实线轮廓的矩形标识定义,在信号名称之前有关键词《signal》。信号标识有单独未标记的分区,由如下形式表示属性:

attribute name:attribute type [multiplicity]

图 7.29 表示了监视系统使用的一组信号。信号被组织成分类层级,层级中

的每个新层添加新的信号属性(参见7.7节关于分类的讨论)。*Status Report*(*状态报告*)信号具有三个属性：*report*(*报告*)，它直接定义；*log time*(*日志时间*)，由它到 *Status Message*(*状态消息*)的关系得到；*id*，由它到 *System Message*(*系统消息*)的关系得到。

> 操作和接收显示在标记为 *operations* 的块单独分区中。操作表示为名称与参数的组合，以及可选的返回类型，形式如下：
>
> operation name(parameter list) : return type
>
> 参数列表以冒号分隔，形式如下：
>
> direction parameter name : parameter type
>
> 参数方向可以是输入、输出或输入输出。

接收是其名称和参数列表的组合(接收的名称总是其关联信号的名称)，表示为：

«signal» reception name(parameter list)

对于SysML 1.3，块必须指定它对其定义的行为特性是提出请求还是处理请求。对**提供行为特性(provided behavioral feature)** 的请求由定义块自己处理。如果块定义了**请求行为特性(required behavioral feature)**，则表示它期望某个外部实体处理其对该特性所做的任何要求。行为特性既可以是请求也可以是提供。

提供行为特性由特性名前的关键词 prov 表示。请求行为特性由关键词 reqd 表示。关键词 provreqd 表示特性既是提供又是请求。如果无关键词，则默认特性是提供。

图 7.30 表示了由 *Surveillance System* 和 *Command Center* 提供和请求的服务视图。它们都具有相同的接收集合，对应于图 7.29 中所描述的信号。大多数由 *Surveillance System* 定义的接收是请求的，这意味着期望它的环境接收其发出的信号，除了期望接收 *Status Ack* 信号并提供给外部一个接收。对于 *Command Center* 正相反，只有一个请求的接收；其余的是提供的接收，由无关键词表示。此外，*Surveillance System* 提供一个操作来获取与它所报告的任何事件相关的视频，并且 *Command Center* 需要这样的操作。*Command Center* 提供一个请求 *threat report*(*威胁报告*)，详述目前已知的问题；*Surveillance System* 需要这样的操作。*Command Center* 还提供和请求另外两个操作，即 *alert summary*(*警报摘要*)和 *status report*(*状态报告*)，它们用于在指挥中心和调查事件的外部机构之间进行通信。

7.5.3　块定义方法建模

某些块的行为仅对特殊激励响应，尤其是在请求是由提供行为特性(操作或接收)产生的情况下。这种行为称为**方法(method)**，它与请求的行为特征相关。

不同于块的主行为,方法通常有生命周期限制,在激励后起始,执行它们的分配任务,然后终止,可能会返回一些结果。通常使用活动、非透明行为或者功能行为规定方法。

需要注意的是,并非所有行为特性都需要方法。与行为特性关联的请求可由行为直接处理,应用如 9.7 节中的接收事件动作和 11.4.1 小节、11.5 节中的状态机触发器。行为特性不能既与方法相关,又与其他构架相关。

SysML 支持**多态性(polymorphism)**。多态性是指多个不同的块可以响应相同激励,但每个都采用特殊的方法,按照特定的方式完成。多态性与分类强关联,将在 7.7 节中阐述。

7.5.4　跨连接器的路由请求

行为特性的请求可跨越组成间和引用间的连接器通信。当某个块行为产生针对请求行为特性的请求时,请求跨连接器与另一端通信。任何目标端都必须有一个带有兼容标志的同类型提供行为特性(如操作或接收)。

两个特性的信号必须满足下述所有准则。首先,特性种类、参数名称和参数方向需一致;其次,参数的类型、多重性、排序和唯一性特征必须兼容,即有关被提供特性的输入参数特征必须与对应的请求特性的特征相同或者前者比后者更泛化。提供特性的输出参数特征必须与对应的请求特性的特征相同或者前者比后者更特殊化。对于类型,泛化和特殊化指的是它们在分类层级中的位置。对于多重性,一个更广的范围(更多值)被认为是更泛化;对于排序,无序被认为是更泛化;对于唯一性,非唯一被认为是更泛化。有关排序和唯一性的内容参见 8.3.1 小节。

与流属性一样,如果某个组成连接至多个其他组成或者某个组成和另一组成之间的连接器表示了多个链接,则请求可以跨多个链接路由,这些链接的末端具有兼容行为特性。如果有多个扇入链接,则请求或者由立即触发每个请求的方法执行,或者是请求被排序直至某个行为接收请求。如果有多个扇出链接,则输出请求通过所有链接传播出去,这些链接的末端均为请求的目标方。然而 SysML 并不定义多个返回值处理机制,这留待执行配置文件做出规范。

在图 7.30 中,*Command Center* 和 *Surveillance System* 有一些兼容的行为特性,这些特性形成了两者之间的通信基础。指挥中心也可以应用 *alert summary* 和 *status report* 通信,两者均是提供和请求。与此对照的是,根据图 7.30 中的定义,两个被连接的监视系统应没有相互通信。有关这些块的典型配置如图 7.16 所示,其中 residence 与 residential surveillance center 之间的连接器有多个链接,表明 residential surveillance center 需要支持针对连接器所提供的操作、接收扇入请求。

7.6 应用端口实现接口建模

接口建模是系统建模的关键内容。SysML 允许建模人员规定不同的接口，包括机械、电子、软件和人-机接口。另外，信息流的接口必须能够规定信息的逻辑内容和以位（bit）、字节（byte）与其他信号特征表示的信息物理编码。虽然可以仅采用块和组成间连接器特性规定系统接口，SysML 也引入了端口的概念，使得系统接口定义更具健壮性和灵活性。

端口（port）表示了块边界上的一个访问点，也可以是由该块分类的任何组成或引用边界上的可访问点。一个块可以有多个端口规定不同的访问点。在内部块图中端口可通过连接器相互连接，从而支持组成间的交互。

SysML 1.3 引入了两种新型端口，分别为完整端口和代理端口。**完整端口（full port）**等同于父块边界上的一个组成，该组成可作为块的进出访问点。完整端口由块分类，并可以有嵌套的组成和行为，能够如同其他组成一样修改输入/输出流。完整端口可以表示一个物理组件，如电连接器或者机械接口装置，因此是系统组成树的一部分。另一种为**代理端口（proxy port）**，代理端口并非其父块的组成，而仅提供了对父块或父块组成的特性的外部访问，该访问并不修改其输入/输出。代理端口本质上作为一个通过或接力传递，规范了所属块的哪些特性可以在端口被访问。代理端口由接口块分类，该接口块规定了通过端口可以访问的特性。接口块不能有内部行为或组成（或完整端口），但可以包含嵌套代理端口。

完整端口和代理端口均支持同一特性集，即行为特性和任何一种属性（除了代理端口不支持组成）。在任何一种情况下，块的使用者仅仅关注其端口的特性，而无须考虑特性是由代理端口表示还是直接由完整端口处理。

有关是否使用端口、应用何种端口的决策是方法论问题，与如何使用块相关。代理端口通常用于将系统作为黑盒规范，接口规范并不规定系统的任何内部结构。而完整端口通常根据系统的实际组成来规范端口，从而使得该组成能够修改归属块的输入/输出。完整端口和代理端口之间的选择由设计决策决定。为支持该方法，端口可以被创建和连接，无须被指定为完整端口或代理端口，这使得决策能够被延后。

代理端口与完整端口的概念在 SysML 1.3 中被加入，用于替代 SysML 1.2 中的流端口与标准端口概念。总的来说，代理端口提供了 SysML 1.2 流端口和标准端口的所有功能，并且新增了嵌套端口和规定非流属性的能力。在 SysML 1.3 和 SysML 1.4 中，流端口和标准端口仍予以保留，但可能会在后续版本中删除。有关不主张使用特性的讨论见 7.10 节。

7.6.1 完整端口

完整端口与组成相似,均包括在归属块的组成树内。但不同于组成,完整端口以图形方式表示在其父块的边界。即使其父块被封装(7.3.1 小节中 isEncapsulated 设置为真),外部连接器也可以与完整端口连接。而在某个块为封装的情况下,外部连接器不能连接嵌套组成。完整端口由块确定类型,并可以将拥有任何其他块可用的完整特性集移植至另一块中。

完整端口以矩形表示在其父标识的边框上,其名称、类型和多重性以字符串表示在端口标识内部或附近,格式如下:

«full» port name:block name [multiplicity]

当端口类型具有流属性时,使用端口标识内部的箭头表示其方向信息。如果所有流属性均有入方向,则箭头指向内。如果所有流属性均有出方向,则箭头指向外。如果方向混杂,或者所有流属性均为输入/输出方向,则应用双向箭头。如有要求,完整端口标识可以如同组成标识一样包含同样的一组分区。

块标识分区中的各种端口均标记为 ports(端口),并采用如下字符串:

direction port name:block name [multiplicity]

仅当端口类型具有流属性时才显示方向。标签名为 *full ports* 的单独分区仅表示完整端口。

图 7.31 给出了描述块 *Mount*(底座)的块定义图。*Mount* 有四个安装点(*Bolts*(螺栓))用于将 *Mount* 固定至支架上,另有四个安装点用于将 *Mount* 与摄像头固定。安装点为完整端口,以关键词«full»表示,分别由两个块(*M10 Bolt* 与 *M5 Bolt*,分别代表直径为 10mm 和 5mm 的螺栓)分类。支架安装需要有更大的螺栓,因此支架安装点直径更大,如端口类型名称所示。

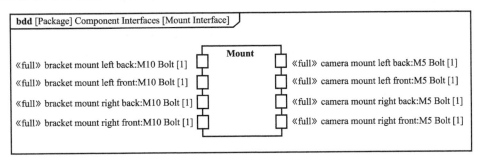

图 7.31 带有完整端口的块

完整端口可以包括嵌套端口,嵌套端口的类型可以包括端口自身,因此可产生任意深度的嵌套完整端口层级。嵌套端口以父端口标识边界上的矩形表示,可置于边界的任何地方,但需警示的是它们不可以与表示端口嵌套层级中更高元素的标识有交叉。完整端口也可以有嵌套代理端口,完整端口可以表示一个物理连接器,而代理端口用于规定连接器的选定特性,如其管脚输出规范。

图7.32块定义图描述了ACME摄像头的安装接口,该图表示了Camera如何固定安装。其中有一个名为mount的完整端口,该端口由图7.31中的块Mount分类。Mount端口布置于其父端口的边界。虽然完整端口的嵌套端口可布置于其父标识边界的任何位置,但mount的嵌套端口布置使得那些要从外部连接的端口表示于外部,而那些要从内部连接的端口表示于内部。

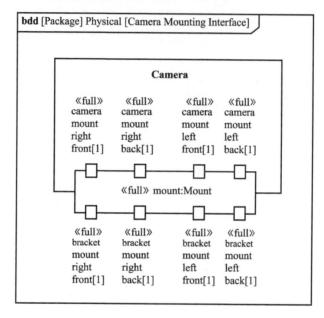

图7.32 带有嵌套端口的完整端口

7.6.2 代理端口

与完整端口不同,代理端口并不表示系统的组成,而是具有其归属块或块组成特性的一个建模结构。代理端口由**接口块(interface block)**分类,接口块作为一种特殊形式,并不包含任何内部结构或行为。完整端口与组成类似,而代理端口与引用属性类似,提供了对其归属块或块组成选定特性集的访问。

接口块以带有关键词«interfaceBlock»的块标识表示,可以包括特性分区,但不包括组成分区和完整端口分区。

与完整端口类似,代理端口以贯穿于其父标识边界上的矩形表示,端口的名称、类型和多重性以字符串形式表示在端口附近,格式如下:

«proxy»port name:interface block name[multiplicity]

代理端口标识可包括列有其不同特性(包括属性、嵌套端口和行为特性)的分区。

块标识可以在 proxy ports(代理端口)分区内列出其代理端口,使用如下字符串：

　　direction port name：interface block[multiplicity]

图7.33块定义图中给出了一些接口块，均表示将摄像头与其环境物理连接所需的物理接口。接口块可以仅包含代理端口而无完整端口，因此所有的端口关键词均为«proxy»。图7.37给出了代理端口分区的两个示例。

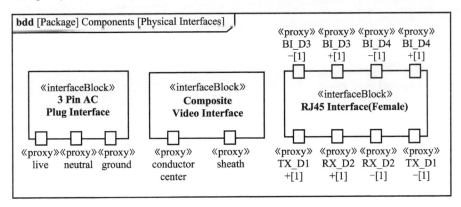

图7.33　带有代理端口的接口块

如前所述，接口块可拥有代理端口，并支持代理端口嵌套。除了代理端口的嵌套端口总是表示于其父方标识的外部边界，代理端口的嵌套端口表示方式与完整端口的嵌套端口相似。

图7.34表示了由图7.33而来的接口块，描述了 Wired Camera（有线摄像头）（为避免杂乱取消了«full»和«proxy»关键词）的物理接口。Wired Camera 拥有 ethernet（以太网）、power（电源）和 video（视频）三个代理端口和 mount 完整端口。注意支架安装点（而非摄像头安装点）表示于 mount 上，因为该图仅是用于表示摄像头的外部接口。

行为端口

代理端口可以定义为**行为端口（behavior port）**，表示提供对归属块特性而非归属块内部组成特性的访问。行为端口的流属性可以映射为块主行为（或分类器行为）的参数。SysML并不明确指出这该如何完成，它允许建模人员针对不同领域采取不同方法或操作来建立不同途径（参见7.5.1小节有关块主行为的描述）。行为端口特性与其归属块特性之间的兼容性类似于跨连接器的特性，（除了有方向的特性（流属性和行为特性）），方向必须与另一方的方向相同，而不是相反。

当接收对应于端口特性的事件或发送信号、调用操作时，通过明确规定到端口的路径，借由一个任意嵌套行为端口，块行为可以发送和接收信息。有关更多讨论参见9.7节和9.11.2小节。

行为端口用连接至代理端口的小圆角标识（形式与动作和状态类似）表示，有关示例如图7.46所示。

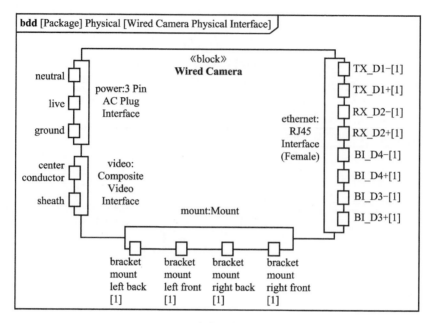

图 7.34 带有嵌套端口的块

7.6.3 端口连接

当块有端口时,端口也可以在组成和引用属性中描述,这些属性按内部块图中的块分类。端口可以通过连接器连接到其他端口或直接连接到组成。虽然每个连接需要一个单独的连接器,但一个端口可以连接到多个其他端口或组成。

在特性兼容性方面,从外部角度连接到完整端口和代理端口没有差别。然而,从内部连接到代理端口与到完整端口的特征不同。内部连接器连接同一块的端口与组成,外部连接器则将端口与另一个块的组成或端口连接。在内部连接完整端口和代理端口的主要区别是确定特性兼容性,这在后面的章节中讨论。属于行为端口的代理端口不能从内部连接到归属块的组成。

连接器标记在 7.3.1 小节内部块图的连接组成部分介绍。内部块图图框中显示的端口代表图框指定的封闭块上的端口。

图 7.35 所示的图框上的端口对应于块 Wired Camera 的端口。图 7.35 表示了 Wired Camera 端口在内部如何连接。Electronics Assembly 和 Mount Assembly 是自定义装置。建模人员未将它们封装,其内部组成直接与外部连接,而没有通过边界上的中转端口连接。有线摄像头的 video 端口直接连接到 Electronics Assembly 的 Composite Converter(组合转换器)组成。类似地,mount 端口连接到 Mount Assembly 中的 Platform 组成。块 Power Supply 和 Ethernet Card(以太网卡)是已封装的现货部件,因此它们必须通过端口连接,不允许直接连接到内部组成。Wired Camera 的

ethernet 端口连接到 Ethernet Card 上的端口,power 端口连接到 Power Supply 上的端口。

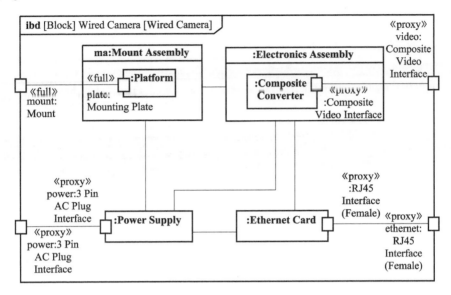

图 7.35 块内部端口连接

完整端口连接

完整端口连接与组成连接具有相同的含义和约束。特别是用于确定被连接完整端口的行为特性兼容性和流属性的规则与 7.4.3 小节中用于组成的规则一致。

图 7.36 表示了在测试环境中的 Optical Assembly 使用图 7.24 所定义的设备。从连接端口和组成上的流属性方向可以看出,Light 可以流过 Optical Test Bench(光学测试台)的部件。Light Source 发射一束光,落在 Optical Assembly 的 Filter(滤光片)上。Filter 输出的 filtered light(经滤波的光)由 Focusing Assembly(聚焦装置)中的光学元件处理,产生 focused light(经聚焦的光),该光从 Optical Assembly 通过保护的 screen(屏幕)流出,并入射到 Light Sensor 上。该传感器测量接收到光的各种属性。

当完整端口代表某个具有子结构的物理部件时,端口可对自身的组成和端口进一步分解。进出端口的连接器可能需要进行分解,以便显示端口连接的细节。端口和连接器的分解将在本节后面描述。

代理端口连接

如前所述,对于代理端口、完整端口(如果没有强制执行封装则为组成),用于外部连接器的默认兼容性规则是相同的。然而跨内部连接器的行为特性和流属性的兼容性规则在完整端口和代理端口之间有所不同。虽然完整端口之间的内部连接器仍然关注于将一个组成的向外流匹配到另一组成的向内流,但是进出代理端口的内部连接器关注的是代理端口类型的特性与所归属块或其组成的相应特性相

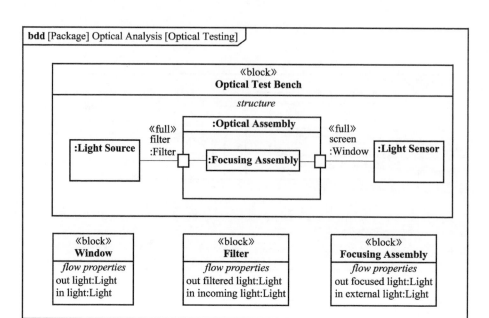

图 7.36 组件与完整端口连接

匹配。由于代理端口特性代表了它们所连接的内部组成的特性,因此它们需要行为特性和流属性相匹配(具有相同方向,而非相反方向)以实现兼容。

代理端口可以内部连接到组成、完整端口或其他代理端口。如果某个代理端口连接到完整端口或组成,则连接器必须是一个绑定连接器。这表明,代理端口实际上是完整端口或组成的代理,而它本身并不代表一个单独的结构元素。

图 7.35 中 *Wired Camera* 的 *power* 端口通过未分类的内部连接器连接到 *Power Supply* 的 *power* 端口。两个端口都采用 3 *Pin AC Plug Interface* (3 管脚AC 插头接口),其定义如图 7.37 所示。连接器的两端特性兼容,因为这两端都有具兼容类型和输入/输出流方向的 *current*(电流)流属性,也都有具兼容类型和相同方向的 *power* 流属性。

图 7.37 中的块定义图表示了 3 *Pin AC Plug Interface* 和 3 *Pin AC Socket Interface*(3 管脚AC 插座接口)的定义,以及它们之间 *Plug to Socket*(由插头至插座)的关联。同时,还给出了带有结构分区的块 *Wired Camera Wall Mounting*(有线摄像头墙底座),描述电源如何提供给摄像头。墙和摄像头之间的外部连接器由 *Plug to Socket* 分类。如 7.3.3 小节所述,连接器的两端与连接器类型兼容。连接器的两端也有兼容的流属性,包括兼容的 *current* 流属性,它的类型相同,方向为输入/输出。兼容的 *power* 流属性类型相同、方向相反。同时连接器两端都具有 *max current* (最大电流)值属性,其类型是 *AC Current*(交流电流)。在此种情况下,方向兼容性规则不适用,因为它没有方向特性。

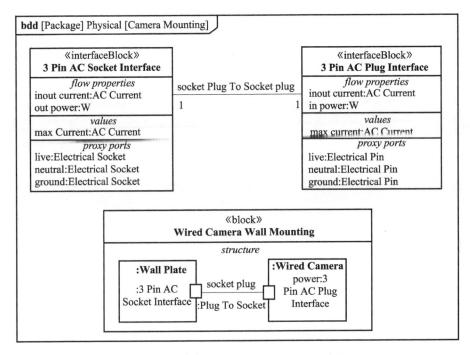

图 7.37 带有分类连接器的代理端口连接

结对端口

当两个块相互作用时,它们可以交换相似的项,但方向相反。不同于交互块代理端口建立两个独立的规范,SysML 提供了一种**结对端口**(**conjugate**)机制,对于两个端口可复用单接口块。一个端口被设置为另一个端口的结对,这表明接口块中的行为特性和流属性的方向对于这个端口是相反的。结对也适用于嵌套的端口,反转它们任何方向特性的方向,当然除非它们本身结对抵消反转。结对也会影响端口符号的方向标记,包括端口符号上的向内箭头和向外箭头,从而扭转它们的方向。

完整端口(如组成)不能被结对。按完整端口和组成分类的块包含依赖于有方向性特性的行为,如流属性以及已定义方向的操作。由该块分类的组成或端口的结对反转了这些特征的方向,这违背了其内部行为所依据的假设。

结对端口以端口分类前添加波浪线("~")表示:

port name:~ Interface Block Name.

图 7.41 中给出了该标记的示例。

端口和连接器分解

正如 7.6.1 小节和 7.6.2 小节所述,完整端口和代理端口都可有嵌套端口,这些嵌套端口可单独连接。图 7.35 和图 7.37 分别表示了内部连接器和外部连接器,均连接到 *Wired Camera* 的 *power* 端口。每个连接器的末端均有嵌套端口(图7.34),嵌套端口自身可被连接。连接器可以直接连接到嵌套的端口,如图7.35所示。

或者可以使用关联块规定此附加细节。7.3.3小节描述了应用关联块定义连接器的内部结构。这个内部结构可以仅包含一组连接器,它们定义关联端的嵌套端口之间的连接器。当连接器由关联块分类时,被连接端之间的实际交互通常由关联块的内部结构来处理,后者可以定义一组不同的特性兼容性规则。

在图7.38中,图7.37中的关联被一个关联块替换,以显示嵌套端口之间的连接。关联块还增加了一个约束,即plug(插头)的max current必须大于或等于socket(插座)的max current。图7.37中连接器不需要更改。

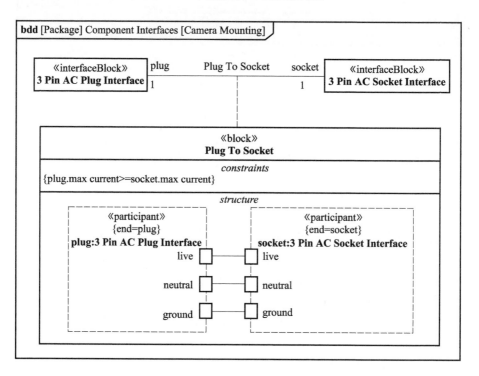

图7.38 关联块内的代理端口连接

完整端口之间的连接器可通过关联块分类,显示连接如何实现的结构细节。图7.39表示了关联块 Mount Interface(底座接口)的定义,它提供了 Mount 和 Mounting Plate(安装板)如何连接的细节。

图7.40表示了图7.39所示的关联块 Mount Interface 的内部块图,它表明 Mount 上的每一个 M5 Bolt 连接到 Mounting Plate 上的 M5 Hole(孔),并用 M5 Nut(螺母)固定到位。

图7.41中的块图表示了系统的逻辑视图组件而非物理视图组成。接口块 Camera Interface(摄像头接口)有 video 和 control(控制)两个代理端口,video 用于数

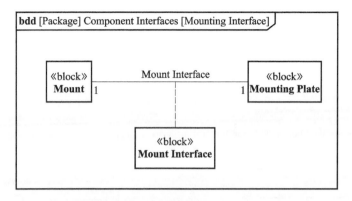

图 7.39 应用关联块定义结构化连接

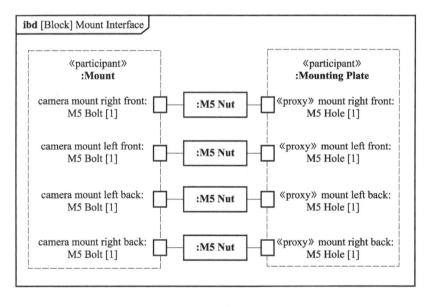

图 7.40 关联块内表示结构化连接

字视频，control 用于控制摄像头的操作。接口块 Video Interface（视频接口）对 video 分类，并包含一个由 MPEG4 分类的单个流属性。接口块 Control Interface（控制接口）对端口 control 分类，包含一组接收和操作，见 7.5.2 小节描述。Camera Interface 将这两个端口结对并规定了一个接口，该接口可用于分类 Camera 端口。因为 video 端口是结对的，所以即使它唯一的流属性具有向内的方向性，video 端口也显示在代理端口分区中，如同对外端口。Camera 有一个代理端口，即 digital if（数字接口），由 Camera Interface 分类，规定了 Camera 客户端所请求的服务。嵌套的 video 端口有一个向外的箭头表示其有效方向。

图 7.42 中 Surveillance System 的内部块图表示了 Surveillance System 的两个部件之间的通信。如图 7.41 所示，Camera 有一个代理端口，其中包含两个嵌套

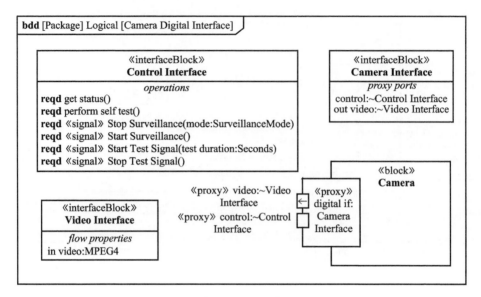

图 7.41　采用结对的嵌套端口定义

的代理端口 video 和 control，而 Monitoring Station（监控站）有两个独立的代理端口。这两组端口具有兼容的类型，并且可以连接，由于 Camera 的端口 digital if 未结对，但其嵌套端口结对，因此产生可兼容的结对。如果端口 digital if 结对，而嵌套端口未结对，则也是如此情况。端口有变化的多重性，这将在下一节中解释。

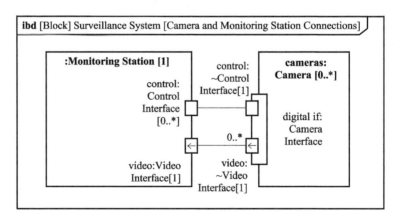

图 7.42　嵌套端口连接

单端口与多个端口连接

如上所述，单个端口可以与其他多个端口连接。此外，任何连接器本身都可以表示多个链接（块实例之间的连接）。对于内部连接器和外部连接器均是如此。连接器的链接数量由端口及其归属方的多重性决定。

如果一个端口连接到其他多个端口,则退出该端口的项和请求可能会路由到某些或所有其他端口,这取决于它们是否具有兼容的特性。这同样适用于从多个其他端口进入端口的项和请求。

图 7.42 中多个 *camera* 被连接到同一 *Monitoring Station*,这是由它们的多重性所确定。*Monitoring Station* 上的 *video* 端口具有多重性 1,但有 0 到多个摄像头 *video* 端口连接到 *Monitoring Station*。它们之间连接器的多重性表明 *Monitoring Station* 的设计帅希望从所有摄像头 *video* 端口来的视频都通过一个端口。因此,*Monitoring Station* 中的软件必须能够处理来自多个源的相互交织的视频数据。与此相反,*Monitoring Station* 的 *control* 端口多重性为 0..*,并且 *camera* 的嵌套 *control* 端口多重性为 1。在这种情况下,由于有许多潜在的摄像头实例,实际连接端口的数目可能相同。这种可能性由它们之间的连接器确认,该连接器具有默认多重性(1..1),要求 *Monitoring Station* 的一个 *control* 端口实例连接到 *Camera* 的一个(嵌套)*control* 端口。

图 7.43 中内部块图表示了通往 *router*(路由器)代理端口 *ethernet ports*(以太网端口)的两个外部连接器,其中一个连接到 *work station*(工作站),另一个连接到 *cameras*。由于缺乏多重性,*work station* 的连接器是一对一;路由器上端口 *ethernetports* 的实例与连接器另一端的端口 *ethernet* 实例连接。而 *router* 端的 *camera* 连接器具有多重性 4,表示端口 *ethernet ports* 的四个实例通过该连接器连接。以太网端口多重性为 6。其中 1 个通过连接器 *work station* 连接,4 个通过连接器 *camera* 连接,在路由器上留下一个空余端口。在 *modem* 和 *work station* 名称前面的补注标识表明它们具有的继承特性,该标记将在 7.7 节中阐述。

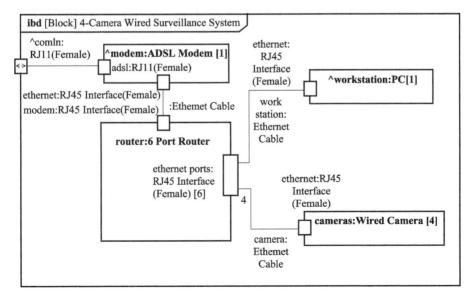

图 7.43 无默认多重性的连接器

当连接的端口和连接器都有默认的多重性1时,虽然SysML未提及哪个端口实例是通过链接相连接的,但哪个实例被连接并无歧义,但是SysML未提及哪个端口实例是通过链接相连接的。而在其他情况下,如图7.43所示,哪些 ethernet ports 连接到哪些摄像头则存在模糊性。如果消除这种模糊性非常重要,那么设计必须细化以具有一个明确的配置,或者需要通过配置文件增加其他数据。

7.6.4 端口间流的建模

如7.4.3小节所述,项流既可以在组成之间的连接器上表示,也可以在端口到端口的连接器上表示。

相同的兼容性规则适用于组成和完整端口,但是连接到代理端口的规则在内部连接器的情况下有所不同。当某个项流出现在来自代理端口上的一个内部连接器时,尽管大多数其他兼容性规则是相同的,但流向的匹配规则与外部连接器的规则相反。如果流属性是单向的(非 inout),项流的方向必须与源和目标流属性的方向相同。

图7.44 显示了光源从其一外部源到 camera 的 Optical Assembly 的路径。Unpolarized Light 通过 Protective Housing 入射,后者通过一个未指定的方式极化光从而减少眩光。由此产生的 Polarized Light 通过代理端口 light in(光输入)进入 Camera Module,此端口是 Optical Assembly 完整端口 filter 的代理。注意,针对 Protective Housing 组成的 flow properties(流属性)分区的标签以冒号前缀。这是一种标准机制,用于表示这些是分类组成的块的特性。

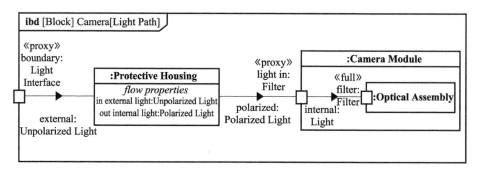

图7.44 端口间的项流

7.6.5 带有端口的接口应用

描述一组由端口支持的行为特性的另一种方法是在**接口(interface)**中对其定义。虽然接口与接口块的能力互相冗余,但因为 UML 使用接口,所以接口也保留在 SysML 中,可以选择在 SysML 和 UML 中使用相同的建模方法。一个或多个接口可以与端口相关,以定义它提供或请求的行为特性。通常接口描述与特定服务(如跟踪或导航)相关的一组行为特性,但是由块向其端口提供的服务分配属于方法论问题。接口定义可以根据需要重用,以便在许多块上定义端口的接口。

第7章 应用块为结构建模

接口建模

接口在块定义图中定义为一个矩形标识,在名称前带有关键词《interface》。接口标识有一个类似块符号的 *operations*(*操作*)分区。

图 7.45 表示了描述监视系统多个方面不同逻辑服务分组的五个接口。例如,*Test Tracking*(*测试跟踪*)包含一组接收,允许在摄像头测试期间报告进度。其他接口支持其他服务(如用户和路由管理)。

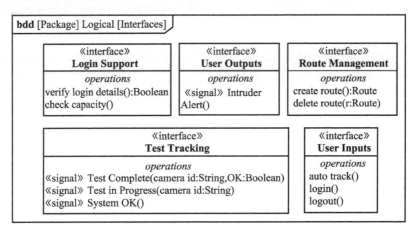

图 7.45　用于定义提供服务与请求服务的接口集

端口添加接口

端口上的**请求接口**(**required interface**)规定由块(或其组成)行为请求的一个或多个操作。端口上的**提供接口**(**provided interface**)规定块(或其中的一个或多个组成)必须提供的一个或多个操作。具有端口(带有请求接口)的组成必须连接到提供所需服务的另一个组成,通常是借助带有提供接口的端口。由接口定义的端口行为特性的兼容性与接口块定义的端口相同。

端口的请求接口和提供接口用"球形与凹形"表示。接口用一个球形与凹形标识表示,接口名称位于其附近。球状符号表示提供接口,而凹形表示请求接口。通过实线将接口符号连接到请求或提供接口的端口。端口可以有一个或多个请求接口和一个或多个提供接口,因此可以与多个接口标识连接。

图 7.46 表示了在块 *UI* 和 *Monitoring Station* 上定义接口点的端口集。*UI* 有四个端口:一个端口提供服务,两个端口请求服务,还有一个端口既提供服务也请求服务。端口 *test feedback*(*测试反馈*)提供由接口 *Test Tracking* 定义的服务。端口 *login services*(*登录服务*)请求由接口 *Login Support*(*登录支持*)定义的服务。端口 *user if* 提供了在 *User Inputs*(*用户输入*)中定义的服务,并请求由 *User Outputs*(*用户输出*)定义的服务。所有 *UI* 端口都是行为端口,由行为端口符号表示。*Monitoring Station* 有五个端口,其中两个使用接口块定义,如图 7.41 所示,其他三个使用图 7.45 中的接口定义。

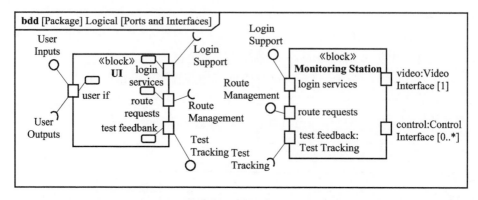

图 7.46　应用代理端口定义基于服务的接口

如果需要，请求和提供接口也可以在内部块图上使用球状和凹槽符号显示，尽管这会给图增加杂乱信息。如果应用了球和凹槽符号，则很容易对连接端口的兼容性做快速目视检查。由内部连接器连接的端口应具有相同名称和形状的接口符号。由外部连接器连接的端口应该具有相同名称和不同形状的接口符号。

图 7.47 表示了 Surveillance System 更完整的内部块图，添加了组成 user interface（用户接口）。Surveillance System 将端口 user login 上的请求处理委托给组成 user interface。User interface 使用 Monitoring Station 的 Login Support 服务，通过它的端口 login services，提供当前用户的数据，并通过端口 route requests（路由请求）传递路由管理请求。Monitoring Station 请求 user interface 的服务 Test Tracking。来自 Surveillance System. user if 的内部连接器将两端的提供接口和请求接口进行符号匹配。User interface 和 Monitoring Station 之间的外部连接器具有相反的符号。注意行为端口标记已经在图中省略。

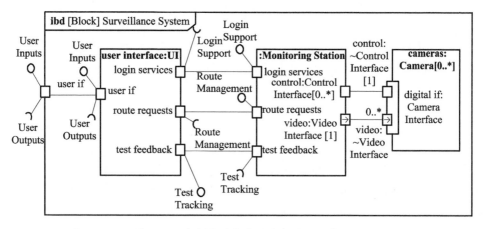

图 7.47　内部块图中基于服务的端口连接

7.7 应用泛化对分类层级建模

SysML 中分类器(**classifier**)是一种类型,可作为更具体类型的基础。到目前为止本章中遇到的分类器有块、值类型、接口、接口块和信号。

块定义图中可以出现不同类型的分类器,并可以组织成分类层级。在分类层级中,每个分类器被描述为比另一个更通用或更特殊。通常,通用分类器包含一组特性,这些特性对于更特殊化的分类器是通用的。一个更特殊化的分类器将**继承**(**inherit**)来自更通用分类器的公共特性,并可能包含其他特有的附加特性。通用分类器与特殊分类器之间的关系称为**泛化**(**generalization**)。不同的术语用于识别在泛化关系末端的分类器。在本章中,称通用分类器为**父类**(**superclass**),特殊分类为**子类**(**subclass**)。

在子类重用父类的特性并增加了它自身的特性后,分类可便于重用。当父类具有显著的细节或有多个不同的子类时,重用的优点显而易见。

本节首先讨论块结构化特性(属性和端口)的继承,包括特性的添加和子类中现有特性的重定义。虽然本节的重点是块和接口块,但是其他具有结构化特性(如接口和值类型)的分类器也可按同样的方式组织。例如,一个更通用值类型的子类可添加特定的单位和数量种类。

除了对重用进行分类外,分类还可用于描述块的特定配置,识别测试的独特配置,或者用于仿真或其他形式分析的输入。

分类也适用于行为特性,并且可以用于块的特殊化,后者以特定方式响应即将到来的请求。行为特性的分类和使用分类所隐含的语义被许多面向对象设计的书籍所涵盖,因此这里不再详述。

泛化由两个分类器之间的线条表示,线条在关系的父类端带有空心三角形箭头。泛化路径可单独显示,一组泛化路径也可合并为树形表示,如图 7.48 所示。

图 7.48 表示了 Camera 的 Wired Camera 和 Wireless Camera 两个子类。这两个子类都要求 Camera 的所有特性,但也要增加各自的特殊特性。Wired Camera 既有有线 Power Supply,也有有线 Ethernet Card。Wireless Camera 使用 WiFi(Wireless Ethernet)Card(无线以太网卡)进行通信,并且是电池驱动的,包含了 battery life(电池寿命)的值属性。

尤其是子类在不同于父类的单独图中表示情况下,针对子类以标识表示继承特性非常有用。在此情况下,该特性以一个前缀补注标识("^")表示。该标记的示例如图 7.43 所示。

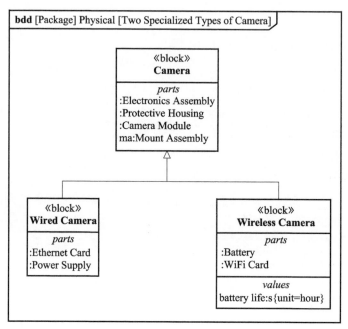

图 7.48 块的特殊化示例

7.7.1 块的分类与结构化特性

在分类层级中不同的模块有不同的结构化特性,其中由子类添加在父类中不存在的特性。并非所有在子类中添加的特性都是新的,一些特性被引入以覆盖或改变现有特性的定义,称此为**重定义(redefinition)**。

当父类的某个特性在子类中重定义时,其在父类的初始特性对于子类不再可用。子类中更为具体的特性(也称为重定义特性)用于替代父类中的特性(被重定义特性)。通常子类中的特性名称与父类中的特性名称相同。当用于替代被重定义特性时,重定义特性可以:

(1) 限制其多重性(例如,从 0..* 到 1..2,以便减少该功能所能容纳的实例或值的数量);

(2) 添加或更改其默认值;

(3) 提供新的分布或更改现有分布;

(4) 将特性的类型更改为更受限制的类型(换言之,是现有类型的子类)。

在子类中重定义特性的名称字符串后面括号中表示重定义,使用关键词«redefines»,后跟被重定义特性的名称。

在包 *Components*(*部件*)中,描述了在系统中使用的两个电机模块。这两个电机模块都有一些共同的特性,例如,它们都有一些共同的值属性,如 *weight*(*重量*)、*power*(*功率*)、*torque*(*扭矩*)。图 7.49 中引入了 *Motor Module*(*电机模块*)的通用概念,以提取两个电机模块的共同特征。

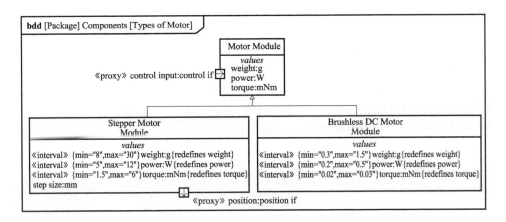

图 7.49　块定义图中的分类层级表示

除了值属性外，*Motor Module* 还定义了一个使用代理端口的 *control input*（控制输入）的通用概念。*Brushless DC Motor Module*（无刷直流电机模块）和 *Stepper Motor Module* 均表示为子类，这是一个具有自身特点的通用概念，如 *Stepper Motor Module* 的 *step size*（步长）和 *position*（位置）输出端口。此外，在子类中重定义了 *Motor Module* 的公共属性，以便将其值设置为适合于电机类型的边界。值属性由《interval》概率分布描述，表示给定子类中值的范围。

7.7.2　分类与行为特性

如同块和接口块的结构化特性可以被组织成分类层级，块的行为特征也可按类似方式处理。本小节概述了行为特性和相应行为的分类。更全面的讨论超出了本书的范围，但可以在许多面向对象的设计书籍中找到。

通用操作或接收在分类层级的抽象层描述，更具体的操作和接收在更特殊化的块中描述。与结构化特性类似，父类的行为特性可在子类中重定义。接口也可以被分类，其行为特性的特殊化方式与块相同。

块对行为特性请求的响应也可以特殊化。虽然行为特征可以在通用块中定义，针对块特殊化特性的方法对于该块可以是唯一的（见 7.5.3 小节关于方法的讨论）。在软件工程中这种现象称为多态性，源于希腊语"多种形式"，因为根据实际处理请求方法的不同，针对给定行为特性请求的响应也可能不同。

在面向对象编程语言中，多态性由分派机制处理。如果某个行为向目标对象发送请求，则行为知道目标对象的类型（如块）以及目标对象可以支持请求。然而由于特殊化，目标对象可以是被请求类型的有效子类，并且可以实现对请求的不同响应。这种分派机制可以确保调用适当的方法来处理请求。

7.7.3 应用泛化集为重叠分类建模

有时一个子类可以包括多个父类的特性,称为**多重泛化**(multiple generalization)或**多重继承**(multiple inheritance)。某一给定类的子类可以组织为组。例如,一个名为 Person(人) 的父类可以有多个子类,包括工作中代表 Employee(雇员)或 Manager(经理) 特征的子类,性别中代表 Woman(女人)或 Man(男人) 特征的子类。可以应用泛化集对这种情况进行建模,如图 7.50 所示。

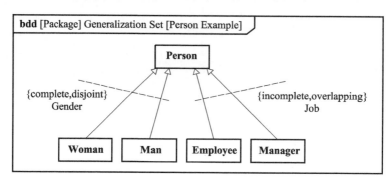

图 7.50 块定义图中的泛化集表示

泛化集(generalization set) 有两个属性,可用来描述其成员之间的覆盖和重叠。**覆盖**(coverage) 属性规定父类的所有实例是否是泛化集成员的一个或另一个实例。覆盖属性的两个值分别为 complete(完全) 和 incomplete(非完全)。**重叠**(overlap) 属性规定父类的一个实例是否只能是泛化中最多一个子类的一个实例。重叠属性的两个值分别为 disjoint(不相交) 和 overlapping(重叠)。

泛化集可以通过与泛化路径相交的虚线显示在块定义图上。括号中显示的泛化集名称、重叠和覆盖属性值显示在描述泛化集的线附近。如果使用泛化符号的树形式,则泛化集可以由一个具有泛化集名称和属性的树描述,该树的名称和属性显示在其根的三角形符号附近。图 7.50 表示了虚线形式,图 7.58 表示了树形式。

图 7.50 表示了前面描述的泛化集示例。Person 根据两泛化集划分为四个子类。Gender(性别) 有两个成员,即 Woman 和 Man,两者既不相交又完全覆盖,因为所有的实例都必须是女人或男人的实例,而且不能两者兼具。Job(工作) 有两个成员 Employee 和 Manager,重叠且不完全覆盖,因为 Person 可能是 Employee 和 Manager 的实例,或者两者都不是。

7.7.4 应用分类对变体建模

产品变体的描述和组织是一个庞大而复杂的话题,需要包含许多不同学科的解决方案,建模仅是其中之一。尽管如此,SysML 包含分类和重定义等的概念,可用于描述一些变体建模所需的细节和关系。例如,分类可用于对块定义的不同变体进行建模,以表示在权衡研究中正在评估的可选设计。这可以通过将一个块的几个特殊化变体描述成更通用的块的子类,并分组为泛化集来实现。需注意的是,单个父类的多个子类可使用后续分类层级中的多个泛化重组,但必须遵守父类中规定的重叠和覆盖。

图 7.51 表示了 *Camera* 的两个相互排斥的特征——期望位置和与控制器连接的方式。本例中的每个特征都有两个变体。泛化集 *Location*(位置)表示的两个期望位置供 *Internal Camera*(内部摄像头)或 *External Camera*(外部摄像头)使用。泛化集 *Connection*(连接)表示的两种期望连接方式供图 7.48 中的 *Wired Camera* 和 *Wireless Camera* 使用。三个更进一步的变体,*Wired Internal Camera*(有线内部摄像头)、*Wireless Internal Camera*(无线内部摄像头)、*Wired External Camera*(有线外部摄像头)是由以上四个变体多重泛化创建。为减少杂乱,其中块的特性被隐藏。

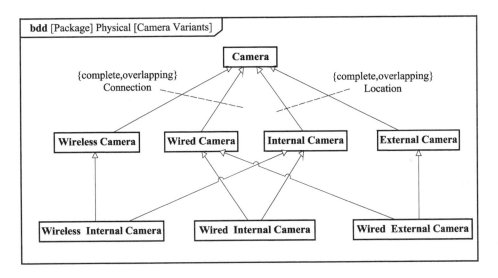

图 7.51 块定义图中的变体配置建模

绑定引用

有时两个变体系统之间的变化被深嵌套在系统的组合层级内,例如 *Vehicle*(车辆)中不同类型的 *Wheels*。在这种情况下,可以方便地引用具有不同类型 *Wheels* 的不同 *Vehicle* 变体,而不必显示整个组合树 *Vehicle* 来表示变体。尤其是要引用变体 *Wide Wheel Vehicle*(宽轮车辆)和变体 *Standard Wheel Vehicle*(标准轮车辆)。随着越来越多的变体被引入,这种情况变得越来越有用,如包括宽轮、较大发动机和较硬悬架的 *High Performance Vehicle*(高性能车辆)变体。

绑定引用的概念提供了一种机制来支持以紧凑的方式描述这些变体。特别是它支持变体 *High Performance Vehicle* 的变化可以在块 *High Performance Vehicle* 中表示,而不必显示所有嵌套的变体组成的组合层级。实现方式如下。

绑定引用(bound reference) 是块的一种引用属性,该属性使用绑定连接器与块组合层级中的其他嵌套属性绑定。使用绑定连接器连接的属性必须有相互兼容的类型和多重性。这样绑定引用可以成为组合树(如 *Vehicle*)中高层块的一个属性,该属性被限制为与组合树(如 *wheel*)中的深嵌套组成或属性相等。

当块被划为子类来创建一个变体时(如 *High Performance Vehicle* 变体),每个绑定引用可以重定义,以对应于所选的变体组成或属性。所选变体组成或属性必须符合前节中描述的重定义规则。

作为一种引用属性,绑定引用的标记与引用属性相同,通过关键词«boundReference»区分。块针对绑定引用有单独的分区,标签为 bound references(*绑定引用*),便于识别其变体组成,除了标准属性语法外,分区的每个入口都有下面的前缀:

{/bindingPath = property list; lower = integer; upper = integer}

在属性列表中,绑定引用的属性路径以分号分隔。

摄像头的成像装置包括传感器,该传感器有多个潜在的选择,其中两个如图7.52所示。当帧速率为12帧/s时Micron MT9T001最高支持2048×1536像素;当帧速率为45帧/s时Aptina MT9M034最高支持1280×960像素。块 *Camera* 以名为 sensor(*传感器*)的引用属性为特性,该引用属性被绑定到属性 *Camera::cm. ia. sensor*,如图7.53所示。绑定后可允许不同的配置,如通过修改 *sensor* 的类型来定义 Low Fidelity Camera(低保真摄像头)和 High Fidelity Camera(高保真摄像头),如图7.54所示。

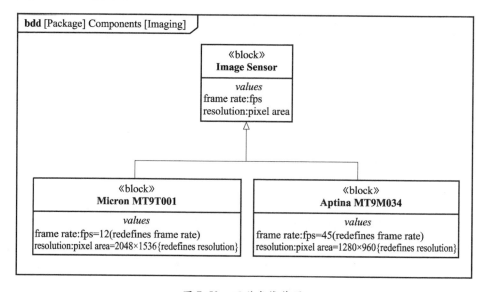

图7.52 两种成像装置

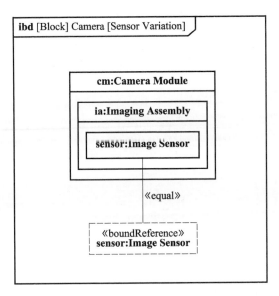

图 7.53 为支持变体而添加的绑定引用

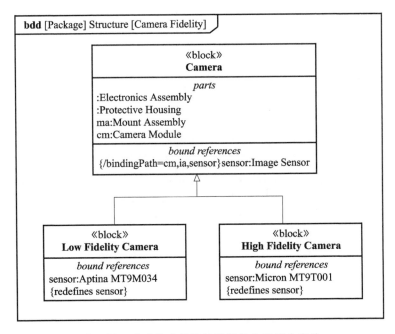

图 7.54 应用绑定引用描述摄像头的两个变体

绑定引用也可与完整端口绑定。图 7.55 所示为作为 Camera Assembly（摄像头装置）组成的 Bracket（支架），用于将 Camera 连接到墙上。Bracket 的 Camera 端被固定在 Camera 的 Mount 位置上，如图 7.32 所示。然而，支架的靠墙端可以有不同数量不同大小的孔，以适应不同的材料。这种灵活性可以通过将绑定引用连接到

Wall Mount(墙上安装)的 hole 来实现。Camera Assembly 的两个潜在变体如图 7.56 所示:Solid Wall Camera Assembly(实心墙的摄像头装置)带有 4 个 M5 Hole, Dry Wall Camera Assembly(干砌墙的摄像头装置)带有 6 个 M10 Hole。

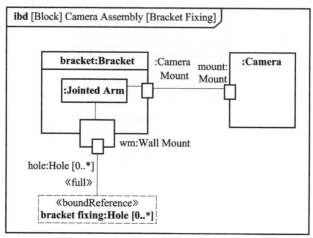

图 7.55　应用绑定引用支持端口变体

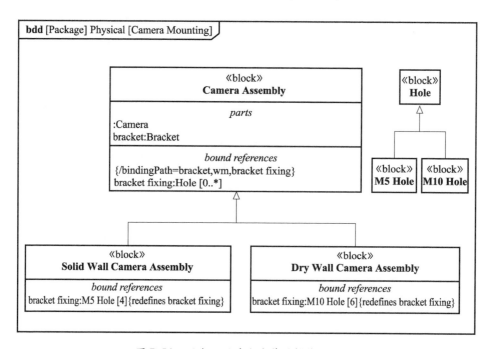

图 7.56　两个不同墙上安装的摄像头变体

7.7.5　应用特定属性类型对特定情境的块特征建模

特定属性类型(property-specific type)用于指定块或值类型的属性,这些块或值类型将进一步特殊化,在内部块图的本地化使用。例如,当组成的一个或多个属性具有不同于原来类型的分布时,可能会发生这种情况。特定属性类型隐式创建了块的子类,该类将对组成分类,从而增加了唯一性特征。通过在括号中包含属性的类型名称来表示特定属性类型。分区可用于描述每个特定组成属性类型的唯一特性,如针对下面示例中不同电机重量的值属性。注意:如果使用组成标识上的分区表示类型的特性,则分区标签前用冒号作为前缀。

图 7.57 表示了某个监控摄像头特定模型的一小部分 SC Module 1A,将 Camera 特殊化。在 SC Module 1A 中,应用在 Camera 的 Mount Assembly 中的通用 Stepper Motor Module 已被包含 MAXON EC10 和 MAXON EC13 的特定电机模块所取代。为实现该替换,并非专门创建一个表示 Mount Assembly 变体的块,而是应用了特定属性类型。MAXON EC10 和 MAXON EC13 的重要属性表示在组成的:values 分区中。

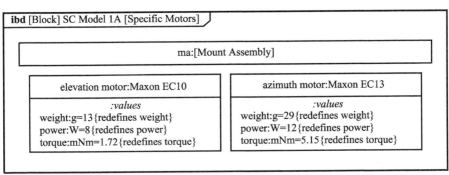

图 7.57 特定属性类型

7.7.6 将块配置作为特殊块建模

块配置(block configuration) 描述了一个特定的结构和特定的属性值,表示某个已知情境中块的唯一实例。例如,块配置通过呼叫标志识别航空公司机队中的特定飞机,提供该飞机的其他特征。本例中呼叫标志始终如一地识别同一架飞机,即使其他属性的值可能随时间而变化。块配置还可以用来识别某个实体在给定时间点的状态。扩展飞机的例子,对空中交通管制仿真而言,在特定的关键分析阶段描述飞机的位置、速度、燃料负荷等的**快照(snapshot)** 是非常重要的。

需要注意的是,由于块配置只能描述一组有限的特性和值,因此物理域中的许多实际实例可能与该描述相匹配。这取决于建模者,要确保准确地理解情境,并且任何模糊性都不会损害模型的值。该块通常包含一个值属性,其值可用于标识情境中的单个实例,如车牌号码。

块定义图中的配置建模

使用前面描述的泛化关系可以构建块配置。配置成为其配置块的子类。不存在用某个特定标记来指定块表示唯一配置。然而块通常用一个代表唯一标识符的属性定义，如车辆标识号，当为配置建模时可以使用该属性。通常，为块配置引入泛化集非常有用，用以将它们与该块的其他特殊化区分开来。

SysML 属性概念的一个有用的特征是表述某个属性可以是**子集化(Subset)** 为一个或多个属性，无论是在其归属类中还是一个父类中。例如，如果块 *Vehicle* 包含与四个车轮相对应的名为 *w:Wheel [4]* 的属性，则单个 *Wheel* 属性，如 *right front wheel*(右前轮)，是原 *wheel* 属性的子集。在该例子中，*right front wheel* 称为子集化属性，*wheel* 称为被子集化属性。在被子集化属性重定义时，该属性被保留而不是被取代，因为它在重定义状态。

子集在子集化属性名称字符串后面的括号中表示，使用关键词 *subsets*，后跟被子集化名称。

图 7.58 中给出了 *4 - Camera Wired Surveillance System*(4 摄像头有线监视系统)的两个配置。每个配置的值 *location*(位置)提供安装的地址。在 ACME 业务情境中，*location* 的特定值完全可以唯一标识其监视系统的实例。该公司还提供一个可选的服务包，*service level*(服务级别)提供了所提供服务的详细信息。*Business Gold*(金牌业务)包括安保人员在办公时间以外的每小时访问。*Household*(日常的)24/7 确保在 30min 内、每天 24h、每周 7 天对任何警报做出反应。

4 - Camera Wired Surveillance System 对 *Surveillance System* 做了特殊化，并用一个新组成重定义了 *cameras* 组成，该新组成也称为 *cameras*。新组成有一个新类型——*Wired Camera*，它是原始摄像头类型 *Camera* 的一个子类。新组成的多重性新设为 4，表示将 *Camera* 所持有实例的上限从原始上边界的"*"约束为 4，并将下边界提高到 4。

为描述具体配置，*AJM Enterprises System*(AJM 企业系统)和 *Jones Household System*(Jones 家庭系统)对 *4 - Camera Wired Surveillance System* 特殊化，并重定义或划分了一些属性子集。为了提供具体值，对 *location* 和 *service level* 两个值属性进行了重新定义。如果某个属性上限边界大于 1，并且确定属性的每个实例的特征很重要，则可以创建一个新的子集属性，以确定属性所持有的实例集中的一个，从而定义其具体特征。图 7.58 中组成 *cameras* 被代表配置中单个摄像头的组成子集化。基于摄像头在公司大楼内的位置，在 *AJM Enterprises System* 中，新的组成称为 *front*(前台)、*reception*(接待处)、*store room*(储藏室)和 *computer room*(计算机室)。

通过名为 *Configurations* 的泛化集，可以对 *4 - Camera Wired Surveillance System* 配置集编组。*Configurations* 非相交，因为 *4 - Camera Wired Surveillance System* 的实例必须是 *AJM Enterprises System* 或者 *Jones Household System* 之一，但不能都是。*Configurations* 非完整，因为可能有 *4 - Camera Wired Surveillance System* 的其他配置。

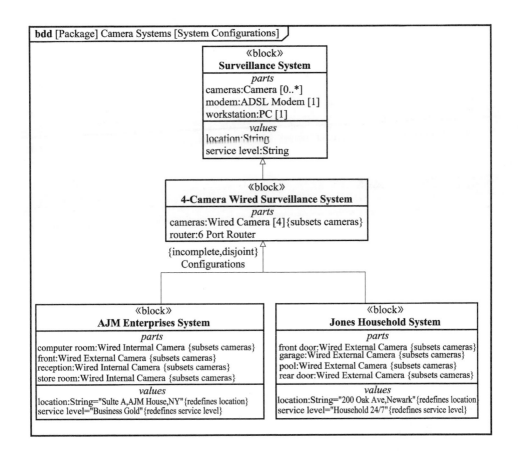

图 7.58　块定义图中块的不同配置建模

内部块图中的配置细节建模

当块用来描述某个配置,该块的内部块图可用来捕捉具体的内部结构(如精确多重性和连接)和针对该配置项属性的唯一值。尤其是,这应该包括可唯一识别配置中实体(如名称、序列号、呼号)的属性值。通过为块中的每个组成定义一个识别属性,可构建唯一的设计配置。

假设 *AJM Enterprises System* 是 *4 - Camera Wired Surveillance System* 的一个子类,它有 4 个摄像头。图 7.58 明确了一些有线摄像头的变体,包括 *Wired Internal Camera* 和 *Wired External Camera*,以满足安装要求。图 7.59 显示了它们是如何配置的,包括重要值属性的初始值。*Camera* 的属性 *camera id* 用于保存系统中摄像头的唯一标识符,4 个摄像头都有这些独特的值并印制在其外壳上。配置还描述了每个摄像头的 *position*(位置)和 *field of regard*(视场)(平摆和倾斜方向),便于作为安全视角的一部分开展覆盖性分析。

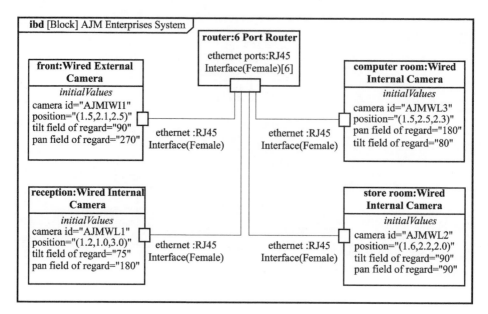

图7.59 内部块图中的块配置表示

7.8 应用实例对块配置建模

如7.7.6小节所述,通过对块特殊化,并增加特定配置信息,可以对块的配置建模。如果配置增加了在通用块中不存在的结构或数据约束,则这将特别有用。但如果配置仅包含值属性的一组值,则可以使用**实例规范**(instance specification)。

实例规范在块定义图中表示为矩形标识,包含带下划线的名称字符串,格式如下:

instance name:block name。

该标识包含一个单独分区,列出了任何具体属性的值,覆盖所有初始值。实例规范可以嵌套以反映块的组合。当实例规范标识被嵌套时,其名称字符串也可以使用下面的标记表示该实例规范对应的组成(或引用)的名称:

instance name/property name:block name。

图7.60描述了 *AJM Enterprises System* 的两个实例,表示在工作日和非工作日两种不同情况下的操作周期。为了节省成本,在工作日的工作期间,内部摄像头将被关闭。对于外部摄像头(前)*operating cycle*(*操作周期*)值在 *Work Days*(*工作日*)规范中设置为 0∶00—23∶59,而内部摄像头的操作周期值为 17∶00 - 8∶00。*Non - Work Days*(*非工作日*)实例规范中所有摄像头的操作周期值设置为 0∶00 - 23∶59 以保持全覆盖。

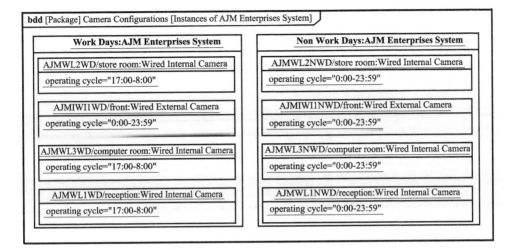

图 7.60 带有实例的块配置描述

实例规范可通过链接连接,此链接代表块之间关联的实例。块定义图中链接用两实例规范之间的连线表示,其两端和标识与关联实例情况相同。

图 7.61 表示了 *ACME Surveillance Network* 的配置,最初在图 7.13 中已有介绍。其中表示了 *Surveillance System* 的两个实例,*Smith Residence* 和 *O'Brien Residence*。

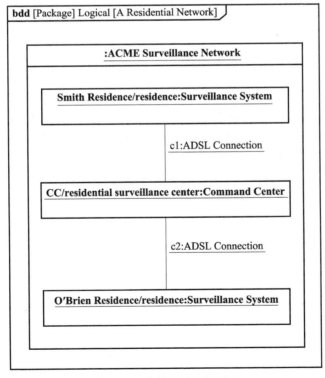

图 7.61 实例间的链接描述

两个实例都代表 *residence* 属性,通过 *ADSL Connection* 关联实例与被称为 *CC* 的 *Command Centre* 指令中心实例连接,*CC* 代表了 *residential surveillance center*。

7.9 块的语义

如本书第二部分所述,SysML 模型可以用来确定系统的结构和行为。通常简单应用 SysML 模型,以方便项目团队间的沟通,但有时模型通过机器或计算机程序的翻译,仿真所指定的系统。通常将后一类模型称为**可执行规范(executable specification)**,因为它包含了机器执行其所需的全部信息。可执行规范的构建需要建模程式化以便有足够精确定义的语义,允许模型执行。

7.9.1 基础 UML(fUML)子集

2010 年,OMG 采纳了名为**基础 UML(Foundational UML,fUML)**的 UML 子集规范。该规范选择 UML 2 的一个子集,并为它规定了基本执行语义[42]。基础 UML 包含在 UML4SysML 中,后者是 UML 的子集,SysML 以它为基础建立。所以 SysML 建模人员也可以使用基础 UML 以精确规定 SysML 语义。

基础 UML 定义的初始规范:

(1) UML 2 抽象语法的一个子集,包括基本的结构概念,如类、关联以及与活动相关的行为概念;

(2) 为 UML 2 子集定义了操作语义的一个执行模型;

(3) 用于定义基本功能的类、数据类型和行为的库,如基本数据类型的操作和输入、输出;

(4) 正式(声明)的执行模型的语义定义,以 PSL[43] 表示,标准的执行约束语言,对应较小的 UML 子集,称为**基本 UML(base UML 或 bUML)**。

一些基于基本 UML 标准的执行引擎是可用的。执行有两个方面:一是与构建系统实例相关的结构规范方式;二是影响这些实例状态的行为规范方式。9.14 节描述了 SysML 如何使用基础 UML 支持活动的执行。本节的其余部分将介绍结构的语义(块)。

2013 年,OMG 采纳了名为 **UML 组合结构的精确语义(Precise Semantics of UML Composite Structures)**[44],它扩展了基础 UML,规定了组合结构的语义,包括组成、端口和连接器,这些对 SysML 都是基础内容。另外,还增加了具体附件,包括以下 SysML 概念的语义:

(1) 流属性,包括块、数据和信号的流;

(2) 代理端口,特别是行为端口;

(3) 约束块。

但是也有一些未包含在基础 UML 结构组成中,但对 SysML 块有影响,包括:

（1）支持关联块的关联类；
（2）实例规范；
（3）默认属性值；
（4）子集化,重定义和分布属性。

基础 UML 规范正在继续更新,随着时间的推进,相信这些缺陷将逐步得到解决。

OMG 还采纳了对基础 UML 的一种补充规范,称为**基本 UML 动作语言(Action Language for Foundational UML,简称 Alf)**[45]。Alf 是针对基础 UML 建模元素的文本化具体语法。在描述活动的具体行为时,该规范特别有用,因为此时以图形表达可能较麻烦,这部分将在 9.14.2 小节描述活动的内容中介绍。

7.10 弃用的特性

SysML 1.3 版本弃用了 SysML 1.2 版本中一些关于块和端口的特性。"弃用"意味着它们仍然是正式语言的一部分,但它们将要在未来的版本中删除。在 SysML 1.3 中块和端口包含了 SysML 1.2 功能性。为完整起见,本节介绍了弃用的特性,因为目前 OCSMP 考试是基于 SysML 1.2 的。包括以下特性:

（1）流端口的概念,其能力被代理端口包含。**原子流(atomic flow)**端口已从 SysML 删除。

（2）流规范的概念,其能力被接口块包含。

对这些特性的说明见附表 A.7。

7.10.1 流端口

流端口用于描述块流入或流出中项的交互作用点(或连接点)。它用于规定块可以接收哪些输入项,以及哪些输出项可以由块发送。这通过规定流端口的类型来实现。与块的其他结构特性一样,流端口可以具有多重性,表示归属块的实例中有多少个端口实例。流端口可以通过流规范确定类型。

流规范

流规范(flow specification)在块定义图中定义。流规范包括与输入和/或输出流的单独规范相对应的流属性。每个**流属性(flow property)**均有类型和方向(输入、输出或输入/输出)。流属性的类型可以是块、值类型或信号,这取决于规范中规定什么可以流动。

当两个块通过连接器交互时,它们可以交换类似的但方向相反的项。并非为交互块上的流端口创建两个单独的流规范,而是将流端口结对,对每个端口均重用一个流规范。一个端口被设置为另一个端口的结对,这表明在流规范中所有流属性的方向相对于第二端口是相反的。

流规范在命名分区中以盒状标识表示,名称上面有关键词《flowSpecification》。流规范的流属性表示在标签名为 *flow properties*(*流属性*)的特定分区内,每个流属性均按以下格式表示:

direction property name:item type[multiplicity]

流端口由两个相对的角括号表示(＜ ＞),在端口标识中绘制。流端口可以列在归属块特定的分区中,分区标签名称为 *flow ports*(*流端口*)。流端口按以下格式表示:

port name:flow specification name[multiplicity]

结对流端口用流端口类型前的一个波浪线("～")符号表示。

内部块图中流端口连接

与其他端口一样,流端口在内部块图的组成和引用属性的边界上表示,并且可以通过连接器连接。

7.11 小结

SysML 结构主要是由块定义图和内部块图表示。与结构建模有关的重要概念如下:

(1)块是 SysML 结构的基本单元,在块定义图及内部块图框架表示。块具有特性并通过特性定义。块为一组唯一标识的实例提供了描述,这些实例都具有由块定义的特性。块定义图用于定义块、其特征、与其他块的关系,以及分类器的其他类型,如接口块、接口、值类型和信号。实例规范和它们之间的链接也可以在块定义图上表示。内部块图用于描述块的内部结构。

(2)块具有结构和行为特性。属性描述块的结构方面,包括与其他块的关系和可量化的特征。端口将块的接口描述为其边界上的一组访问点。行为特性声明了一组描述块对激励响应的服务。

(3)组成用于描述块层级的组合结构(也称为整体-部分关系)。使用这个术语,拥有属性的块或其他分类器是整体,属性是部分。在任何时候,表示某个组成的块实例都只能存在于整体的一个实例中。组合关联用于表示部分到整体的关系,特别是将组成分类的块始终存在于整体实例的情境中,也可以独立于整体存在。

(4)引用属性允许块引用其他块。引用属性支持创建逻辑层级,也支持创建相关联的可增强组合层级的内部块图。

(5)值属性表示块的可量化特征,如其物理特性和性能特征。值属性由值类型分类。值类型提供对某个数量的可重用描述,并且可以包括表示数量的单位和数量种类。值属性可有默认值和概率分布。

(6)SysML 有完整端口和代理端口两种不同类型端口。完整端口由块分类,与组成类似,只是在其归属块的边界上以图形表示。代理端口由接口块分类,后者规定了黑盒接口。代理端口类似于引用属性,因为它们并非存在于块的组成树内,而是作为对它们归属块或其组成特性的访问点。这些端口作为输入和输出的传递,而不修改输入和输出。完整端口和代理端口均支持端口嵌套。

(7)块有两种行为特性,即操作和接收,使得块能够对激励做出反应。操作描述同步交互,在这种情况下请求方等待请求被处理;接收描述异步行为,这种情况下请求方可以在不等待答复的情况下继续进行。行为特性可以通过方法来实现,这些方法是处理请求的行为。行为特性的请求也可以由主(或分类器)行为直接处理,通常是某个活动或状态机,如第9章和第11章所述。

(8)分类和泛化集的概念描述了如何创建块和其他分类器的分类层级,如值类型和信号。分类器对其他分类器特殊化,以便重用它们的特性并添加自己的新特性。泛化集根据子类划分它们父类的实例为子类分组。子类可以重叠,这意味着某个给定的实例可以由多个子类来描述。子类可以完全或部分覆盖父类,这取决于子类是否定义了父类的所有子类,以及所有实例是否由集中的某个子类描述。

(9)分类器的特性可以在分类层级中以不同的方式关联。分类器的所有特性都可以通过它们的子类重定义,以限制它们的某些特征,如多重性或默认值。结构特性可以定义为在同一分类器或父类中有一些其他特性值的子集。这在识别集合的特定成员方面特别有用,以定义对该成员具有特殊性的特征。这种变体可以使用一个新的分类器执行,也可以使用特定属性类型通过一个本地情境来执行。

(10)块可用于描述配置。在此情况下块的特性被足够详细地定义,以识别系统真实世界中块的特定配置。或者如果配置不需要对块的结构或值做进一步约束,则可以使用实例规范。

(11)SysML 1.3舍弃了流端口概念而更倾向于代理端口,虽然前者仍然保留在语言中。流端口规定了可以从块中流入或流出的内容。代理端口支持流端口及更多的功能。

7.12 问题

(1)块定义图有哪些种类,它可以代表哪些模型元素?
(2)内部块图有哪些种类,它可以代表哪些模型元素?
(3)块定义图中的块是如何表示的?
(4)列举三项块属性。
(5)哪种类型的属性用于描述块之间的组合关系?
(6)多重性属性中下边界值为0的常用术语是什么?
(7)当图表中没有显示关联两端的多重性时,默认的解释是什么?
(8)画一个块定义图,对"船""车"和"发动机"块组合关联,表示一辆"汽车"

必须有一个"发动机",一艘"船"可能有一个或两个"发动机"。

(9)给出组合关联组成端角色名称应当考虑的两种情况。

(10)内部块图中组成如何表示?

(11)两个组成之间的连接器表示什么?

(12)从问题(8)中画出"船"的内部块图,但另加一部分"螺旋桨"类型的组成"P"。在"发动机"组成和"P"中添加连接器,表示一个"螺旋桨"只能由一个"发动机"驱动。

(13)用来表示在一个内部块图中嵌套多个级别属性的两种图形机制是什么?

(14)组成和引用的主要区别是什么?

(15)块定义图中组合关联符号和引用关联符号的区别是什么?

(16)什么是关联块?

(17)如何描述块的数量特征?

(18)值类型有哪三类?

(19)除了值有效集的定义之外,值类型对它们的值可以描述什么?

(20)"船"可通过"长度"(英尺)和"重量"(吨)来描述,绘制一个描述"船"的块定义图,并定义适当的值类型,包括单位和数量种类。

(21)什么是派生属性?

(22)如何在块定义图分区中表示概率分布(如区间分布)?

(23)哪些 SysML 概念可用于表示项(流动的事物)?

(24)项流定义的是什么?

(25)代理端口是如何规定的?

(26)块"船"以"燃料"和"冷水"作为输入,产生"废气"和"温水"作为输出。在块定义图中表示"船",输入和输出作为代理端口,并附定义。演示端口图标和代理端口分区的使用。

(27)代理端口和完整端口有哪些区别?

(28)在两个端口之间的连接器上评估项流兼容性的规则是什么?

(29)块中行为端口的作用是什么?

(30)列举五种支持 SysML 的行为。

(31)块的行为特性用于什么地方?

(32)什么是方法?

(33)端口的请求接口规定什么内容?

(34)端口的提供接口规定什么内容?

(35)描述端口接口的球形和凹槽表示法。

(36)列举本章中遇到的四种分类器。

(37)列举重定义属性的三个方面。

(38)如何在块定义图中表示泛化关系?

(39) 在规定泛化集时,覆盖属性定义什么方面?

(40) 块定义图中泛化集如何表示?

(41) 绑定引用用于什么情况,它在内部块图中如何表示?

(42) 如果某个属性定义为另一个属性的子集,则被子集化属性元素和子集化属性元素之间是什么关系?

(43) 列举 SysML 中规定块配置的两种方式。

讨 论

变体建模在系统工程过程中具有重要意义。讨论针对一个已知的系统,如何对系统变体建模。

引用属性可用于对交叉层级建模,从而规定电子、机械等子系统。讨论如何组织模型,以包含这些子系统定义。

第 8 章 应用参数为约束建模

本章讨论 SysML 对约束建模的支持,这些约束包括系统性能、物理属性以及系统环境,从而支持开展宽组合的工程分析。

8.1 概述

典型的设计工作包含开展多种类型的工程分析,如权衡研究、敏感度分析和设计优化。这些工程分析包括对性能、可靠性、成本和物理属性等的分析。SysML 通过应用参数模型,支持该类分析。

参数化的模型约束系统的属性,可以通过合适的分析工具进行评估。约束以方程形式表示,方程中的参数与正在分析的系统属性绑定。每个参数模型可以捕获设计的一个或多个工程分析的规范。对捕获多个工程分析的参数模型(如性能、可靠性成本)开展分析,评估设计可选方案,从而支持权衡分析,或者基于多个准则进行优化设计。

SysML 通过约束块来支持构建参数模型。约束块是一类特殊块,用于定义方程,从而使这些方程可以重用、互连。约束块有两个主要特性:参数集以及约束这些参数的表达式。约束块的定义及使用与第 7 章中描述的块、组成方式相似。约束块的使用称为约束属性,与组成属性类似。约束块的定义及使用分别由块定义图及参数图来表示。约束块的语义和注释主要受 Russell Peak 对约束对象的研究的影响[46]。

8.1.1 应用块定义图定义约束

与块定义方式相似,约束块及约束块之间的关系在块定义图中定义。图 8.1 中给出了带有约束块的块定义图示例。

图 8.1 中有三个约束块:*Joule's Law*(焦耳定律)和 *Power Sum*(功率和)作为分支约束块,每个块均定义了一个方程及其参数;约束块 *Power Consumption*(功率消

耗)由约束块 *Joule's Law* 和 *Power Sum* 组成,并建立了一个更复杂的方程。

块定义图中有关约束块定义的图元素参见附表 A.8。

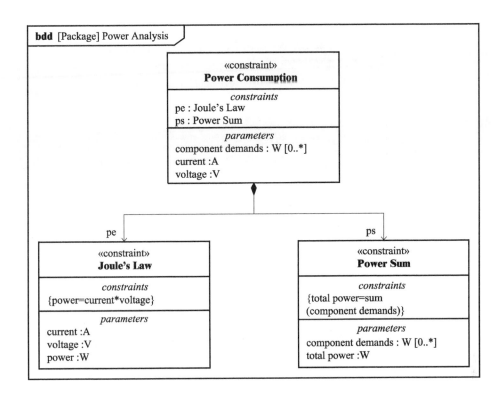

图 8.1 带有约束块的块定义图示例

8.1.2 参数图

参数图(parametric diagram)用于创建方程系统,从而约束块属性。参数图的完整标题形式如下:

par[model element kind] model element name [diagram name]

par 表示图的类型,*model element kind*(模型元素类型)可以是块或者约束块。

图 8.2 所示为针对图 8.1 中约束块 *Power Consumption* 的参数图。约束属性 *ps* 和 *pe* 分别是约束块 *Power Sum*、*Joule's Law* 的使用。约束属性 *ps* 和 *pe* 的参数不仅相互绑定,也与 *Power Consumption* 的参数绑定,如图 8.2 中参数连接至图框架。参数图中的图元素参见附表 A.13。

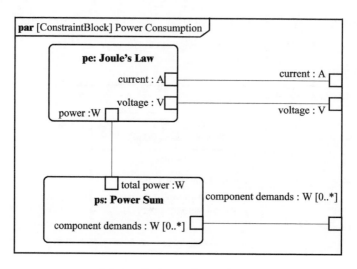

图 8.2　构建方程系统的参数图

8.2　应用约束表达式表示系统约束

SysML 采用了一类通用机制,以文本表示方式来表示系统约束,这种文本表示方式可应用于任何模型元素。SysML 并不提供内置约束语言,因为期望不同的约束语言(如 OCL、Java 或 MathML 等)都能够用于各领域中。**约束(constraint)**定义应能够包含支持评估约束的语言。

约束可以归属于作为命名空间的任何元素,如包或者块。如果拥有约束的元素(如块)可包含分区,则约束也可以在标记为 *constraints*(约束)的特殊分区中表示。约束还可以表示为附属于模型元素的注释标识,注释中包含了约束文本。约束语言在表达式文本前的括号中表示,尽管为避免杂乱而经常省略了该部分内容。

图 8.3 给出了针对 SysML 中约束块属性的不同约束标记的示例。Block 1 (块1)以明确的分区表示约束,本例中采用了 Java 语言表示约束。Block 2(块2)的约束以附属标记表示,采用的约束语言为 MATLAB 专用分析工具。

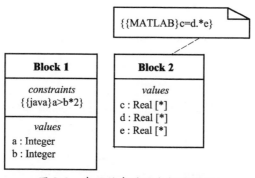

图 8.3　表示约束的两个标记示例

8.3 约束块封装约束支持重用

SysML 约束块(constraint block)扩展了通用约束概念,使得约束被定义后能够在其他不同情境中重用,如同组成表示不同情境中块的使用。这里与组成等同的概念称为**约束属性**(constraint property)。

约束表达式可以采用任意数学表示方式,也可以与时间相关,如微分方程中的时间微分。除了约束表达式,约束块也定义了一组**约束参数**(constraint parameter),该参数为约束表达式中的一类特殊属性。约束参数与其他参数、块属性相绑定。约束参数没有方向。相反,参数间依赖关系的表述是基于规范约束表达的语言语义。例如,在 C 语言中,式 $a = b + c$ 表示了 a 依赖于 b 和 c 的值,而式 $a = = b + c$ 则无此依赖关系。

与其他属性一样,每个参数均有一种类型,该类型定义了参数可以取的值集合。典型的参数是表示标量或矢量的值类型。通过参数的值类型使得参数有具体单位和数量种类。参数也支持类似于其他属性的概率分布。

8.3.1 增加的参数特征

在定义集合时,对于多重性上限大于 1 的属性,有两个非常有用的特征。建模人员可以规范集合是否**排序**(order)、值是否必须**唯一**(unique)。这里排序表示集合成员与正整数值相对应:成员 1、成员 2 等。采用何种排序方法需根据其他约束规定,或者根据构建集合的行为规定。在一个唯一的集合中,所有的集合值必须不同。这两个特征在规范约束参数时非常有用。

属性的另一个有用的特征是属性能够标记为派生(见 7.3.4 小节中的派生属性)。如果某个属性标记为派生,则意味着其属性值是派生的,通常可以从其他属性值得到。在规范参数模型时,该特征有两个用途:一是如果方程计算作为函数实现,则派生参数可用于区分非独立变量,在图 8.4 中即有此例;二是在建模人员希望引导方程解算器时,派生属性表示了给定分析中需要通过方程解算确定的值,在图 8.16 中有此例。

图 8.4 给出了块定义图中约束块的定义。图标题与其他块定义图相同,规定了图框对应的包或者块。约束块的命名分区中在名称上方有关键词«constraint»,通过该关键词将该元素与块定义图中的其他元素区分开。在约束块的 *constraints* 分区中定义了约束表达,而在 *parameters*(参数)分区中通过以下字符串格式定义约束参数:

parameter name:type[multiplicity]

排序和唯一性作为关键词表示在括号中,列在多重性后面。排序表示为已排序或者未排序,唯一性表示为唯一或者非唯一。实际中默认关键词表示为非排序、非唯一。派生属性在名称前以"/"表示。

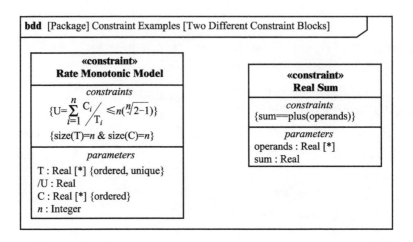

图8.4 块定义图中两个可重用约束块表示

图8.4表示了 *Real Sum*（实际总和）和 *Rate Monotonic Model*（单调速率模型）两个约束块。*Real Sum* 是一个简单的可重用约束，其中参数 *sum* 等于一组操作数之和，见约束分区中的约束表示。*Rate Monotonic Model* 也可重用，但更专业，它描述了速率单调分析方法的方程，用于在资源处理中规划周期性任务。T 表示任务周期，C 表示任务计算量，U 表示资源处理的利用率。两个约束块中均未使用约束语言，但可以看出 *Real Sum* 的约束是以类 C 语法表示。针对 *Rate Monotonic Model* 的利用率约束采用一种更为复杂的方程语言表示，这种语言具有使用特殊符号来表示的能力。在 SysML 约束块中这两种机制都可接受。

T 和 C 中的关键词{"ordered"}表示这两个参数均为已排序集合。T_i 的值必须唯一，因为每项任务都有不同的速率用于分析。参数 n 规定了任务的数量，一个额外的约束用于约束 T 和 C 的数量范围最大为 n。U 在计算中总为非独立变量，因此标记为派生。

8.4 应用组合构建复杂约束块

建模人员可以在块定义图中将复杂约束块与其他约束块相组合。在此情况下，组合约束块描述一个绑定子约束参数的方程。通过重用简单方程，可以定义复杂方程。

第7章中块的定义与使用概念可同样应用于约束块。块定义图用于定义约束块。参数图表示在特定情境下约束块的使用，如在内部块图中块作为组件的使用。约束块的使用称为约束属性。

约束块的组合通过约束块间的组合关联描述。利用第 7 章介绍的标准关联注释来描述组合层级。约束块也可以在其 constraints 分区中列出其约束属性,语义格式如下:

constraint property:constraint block[multiplicity]

图 8.5 表示了约束块 Power Consumption 分解为 Joule's Law 和 Power Sum 两个约束块。组合的部件末端角色名称对应于约束属性。pe 属性是约束块 Joule's Law 的一个使用,该约束块描述了标准功率方程。ps 属性是约束块 Power Sum 的一个使用,该约束块将 total power(总功率)需求等同于一组 component demands(部件需求)之和。Power Consumption 使用这些方程来将部件集的需要与能源供应的需要 current(电流)与 voltage(电压)相关联。

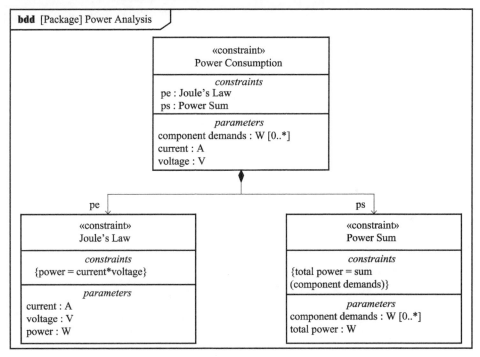

图 8.5 块定义图中的约束层级

约束块 Joule's Law 和 Power Sum 在各自的 constraints 分区中给出了特性方程,而 Power Consumption 列出了其组成的约束属性。注意:本例中,Power Consumption 的组成约束在其 constraints 分区中均有表示,并有关联标识。通常情况下在图中只采用一种表示方式。

建模人员可以选择通过特定约束属性标识,约束块的内部结构通过参数图描述。如果约束块有关联参数图,则约束属性标识在右下角处包含一个靶形标识。图 8.7 中的约束块 Power Consumption 有一个靶形标识,表示其可以进一步阐述,本例见图 8.6 中的参数图。

8.5 应用参数图绑定约束块参数

如同块和组成，块定义图中并不表示其互连约束属性的所有信息，具体地讲，它不表示约束属性参数与其父参数及同级参数之间的关系。这些增加的信息在参数图中通过**绑定连接器(binding connector)**提供。绑定连接表示了该连接两端的同等关系，如7.3.1小节中所述。

参数图中的两个约束参数可以通过绑定连接器直接相互绑定，即表明两个参数的值必须相同。如果某个方程的参数可以与另一方程的参数绑定，则建模人员可以连接多个方程从而构建复杂方程组。

约束块参数不表示因果关系。与此类似，绑定连接器表示所绑定元素的对等关系，而不表示方程组的因果关系。在求解某个方程时，假设其独立/非独立变量是确定的或者是推导出的，包括初始值设置。通常由计算方程求解器解决，求解器通常由独立分析工具提供，这将在第18章中介绍。如前面所述，如果部分解的阶数已知，则派生参数或属性可用于引导方程求解器。

如同内部块图，参数图中针对约束属性的标记与它们在块定义图中的定义相关，如下所示：

(1)约束块或者块定义图中拥有约束属性的块，可以指定为参数图的图框架，在图标题中有约束块或者块名称。

(2)块定义图中组合关联部件端的约束块，可以用约束属性标识表示，出现在指定组合端的约束块的框架中。标识的名称字符串采用7.3.1小节所述用于组成的冒号标记表示：

constraint property name:constraint block name

在应用组合关联时，约束属性名称对应于关联部件端的角色名称，如同与组成对应。类型名称对应于关联部件端的约束块名称。

参数图框架对应于某个约束块或者块。如果参数图指定了某个约束块，则其参数表示为与框架内表面齐平的小矩形。每个参数的名称、类型和多重性均通过参数标识附近的文本标签表示。

在参数图中，约束属性既可以由圆角矩形标识表示，也可以由带有关键词«constraint»的矩形表示。属性的名称和类型在标识的内部表示，属性名称和类型名称可根据需要省略。约束表达自身可以被省略，但如果显示，则其既可以显示在圆角内部，也可通过注释标识与圆角连接。约束属性的参数表示在约束属性标识的内表面。

在图8.6表示的监视系统示例中，图8.5中的 *Power Consumption* 组合约束块作为参数图的情境进行描述。图8.6表示了作为 *Power Sum* 使用的约束属性参数 *ps* 以及作为 *Joule's Law* 使用的约束属性参数 *pe* 是如何绑定的。如前所述，约束属性标识中的名称是根据块定义图关联的部件端而产生。*pe* 的 *voltage* 和 *current* 参数与块 *Power Consumption* 的 *voltage* 和 *current* 参数(表示在框架的边界上)绑定。*pe* 的 *power* 参数与所有装备的功率相绑定,通过 *component demands* 集(也是 *Power Consumption* 的一个参数,表示在框架的边界上)的 *ps* 计算。在考虑参数间的所有绑定后,针对 *Power Consumption* 的组合约束可表示为 {*sum*(*component demands*) = *current* * *voltage*}。

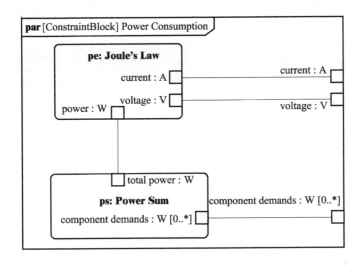

图8.6 应用参数图表示功率消耗方程的内部细节

需要注意的是,虽然这仅是一个普通例子,但确实反映了如何应用参数化模型,由可重用的约束块来构建更为复杂的方程。

8.6 约束块的值属性

块的值属性可直接通过绑定连接器与其他值属性绑定,从而使得它们的值相等。然而值属性的更为复杂的约束可以通过约束块来表示。这是通过应用块定义图建立约束块的组合层级而实现。在参数图中,块表示封装的框架,约束属性表示约束块的使用。约束属性的参数可以通过绑定连接器与块的值属性绑定。

在块参数图中,值属性以带有名称、类型和多重性的矩形表示。组成层级中的嵌套值属性可在其包含的组成标识中显示,或者使用7.3.1小节中所述的点标记方式。图8.7给出了一个应用组成层级标记的绑定嵌套值属性的示例,图8.8给出了点标记的应用示例。

图8.7表示了图7.11中的内部块图 *Mechanical Power Subsystem*(机构电源子系统)的电源供应约束。通过约束属性 *demand equation*(需求方程),利用约束块

Power Consumption 将 *Mechanical Power Subsystem* 中的 *current*、*voltage* 与各电机的电源负载相关。另外的一个约束块 *collect*（收集）用于收集所有功率设备的电功率需求值至一个集合，从而与 *demand equation* 中的 *component demands* 绑定。

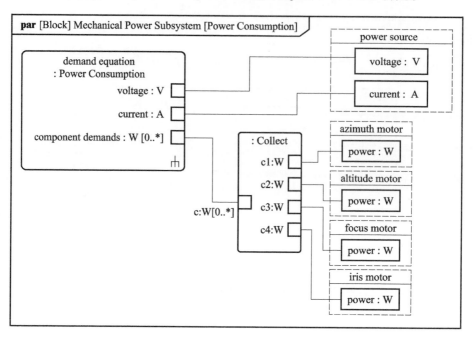

图 8.7　参数图中约束与属性绑定

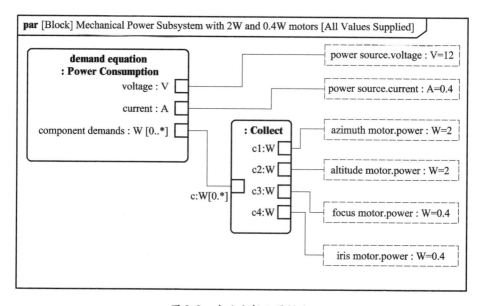

图 8.8　专业分析配置描述

8.7 块配置中值的提取

为允许分析工具评估包含约束属性的块，至少一些值属性需要有具体的定义值。在分析过程中，一般通过分析工具接口可以提供这些值。但这些值也可以通过块配置确定，即创建块特殊化、给定要求初值或使用实例说明描述块实例，分析结果可用于更新配置的值属性。

在图 8.7 中，虽然块包含了执行块 Mechanical Power Subsystem 分析所需的所有关系，但相关的属性并没有值，因此不能直接分析。图 8.8 给出了该块的配置，作为初始块的特殊化，名称为 Mechanical Power Subsystem with 2W and 0.4W motors（带有2W 和0.4W 电机的机构电源子系统）。

虽然对配置并无强制的命名标准，但在名称中给出配置的相关信息作为名称的一部分一般非常有用。注意本例中显示了相关属性的所有值，因此 demand equation 约束属性仅作为值为常数的核查。在其他分析场景中，可以有一个或多个属性并没有值，在此情况下通常应用一个方程求解工具重新安排约束表达来计算缺失的值，或者在某个值不能确定情况下报告出错。

8.8 时间依赖属性的约束

值属性通常随时间变化，可以通过时间微分方程或其他时间非独立方程对其约束。表示这些时变属性的方法有两种：一种是将时间作为表达的隐含量，如图 8.9 所示。该方法有助于减少图杂乱，并且通常是对分析方法的精确表述。

图 8.9 表示了 azimuth gimbal（方位万向节）的 angular position（角位置）随时间的值计算。方程仅是对 azimuth motor（方位电机）的 angular velocity（角速率）时间积分从而得到角位置 pos。该例中 azimuth motor.angular velocity 初值可认为是依赖于分析语义的常值。

另一种表示时间的方法是包括一个独立的时间属性，该属性清晰表示了约束方程中的时间。时间属性可以表示为参考时钟，并带有具体单位与数量种类的属性。约束方程中的时间参数可以与时间属性绑定。通过定义一个带有自身时间属性的时钟（该时钟由新增约束方程与参考时钟相关），可以引入本地时钟误差，如时钟偏移或者时间延迟。

图 8.9 中时间为隐含且初始条件由速度属性默认值定义。图 8.10 给出了清晰表示时间的另一种方法，对值做约束以表示零时刻的条件。

该图表示了一个标准距离方程，该方程与加速物体的值绑定。块 Accelerating Object（加速物体）包含了一个对 Reference Clock（参考时钟）的引用，该参考时钟的 time（时间）属性与块 Accelerating Object 中记录物体经历时间的值属性 t 绑定。加速

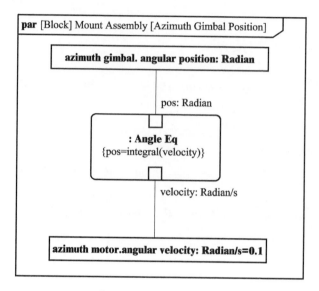

图 8.9 依赖时间的约束

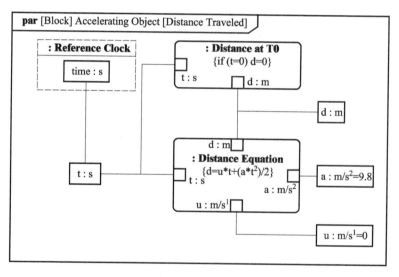

图 8.10 参数图中明确的时间表示

度 a、初速度 u、移动距离 d 通过 t 也与 Distance Equation（距离方程）绑定。一个新增的约束 Distance at T0（T0 时刻的距离）用于规定物体的初始距离，本例中为 0。属性 a 的值通过默认值指定，表示了由于重力因素的加速度常值。属性 u 的默认值为 0。

8.9 项流的约束

约束块的一个重要作用是表示如何约束与物质流、能量流、信息流相关的属性。为实现该目的,可以在参数图中应用项流(或者更精确的是对应于项流的项属性)并与约束参数绑定。

图 8.11 给出了图 7.44 内部块图中项流的各种情况。*external*(外部)是由 *Camera*(摄像头)边界至 *Protective Housing*(保护罩)的项流,*polarized*(极化)是由 *Protective Housing* 至 *Camera Module*(摄像头模块)边界的项流。*Protective Housing* 提供了一个表示可接受进光量损失的值,值属性 *loss*。*Camera* 有一个损失方程 *Loss Eq*,对通过 *Protective Housing* 的前后光 *flux*(通量)的相对值做出约束。*Loss Eq* 中的参数 *loss* 与 *Protective Housing* 的属性 *loss* 绑定。

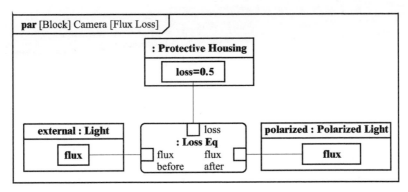

图 8.11 对项流的约束

8.10 分析情境的描述

如前所述,约束属性对块的值属性做出约束,该约束属性可以作为块定义的一部分表示在约束分区中。当所有情境中约束属性都按照该方式相关时,很适合这种定义方式。但块属性的约束经常基于分析需求而变化。例如,根据关键属性值要求的精度,同一系统块可以应用不同的分析保真度。这种场景需要一种更灵活的方法,使得约束不是块定义组成情况下块属性也能被约束。这种方法有效地将约束方程从属性受约束的块中解耦,因此能支持在不改动块的情况下修改约束方程。另一种方法是块特殊化,针对与不同分析有关的子类增加不同约束。

按照该方法,建模人员创建一个**分析情境**(analysis context),该情境既包含待分析属性的块,也包含开展分析需要的所有约束块。对于某个特定分析领域,约束块库可能已经存在。这些约束块通常称为**分析模型**(analysis model),可以非常复杂,并由复杂工具所支持。库中的通用分析模型可以与给定场景并不完全匹配,分析情境也可以包含其他约束块以处理块属性与分析模型参数间的转换。

分析情境按照块建模,与被分析的块(分析主体)、选中的分析模型和任意中间转换关联。按照约定,被分析的块由分析情境引用,对于被分析的块可以有多个不同的分析情境。使用白色菱形标识或者与无末端装饰简单连接,表明由分析情境模块至分析主体的引用。组合关联在分析情境和分析模型及其他任意约束块之间应用。图 8.12 中给出了分析情境的一个示例。

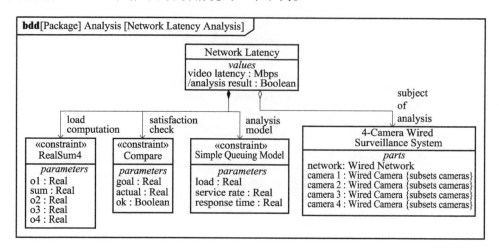

图 8.12　块定义图中的分析情境（未显示约束等式）

图 8.12 给出了 *4 - Camera Wired Surveilance System*（4 摄像头有线监视系统）的网络延迟分析。分析情境名称为 *Network Latency*（网络延迟），该情境引用 *subject of analysis*（分析主体）（一个 *4 - Camera Wired Surveilance System*）。分析情境也包括一个 *analysis model*（分析模型），本例中为 *Simple Queuing Model*（简单排列模型），并使用了一对基本约束 *RealSum 4*（4 个实数和）和 *Compare*（比较）分别进行 *load computation*（负载计算）和 *satisfaction check*（满意度核查）。*Network Latency* 包含 *video latency*（视频延迟）和 *analysis result*（分析结论）两个值属性。本例中并没有表示定义约束的方程。

图 8.13 表示了需要进行分析的绑定。*analysis model* 的参数与 *subject of analysis* 的属性绑定。在 *subject of analysis* 中来自 4 个摄像头的负载通过 *load computation* 汇总形成总 *load*（负载）。*subject of analysis* 中的 *network bandwidth*（网络带宽）用于建立 *analysis model* 的 *service rate*（服务速率）。随后利用 *satisfaction check*，由 *analysis model* 计算得到的 *response time*（响应时间）与要求的 *video latency* 进行比较，*video latency* 作为 *Required Network Throughout*（要求网络吞吐量）的精化，用于建立 *analysis result*（见第 13 章需求讨论）。派生出的 *analysis result* 表示需要计算该值。如果 *analysis result* 为真，则网络满足需求。

实践中，常用简单的约束块将复杂的工程分析表示为一个黑盒，而不表示各种内部组合复杂性。按照此方法，约束块规定了分析的输入与输出参数，服从于某个合适的分析工具，从而提供详细的方程，将输入与输出参数相关。约束块的名称通常为分析名称，如 *Power Analysis*（能量分析）、*Power Analysis Model*（能量分析模型）或者 *Power Analysis Equations*（能量分析方程）。

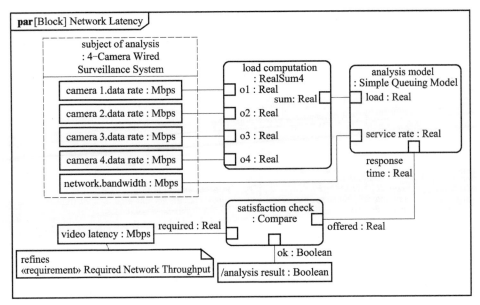

图 8.13 分析情境中的值绑定

8.11 可选项与权衡研究的建模评估

约束块广泛应用于支持**权衡研究**(**trade study**)。权衡研究是比较多个可选解决方案,确定是否满足特定需求。每个解决方案以一组**有效性测度**(**measures of effectiveness**,简写为 moes)为特征,它与评估准则对应,具有一个计算值或者值分布。然后针对给定解决方案的 moes 应用**目标函数**(**objective function**)(通常称为成本函数或使用函数)评估,最终比较各可选方案的结果以得到一个优选方案。

SysML 规范的附录 E.4 中介绍了一些支持权衡研究建模的概念。有效性测度是一种特殊的属性类型。目标函数作为一种特殊的约束块类型,其参数通过参数图与有效性测度集绑定。针对某一问题的解决方案集可以指定为块集合,其中每个块都对通用块做了特殊化。通用块定义了用于评估可选方案的所有有效性测度,特殊块为有效性测度提供了不同的值或者值分布。

块属性中有效性以属性字符串关键词«moe»表示。约束块或者约束属性中目标函数以关键词«objectiveFunction»表示。

图 8.14 表示了 Camera 的两种变体,用于提供低光条件下的运行解决方案。这些变体以特殊化表示(如第 7 章中所述),名称分别为 Camera with Light(带有照明器的摄像头)和 Low - Light Camera(低光摄像头)。前者为普通摄像头,带有照明器;后者设计为可在低光条件下工作。以关键词«moe»表示的四个相关的有效性测度用于开展权衡研究。注意:特殊化块中的有效性测度对 Camera 中有效性测度做了重定义。为避免杂乱,隐去了重定义关键词。

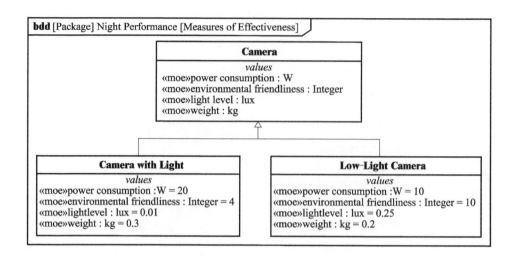

图 8.14　两个处理低光条件的摄像头变体

权衡研究通常作为一类分析情境,引用了表示不同可选方案的块。权衡研究包括目标函数的约束属性,用以评估可选方案;同时也包括记录评估结果的方法,通常由值属性提取每个可选方案的结果。

图 8.15 给出了 *Night Performance Trade-off*(*夜间性能权衡*)的定义,该权衡研究是评估两个摄像头变体的夜间性能。*Night Performance Trade-off* 包含两个约束属性,均由目标函数 *NP Cost Function* 和两个引用属性(*Low-Light Camera* 和 *Camera with Light*)分类。分析的目的是针对 option 1 和 option 2 求解方程,因此它们表示为派生。

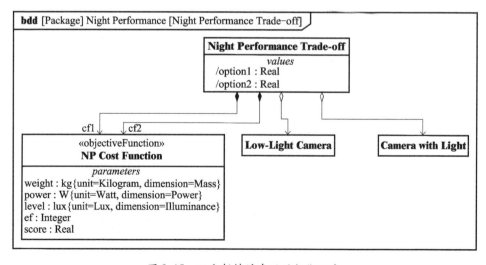

图 8.15　以分析情境表示的权衡研究

图 8.16 表示 *Night Performance Trade-off* 的内部绑定。目标函数 *NP Cost Function* 的一个应用 *cf1* 与 *Camera with Light* 的值属性绑定,而另一个应用 *cf2* 与 *Low-Light Camera* 绑定。*cf1* 与 *cf2* 的参数 *score* 与情境的两个值属性(名为 *option 1* 和 *option 2*)绑定,在此特定分析中两个值均为非独立变量。本例中使用图 8.14 提供的值作为两个解决方案的有效性测度,*option 1* 的结果为 400,*option 2* 的结果为 450,表明 *Low-Light Camera* 为优选解决方案。此外,可规定其他约束块将有效性测度与系统其他属性相关联(见 17.3.6 小节示例)。

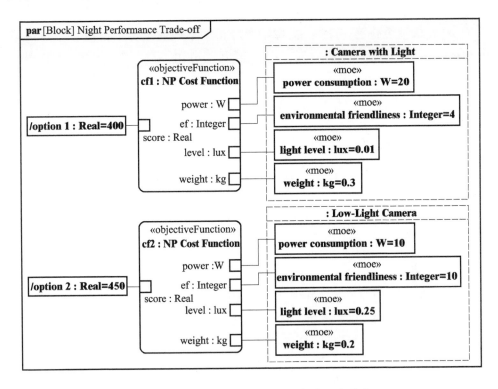

图 8.16 两个低光摄像头之间的权衡研究结果

8.12 小结

约束块用于对块属性中的约束建模,从而支撑工程分析,如性能、可靠性、成本和质量属性分析等。约束块及其应用的关键点如下:

(1) SysML 包含针对数学或逻辑表示的约束概念,包括时变表示和差分方程。SysML 不指定某种约束语言,但支持将语言作为约束定义的一部分。

(2) SysML 可在约束块内封装约束,约束可重用或与其他约束重组形成复杂方程组。通过约束表示约束块定义了相互关联的一组约束参数。参数可以有类型、单位、数量种类和概率分布。应用块定义图来定义约束块及其相互关系。特别是可应用组合关联组合多个约束块，构成更为复杂的方程。约束块可在模型库中定义，以便于具体类型的分析。

(3)约束属性是约束块的使用。参数图表示了如何应用绑定连接器将约束参数相互绑定及与块的值属性绑定，从而实现约束属性连接。绑定连接器表示了约束参数值之间或者其末端值属性之间的相等关系。按照此方法，约束块可用于约束块属性的值。用于支持块约束赋值的具体值通常由该块的配置所确定(应用块的特殊化或者实例规定)。

(4)分析情境作为一个块，提供了要分析的系统或组件的情境。分析情境由约束块组成，这些约束块对应于分析模型并引用了分析的系统。参数图的框架指定了分析情境，用于绑定块的相关属性与分析模型的参数。分析情境可以与工程分析工具连通，开展计算分析，分析结果返回作为分析情境的属性值。

(5)系统工程师常用的分析形式是权衡研究，针对给定问题基于一些准则开展多解决方案比较。在权衡研究中应用有效性测度(moe)定义需要评估的属性，应用约束块(称为目标函数)定义解决方案如何评估。

8.13 问题

(1)参数图有哪些种类，能够表示哪些类型的模型元素？
(2)如果某一约束参数被排序，则其值表示什么含义？
(3)如果某一约束参数是唯一的，则其值表示什么含义？
(4)如何表示块定义图的约束参数？
(5)如何表示块定义图的约束复合？
(6)如何表示参数图的约束属性？
(7)如何表示参数图的约束参数？
(8)绑定连接器的语义是什么？
(9)如何用约束块约束块的属性值？
(10)块"气体"有"压力"和"体积"两个值属性，这两个值属性相互变化。构建一个合适的约束块来表示其相互关系，并在参数图"气体"中应用该约束块约束"压力"和"体积"。
(11)对于包含时变特征的模型，确定参数模型有哪两种方法？
(12)在分析情境中，组合关联和引用关联是如何应用的？
(13)什么是有效性测度，其作用是什么？
(14)什么是目标函数，在块定义图与参数图中该函数如何表示？

讨 论

在什么环境下在参数化模型中应用派生属性或者参数是必要的或者是有用的。

比较两者的相对优点：①应用约束块确定参数方程作为块定义的一部分；②应用某一外部定义的参数化模型加入到现有块中。

第 9 章 应用活动为基于流的行为建模

本章讨论应用活动图开展行为建模的一些相关概念,这些行为与流输入、输出及控制相关。活动图与传统的功能流图相似,但增加了一些特性,以精确规范行为。活动还可以描述由特定块或组成执行的行为,这些块或组成可以表示系统及其部件。

9.1 概述

在 SysML 中活动是行为的表达形式,通过受控动作序列实现输入和输出转换。活动图是基于流行为建模的主要表示方式,类似于广泛用于系统行为建模的功能流图。活动提供了超越传统功能流图的增强功能,如表达活动与系统结构(块、组成)关系的能力以及建模连续流动行为的能力。所选活动子集的语义由 fUML 规范[42]定义,因此它们可以由执行环境执行。

动作是构建活动的块,并描述了活动的执行方式。每个动作都可以接受输入并产生输出,称为令牌。令牌放置在管脚的输入和输出缓冲区上,直到它们被消耗为止。这些令牌可以响应流经的任何事物,如信息或物理项(如水)。称为调用动作的某类动作,可以调用进一步分解为其他动作的其他活动。通过这种方式,可以使用调用动作将活动组成为活动层次结构。其他动作用于指定枝叶级别的行为,如发送信号或读取属性值。

对象流的概念描述了输入与输出项如何在动作之间流动。对象流可将一个活动的输出连接至另一活动的输入,以支持令牌通过。流可以是离散或连续的,其中连续流表示令牌间的时间为零的状态。活动间对象令牌的复杂路径可由控制节点规范。

控制流概念对活动中的动作何时、以何种顺序执行提供了额外约束。输入控制流中的控制令牌触发活动开始执行,当活动执行完成时输出控制流中出现控制令牌。当控制流将一个动作与另一动作连接时,控制流目标端的动作在源动作完成后启动。控制节点(如会合、分叉、决策、合并、初始、结束节点)可用于控制令牌的路径,以进一步规范动作序列。

信号的发送与接收是不同块情境中活动执行间的一种通信机制,也是处理超时等事件的机制。信号有时作为外部控制输入,用来在已运行的活动中启动动作。

流管脚允许新令牌在执行时流入和流出动作,而非流管脚仅在执行开始和结束时接收和生成令牌。SysML 还提供了更先进的活动建模概念,如拓展流的语义,以处理中断、流速率和概率。

SysML 提供了几种将活动与执行活动的块相关联的机制。活动分区用于根据负责执行活动的块来划分活动中的动作。

或者可以将活动指定为块的主行为,描述如何处理块的输入和输出。也可以将活动规范为块操作的方法,针对该操作的服务请求而产生。当使用状态机规范块的行为时,活动通常用于描述状态机在状态之间转换时块的行为,或者当块处于特定状态时块的行为。

SysML 也支持其他的传统系统工程功能表示。活动可以在块定义图中表示,显示类似于功能层级的活动层级。活动图也可用于表示增强功能流块图(EFFBD)[49]。

9.2 活动图

用于描述活动的图称为**活动图(activity diagram)**。活动图定义活动中的动作以及它们之间的流输入、输出与控制。活动图的完整图标题如下:

act[*model element kind*] activity name [diagram name]

活动图的图种类以 **act** 表示,*model element kind*(模型元素类型)可以是活动或控制操作者。

图 9.1 给出了 *Log On*(登录)活动的活动图,其中包含了基本的活动图符号。

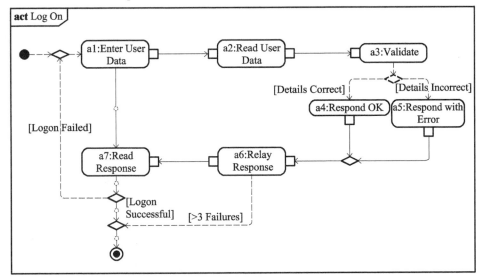

图 9.1　活动图示例

Log On 包括引发其他活动的调用动作,例如引发 Read User Data(读取用户数据)活动的动作 a2。动作有输入、输出管脚,用小矩形表示,用以接收表示信息、物质或能量单元的令牌。管脚通过对象流(实线表示)和控制流(虚线表示)连接。有关活动图的注释可参见附表 A.14 ~ 附表 A.17。

图 9.2 给出了以块定义图表示活动层级的示例。活动层级提供活动图上显示的动作和引发活动的另一种可选视图,但不包括动作与其他活动构造(如控制节点)之间的流。通过由父活动(在本例中为 Generate Video Outputs(生成视频输出))到其他活动(如 Process Frame(处理帧))的组合关联,层级结构得以表示。关联上的角色名称(如 a2)对应于用于活动图中调用活动的动作名称。在块定义图上显示活动层级所需的表示法见附表 A.9。

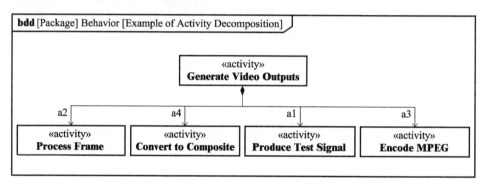

图 9.2 块定义图中的活动层级示例

9.3 动作——活动的基础

如前所述,活动分解为一系列的动作,这些动作描述了活动如何执行以及活动输入如何转换为输出。本章中有许多不同种类 SysML 描述的动作,但本节仅对所有动作的基本行为做一个综述。SysML 活动基于令牌流语义,该语义与 Peri 网相关[47,48]。**令牌(token)** 掌控输入、输出值,控制由一个动作向另一个动作流动。动作过程的令牌置于其**管脚(pin)** 上。管脚可以充当缓冲器,在执行之前或执行期间存储动作的输入和输出令牌。输入管脚的令牌被消耗,由动作处理,并置于输出管脚,用于被另一个动作接收。

每个管脚都有多重性,表示了在任何一个执行中动作消耗或者产生的令牌最小与最大数。如果最小多重性为零,那么表示该管脚为可选项,由«optional»关键字标记。否则,该项为要求项。

动作标识随动作类型而变化,但通常以圆角矩形表示。管脚标识以动作标识外表面的小盒表示,可以包含表示管脚为输入或输出的箭头。如管脚与流连接且方向明确,则可不用箭头标记。

图 9.3 给出了一个名为 *a1* 的典型动作,该动作包含一组输入与输出管脚。动作要求有一个输入管脚与输出管脚,即多重性的下边界应大于 0。另外两个管脚是可选的,即多重性的下边界为 0。该动作还有一个输入控制流与一个输出控制流,有关控制流的详述参见 9.6 节。当令牌在所有要求输入(包括下面提到的控制输入)中有效时,只要其拥有的活动正在执行,则动作开始执行,如下所示:

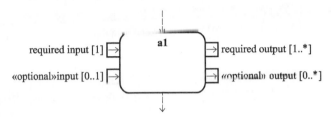

图 9.3 具有输入/输出管脚与控制流的动作

(1)在每个要求的输入管脚处的可用令牌数量必须大于或等于其多重性下边界。

(2)在每个动作的输入控制流上的令牌应有效。

在满足这些先决条件后,启动动作执行,所有输入管脚的令牌成为有效消耗。

在动作完成其处理后,可以终止动作,只要它在每个所需输出管脚处可用的令牌数等于或大于其多重性下边界。一旦动作终止,所有输出管脚上的令牌都可用于连接到这些管脚的其他操作。此外,控制令牌放置在每个传出控制流上。

通过使用可以缓冲、复制和删除令牌的控制节点,可指定对象和控制令牌的路径。有关更多信息参见 9.5 节中的对象流和 9.6 节中的控制流。

上一段描述了动作的基本语义,以下新增的语义将在本章后面部分讨论:

(1)不同类型的动作执行不同功能,其中一些(尤其是 9.4.2 小节中讨论的调用动作)带来了新的语义,例如流;

(2)SysML 允许控制令牌使能/禁止动作,但动作需要有控制管脚的支持(参见 9.6.2 小节);

(3)SysML 也包括连续流(参见 9.9.1 小节);

(4)动作可包含在可中断区(当动作中断时,将导致组成动作立即中止),可中断区的讨论参见 9.8.1 小节。

块语义与活动语义之间的关系参见 9.11 节。

9.4 活动建模基础

活动(Activity) 提供了动作执行的情境。活动可以通过调用动作使用(更重要的是复用)。调用动作允许活动组合到任意深的层级,从而允许活动模型既可以描述简单函数也可以描述复杂算法和过程。

9.4.1 规范活动输入和输出参数

活动可以有多个输入和多个输出,这些输入和输出称为**参数(parameter)**。注意这些参数不同于第 8 章所描述的约束参数。每个参数可以有一个类型,如值类型或块。值类型的范围可以从简单整数到复数矢量,并可以有单位与维数。参数也可以由对应于结构实体的块分类,如流过液压系统的流体或流过装配线的汽车部件。参数的方向,可以是入或者出,或两者皆包含。

参数也有多重性,表示每个活动执行中该参数有多少个令牌可作为输入消耗或者作为输出产生。多重性的下边界表示每个活动执行中需要消耗或产生的最小令牌数量。如同管脚,如果下边界大于零,那么该参数为**必需项(required)**;否则,为**可选项(optional)**。多重性的上边界确定了每个活动执行中需要消耗或产生的最大令牌数量。

在活动图中,**活动参数节点(activity parameter node)** 表示活动参数。执行期间一个活动参数节点包含持有与其参数对应的令牌。活动参数节点与某个活动参数相关,其类型必须与该对应参数一致。如果参数标记为输入输出,则该参数需要至少两个与其关联的活动参数节点,一个用于输入,另一个用于输出。

一个参数也可以指定为**流(streaming)** 或者**非流(nonstreaming)**,这将影响对应活动参数节点的行为。对于非流输入参数的活动参数节点,在活动第一次开始执行时,该节点可以仅接收令牌;对于非流输出参数的活动参数节点,一旦活动已经执行完成,该节点就只能提供令牌。与之对照的是,流参数对应的活动参数节点在整个活动执行过程中可以持续接收流输入令牌或者提供流输出令牌。为表示某些特定类型行为,流参数明显增加了灵活性。本章后面内容将介绍参数所拥有的许多其他特征。

活动参数节点的标识以跨越活动框架边界的矩形表示。每个标识包含一个由节点名称、参数类型和参数多重性组成的名称字符串,如下:

parameter name:parameter type[multiplicity]

如果无多重性显示,则默认多重性为"1..1"。一般节点名称和与之相关的参数名称相同。可选参数以活动参数节点中名称字符串上方的关键词«optional»表示。相反,如果无该关键词,则默认该参数是必需的。

参数的其他特征,如其方向和是否为流等,表示在括号内,该括号可以在名称字符串后的参数节点标识中,也可以在标识附近。

尽管可以在符号内以文本方式显示参数的方向,但没有特定的图形标记来指示在其符号上活动参数节点的方向。一些建模指南建议输入参数节点显示在活动的左侧,输出参数节点显示在活动的右侧。一旦活动参数节点已通过流连接到活动内的节点,活动参数节点方向就由对象流上的箭头方向隐式定义。

图 9.4 表示了作为摄像头主行为的 *Operate Camera*(*操作摄像头*)活动的输入

与输出(参见 7.5.1 小节主行为描述)。由参数节点标识可以看出,通过 *current image*(当前成像)参数,从摄像头环境来的 *Light*(光)作为输入有效;通过 *composite out*(复合输出)和 *MPEG output*(MPEG 输出)参数,两类视频信号作为输出产生。输入参数 *config*(配置)用于摄像头启动时为其提供配置数据。

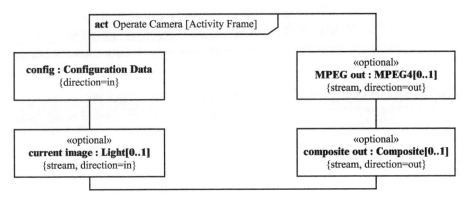

图9.4 利用活动图结构表示活动

在活动执行过程中,活动消耗了一个输入流,产生了一个输出流,如主参数节点中{stream}注释所表示的。另一个参数 *config* 为非流,因为在活动启动时该参数有一个单值被读取。如前面所述,当参数 *config* 的多重性未显示时,表示其上下边界值均为1。其他参数为流,不存在消耗或者产生令牌最小数,因此这些参数表示为«optional»。

9.4.2 应用调用行为动作构建活动

一类重要的动作称为**调用行为动作(call behavior action)**,它在执行时调用行为。本章中假定调用行为是一个活动,虽然它也可以是其他类型的 SysML 行为。调用行为动作针对被调用行为的每个参数都具有管脚,并且这些管脚的特征必须与其在调用行为上的相应参数的多重性和类型相匹配。管脚的名称字符串与活动参数节点符号的名称字符串具有相同的形式,但浮动在管脚符号外部。

如果调用活动上的活动参数是流,则调用行为操作上的相应管脚也具有流语义。如前所述,非流管脚上的令牌(图9.3)只能在动作执行的首端(在输入管脚的情况下)或末端(在输出管脚的情况下)进行处理。相比之下,虽然每次执行所消耗或产生的令牌数量仍受其上下多重边界的控制,但令牌在其拥有的动作执行时仍可通过流管脚访问。因此,通常可为流参数定义一个无限上限。

管脚的名称字符串可以包括相应参数的特征,如流。流管脚的替代标记是遮蔽管脚符号。

调用行为动作标识以圆角矩形表示,包括有一个名称字符串,其中带有动作名称和调用行为(如活动)名称,以冒号分隔,如下所示:

action name:behavior name
默认标记仅包括动作名称而没有冒号或行为名称。当显示行为名称并且未命名动作时,将包括冒号,以将此标记与默认标记区分开。调用行为动作符号右下角的"靶形"表示被调用的活动在另一个图中加以描述。

如图9.5所示,为了将光转化为视频信号,Operate Camera 请求了另一活动,该活动应用调用行为动作执行了多个子任务。动作名称字符串的形式为 Activity Name(活动名称),表示该动作并没有名称。在这种情况下,参数节点和引脚是可选的,因为即使它们没有令牌,相应的动作也可以开始执行。本图仅表示了带有输入输出的活动参数节点和动作。注意,这里已经省略了引脚的类型,以减少混乱。

通过动作管脚上的{stream}注释可知,所有的被调用活动消耗、产生输入输出令牌流。Collect Images(收集影像)是一个模拟摄像头镜头执行的过程。Capture Video(提取视频)将外部世界的影像数字化为视频输出格式。Generate Video Outputs(产生视频输出)采用内部视频流并产生 MPEG 和复合输出,用于传输给使用摄像头的用户。

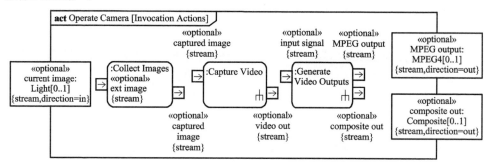

图9.5　活动图中请求动作

9.5　应用对象流描述动作间的项流

对象流(object flow)用于按某线路发送输入与输出令牌,这些令牌代表了对象节点间的信息和/或物理项目。活动参数节点和管脚是对象节点的两个例子。对象流可用于按线路在活动边界上的父节点与其组成动作的管脚之间发送项目,或者直接将管脚与其他管脚相连。在所有情况下,对象流的方向必须与其末端对象节点的方向兼容(入或者出),且对象流两端对象节点的类型相互兼容。

对象流以连接线表示,由流源端连接至终端,在终端处有箭头。当对象流位于具有相同特征的两个管脚间时,可以用另一种标记方法,即省略在对象流两端动作中的管脚标识,代之以一个简单的矩形标识,称为对象节点标识。在此情况下,对象流连接动作源端至对象节点标识,在对象节点标识末端以箭头表示,然后连接对象节点标识至终端动作,在终端处以箭头表示。由于对象节点标识代表了源动作和目标动作的管脚,对象节点标识可以有与管脚标识相同的注释。

图 9.5 中 *Operate Camera* 的子活动在图 9.6 中通过对象流连接,建立了由光进入摄像头至视频影像输出的流。来向光流向 : *Collect Images* 动作,其输出 *captured image*(提取的影像)作为 : *Capture Video* 的输入(注意对象节点矩形标识的使用)。: *Capture Video* 产生了视频影像,该视频影像又通过 *video out*(视频输出)管脚成为 : *Generate Video Outputs* 的输入。: *Generate Video Outputs* 将其输入视频信号转换为 MPEG 和复合输出,然后这些输出经按路线传送至相应的 *Operate Camera* 输出参数节点。

图 9.6 中省略了动作的名称,这可以从动作标识名称字符串中的冒号看出。图 9.8 中对动作做了命名。

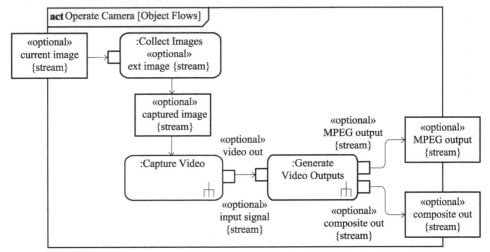

图 9.6 应用对象流连接管脚与参数

9.5.1 对象流路由

在很多场合,在仅使用对象流连接对象节点的情况下,不允许对通过活动的令牌流做充分描述。SysML 针对路径流给出了更精确、复杂的描述机制。首先,每个对象流可以有一个守护表达式,该表达式指定一个规则来控制哪些令牌对对象流有效。此外,在 SysML 活动中,名为**控制节点**(control node)的几个构造提供了更为复杂的流机制,包括:

(1)**分叉节点**(fork node)有一个输入流和一个或多个输出流,该节点复制其接收的每一个输入令牌,并发送给各输出流。各输出流的令牌均可以独立并行处理。注意,令牌复制并非表明由令牌表示的项被复制。尤其是如果所表示的项为物理量,那么物理对象的复制是不可能的。

(2)**汇合节点**(join node)有一个输出流和一个或多个输入流,对象流的默认行为是仅当每个输入流的输入令牌有效时,产生输出令牌。此时,将所有输入对象令牌放置在输出流上。非常重要的一个特征是多个源令牌流的同步。注意,这仅适用于对象令牌,控制令牌的分发不同于此,详见 9.6 节部分介绍。

汇合节点的默认行为可被汇合规范否决，后者规定一个逻辑表达式，使得到达输入流的令牌必须满足这个表达式，从而在输出流生成一个输出令牌。

（3）**决策节点(decision node)** 有一个输入流和一个或多个输出流，一个输入令牌只能穿越一个输出流。各输出流均有相互排斥的守护，令牌被提供给满足守护表达式的流。

守护表达式"else"可用在节点输出流上，这样可以保证始终有一条路径能够接收令牌。如果存在不止一条输出对象流能够接收令牌，则 SysML 不会指定哪一条流来接收令牌。

决策节点有一个附带的决策输入行为，用来评估每一个输入对象令牌。评估结果可用在守护表达式中。

（4）**合并节点(merge node)** 具有一个输出流和一个或多个输入流，合并节点将任意输入流上收到的输入令牌路由到输出流。与汇合节点不同，合并节点在提供令牌至对象的输出流前不需要所有输入流上都有令牌，而是在收到输入令牌时输出流再提供令牌。

分支和汇合标识用实线表示，一般采用水平或垂直对齐，决策和合并标识用菱形表示。若分支节点和汇合节点或合并节点和决策节点相邻（通过无护卫的流连接）则它们可显示为一个单独的符号，并且两者的输入、输出都连接到该符号，后面的图 9.12 中包含合并节点和决策节点的例子。

汇合规范和决策输入行为显示在相关节点附带的注释中。

图 9.7 是汇合规范的一个例子，该汇合节点有 *flow 1*、*flow 2*、*flow 3* 三个输入流，同时汇合规范规定，如果 *flow 1* 和 *flow 2* 或 *flow 2* 和 *flow 3* 上同时收到输入令牌，则生成输出令牌。表达式使用流的名称，所以流必须在这种情形下命名。流名称的另一用途是支持流的分配（参见 14.7 节）。图 9.12 是决策输入行为的例子。

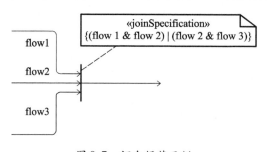

图 9.7　汇合规范示例

图 9.8 中 *Generate Video Outputs* 活动接收到一个输入视频信号，并且以相应的格式输出以供外部使用，这个例子中为 *Composite*（合成）视频和 *MPEG4*。如果需要，动作 *a1：Produce Test Signal*（产生测试信号）允许 *Generate Video Outputs* 生成一个期望的测试信号。图 9.14 中介绍 *Produce Test Signal* 规范，展示活动如何知道

什么时候生成信号。测试信号一旦生成则通过合并节点合并至视频帧流中,这个合并流通过 a2:Process Frame(处理帧)转换成视频帧。注意如果在 Input Signal(输入信号)参数节点和 test signal(测试信号)管脚都能生成令牌,那么令牌将通过合并节点交错插入至 raw frames(原始帧)管脚。这就是本例中的预期活动,如果这不是预期行为,需用其他控制(如特定测试模式)来确保输入流的令牌是唯一的。

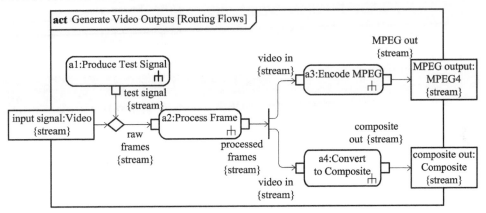

图 9.8　对象流路由

经过处理环节,表征处理帧的令牌分叉并提供给两个独立的动作:a4 : Convert to Composite(转换为组合)生成 composite out(组合输出)和 a3 : Encode MPEG(MPEG 编码)生成 MPEG 输出。这两个动作并行执行,消耗表征帧的令牌并且执行相应转换。注意分叉节点不是指复制帧数据(虽然可以),而仅是 a3 : Encode MPEG 和 a4 : Convert to Composite 通过它们的输入令牌有权访问该数据。

在本例中,调用行为动作的名称字符串包括动作名和活动名,而实际上动作不需要命名。这有助于阐述从本活动图中的活动到图 9.26 块定义图中相同活动的映射。

9.5.2　从参数集路由对象流

活动参数可集合成**参数集(Parameter Sets)**,每个参数集必须有唯一的输入和输出参数。当含有输入参数集的活动被调用时,最多与一个输入参数集对应的参数节点可包含令牌。当包含输出参数集的活动完成时,最多与一个输出参数集对应的参数节点可包含令牌。给定的参数可以是多个参数集中的一个成员。

每一组参数用活动图外边框上的矩形框表示,部分包围参数集中对应的参数节点。矩形框可重叠,表示参数集的层叠关系。

图 9.9 表示一个名为 Request Camera Status(请求摄像头状态)的活动,包含两个不同的输出集。当 camera number(摄像头序号)作为输入时,若摄像头存在问题,该活动返回 error(错误)和 diagnostic(诊断);若摄像头运行正常,则返回 power status(电源状态)和 current mode(当前模式)。

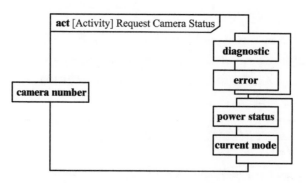

图 9.9 具有参数集的活动

如果被调用活动包含参数集,则在调用行为动作上显示对应不同参数集的管脚分组,并使用与活动参数集相似的标记。

图 9.10 是 Handle Status Request(处理状态请求)活动的对象流,用来读取 camera id(摄像头编号)和写入 camera status(摄像头状态)。通过 camera number 调用 Request Camera Status,两个输出集中有一个输出,这两个输出集分别对应两个参数集:error 和 diagnostic、power status 和 current mode。两个输出集可用两个不同的字符串格式函数表示,分别为 Create Error String(生成错误字符串)和 Create Status String(生成状态字符串)。无论哪种形式的函数收到输入,都会产生输出,通过合并节点传输至输出参数节点 camera status。

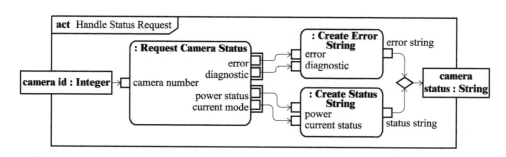

图 9.10 利用参数集调用活动

9.5.3 缓冲与数据存储

管脚和活动参数节点是两种最常见的对象节点,但也存在需要其他构造的情况。**中心缓冲区节点(center buffer node)** 为管脚和参数节点之外的对象令牌提供储存。令牌存入中心缓冲区节点并且储存,直到令牌再次输出。当同一时间令牌单缓冲流有多个生产者和消费者时,中心缓冲区节点十分必要。这与管脚、活动参数节点形成鲜明对照,后两者对于每一个令牌只能有单个生产者或者消费者。

有时活动需要存储相同的对象令牌，活动执行过程中通过一系列动作访问。一种名为**数据存储节点**(**date store node**)的对象节点可用于实现这一过程。与中心缓冲区节点不同，数据存储节点提供复制的存储令牌，而不是原始的令牌。某个输入令牌代表了已存储的对象时，会覆盖之前的令牌。当收到的动作使能时，数据存储提供令牌，这样支持传统流图的语义。

数据存储节点和中心缓冲节点只在其父活动执行时存储令牌。如果令牌的值需要更多的永久存储器，则要用到属性。语言包括了基本的动作（在 9.14.3 小节介绍），可用来读取或者写入属性值。

数据存储节点和中心缓冲区节点都用一个带名称字符串的矩形表示，包含 «datastore» 和 «centralBuffer» 关键词在名称字符串上方。名称与管脚一致，以 buffer or store name：buffer or store type 表示，但是无多重性。图 9.19 给出了中心缓冲节点的一个示例。

图 9.11 描述了 Capture Video 活动的内部行为。Focus Light（聚焦光线）动作捕捉光线进入摄像头镜头，产生的图像存储在一个名为 current image（当前图像）的数据存储节点中。存储在 current image 中的图像会被两个动作使用：Convert Light（转换光）用来采样并创建视频帧；：Adjust Focus（调整焦点）分析当前照片并锐化，并且提供 focus position（焦点位置）到：Focus Light。数据存储节点实现了从入射镜头光线模拟量到视频流数字量的转换。此例中，数据存储被 Convert Light 活动中的摄像头的焦平面阵列调用。

名为 focus position 的对象节点标识输入到 Focus Light，而：Convert Light 和：Adjust Focus 从数据存储节点接收到它们的输入。流的对象节点标记和缓冲节点表示相似，但是缓冲节点通常在它名字上有关键词«datastore»或者«centralBuffer»。

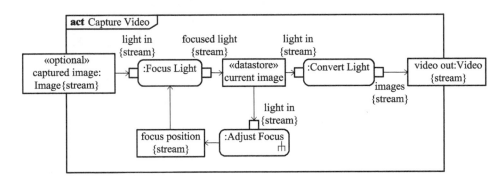

图 9.11　利用数据存储节点抓取输入光线

9.9.2 小节和 9.9.3 小节讨论了其他机制，规定了通过数据存储和中心缓冲区节点以及其他对象流节点的令牌流。

9.6 应用控制流规范动作执行顺序

如前文所述,控制语义和对象流相关联,例如某个动作继续执行前,等待所有输入管脚的令牌最小请求数量。然而,有时在一个动作中请求管脚上可用的对象令牌不足以规定所有执行约束。这种情况下**控制流(control flows)**可使用控制令牌提供进一步控制。虽然对象流在本章开头部分已经描述过,活动的设计不需要由对象流规范开始。在传统流图中,通常先建立控制流,然后路由至对象。

除由请求输入管脚建立的执行先决条件外,一个动作直到它接收到所有输入控制流的控制令牌后才开始执行。当动作完成操作后,它把控制令牌放至所有输出控制流。这样通过控制流实现不同动作之间控制令牌的流转,从而实现动作序列。

一个动作可以有多个控制流输入。这和将多个输入控制流连接到一个汇合节点,以及从汇合节点连接输出控制流到动作的语义一致。类似地,如果一个动作具有不止一个输出控制流,可认为是通过输出控制流将动作与分叉节点相连接,后者具有多个控制流输出。如 9.6.2 小节描述,控制令牌用来使能或禁止动作。

9.6.1 应用控制节点描述控制逻辑

所有路由对象流的构造同样可以用于路由控制流。另外针对控制令牌,汇合节点有特殊的语义;即使它消耗多个控制令牌,一旦其连接规范被满足,就只释放一个控制令牌。汇合节点也可混合消耗控制令牌和对象令牌,一旦需要的令牌提供给汇合节点,所有的对象令牌(但没有一个控制令牌)就提供给输出流。

除了 9.5.1 小节描述的构造,还有一些专门的构造提供其他控制逻辑:

(1)初始节点:当一个活动开始执行时,控制令牌被放置于活动的每一个初始节点上。该令牌通过输出控制流触发动作执行。注意:虽然一个初始节点有多个输出流,但一个控制令牌只能放置在其中一个。典型的,有多个流时,使用守护来确保只有一个是有效的;但如果没有这种情况,那么流的选择是随机的。

(2)活动终端节点:活动执行过程中,控制令牌或者对象令牌到达终端节点时,该活动执行结束。

(3)流终端节点:控制令牌或活动令牌到达流终端节点时被消耗,但对封闭活动的执行也没有影响。一般情况它只是终止某个特定的动作序列,而不会终止整个活动。当一个分叉节点存在两个输出流至并发动作时,会使用到流终端节点。如果两个动作中的一个终止,另一个继续作为进程链的一部分执行,则流终端节点可用来表示在活动没有结束的情况下,一个动作已经执行完成。

控制流可以与对象流一样,以终端带箭头的实线表示,或者区别于对象流时,以终端带箭头的虚线表示。初始节点符号采用一个小的黑实心圆表示。活动终端节点用一个靶形符号表示。图 9.12 给出了初始节点和活动终端节点示例。

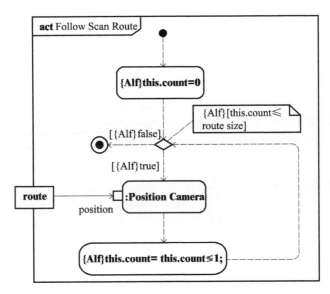

图9.12 活动中控制流

流终端节点符号是包含×的空心圆,如图9.21所示。

图9.12表示控制软件通过预置扫描路径驱动摄像头。Follow Scan Route(跟随扫描路径)活动将遵循一条路线,该路线跟随一组根据平摆和倾斜角度定义的摄像头位置。它有一个输入参数route(路径),是带有尺度route size(路线大小)的固定长度的位置集。开始时,活动重设count(计数)属性,然后迭代路径上的所有点对每个点都增加count。当相关决定输入行为返回值为"false"(因此满足[false]而不是[true]守护)时终止计数,表示已经到达路径上最后一个点。决策输入条件是用Alf形式编写的非透明表达式(有关Alf编程语言的描述参见9.14.2小节)。与约束一样,用于说明动作的语言可以在表达式前面的括号内增加。Position Camera(定位摄像头)活动被route参数提供的每个位置令牌所调用。控制流决定了活动执行序列。

注意:此例中存在合并和决策符号的组合,可以接受两个输入控制流,具有两个输出控制流,一个指向活动终端节点,另一个指向算法迭代。活动的count属性通过this.count=0初始化,通过this.count=this.count+1重新赋值;这些是非透明的行为,也就是说,它们的功能用SysML以外的某种语言表示(在本例中为Alf)。

9.6.2 应用控制操作符使能/禁止动作

具有非流输入与输出的动作通常在有预请求的输入令牌后即开始执行,在完成输出过程后终止。但是动作执行的实现不需要受某个控制输入所控制,尤其是如果动作是一个具有流输入与输出的调用动作。为达到这个目的,通过控制流发送值到动作来使能或禁止其调用活动。SysML提供了专门的控制枚举,名为**控制值(Control Value)**,它包含enable和disable两个值。对于接收控制输入的动作,需要提供一个可以接收该输入的控制管脚。控制值 enable 的语义和收到一个控制令牌相似,控制值 disable 用于终止调用的活动。

名为**控制操作符**(**control operator**)的特殊行为通过一个输出参数提供控制值,定义为 ControlValue。控制操作符可以包括复杂的控制逻辑,同时可通过调用行为动作在多个不同的活动中重用。控制操作符同样能够以相应类型的输入参数接收控制值,并把它作为对象令牌而不是控制令牌。

在配置文件(见第 15 章)中可以扩展控制值类型,包含除 enable 和 disable 之外的其他控制值。控制操作符可以输出这些新的值。例如,控制值 suspend 不像 disable 一样结束动作执行,当动作收到 resume 控制值时,允许它从暂停的地方继续执行动作。

活动图框架图标题中的关键词«controlOperator»作为模型元素类型,表示控制操作符定义。

图 9.13 是一个简单的控制操作符示例,名为 Convert Bool to Control(*转换布尔型为控制*),它接收一个名为 *bool in* 的布尔参数,根据它的值,在它的输出参数 *control out*(*控制输出*)输出 enable 或 disable。该值由名为 *value specification*(*值规范*)动作的基本函数产生,目的是用来输出一个指定值。通过转换,这些动作的输入和输出管脚被省略(有关基本动作的讨论,请参见 9.14.3 小节)。Convert Bool to Control 是一种可在多个应用中重用的典型控制操作符。

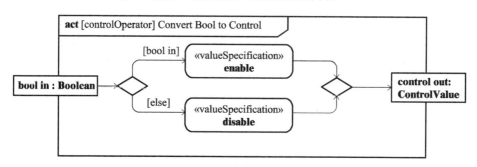

图 9.13　利用控制操作符生成控制值

控制操作符是一种行为,可采用正常的调用行为动作来调用。调用控制操作符的调用行为动作在其名称字符串上方具有关键词«controlOperator»。控制管脚用标准的管脚符号表示,只是在括号内增加了属性名称 control。

测试信号对于视频输出不是始终需要的。图 9.14 给出了禁止测试信号产生的机制。图 9.13 中所示的 Convert Bool to Control 控制操作符从 Receive Test Message(*接收测试消息*)活动中读取 *test value*(*测试值*)布尔值,在 *control out* 管脚生成使能或禁止值。这个节点通过控制流与 Generate Test Signal(*生成测试信号*)活动的 *inhibit*(*禁止*)管脚相连接。因为 *inhibit* 是一个控制管脚,Generate Test Signal 解释这个输入为一个控制值,通过注释{control}表示。Generate Test Signal 使能时,会从接收时间事件动作中按 2Hz 频率读取时间(有关时间事件的讨论,请参阅 9.7 节)。*Receive Test Messages*(接收测试消息)活动在图 9.24 中定义。

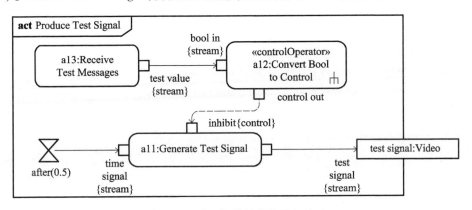

图 9.14　利用控制操作符执行活动

9.7　信号与其他事件处理

除了通过参数获取输入和产生输出,针对某一信号事件活动还能够利用**接收事件动作**(accept event action)接收信号、利用**发送事件动作**(send event action)发送信号。活动间的通信通过发送信号动作和接收信号动作来实现。如 9.11.2 小节所述,信号由拥有和执行活动的块实例来接收和发送。通信由信号异步执行,也就是发送方在其他活动执行前不需等待接收方接收到信号。

接收信号动作在输出管脚输出接收信号。发送信号动作对于要发送信号的每个属性有一个输入管脚,并有一个输入管脚为信号指定目标。

接收事件动作可以接收其他种类事件,包括:

(1)时间事件:对应一个定时器的截止。这种情况下,动作具有一个单独输出管脚,输出一个包含事件接收时产生时间的值。

(2)变更事件:对应满足的特定条件表达式。这种情况下,没有输出管脚,但当变更事件被接收时,该动作能够在所有输出控制流中生成一个控制令牌。

(3)变更事件也可与结构特性值(如流属性)的变更相关联。当结构特性值改变时,特性的初始值和更新值都在输出管脚提供。

一旦不带有输入控制流的接收事件动作所属的活动(或所属的可中断区,见 9.8.1 小节)开始执行,该接收事件动作使能。但是与其他动作不一样,它在接收到事件后仍保持使能,因此可以准备接收其他事件。

SysML 1.3 中,发送信号动作和接收信号动作都能够通过端口(包括内嵌端口)接收与发送。有关端口的描述见 7.6 节。接收事件动作规定从特定端口接收事件,如信号从给定端口到达。发送信号动作规定了其信号必须通过特定端口发送。

发送信号动作由末端带有三角形的矩形边框表示,接收信号动作由内凹三角形的矩形边框表示。如果接收事件为一个时间事件,接收事件动作以沙漏符号表示(图9.14)。

SysML 1.3 中,如果事件通过端口接收,则端口路径作为发送事件动作名称字符串的前缀,格式如«from»(portname,…)。如果信号通过端口发送,端口路径作为接收事件动作名称字符串的前缀,格式如 via portname,…。

图9.15 描述了 MPEG 帧如何通过监控摄像头进行网络传输。Transmit MPEG(传输MPEG)活动首先发送 Frame Header(帧头)信号,表明主帧在后面。然后执行 Send Frame Contents(发送帧内容),将帧分成数包并发送。当 Send Frame Contents 结束时,输出 packet count(包计数),然后执行两个信号动作:发送 Frame Footer(帧尾)信号,接收信号动作等待 Frame Acknowledgement(帧识别)信号。一旦接收到 Frame Acknowledgement 信号,就调用 Check Transmission(校验传输)活动来检查包计数,并与 Send Frame Contents 输出提供的计数相比较。如果包计数一致,则表明传输成功完成,Transmission OK(传输完成)变量设置正确。这个变量在决策节点的输出守护处确认,如果正确,那么活动终止;否则,重新发送先前存储的帧。

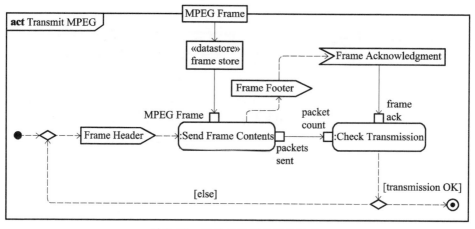

图9.15　活动之间利用信号通信

9.8　活动结构创建

有多种方法使活动中的动作组合在一起,从而获得特定的执行语义。可中断区域允许一组节点的执行被中断。结构化的活动节点为活动提供替代机制,用于将一组具有通用输入与输出的动作作为单个组执行。

9.8.1　可中断区

活动结束时,活动执行中的所有执行动作都将终止。但是建模者在某些情况下,只希望终止一部分动作执行。

可中断区域(interruptible region)能够解决这个问题。可中断区域将活动中的动作编为一组子集,并包括中断这些动作的机制,称为**中断边界**(interrupting edge),其源是在可中断区域内的一个节点,而终点是在可中断区域外的一个节点。控制流和对象流都可以指定为中断边界。正常(非中断)流也可以具有区域外的终点。这些流发送的令牌不会中断区域内的执行。

如果进入可中断区域,区域内至少一个动作开始执行。无论令牌何时被中断边界接收,可中断区域的中断都随即发生。这个中断导致可中断区域内所有动作执行终止,而从活动节点或从中断边界接受令牌的节点继续执行(可以是多个节点,因为中断边界可以连接分叉节点)。

中断边界的令牌由接收信号引起,接收信号可能来自包含可中断区域的活动或者拥有活动的块(如果有的话)。在这种情况下,可中断区域内的接收信号动作接收该信号,提供中断边界的令牌到边界外的活动节点。特殊语义和可中断区域包含的接收事件动作相关联。当进入可中断区域时,接收事件动作开始执行,而在正常情况下是当活动开始时接收事件动作启动。

可中断区域用环绕一系列活动节点的虚线圆角框表示。SysML 1.2 中域名可以在区域内,这对于存在多个可中断区域是非常有用的。中断边界用闪电符号或者旁边用小闪电符号注释的常规流程线条表示。

图 9.16 对图 9.6 中摄像头行为 *Operate Camera* 做出更加完整的定义,调用 *Initialize*(初始化)活动后,在开始同步进行摄像头操作 *Collect Images*、*Capture Video*、*Generate Video Outputs* 前,摄像头等待接收信号动作接收的 *Start Up*(启动)信号。接收到 *Start Up* 信号后,利用分叉节点将在接收信号动作中出现的单个控制令牌复制到每一个动作结束的控制流,从而能发送至操作。

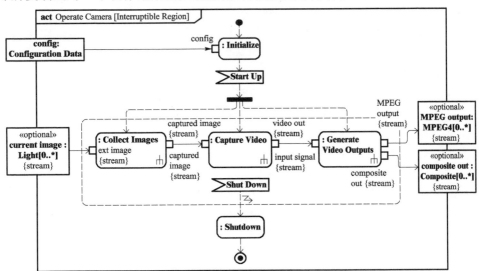

图 9.16 可中断区域

这些动作封闭在可中断区域中,在接收信号动作接收到 *Shut Down*(关闭)信号前保持执行。接收到 *Shut Down* 信号时,中断边界离开可中断区域,它包含的所有动作停止,控制传输至调用 *Shutdown* 的活动。一旦 *Shutdown* 活动执行完毕,控制令牌发送给中止 *Operate Camera* 的活动终端节点。注意:还有其他流离开可中断区域,但因为它们不是中断边界,所以不会造成中止。

9.8.2 应用结构化的活动节点

活动本质上是并发的,动作执行只由对象令牌和控制令牌的可用性控制。但如果建模者希望在一个活动中成批执行动作,则 SysML 提供了**结构化活动节点(structured activity node)**。结构化活动节点有一系列管脚,通过这些管脚,令牌在其内部动作间流动。结构化活动节点像一个动作,只有它的输入存在需要的对象令牌和控制令牌才能执行。只有当内部所有动作全部完成,才会分发令牌到它的出口。当活动的动作不在多个情境中重用时,才会使用结构化活动节点。结构化活动节点的内容表示在它所归属活动的同一个图中,而调用行为的内容通常不会如此表示。

三种特殊的结构化活动节点如下:

(1)**顺序节点(sequence node)**:按照指定顺序一个接一个执行动作。

(2)**条件节点(conditional node)**:包含一组只有在特定条件下才执行的动作。

(3)**循环节点(loop node)**:不断重复执行的动作。

顺序节点是结构化活动节点最简单的定义形式,包含单一序列动作,只有先前动作完成,后续动作才能开始执行,即使有其他执行特权。

条件节点包含**从句(clause)**集,每个都有一个判断和一个正文。它与 Java 里面的 if 语句相似。当条件节点执行时,执行所有判断语句,如果某一判断分支为真,则执行该语句正文。只有一个语句的正文能够执行,当多个分支为真时,选择哪个语句执行不是由语言所定义。但是建模人员可以指定从句的赋值顺序来决定输出情况。有一个特殊的语句名为**否则从句(else clause)**,始终为真,如果没有语句执行时,选择它执行。

循环节点包含设置、判断和正文三部分。与 C 语言中的 while 和 for 语句相似。整个节点中设置仅在入口执行一次。设置完成后,判断分支为真的情况下执行正文节点。判断可以在正文前,也可以在正文后。循环节点包含循环变量,与 C 语言中相似,可以访问节点的设置、判断和正文部分。

结构化活动节点表示为边框为虚线的圆角矩形,关键词«structured»位于名称字符串上面。SysML 没有定义顺序、条件和循环节点的图形化标记,但 9.14.2 小节中的基础 UML(Alf)动作语言为它们提供了文本语法。

9.9 高级流建模

SysML 默认假设令牌以执行动作所指定的速率流动,并且流入对象节点的令牌以相同的顺序和相同的概率流出。当这些假设无效时,SysML 提供构造处理这种情况。

9.9.1 流速率建模

任何流动参数都有速率属性,定义了令牌流入与流出相关管脚或参数节点的期望速率。流同样具有速率属性来规定特定时间间隔内流过的令牌数量,即令牌离开源节点和到达目标节点的期望速率。

速率属性可以表现为连续或离散速率。连续流是一种特殊情况,预期流速率是无限的或者令牌到达时间是零。也就是说,不管读取令牌速率如何,总是有新的令牌到达。离散速率的值只是统计学的期望速率值。实际值可能随着时间变化,只有经过长时间平均后得出期望值。

连续速率用在相应符号名称字符串上方的关键词«continuous»表示。离散速率用关键词«discrete»表示。用括号内属性对 "*rate = rate value*" 表示指定的离散速率。

图 9.17 中,与 *Capture Video* 中光相关联的对象流是连续的。*Focus Light* 和 *Adjust Focus* 动作引发模拟过程,这些过程采用连续输入与输出,如与动作相关联的对象节点上出现的关键词«continuous»所表示的,包含 *current image* 数据存储。但按照 *video out*(视频输出)参数节点所定义,*Convert Light* 动作所产生的图像必须在 30 帧/s 的速率下产生。

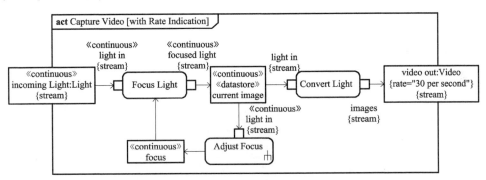

图 9.17 带有速率信息的连续流和离散流应用

9.9.2 流顺序建模

在之前章节中提到,当令牌在等待被动作处理时,其在管脚或其他对象节点上排序受制于**上边界值(upper bound)**。当对象节点的上边界值大于 1 时,建模者可使用**排序属性(ordering property)**来指定令牌读取顺序,顺序属性可取为 *ordered*(已排序)、*FIFO*(先进先出)、*LIFO*(后进先出)或者 *unordered*(未排序)。如果排序属性指定为 *ordered*,建模者必须提供明确的选择行为定义排序。这个机制可用来选择基于所代表对象一些值的令牌,如优先级。

当一个提供的令牌使得令牌数量超出对象节点上边界值时,建模人员可以选择**覆盖(overwrite)**令牌或者丢弃新到达的令牌。

排序注释放置在对象节点大括号附近,或者在对象节点内部,名称值对为 *ordering = ordering value*。如果排序没有显示,则默认 *FIFO*。关键词«overwrite»表示到达完整节点的令牌在其增列入节点之前,根据排序属性移走已存在的令牌。被移走的令牌是对象节点中最久的。按照 *FIFO* 顺序,这个令牌为即将选取的;对于 *LIFO*,这将是最后被选取的。关键词«noBuffer»用来丢弃那些不能被动作立即执行的新到令牌。

9.9.3 概率流建模

流可以用概率标记,规定令牌从多个可供选择的流中按某个特定流传递的可能性。虽然同个对象节点(包括管脚)输出多个边中也可以规定概率,但在流从某个决策节点中散开时通常出现这种情况。每个令牌只能按规定的概率沿一条边传递。如果应用**概率流(*probabilistic flow*)**,所有可供选择的流都必须有一个概率,并且所有流的概率之和是 1。

概率用活动流符号或者参数集符号表示成一个属性对或值对"*probability = probability value*"。

图 9.18 表示了 *Transmit MPEG*(传输 *MPEG*)的活动图(最早出现在图 9.15 中)。在本例中,增加了成功传输的概率。成功传输和不成功传输相应的两个流均以发生的概率表示。

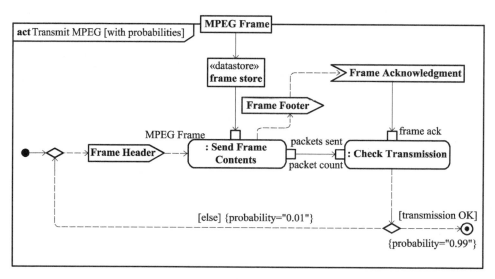

图 9.18 概率流

9.10 活动执行中的约束建模

9.3 节介绍了活动执行的基本约束,这部分描述用于规定进一步执行约束的建模技术。

9.10.1 前置/后置条件与输入/输出状态建模

当动作的所有先决要求的令牌提供给它的输入时,该动作才能执行,同样在输出处提供后置要求的令牌时,动作可以终止。但有时会应用其他约束,这些约束是基于执行环境中的令牌值或条件。这些约束可以用动作的**前置条件**(pre-condition)和**后置条件**(post-condition)表达。如果是调用动作,则用他们所引发行为的前置和后置条件表达。

在由令牌表示的对象与状态机关联的特定情况下,对象节点可以明确地规定当前请求状态或者**状态约束**(state constraint)中的对象状态。

前置和后置条件的显示取决于是否针对行为或动作做出规定。行为的前置和后置条件以字符串文本形式放置在活动框内,在关键词«precondition»或«postcondition»之后。动作的前置和后置条件放置在动作附属的注释符号内,并使用关键词«localPrecondition»或«localPostcondition»放在条件文本注释顶端。

对象节点上的状态约束通过包含在方括号里的状态名称表示,在对象节点名称字符串符号下方。这等同于需要确定状态归属动作的前置或后置条件。

虽然 ACME 监视系统不制造摄像头,但对摄像头生产过程有所表示。图 9.19 描述了期望的过程。制造过程的最佳路径是由 *Assemble Cameras*(装配摄像头)至 *Package Cameras*(包装摄像头)。他们的经验是一些装配的摄像头并不能正常工作,但可以以合理的成本修复并重新出售。

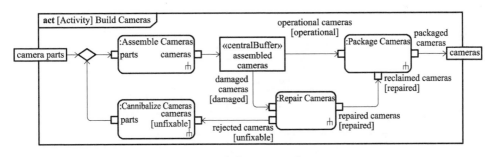

图 9.19 管脚上使用状态示例

修复过程通过 *Repair Cameras*(修复摄像头)活动建模。一些摄像头不可维修,但是可以通过 *Cannibalize Cameras*(拆解摄像头)活动拆解成零件,进而应用于组装过程。摄像头在生产程序中通过一系列状态(参见第 11 章状态机的描述)成为产品,并且不同的活动需要或者产生不同状态的摄像头。*Assemble Cameras* 可以比包装和维修更快地生产摄像头,所以把它们放置在 assembled cameras 缓冲区。如果它们的状态为 *operational*(可运行),由该位置它们直接进入 *Package Cameras*。如果其状态是 *damaged*(损坏),则进入 *Repair Cameras*。*Repair Cameras* 接收处于 *damaged* 状态下的摄像头,当活动结束时它们的状态为 *repaired*(已修复)或 *unfixable*(不可修复)。

注意：Build Cameras 活动对摄像头生产过程建模，使用令牌表示摄像头。在本例中，令牌流能够镜像成真实摄像头生产过程流。中心缓冲节点可以分配给某个存储支架。

先前描述了输入与输出管脚状态怎样分别用来规定前置条件和后置条件。实际上，通过结合前置条件和后置条件，也可以指定输入与输出关系约束。例如，这些约束条件可以表示输入气体压力和由输出电信号表示的温度之间的关系，也可以用来表示与动作或活动相关的准确性或者时间限制。约束可通过约束块获得，从而支持进一步的参数分析。

9.10.2 动作中增加时间约束

SysML 提供了特殊的约束形式，可用来规定活动执行的持续时间。约束用标准约束标记表示在受约束动作旁边。

图 9.20 表示帧传输中增加的时间约束。它表示引发 Send Frame Contents（发送帧内容）活动的动作最多执行 10ms。

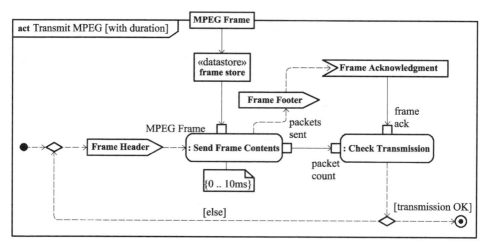

图 9.20　动作增加时间约束

9.11　将块与其他行为相关

活动常独立于结构（如块）定义，执行语义不依赖于块的存在。但随着系统设计的发展，需建立用活动表示的系统行为和用块表示的系统结构之间的关系。

这可以通过不同的方法实现。第 16 章介绍了一种传统的系统工程功能分解法，把功能分解至各部件。第 17 章介绍了其他的方法，通过建立系统层级，牵引出部件间的相互关系场景。

SysML 有两种方法可以关联块和活动：一是使用活动分区确定给定的块（或组成）负责一组动作执行；二是如 7.5.1 小节所述的块拥有一个活动，利用这个活动作为定义块行为的基础。

9.11.1 应用分区连接行为与结构

一系列活动节点(特别是调用动作)可组成**活动分区**(**activity partition**)(也称作**泳道**(**swim lane**))来表示这些节点的执行。一个典型的情况是,当活动分区表示一个块或组成,这个分区里因调用动作引发的行为都对该块或该组成负责。分区的应用表示哪个行为对哪个块负责,后者确定了系统或部件的功能需求。

活动分区用矩形标志表示,物理上包含活动符号、在分区内的其他活动节点(泳道标记)。每个分区符号有一个包含模型元素的字符串标题。对于组成或引用情况,名称字符串包含了组成或引用名称,跟在类型(块)名称之后,通过冒号分隔。对于块而言,名称字符串仅包括块的名称。分区可按水平或垂直排列成行或列,或者选择性地以网格图显示。活动分区的备选表示包括在动作名上方节点内的圆括号内的分区名称,这样使得活动比泳道标记更加方便布置。

如图9.21所示,包含了一个ACME监视系统的模型分区,展示了如何分析新

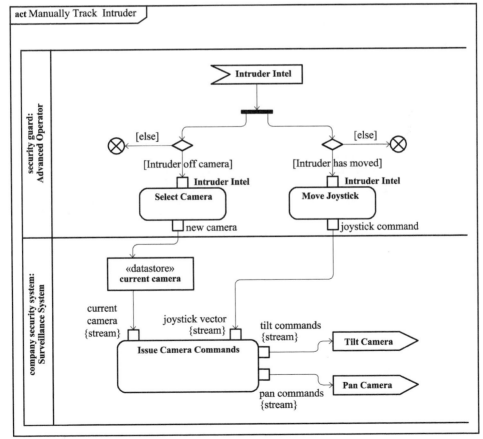

图9.21 活动分区

的入侵情报,如何通过 *security guard*(安全守卫)和包含所有系统情境的 *company security system*(公司安全系统)处理。当安全守卫收到新的入侵情报(*Intruder Intel* 信号)时,他应该需要关注两个事项,因此表示信号的令牌分叉为两个对象流。如果入侵者移动,则执行 *Move Joystick*(移动操纵杆)动作来跟踪入侵者;如果入侵者打算离开当前摄像头区域,则执行 *Select Camera*(选择摄像头)活动,来获得更合适的摄像头。在这两种情况下,当没有动作需求时,流结束节点处理信号数据相关的令牌。

  company security system 在数据存储节点保存当前选择的摄像头。当反映操纵杆指令时,用到这些信息,通过发送 *Pan Camera*(平摆摄像头)和 *Tilt Camera*(倾斜摄像头)指令到已选择的摄像头。*security guard* 和 *company security system* 是组成,表示在分区标题的名称字符串中。

  分区本身也可以有子分区,表示进一步分解元素。图 9.22 表示 *Operator*(操作者)登录到 *Surveillance System*(监视系统)的过程。*security guard* 进入它的界面,由 *User Interface*(用户界面)读取登陆细节(用户界面是 *company security system* 的一部分)。通过另一组成 *Controller*(控制器)确认并回复。在本例中 *security guard* 和 *company security system* 都是块的嵌套分区,表示了监视系统和用户的情境。

  分配活动分区是一种特殊的分区,可用来执行行为分配,详见第 14 章。

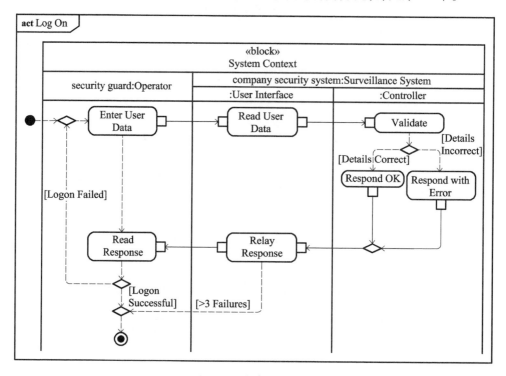

图 9.22 嵌套活动分区

9.11.2 块情境中规范活动

在 SysML 中活动可归属于块,在这种情况下,由属于块的实例执行活动。对于块来说,活动可以表示一些服务的实现,名为方法(见 7.5.3 小节),也可以描述块全生命周期的行为,名为分类器行为或主行为(见 7.5.1 小节)。活动执行期间,块的实例提供执行情境。活动执行能够访问实例中存储的状态信息,同时还可以访问它的请求序列。

作为块行为的活动

当一个活动作为分类器行为时,活动参数可映射到所属块的端口流属性。因为存在许多不同的方法(依赖于方法和域),所以 SysML 并不明确说明流属性如何匹配参数。一个明显的策略是依据类型和方向来匹配参数到流属性。如果这样仍然导致模棱两可,则名字可用来确定该匹配。分配也可以用来表达映射信息。

图 9.23 给出了一个名为 *Camera* 的块,描述了 ACME 监控摄像头的设计。该块拥有 4 个代理端口,其中 3 个允许光进入摄像头并有视频按照 *Composite* 或者 MPEG4 格式输出。第 4 个端口允许配置信息传输至摄像头。还有一个带有接口的端口,支持用于控制摄像头操作的一系列控制信号。摄像头块行为是 *Operate Camera* 活动,在图 9.16 中出现过。图 9.23 中活动参数匹配(因此可以绑定)块 *Camera* 代理端口上的流属性(注意,此处未显示代理端口的接口块,但图 7.41 表示了 *Video Interface*(视频接口))。

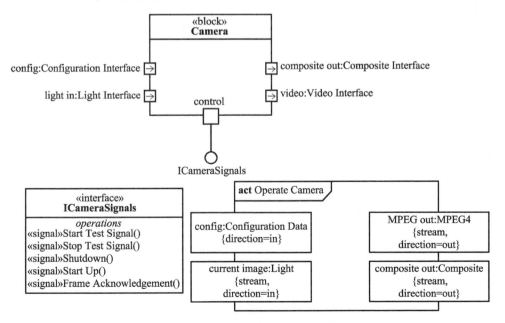

图 9.23 具有代理端口和块行为的块

图9.23中，*Camera* 上的 *control* 端口和 *Operate Camera* 块行为的参数之间没有直接的关系。然而，当活动作为这个块的行为时，只要块声明了信号接收，就能够通过块的端口接收该信号。这些信号可以通过活动中的接收事件动作接收。

图9.24表示了 *Receive Test Message* 活动，该活动作为图9.14中 *Produce Test Signal* 的一部分被调用。一旦该活动开始执行，就利用一个接收信号动作等待 *Start Test Signal*（*开启测试信号*），接着等待 *Stop Test Signal*（*停止测试信号*），然后重复该序列。接收信号动作通过控制流触发值规定动作，该控制流产生正确的布尔值，这些值合并到 *test value* 输出中。因为 *Receive Test Message* 是作为 *Operate Camera* 的一部分执行，它的执行能够访问归属情境接收的信号，在这个例子中就是 *Camera* 实例。图9.23中 *control* 端口识别的另外两个信号是 *Shutdown* 和 *Start Up*，已在图9.16中表示。

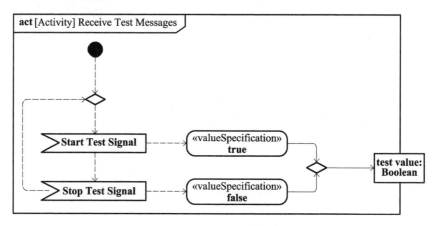

图9.24　利用信号控制活动流

作为方法的活动

当活动作为所属块的一个方法时，需要具有相同的标识（如相同的参数名称、类型、多重性和方向）作为块相关行为特性。存在两种行为特性：一个操作支持同步请求和异步请求，另一个接收只支持异步请求。接收指的是对象能够接收特定种类的信号，该信号是某一发送信号动作的结果（参见9.7节）。当所属的块实例（对象）针对其相关行为特性消耗一个请求时，调用方法。活动直到到达终端节点时才停止，如果请求是同步的，则任何输出（包括返回）参数传回至请求的发起方。

SysML有一种通过操作来引发方法的规范动作，称为**调用操作动作**（**call operation action**）。该动作具有与操作参数相匹配的管脚，并有一个额外的输入管脚用来表示必须提供操作的目标。当动作执行时，发送请求给目标对象，后者通过被调用操作方法处理请求。该动作将参数作为输入变量传递并返回输出变量。

如同信号可以经由端口发送，操作可以通过端口调用。端口路径以"*via port*

name,…"的格式调用操作动作。

在某活动作为调用操作动作的结果被引发的情况下,如果活动有流参数,当执行该活动时,调用操作动作的管脚消耗和生产令牌。但在针对系统设计的典型的客户端/服务端方法中,所有参数为非流,以便更容易地满足客户端/服务端规范。

图 9.25 表示块 *Surveillance System* 带有一个名为 *status*(状态)的端口。状态端口提供 *Camera Status*接口(包含名为 *get camera status*(获得摄像头状态)的操作)、输入参数 *camera id*(摄像头编号)和输出参数 *camera status*(摄像头状态)。由于图 9.10所示的 *Handle Status Request*(处理状态请求)活动作为 *get camera status* 的方法,因此它拥有相同的参数。图中针对 *get camera status* 给出了名为 *a1* 的调用操作动作,其中有对应于两个参数的管脚和一个用于识别 *target*(目标)的管脚。该目标即为 *Surveillance System*,请求必须发送给它。调用操作动作产生 *Handle Status Request* 调用,其中有针对 *camera id* 的参数,可返回 *camera status*。

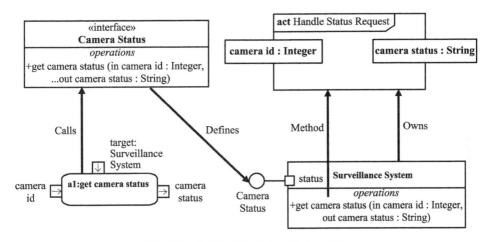

图 9.25 具有行为特性和相关方法的块

9.11.3 活动与其他行为间的关系

SysML 具有通用的行为概念,为其三个规范行为形式(活动、状态机和相互作用)提供了共同的基础。这为建模任务选择合适的行为形式提供了灵活性。活动中调用行为动作或调用操作动作可用来调用任何一种行为。但设计方法与分析方法必须对调用动作规定详细的语义和约束,从而调用状态机或交互。希望 SysML 将来的版本或专用领域的扩展能够提供更加准确的语义。

状态机可以使用 SysML 的所有行为来描述当一个块处于特定状态时发生了什么,以及什么时间进行状态间的转换。在实际中,活动经常用来描述如下行为:
(1)当一个状态机进入另外一个状态时发生什么(称为入口行为);
(2)当一个状态机退出另外一个状态时发生什么(称为出口行为);

(3)当一个状态机在一个状态中时发生什么(称为执行行为);
(4)当一个状态机产生状态间转换时发生什么(称为转换效果)。
状态机在第11章详细介绍。

9.12 应用块定义图建模活动层级

活动可通过**活动层级**(**activity hierarchy**)表示,类似于传统功能分解。活动层级可以用类似于块层级的块定义图来描述。在块定义图中,活动用关键词为«activity»的块符号表示。

9.12.1 应用组合关联建模活动调用

在活动层级中,较高级的活动由较低级活动组成,包含在较高级活动中的调用行为动作将调用较低级活动。层级是通过组合关联建模,调用活动(较高级活动)在黑色菱形终端表示,被调用活动(较低级活动)在关联的另一端表示。组合关联组成端的角色名称就是执行引发的调用行为动作的名称。

块定义图中的活动对应于活动图中定义的活动。但块定义图中的组成与活动图中调用行为动作无明确关系。通过**附属属性**(**adjunct property**),组成可以引用活动图的调用行为动作。被引用的部分调用行为动作必须包含在组合关联整体端的活动中,调用关联部分端的活动。附属属性在块定义图中用关键词«adjunct»表示。

图 9.26 描述了图 9.8 中的 *Generate Video Outputs* 在块定义图中的活动结构。附属属性应用在组合关联组成末端的属性中,与其引用的调用行为动作名称一致。

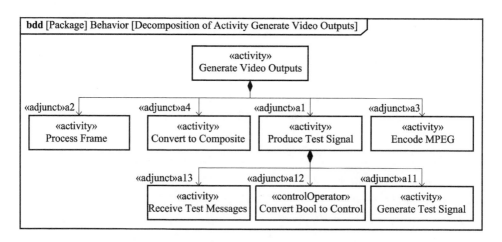

图 9.26 集成在块定义图模型中的活动

9.12.2 应用关联建模参数与其他对象节点

块定义图不能表示活动图的流,但可以包含参数和对象节点。按照惯例,活动至对象节点之间的关系由引用关联来表示而非组合关联。这是因为对于对象节点所包含的令牌,其所引用的实体并非执行动作的"组成",当执行活动终止时令牌无须销毁。活动表示在白菱形端,对象节点类型表示在组成端,组成端的角色名称是对象节点名称。对象节点的属性可以表示在对应角色名称附近。

图 9.27 表示了图 9.11 中 *Capture Video* 活动的层次结构,包含它的参数节点和子活动的参数节点。图中也给出了数据存储 *current image*(当前图像)。为简化图,附属属性版型已从属性 *cv1*、*cv2*、*cv3* 中省略。

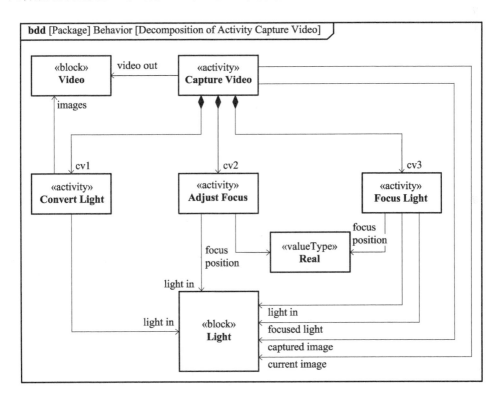

图 9.27 带有参数的活动层级

9.12.3 为活动增加参数约束

定义一个活动执行的性能约束有时是非常有用的,如资源使用(执行时间)或者其他特征(平均执行时间、精度)。活动可以视作块,因此可以拥有值属性。通过绑定约束参数值至约束块,约束块约束它的参数值。

在块定义图中,活动可以视作一个块,该块具有块标识的所有分区,包含它的值属性。参数图用来描述该活动,支持约束属性的使用以绑定其值属性。

图 9.28 表示 *Generate Video Outputs* 活动的块定义图和相关行为(附属版型未显示),利用增加的值属性获取内存使用情况。通过四个参数表示了约束块 *Memory Use*(*内存使用*):前三个表示内存使用,第四个表示可用内存。约束表明总内存使用必须小于可用内存。

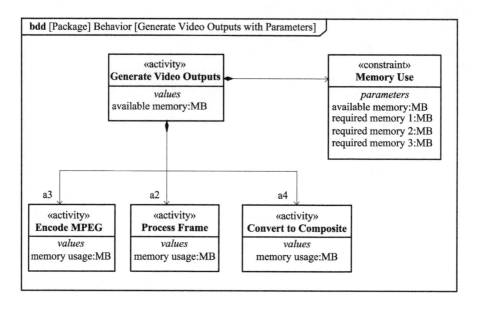

图 9.28 块定义图描述活动的值属性和约束

图 9.29 表示 *Generate Video Outputs* 参数图使用约束块 *Memory Use*。它的参数与表示 *Generate Video Outputs* 活动及其包含活动的可用内存和内存使用的属性绑定。

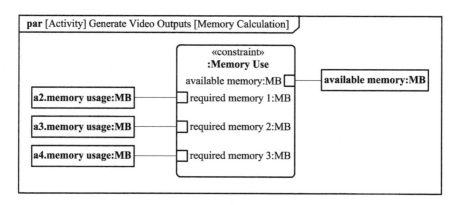

图 9.29 参数图描述活动约束

9.13 增强功能流块图

增强功能流块图(Enhanced Functional Flow Block Diagram,EFFBD)及其扩展广泛应用于系统工程中,用来描述行为。EFFBD 中的功能模拟活动中的动作。EFFBD 不反映引发动作和活动间的差异。

EFFBD 的大多数功能性可以用 SysML 活动图的受约束使用来表示。约束在 SysML 规范附录 E.2 中描述。活动的图标题使用关键词«effbd» 表示活动与 EFFBD 约束一致。这些约束禁止使用活动分区、连续流和流动流,以及活动图的其他特性。

一些 EFFBD 语义未被活动图明确处理。特殊地,EFFBD 的功能只能在所有触发输入、控制输入和指定资源可用的情况下才能执行。在 SysML 中"*resource*(资源)"不是一个明确的构造,但是资源约束可以用先前部分描述的前置/后置条件和参数模型化。EFFBD 中的触发输入对应于活动图中的"*required inputs*(要求输入)",非触发输入对应于"*optional inputs*(选择输入)",控制输入对应于活动图中的控制流。EFFBD 和活动图的详细映射关系以及一个使用中的映射示例,见 SysML 和 UML 2.0 对活动建模支持[49]。

9.14 活动执行

本节介绍 SysML 如何利用 fUML 支持活动执行(有关 fUML 在 7.9.1 小节讨论过)。

为了活动能够执行,该活动处理的所有细节都必须准确规定,如属性值的转换。SysML 包含一系列基本动作,能够支持基本的对象处理,如创建、删除、属性访问、对象通信等。fUML 提供了这些动作的执行语义。

SysML 允许建模人员在模型中包含"非透明"构造,这些构造的规范使用 SysML 以外的语言表达。这些非透明构造通常使用一种编程语言表达可执行行为,并且伴随着执行技术,如第 18 章所述。非透明构造的一个重要用途就是包含了使用 Alf 语言表达的行为,这是 fUML 中基于文本的具体语法。

9.14.1 基础 UML(fUML)子集

如 7.9.1 小节所述,fUML 规定了 SysML 构造的一些基本语义。另外,系统建模人员也可以使用 fUML 精确定义活动执行。

fUML 包含大部分基本 SysML 活动构造,但不包含一些对系统建模有用的关键特性,如:

(1)活动分区和可中断区;
(2)流终端节点;

(3) 流参数和参数集；
(4) 活动的前置/后置条件和局部前置/后置条件；
(5) 流顺序、流速率、流概率；
(6) 控制管脚、控制值和控制操作符。

9.14.2 基础 UML 动作语言(Alf)

OMG 对 fUML 采用了补充规范,名为**基础 UML 动作语言(Action Language for Foundational UML, Alf)**[45]。Alf 是一种描述 fUML 建模元素的文本形式语法。Alf 的关键用处是作为定义 UML 中可执行行为的文本标记,如类操作方法、类的行为、状态机的转换效果。Alf 也提供了扩展标记,用于描述结构建模元素的有限子集。由于 SysML 结构和行为的构造(如块、活动等)基于 UML, Alf 可以用来定义 SysML 模型中的这些方面。

Alf 语法主要是继承 C 语言,对 Java、C++、C#编程人员来说很熟悉。但同时 Alf 还采用了 OCL[38] 中的一些语法约定,以利用其在值序列处理方面的优势。

Alf 的执行语义通过映射 Alf 具体语义到 fUML 定义的抽象语义给出。Alf 文本片段的执行结果可用 fMUL 模型中对应的语义给出。

Alf 利用非透明行为或非透明动作集成至活动中,当用于说明非透明行为时,可使用调用行为动作引发。Alf 中定义的非透明动作能插入至一个活动并与活动中的其他动作相关联。

图 9.30 用 Alf 描述图 9.12 中的活动 *Position Camera*。此例中, *Position Camera* 仅有一个非透明动作,其语言定义为 Alf,主体采用 Alf 说明。这确保 *position*(位置)在范围内,并且用位置信息驱动摄像头。

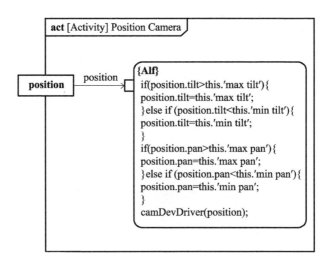

图 9.30 用 Alf 定义活动

9.14.3 基本动作

SysML 包含一系列基于 fUML 和 Alf 的基本动作、精确定义和标记。其他系统工程工具可以规定基本动作对应的可用语法和标记。

一些基本动作在本章前面部分已有描述:
(1) 接收事件动作响应活动环境中的事件;
(2) 发送信号动作,使用消息支持执行行为间的通信;
(3) 调用动作允许活动,触发另外一个行为的调用并且提供输入和接收输出。

另外,还有一些动作具备更多局部的效应,如更新属性、新建或删除对象。这些动作可以分成如下四类。
(1) 对象访问动作:允许访问块属性和活动变量。
(2) 对象更新动作:允许更新或者增加相同的元素。
(3) 对象处理动作:允许新建或者删除对象。
(4) 赋值动作:允许定义值。

需要注意的是,SysML 定义的动作集不包含数学运算符在内的基本操作。这些操作符由 fMUL 的基本模型库提供。但对于外部执行域,这些必须以适合该域的非透明行为库的形式提供。非透明行为和功能行为参见 7.5 节。

SysML 为基本动作提供了可选择的表示法。用动作符号(圆角矩形)表示基本动作,用书名号表示动作种类,并有与动作相适应的管脚。

图 9.31 给出了图 9.12 中算式 *this. count* = *this. count* + 1 的另一种 Alf 表达方

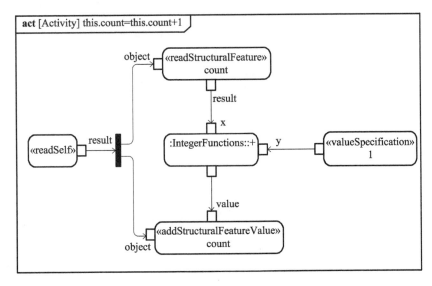

图 9.31 简单行为示例

式，使用基本动作代替非透明动作。活动框图结果首先是执行 readSelf 动作，通过 *this* 建立情境。获取后通过动作 readStructuralFeature 获取 *count* 属性的值。*count* 属性值传输至 fMUL 函数包中的"+"函数行为。另外的输入由 valueSpecification 动作提供，并且输出"1"。加法的结果提供给 addStructuralFeatureValue 动作，并且更新 *count* 属性。利用基本动作创建模型比较麻烦，利用 Alf 或者其他文本表示方式对于定义一些低层行为更为简便。

9.14.4　执行连续活动

当模型作为系统的蓝图时，期望连续活动将由电机、传感器等物理装置或人实现。在这种情况下，活动规范可以是一系列方程，或者分配给一些已知的可提供行为的部件。Alf 和 9.12.3 小节中描述的参数集可以用来定义这些等式。

在构建系统前，仿真这些连续活动非常重要，现在有很多技术可执行连续动作模型及对应方程。这些技术通常是在活动定义的构造中施加约束，并且拥有需集成至模型中的自有专用库函数。它们通常还需要额外的构造和语法。在 SysML 中，这些制品可由配置文件提供。有关配置文件的更多信息详见第 15 章，应用其他仿真工具集成 SysML 在第 18 章讨论。

9.15　小结

活动提供了一种对基于流行为的描述，在活动图和块定义图中均可表示。

（1）活动描述了动作受控序列，将输入转换为输出。活动的输入与输出称为参数。

（2）反映行为叶层次的动作构成活动。动作消耗输入令牌，并且通过管脚生成输出令牌。

（3）动作通过流连接。流的类型有两种：

①对象流路由动作输入和输出管脚之间的对象令牌。为实现后续的处理，流动的令牌需要排序和存储。中心缓冲节点和数据存储节点可以存储令牌。输入和输出管脚也可给令牌排序。根据领域不同，流可以分为非连续和连续，这对于描述物理过程时非常有用。

②利用控制令牌，控制流将控制由一个动作转换到另一个动作。

（4）控制节点：包含汇合、分叉、决策和合并，使流通过不同的方式分散、汇合。特殊的控制节点描述动作什么时候开始和什么时候停止，这些节点包括初始节点、活动终端节点和流终端节点。

（5）动作有不同的种类，从基本动作（如更新变量）到整个行为调用。

①调用动作是非常重要的一种动作，因为它允许一个活动调用另外一个活动执行（原则上是所有行为）。调用动作的管脚对应于被调用部分的参数。调用行为动

作允许活动包含另外一个活动的执行,并将其作为自身过程的一部分。调用操作动作允许活动在另一个对象上生成服务请求,该请求可触发一些活动的执行来处理请求。操作调用采用 SysML 块的分发机制将调用方与被引发行为的知识解耦开。

②发送信号动作和接收事件动作允许活动通过信号而非参数进行通信。当活动在块情境下执行时,该活动能够接收信号并且发送至块或者直接发送给活动。

(6)活动分区在活动图中将动作责任赋予块或分区表示的组成。

(7)结构化的活动允许建模人员将需要共同执行的动作编在一起,包括条件执行。

(8)块定义图描述活动间的层级关系和活动与其输入、输出间的关系。故块定义图的应用和传统的功能层级图类似。

(9)动作行为和活动行为可以通过多种方式约束:
①给活动或动作执行增加前置和后置条件,包括令牌值的状态。
②在动作执行期间增加约束。
③约束活动属性,如在参数图中的时间延迟或者资源使用。

(10)活动图的约束使用能够提供与增强功能流块图(EFFBD)相同的行为模型,后者广泛应用于系统行为建模。

(11)活动被描述为独立于任何结构的独立行为,常作为块的主行为。块内的活动可以通过信号通信、接收到达块边界的信号、向其他块发送信号。主行为的参数可直接映射到父块端口的流属性。在这种情况下,进出活动参数节点的流直接通过端口路由。

(12)当请求参数映射至活动参数时,活动可以响应服务请求。如第 11 章所述,活动常用来描述块在状态间转移时发生的过程和特定状态下块的动作。

(13)SysML 包含称为 fUML 的 UML 子集,定义了标准执行语义。子集包含基础 UML 结构元素(如类和关联)以及 UML 大多数活动。SysML 也包含基于文档的具体语法,称为 fMUL 的动作语言或者 Afl。基于这一子集的 SysML 模型能够执行,也可以支持基于 fUML 的多种仿真工具。

9.16 问题

(1)活动图是一种什么类型的图?活动图对应于什么样的模型元素?
(2)活动图中的活动和它的管脚如何表示?
(3)图 9.3 中"al"动作执行需要什么条件?
(4)在活动图中活动参数如何表示?
(5)流参数和非流参数在语义上有什么区别?
(6)在活动图中低多重性边界参数值是 0 代表什么意思?
(7)画一个名为"Pump Water"的活动图,包含一个块"Water"定义的流输入参数"w in"和一个流输出参数"w out"。

（8）调用行为动作的管脚组如何确定？

（9）对象流的作用是什么，如何表示？

（10）行为的汇合节点和合并节点有什么不同？

（11）行为的分叉节点和决策节点有什么不同？

（12）活动定义和调用中，参数集的作用是什么，如何表示？

（13）图 9.10 仅给出了调用行为动作之间的对象流。要按照图 9.25 中的"*get camera status*"方法执行还需要什么？画出图 9.10 新增合适内容后的改进图。

（14）数据存储节点和中心缓冲节点有何区别？

（15）行为中流终端和活动终端节点有何区别？

（16）活动图中初始节点如何表示？什么样的流能连接至初始节点？

（17）控制操作符有什么特殊的功能？

（18）问题（7）中动作"pump"调用活动"Pump Water"，可以通过控制操作符输出使能和禁止。使能这个"pump"还需要什么其他特性？

（19）另一个名为"provide control"的动作通过一个类型为"Control Value"的输出参数调用一个名为"Control Pump"的控制操作符。画出一个活动图，描述为了"provide control"控制行为"pump"，动作"pump"和"provide control"应该如何连接。

（20）举出三种能被接收事件动作接收的事件。

（21）如何退出可中断区域？

（22）在某些条件成立时，描述一组需要反复执行的动作的合理构造是什么？

（23）活动边缘的流速率"25/s"表示沿该边缘的令牌流量是多少？

（24）建模人员如何表示流进完整对象节点的新令牌，应该代替对象节点中已经存在的令牌？

（25）如果表示块的活动分区内有一个调用行为动作，这个块和被调用行为之间的关系怎么称呼？

（26）列举两个不同的角色，一个活动属于同一个块时能被执行。

（27）描述活动能被用作状态机一部分的四种方法。

（28）一个动作（al:GetFrameBuffer）必须在少于 10ms 时间内执行，如何在活动图中表示。

（29）画出一个活动图，执行以 Alf 表达式"count = count + 1"表示的动作或者以 Alf 表达式"count = count − 1"表示的动作，基于 count 大于 0。使用决策输入行为来判定。

讨　论

讨论有哪些方式可以执行具有连续流的活动。

第10章 应用交互为基于信息的行为建模

本章讨论使用序列图建模,描述块的组件之间如何通过交换消息来交互。

10.1 概述

在第9章中使用活动图建立行为模型,活动图表示了将输入转为输出的受控活动序列。本章中采用另一种表示行为的方法,使用序列图表示模型中结构化元素间**交互**(interaction),该交互为消息交换序列。交互可能是系统与环境之间,或者是系统任意层级部件之间。消息可以表示系统部件的服务请求或者信号发送。

针对面向服务的概念建模时,在系统的某个组成请求另一组成服务情况下,行为表示很有用。当某个软件部件请求另一个软件部件服务和服务被指定为操作集合时,面向服务的方法能够表示软件部件间的离散交互。然而,序列图没有限制在软件部件间的建模交互,并在系统级行为建模方面有广泛应用。序列图作为系统组成如何交互的规范,也可以作为系统组成交互的记录。

块的结构化元素通过序列图的生命线表示。序列图描述了这些生命线间的交互,作为描述不同种类事件的顺序事件规范,例如,发送和接收消息,对象的创建和销毁,或者行为执行的开始和结束。

序列图上的许多事件规范与生命线间的消息交互关联。消息分为不同种类,包括同步消息(发送方等待回应)、异步消息(发送方不需要等待响应继续)。当消息被发送生命线发送时,标记一个发送事件规范。当消息被生命线接收时,标记一个接收事件规范。当消息接收时,接收生命线可开始行为执行,完成操作或信号接收。消息接收也可能触发接收生命线的创建或销毁。

为了建立复杂序列的事件排序,交互可以包含名为组合段的特殊结构。组合段有一个操作符和操作数集合,可以是原始交互段(如事件规范),或者它们本身可能是组合段,这样形成了一个交互段树。有多个操作符描述不同的排序语义,如并行、选择和迭代排序。

交互自身也可组合起来处理大场景或者允许通用交互模式的重用。交互也可以引用其他交互,抽取多个生命线间某些段的详细信息,或者引用某一特殊生命线组成间的交互。

交互在其归属块实例的情境中执行,交互中的每个生命线表示单实例,该实例为其归属块的实例所拥有。当实例执行其行为、发送和接收请求时产生事件。当交互执行时,交互观察事件,并将其与事件排序的定义做比较。

在交互生命周期中,对于给定的关注场景,事件序列称为追溯。每个交互可以定义一组有效追溯集合和无效追溯集合。有效追溯是指一个事件,是与交互所定义的排序相一致的追溯。另外,交互操作符 neg 表示与其操作数相一致的追溯无效。操作符 assert 陈述了如果追溯与操作数不一致,则追溯无效。如果未使用操作符 assert,则非一致追溯为未确定(即非有效也非无效)。

10.2 序列图

序列图(sequence diagram) 表示交互。序列图的完整图标题如下:

sd [interaction] interaction name [diagram name]

序列图的图类型是 **sd**,相应的模型元素类型只能是交互。

图 10.1 表示了使用多个标识的序列图示例。该图显示了 *Advanced Operator*(高级操作员)和 *Surveillance System*(监视系统)在入侵警报处理期间的交互。序列图的注释见附表 A.18 ~ 附表 A.20。

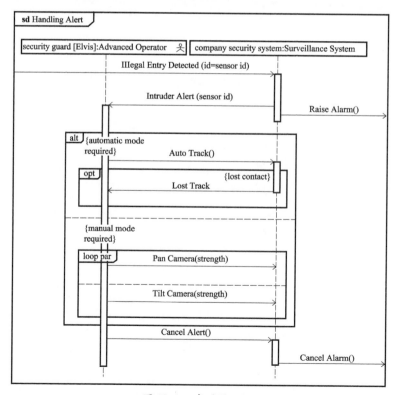

图 10.1 序列图示例

10.3 交互情境

交互执行的情境是拥有交互的块的一个实例。当实例(包含其所有组成实例)执行时,任何当前执行交互观察发生的事件将作为其他行为执行的结果(如状态机或活动)。与其他行为类型相同,交互既可以是块的分类器行为,也可以是块的归属行为,由某个具体的动作引发。如果交互是分类器行为,则当块实例创建时启动交互;如果交互是归属行为,则当交互被引发时开始执行。交互完成其最后段执行后,执行结束。

图 10.2 表示了块 *System Context*(*系统情境*)的内部块图,块 *System Context* 包含了本章所有图例中描述的交互参与方。*System Context* 是 *Surveillance System* 某一具体使用(名为 *company security system*(公司安全系统))的情境。除 *company security system* 外,情境还包含其他组成,包括 *regional HQ*(区域总部)、*Perimeter Sensor*(周边传感器)、*Alarm System*(警报系统)和 *security guard*(安全守卫),对应于 *company security system* 的外部实体。图 10.2 也表示了 *Alarm System* 和 *company security system* 的内部组成,其行为由后面的交互确定。交互生命线也表示引用属性,但是这不影响交互标记或者语义。

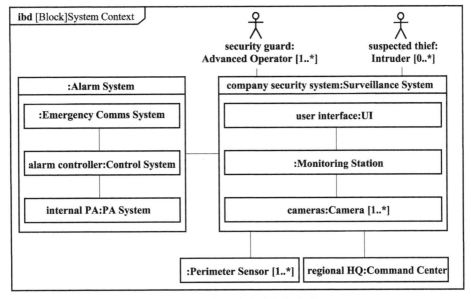

图 10.2 交互情境的内部块图

10.4 应用生命线表示交互参与方

交互的主要结构特性是**生命线**(**lifeline**)。生命线表示交互拥有块的相关属性的生命周期,该属性或是组成属性或是引用属性,如第 7 章所述。组成可由执行者分类,使得执行者也能够参与交互。然而由于执行者不能支持操作,因此其应用有约束。为避免这些约束,可以将执行者分配至块,由该块代替执行者,作为组成的类型。生命线也可以表示端口,但由于代理端口通常仅是传递消息,对于理解交互并无太多帮助,因此很少使用。

当归属块的实例执行交互时,每个生命线都对应了块的某个组成的实例(见第7章块语义的定义)。因此,当生命线表示了多重性大于1的属性时,应使用一个附加的**选择器表达式**(**selector expression**)来清晰识别一个实例;否则,生命线代表任意选择的实例。选择器表达式可以有多种形式,取决于在该组成中如何识别实例。例如,它可以是一个有序集合的索引、组成块的某个属性的具体值或一个特征的非正式说明。

生命线用一个矩形(头部)和一条从矩形底部(尾部)延伸出来的虚线表示。头部包含名称和代表属性的类型(如果可用),由冒号分隔。

如果存在选择器表达式,则表达式在名称后面的方括号中显示。头部可以用特殊的形状或图标来表示它所代表的模型元素的类型。

图10.3表示了一个带有图框架和两条生命线的简单顺序图。其中一条生命线代表了 Surveillance System,名为 company security system,另一条生命线代表一个名为 security guard 的 Advanced Operator。因为图10.2中的 security guard 上边界值大于1,所以生命线还包含一个名为 Elvis 的选择器,以精确指定哪个实例正在交互。security guard 有一个小的执行者图标,表示其为 Surveillance System 的用户。

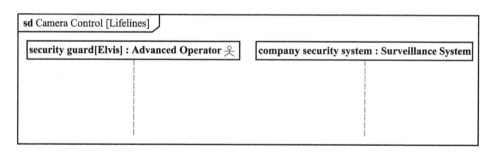

图10.3 带有生命线的交互

10.4.1 事件规范

生命线与**事件规范**(**occurrence specification**)的有序列表相关,事件规范描述了在交互执行过程中生命线所代表的实例可能发生的情况。当执行交互时,按时间顺序排列的事件集合称为**追踪**(**trace**)。比较规范和实际事件的顺序与结构,确定追踪是否与交互相一致。不同的事件规范描述了不同类型的事件。三类事件与交互有关:

(1) 发送和接收消息；
(2) 动作和行为执行的开始和结束；
(3) 实例的创建和析构。

类似于本章后面所述的消息和交互操作符的构建，为这些事件规范提供了进一步的顺序和结构。

10.5 生命线间的消息交换

消息(message) 可以在生命线代表的实例之间交换，从而实现交互。从生命线可以发送消息给自身，表示由同一实例发送和接收。

消息表示从发送生命线到接收生命线的服务调用或请求，或从发送生命线发送信号到接收生命线。消息在序列图上以线显示，根据消息种类的不同，线带有不同的箭头和注释。

消息是由在生命线上正在执行的行为发送，或者更确切地说是由这些行为中的请求动作发送，如发送信号或调用操作动作（更多关于发送信号动作的内容见9.7节）。生命线收到消息后可以触发行为的执行，或者可以仅仅是由当前执行的行为接受（参见10.5.4小节）。注意发送消息的时间和接收处理的时间之间可能存在延迟。

虽然消息常用来建立计算机系统和用户之间传递信息的模型，但是它们也可以表示物质或能量的传递。雷达跟踪系统中的交互可表示对目标的探测以及对该探测的响应。对汽车的生产请求以及随后向经销商交付汽车的请求可被建模为经销商和制造商之间的交互，如图10.4所示。

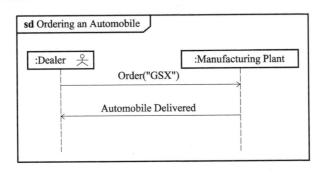

图10.4 消息交换的简单示例

10.5.1 同步与异步信息

消息分异步和同步两种基本类型。异步消息的发送方在发送消息之后继续执行，而同步消息的发送方在其收到接收方的回复前一直等待，后者在继续执行之前已完成对消息的处理。

异步消息对应于信号发送或操作的异步请求(或调用)。同步消息对应于接收方操作的同步请求。在操作调用的情况下，可以使用从接收方返回给发送方的单独消息来表示对发送方的答复(参见 7.5.2 小节中块行为特性的描述)。

调用消息和发送消息可以包含与关联操作输入参数相对应的参数，或者发送信号的属性。参数可以是文字值(如数字或字符串)，或由发送生命线所代表组成的属性，或当前执行行为的参数。答复消息可以包含与调用操作输出参数或返回值相对应的参数。当操作返回某个值时，可以指定输出参数和返回值的特性。特性可以是调用生命线的属性，也可以是调用方当前执行的本地属性或参数。

消息的存在意味着两个事件：一个与由发送生命线对应的实例发送的消息相关；另一个与由接收生命线对应的实例接收的消息相关。发送事件必须在接收事件之前发生。

消息由生命线之间的箭头代表。尾部表示与消息发送相对应的事件，头部表示与消息接收相对应的事件。箭头的形状和线型表示消息的性质如下：

(1)开放箭头表示**异步消息(asynchronous message)**。与消息相关联的输入参数在消息名后面以逗号分隔的列表显示在括号中。参数对应的操作参数或信号属性的名称可以包含(后面是等号)在参数之前：

parameter name = value

如果不使用该表达式，所有输入参数必须按合适顺序列出。

(2)封闭箭头表示**同步消息(synchronous message)**。参数的形式与异步消息相同。

(3)虚线上的箭头显示**应答消息(reply message)**。与消息相关联的输出参数在消息名称后面的括号中显示，返回值(如果有)在参数列表后面显示。在消息名称之前显示返回值被赋予的特性(后面是等号)：

feature name = message name(arguments)：return value

与输入参数一样，输出参数前面可以有等号所分隔的相应参数的名称。在同时需要参数名称和指定特性的特殊情况下，使用以下语法：

feature name = parameter name：argument

图 10.5 表示在图 10.3 中两生命线之间所交互的消息序列。security guard 首先选择摄像头 CCC1。随后 security guard 发出了一个 get current status(获取当前状态)请求以获取摄像头的当前状态，系统回应了"OK"。注意，虽然 company security system 没有向 security guard 提供摄像头已被选择的明确确认，但系统在收到(和处理，如图 10.7 所示) select camera(选择摄像头)请求之前，不处理 get current status 请求。company security system 通过发出一个附带的 get status(获得状态)请求给自己，并提供当前所选摄像头的 id(编号)，获得选定的摄像头状态。在获得"OK"状态后，security guard 通过给出 pan camera(平摆摄像头)指令命令系统移动摄像头(可能是通过操纵杆)。它再次要求状态，这次是"Moving"。

第10章 应用交互为基于信息的行为建模 233

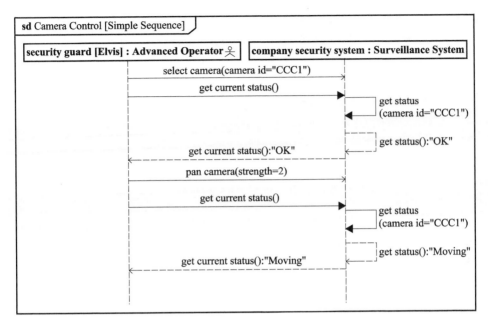

图 10.5 生命线之间的同步与异步消息

10.5.2 丢失与发现信息

通常,消息交换是完整的,也即它具有发送和接收两种事件。但是,也可以在没有接收事件的情况下描述丢失的消息,或者在没有发送事件的情况下描述发现的消息。此种能力很有用,例如在不可靠网络中建立消息传输模型和建立消息丢失如何影响交互的模型。

丢失消息的标记是一个箭头,其尾部在生命线上,头部连接一个黑色的小圆圈。发现消息的标记与之相反,箭头尾部连接一个黑色小圆圈,头部连接到生命线。示例可见附表 A.19。

10.5.3 弱序列

交互对消息及其所包含的其他事件施加最基本的命令形式,称为**弱序列**(weak sequencing)。弱序列意味着生命线上的事件次序必须遵循,但除了消息接收事件排列在消息发送事件之后的约束之外,不同生命线上的事件之间没有顺序要求。

图 10.6 所示序列图上的消息对发送和接收事件安排了顺序,如 *A. send* 发生在 *A. receive* 之前和 *B. send* 发生在 *B. receive* 之前。生命线也对事件安排了顺序,所以 *lifeline 3* 陈述了 *A. receive* 发生在 *B. send* 之前。然而并未说明 *lifeline 3* 上 *B. send* 和 *lifeline 2* 上 *D. send* 的排序。还要注意,不是消息被排序,而是它们的发送和接

收事件要被排序。例如，B. send 发生在 C. send 之前，但 B. receive 发生在 C. receive 之后。这种现象称为**消息超车**（**message overtaking**），在10.6节中有更详细的说明。

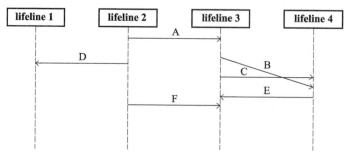

图10.6 弱序列的解释

10.5.4 执行

生命线收到消息可能触发接收方行为的**执行**（**execution**）。在这种情况下，接收的生命线执行消息所代表的行为特性的行为（称为方法）。或者接收的消息可以仅触发当前正在执行行为（如状态机或活动）的更改，并导致其执行其他动作。包含在调用或发送消息中的参数被传递给相应处理的行为。当应答消息被发送，输出参数将提供给发送相应同步调用消息的执行行为。

生命线可以发送消息给自己，导致启动新的执行，该执行嵌套在当前执行中。

生命线是主执行，无论是单一的动作还是整个行为。执行到何种程度取决于建模者。执行开始事件与消息接收事件通常是一致的，但不一定在所有情况下（由于消息调度延迟，执行可能延后发生）。当因接收到同步消息而触发执行时，执行结束事件可与发送应答消息同是发生。

激活（**activation**）是垂直叠加在生命线上的矩形符号。它们对应于执行，在执行的开始事件开始，并在执行的结束事件结束。激活非透明，可以是灰色或白色，这种着色不影响其含义。在执行嵌套情况下，激活从左到右堆叠。如果某个执行被消息接收触发，则箭头被连接到激活的顶部。如果执行结束于发送应答消息，则应答箭头的尾部被连接到激活的底部。激活的另一种表示是在生命线上交叉覆盖的盒形符号，里面包含行为或动作的名称。

图10.7表示了与图10.5相同的交互，但增加了激活。与 company security system 和 security guard 生命线相关的行为和动作是明确的。select camera 操作告诉 company security system 存储所选摄像头的编号。与图10.5不同，执行存储摄像头编号的动作，current camera = camera id，在这里用盒形符号予以明确表示。get current status 的处理过程产生了一个新的执行，该执行由 get status 消息加上预先存储的 camera id 作为参数触发。这种新的执行结束于回复"OK"的状态。在 pan camera

命令触发了移动摄像头行为的执行(这需要一些时间)之后,另一个 *get status* 消息触发一个嵌套的执行,返回结果"*Moving*"。*security guard* 生命线的执行持续了整个交互,甚至在等待从 *company security system* 得到响应的时候也在执行。

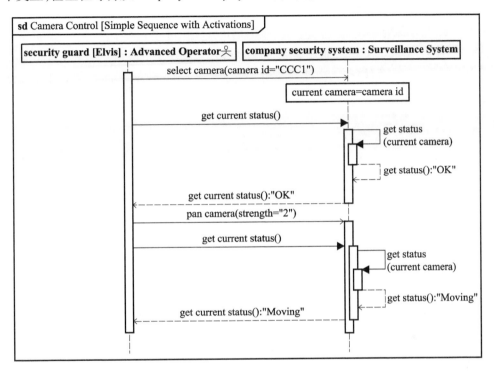

图 10.7 带有激活符号的生命线

10.5.5 生命线创建与析构

在交互中创建和析构由生命线代表的实例可以通过特殊类型的消息来表示。**创建消息(create message)** 表示实例的创建,表示实例的生命线上的第一个事件也是如此。**删除消息(deletion message)** 以一种称为**析构消息(destruction message)** 的特殊类型事件结束,该事件必须是生命线上的最后一个事件。析构事件也可以单独发生,以指示某些未定义的(可能是内部的)析构原因。这些事件通常应用于分配和释放内存以执行软件实例,也可以用于表示从场景中添加或删除系统的物理部分。

创建消息标记为一条虚线,带有一个开放的箭头,在创建的生命线的标题框上终止,在序列图中向下移动以适应标记。生命线的虚线尾部按正常情况绘制。创建消息的名称和输入参数的表示方式与调用消息方式相同。析构事件的标记为生命线末端的叉形。

图 10.8 所示的序列图表示了新路径如何被监视系统创建和析构。*Route*

(*路径*)是一组平摆和倾斜角度组集合,在自动监控模式下监控摄像头根据该角度执行动作。在这种情况下,部件 *user interface*(*用户界面*)与 *Monitoring Station*(*监控站*)通信,执行路径维护操作。首先,*user interface* 调用由 *Monitoring Station* 提供的 *create route*(*创建路径*)服务,后者创建一条新路径,并通过 *new route*(*新路径*)属性返回给 *user interface*。然后 *user interface* 与此新路径交互以增加路径点。当路径完成(这里只显示部分路径点)后,使用 *delete route*(*删除路径*)服务删除 *old route*(*旧路径*)。注意动作 *verify waypoint*(*验证路径点*)的执行使用盒形标记。

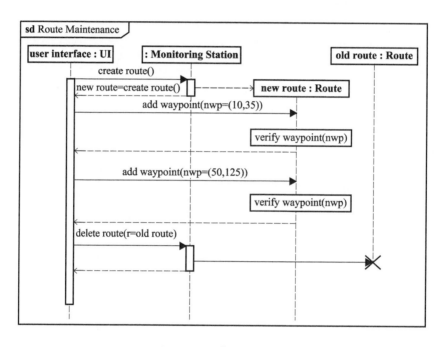

图 10.8　创建与消除消息

10.6　序列图的时间表示

在序列图中时间沿图向下推进,如前所述,生命线上的事件也相应地按时间顺序排列。此外,对于单个消息的发送事件和接收事件也将按时间顺序进行。然而,特别是在分布式系统中,消息可能会被来自同一生命线的后续消息所取代,也即第一消息可能在收到第二条消息后到达。序列图允许这种情况,使用两生命线之间向下斜箭头绘制,如图 10.9 所示。

图 10.9 所示的序列图表示,当 *Alert*(*警告*)消息超过一个定期 *Status Report*(*状态报告*)消息时所发生的情况。这可能是因为 *Status Report* 消息是排队等待处理,

可能由于优先级较低,或者可能是手动进程处理状态报告,从而减慢了它们的处理速度。

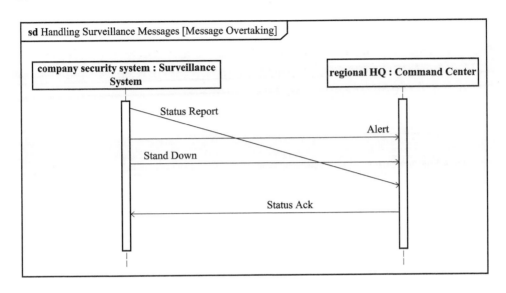

图 10.9　消息超越的场景

　　除了时间上的相对顺序外,时间可以在序列图上明确表示。**时间观察(time observation)** 是指在交互执行过程中,某个事件发生的时间对应的**瞬间(instant)**,**持续时间观察(duration observation)** 是指在执行交互过程中的两个时刻之间的时间。**时间约束(time constraint)** 和**持续时间约束(duration constraint)** 可以使用观察来表示涉及这些观察值的约束。时间约束标识一个约束,该约束适用于序列图中的单个事件。持续时间约束标识两个事件,称为开始和结束事件,并将它们之间的持续时间表示为一个约束。持续时间约束可以应用于任何被认为具有持续时间的元素,如消息或执行。在这种情况下,约束将应用于包含元素持续时间的事件之间。时间观测和约束的表达式对时间的来源不做任何假设,如参考时钟,也不考虑计算时间的方法。

　　时间约束用标准约束表达式显示在一对括号中,由一条线连接到受约束事件。持续时间约束由两个受约束事件之间的双向箭头连线表示,约束表示在连线附近,也由标准约束符号表示(在括号中)。持续时间约束也可以作为一个标准约束表示,浮动在元素附近,如消息或交互使用(参见 10.8 节)。观察以类似于约束的方式表示,但不是括号中的表达式,观察有其名称,后面是等号,然后是一个表示如何获得观察值的表达式。用于表达观察和约束的实际语言,包括默认时间单元,必须作为观察或约束的一部分来表述。

　　图 10.10 表示了 *user interface* 要求的 *Monitoring Station* 测试系统摄像头的场

景。Monitoring Station 依次请求每个摄像头执行自检并等待结果。在等待从每个摄像头响应时，Monitoring Station 内部的控制器组件需向 user interface 提供进度指示，所以它使用异步消息进行交叉沟通。在这种情况下，Monitoring Station 与摄像头之间的通信通过网络进行，控制器和 user interface 之间的通信是本地的。由于网络延迟，因此 Monitoring Station 在发送进度消息后从摄像头接收响应。注意，虽然这里使用的倾斜线表示时间的推移，但斜率没有正式的语义含义。唯一的时间含义用时间约束、持续时间约束和事件顺序表示。

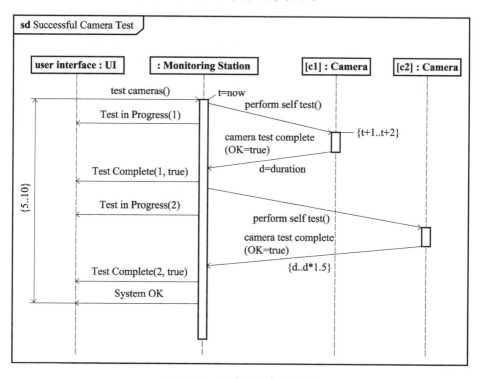

图 10.10 由序列图表示时间

交互中观察和约束以时间单位秒表示。在第一个自测试消息发送的时间点处，采用了时间观察 t，并使用表达式 $t = now$。时间约束表示信息接收必须发生在 t 之后的 $1\sim 2s$。对于第一个自测试响应消息，其发送和接收之间的持续时间通过持续观察 d 得到，其中存在一个约束，即第二个响应消息的持续时间不超过第一个持续时间的 1.5 倍。用户界面请求测试命令与两个摄像头自检完毕之间的总时间应为 $5\sim 10s$，如图左边的持续时间约束所示。

10.7 应用组合片段描述复杂场景

如前所述，交互的最基本形式是一个事件弱序列，通常从序列图由上而下读取。然而,更复杂的交互模式可以使用名为**组合片段**(combined fragment)的结构来建模。不同的组合片段为消息及其关联事件的排序指定了不同的规则,如并行路线和可选追踪。

组合片段由**交互操作符**(interaction operator)及其**操作数**(operand)组成。交互操作数定义一组跨越单个或多个生命线的消息和事件规范。特定操作数的执行起始可以相对于其他操作数进行时间排序。交互操作符定义了按时间顺序执行操作数的逻辑。操作符的一个示例是并行操作符,它允许多个操作数并行地开始执行。一个操作数可以包括其他组合片段,从而支持了复杂控制逻辑规范。

每个操作数都有一个包含约束表达式的**守护**(guard),该表达式指示操作数开始执行时的有效条件。每个守护绑定一条生命线,只能引用约束中生命线的属性。由于操作数本身可能包含组合片段,因此可以组成树状层级结构。在执行交互过程中,所有操作数都使用其内容上的弱序列语义。

组合片段必须指定哪条生命线参与了其操作数定义的交互作用。当考虑片段的轨迹时,只有参与生命线的事件有效。

10.7.1 基本交互操作符

以下使用最频繁的交互运算符:

(1)**Seq**——弱排序,如10.5.3小节所述,弱排序是所有操作数排序的默认形式,因此很少能清晰表示。

(2)**Par**——一种操作符,其中操作数可以并行地发生,每一个都遵循弱排序规则。处于不同操作数的事件之间没有隐含的顺序。当应用于单一生命线时,该操作符有另一种速记符号,称为**协作区域**(coregion),其中操作数被方括号括起来,而不是被框架括起来。

(3)**Alt/else**——一种运算符,在此运算符中根据其守护值选择操作数。每个操作数上的守护在选择之前被评估:如果某个操作数上的守护有效,则选中该操作数;如果多个操作数有有效的保护,则选择不确定;只有其他操作数上的守护没有一个有效时,可选的其他片段才有效。

(4)**Opt**——一种一元操作符,相当于只有一个操作数的alt。这意味着,操作数是根据守护条件的有效性执行或跳过。

(5)**Loop**——一种操作符,其操作数表示的路径重复执行,直到其终止约束满足为止。循环可以定义迭代次数以及守护表达式的下边界和上边界。这些边界被记录在括号中,在片段标签中的循环关键词之后,如(lower bound,upper bound),其中上边界可以用*表示无限上边界。

组合片段通过帧表示,帧标签说明操作符的类型,有时也根据操作符的类型表示其他信息。

Alt 和 **Par** 操作符有多个水平分区,这些分区由与操作数对应的虚线隔开。其他操作符只有一个分区。消息、活动和其他可能的组合片段被嵌套在每个操作数中。守护显示在大括号中,与生命线绑定在一起。当操作符有一个单独的操作数,其本身是一个组合片段时,操作符和操作数的帧可以合并为一个。合并帧的帧标签用于表示所有操作符,如 **loop par**。

组合片段的帧标识不允许遮盖参与交互的生命线,因此参与生命线的尾部在帧顶端可见。帧遮盖不参与片段交互的生命线。

在图 10.11 中,生命线 1 ~ 3 参与了 **opt** 片段,但只有生命线 1 和 4 参与 **loop** 片段。生命线 2 和 3 被 **loop** 帧遮盖,表明它们未参与。

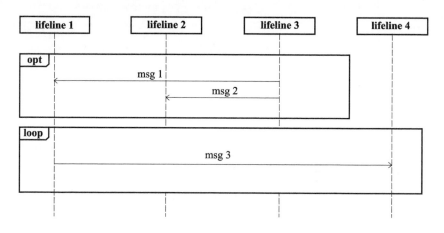

图 10.11 重叠和非重叠生命线示例

图 10.12 表示了当入侵者被 *company security system* 发现并跟踪时会发生的情况。当这种交互之外的生命线检测到有潜在的非法进入监视区域时,交互启动。这将触发系统以传感器的编号和警报提醒用户(*security guard*)。然后(在这种情况下)*security guard* 试图找到并跟踪入侵者,最终取消警报。

在这个序列中,运算符 **alt** 表示 *security guard* 可以在使用系统的自动跟踪功能和手动跟踪入侵者功能之间选择。在自动情况下,系统试图捕获并跟踪目标。未能捕获目标或丢失目标则是由消息 *Lost Track*(丢失追踪)表示。在手动跟踪情况下,*security guard* 使用某个输入设备反复地对摄像头进行平摆和倾斜,如 **loop par** 片段所示。

在所有场景中,*security guard* 负责取消警报,使得 *company security system* 取消警报。在图 10.12 中,消息 *Illegal Entry Detected*(探测到非合法进入)、*Raise Alarm*(拉起警报)、*Cancel Alarm*(取消警报)开始或终止于帧上的门,以便与当前交互之外的生命线发生交互(见 10.8 节关于门的描述)。

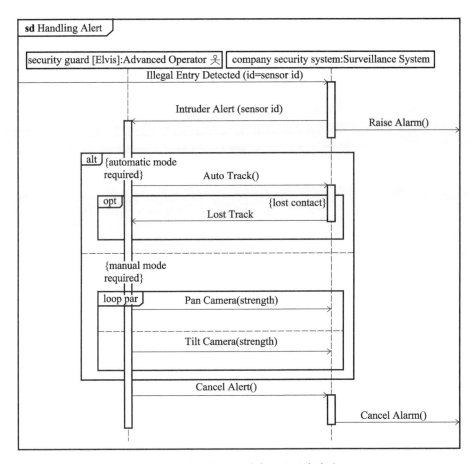

图 10.12 使用交互操作者描述的复杂交互

10.7.2 其他交互操作符

其他应用较少的交互操作符如下：

(1) **严格(Strict)**——与 seq 类似,但其操作数所代表的事件在所有参与的生命线排序。严格规则不适用于任何嵌套组合片段的操作数。

(2) **中止(Break)**——一种运算符,其操作数被执行,但封闭片段的剩余部分不执行。这通常用于表示处理异常场景。

(3) **关键(Critical)**——一种运算符,其中操作数的顺序必须与其他事件无交叉,至少在参与生命线的片段内。当一些较高级别的 **par** 运算符表示交叉可能发生时,可以使用此运算符,用于限制交叉。

(4) **无效(Neg)**——一种运算符,其中由操作数描述的路径被认为无效。

在交互建模中,当覆盖所有潜在消息的事件都非常复杂,如当有大量与消息相关的事件与所描述的场景不相关时,交互中会存在许多情况。考虑和忽略操作符允许事件和消息与它们操作数的有效路径相交错,这些事件和消息是很明显被忽略的(或不考虑的)。

(1)**考虑(Consider)**——仅考虑指定的操作集和/或信号集的消息。忽略与其他消息对应的所有事件。也即在使用运算符的操作数分析路径时不考虑这些事件,只有被考虑的信息可以出现在操作数中。

(2)**忽略(Ignore)**——不考虑指定的操作集和/或信号集的消息。在分析路径时,不考虑与忽略消息相对应的事件,被忽略的消息不能出现在操作数中。

不同于其他的操作符可以确定有效或无效(在 neg 的情况下)追溯(但不同时),assert 操作符提供了一个机制,根据其操作数确定无效来断定这些追溯无效。这是一个非常强大的构造,但当有许多事件出现,而建模者希望使用断定运算符来覆盖其中的部分追溯时它则会带来挑战。对于其他交互操作符,包含与操作数不匹配的事件的追溯不被视为有效或无效,而对于 assert 则被认为无效,这可能不是所期望的。出于这个原因,经常使用带有考虑和忽略操作符的片段,来减少与之相关的事件集,以便有效/无效决策可以信任。

对于考虑和忽略操作符,要考虑或忽略的消息表示在片段标签中的关键词后面括号内。

图 10.13 描述了紧急情况下 *company security system* 与 *regional HQ*(区域总部)通信时的交互消息序列。警报只在监视系统工作时发生,因此 *regional HQ* 可以不信任系统关闭时收到的任何警报(尽管可能希望调查警报为什么发生)。当一个

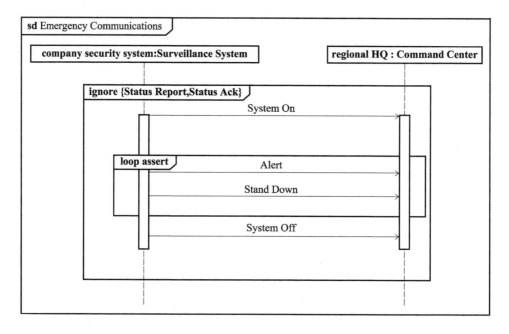

图 10.13 消息过滤场景

有效的 *Alert* 消息发送后,在接收到 *Stand Down*(*终止*)消息之前,没有其他消息被允许。使用 assert 操作符保证任何其他追溯均为无效。然而在任何监视系统和区域总部之间,总有定期的状态更新、确认,这不应被视为构成一个无效的路径。通过在列出 *Status Report* 和 *Status Ack*(*状态确认*)的 ignore 片段中封装 assert 操作符,这些状态更新消息的事件就不会产生无效路径。

10.7.3 状态常量

增强有效追溯的面向消息表达式通常很有用,方式是在事件序列中的某个给定点添加生命线所需的状态约束。这可以通过使用生命线上的**状态常量(state invariant)**来实现。常约束可以包含属性或参数的值,或者生命线期望的状态机的状态。

状态常量的符号是在被约束的生命线上所显示括号中的表达式。如果常量指定了状态机的状态,则在生命线上显示为状态符号。

图 10.14 表示了关闭系统的场景。*security guard* 生命线上的状态常量表示了守卫人员必须登录才能使得 *Shutdown System*(*关闭系统*)消息有效。*company security system* 生命线上的状态常量表示了为使关闭请求有效,用户数量必须是一个。也即当前没有其他用户登录。有效追溯以对 *security guard* 的答复为"OK"结束。

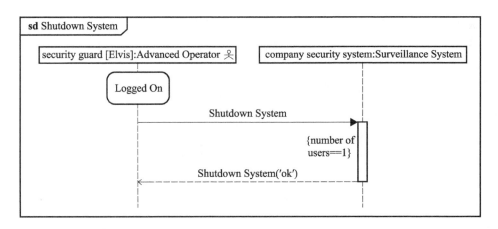

图 10.14　状态常量

10.8 应用交互引用构造复杂交互

在大多数系统工程项目中,系统和对应交互的规模通常会很大。也有许多交互模式或示例(如初始化和关闭),它们作为不同场景的一部分被多次使用。

为了支持交互的大规模使用,交互可以包括**交互使用**(interaction use),后者引用另一个序列图中描述的交互。交互使用可以嵌套,因为被引用的交互可以反过来引用另一个。此功能显著增强了交互的规模可扩展性。它也有助于重用,因为一个交互可以被多个交互使用(被引用)。使用的交互识别出被引用交互中的参与方。使用交互的定义必须有代表被引用交互中所有参与方的生命线,但也可以包括额外的生命线。

为了允许消息在另一个交互使用时进入和离开交互,交互可以在其边界上有名为**形式门**(formal gate)的连接点。针对交互边界上进入或离开交互的每一条信息都有一个门。当使用交互时,使用的交互具有**实际门**(actual gate),该实际门与被使用交互的形式门一一对应。到达或离开实际门的信息必须与到达或离开相应的形式门的信息相匹配,包括它们的名称、方向、种类和值。

在交互定义中,消息可以连接到交互帧。虽然没有标识表示门本身,但每个连接点都有一个形式门。门可以命名,但名称通常不显示。图 10.12 给出了一个示例,表示在交互的形式门上连接到帧的消息。

交互使用以帧标签中带有关键词 ref 的帧表示。帧的主体包含被引用交互的名称。在帧边界终止/启动的消息意味着存在实际的门。参与嵌套交互的生命线被帧标识遮挡。注意这与参与者在组合片段上显示的方式相反,后一种情况下参与方不被遮挡。建模人员可以针对某一特定交互使用标识,表明被引用交互的内部结构是否由另一个序列图进一步描述。如果是,则交互使用标识在右下角包含一个耙形符号。

图 10.15 表示了引用其他四个交互的交互,以 ref 表示。第一个引用交互描述了由 *security guard* 设置的 *company security system*。在守卫人员转换的过程中,两种情况中的一种显示了潜在的发生情况。如果情况安静(正常状态),那么守卫人员可能在自动监视路线上执行一些维护(图 10.8 中的场景);否则守卫人员和系统可能处理警报(图 10.12 中的场景)。这两种情况可能反复出现,如 **loop alt**(**循环选择**)片段所示,直到守卫人员关闭系统。为使用 Handling Alert(*处理警报*)交互,需要将兼容的消息附加到所有的门上。Handling Alert 中的耙形符号表明它是由一个序列图所描述的(图 10.12)。

与其他行为相同,交互也可以有参数。任何交互的使用都必须提供与交互的输入参数相对应的参数,可以期望获得与其输出参数相对应的参数。参数可以按块或值类型进行分类,并且可以在该类型的值有效时使用,例如在常量中并作为进出消息的参数。

交互作用的参数出现在图标签中,使用与描述操作相同的语法(参见 7.5.2 小

第10章 应用交互为基于信息的行为建模

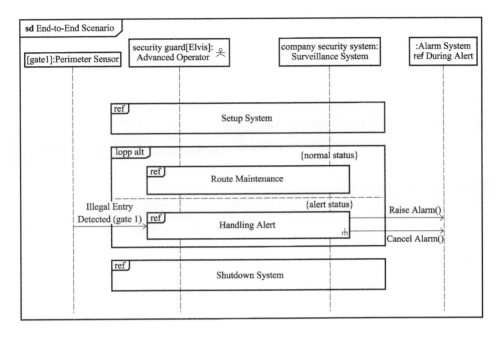

图 10.15 引用另一个交互

节)。交互使用标识可以将参数指定给要使用的交互,此交互使用了以前使用过的相同标记,用于操作调用和应答消息(参见 10.5.1 小节)。该标记的示例见附表 A.18。

10.9 分解生命线以表示内部行为

如上所述,生命线表示的属性是块的使用,该块本身可能具有嵌套属性。生命线可以分解,以显示对应那些属性的生命线。

序列图包括提供分解生命线,并进一步阐述其各部分之间的交互。例如序列图可以用于表示作为单个生命线的系统与环境交互。当系统的内部行为隐藏,仅外部行为可见时,称为黑盒交互。系统生命线可以被分解,以规定支持黑盒交互的组成之间的嵌套交互。

这些组成之间的交互是由正在分解的父生命线引用的单独交互所定义。引用的交互包括父生命线上与消息发送或接收相对应的正式门。在引用交互的门上的消息必须与父生命线的消息兼容,并且发送和接收事件的消息必须以与父生命线相同的顺序发生。仅有表示块属性的生命线可以出现在引用交互中,该块是父生命线的类型。

生命线分解(lifeline decomposition) 通过在生命线的名字下面添加引用交

互的名字表示,并加上关键词 ref 作为前缀。在引用交互的帧标签中使用相同名称。

图 10.16 表示了图 10.15 的 *Alarm System* 黑盒生命线的分解。它表示了 *Alarm System* 如何处理报警。当 *alarm controller*(报警控制器)接收到 *Raise Alarm*(发起报警)消息时,它要求在 *internal PA*(内部PA)通知,并通过 *Emergency Comms System*(紧急通信系统)警告所有注册的紧急服务,提供 *location*(位置)和 *password*(密码)来验证警告。当接收到 *Cancel Alarm*(取消报警)消息后,*alarm controller*(报警控制器)请求另一个通知,然后向紧急服务发送停止请求。至少必须通知一个紧急服务,但最大数量可能取决于情况。

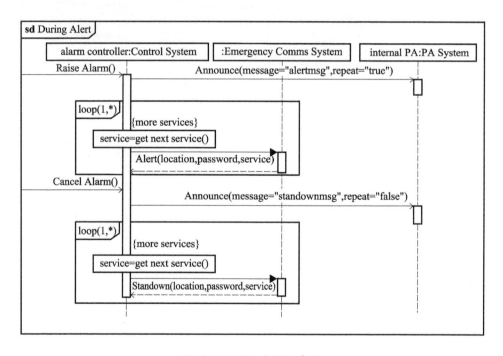

图 10.16 被分解的生命线

还有一种可选方法,就是使用引用序列图来表示嵌套交互。这是通过在同一序列图中显示生命线及其嵌套组成实现,生命线顶部的黑盒生命线对应于嵌套组成。组成的标题盒连接到父生命线的标题盒下方。嵌套的生命线用于表示在父生命线内部发生的交互作用,或直接向其他外部生命线发送消息,或直接从外部生命线接收消息。

图 10.17 所示为当 *security guard* 希望登录到 *company security system* 时所发生的白盒视图。*company security system* 的两大重要组成 *user interface* 和 *Monitoring Station* 表示在 *company security system* 的生命线下面。在这个场景中,*user interface*

接收到一条 login（登录）消息，并请求 Monitoring Station 验证该消息。然后 user interface 检查未超过登录的最大数量，并向 security guard 返回控制。

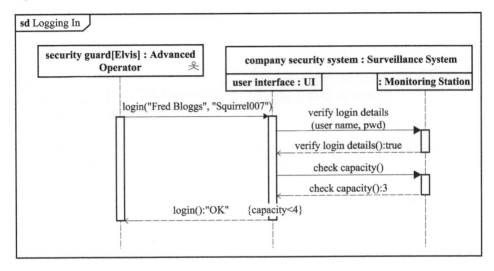

图 10.17 生命线分解的内部嵌套

10.10 小结

  序列图描述交互，将系统场景描述为多个系统组成之间的规范事件集，以生命线形式表示。交互用事件规范来定义，被组织成层级结构，并由交互操作符排序。交互执行时，它对由生命线实例生成的事件进行评估，并确定它们是否有效。事件最重要的来源是生命线之间的消息交换，这会触发执行。交互的关键方面如下：

  (1) 生命线代表拥有交互的块的组成（或引用）。在执行过程中，生命线只能代表一个实例，因此当该组件的上边界大于 1 时，需要增加一个选择器表达式来精确地定义该组成可能表示的所有实例中的一个。生命线可以从序列图顶部向底部运行，表明在交互执行前后生命线所代表的组成存在。生命线也可以在序列图中启动和/或结束，表示在交互执行过程中实例的创建或析构。生命线可以物理地被嵌套在某个图中，以表示生命线内交互的白盒视图。为使当前路径有效，生命线上的状态常量声明了在交互执行过程中关键点必须遵守的条件。

  (2) 消息在生命线之间交换，通常代表操作请求或信号的发送。消息不代表数据流，但通过消息的参数可以捕获数据流（或其他项，如物质或能量）。消息发送和接收由生命线上的行为执行，可以是异步（发送者继续执行）或同步（发送者等待响应）。

  (3) 默认由交互驱动的事件排序是弱排序，在这样的排序下，无关的事件在生命线内排序，但不跨越生命线。组合片段用于规定不同排序语义。一个组合片段包括操作符和操作数;操作符确定了其操作数的顺序,这些操作数本身可以是组合片段。常用的操作符包括 **par**、**alt**、**loop**。每个操作数都可以有一个守护表达式,为执行操作数,守护表达式必须按顺序得到满足。

(4)交互可以使用其他交互作为定义的一部分,以增强可扩展性。一个交互可以用另一种交互来描述生命线内部的交互,这支持了黑盒规范风格。一个交互也可以使用另一个交互来指定总行为的一部分,这可能涉及一系列的生命线。这种分解或是为了减少序列图的规模,或是为了重用一些通用的交互模式。交互帧可以在它们的周边设置连接点,称为"门",使得消息可以跨越交互边界。

10.11 问题

(1)序列图的图类型是什么,它的帧代表何种模型元素?

(2)执行交互的情境是什么?

(3)用两生命线画时序图:一个表示没有名字的部分,由执行者"客户"分类;另一个带有名字"m",由块"自动售货机"分类。

(4)选择表达式的作用是什么?

(5)在指定交互时,哪些事件是相关的?

(6)列出可以在生命线之间交换的不同种类的消息。

(7)在问题(3)的图表上,从"客户"生命线添加一条消息到"自动售货机"生命线,表示带有参数"C3"的"选择产品"信号。

(8)"消息超车"是什么意思?

(9)如何在序列图上表示动作或行为执行?

(10)什么是观察,它是如何使用的?

(11)在问题(7)的图表中,当发送"选择产品"消息时,观察当前时间(由"时钟"函数提供)。

(12)如何在序列图上表示组合片段?

(13)命名四个常见交互操作符。

(14)在问题(7)的图中,将"选择产品"从一个信号转变为"自动售货机"的一个操作,并显示两种不同的答复:如果机器有库存,那么返回"可用库存"的返回字符串;否则,将返回"已售完"的字符串。

(15)生命线 L2 上的消息 M1 和 M2 可以以生命线 L1 上的任意顺序出现。给出两种不同的方式,可以在序列图上表示。

(16)参与组合片段的生命线是显示在组合片段框架箱的前面或后面的吗?

(17)在忽略片段中哪条消息是有效的?

(18)状态常量确定了什么?

(19)门的作用什么?
(20)命名两种生命线,显示子生命线之间的交互。
(21)参与互动的生命线显示在交互使用框架盒的前面还是后面的?

讨 论

序列图可以用来捕获测试规范或测试结果。在这两个目的的序列图之间,希望看到什么差异?

第 11 章 应用状态机为基于事件的行为建模

本章描述如何使用状态机来为块对其内部事件和外部事件做出的响应行为建模。

11.1 概述

在 SysML 中，状态机通常用于描述块在其整个生命周期中依赖状态的行为，状态机由状态和状态间的转换定义。块的状态机可以启动，例如，当状态机启动电源后，可对应不同的激励在多个状态间转换，并在断电后终止。状态机定义了块的行为是如何随着块所处状态的转换而变化，也定义了块在什么时候处于不同的状态。SysML 中的状态机可以用来描述一个宽范围的与状态相关的行为，从一个简单的台灯开关行为到一种先进飞机的复杂工作模式。

状态机通常由块拥有，并在该块某个实例的情境中执行，但状态机也可以由某个包拥有。一个状态机的行为由一组区域指定，每个区域都包含自己的状态。在任何一个区域内的状态是唯一的，即当区域被激活时，其中的一个子状态被激活。区域通常有一个初始伪状态，这是该区域首先被激活时开始执行的地方。当进入一个状态时，执行一个（可选的）入口行为（如一个活动）。类似地，退出状态时执行可选的出口行为。在状态中，状态机可以执行一个行为。一个区域通常也有一个最终状态，表示该区域已经完成。状态的变化由连接源状态到目标状态的转换实现。转换是由触发器、守护条件和效果定义的。触发器表示一个事件，该事件可能引起从源状态的转换；对守护进行评估，以测试转换是否有效；效果是转换触发后执行的行为。触发器可能基于各种事件，如计时器的过期或接收到由状态机的拥有对象发出的信号。

对拥有块的操作调用也是用于转换的有效触发事件。连接和选择伪状态支持在状态之间建立带有多个守护和效果的复合转换。

不同块中的状态机可以通过发送信号或调用操作进行彼此交互。例如，一个块的状态机可以将一个信号发送到另一个块，作为转换效果或状态行为的一部分。与接收块接收该信号相对应的事件可以触发接收块状态机中的状态转换。类似地，一个块中的状态机可以调用另一个块的操作，该操作将导致触发转换的事件。

当状态包含自己的区域时，会产生状态层级结构。只有一个区域的状态是最常

第 11 章 应用状态机为基于事件的行为建模

见的情形,称为单组合状态。具有多个区域的状态称为非相干组合状态。最后,一种称为子机状态的状态可以引用另一个状态机。为了有效建立状态层级模型,需要额外进行构造。为规范转换进入或退出非相干组合状态,需要分叉和汇合伪状态。入口和出口点伪状态可以用于为某个状态或状态机边界上的转换添加连接点。

状态机还可以在状态或转换中规范约束。约束可以规范对应于不同行为或不同性能级别的等式,这些等式在不同的状态下必须为真。

状态机可以与其他行为一起使用。例如,状态机可以使用活动或其他行为来指定状态入口、出口处发生了什么或状态之间发生的转换。状态机也可以在交互(参见10.7.3 小节)和活动(参见9.11.3 小节)中使用,用于约束各自行为的某些方面。各种行为语义的整合有时较复杂,应该谨慎使用。

11.2 状态机图

状态机图(**state machine diagram**)也称为**状态图**(**state chart**)或状态图表,但在 SysML 的实际名称是状态机图。状态机图的完整图标题如下:

stm[stateMachine] state machine name [diagram name]

状态机图的图种类是 **stm**,模型元素种类通常是 stateMachine。正因为如此,方括号内的模型元素种类通常被忽略。

图 11.1 显示了多个用于描述状态机的基本符号元素。此图描述了一个针对 ACME *Surveillance System* 的状态机。它以 *idle*(空闲)状态开始,在生命周期内经历一系列状态变化。当它接收到 *Turn off*(关闭)信号后,完成它的行为,最终又结束于 *idle* 状态。状态机图的符号见附表 A.21 ~ 附表 A.23。

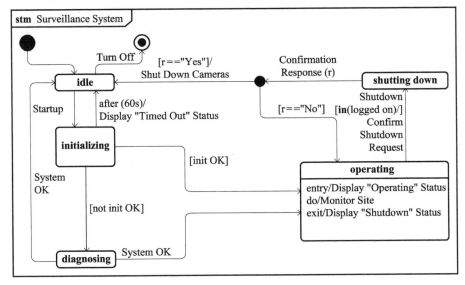

图 11.1　状态机示例

11.3 在状态机中规范状态

状态机(state machine)是对依赖于状态的行为的一种潜在可重用定义。状态机通常在块的情境中执行,由块实例经历的事件可能导致状态转换。

11.3.1 区域

状态机可以包含一个或多个区域,它们共同描述状态机的状态相关行为。每个**区域**(region)从状态、**伪状态**(pseudostate)和它们之间的转换等角度来定义。准确地说,在给定的时间内,一个活动区域内有一个活动状态。状态和伪状态之间的区别是,一个区域从来不能停留在伪状态中,伪状态的存在仅用于帮助确定下一个活动状态。如果状态机包含一个单区域,则它通常不被命名。如果有多个区域,则它们通常被命名。

具有多个区域的状态机可以描述在状态机拥有的块中发生的并发行为,这可以代表块内不同组成行为的抽象,如 7.5.1 小节中讨论过的。例如,一个工厂的一部分可能存储进料,另一部分将原材料转变成成品,还有一部分则发送成品。状态机还可以包括并发行为,如摄像头同时平摆和倾斜,这些活动由多个组成执行。如果指定了组成的行为,则该父块的状态机与它的组成行为之间的关系也应指定。状态也可以包含多个区域,如 11.6.2 小节描述,但本节介绍**简单状态**(simple state)(无区域的状态,因此也没有嵌套状态)。

一个区域的初始化和完成分别使用初始伪状态和最终状态来描述。**初始伪状态**(initial pseudostate)是用来确定区域的初始状态。从初始伪状态转出的转换可以包括一个效果(11.4.1 小节详细讨论了转换效果)。这样的效果通常用于设置状态机使用属性的初始值。当区域的活动状态是**最终状态**(final state)时,区域终止,并且在它内部不再发生更多的转换。因此,最终状态不能有转出的转换。

终止伪状态(terminate pseudostate)始终与整个状态机的状态有关。如果达到终止伪状态,状态机的行为就终止了。终止伪状态与所有状态机区域到达最终状态时具有相同的效果。状态机的终止并不意味着销毁其拥有的对象,但它确实意味着对象不能通过状态机对事件做出响应。

如果状态机有一个单区域,则它由状态机图框架中的面积来表示。多个区域以虚线分隔的方式显示。

迄今为止,引入的概念记号如下:
(1)初始伪状态显示为实心圆;
(2)最终状态显示为一个由较大空心圈包围的圆;
(3)终止伪状态显示为 X。

11.3.2 状态

状态表示块生命中的一些重要条件,通常是因为状态代表了块对事件的响应变化以及块执行行为的变化。条件可以用块的选定属性值指定,但通常情况是,对于每个区域的条件用隐式状态变量表示。使用由开关控制块的算法很有帮助。每个状态对应于块的一个开关位置,并且块可以在每个开关位置展示某些指定的行为。状态机定义所有有效的开关位置(状态)和开关位置之间的转换(状态转换)。如果有多个区域,则每个区域由其自身开关控制,其开关位置对应于其状态。开关位置可以通过真值表规定(类似于规定逻辑门),表中当前状态和转换定义了下一状态。

每个状态都可以包含进入和退出状态时各自执行的**入口(entry)与出口行为(exit behavior)**。此外,当入口行为完成时,状态可以包含一个**执行行为(do behavior)**。执行行为将继续执行,直到它完成或状态退出。虽然可以使用任何 SysML 行为,但入口、出口行为和执行行为在典型情况下是活动或不透明的行为。

状态由一个包含名称的圆角方框来表示。入口行为、出口行为以及执行行为被描述为文本表达式,前面是关键词 entry、exit 或 do,以及前斜杠。文本表达的内容有一定的灵活性。文本表达式通常是行为的名称,但是当行为为非透明行为时,可以使用非透明行为的主体代替(参见 7.5 节非透明行为的描述)。

图 11.2 显示了 *Surveillance System*(监视系统)的简单状态机,在其单个区域中只有一个单 *operating*(运行)状态。从区域的初始伪状态转到 *operating* 状态。在进入时,*Surveillance System* 显示它在所有操作员控制台上运行,并在退出时显示关闭状态。当 *Surveillance System* 处于 *operating* 状态时,它执行其标准功能的 do 活动——Monitor Site(监视现场),监视建筑物内未经授权的进入。当处于 *operating* 状态时,信号 Turn Off 触发了向最终状态的转换,并且由于只有一个单区域,状态机随后即终止。

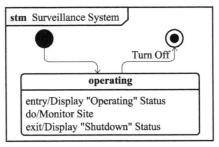

图 11.2 包含单状态的状态机

11.4 在状态之间转移

转换规定状态机中何时发生状态更改。一旦触发转换,状态机总是运行到完成,这意味着在状态机完成当前事件的处理之前,它们不能再消耗另一个触发器事件。

11.4.1 转移基础

一个转换可包括一个或多个触发器、守护和效果。

触发器

触发器(trigger)识别导致转换发生的可能激励。SysML 有四种主要的触发事件。

(1)**信号事件(signal event)**：表明与信号相对应的新异步消息已经到达。信号事件可能伴随着一些可用于转换效果的参数。

(2)**时间事件(time event)**：表明从进入当前状态开始，给定的时间间隔已经过去(相对时间)，也可以表示给定的时间已经到达(绝对时间)。

(3)**更改事件(change event)**：表明某些条件已经满足(通常某些特定的属性值集保持不变)。更改事件将在 11.7 节中讨论。

(4)**调用事件(call event)**：表示状态机归属块上的操作已经被请求。调用事件也可能伴随着一些参数。调用事件在 11.5 节中讨论。

一旦完成了某个状态的入口行为，转换就可以由事件触发，而不管状态发生了什么。例如，当一个执行活动正在执行时，可能触发一个转换，在这种情况下，执行活动被终止。

默认情况下，当事件被提交到状态机时，它们必须被消耗，即使它们不触发转换。但是，可以在特定状态下明确地推迟事件，以便以后处理。只要状态机保持在那个状态，就不会消耗延迟事件。当状态机进入事件未被延迟的状态时，事件必须在其他任何事件之前被消耗掉。事件触发一个转换，或者该事件被消耗而没有任何效果。

转换也可以由内部生成的**完成事件(completion event)**触发。对于一个简单的状态，在入口行为和执行行为完成时生成一个完成事件。

守护

转换守护(transition guard)包含一个表达式，对于将发生的转换，该表达式的评估结果必须为真。守护使用约束(参见 8.2 节)来指定，该约束包括一个表示守护条件的文本表达式。当一个事件满足触发器时，对转换的守护进行评估。如果守护评估为真，则触发转换；如果守护评估为非真，则该事件将不受影响地被消耗。守护可以使用操作符 in(状态 x)和 not in(状态 x)测试状态机的状态。

效果

转换的第三部分是**转换效果(transition effect)**。效果是一种行为，通常为活动或不透明行为，在从一种状态转换到另一种状态时执行。对于信号或调用事件，相应的信号或操作调用的参数可以直接在转换效果中使用，也可以分配给拥有状态机的块属性。转换效果可以是任意复杂的行为，包括发送信号动作或用于与其他块交互的操作调用。

如果触发了转换,则首先执行当前(源)状态的退出(出口)行为,然后执行转换效果,最后执行目标状态的进入(入口)行为。

状态机可以包含转换(称为内部转换),这些转换不会影响状态的变化。内部转换具有相同的源状态和目标状态,如果触发,则只执行转换效果。与此相反,具有相同源状态和目标状态的外部转换(有时称为自转换),触发该状态的入口和出口行为以及转换效果执行。内部转换的一个经常被忽视的结果是,因为状态没有退出和进入,相对时间事件的计时器不会重置。

转换记号

转换显示为两个状态之间的箭头,头部指向目标状态。自转换显示为箭头两端连接到同一状态。内部转换没有显示为图形路径,而是在状态标识内的单独分隔线上列出,如图11.9所示。

转换行为的定义表示为在转换上固定格式的字符串,首先是触发器列表,其次是方括号中的守护,最后是前斜杠以及随后的转换效果。11.4.3 小节描述了用于转换的另一个图形化的语法。

触发器的文本取决于事件,如下所示:

(1) *Signal and call events*(*信号和调用事件*)是信号或操作的名称,后面圆括号内伴随可选的属性赋值列表。调用事件通常由包含了圆括号的名称区分,即使没有属性赋值。虽然这是一个有用的约定,但它不是标准记号的一部分。

(2) *Time events*(*时间事件*)是 after 或 at 后面跟随着时间的术语。after 表示时间是相对于进入状态的时刻。at 表示时间是绝对时间。

(3) *Change events*(*更改事件*)是 when 术语,后面圆括号内伴随必须满足的条件。与其他约束表达式一样,该条件用方括号中带有的可选表达式语言的文本表示。

表达效果可以是被引发行为的名称或包含一个非透明行为的文本。

当某个事件在一个状态中被延迟时,该事件将在状态标识中显示,使用针对触发器的文本,后面伴随"/"和要延迟的关键词(图11.12)。

转换还可以被命名,在这种情况下,名称可以出现在转换的旁边,而不是转换表达式。针对一个很长的转换表达式,名称有时是一个有用的缩写。

图 11.3 表示了针对 *Surveillance System* 比图 11.2 更复杂的状态机,包括所有主要状态和它们之间的转换。对比图 11.2,此处出现的初始伪状态表示该区域由 *idle* 状态开始。最终状态也从 *idle* 状态到达,但它仍然是由接收到的 *Turn Off* 信号触发的。一旦 *initializing*(*正在初始化*)状态中的处理完成(参见图 11.14,查看 *initializing* 状态内部),就会生成一个 *initializing* 完成事件,触发两个接下来的转出转换。如果条件变量 *init OK* 为 true,那么系统进入 *operating* 状态;否则,系统进入 *diagnosing*(*诊断中*)状态,操作员将查看错误日志并尝试手动初始化系统。仅当有事发生,且测试过程不能完成,系统在 60s 后将会有一个超时,它将系统返回到 *idle* 状态。

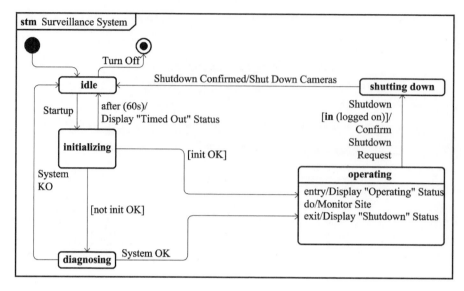

图 11.3 状态间的转换

在 *diagnosing* 状态，操作员使用 *System OK* 信号指示成功，该信号允许系统进入 *operating* 状态。*System KO* 信号表明该系统超出了操作员的修复范围，导致转换回 *idle* 状态。从状态 *operating* 开始，只要系统运行状态处于子状态 *Logged on*（已登录）（参见图 11.9 *operating* 状态内的视图），*Shutdown*（关机）信号就会导致从 *operating* 状态转换到 *shutting down*（正在关机）状态。作为关闭的一部分，系统请求确认，当接收到 *Shutdown Confirmed*（关机确认）信号时，系统才会退出 *shutting down* 状态，然后执行 *Shut Down Cameras*（关闭摄像头）活动。

除非使用转换图形符号（参见 11.4.3 小节），带有非透明行为的异常转换效果是在单独的图中规定的，此图适合该种行为。图 11.4 显示了 *Shut Down Cameras* 活动的活动图。

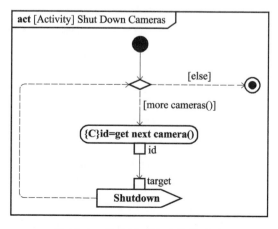

图 11.4 使用活动定义转换效果

当 *Shut Down Cameras* 作为转换效果被调用时，*Shut Down Cameras* 在所有已知的摄像头上遍历并发送给每个摄像头 *Shutdown* 信号。注意，该活动不包括接收事件行动；在等待新事件发生时，这将使调用状态机处于一个模糊（中间过渡）状态。

11.4.2 使用伪状态执行转换

当两个状态之间的简单直接转换不足以表达所需的语义时，存在多种情况。SysML 包括许多伪状态，以提供这些额外的语义。本节介绍连接和选择伪状态，支持状态之间的复合转换。

连接伪状态（junction pseudostate）用来构建状态之间的复合转型路径。虽然针对单个事件只可以采取一条路径，但是复合转换允许在状态之间指定一个以上的可选转换路径。多个转换可以从连接伪状态发散或向连接伪状态集中。当有多个转出转换源于连接伪状态时，选定的转换将是触发事件被处理时那些守护值为真中的一个转出。如果不止一个守护评估为真，则 SysML 不确定哪个有效转换被选择来执行。如果一个特定的复合转换路径包含两个状态之间的多个连接，则在复合转换发生之前沿着该路径的所有守护必须被评估为真。

选择伪状态（choice pseudostate），类似连接伪状态，也有多个转入和转出的转换，是状态之间一个复合转换的部分。选择伪状态与连接伪状态的行为不同，转出转换的守护不评估，直到选择伪状态已达到。这允许先前转换中执行的效果影响选择结果。当某个选择伪状态在状态机执行中到达时，至少必须有一个有效的转出转换；否则，状态机无效。一种经常用来确保选择伪状态有效的方法是在不超过一个转出转换中使用一个万能的守护，这种方式使用关键词 else 指定。无论一个复合转换含有连接伪状态还是选择伪状态，或两者兼有，任何可能的复合转换必须只包含一个触发器，该触发器通常位于路径的第一个转换中。

伪状态符号表示如下：

（1）连接伪状态的显示为一个圆，类似一个初始伪状态；
（2）选择伪状态显示为菱形。

图 11.5 完善了图 11.3 所示的 *Surveillance System* 的状态机。对关机的处理进行了改进，以描述如果操作员实际上不想关闭系统后会发生什么情况。*Confirmation Response*（确认响应）信号的参数取值为"*Yes*"或"*No*"，映射到属性 r。由 *Confirmation Response* 信号触发的转换现在一个连接点结束，带有两个未来转换和对应的守护。如果 $r == "Yes"$，则系统将继续关机；如果 $r == "No"$，则系统返回到操作状态。

从关闭状态到空闲/操作状态的转换可以由图 11.5 中的一个连接伪状态指定，因为确定完整转移路径所需的 r 值，作为转换触发器的部分是可用的。但是，图 11.6 显示了系统关闭的另一种方法而不带 *shutting down* 状态。这里确认请求是作为转换退出 *operating* 状态的效果，所以直到复合转换的第一个回合结束后，才知道 r 值。在这种情况下,需要一个选择伪状态,它可以允许从 Confirm Shutdown(确认关机)返回的 r 值被使用,作为出口转换守护条件。如前所述,建模者必须确保总是至少存在一个来自选择伪状态的有效路径,所以转换上的保护已改为[else]以应对"Yes"以外的其他任何值。然后,即使 Confirm Shutdown 意外返回了"Yes"或"No"以外的值,状态机仍可操作。

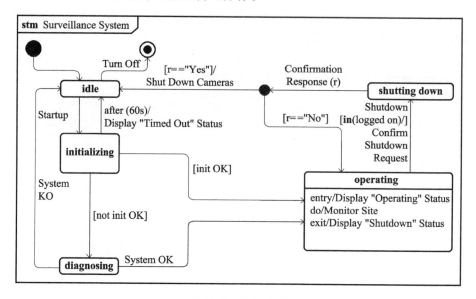

图 11.5 转换路径

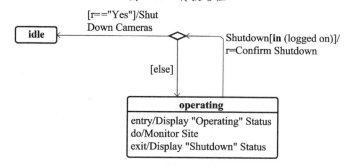

图 11.6 使用选择伪状态指定关机

11.4.3 图形化显示转换

一些建模人员喜欢用图形显示转换的状态机图。SysML 介绍了一套特殊标识,让一个建模人员以图形的形式来描述发送信号的动作、其他动作和触发条件。这些标识用实心箭头连接,以区别于转换箭头。这些标识的图形语义如下:

(1)一边去掉三角形缺口的矩形表示所有转换的触发器,并在标识内带有触发事件和转换守护的描述。

(2)一边带三角形的矩形,代表一个发送信号动作。信号的名称连同发送的任何参数都在符号内显示。在一个转换效果中可能有许多发送信号操作,每一个都有自己的符号。在状态机之间进行通信时,信号非常重要(因此,有对该操作的单独处理)。

(3)在转换效果中的其他任何动作都由一个矩形表示,该矩形包含描述要采取动作的文本。作为转换效果的一部分,可能有多个动作,每一个都有自己的标识。

图 11.7 表示了使用转换标记来提供在图 11.5 中 operating、idle、shutting down 等状态之间进行转换的等效定义。

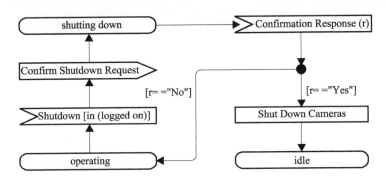

图 11.7　面向转换的标记法

11.5　状态机及操作调用

状态机可以通过调用事件响应其父块上的操作调用。调用事件可以以同步的方式处理,也就是说,调用者在等待响应时处于阻塞状态或异步方式,这将导致与接收信号类似的行为。状态机执行由调用事件触发的所有行为,直到它到达另一个状态,然后将这些行为创建的任何输出返回给调用方。

监视系统的操作员使用的一个部件是视频播放器,允许操作员检查记录的监视数据。图 11.8 所示的块 *Video Player*(*视频播放器*)提供了其接口中的一组操作来控制回放。虽然许多操作不返回数据,但对于视频播放器的任何客户来说,等待这些操作的处理是有意义的,因此,使用操作来定义接口是有意义的。该块对这些操作请求的响应使用图 11.8 所示的状态机定义,其中与操作相关的调用事件作为转换的触发器。对 *play*(*播放*)、*stop*(*停止*)、*pause*(*暂停*)以及 *resume*(*恢复*)操作的调用导致触发 *Video Player* 不同状态间转换的调用事件发生。调用 *next chapter*(*后段*)、*previous chapter*(*前段*)、*get play time*(*获取播放时间*)等操作导致触发内部转换到状态 *playing*(*播放中*)的调用事件发生。为了简化该示例,图 11.8 没有显示许多转换效果,但它确实显示了一个 *get play time* 的请求如何获取返回参数。

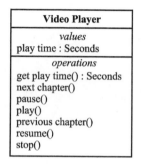
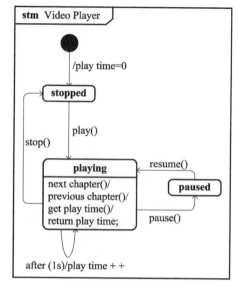

图 11.8 一个由调用事件驱动的状态机,用于在自己拥有的块上操作

11.6 状态层级

正如状态机具有区域,状态也一样,这种状态称为**组合状态(composite state)** 或**层级状态(hierarchical state)**。这些状态允许状态机扩展以表示任意复杂的基于状态的行为。本节讨论单个和多个区域的组合状态,以及现有状态机的重用以描述状态的行为。

11.6.1 带有单区域的组合状态

可以说,最通常的情况是带有单区域的组合状态。只有当封闭区域内的状态被激活,嵌套在区域内的状态才能被激活。因此,类似于 11.3.2 小节中开关位置可以应用于嵌套状态,方式为需要对应于封闭状态的开关位置使能,以便对应于任何嵌套状态的开关位置使能。

如前所述,通常一个区域包括一个初始伪状态、一个最终状态、一组伪状态和子状态,它们自己可以是组合状态。如果一个区域含有最终状态,那么当状态到达最终状态时将生成一个完成事件。

虽然扩展 SysML 可以自由添加自己的语义,但是当初始伪状态是从一个组合状态中的一个区域丢失,那个区域内的初始状态就是未定义的。然而,组合状态可能具有穿透性,这意味着转换可以越过状态边界,开始或结束于区域内的状态(图 11.10)。如果转换结束于一个嵌套状态中,组合状态的入口行为(如果有)在转换的效果之后、转换的目标嵌套状态的入口行为执行之前执行。相反情况下,组合状态的出口行为是在源嵌套状态的出口行为之后、转换效果之前执行。在更深层嵌套的状态层次结构中,同样的规则可以递归地应用到所有边界相交的组合状态。

图 11.9 显示了来自图 11.5 的 *operating* 状态分解为它的一个区域内的子状态。在 *operating* 状态的入口处,执行两项入口行为:*operating* 的入口行为,Display "Operating" status(显示"正在运行"状态);logged in = 0,然后是 logged off(已注销)入口行为,Display "Logged Off"(显示"注销")。这是因为在入口,*operating* 的初始状态是 logged off,这是由初始伪状态表示的。

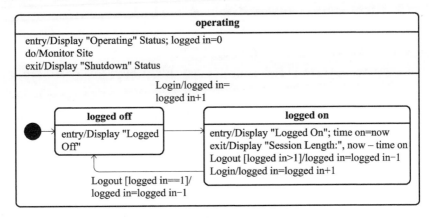

图 11.9　在复杂状态中嵌套的状态

当处于 logged off 状态时,Login 信号将引起向 logged on 状态的转换,并将使 logged in 的值递增。当处于 logged on 状态时,重复的 Login 和 Logout(注销)信号将使 logged in 的值递增和递减,通常作为内部转移而没有状态变化。尽管如此,如果当 logged in 为 1 时,接到了 Logout 信号,信号将触发一个转换回到 logged off 状态。logged on 的入口行为用变量 time on 记录了时间,出口行为使用它来显示 Session Length(对话时长)。

只要 Surveillance System 的状态机处于 *operating* 状态,执行活动 Monitor Site 就一直执行,直到达到自己的活动终点。状态 *operating* 没有自己的最终状态,所以没有完成事件生成(如上所述)。如图 11.5 所示,当信号 Shutdown 出现时,此状态将退出。

11.6.2　带有多(非相干)区域的组合状态

组合状态可以包含多个区域,每个区域均含有子状态。带有多个区域的组合状态称为**非相干组合状态(orthogonal composite state)**。当一个非相干组合状态被激活时,每个区域含有自己的激活状态,并独立于其他状态,每个区域内的任何输入事件需要单独分析。结束于组合状态的转换,将触发源于每个区域初始伪状态的转换,所以在每个区域必须存在一个能使转换有效的初始伪状态。同样,当所有的区域都在它们的最终状态时,一个针对组合状态的完成事件将会发生。

假设基于其他常规原则的转换是有效的,当一个事件与多个非相干区域中的触发器关联时,该事件可能触发每个区域中的转换。这种情况的一个简单示例如图 11.11 所示。

注意,转换不能跨越相同组合状态两个区域之间的边界,如果触发这样的转换,将使其中一个区域没有活动状态,因此是不允许的。

除了开始或结束于组合状态上的转换外,组合状态之外的转换可以在其区域的嵌套状态上开始或结束。在这种情况下,每个区域内的一个状态必须是一组相协调的转换中某一个转换的开始端或结束端。这种协调在转入转换情况下由分支伪状态执行,在转出转换情况下由汇合伪状态执行。

一个**分支伪状态(fork pseudostate)** 有一个单转入转换和多个转出转换,正如在目标状态中有非相干区域。不同于连接和选择伪状态,分叉的所有转出转换都是组合转换的一部分。当一个转入转换被分支伪状态采用,所有转出转换也都被分支伪状态采用。因为分支伪状态的所有转出转换必须被采取,所以它们可以没有触发器或守护,但可以有效果。

来自非相干组合状态的转出转移的协调,使用**汇合伪状态(join pseudostate)** 执行,汇合伪状态具有多个转入和一个转出转换。汇合伪状态的触发和守护规则与分支伪状态相反。汇合伪状态的转入转换可以没有触发器、守护,但可以有效果。转出转换可以有触发器、守护和效果。当所有的转入转换可以被采用,且汇合的转出转换有效,该复合转换可发生。首先发生转入转换,之后跟随的是转出转换。

分支和汇合伪状态显示为一个垂直块或水平块,转换边界开始或结束于此块。在图 11.10 中可以看出这样的一个例子,表明了来自图 11.5 中 *operating* 状态可能的分解效果。

组合状态中多个区域的存在由状态标识中的多个分区表示,用虚线分隔。该区域可以随意命名,这样的名字出现在相应的分区顶部。分区的所有节点都是同一个区域的组成。作为在分区中显示状态名称的另一种表示,状态名称可以放在附在状态标识外部的标签中。在图 11.11 中可以看到这样一个例子。

图 11.10 进一步详细阐述了图 11.9 中的 *operating* 状态。此例中 *logged on* 状态有两个非相干区域。一个区域名为 *alert management*(警报管理),规定了针对运行的 *normal*(正常)和 *alerted*(报警)模式的状态和转换;其他区域名为 *route maintenance*(路线维护),规定了当采用系统的自动监视特性时针对更新路线(平摆-倾斜角度)的状态和转换。如前所述,在 *logged off* 状态,接收到 Login 信号触发了向 *logged on* 的转移。基于两个区域中的初始伪状态,*logged on* 的两个初始子状态为 *idle* 状态用于区域 *route maintenance*,*normal* 状态用于区域 *alert management*。在 *alert management* 中,接收到信号 Alert 触发了 *normal* 状态向 *alerted* 状态的转移。类似的情况是,在 *route maintenance* 中,接收到 *Edit Routes*(编辑路径)信号触发了 *idle* 状态向 *maintaining*(维护中)状态的转移。

第11章 应用状态机为基于事件的行为建模

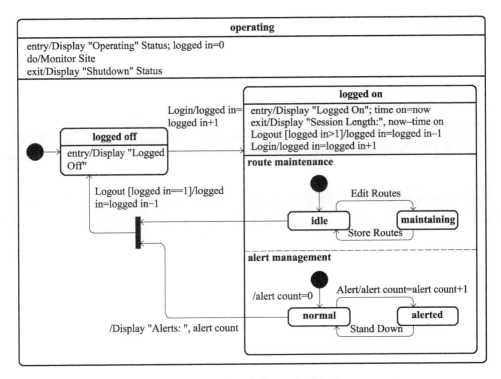

图 11.10 进入或离开一组并行区

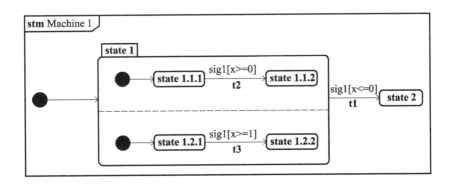

图 11.11 转移开关指令的说明

为了保证操作人员对系统的合理监督,如果 logged on 状态处于子状态 idle 和 normal,最后的操作人员只能将系统注销。这种约束使用一个汇合伪状态指定,它的转出转换由 Logout 信号触发,并带有守护条件 logged in = =1。去往汇合伪状态的两个转入转换始于子状态 idle 和 normal,所以即使存在一个 Logout 信号和登录操作人员的数量为1,只有当 logged on 的两个激活的子状态是 idle 和 normal 时,来自汇合伪状态的转出转换才有效。由于来自 idle 和 normal 的转换跨越了 logged on 状态的边界,在任何转换效果发生前,它的转出行为将执行。当评估守护条件

为真之后,由有效信号 Logout 触发的执行顺序如下:
(1) logged on 的出口行为——Display "Session Length :", now – time on;
(2) 去往汇合点的转入转换效果——Display "Alerts :", alert count;
(3) 来自汇合点的转出效果——"logged in = logged in – 1";
(4) logged off 的入口行为——Display "Logged Off"。

细化了 operating 状态之后,很明显转换 Logout [logged in > 1] 和 Login 作为内部转换更合适,而不是进行自我转换。自我转换通常是退出或再次进入状态,在这种情况下将重置 route maintenance 和 alert management 子状态;很明显,这在一个入侵者警报中是不希望的。

11.6.3 在嵌套状态层级中的转换启动顺序

相同的事件可能触发状态层级结构中多个级别的状态转换,并且除了并发区域之外,相同时间内只能发生一个转换。哪个转换的源状态是状态层级中最里面的,则那个转换优先考虑。

分析图 11.11 中状态机 Machine 1 的初始状态(状态 1.1.1 和状态 1.2.1),信号 sig 1 与转换的三个触发器相关,每一个带有守护变量 x 的值。注意,在此例中,转换具有名称和转换表达式,而通常情况下转换边界将显示其中之一。这样做是为了帮助解释状态机的行为。下面的列表显示了转换,根据条件 x 的值为 –1~1,此转换将启动接收信号 sig1。

(1) $x = -1$——转换 t1 将被触发,因为它是唯一一个带有有效守护的转换;
(2) $x = 0$——转换 t2 将被触发,因为虽然 t1 也有一个有效守护,但 state1.1.1 是两个源状态中最内层的;
(3) $x = 1$——转换 t1 和 t2 都将被触发,因为它们的守护都有效。

所以,按照出口行为的正常执行规则,在从 state1 到 state2 的转换发生前,任何 state1 的激活嵌套状态的出口行为,如同 state1 的出口行为,都必须执行。

图 11.11 中的例子是相当简单的。当使用复合转换以及来自非相干组合状态的转换时,转换的优先级评估更复杂。尽管如此,同样的规则也适用。

11.6.4 使用历史伪状态返回之前中断的区域

在某些设计场景,为了响应某个意外事件,可以通过中断当前区域的行为来处理一个意外事件,然后返回到中断时间点区域所在的状态。这种做法可以由一种名为**历史伪状态(history pseudostate)**的伪状态实现。历史伪状态代表其拥有区域最后一个激活的状态,结束于历史伪状态的转换有将该区域返回那个状态的作用。一个源于历史伪状态的转出转换指定了一个默认历史伪状态。当区域没有以前的历史或它的最后激活状态为最终状态时,可以这样使用。

两种历史伪状态为深层伪状态和浅层伪状态。**深层历史伪状态(deep history pseudostate)**记录了状态层级内所有区域的状态,这些区域也包括拥有深层伪状态的区域。**浅层历史伪状态(shallow history pseudostate)**仅仅记录拥有状态的区域的顶层状态。因此,深层历史伪状态能够返回嵌套状态,而浅层历史伪状态则只能返回顶层状态。

历史伪状态使用外面带圆圈的字母"H"描述。深层历史伪状态在圆圈的右上角有一个小星号。

Surveillance System 支持一种紧急覆盖的机制,如图 11.12 所示。图 11.12 演变于图 11.10,即使有不间断的警报,监视系统在接收到带有密码的 *Override*(覆盖)信号后,将触发一个从 *logged on* 或从 *logged off* 状态的转换。这种转换借助一个出口点伪状态,从封闭的 *operating* 状态路由到 *emergency override activated*(紧急覆盖激活)状态(参见 11.6.5 小节结尾处的讨论)。尽管如此,一旦紧急状态结束,*Resume Operation*(恢复运行)信号需要将 *operating* 状态完全恢复到它之前的状态,以便系统能够继续中断的活动。为了实现这些,由 *Resume Operation* 信号触发的转换将在一个深层历史伪状态结束(经由进入点伪状态),该伪状态将恢复以前的 *operating* 状态,包括子状态。作为比较,如果使用浅层历史伪状态,以前 *operating* 状态的子状态是 *logged on*,然后状态机将返回登录的初始状态,而不是以前的激活子状态 *logged on*。如果没有以前的历史,则当前状态是 *Logged Off*。

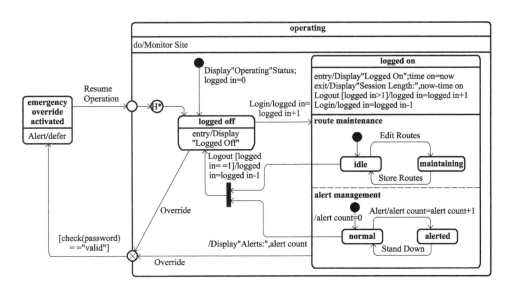

图 11.12　使用历史伪状态从中断的状态中恢复

在 *emergency override activated* 状态中 *Alert* 事件被推迟,以便该事件在后续的 *operating* 状态中被处理(如果合适)。

11.6.5 重用状态机

子机状态(submachine state)是一种状态,它引用了一个可以被其他子机状态重用的状态机。一个结束于子机状态的转换将开始它的引用状态机。类似的情况是,当引用状态机完成,它将生成一个完成事件,后者可以激发转换,转换的源头是子机状态。建模人员也可以从两种伪状态受益,名为**入口点伪状态(entry-point pseudostate)**和**出口点伪状态(exit-point pseudostate)**,这两种伪状态允许状态机定义另外的进入和退出点,这些点可以从一个子机状态被访问。

状态机上的入口点和出口点

对于一个单区域状态机,入口点和出口点伪状态与连接伪状态相似。也就是说,它们是复合转换的一部分。在复合转换触发前,它们的退出守护必须被评估,并且只有一个转出转换被采用。在状态机中,入口点伪状态可以仅有转出转换,出口点伪状态可以只有转入转换。

入口点和出口点伪状态都是用压在状态机或组合状态边界的小圆圈表示。入口点符号是空心圆,而出口点符号是一个包含×的圆。

图 11.13 显示了一个测试摄像头例子,名为 *Test Camera*(*测试摄像头*),使用图形形式规定转换。在入口点伪状态,第一个转换设置了 *failures*(*失败*)变量为 0,并结束于选择伪状态。在第一个入口,状态机将总是采用[*else*]转换,这样将导致 *Test Camera* 信号的发出,并将带有当前摄像头的编号(*ccount*)作为参数。随后,状态机停在 *await test result*(*等待测试结果*)状态,直到接收到带有参数 *test result*(*测试结果*)的 *Test Complete*(*测试完成*)信号。由 *Test Complete* 信号触发的转换结束于一个连接点,该连接点或引导到出口点伪状态 *pass*(*通过*)(如果测试通过),或回到初始的选择伪状态(如果测试失败),同时 *failures* 变量递增。如果摄像头自测试失败超过 3 次,则带有守护[*failures* > 3]的转移将启动,到达出口点 *fail*。

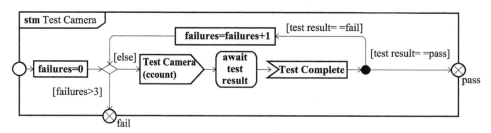

图 11.13 带有入口和出口点的状态机

子机状态

子机状态包含了到另一个状态机的引用,该状态机作为子机状态的父状态执行的一部分。被引用状态机的入口和出口点伪状态通过名为**连接点(connection point)**的特殊节点表示在子机状态的边界。连接点可以是状态转换的源或目标,与子机状态之外的状态相连。对于源或目标是连接点的转换,其成为形成了复合转换的一部分,此复合转换包括被引用的状态机中对应的入口点伪状态和出口点伪状态的转换。图 11.14 给出了一个示例。在任何由子机状态给定的状态机的使用中,只有入口点和出口点伪状态的子集可能需要从外部连接。

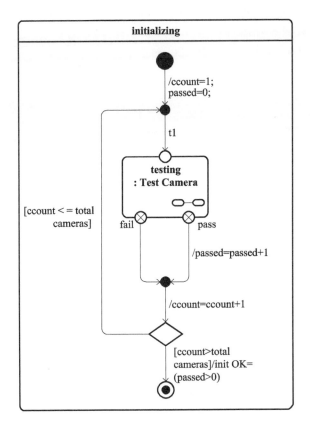

图 11.14　引发一个子状态机

子机由一个显示了状态名称的状态标识表示,后跟被引用状态机的名称,中间由冒号分开。子机状态也包括一个图标,显示在右下角,或描绘简单的状态机,或以耙形标识表示,表明与其他图中图形分解的表示一致。连接点可以放在子机状态标识的边界上。这些标识与被引用的状态机的入口点和出口点伪状态标识相同。注意,只有那些需要连接到转移边界的连接点需要显示在图上。图 11.14 显示了 Surveillance System 的 initializing 状态。在入口处,ccount(归属块的一种属性,计算被测摄像头的数量)和 passed(已通过)(一种属性,计算通过自检的摄像头数量)分别被初始化为 1 和 0。接下来是一个连接伪状态,它允许算法按需检测尽量多的摄像头。为了测试每个摄像头,testing(测试)状态使用 Test Camera 状态机。离开出口点伪状态 pass 的转换有一个效果,为变量 passed 加 1,

离开 *fail* 出口点伪状态的转换没有效果。两种转换在连接点结束,连接点的转出转换增加了被测摄像头的数量。这个转换以一个选择结束,其中一个分支为如果 [*ccount < = total cameras*] 则转出转换返回测试另一摄像头,另一个分支则到达了 *initializing* 的最终状态。在转换到最终状态的过程中,转换的效果为:如果至少一个摄像头通过了自检,设置 *init OK* 变量为 true,否则为 false。

如前所述,入口点和出口点伪状态形成了复合转换的一部分。也就是说,在子机状态下,复合转换合并了包含状态机和被引用状态机的转换(以及它们的触发器、守护和效果)。观察图 11.13 和图 11.14,来自 *initializing* 状态的初始伪状态的复合转换如下:

(1) 由 *initializing* 状态拥有的单区初始伪状态。
(2) 带有效果标签 *ccount = 1 ; passed = 0* 的转换。
(3) 命名为 *t1* 的转换。
(4) 带有效果 *failures = 0* 的转换。
(5) 带有守护[*else*](至少此次)的转换。
(6)(图形化的)带有发送 *Test Camera* 信号效果的转换,此信号带有参数 *ccount*。
(7) 等待测试结果的状态。

组合状态中的入口点和出口点伪状态

入口点和出口点伪状态即可用于状态机,也可用于组合状态的边界上。如果组合状态有一个单区域,则它们像连接点一样进行行为。如果组合状态有多个区域,则在入口点伪状态它们像分支点一样进行行为,在出口点伪状态它们像汇合点一样进行行为。对于入口点伪状态,在组合状态的入口行为之后它们的转出转换执行。对于出口点伪状态,在组合状态出口行为之前它们的转入转换执行。入口点和出口点伪状态的示例如图 11.12 所示。

11.7 离散状态和连续状态比较

本章迄今所示的示例基于离散语义,特别是状态机,其中触发事件是特定的激励(信号、操作调用或计时器的过期)。SysML 状态机也可以用来描述由离散或连续属性值驱动的系统。这种转换是由变化事件触发。

转换上的触发器可以与某个**变化事件(change event)**相关联,后者的变化表达式陈述了条件。该条件通常是根据属性值给出的,这将导致事件发生,从而触发转换。变化表达式有一个包含表达式的主体和所使用语言的说明,这允许可以有多种类型表达式。

图 11.15 所示的状态机 H_2O *State*(水状态)定义了 *Solid*(固态)、*Liquid*(液态)和 *Gas*(气态)状态之间的转换。这些表示 H_2O 的离散状态,而其属性(如温度和压力)的值表示连续状态变量。变量 *temp* 的具体值加上其他条件(如能量的消耗

或增加),定义变化事件的表达式和转换守护。因此,状态 H_2O 变量的值可以用来确定 H_2O 的离散状态和那些状态之间的转换。类似地,其他连续系统的离散状态可以根据系统连续属性的值来定义。

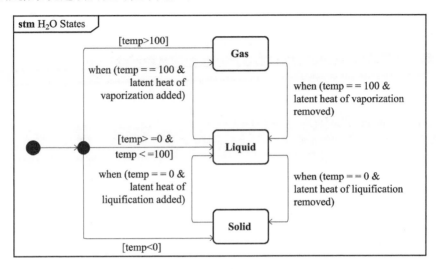

图 11.15 关于水的状态机

11.8 小结

状态机通过状态和状态间的转换来描述块的行为。状态机可以如同其他 SysML 的行为结构一样分层组织,实现任意复杂的基于状态的行为表示。

本章所涉及的状态机概念主要包括以下内容:

(1) 状态机描述块状态依赖行为的一个潜在可重用定义。每个状态机图描述一个单状态机。

(2) 每个状态机包含至少一个区域(该状态机本身可以包含多个状态和伪状态)以及它们之间的转换。在状态机执行过程中,每一个区域都有一个活动状态,它决定了该区域当前可行的转换。一个区域可以有一个初始伪状态和最终状态,分别对应于状态的开始与结束。

(3) 状态是对一个块生命中某些重要条件的抽象,规定了进入和离开该条件的效果,以及通过行为(如活动)说明块在该条件下的操作。

(4) 转换描述有效的状态变化,以及在什么情况下会发生这些变化。转换有一个或多个触发器、一个守护和一个效果。触发器与事件关联,该事件可对应于某个信号接收(信号事件)或是某个通过拥有块实现的操作调用(调用事件)、某个定时器的超时(时间事件),也可以是某种条件的满足(变化事件),这些条件由块及其环境的属性(变化事件)所规定。在当前活动状态完成时转换也可以由完成事件所触发。

（5）守护表示转换触发需要满足的任何额外约束。如果发生有效事件，则对守护进行评估，如果为真，则触发转换；否则，该事件将被消耗，状态无变化。转换可以包括由行为(如活动)描述的转换效果。如果转换被触发，则执行转换效果。

（6）状态可以指定某些事件可以被推迟，在这种情况下，它们在触发转换时仅仅被消耗。延迟事件是在转换到不再延迟它们的状态时被消耗。

（7）在很多情况下，状态之间的简单转换不足以规定所需的行为。汇合和选择伪状态允许几个转换组合成一个复合转换。虽然复合转换只能包含一个带有触发器的转换，但它可以有多个具有守护和效果的转换。连接伪状态和选择伪状态可以有多个转入转换和转出转换。它们被用来构造具有多个转换路径的复杂转换，每个路径都有自己的守护和效果。历史伪状态允许区域中断，随后恢复到以前的激活状态。

（8）状态可以与嵌套状态复合在一个或多个区域中。如同状态机，执行期间活动状态在每个区域中都有一个活动子状态。组合状态具有穿透性，即转换可以穿过它们的边界。名为分支和汇合的特殊伪状态，允许同时在多个区域发生转换。给定事件可以触发多个活动区域的转换。

（9）状态机可以通过子机状态重用。借助于到/由对应子机状态边界的转换，产生与重用状态机的交互。这种产生可以是直接的，也可以通过入口点和出口点的伪状态产生。

（10）变化事件由状态机变量值或其拥有块的属性驱动。除了离散系统外，变化事件可以触发连续系统中的转换，其中系统离散状态之间的转换是由连续状态变量的值触发的。在这种情况下，行为是对一个或多个状态变量的约束，该状态变量必须在给定状态下为真。

11.9 问题

（1）状态机图的图类型是什么？
（2）状态机区域包含哪些类型的模型元素？
（3）状态和伪状态之间的区别是什么？
（4）状态机有"S1"和"S2"两种状态，如何显示该状态机的初始状态是"S1"？
（5）最终状态和终止伪状态之间的区别是什么？
（6）一个状态有三种与之相关的行为，它们被称为什么以及何时调用它们？
（7）转换的三个组成部分是什么？
（8）在什么情况下，一个区域的状态会生成一个完成事件？
（9）带有相同的源和目标状态的内部转换和外部转换之间的行为有什么不同？

第11章 应用状态机为基于事件的行为建模

（10）如果带有守护"a > 1"和一个效果"a = a + 1"的信号"S1"被触发,转换的转换字符串会是什么样?

（11）使用转换的图形符号绘制相同的转换。

（12）延迟事件在何处以及如何表示?

（13）连接伪状态与选择伪状态之间的区别是什么?

（14）如果一个状态有几个非相干区域,则它们是如何显示的?

（15）浅层历史伪状态和深层历史伪状态之间的区别是什么?

（16）如何在另一个状态机中重用状态机?

（17）在状态机中如何表示入口点和出口点伪状态?

（18）在什么情况下会发生一个给定的变化事件?

讨 论

状态机描述了块的行为,但活动也是如此(通过使用活动分区)。讨论当状态机和活动描述同一个块的行为时,采用何种方法来确保两个行为描述方法相一致。

第 12 章 应用用例为功能建模

本章描述了如何以用例进行系统的高层功能性建模。

12.1 概述

用例描述了系统的功能性,规定了如何使用用例实现不同用户的目标。系统的用户被描述为执行者,执行者可以表示与系统发生作用的外部系统或人。

执行者可以通过泛化进行分类,用例也可以通过泛化进行分类。但除此以外,用例可以包含或扩展其他用例。执行者与其参与的用例相关。系统、系统的执行者和系统用例之间的关系由用例图描述。

用例可看作一种机制,它根据系统的应用来捕获系统需求。SysML 需求也可用于更明确地捕获文本需求与用例和其他模型元素之间的关系(参见第 13 章关于需求的讨论)。用例描述中的步骤也可以作为 SysML 需求捕获。

不同的方法论通过不同的方式来应用用例[50]。例如,有些方法对每个以文本形式捕获的用例都需要进行用例描述,如可能包括前置条件、后置条件、基本活动流、可选活动流、例外活动流等。用例通常被行为、活动、交互、状态机等详细描述所细化。

12.2 用例图

在**用例图**(use case diagram)中,图框架对应于某个包、模型、模型库或块,图中内容描述了一组执行者、用例以及它们之间的关系。用例图的完整标题如下:

uc [model element kind] model element name [diagram name]

用例图的图种类是 **uc**,*model element kind*(模型元素类型)可以是包模型、模型库或块。

图 12.1 表示了一个用例图的示例,它包含了系统(主体)、用例以及执行者等关键图元素。该图表示了 *Surveillance System*(监视系统)的主要用例以及此用例中的参与者。用例图中的标记见附表 A.24。

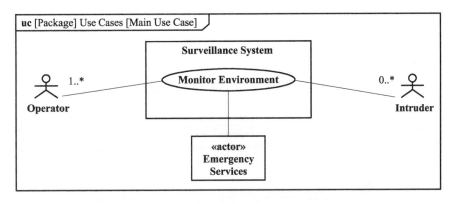

图 12.1 用例图示例

12.3 应用执行者表示系统用户

执行者(actor)代表使用系统的参与者角色,如人、组织或外部系统。执行者可以直接与系统进行交互,也可以通过其他执行者与系统进行间接交互。

需要注意的是,"执行者"是一个相对概念,因为对于某个系统是外部的执行者但对另一个系统可能是内部的。例如,假设一个组织中的个人需要从内部的咨询台部门获得服务,该部门主要用来为组织提供 IT 支持。咨询台可看作一个系统,而正在要求服务的组织成员可看作为执行者。然而,这些同样的个人可能转过来为外部用户提供服务。在这种情况下,之前相对于咨询台的可看作执行者的个人将被外部用户看作系统的一部分。相似的类比可以用分系统举例,分系统相对其他分系统可看作外部(执行者),但对系统而言它是内部的。

执行者可以按标准的泛化关系进行分类。执行者的分类与其他可分类的模型元素相比,有着相似的分类方法。例如,一个特定的执行者参与了所有用例,这些用例拥有更多的通用执行者参与。

执行者可以由一个带有名称的人物图形表示,也可以由关键词«actor»下包含执行者名称的矩形框表示。标识选择取决于所采用的工具和方法。执行者分类使用标准的 SysML 泛化标识——一条在泛化端带空心三角形的线。

用例包 *Surveillance System* 包含了系统执行者的描述。图 12.2 中共有五位执行者。包括一位负责操作系统的 *Operator*(操作员),一位负责管理系统的 *Supervisor*(监视员),还有一位 *Advanced Operator*(高级操作员),其是一位特殊的 *Operator*,具有其他特殊技巧。需注意,*Intruder*(入侵者)也被作为执行者进行建模。虽然严格地说 *Intruder* 算不上使用者,因为它没有跟系统发生交互,但是可作为外部环境的重要组成部分来考虑。另外一个关注点是 *Emergency Service*(紧急服务),事件需要报告给它。这个执行者本应使用人物图形符号来表示,但并没有,因为它是一个组织,包括了人、系统和其他设备。

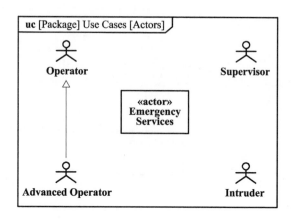

图 12.2 用例图表示执行者及其关系

12.3.1 对执行者的深层描述

虽然在 SysML 中没有定义,但是许多方法建议作为系统用户的执行者采用额外的描述属性。示例如下:

(1)执行者所属的组织(如采购);
(2)物理位置;
(3)使用系统所需的技能等级;
(4)对于访问系统所需的等级。

12.4 应用用例描述系统功能

用例(use case) 从系统用户的角度描述了系统的目标。该目标以系统必须支持的功能来描述。通常,用例描述定义了用例的目标、主要的使用方式以及多个可变的用法。以支持用例的方式提供功能性的系统称为考虑中的系统,通常代表了正在开发的系统。**考虑中的系统(system under consideration)** 也称为**主体(subject)**,并由块表示。后面将使用术语"系统"或"主体"交替表示正在考虑中的系统。

单个用例可能覆盖一个或多个**场景(scenario)**,这些场景体现了系统在不同环境下如何与执行者进行交互。

执行者通过**通信路径(communication path)** 与用例发生关系,通信路径表示带有一些约束的关联。关联端可以具有多重性,其中执行者端的多重性描述了每个用例中涉及的执行者数量。用例端的多重性描述了用例实例的数量,单个或多个执行者在任何时间均属于此用例。任何一个方向不允许关联组合,因为执行者不是用例的一部分,用例也不是执行者的一部分。

执行者和用例都不能拥有属性,所以在关联上方的角色名称不能像在块定义图中的那样代表引用属性。在执行者端的角色名称可以用于描述执行者在相关用例中扮演的角色,即使这个角色不能从执行者名中明显看出。在用例端的角色名称可以用于描述用例功能与相关执行者之间的关系。

用例可由一个内部带有用例名称的椭圆来表示。在执行者与用例之间的关联显示为一个标准的关联标记。若不明确表示,当前关联端的默认多重性为"0..1"。在用例图中,关联不能带有箭头符号,因为不管是执行者还是用例都不能拥有属性。一组用例的主体可以用一个包围着各用例的矩形框表示,在矩形顶部中央带有主体的名字。

模型元素拥有的用例可以显示在一个专用专区中,标签为 *owned use case*(拥有的用例)。

图 12.3 表示了 Surveillance System 的中心用例,名为 Monitor Environment(监视环境)。Monitor Environment 相关的主执行者是系统的 Operator、Intruder 以及 Emergency Service。关联上的多重性表示必须至少有一个 Operator 和潜在的多个 Intruder。Emergency Service 也与 Monitor Environment 用例相关,在发现 Intruder 并报告的情况下,它们成为主动的参与者。

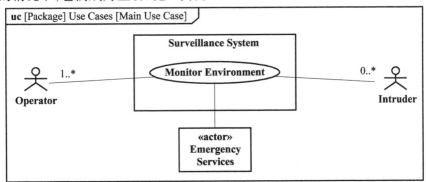

图 12.3 用例及参与其中的执行

12.4.1 用例关系

用例之间可以通过分类、包含和扩展进行相互关联。

包含与扩展

包含(inclusion)关系允许一个用例(称为**基本用例(base use case)**)包含另一个用例(称为**包含用例(included use case)**)的功能。当基本用例被执行时,包含用例通常也被执行。12.5 节描述了实现基本用例并经常参考包含用例的行为。

包含定义隐含的内容是,因为任何基本用例的参与者可以参与到包含用例中,所以与基本用例相关联的参与者不必与任何包含用例建立明确的联系。如图 12.4所示,*Operator* 通过与 *Monitor Environment* 的关联隐性地参与了 *Initialize System*(初始化系统)和 *Shutdown System*(关闭系统)。

包含用例并没有代表基本用例的功能分解，但可以用来描述可能由其他用例包含的通用功能。在功能分解中，低层功能表示了高层功能的完整分解。相比之下，基本用例和它的包含用例通常描述了所需功能的不同方面。在图 12.4 中的 *Monitor Environment* 情况下，关键的监视功能由基本用例描述，附加的功能由包含用例 *Initialize System* 和 *Shutdown System* 描述。

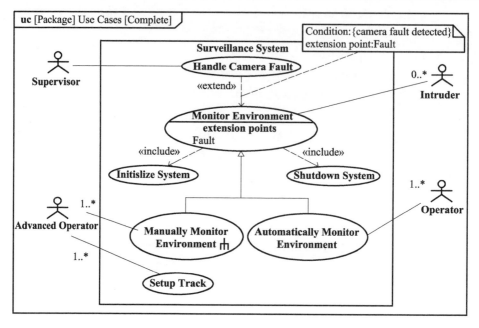

图 12.4　监视系统用例集

用例也可以使用**扩展（extension）**关系对基本用例扩展。**扩展用例（extending use case）**，不作为基本用例功能性的一部分。它通常描述了一些例外的行为交互，如在执行者和主体之间的出错处理，不直接贡献于基本用例的目标。

为了支持扩展，基本用例定义了一组**扩展点（extension point）**，表示基本用例可扩展的位置。扩展点可以看作用例描述的一部分。如果用例有一个关于步骤顺序的文本描述，则扩展点可表示扩展用例在顺序中的哪一步是有效的。扩展必须参考扩展点来表示在基本用例中扩展可能在哪里发生。扩展有效的条件可以通过约束进一步描述。当扩展点到达时，约束条件将被评估以决定扩展用例是否发生。扩展点的出现并不意味着有扩展与之相关。

与包含用例不同，基本用例并不依赖扩展用例。但扩展用例可以取决于基本用例发生的情况。例如，扩展用例可假设基本用例中一些例外的环境已经发生。这并不意味着与基本用例相关联的执行者参与了扩展用例，扩展用例实际上可以有完全不同的参与者，如图 12.4 中用例 *Handle Camera Fault*（处理摄像头故障）展示的那样。

包含和扩展用一条带有开放箭头的虚线表示,开放箭头在被包含端或扩展端。包含线的关键词为«include»,扩展线的关键词为«extend»。箭头的方向应解读为指向包含的尾端或扩展的头端。因此,基本用例包括一个包含用例,而扩展用例扩展了一个基本用例。用例可以在其命名分区下有另外的分区,用于列出其所有的扩展点。扩展线可以有一个附加注释,用于命名其扩展点,并显示扩展用例发生的条件。

分类

用例可以使用标准 SysML 泛化关系进行分类。分类的含义与其他可分类模型元素的含义类似。例如,其中一个含义是,通用用例的场景也是特殊化用例的场景。它还意味着,与特殊化用例关联的执行者也可以参与由通用用例描述的场景。用例的分类使用标准的 SysML 泛化标识表示。

图 12.4 表示了一个用例图,包含了用于 *Surveillance System* 的完整用例集。当系统控制摄像头时,作为 *Monitor Environment* 的一部分,用例 *Automatically Monitor Environment*(自动监视环境)中所有的 *Operator* 被允许监视那些对可疑活动的自动跟踪。这就允许安全公司可以使用初级或训练不足的雇员。当他们使用操纵杆手动控制摄像头时,*Advanced Operators* 可以参与用例 *Manually Monitor Environment*(手动监视环境)。*Advanced Operators* 也有权为摄像头设置跟踪监视轨迹。

完整的 *Monitor Environment* 规范还包括系统初始化和关机,由 *Monitor Environment* 和 *Initialize System*、*Shutdown System* 之间的包含关系表示。

扩展点 *Fault*(故障)表示在用例 *Monitor Environment* 中处理摄像头故障的位置。用例 *Handle Camera Fault* 在扩展点 *Fault* 处扩展了用例 *Monitor Environment*。这是一项特殊的任务,只有当摄像头故障被检测到时才会触发,正如它的相关条件所示,并且只能由 *Supervisor* 来执行。

12.4.2 用例描述

基于文本的用例描述可以提供额外的信息来支持用例定义,这种描述对用例的价值有重大贡献。描述性文本可以作为单个或多个注释在模型中捕获。也可以将用例描述中的每个步骤作为 SysML 需求。典型的用例描述包括以下部分:

(1)前置条件——在用例开始前必须具备的条件;
(2)后置条件——一旦用例完成必须具备的条件;
(3)主流程——用例中最常见的一个或多个场景;
(4)可选或/和例外流程——不太频繁或与名义流程不同的场景,例外流可以参考扩展点,通常表示不直接支持主流目标的流。

其他信息可以增加对基本用例的描述,以进一步阐述执行者与主体之间的详细交互。

以下是从用例 *Monitor Environment* 中抽取的一部分。

前置条件(pre-condition)

Surveillance System 断电。

主流程(primary flow)

Operator 使用 *Surveillance System* 来监视设施环境。一个 *Operator* 在操作前初始化系统(见 *Initialize System*)和关闭系统(见 *Shutdown System*)。在正常运行期间,系统摄像头将自动按预定路线运行,这些经过设置的路线优化了探测的可能性。

如果 *Intruder* 被发现,则警报将在内部和中心监控站同时产生,监视站的职责是召唤任何所需帮助。如果智能入侵者跟踪系统(将覆盖标准的摄像头搜索路径)可用,则它将被启用以跟踪嫌疑入侵者。如果智能入侵者跟踪系统不可用,则 *Operator* 应当保持对嫌疑入侵者的视觉跟踪,并在 *Emergency Services* 到达时,将这一信息传递给他们。

可选流程(alternate flow)

在完成系统初始化、正常操作开始之前,可能出现故障,在这种情况下可以对其进行需要的处理(如 *Fault* 扩展点),但在此后故障将不被处理。

后置条件(post-condition)

Surveillance System 断电。

12.5 应用行为细化用例

用例的文本定义,与之前描述的用例模型可以描述系统的功能。尽管如此,如果需要,对用例更加详细的定义可以通过交互、活动和状态机等建模(见第 9 章~11 章)。通常情况下,在用例被评审和接受之后,添加这些图来细化需求和设计。行为形式的选择通常依据个人或项目的偏好,但一般来说:

(1)当场景基于大量信息时,交互非常有用;

(2)当场景包含大量的控制逻辑、输入/输出流,以及传递数据的算法时,活动非常有用;

(3)当执行方与主体之间的交互是异步的,并且不易由事件序列表示时,状态机非常有用。

建模人员可以选择在一个特定的用例符号上注明该用例的行为是否由上面列出的行为图来进一步描述。如果用例有相关的行为图,那么用例符号就在它的右下角显示一个靶形符号。图 12.4 中用例 *Manually Monitor Environment* 就包含一个靶形符号,表示它被进一步细化了,如图 12.6 和图 12.7 所示。

12.5.1 情境图

当使用交互或活动时,生命线和分区代表了用例中的参与者。创建一个内部块图是很有用的。在内部块图中,封闭的框架对应于**系统情境**(system context),主体和参与的执行者对应于系统情境内部块中的组成。为了支持这项技术,执行者可以出现在块定义图中,在内部块图中的组成可以按执行者分类。或者,可以使用第 14 章中描述的分配关系将执行者分配到块,然后表示执行者的组件可以按块分类。

图 12.5 表示的是一个内部块图,描述了块 System Context(系统情境)的内部结构,表示 Surveillance System 的情境以及与之相关的用例。考虑中的系统 Surveillance System 作为 System Context 的一部分,称为 company security system(公司安全系统)。参与用例的两个执行者 Advanced Operator 和 Intruder,也各自表示为 security guard(安全警卫)和 suspect thief(嫌疑小偷)。

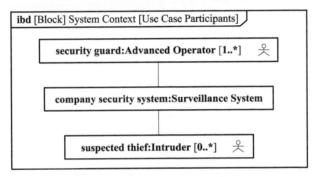

图 12.5 针对用例场景的情境

12.5.2 序列图

除了用例描述外,用例还可以通过一个或多个序列图来细化。不同的交互可能对应于(基本)用例、所有包含用例和扩展用例。拥有交互的块必须具有与主体和参与者相对应的组件,它们可以通过交互中的生命线来表示。

如前所述,包含用例必须始终作为基本用例的一部分。因此,通常情况下,描述包含用例场景的交互是表示基本用例交互的一个必需的部分。通过引用复合框架(如 seq、strict 或 loop)内用于包含用例与操作者的交互,上述情况一般在基本场景交互中指示。

严格地说,应该规范表示基本用例的交互,而无须参考扩展用例,只是简单注释扩展点。尽管如此,一种常用的方法是在代表着基本场景的交互中,引用扩展用例作为可选结构。在这种方法中,与扩展用例相对应的交互通常包含在条件运算符的操作对象中,如 break、opt 或 alt。如果指定了扩展,则应该使用扩展上的约束来保护操作对象。

块 System Context 拥有大量的交互,其内部块图如 12.5 所示。描述用例 Manually Monitor Environment(人工监视环境)主场景的 Handle Alert(处理报警)交互如图 12.6 所示。在图 12.4 中,用例 Manually Monitor Environment 包含用例 Initialize

System 和 Shutdown System。Handle Alert 交互包括 Standard Initialization（标准初始化）交互和 Standard Shutdown System（标准关闭系统）交互的对应使用，Standard Initialization 交互是用例 Initialize System 的场景，而 Standard Shutdown System 交互是用例 Shutdown System 的场景。

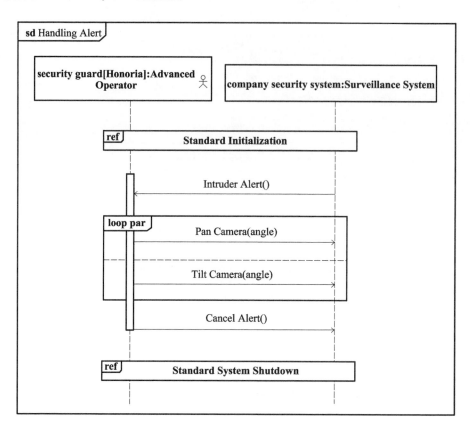

图 12.6 由序列图描述的某一用例场景

在这两个交互中，场景描述了安全警卫 Honoria 是如何对付一个入侵者的。作为一位 Advanced Operator，她将手动控制摄像头跟踪可疑入侵者。图 12.4 中用例 Automatically Monitor Environment 的交互不包括对摄像头的手动控制。

12.5.3 活动图

如前所述，用例场景也可以由活动图描述，在这种情况下，参与者由活动区表示。与交互图一样，活动也可细化基本用例、包含用例和扩展用例。

图 12.7 显示了用例 Manually Monitor Environment 的另一种描述方式，描述了如何处理手动跟踪可疑入侵者行为。两个活动分区 security guard 和 company security system 表示了参与者分别负责的动作。

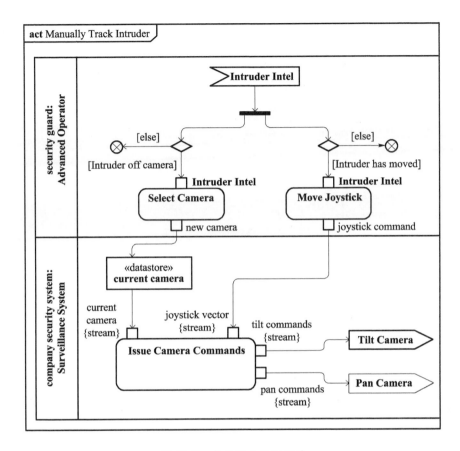

图 12.7 应用活动描述场景

分析新的入侵情报：由情报接收发起的控制流被分为两个关注点。如果入侵者已经移动，则将执行 Move Joystick（移动操纵杆）动作以跟踪入侵者。如果入侵者已经移出当前摄像头范围的情况，则将执行 Select Camera（选择摄像头）动作以选择更加合适的摄像头。在以上两种情况下，流结束节点用来处理以后不需要动作的情况。同时，这个输入流通过 Issue Camera Commands（发给摄像头指令）动作被转换为 Pan Camera（平摆摄像头）和 Tilt Camera（倾斜摄像头）消息，传递给合适的摄像头。

12.5.4 状态机图

状态机也可用于描述场景。有些方法支持使用单状态机来描述所有可能的用例场景，包括异常情况，而其他方法建议为每个场景使用单独的状态机。注意：当使用状态机时，没有语言结构可以准确地定义负责采取动作的部件，但是可以为每个参与者，包括感兴趣的系统和执行者定义单独的状态机。

图 12.8 表示了描述用例 Manually Monitor Environment 的状态机的一部分。图

中显示了 *operator idle*（操作者空闲）、*intruder present*（入侵者出现）和 *automatic tracking enabled*（自动跟踪使能）三个状态。当系统处于 *operator idle* 状态时，*Intruder Alert*（入侵者警告）事件会导致发送 *Raise Alarm*（产生警报）消息，并将状态转移到 *intruder present*。一旦进入 *intruder present* 状态，就可以手动跟踪入侵者，但是 *Auto Track*（自动跟踪）事件将触发向 *automatic tracking enabled* 的转移，并禁止手动跟踪，直到 *Lost Track*（丢失跟踪）事件发生。采用这种方法，单状态机可以表示多个场景。

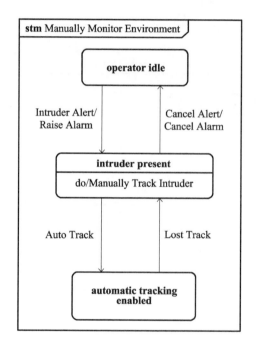

图 12.8　应用状态机描述手动监视环境用例

这种描述共享了图 12.6 中的许多信号，但它更关注状态而不是消息。

12.6　小结

用例用于捕获实现用户目标的系统功能。用例通常作为描述系统所需功能的方法而被使用，并且可以增加 SysML 需求来精化基于文本功能需求的定义。使用用例的方式高度依赖于应用的方法论。下面是本章主要介绍的用例概念：

（1）用例描述了系统的特定使用，以实现用户目标。用例之间的包含、扩展和分类关系对于将常用的功能分解为可被其他用例重用的用例非常有用。包含用例通常作为基本用例的一部分。扩展基本用例的用例通常作为异常执行，一般不直接支持基本用例的目标。

(2)考虑中的系统(也称为主体)提供了执行者所要求的功能,通过用例来表示。

(3)执行者描述了系统外部实体所扮演的角色,可以表示人、组织或外部系统。泛化可以表示在不同类别执行者之间的分类关系。关联关系将执行者与其参与的用例联系起来。

(4)由用例描述的功能通常采用交互、活动和状态机进行更细化的说明。选择使用哪种行为形式,以及如何使用通常取决于特定的方法。

12.7 问题

(1)什么是用例图的种类?框架可对应于哪些模型元素?
(2)执行者表示什么?
(3)在用例图中执行者如何表示?
(4)如果一个执行者将另一个执行者特殊化,这意味着什么?
(5)用例表示什么?
(6)考虑中的系统的另外一个术语是什么?
(7)场景与用例有何不同?
(8)包含关系如何表示?
(9)除了基本和扩展用例之外,扩展关系还可能包含哪两种信息?
(10)如果一个用例特殊化另一个用例,那么它的场景意味了什么?
(11)用例参与者和考虑中的系统如何在内部块图中表示?
(12)用例参与者和考虑中的系统如何在交互中表示?
(13)用例参与者和考虑中的系统如何在活动中表示?

讨 论

除了12.3.1小节中列出的内容外,还讨论了两个对描述执行者有用的附加描述性属性。

除了12.4.2小节中列出的内容外,还讨论了两个对描述用例有用的附加描述性属性。

第 13 章 基于文本的需求以及需求与设计关系的建模

本章描述模型中如何捕获基于文本的需求,以及如何与其他模型元素关联。

13.1 概述

正如 SysML 规范中所陈述[1],**需求(requirement)** 规定了某种必须(或应该)满足的能力或条件,某个系统必须执行的功能,或者某个系统必须达到的性能条件。

需求来自于多个源头。有时需求由出资的个人或组织直接提出,如一个雇用了一个承包商建造房屋的客户。在其他情况下,需求由正在开发此系统的组织提出,如一个汽车制造商,必须确定消费者对其产品的偏好。需求的源头通常反映了多个利益相关方。就汽车制造商而言,需求除了直接满足用户偏好外,还包括满足政府对排放控制和安全的规定。

无论来源是什么,将系统、要素或部件的相似需求分组放入某个**规范(specification)** 中是很通常的做法。单独的需求应该表达清晰、无歧义,足以让开发组织实现满足利益相关方需要的系统。典型的系统工程挑战是保证这些需求的一致性(无矛盾)、可行性(解决方案在可实现范围内)和充分性,这些需求经过确认满足利益相关方的需要,并经过验证确保系统设计及它的实现满足了这些需求。

需求管理工具广泛用于管理需求和需求之间的关系。需求通常被保存在数据库中。SysML 具备需求建模能力,以建立一个在基于文本的需求和系统模型之间的桥梁,前者可以保存在一个需求管理工具中。集成、需求管理过程和配置管理过程的自动化工具组合用于同步需求管理工具和模型之间的需求。通过在基于文本的需求和代表系统设计、分析、实现和测试用例的模型元素之间建立严格的可追溯性,可以显著地改善系统生命周期中的需求管理。

单独的或成组的文本需求可以从需求管理工具或文本规范中引入系统建模工具。需求也可以在系统建模工具中直接创建。在模型中规范通常被组织起来,形成对应于规范树的层级包结构。每个规范包含多个需求,例如系统规范包括诸多系统需求,部件规范包含每个部件需求。包含在每个规范中的需求经常以树状结构建模,这种树状结构对应于基于文本的规范组织结构。层级中单独的或集合的需求可链接到其他规范中的其他需求,也可被链接到代表系统设计、分析、实现和测试用例的模型元素。

　　SysML 包含派生、满足、验证、精化和追溯需求关系,这些关系支持将一个需求与其他需求或模型元素相关联的强大能力。除了捕获需求及其关系外,SysML 还包含捕获特殊决定的依据和基础能力,以及将这些依据与模型元素相关联的能力。这包括将依据与需求链接,或将依据与需求和其他模型元素间的关系链接起来。此外还提供了复制关系,以适应需求文本的合理重用。

　　每个单独的文本需求可以作为 SysML 需求在模型中捕获。需求的结构包括名称、文本字符串、标识编号,也包括其他用户定义的属性,如风险。

　　SysML 提供多种渠道捕获需求及其之间的关系,方式有图形和表格标记。需求图可以用于表示这些关系。另外,紧凑图形标记适用于在任何其他 SysML 图中描绘需求关系。SysML 也支持以表格形式表达需求及其之间的关系。通常情况实现工具提供的需求浏览器也提供一个重要的机制来对需求及其之间的关系进行可视化。

　　在许多使用 UML 和 SysML 的基于模型的方法中,用例用于支持需求分析。不同的基于模型的方法都可以选择将用例与 SysML 需求相结合来应用。用例在捕获功能性需求方面是有效的,但不适合捕获其他类型的需求,如物理需求(如重量、大小、振动条件等)、可用性需求以及其他非功能需求。将基于文本的需求纳入 SysML 可以有效地容纳广泛的需求。

　　如同其他模型元素,用例可以使用需求关系(如精化)与需求相关联。另外,用例经常伴随着用例描述(参见 12.4.2 小节)。在用例描述中的步骤可以作为单独的文本性需求被捕获,并与其他模型元素关联,从而在用例和模型之间提供更细颗粒度的可追溯性。

13.2 需求图

　　SysML 中捕获的需求可以在**需求图**(requirement diagram)中描述,这对于以图形方式描绘需求或规范的层级特别有用。由于这种图可以描绘大量单个需求之间的关系,因此它可用于表示单个需求的追踪性,以检查需求如何被满足、验证和精化,检查它与其他需求的派生关系。需求图标题描述如下:

　　req[*model element kind*] *model element name* [*digram name*]

　　需求图可以表示一个包或一个需求,由方括号中的 *model element kind*(模型元素种类)指定,*model element name*(模型元素名称)是包或需求的名称,这个包或需求设置了图的情境,*digram name*(图名称)是用户定义,通常用来描述图的目的。图 13.1 表示了一个需求图的示例,包含了一些最常见的标识。

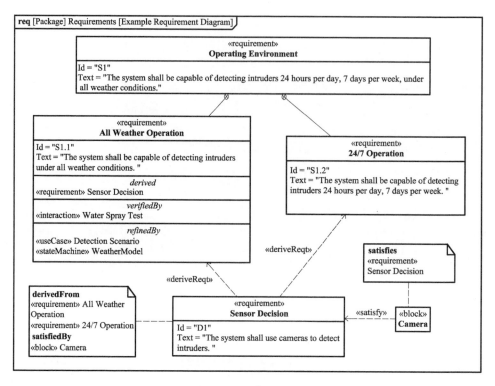

图 13.1 需求图示例

这个例子突出了多个不同的需求关系和可选标记。例如，Camera(摄像头)满足了名为 Sensor Decision(传感器探测)的需求。除了 satisfy(满足)关系，此图也包括 containment(包含)、deriveReqt(派生需求)和 verify(验证)关系。图中使用一个包括直接标记、分区标记和标注标记的组合来描绘这些关系。通常这些标记中只有一个用于描述特定的关系。这些关系和标记选项将在本章后面讨论。附表 A.25 ~ 附表 A.27 包含了关于需求的 SysML 标记的完整描述。

需求连同它与图中模型元素之间的关系可以直接在块定义图、包图和用例图中表示。但需求不能直接表示在其他图类型中，如内部块图。对于所有的图类型，需求以及与其他模型元素的关系可以使用分区和/或标注标记来表示(详见 13.5.2 小节和 13.5.3 小节的例子)。查看需求的其他可选方法将在 13.7 节(表格视图)和 13.9.1 小节(浏览器视图)中讨论。

13.3 在模型中表示文本需求

以文本形式捕获的**需求**(**requirement**)在 SysML 中表示为《requirement》。每条需求包括预先定义的属性，如唯一的标识符和文本字符串。一旦被捕获，它就可以通过一组特殊的关系与其他需求或模型元素相关联。

图 13.2 是一个 SysML 中基于文本的需求示例，名称为 Operating Environment（运行环境）。它的关键词为«requirement»，至少包括一个名称和由 id（编号）和 text（文本）表示的属性。同样的信息也可以用表格的形式表示，将在本章后面描述。

需求可以通过添加属性来进行用户化定制，这些属性包括：验证方法、验证状态、危急度、风险和需求种类。例如，验证方法属性可以是枚举类型，名称为 VerifyMethodKind，包括一些值，如检查、分析、演示和测试值等。风险或危急度属性可以包括高、中、低等值。需求种类属性可以包括如功能、性能或物理等值。

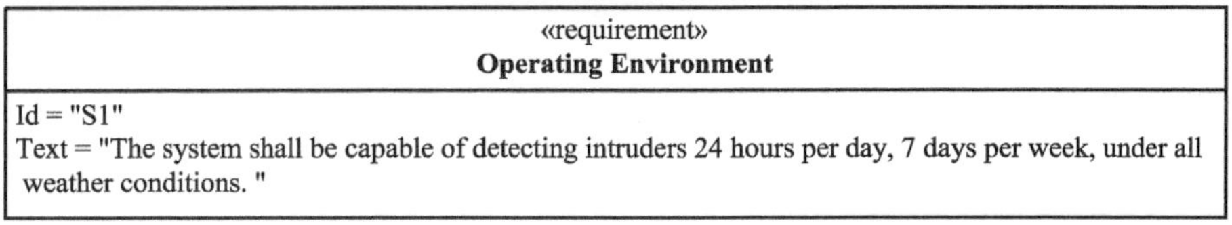

«requirement»
Operating Environment
Id = "S1" Text = "The system shall be capable of detecting intruders 24 hours per day, 7 days per week, under all weather conditions. "

图 13.2　以 SysML 描述的需求示例

创建需求种类的另一种可选方法是定义附加的需求版型子类（参见 15.4 节关于版型子类化的讨论）。版型使建模人员能够添加一些约束条件，用来限制可满足需求的模型元素的类型。例如，可以约束一条功能性需求使得该需求只能被行为模型元素满足，如活动、状态机或交互。SysML 规范的附录 E 包括了一些非正式需求子类，在表 13.1 中也有表示。

如表 13.1 所列，每个种类可以表示为通用 SysML «requirement» 中的一个版型。表 13.1 中还包含了对种类的简短描述。可以增添附加的版型属性或约束，以适合应用。

其他需求种类的例子可包括操作类需求，针对可靠性和可维护性的特殊需求、储存需求、控制需求，以及针对利益相关方需要的高层种类需求。关于如何应用需求配置文件的指导（定义配置文件的一般指导见 15.4 节）如下：

(1) 种类应该适用于特殊的应用或组织，并且反映在配置文件内。这包括类型的协议以及相关的描述、版型、属性和限制。其他需求类型，可以通过在表 13.1 中提供的版型进行细分，或在同等级别中创建其他的版型来添加。

(2) 采用更特殊的需求版型（如功能、接口、性能、物理、设计约束），并保证与描述、版型属性和对需求约束的一致性。

(3) 规范的文本性需求可以包括一种以上的需求种类的应用，在这种情况下，每个版型应在"«　»"内用逗号分开表示。

表 13.1 SysML 1.4 规范附录 E3.2 中的需求模式

版型	基类	属性	约束	描述
«extendedRequirement»	«requirement»	源:String 风险:RiskKind 验证方法:VerifyMethodKind	N/A	混合属性通常包含需求的有用属性
«functionalRequirement»	«extendedrequirement»	N/A	被一个操作或行为满足	规范操作行为的需求是系统必须执行的系统或组件
«interfaceRequirement»	«extendedrequirement»	N/A	被一个接口,连接器,项流和/或约束属性满足	规范连接系统和系统组件的端口需求,可能有选择地包含通过连接器和/或接口约束的项流
«performanceRequirement»	«extendedrequirement»	N/A	被一个值属性满足	度量系统或系统组件满足必需的能力或条件的需求
«physicalRequirement»	«extendedrequirement»	N/A	被一个结构元素满足	规范物理属性和/或系统或系统组件的物理约束
«designConstraint»	«extendedrequirement»	N/A	被一个块或组件满足	规范系统或系统组件(如"系统必须使用商业现货组件")的实现约束

13.4 需求关系的类型

SysML 包含规范关系来连接需求和其他需求,以及其他模型元素。这些关系包括用于定义需求层级、派生需求、满足需求、验证需求、精化需求、复制需求的关系,以及通用目的的追溯关系。

表 13.2 总结了将在本章后面讨论的规范关系。derive(派生)、copy(复制)关系仅能将需求关联到另一个需求。satisfy、verify、refine(精化)以及 trace(追溯)关系可以将需求关联到其他模型元素。Containment 可以将需求关联到其他需求或另一个命名空间,如块或包。

当将某个需求关联到一个嵌套属性时,如果存在多个路径,则应使用嵌套属性的规定路径来避免歧义。14.10 节将描述所应用的分配关系。

表 13.2 需求关系与分区标记

关系名称	关系的关键描述	供应(箭头)端 标注/分区	客户(无箭头)端 标注/分区
满足	«satisfy»	通过«model element»满足	满足«requirement»
验证	«verify»	通过«model element»验证	验证«requirement»
精化	«refine»	通过«model element»精化	精化«requirement»
派生需求	«deriveReqt»	派生的«requirement»	派生自«requirement»
复制	«copy»	无标注	控制«requirement»
追溯	«trace»	追踪«model element»	追踪自«requirement»
约束(需求分解)	十字圈图标	无标注	无标注

13.5 在 SysML 图中表示交叉关系

需求和其他模型元素之间的关系可以出现在不同类型的图中。如果需求及相关的模型元素在一张图中,则这些关系可以直接表示。如果相关的模型元素没有作为需求出现在一张图中,则它们还可以使用分区或标注标记的方式显示。例如,直接标记可在同一需求图的两个需求之间表示一个派生需求关系。分区和标注标记可关联需求和其他模型元素,而无须要求需求和其他模型元素出现在同一张图中。例如,块定义图中的一个块使用它的分区来表示对一个需求的满足关系,而该需求没有表示在同一块定义图中。

另外，除了这些图形化的表示外，SysML 还提供了灵活的表格标记来表示需求以及它们之间的关系。请注意，分配关系（将在第 14 章描述）也使用这里描述的相同标记方法来表示。

13.5.1 直接描述需求关系

当需求和与之相关的模型元素表示在一张图上时，它们之间的关系可以直接描述。**直接标记(direct notation)** 用带有关系名称的虚线箭头描绘了这种关系，关系显示为一个关键词，如«satisfy»、«verify»、«deriveReqt»、«copy»、«trace»。

图 13.3 表示了在 *Camera* 和需求 *Sensor Decision* 之间的«satisfy»关系。其中，摄像头是 *Sensor Decision* 设计的一部分，满足需求。注意箭头从块指向需求。

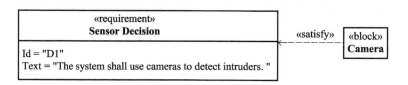

图 13.3　表示满足关系的直接标记示例

箭头方向的含义非常重要。由于大部分 SysML 中的关系是以 UML 的依赖关系为基础，箭头由依赖的模型元素（称为客户）指向非依赖模型元素（称为提供方）。一般的依赖关系在 6.8 节中描述。对«satisfy»关系的解释是摄像头设计依赖于需求，这意味着如果需求改变，则必须评估对设计的影响。同样，派生需求将依赖于源需求。在 SysML 中，箭头方向与通常的需求分解方向相反，后者的方向从高层需求指向底层需求。

13.5.2 应用分区标记描述需求关系

分区标记(compartment notation) 是另一种表示需求与另一个模型元素之间关系的方法，这些模型元素要支持分区，如块、组成或另一个需求。这是一种紧凑的标记，可以替代显示直接关系。这也能用于显示一些直接需求以外的图，如内部块图。在图 13.4 中，如图 13.3 中的需求一样，分区标记可用于表示与图 13.3 相同的满足关系。这应该解释为"需求 *Sensor Decision* 由 *Camera* 满足"。分区标记明确地显示了关系和方向（satisfiedBy），模型元素种类（«block»），以及模型元素名称（*Camera*）。

注意：在 SysML 规范中，对需求的分区标记描述不清晰且模糊，所以许多 SysML 工具并未像描述的那样进行实现。这在将来的 SysML 规范中会被纠正。

13.5.3 应用标注标记描述需求关系

标注标记(callout notation)是描述需求关系的另一种标记。它是限制性最少的标记,因为它可以在任何类型图中表示需求与模型元素之间的关系。它包括需求与管脚、端口、连接器等模型元素之间的关系,这些模型元素不支持分区,因此不能使用分区标记。

标注(callout)被描绘成连接到模型元素的图形化注释标识。标注标记在关系的另一末端引用了模型元素。图 13.5 中表示的标注标记提供了图 13.4 中同样的信息,它应该解释为"需求 *Sensor Decision* 由 *Camera* 满足"。

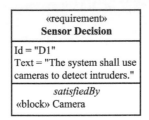

图 13.4　描述满足关系的分区标记示例

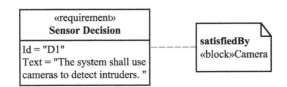

图 13.5　描述满足关系的标注标记示例

13.6　描述需求关系的依据

依据(rationale)是一个 SysML 模型元素,它可与需求、需求关系或其他任何模型元素相关联。顾名思义,依据是用来捕获特殊决策的原因。虽然这里描述的依据是针对需求的,但是它也可以应用到模型,以捕获任何类型的决策基础。依据以注释为基础,在 5.5.1 小节中讨论过。

如图 13.6 所示,依据使用带有关键词«rationale»的注释标识表示。注释标识中的文本可以直接提供依据,或者引用外部文档(如权衡研究分析报告)或模型的其他部分,如参数图。引用可以包括超链接,尽管这在语言中并未明确。这个特定的例子表示了对权衡研究 *T.1* 的引用,此特定依据的情境将在后面的图 13.14 中给出。

问题(problem)与依据相似,是用来标记设计问题的模型元素。它可以与任一模型元素相关联,并且使用带有关键词«problem»的注释标识来表示。

依据或问题可以附加到任意的需求关系或需求中,例如依据或问题可以附加到某一满足关系,涉及分析报告或权衡研究,用来证明该判定合理或提示设计是否满足需求。类似地,依据可以与其他关系一起使用,如派生关系。

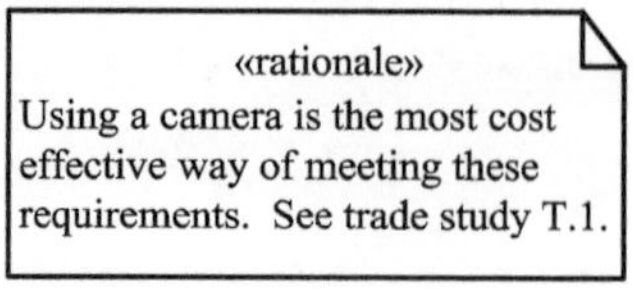

```
«rationale»
Using a camera is the most cost
effective way of meeting these
requirements.  See trade study T.1.
```

图 13.6　SysML 图中表示的依据示例

13.7　用表格描述需求及它们的关系

当查看或浏览大量需求时,需求图存在一个明显的缺陷。需要大量的标识来描绘和关联所有需求,而这些需求对于定义合适复杂度的系统又是非常必要的。传统的表格查阅需求比在图中查看需求更加紧凑。通常情况下,现代需求管理工具用数据库维护需求。对数据库的查询结果可以更清晰简洁地展示在表格或矩阵中。SysML 接受了用表格显示模型查询结果的概念,同时也使用表格作为数据输入机制,但是生成表格规范留待工具实现。

图 13.7 提供了一个简单的**需求表格**(*requirement table*)示例,这些需求与图 13.1 中展示的需求相同。在此例子中,表格显示了在包 *System Specification*(*系统规范*)中的需求,正如图标题所指示的那样。工具也可采用查询和过滤准则从模型查询中生成需求报告。此报告可以表示模型的一个视图,如 5.6 节所述。另外,工具可支持在表格视图下直接编辑需求和它们的属性。

table [Package] System Specification [Decomposition of Top-level Requirements]		
id	name	text
S1	Operating Environment	The system shall be capable of detecting intruders 24 hours per day...
S1.1	All Weather Operation	The system shall be capable of detecting intruders under all weather...
S1.2	24/7 Operation	The system shall detect intruders 24 hours per day, 7 days per week
S2	Availability	The system shall exhibit an operational availability (Ao) of 0.999...

图 13.7　需求表格示例

13.7.1　用表格描述需求关系

关系路径可以通过选择一条或多条需求(或其他模型元素)并从所选需求中导出关系来形成。这也可简洁地显示在表格中,如 5.4 节所讨论的那样。在图 13.8 中的例子中,*D1* 是所选的需求。路径包括图 13.14 所示的两个带有方向的"deriveReqt"关系,以及与每个关系相关联的依据。

第13章 基于文本的需求以及需求与设计关系的建模

table [Requirement] Camera Decision [Requirements Tree]					
id	name	relation	id	name	Rationale
D1	Sensor Decision	derivedFrom	S1.2	24/7 Operation	Using a camera is the most cost-effective way of meeting these requirements.See trade study T1.
		derivedFrom	S1.1	All Weather Operation	Using a camera is the most cost-effective way of meeting these requirements.See trade study T1.

图 13.8 包含派生需求关系表的示例

关系路径可以任意深度。这意味着,它们可以从一个模型元素到另一个模型元素导出单一种类关系,也可以从一个模型元素到另一个模型元素导出不同种类的关系。当进行跨越模型的需求变更影响分析时,这点特别有用。

13.7.2 用矩阵描述需求关系

表格表示法也可以以矩阵形式表示需求和其他模型元素之间的多种复杂关系。图 13.9 展现了以表格(**矩阵(matrix)**)形式呈现的查询结果。它描绘了满足和派生关系。在此例子中,需求呈现在左侧栏中,具有派生和满足关系的模型元素呈现在其他栏中。可以应用过滤准则来限制矩阵的大小。在此例中,需求属性被排除在外,只有派生和满足关系包含在内。这些关系将在本章后面讨论。另外,这是一种机制的例子,工具的供应商可以利用这种机制建造模型的视图。

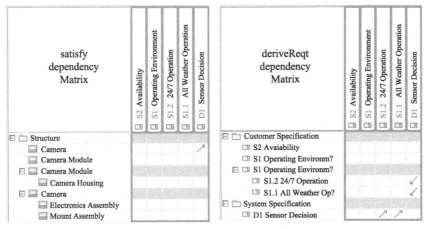

图 13.9 分别跟踪满足与派生需求关系的矩阵表格化需求视图示例

13.8 包内需求层级建模

需求可以组织成包结构。典型的结构包括一个针对模型中所有需求的顶层包。此包中每个嵌套包包含来自不同规范的需求,如系统规范、元素规范、部件规范等。每个规范包包含针对该规范的基于文本需求。此包结构可以对应于某个典型的规范树,该树对于描述项目的需求范围是非常有用的制品。

图 13.10 的包图中表示了一个需求包结构(或称为**规范树**(**specification tree**))的示例。包含关系在拥有方末端带有十字圈标识,描述包 *Customer Specification*(客户规范)、包 *System Specification*(系统规范)和包 *Camera Specification*(摄像头规范)被包含在包 *Requirements*(需求)中。另一种使用规范之间的追溯关系来定义需求图中规范树的表示方法在 17.3.7 小节中描述。

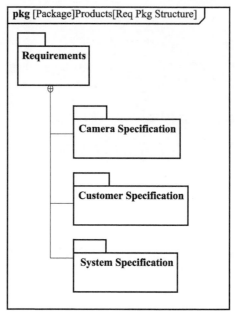

图 13.10　用于组织需求的包结构示例

将需求组织成对应于不同规范的包,这与基于文档方法相似,方便了包层级中各个规范的配置管理。规范文档或报告可以由合适的包中内容直接生成,但需要附加的支持性文字,用于标题、章节介绍及文档生成的其他方面。

13.9　需求包含层级建模

包含(**Containment**)用于表示如何将一个复杂的需求分解为一组较简单的需求。包含可视作在包含的需求与被包含的需求之间的逻辑"与"(结对)关系。将复杂的需求分解为较简单的需求可以帮助建立一种完整的追溯能力,以表示单个需求是如何为进一步派生作基础,也显示出需求是如何被满足和验证的。

图 13.11 表示了带有一个简单层级关系的需求图。来自图 13.10 中的包 *Customer Specification* 表示了一个顶层规范,此规范作为所有客户生成需求的容器。在此例中,包 *Customer Specification* 包括两个其他需求,由十字圈标识表示。注意,一个规范可以不用包,而是建立一个«requirement»模型,它包含了其他需求的层级,如图 17.55 所示。一个典型的规范可以包含成百上千个单个需求,但它们通常可以被组织成与规范文件组织相对应的层级结构。

第13章 基于文本的需求以及需求与设计关系的建模

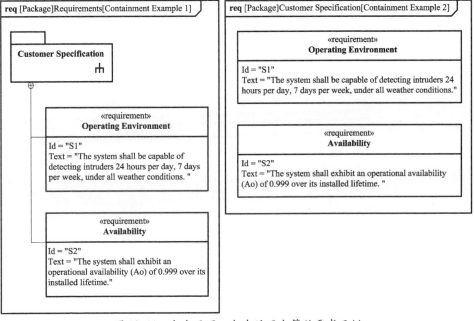

图 13.11 包含于同一包中的两个等效需求示例

图 13.12 展示了如何使用包含层级来创建多层级**嵌套需求**（**nested requirement**）。在此例子中，*Operating Environment*（运行环境）需求包含两个针对 *All Weather Operation*（全天候运行）和 *24/7 Operation*（24/7 运行）的附加需求。

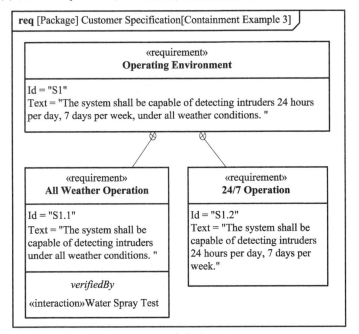

图 13.12 需求包含层级示例

13.9.1 包含层级的浏览视图

正如 3.3.3 小节所述,一个典型的建模工具包括建模浏览器,可以描绘需求层次结构。在图 13.13 中,对应于图 13.10 中包图的规范包与对应于图 13.12 包含层级中的需求相一致。这种表示是浏览查看需求包含层级的一种紧凑方法。

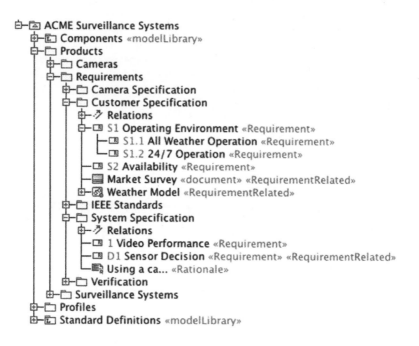

图 13.13 工具浏览器中的需求包含示例

13.10 需求派生建模

从源、客户或者其他高层需求派生的需求与前一节描述的包含关系完全不同。派生需求和源需求之间的**派生需求关系(derive requirement relationship)** 基于分析。派生需求关系通常简单地指派生关系。

派生关系的一个例子在图 13.14 所示的需求图中描述。这种关系表示为一条带有关键词《deriveReqt》的虚线,箭头指向源需求。《rationale》可以用于将派生关系关联到一个为该派生提供判断的分析。注意,《rationale》已经与派生关系关联,并且包含相对权衡研究 *T.1* 的一个引用。

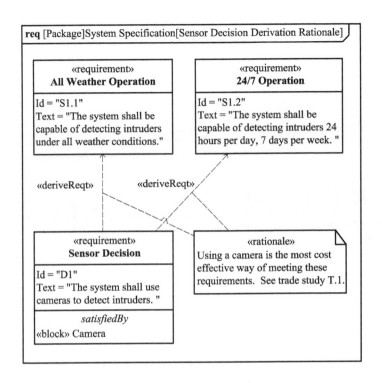

图 13.14　附带依据的《deriveReqt》关系示例

在传统规范文件中的需求追溯矩阵通常表示规范中的需求与其他更高或更低级别规范中需求之间的关系。这种关系在语意上通常等同于 SysML 派生关系。派生关系经常表示规范树中不同层级需求之间的关系，也可用于表示同层之间、但不同抽象层级需求之间的关系。例如，最初由系统工程团队确定的硬件或软件需求可以由硬件或软件团队分析，并派生至更详细的需求，反映了附加实现考虑或约束。来自硬件或软件团队更详细的需求可以通过派生关系关联到由系统团队确定的原始需求。

13.11　需求满足判定

满足关系（satisfy relationship） 用于判定对应于设计或实现的模型元素满足某个特定需求。结论为真的实际证据由下一节的验证关系来完成。图 13.15 呈现了一个满足关系的示例。

满足关系用带有关键词《satisfy》的虚线表示，箭头指向需求表示 *Camera* 满足了需求。标注标记也显示在满足关系的两端。在实践中，在每一个特殊图中，这些标记中只有一个用于描述这种关系。«rationale»与满足关系相关联,表示为什么判定这项设计满足需求。在图 13.16 的块定义图中,图 13.15 的满足关系使用分区标记表示。

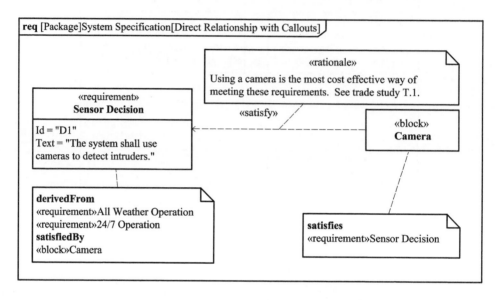

图 13.15　需求满足关系与相关标注标记示例

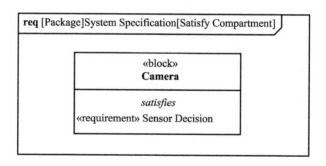

图 13.16　应用分区标记的满足关系示例

13.12　需求满足验证

验证关系(verify relationship)是在需求与测试用例或与其他模型元素之间用于验证需求得到满足的一种关系。正如前面小节所述,满足关系是一项判定,说明代表设计和实现的模型元素满足需求,但验证关系用于证明判定为真(或假)。

测试用例(test case)规定了输入激励、条件和期望响应,以验证一个或多个需求被满足。测试用例可以参考文档化的验证过程,或者它可以代表一个验证行为的模型,如活动、状态机或交互(序列图)。执行测试用例的结果被称为裁定,它可以包括一个值,如空(测试未完成)、通过、失败、无效或错误(如测试环境中的错误)。

图 13.17 提供了一个使用验证关系的例子。验证关系用带有关键词 «verify» 的虚线表示,箭头方向从 *Water Spray Test*(喷水测试)测试用例指向 *All Weather Operation*(所有天气运行)这个被验证的需求。为需求和测试用例建立的分区标记也用来描述这种关系。

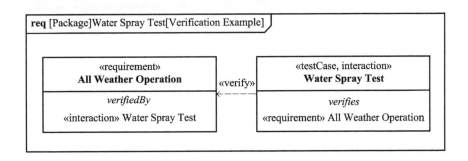

图 13.17 验证关系示例

测试用例可以是一个行为或操作,可通过序列图、活动图或状态机图进一步细化,以规定测试用例方法。将测试用例关键词用于交互(以序列图代表)的示例在图 13.18 中表示。图 13.18 所示为一个 *spray tester*(喷淋测试员),他是一位 *Test Technician*(测试技术员),使用 *sprayer*:*Nozzle*,将水送至 *first production*(第一个产品):*Camera*,这是一个**测试系统(system under test)**(用关键词«sut»表示)。注意,*spray tester* 希望在确定测试结果之前拆开摄像头并检查漏水情况。以活动图建模的测试用例的例子如图 17.57 所示。

一般情况下,行为建模的测试用例可以表示为对任何特性的测量,包括结构特性。例如,测试用例可以表示测量系统重量的行为。按此理解,测试用例是用于验证需求的通用机制。此外,其他模型元素可以用于验证需求,包括使用一个约束块,通过分析来验证需求。

SysML 中测试用例的使用与 UML 中的测试配置文件相一致[50]。此配置文件提供了附加的语义来表示测试环境的其他方面。SysML 建模工具和验证工具之间的集成在 18.2.2 小节进行了讨论。

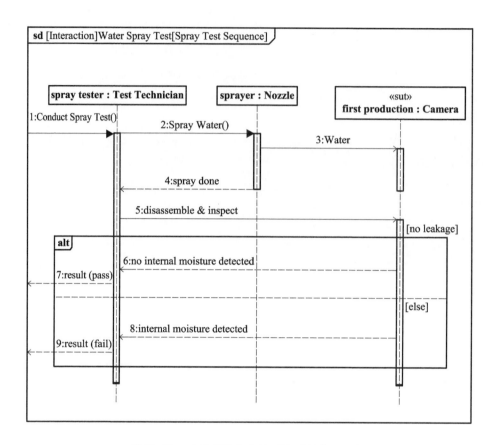

图 13.18　以序列图表示的测试用例交互示例

13.13　应用精化关系减少需求歧义

正如 6.8 节所讨论的，**精化关系(refine relationship)**提供了减少需求歧义的能力，采用的方法是将 SysML 需求与另一个模型元素关联，这些模型元素澄清并将需求正式化。一般情况下，这种关系以模型的某些部分来精化基于文本的需求，也可由基于文本的需求来精化模型的一部分。例如，某个基于文本的功能需求可以用更精确的表示来精化，如用例及其实现的活动图。另外，模型元素或元素可以包括一个所含系统接口的抽象表示，此表示可以通过接口文本规范精化，文本规范包括更精化的接口协议描述或物理接口轮廓图。

精化应该澄清需求的意义或内容。它与派生关系的区别在于精化关系可以存在于需求和任意其他模型元素之间，而派生关系只能存在于需求之间。另外，派生关系基于分析增加了约束。

一个精化关系的例子如图 13.19 所示。它表示了 *All Weather Operation* 需求是如何被状态机精化的,此状态机为天气条件和转移建立了模型。精化关系用一根带关键词«refine»的虚线表示,箭头从代表更精确表示的元素指向被精化的元素。图中另一种分区标记也表示这种关系。注意,*Weather Model*(天气模型)状态机仅仅部分精化了需求,如用例 *Detection Scenario*(探测场景)可以在每种天气条件下解决特定的探查期望。

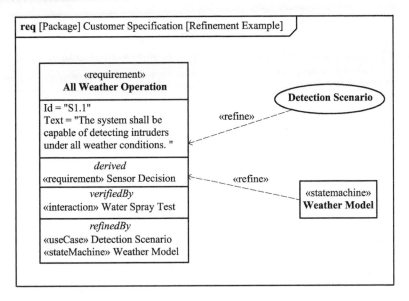

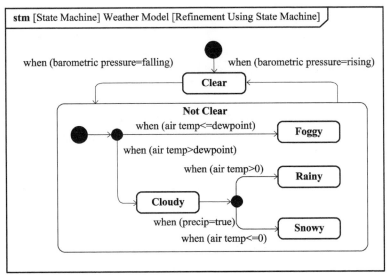

图 13.19 用于需求的精化关系示例

13.14 应用通用目的的追溯关系

追溯关系(trace relationship) 在需求和任意其他模型元素之间提供了一种通用目的的关系。这在 6.8 节也讨论过。追溯语义不包括任何约束,因此非常弱。尽管如此,追溯关系可用于将需求与源文档关联,或用于在规范树中的规范之间建立关系(参见 17.3.7 小节)。

如图 13.20 所示,追溯关系用于将一个特殊的需求关联到 *Market Survey*(*市场调研*),后者作为需求分析的一部分来开展。追溯关系用一条带有关键词«trace»的虚线表示,箭头指向源文件。此调查表示为用户定义的模型元素,带有关键词«document»。

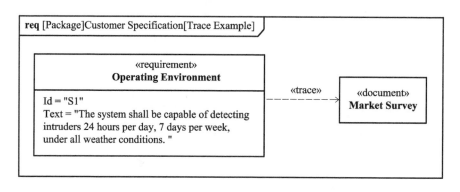

图 13.20 用于连接需求与元素(表示外部文档)的追溯关系示例

13.15 应用复制关系重用需求

复制关系(copy relationship) 通过清晰地将一个需求的拷贝关联到源需求,以支持需求的重用。被复制需求的文本属性是源需求文本属性的只读复制,但被复制需求有不同的编号,可被包含在不同的命名空间里。注意复制需求不能保留原始需求的任何关系或依据。

复制关系示例如图 13.21 所示。复制关系用一条带有关键词«copy»的虚线表示,箭头方向从复制的需求至源需求(也称作**主需求(master relationship)**)。在此例中,被复制的源需求是一项技术标准中的需求,在多个不同的需求规范中重用。

注意 SysML 中的需求没有组成属性或对组成属性分类。这使它不同于块(参见 7.3.1 小节)。重用需求的标准机制是复制关系。

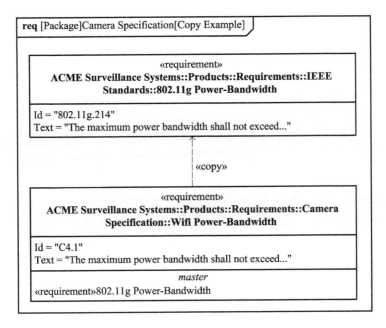

图 13.21　需求复制关系示例

13.16　小结

SysML 可以对基于文本的需求建模,并将需求与其他需求或模型元素关联。一些关键的需求建模概念如下:

(1) SysML 需求建模能力可以看作传统的基于文本的需求与建模环境之间的桥梁。需求可以由需求管理工具或文本规范引进,或直接在建模工具中创建。

(2) 需求至少包括名称、编号、文本属性。用户定义的附加属性如风险、验证方法也可包含在内。除了预先定义的 SysML 需求种类(如功能、接口、性能),也可以创建特殊种类的需求。

(3) 每个规范通常在包中捕获。包结构对应于传统的规范树,每个规范包含需求的包含层级。大多数工具的浏览器可查看需求的层级。

(4) 规范中单个的或集合的需求可以与本规范或其他规范中的需求或模型元素关联,这些模型元素表示了设计、分析、实现和测试用例。需求之间的关系包括派生、满足、验证、精化、追踪、复制。这些关系提供了一个健壮的需求管理能力,并支持需求追溯。

(5) 有多种形式的标记表示需求与其他图中的模型元素关联,其中包括直接标记、分区标记、标注标记。需求图通常用于表示包含层级、特殊需求或需求组的关系。表格标记也可用于有效报告需求及其之间的关系。

13.17　问题

（1）什么是需求图的图种类？
（2）哪种模型元素可以代表需求图的框架？
（3）在 SysML 需求中可以表示哪些标准属性？
（4）如何为需求添加属性和约束？
（5）哪种需求关系只能存在于需求之间？
（6）用一句话如何解释图 13.3？
（7）在图 13.3 中，如何用标注标记的方式表达需求关系？
（8）在图 13.3 中，如何用分区标记的方式表达需求关系？
（9）如何在 ReqtA 和 ReqtB 之间用矩阵表示一个«deriveReqt»关系？
（10）如何表示图 13.14 中派生需求的依据，即派生是基于 xyz 分析？
（11）满足关系用于什么场合？
①确保需求满足；
②判定需求满足；
③更清楚地表达一个需求。
（12）在验证关系的两端都有哪种元素？
（13）派生关系的基础是什么？
①分析；
②设计；
③测试用例。
（14）考虑一个带有文本的需求 A，读作"系统应该做 x，系统应该做 y"。如何使用包含将需求 A 拆解成两个需求，即 A.1 和 A.2？
（15）用哪个关系可以把需求和文档联系起来？
①派生；
②满足；
③验证；
④追溯。
（16）为什么需求包括在 SysML 中（这可以是一个讨论话题，而不是一个问题）？

讨　论

需求图有什么不同用途？
何时使用需求图和表？
需求和用例如何在一起使用？

第 14 章 应用分配为交叉关系建模

本章论述如何利用分配关系将一个模型元素映射到另一个模型元素,从而支持行为、结构及其他的分配形式。

14.1 概述

在系统开发的早期,建模人员可能需要在系统中以抽象的、初步的甚至是直觉的方式关联元素,在系统开发中过早地将详细的约束强加到设计方案中是不合适的。分配是一种通过提供严格关系指导来关联模型元素的机制,这些关系在模型细化期间将逐渐被开发。随着设计的进行,附加用户定义的约束能够增加分配关系,以提高必要的准确性。例如,对部件分配一个功能(如活动),可能在设计过程的早期完成。随着设计的进展,施加了其他约束,以保证活动的输入、输出以及控制被明确地分配给部件的接口。在合理的用户定义约束下,分配可以用于帮助加强规范系统开发方法,以保证模型的完整性。

分配关系支持多种分配形式,包括分配行为、结构、属性等。一个行为分配的典型例子是将活动分配到块(习惯称为功能分配),每个块被指定实施某一特定活动。定义分配(参见 14.5.2 小节)和使用分配(参见 14.5.1 小节)之间有重要的区别。定义(如块)和使用(如组件属性)的概念在 7.3.1 小节中有解释。对于功能分配来说,向块分配活动是定义分配,向组成分配动作是使用分配。

为提供表示模型元素分配的灵活性,SysML 包括几种可选的标记,包括图形表示法和表格表示法,与关联需求使用的方法类似。图 14.1 显示了一些用于活动图、内部块图、块定义图分配的图形表示法。对 SysML 分配标记的完整描述见附表 A.28。

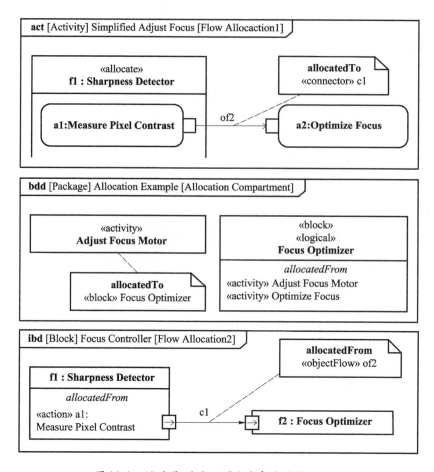

图 14.1 活动图、块定义图和内部块图分配示例

14.2 分配关系

如 6.8 节所述，**分配关系（allocate relationship）**是一种依赖关系，用于将一个模型元素分配给另一个模型元素。分配关系在两个命名的模型元素之间建立，并提供一个通用目的的指定机制。与一个模型元素相关联的责任可以被分配给另一个模型元素，例如，当一个活动被分配给一个块时。对于这种情况，块用于执行活动。虽然一个模型元素可能"从"或分配"到"不止一个模型元素，每一个 SysML 分配关系都有一个"从"端和一个"到"端。当分配关系的"从"端的模型元素（客户方）是 A，分配关系的"到"端的模型元素（供应方）是 B 时，称作将模型元素 A"分配到"模型元素 B。关系的供应方端有一个箭头。其他的约束条件可放在分配上，例如，功能性分配可能被约束为只在块和活动之间发生。14.4 节讨论了不同种类的分配。

14.3 分配标记

表示一个模型元素到另一个模型元素的分配标记有多种。SysML 用于表示分配关系的表示方法和用于表示需求关系的图形和表格表示法类似,如 13.5 节所述。图形标记包括直接标记、分区标记和标注标记。

当处于分配关系两端的模型元素可以显示在同一张图中时,分配关系可以直接描述,如图 14.2 所示,在关系上使用关键词«allocate»。这里 Adjust Focus Motor(调整调焦电机)活动被分配到 Focus Optimizer(焦距优化器),箭头代表被分配到关系端(供应方)。虽然此例中描述了功能性分配,这种表示法对其他分配也同样有效。

图 14.2 分配关系直接表示示例(两模型元素在同一视图情况)

类似需求关系,在分配关系的任何一端的模型元素可以在不同的图中。对于这些案例,分区标记和标注标记可以用于识别分配关系中另外一端的模型元素。

分区标记识别在模型元素分区中分配关系相反端的元素,如图 14.3 所示。然而这只有当模型元素可包含分区时可用,如块或组成。对于无分区的模型元素,不能采用该标记方法,如连接器。

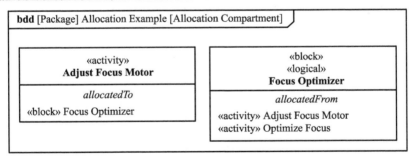

图 14.3 分区标记表示分配关系示例

图 14.4 所示的标注标记可用于表示任何模型元素分配关系相反端的元素,不管模型元素是否有分区。标注标记由一个注解标识表示,此标识借助一个锚点连接到模型元素,类似于一个注释。标注标记规定了在分配关系另一端模型元素的种类和名称。它也识别出分配关系的哪一端应用于连接的模型元素,由 *allocatedTo*(被分配至)或 *allocatedFrom*(由……分配)表示。这类似于 13.5.3 小节中针对需求关系的标注标记。标注标记从始于标注表示连接的模型元素名读取,然后读 *allocatedTo* 或 *allocatedFrom*,最后读标注标记中的模型元素名。例如,图 14.4 中的分配关系可解释为"活动 *Adjust Focus Motor* 分配给块 *Focus Optimizer*",

"块 Focus Optimizer 由活动 Adjust Focus Motor 分配"。后者可解释为"块 Focus Optimizer 负责活动 Adjust Focus Motor"。

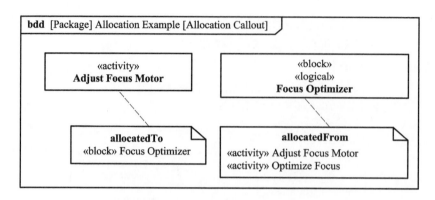

图 14.4　标注标记表示分配关系示例

矩阵标记可用于同时查看多个分配关系,如图 14.5 所示。在此例子中,活动显示在左侧的栏中,块显示在顶部的行中,这种形式不是 SysML 规范中特别规定的,将随着工具而变化。矩阵单元中的箭头表示分配关系的方向,与图 14.3 和图 14.4 中的内容是一致的。

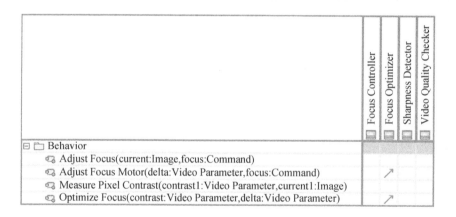

图 14.5　表格化矩阵形式表示分配关系示例

当需要简洁的、紧凑的表示时,表示分配的矩阵或表格形式是非常有用的,本章中常用这种形式表示分配概念。

14.4　分配种类

以下内容描述了不同种类的分配,包括需求、行为、流、结构及属性的分配。

14.4.1 需求分配

需求分配(requirement allocation)表示一种机制,用于将源需求映射到其他派生需求,或将需求映射到其他满足需求的模型元素。SysML 不使用«allocate»关系来表示这种分配形式,而是使用如第 13 章所述的特殊的需求关系。

14.4.2 行为或功能分配

行为分配(behavior allocation)通常用于从结构中分离行为。一个通用的系统工程实践是从行为模型(也称为功能模型)分离结构模型(也称为形式模型),以便于通过考虑几种不同的结构来优化设计,这些结构提供期望的紧急行为和属性。这种方法提供了如何分解结构,如何分解行为,如何基于权衡研究将结构与行为同优化设计关联。其中的含义是对于每种可选的设计方案,在行为和结构之间必须保持一组明确的关系。

块的行为可以通过不同的方式表现。在块定义图中,块的运行清晰地定义了提供相关行为的责任(参见 7.5 节关于块的行为建模)。在序列图中,一条发送给生命线的信息唤起了在接收线上的操作来提供行为(参见第 10 章交互部分)。在活动图中,活动分区内的动作表明该分区所表示的组成提供了相关的行为(参见第 9 章活动部分)。

在本章中,术语行为分配特指将行为性模型元素(活动、动作、状态、对象流、控制流、转换、信息等)分配给结构性模型元素(块、组成、端口、连接器、项流等)。术语**功能分配**(functional allocation)是行为分配的一个子集,它特指将活动或动作(也称功能)分配给各自的块或组成。

14.4.3 流分配

流代表了能量、质量、信息从一个模型元素到另一个模型元素的转换。典型情况下,流被描绘成活动图中来自动作管脚的对象流和去向动作管脚的对象流(参见 9.5 节),或描绘成在内部块图中端口之间或组成之间的项(物品)流(参见 7.4.3 小节)。**流分配**(flow allocation)通常用于分配在活动图和内部块图之间的流。

14.4.4 结构分配

结构分配(structural allocation)是指将一种结构元素分配给另一种结构元素。一个典型的例子是**逻辑 – 物理分配**(logical – physical allocation),在此种分配下,逻辑块层通常被建造并保持在一个抽象层,随之与在更具体层上的另一个物理块层相映射。**软件 – 硬件分配**(software – hardware allocation)是另一个结构分配的例子。在SysML中,分配通常用于将抽象的软件元素分配到硬件元素。UML使用部署概念规定更细节层级的分配,需要将软件制品部署到平台节点或处理节点。从SysML分配转换到UML部署可通过模型精化以及更细化的建模和软件设计来完成。

14.4.5 属性分配

分配也可用于将性能或物理属性分配给系统模型中不同的元素。通常支持将系统性能或物理属性值分配到系统部件属性值的预算过程。一个典型的例子是将系统重量预算分摊到系统各部件的重量中。另外,可以详细规定初始分配作为使用参数约束精化模型的一部分,如8.6节所述。

14.4.6 与术语"分配"相关的关系汇总

表14.1列出了系统建模中不同分配的使用。

表14.1 "分配"的不同使用及SysML中的表示

分配种类	参考	关系	来向	去向
需求分配	13.11节 13.10节 13.13节	满足 派生 精化	需求 需求 模型元素 需求	模型元素 需求 需求 模型元素
功能分配	14.6节	分配	行动活动	块组成
结构分配(如从逻辑到物理,从软件到硬件)	14.9节 14.10节 14.9节	分配 分配 分配	块 端口 项流 连接器	块 端口 项流组件及连接器
流分配	14.7节	分配	对象流 对象流 对象流	连接器项 流项 属性
属性分解/分配	7.7节	绑定连接器	值属性	参数

14.5 重用规划:规定分配定义和使用

将模型元素分配给另一个模型元素后在它们之间建立了一种关系,可以影响它们的重用。例如,将功能分配给某个部件,将摄像头功能分配给一部手机,可能限制了手机重用其他应用的能力。以下说明定义分配和使用分配之间的区别。

7.3.1 小节已讨论过由块分类组成的定义和使用概念。一个块根据它的特性定义。由块分类的组成表示在归属块情境中的使用。定义和使用的区别可用于任何属性,如按约束块分类的约束属性,或按块分类的项属性。这个概念也可适用于其他元素,如一个调用行为动作和调用的活动。动作可以看作在一个拥有的活动背景中使用调用活动。表 14.2 列出了不同种类的图、表示了图使用的模型元素、定义和分类了它们的模型元素。

表 14.2 表示用法及其定义的情境化元素

图种类	模型元素/使用	模型元素/定义
活动图	动作 对象节点/动作管脚 活动边界(对象流,控制流)	组成 块 (无)
内部块图	组成 连接器 项流 项属性 值属性	块 关联 (无) 块 值类型
参数图	约束属性	约束块

分配可以用于在不同的组合中关联定义的元素(块、活动等)或使用的元素(组成、动作等)。下面的例子清晰地描述了功能分配的概念,同样可用于结构分配(由块到块、由组成到组成等)。定义和使用的概念是 SysML 巨大的优势,但是在分配期间为保持模型的一致性,这些概念需认真考虑。

14.5.1 使用分配

如图 14.6 所示,当分配关系的"从"端和"到"端均与使用元素(如组成、动作、连接器)相关时,应用**使用分配(allocation of usage)**。当分配使用时,不会推断出可能分类或引发该使用的任何相应定义元素(块、活动等)。这类似于 7.7.5 小节中的属性特定类型。仅有特定的使用被分配所影响。例如,如果将活动图中的动作分配给内部块图中的某个组成,则分配对这个组成特定,而不是分配给由同一个块分类的任何其他组成。如果建模人员发现大量的类似组成,并带有相似的分配特征或功能,则可以考虑 14.5.2 小节的定义分配。

SysML 支持实例规范,如 7.8 节所述。分配到或来自实例规范可以考虑为分配使用。

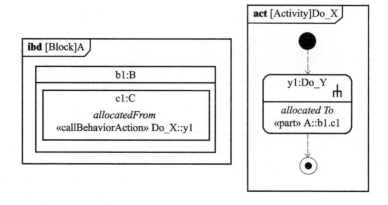

图 14.6 使用分配(功能分配已在此显示,结构分配与此类似)

14.5.2 定义分配

如图 14.7 所示,当分配关系的"从"和"到"端均与定义的元素(如块、活动和关联)相关时,应用**定义分配(allocation of definition)**。当分配给一个表示定义或分类器的元素(如块)时,分配应用于每个由定义分类的属性。例如,当块用于将几种不同的组成分类,任何对块分配的结果都适用于所有由此块分类的组成。注意,当块被特殊化后,分配不能被继承。

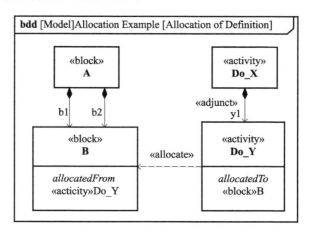

图 14.7 定义分配

14.5.3 非对称分配

非对称分配(asymmetric allocation)是指分配关系的一端与定义元素相关,另一端与使用元素相关。非对称分配在特殊的情况下使用,也就是说它一般不被推荐使用,因为它引入了歧义性。使用分配和定义分配是优先使用的分配方法。

14.5.4 分配定义和使用的指导原则

应用使用分配和定义分配这两种关系的重要意义见表14.3。

表14.3 分配准则

使用分配	定义分配
例如,组成到组成,动作到组成,连接器到连接器,属性到属性。 应用性:当分配不被重用时。 讨论: (1)大多数局限于其他图表和元素的最小含义; (2)分配没有定义的流和连接器的唯一方法; (3)组件/动作用于多处是可能存在冗余或不一致性	例如,块到块或活动到块。 应用性:当分配打算用于所有使用时。 讨论: (1)给所有使用的分配; (2)可能导致过度分配(分配给部分的活动多于必要的); (3)在活动图中没有直接用分配活动分区来表示(参见14.6.3小节)

考虑从功能分配、流分配和结构分配的角度检查这两种分配方法,可以得出以下结论:

(1)使用分配局限于最少的模型元素,并且没有推断的分配。它可直接表示在使用图中(如内部块图或活动图)。从使用分配开始,并在每个使用被检查之后考虑分配定义是合适的。

(2)定义分配是分配的更完整形式,因为它应用于每个使用。定义分配来源于使用分配,因为它需要将块或活动特殊化或分解到定义分配是唯一的程度,并且避免过分配(超过实际需要的多余分配)。如果一个组成需要唯一的分配,则使用定义分配需要附加的步骤将块特征化,以定义唯一的组成,然后分配到(或从)特殊化的块而不是组成。对精化定义的额外关注便于将来对定义层级的重用。

14.6 应用功能分配将行为分配至结构

功能分配用于将功能分配给系统部件。图14.8定义了一个行为层级和结构层级用于后面的功能分配示例。在此例中,*Measure Pixel Contrast*(*测量像素对比度*)由多个活动使用,*Sharpness Detector*(*对比度探测器*)由多个块使用。由块定义图进行活动层级建模见9.12节,由块定义图进行组合层级建模见7.3.1小节。

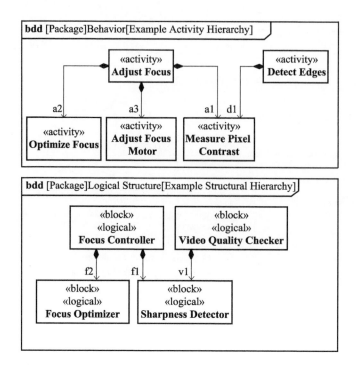

图 14.8　行为与结构层级定义示例

监控摄像头使用了一个被动的自动对焦系统,此系统使用像素到像素对比法决定光聚焦效果,然后生成一个信号来调节聚焦电机。Adjust Focus（调整聚焦）活动可以由其他三个活动定义的动作组成：a1：Measure Pixel Contrast、a2：Optimize Focus、a3：Adjust Focus Motor。图 14.9 的左侧描述了监控摄像头自动对焦部件行为的活动图。注意,在视频帧中探测对象边缘的单独活动也可使用 Measure Pixel Contrast 活动,如图 14.8 所示。

摄像头自动对焦部分的逻辑结构也在图 14.8 中描述。块 Focus Controller（聚焦控制器）由部件 f1：Sharpness Detector 和 f2：Focus Optimizer 组成。假想块 Sharpness Detector 也可以定义一个组成,该组成由其他逻辑块使用,目的是检查图像质量的部件。

14.6.1　使用的功能分配建模

如前所述,在定义的功能分配基础上（块活动）,当行动没有准备被其他块重用时,使用的功能分配（如动作到组成）应先于定义的功能分配（如活动到块）使用。如果动作使用了不同的输入/输出（如管脚）,而这些输入/输出可能导致在相关联的块上有不同的接口,则使用的分配也应考虑。

图 14.9 描述了使用的功能分配。这个例子表示了使用标注标记来表示由活动图中动作到内部块图种组成的分配。注意,活动图上的动作 a1：Measure Pixel

Contrast 被分别配到组成 *f1*：*Sharpness Detector* 上，但是其他动作没有分配。这是因为它们的定义活动在 14.6.2 小节中分配，所以分配使用是不合适的。另外，注意对象流 *of2* 被分配到连接器 *c1*。这种流分配只能是使用分配，将在 14.7.3 小节详细讨论。

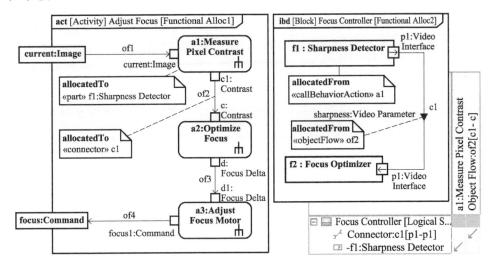

图 14.9　使用的功能分配示例（含分配矩阵）

内部块图上的分配标注与活动图上的分配标注相对应。在其他图中，也可以用分配矩阵，作为一个可选的简化分配关系表达。

14.6.2　定义的功能分配建模

当每个活动的使用被分配给块的使用时，需要在活动和块之间采用定义分配。这可以在块定义图中描述。在活动和块之间的分配关系可以包括在分配的"从"或"到"端的活动或块，但通常是从活动到块。

图 14.10 表示了使用分配关系进行定义的功能分配。注意活动 *Optimize Focus* 和 *Adjust Focus Motor* 被分配给块 *Focus Optimizer*。对于块 *Focus Controller* 中 *Focus Optimizer* 的使用，不管其在哪里使用，都有这两个活动的间接分配。这个分配在后面通过创建两个针对 *Focus Optimizer* 的操作来实现，方法是 *Optimize Focus* 和 *Adjust Focus Motor*。这些新操作对于每个类 *Focus Optimizer* 的实例都将是可用的。

注意，即使有概念关系存在其间，活动 *Measure Pixel Contrast* 也不能分配给块 *Sharpness Detector*。在这个特殊的例子中，*Measure Pixel Contrast* 也被活动 *Detect Edges*（*探测边界*）使用，它是一种与照片锐度无关联的处理技术。当 *Sharpness Detector* 用在 *Detect Edges* 中时，*Measure Pixel Contrast* 不会有到 *Sharpness Detector* 的间接分配，因此，不适用定义分配。在这种情况下应当采用使用分配。

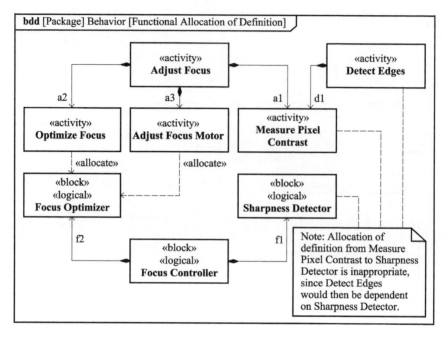

图 14.10 定义的功能分配示例

图 14.11 是一个系统的块定义图,该系统与第 16 章蒸馏器示例类似。注意,*Meter Flow*(计量流)活动已经分配给块 *Valve*(阀门),这就表明 *Meter Flow* 活动应用于块 *Valve* 的每个使用。这是合适的,因为每个 *Valve* 都执行测量流的活动。也应注意,活动 *Boil Water*(煮沸水)已经分配给块 *Boiler*(锅炉),这就推断出所有 *Boiler* 的使用可以执行活动 *Boil Water*。

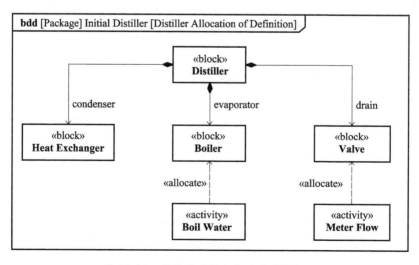

图 14.11 蒸馏器示例中定义的功能分配

图 14.12 是一个描述了 *Power Station*(发电站)的块定义图,它使用了多个前面定义 *Distiller*(蒸馏器)的块。在图 14.11 中针对 *Boiler* 和 *Valve* 的定义分配仍然有效。组成 *stm gen*:*Boiler* 有一个由活动 *Boil Water* 推出的分配。*Valve* 的使用 *feed*(进料)和 *throttle*(节流阀)包括一个来自活动 *Meter Flow* 的分配。

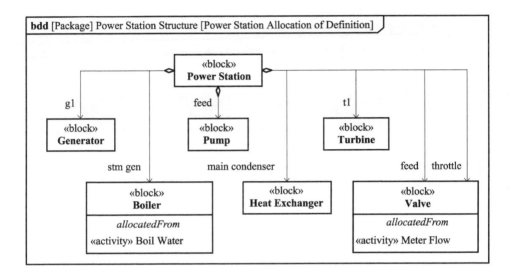

图 14.12　发电站示例中定义的功能分配

14.6.3　使用分配活动分区(活动泳道)建立功能分配

　　活动分区在 9.11.1 小节中已讨论。**分配活动分区(allocate activity partition)**是一种特殊的活动分区类型,通过关键词«allocate»区分。如图 14.13 所示,在活动图上分配活动分区表明了,分区内的任何动作节点与分区表示的组成或块之间的分配关系。注意,分配活动分区仅能够描述使用分配或不对称分配。这是因为活动(定义)不能直接在活动图描述,仅有引发活动的调用行为动作(使用)能够被表示。如果要求定义分配,则活动必须被分配到块,在块定义图中可以直接描述活动或者使用分区或者标注标记描述。

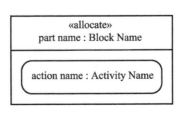

图 14.13　分配活动分区

功能分配使用分配活动分区（分配泳道）在图 14.14 中描述。这部分是前述图 14.9 示例的子集，其中动作节点 *a1*（活动 *Measure Pixel Contrast* 的使用）已经被分配到组成 *f1*（块 *Sharpness Detector* 的使用）。这种分配通过活动图中分配活动分区的图形化形式描述。

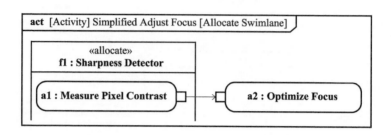

图 14.14　应用分配活动分区（泳道）的功能分配示例

我们已经假定活动图上的每个动作被分配到唯一的组成。如果由于某种原因需要一个动作准备分配到多个组成时，则创建一个新的未分类组成，该组成聚合前述多个组成。采用分配活动分区表示这种新的聚合，动作被放置在新的分配活动分区中。

如果标准活动分区未使用关键词《allocate》，则由分区表示的组件或者块保留分区中所有动作节点执行的责任（参见 9.11.1 小节）。这并没有使用 SysML 的分配关系，而是与结构定义中的行为紧密结合。例如，当某个调用操作动作在标准活动分区中时，大多数工具将自动输入分区所表示块中的相应操作。

14.7　分配行为流到结构流

如 9.5 节和 9.6 节所述，活动之间的流可以是控制流或对象流。后续章节描述在活动图中对象流的分配。控制流的分配类似于对象流的分配方法。流分配是典型的使用分配，因为通常在使用情境中规范模型元素间流动的项。

14.7.1　分配流的选择

如 7.4 节所述，项流用来描述内部块图组成间的流动。项流可以有一个相关的项属性。项流表示流的方向，并将项属性关联到连接器，项属性是流动项的使用。项属性可以通过块定义（如被分类），如同组成由块定义类型。

9.5 节讨论了对象流的等效描述（活动图上的实体箭头），使用动作管脚标记(动作节点边界上的小正方形)或者对象节点标记(动作节点间的大矩形)。活动图上的对象节点标记表示输入、输出管脚。为了避免分配关系歧义,建议动作管脚标记在执行流分配时使用。

下面讨论了分配对象流到连接器、分配对象流到项流、在图之间分配项属性。其他类型的流分配也可以使用,例如分配动作管脚到项流或分配活动参数节点到端口。这些附加分配作为高级主题是特定设计方法所使用的功能,在此不做讨论。

14.7.2 分配对象流到连接器

图14.15扩展了图14.14示例,也是图14.9示例的子集。对象流 *of2* 被分配到连接器 *c1*。在项流定义之前或者项流没有建立模型时,该分配常用预备形式。然而,如果有多个项流或者项属性与连接器关联,则可能会出现歧义。控制流也能够分配到连接器,但是分配控制流的语义和物理表示也非常依赖于设计方法。在获得无歧义的控制流分配之前,需要对模型做进一步细化。

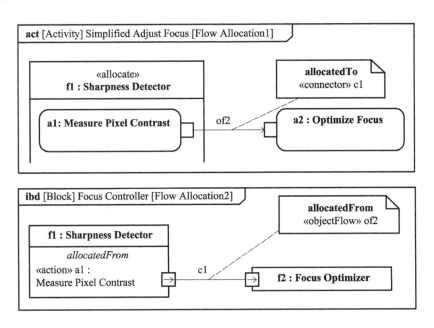

图14.15　去向连接器分配的对象流

14.7.3 分配对象流到项流

图14.16描述了一种来自图14.15中流分配的可选方法。在这种情况下,对

象流 *of2* 已经被分配给项流 *if1*,可以使用标注标记在活动图和内部块图上描述。除活动图之外,分配矩阵明确显示分配关系。为了方便,在活动图周围有分配矩阵的嵌套,这不是标准的 SysML 表示。相比对象流到连接器的分配,这是更规范的分配形式,即使不止一个项流与连接器关联,这种形式也无歧义。通常可以将表示控制流或对象流的活动边界分配给项流。

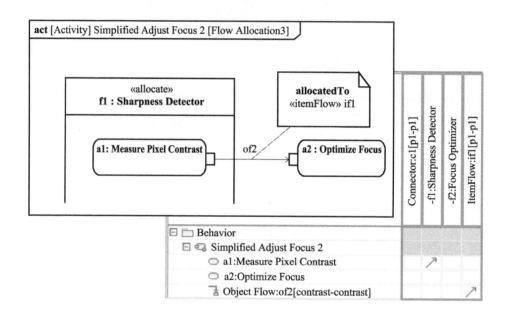

图 14.16　去向项流分配的对象流(含分配矩阵)

将对象流或者控制流分配到项流不影响活动图上表示的行为。如果建模工具模拟或者执行活动图,则只有对象流是执行语义的部分而项流不是。

当分配对象流到项流时,确保类型一致非常重要。对象流上的内置约束确保对象流各端上的动作管脚类型一致。当将对象流分配到项流时,与对象流关联的动作管脚类型需与转换分类器定义的项流以及任一关联项属性类型相一致。这是一个示例,展示了该工具为了减少错误率和建模工作量而提供模型检查器的功能。

相比分配对象流到项流,将对象流分配到与项流关联的项属性上更合适。图 14.17 表示了监控摄像头的这种分配关系。这种特殊的分配方法在第 16 章蒸馏器示例中也有使用,因为该方法将功能模型中对象流绑定到水流的特定属性,这些属性值用于后续的工程分析。

第14章 应用分配为交叉关系建模

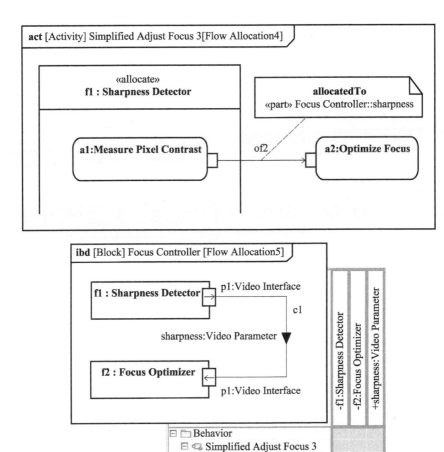

图 14.17 对象流到项属性分配

14.8 独立结构层级间的分配

有时需要考虑多个结构模型。例如,通用的做法是在维持一个独立的专用实现的**物理结构**(physical structure)的同时,将能力、功能或操作整合到一个抽象或**逻辑结构**(logical structure)中。开发逻辑架构和分配逻辑部件到物理架构的示例可见 17.3.5 小节(定义节点物理架构)和图 17.33。物理分配的逻辑提供了一种表达满足权衡研究评估的可选分配机会。

逻辑结构开发的特殊方法需将逻辑结构元素与物理结构元素相关联。SysML 分配提供了执行和分析该种映射的机制。物理结构的实现可能需要进一步模型开发来实现逻辑结构,但是,这种开发应当在整个系统模型逻辑到物理的分配稳定且一致后进行。

物理结构本身分为软件结构和硬件结构。UML软件建模人员通常使用部署关系将软件结构映射到硬件结构。SysML分配为该映射提供了更加抽象的机制,该种机制不需要考虑客户-目标环境、编译器或者其他更详细的实现因素。这些因素可以在初步软件到硬件的分配执行和分析之后进行。

14.8.1 使用的结构分配建模

图14.18使用块定义图表示了一个使用的结构分配示例。该图显示了块内部结构中结构化分配的两端。块定义图中块的结构分区对应于该块的内部块图所描述的内容。

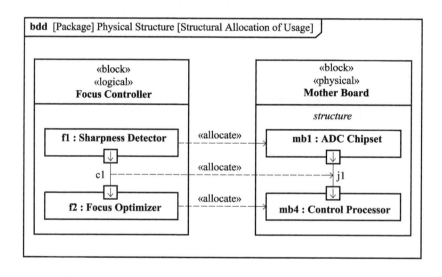

图14.18 使用的结构分配示例

图14.18中不同结构分区中组成间的分配仅能够描述使用的分配。同样地,内部块图或结构分区上连接器间的分配也仅能够表示使用的分配。

14.8.2 逻辑连接器到物理结构的分配

连接器用来连接组成或端口。抽象描述的连接器或者逻辑结构能够分配到一个或多个物理结构的接口组成,如线束、总线或者复杂网络。

图14.19描述了逻辑结构中的连接器到物理组成($ea5 : PWB\ Backplane$)和关联连接器的分配,不考虑物理连接细节。使用分配是表示逻辑连接器精化的

恰当方法，不需要将逻辑架构过多地扩展到实现细节。逻辑连接器上的任何项流可分配到物理结构的多个项流上，例如将逻辑连接器上的项流分配到进出电缆的项流。

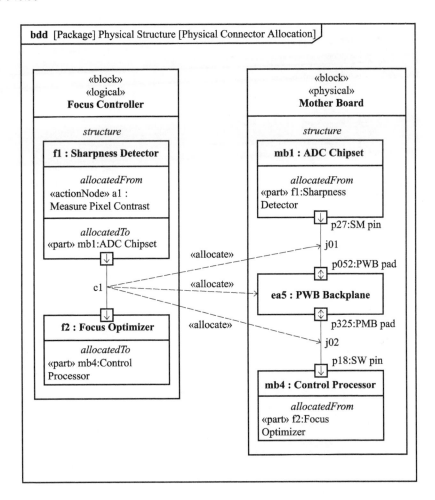

图14.19 应用分配精化的连接器

14.8.3 结构化定义分配建模

图14.20所示为监控摄像头自动聚焦部分的结构化定义分配。该分配与图14.18描述的分配不同，后者描述了使用的分配。如果结构化分配应用到所有使用，则可以采用定义分配。在本示例中，无论块 *Vector Processor*（*向量处理器*）在何处使用，它都包含来自 *Image Processor*（*成像处理器*）的隐含分配，即使块 *Vector Processor* 没有在 *Mother Board*（*母板*）中使用。

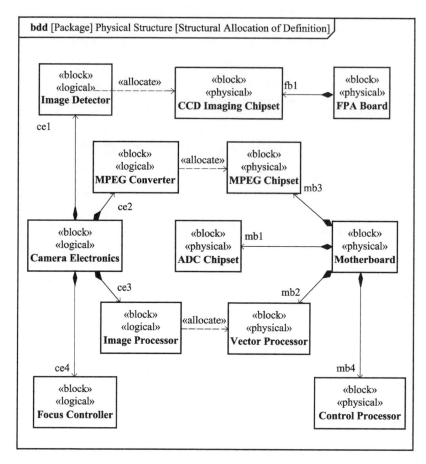

图 14.20 定义的结构分配描述

14.9 结构化的流分配建模

由块表示的流动的项,可对抽象的(如逻辑的)内部块图和具体的(物理的)内部块图中的流分类。这使得在逻辑层和物理层之间保持一个通用的、结构化的数据模型成为可能。

尽管如此,仍有建立单独的抽象逻辑数据模型和物理数据模型的理由。例如,可能需要一个标准的逻辑数据模型,但数据级的实施可能需要优化。当在抽象层描述的项流需分配给更具体层的结构时,必须分解抽象的项流以使它可以被唯一地分配。如果某个块用于表示在抽象层流动的项,则它可以被分解成一组块,代表在更具体层流动的项。随后,抽象的项流可以分配到具体的项流,后者使用合适的块为项属性分类。

图 14.21 表示了在抽象层的一个项流或项属性是如何被分配到更具体层的项

流或项属性。注意,在块定义图上块 *Focus Controller* 和块 *Mother Board* 的结构化分区中,只显示项属性的名称,而未显示项流的名称。可以从一个图上的项属性直接分配到另一个图上的项属性,在这种情况下,*sharpness : Video Parameter* 被分配给 *pixel contrast : Signal*。由于逻辑数据模型独立于物理数据模型,每个项属性的种类(转换的分类器)是不同的(*Video Parameter*(视频参数)和 *Signal*(信号))。注意到在分配矩阵中项流之间或项属性之间分配表示得最清晰。*Focus Controller* 中项流的名称是 *if1*。同样地,*Mother Board* 中项流的名称是 *if3*。

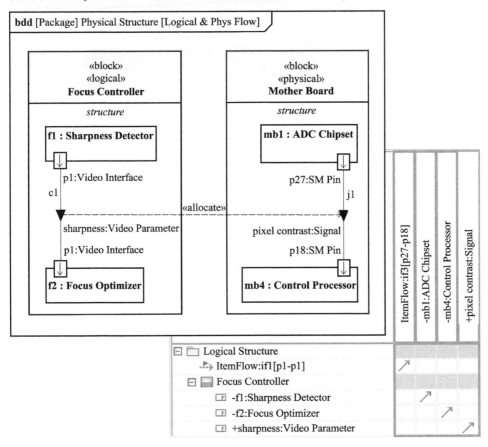

图14.21　结构流分配示例(含分配矩阵)

14.10　分配深层嵌套属性

当分配深层嵌套使用属性(如组成和调用行为动作)时,需要特别注意以避免二义性。图14.22中的块定义图表示了一个结构的层级和一个行为的层级。当将调用行为动作 *y1* 分配给组成 *c1* 时,块定义图中的信息可能是不清晰的。图14.22中的内部块图表示块 *A* 的内部结构,而在 *b1* 和 *b2* 的内部结构中都包含了 *c1*。

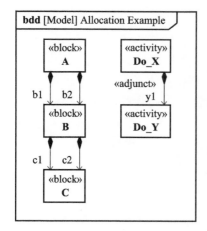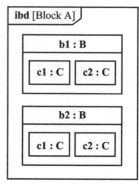

图 14.22 由深度嵌套组件引起的潜在歧义示例,
当分配到组件 c1 时,到底是哪个分配的

分配关系可以包含属性路径,它是在 6.6 节中讨论的命名空间限定名称标记(::)与 7.3.1 小节中讨论的点状标记的组合体。因此,分配关系可以在它的任意一端为嵌套属性指定一个属性路径,以消除任何歧义。原先在图 14.6 中表示的例子,包括了一个在分配"从"端的嵌套属性,表示为 $A :: b1.c1$,因此消除了歧义性。A 是情境块,作为属性路径的根。属性路径的第一个属性包含在情境块中,因此被引用,方式为用一个双冒号放在它前面。点标记用于由第一属性引导到嵌套属性。

除了分配,这个标记还可用于为其他种类的关系消除歧义,如需求关系和其他依赖关系。

14.11 跨用户模型分配的评估

分配关系的完整性和完成度很大程度上取决于系统所处的开发阶段。由于分配可用于一个抽象关系,而不是更具体的关系,在特定时间需要及时根据系统开发所采用的方法和策略评估分配质量。

14.11.1 建立平衡性和一致性

模型可以根据分配关系的完整性和一致性以及后文描述的分配整体平衡性来评估。

完整性和一致性可以使用用户定义的原则或约束来评估。例如,在功能分配中,当每个活动都与模型中某个块有分配关系时,可以认为活动包的分配是完整的。又如,活动中的动作在某个有效活动图中被描述之前,不能判断为一致的。在有效的内部块图中描述直至组成的隐藏分配,活动图中的任意对象流均被分配至内部块图中合适的连接器上。一致性也包括对环形分配、冗余分配,以及建模人员可能定义为不合适的分配事项(如将一个活动分配到另一个活动)的检查。再次希望自动模型检查能在这些方面提供帮助。

评估分配的平衡性是比较主观的,可能需要建模人员的部分经验和判断力。平衡性的一个方面可能涉及评估在分配关系的每一端由模型元素代表的细节的层级。例如,平衡性可能包括检查模型的某部分是否在分配方面丰富,以确定细节层级是否过深,也包括评估模型分配较差的部分将来是否可以改善。当评估功能分配时,如果大量的活动被分配到某个单独的块,但其他块只分给少量的活动,建模人员可能会问:①系统活动的建模是否完整?②结构化设计是否在单个块中融合了太多的功能性?关于这些问题的答案将决定将来建模的方向。对于问题①,它可能意味着需要在其他方面完善活动模型;对于问题②,可能包括将过度分配的块分解为更低层级块。

14.12 将分配进行到下一步

一旦跨模型的分配平衡且完整,每个分配可以由更正式的关系精化,这些关系保留并细化了由分配的"从"端到"到"端的约束。按这种方法,分配可用于指导系统设计活动,而不是过早地决定如何精化模型间的关系。当然,这高度依赖于建模方法。

SysML分配允许建模人员保持精化模型的开放性。例如,通过给块指定被分配的活动,可以精化功能分配,这种方法称为对块的操作,需要额外的步骤创建操作。延迟决定允许建模人员工作在一致的抽象层级,而不会过早地进行细节建模。

即使在模型精化后,也可以保留分配关系,这样可以在模型中捕获支持«rationale»以提供模型开发的历史。当在不同的项目或产品间考虑模型的重用时,这是非常重要的信息。

14.13 小结

分配关系提供了足够的灵活性,用于将模型元素关联到始于开发过程早期的另外一个模型元素。建模分配的关键概念包括如下内容:

(1)分配关系是模型元素间映射的一种形式,它提供了一种能力,可将与某一模型元素相关联的责任指定给另一模型元素。

(2)分配的使用,在抽象的较高层级规定模型,并将分配作为将来模型精化的基础来使用,从而使得某些实施决策被推迟。

(3)存在多种不同种类的分配,包括行为分配、结构分配、属性分配。分配支持传统的系统工程概念,如通过将活动分配给块而实现将行为分配给结构。也支持从逻辑连接器分配给物理接口、软件到硬件的分配、对象流到项流的分配以及其他。

(4) 在定义的分配和使用的分配之间有一个关键的区别要明确。在定义分配中,定义的元素(如活动)被分配给其他定义的元素(如块);活动和块之间的分配对活动的所有使用和块的所有使用均是有效的,不考虑情境。在使用的分配中,例如,当某个动作被分配到组成时,分配仅在特定的组成属性和动作的情境中有效。

(5) 分配活动分区提供了一种明确的机制,将动作的责任分配给一个组成。

(6) 与代表需求关系的使用方法类似,存在多种图形和表格表示法用于表示分配。图形表示包括直接标记、分区标记和标注标记。矩阵和表格表示可以提供更加紧凑的形式,来表示多种分配关系。

14.14 问题

(1) 列出以 SysML 图表示的四种分配方式。
(2) 哪种模型元素可以在 SysML 中参与分配关系?
(3) 分配需求时分配关系是否适用?
(4) 列出并描述 SysML 中三个分配关系的使用。
(5) 对于下列各分配关系,指出它们是定义的分配还是使用的分配。
① 活动图上的动作到内部块图中的组成;
② 活动到块;
③ 对象流到连接器;
④ 活动参数节点到接口块。
(6) 选择定义的分配,而不是使用的分配意义是什么?
(7) 对象流是否应该被分配给一个块? 并解释原因。
(8) 是否应该将活动分配给一个组成? 并解释原因。
(9) 是否应该将连接器分配给块? 并解释原因。
(10) 描述图 14.21 中所分配的内容及其意义。

讨 论

分配的目的是什么? 它在系统开发中扮演什么角色? 好的分配或差的分配如何影响系统设计的整体质量?

描述完成功能分配之后的下一步工作。哪些机制可用于实现块中的功能?

第 15 章　专业领域 SysML 定制

本章介绍元模型建模概念,此概念通常是语言设计师感兴趣的内容。同时本章对 SysML 语言规范本身进行了概述。随后描述如何使用配置文件和模型库定制 SysML,以支持多种系统建模领域。此外,还对 SysML 视图和视角进行了讨论,并介绍了如何用这些结构为不同的利益相关方定制建模。

15.1　概述

SysML 是一种通用的建模语言,可支持多类专业领域的应用,如汽车系统或航天系统的建模。SysML 语言以元模型描述,其元素称为元类,描述在系统建模领域中的概念。15.2 节概述了元模型和 SysML 规范。

SysML 已经被设计成具有一定的可扩展能力,可支持专业领域。一个例子是针对汽车领域的 SysML 定制,包括专业汽车领域概念和对标准领域元素的表示,如发动机、底盘、制动器、道路、司机、乘客等。

为达到这些目的,SysML 包含名为版型的扩展机制,被编入名为配置文件的特殊包。通过增加属性和约束,版型扩展了现有的 SysML 语言概念。SysML 也支持模型库,后者为在专业领域内可重用模型元素的集合。配置文件和模型库包含于模型中,通常由语言设计师而非普通系统建模人员创建。"用户模型"是指由系统建模人员创建的模型,用于描述一个或多个系统。

模型库提供了可以由模型重用的结构如块,它规定了可重用的部件、定义有效单位的值类型以及值属性的数量种类。另外,配置文件提供了扩展建模语言自身的结构。例如,SysML 就是一个 UML 的配置文件,扩展了 UML 基本结构,例如用 UML 类构建了 SysML 块的概念。

配置文件和模型库通常在包图(见第 6 章)或块定义图中描述(见第 7 章)。对应于包图框架的模型元素类型分别为配置文件和模型库。

图 15.1 所示为一个包图,其中采用多个标记用于定义版型。此图包含了三种版型及其属性的定义,用于支持仿真。*Flow – Based Simulation*(基于流的仿真)和 *Flow Simulation Element*(流仿真元素)扩展了 SysML 的元类 *Activity*(活动),并增加

了一些关于仿真种类以及如何执行的信息。*Probe*（探测器）扩展了 *ObjectFlow*（对象流）和元类 *ObjectNode*（对象节点）（活动规范的一部分），用于告知仿真要监视哪些数据。

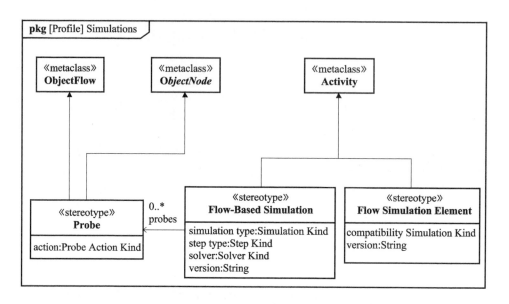

图 15.1　包图中定义的配置文件示例

附表 A.2 给出了包图中模型库和配置文件扩展所需的其他标记。

图 15.2 表示了元素模型库，这些元素使用图 15.1 中的版型并进行了扩展。*Flow Simulation Element* 模型库中的模型元素扩展后用于建立基于流的仿真。它们是带有 *Flow Simulation Element* 版型应用的活动（如类型为图 15.1 中元类 *Activity* 的模型元素）。注意，当应用版型时，通常约定版型的关键词相对于版型名称形式有不同的版式样式，将在 15.6 节描述。这些活动可以由基于流的仿真所属动作引发。版型属性的值允许仿真工具基于所需仿真类型（如连续、离散）来确定它们的有效性。

附表 A.29 给出了 SysML 图中表示由版型扩展的模型元素所需的其他标记。

15.3～15.7 节详细讨论了模型库和配置文件。15.3 节描述模型库以及它们在定义可重用部件方面的使用。15.4 节和 15.5 节描述了版型的定义，以及应用配置文件描述一组版型和支持性定义。15.6 节和 15.7 节重点描述应用配置文件和模型库建立专业领域用户模型。

15.8 节讨论了视图和视角，可用于以不同方式呈现模型信息，而不仅仅是 SysML 语言提供的方式，这是定制语言的重要方面。视角规定了如何产生一个模型信息的定制可视化效果,以陈述利益相关方关注的内容。视图与视角一致,规定了一组模型元素,并以可视化形式展现。附表 A.30 给出了表示视图和视角的标记。

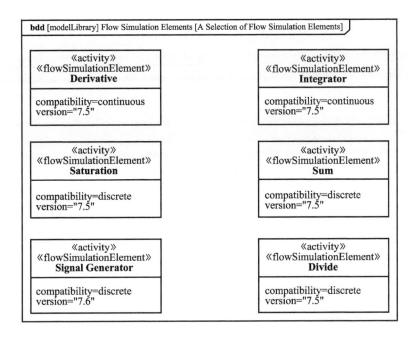

图 15.2 针对模型元素的版型应用示例

15.2 SysML 规范和语言架构

SysML 语言通过应用配置文件和模型库,在 UML 的基础上扩展而来。本节介绍建模语言设计的一些基本概念,并描述 SysML 的架构。

15.2.1 建模语言的设计

用于规定基于 UML 建模语言(如 SysML)所需的一些概念如下。

建模语言规范有以下三部分:

(1) *Abstract syntax*(*抽象语法*):描述语言中、概念之间的关系,以及一组描述概念如何放在一起的规则。建模语言的抽象语法使用**元模型**(**metamodel**)描述。元对象工具(Meta Object Facility,MOF)[24]是 OMG 的一个标准,用于定义元模型,从而规定建模语言,如 UML 和 SysML。

(2) *Notation or concrete syntax*(*标记或具体语法*):描述语言中的概念是如何可

视化的。以 SysML 为例，标记既在标记表中描述（将语言概念映射到图中的图形标识），同时也在 SysML DI 中描述。SysML DI 是对 UML DI 的扩展，后者作为一个元模型，描述了基于 UML 的图结构和布局。有关 SysML DI 的讨论见 18.3.2 小节。

（3）*Semantic*（*语义*）：描述语言概念的含义，通过将语言概念映射为由语言表述的领域概念（如系统工程）来实现。有时语义通过使用正式术语定义，如数学。但在 SysML 中语义大多数使用自然语言描述。尽管如此，UML 中的基础 UML 子集（也是 SysML 子集）以及 UML 组合结构的精确语义（见 7.9.1 小节和 9.14.1 小节）均有正式的语义。后续期待为 UML、SysML 的更多部分继续定义正式的语义，并将 SysML 与其他正式建模语言（如 Modelica[25]）集成。

元模型中的个体概念通过**元类**(**metaclasses**)描述，元类之间使用泛化和关联相联结，这种方式和块定义图中块与块的关系类似。每个元类都有一个描述和一组元类属性，用于描述所表示的概念，如同将规则施加于属性值的约束。

图 15.3 所示的包图表示了 SysML 所基于的 UML 元模型片段。图中给出了 UML 基础语言概念之一，名为 *Class*（类）以及类之间一些最重要的关系。*Class* 是对 *Classifier*（分类器）的特殊化，从而形成分类层级。该图也表示了 *Class* 与 *Property*（属性）和 *Operation*（操作）相关联，后两者定义了 *Class* 的大多数重要特性。该图也表示了一些元类属性，如由 *Classifier* 包含的 *isAbstract* 元类属性。

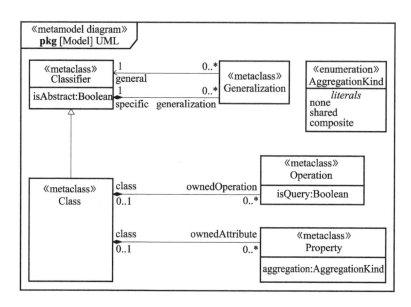

图 15.3　UML 片段（SysML 基本元模型）

配置文件和模型库(在 15.3～15.5 节详细讨论)用于为建模语言扩展新能力。配置文件扩展了已有的元模型(称为引用元模型),其中增加的概念称为版型,版型有其自身属性、规则和关系。因此,它们允许由原始元模型定义语言,扩展其并不直接覆盖的领域概念。模型库可以包含由元模型中元类所描述的模型元素,或者是包含由配置文件中版型所扩展的概念。

系统的用户模型包含模型元素,这些模型元素是语言中所定义的元类和版型的实例。例如,元类 Package(包)的实例是用户模型中的特定包。基于元模型中定义的元类属性和关系,这些实例引用了其他实例。

如 5.3 节所述,这些模型元素通过某个具体语义(如图中的标识)实现可视化。标识映射到语言中的元类和版型,从而使得每个标识都代表一个特定的概念。例如,块及其属性有特殊的图形表示,如带有分区的矩形标识。

图 15.4 表示了用于定义飞机的块定义图的一部分内容,以及表示不同概念的元类和版型的映射。*Airplane Model*(飞机模型)是一个包,包含了块 *Airplane*(飞机)和块 *Wing*(机翼)、执行者 *Pilot*(飞行员)(作为系统外部)和值类型 *Liters*(升)。*Airplane* 有两个属性,描绘了其两个可量化的特征:*call sign*(呼叫信号),其有效值由 *String*(字符串类型)(由 SysML 定义的基本概念)表示;*fuel load*(燃油负载),其类型为 *Liters*。块 *Airplane* 与块 *Wing* 关联,*Wing* 描述了飞机的结构组成,在此例中是 *Airplane* 的(两个)机翼。

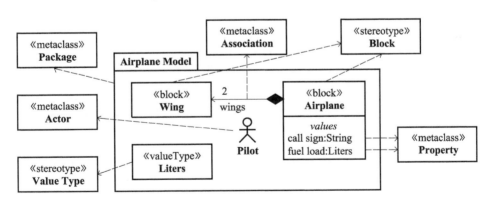

图 15.4　用户模型中由元类至模型元素的关系

15.2.2　SysML 语言规范和架构

15.2.1 小节描述了官方 OMG SysML 规范[1],它定义了一组语言概念,可用于系统建模。此规范被开发出来以对应于 UML 中的系统工程需求建议书(UML for SE KEP)[52]中规定的需求。2006 年规范被对象管理组织正式采纳,作为对统一建模语言的扩展[53],并于 2007 年 9 月公开支持。SysML 规范由 OMG SysML 修订工作组维护和改进。

SysML 是对 UML 的扩展,后者原先被指定作为用于软件设计的建模语言,以支持通用软件建模。如图 15.5 所示维恩图,SysML 重用了 UML 的子集,并添加一些扩展项,以满足 UML for SE RFP 要求。

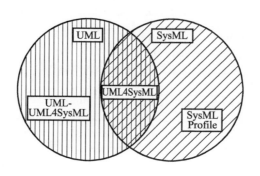

图 15.5 SysML 与 UML 关系

大约有一半的 UML 内容被重用。SysML 所重用的 UML 子集称为 *UML4SysML*,如图 15.5 所示。UML 的其他部分并没有被当作满足 UML for SE RFP 要求的必不可少的部分。对 UML 被使用部分的限制降低了对 SysML 培训和工具实施的要求,而满足了系统建模的需求。

UML 的重用部分在某些情况下直接可使用而无须更改,如交互、状态机和用例。UML 重用部分的其他部分被扩展,通过配置文件的方式解决系统工程需求。配置文件是标准的 UML 机制,用于规定语言的扩展,详见 15.5 节。选择基于配置文件的方法而非其他扩展机制的原因是许多 UML 工具可以直接解释配置文件,使得系统建模团队可以广泛地利用基于 UML 的工具进行系统建模。另外,UML 的配置文件可以与 UML 连接,从而有助于建立系统建模和软件建模之间的桥梁。

SysML 配置文件被组织成以下具体的语言单位,它扩展了 UML,提供附加的系统建模能力。

(1)*Model elements*(*模型元素*):扩展以支持视图、视角和其他通用建模机制。

(2)*Requirements*(*需求*):扩展以支持文本的需求、需求之间的关系和需求与模型的关系。

(3)*Blocks*(*块*):扩展以表示系统结构和属性。

(4)*Activities*(*活动*):扩展以支持连续行为。

(5)*Constraint blocks*(*约束块*):扩展到模型约束和参数模型,从而支持工程分析。

(6) *Ports and flows*（端口和流）：扩展以支持系统元素之间的信息流、物质流、能源流，以及嵌套端口和其他接口概念，从而支持系统接口的多样性。

(7) *Allocations*（分配）：扩展以支持模型元素之间的映射关系。

SysML 还定义了如下三个模型库：

(1) *PrimitiveValueTypes*（主值类型）：介绍一组标准的基本数值类型，包括实数和复数类型。

(2) *ControlValues*（控制值）：介绍一种名为控制值的数值类型，由控制操作符使用（见 9.6.2 小节）。

(3) *UnitAndQuantityKind*（单位和数量种类）：介绍单位和数量种类，用于表示值类型的单位（见 7.3.4 小节）。

SysML 配置文件有严格的应用（见 15.6 节），使用 SysML 扩展开发的模型只可以使用 UML4SysML 中定义的 UML 子集。因此规范中描述的 SysML 是 UML4SysML 和 SysML 配置文件的组合，如图 15.5 所示。

15.3 定义模型库以提供可重用结构

模型库(model library) 是一种特殊类型的包，包含一组可重用、针对特定领域的模型元素。虽然模型库中的模型元素可以有版型（如果版型支持特殊的领域，如图 15.2 所示），但是模型库并非扩展 SysML 概念。模型库可以包含一些规范中的模型元素，与组成类目录相似，也可以包含带有更广泛应用的模型元素，如由 SysML 规范提供的 ISO80000 模型库。

任何可封装的模型元素（见 6.5 节），如块、数值类型、活动或者约束块，都可以包含在模型库中。模型库中的元素可以直接包含在该库中，或者可以在其他模型或包中定义并被引入库中。在后一种情况下，模型库发挥一种机制作用，从互异的源中收集并组织元素，以实现重用。

模型库的内容可以表示在包图或块定义图中，使用那些图中标准的标识。当模型库表示在包图中时，用包符号表示并带有关键词《modelLibrary》，关键词在包命名空间中模型库名称的上方（图 15.11）。当一个模型库对应于图框架时，modelLibrary 作为模型元素类型显示在图标题的方括号内。

图 15.6 所示的模型库定义了一组块来表示一些非常基本的物理概念，这些物理概念由一些专业领域块特殊化，*Physical Thing*（物理物体）描述了一些带有 *mass*（质量）和 *density*（密度）的事物，并且可以借助约束属性 *me* 提供对质量的约束。*me* 的类型 *Mass Equation*（质量方程）定义了一个约束，此约束将参数 *total*（总和）与参数 *componentMass*（部件质量）之和相关联。块 *Moving Thing*（运动物体）通

过运动属性（如 *acceleration*（加速度）和 *velocity*（速度））对 *Physical Thing* 特殊化，它也有一种属性 *force*（力），允许力对 *Moving Thing* 进行加速或减速。*Moving Thing* 的属性未使用建模方程作为约束，而是通过仿真进行计算，如图 15.13 所示。

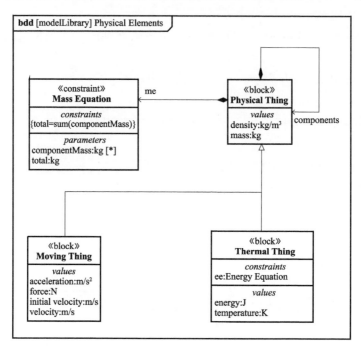

图 15.6　定义基本物理概念的模型库

15.4　定义版型以扩展 SysML 概念

不同于模型库元素使用已有的语言概念描述可重用的结构，**版型（stereotype）**增加了新的语言概念以支持专业应用领域。版型被统一分在名为配置文件的包内。SysML 本身就被定义为 UML 的一个配置文件，使用版型定义系统概念，如块和需求。虽然版型的实例有特殊的规则，同时也有不同的显示约定，但如同用户模型包含了元类的实例，用户模型也可以包含版型的实例。

版型扩展了参考元模型中的一个或多个元类。在 SysML 中，参考元模型是 UML 的一个子集 UML4SysML，如 15.2.2 小节中所述。基本元类和版型之间的关系是一种**扩展（extension）**关系。扩展在概念上类似于泛化，将版型特征应用至基本元类。选择基本元类或是选择某个版型的元类取决于需要描述概念的种类。语言设计人员通过区分需要表示新概念的某些特征来确定基本元类，然后添加或移除其他特征。

包括 UML 在内的元模型含有抽象的元类，这些元类不能直接在用户模型中实例化，但可提供一组通用特征，这组特征由具体元类特殊化，这些具体元类可在用户模型中实例化。扩展了抽象元类或具体元类（被进一步特殊化）的版型等同于扩展了该元类所有特殊化的版型。

配置文件（profile） 是一种特殊的包，包含版型、元类以及它们之间的关系。配置文件可以表示在包图中，以 profile 作为模型元素类型，与图框架对应。元类由带有关键词«metaclass»的矩形表示，该关键词位于顶部中间，后面跟有元类名称。版型表示为带有关键词«stereotype»的矩形，该关键词后面跟有版型名称。扩展关系通过位于元类端带实心三角形的连线表示。

图 15.7 表示了包含一组版型的配置文件，其中版型描述了表示基于流的仿真制品的新概念。版型 *Flow - Based Simulation* 允许建模人员定义系统流的仿真。*Flow - Based Simulation* 扩展了 *Activity*，因为活动已经有了基于流的语义，因此有许多正确的特征。版型 *Flow Simulation Element* 用于对活动的某个特殊形式建模，此活动可添加到基于流的仿真中。

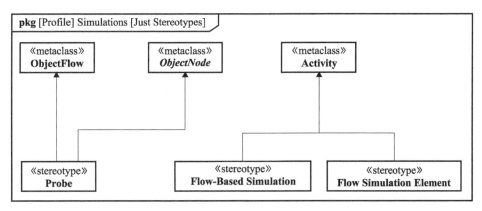

图 15.7　包含版型（支持基于流的仿真）的包图

仿真的一个非常有用的能力是在仿真运行时可以监视特定元素的值。版型 *Probe*（探测器）允许建模人员指出应当监视仿真的元素。*Probe* 扩展了 *ObjectFlow* 和 *ObjectNode*，因为这两个均为结构，都有数值（如令牌）流动。*Probe* 扩展了 *ObjectNode*，后者是一个抽象元类，使用斜体表示其名称。这表示 *ObjectNode* 的所有具体子类（如 *DataStoreNode*（数据储存节点）与 *ActivityParameterNode*（活动参数节点））也均被扩展。注意这是一个表示扩展与泛化不同的例子。*Probe* 不是 *ObjectFlow* 和 *ObjectNode* 的特殊化，*Probe* 的实例可以扩展 *ObjectFlow* 的实例或 *ObjectNode* 的实例（或是其具体子类之一），但不能两者同时。这种扩展使得版型 *Probe* 的属性和约束可以应用在用户模型中的对象流和对象节点。

除了扩展元类，应用 7.7.1 小节描述的泛化机制，通过对已有版型或多个版型特殊化，也可以在元模型中定义版型。在这种情况下，新的版型继承了以前版型的全部特征，包括扩展关系。新的版型可以再增加与新概念相关的特征。版型可以是抽象的，这意味着在用户模型中它们不能直接使用，但是版型可以被特殊化并且它们的特征也可被继承。版型特殊化使用标准的泛化符号——一条带有空心三角形的线表示，三角形位于泛化端。图 15.8 表示了一个由 SysML 而来的版型示例，该版型是对另一版型的特殊化。*Block* 扩展了 UML 的元类 *Class*，*ConstraintBlock* 对 *Block* 做了特殊化。*ConstraintBlock* 继承了由 *Block* 而来的属性 *isEncapsulated*，表示连接器是否可以横跨其边界。以下是 SysML 规范中 10.3.2.1 小节对 *Constraint-Block* 进行描述的片段：

"约束块是包装了对约束陈述的块，因此它可以重用的方式应用于其他块的约束属性。"

SysML 也重用了引自 UML、名为 *Trace*（追溯）的版型，并对此版型特殊化，从而表示 SysML *Requirements* 部分的关系。

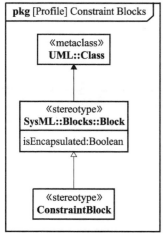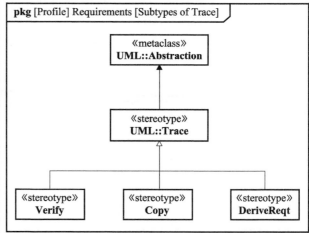

图 15.8　SysML 特殊化示例

15.4.1　添加版型属性和约束

版型的定义可以包括属性和约束。对其他版型特殊化所得到的版型继承了前者的属性和约束。

版型属性类似于元类的属性，它们代表了关于版型所应用模型元素的元数据。属性有类型，定义了被表示的数据种类。SysML 定义一组主要的类型，如字符串、整数型、布尔型、实数型以及复数型，但配置文件可以添加它们自己特有的类型，或使用模型库中定义的类型。

区分块的属性和版型的属性非常重要。例如，块 *Vehicle*（车辆）可以有一个名为 *inspector*（检查员）的属性，记录当它脱离产品线时谁检查这个 *Vehicle* 的实例。与此同时，某人可以扩展 *Block* 版型来包含一个 *inspector* 属性，但这将记录检查块 Vehicle 规范的人的身份,而与由块 Vehicle 描述的实例没有关系。

约束可以添加到版型中,规定关于对属性使用的规则。或通过进一步约束被扩展元类的属性,限制对已有概念的使用。在语言规范中使用文本表示对约束做出规范。约束语言(OCL)[38]经常用于在配置文件中表示约束。

版型也可以包含由版型或元类分类的属性。这允许用户模型中的版型实例包含对用户模型中其他版型实例和元类实例的引用。这些属性可以在元模型中使用版型与其他版型或元类之间的关联来定义,或者简单地作为版型定义的属性。在参考元模型中的元类不能由配置文件修改。这表示版型与元类之间的关联可以定义版型上的属性,但不能定义元类上的属性。

版型的属性和约束可以按照与块属性和约束(如在命名分区下面的分区)相似的方式表示。约束也可以用连接被约束版型的注释标识表示。除了属性和约束外,版型定义还可以包含图像。当版型应用于某个模型元素时,图像可以有选择地显示。对于表示某一特定领域的概念,图像表示可能特别有用。

图 15.9 表示了图 15.7 中版型的属性和约束,以及一些需要定义其中某些属性的枚举列表。*Flow - Based Simulation* 的定义包含三个属性,管理所进行仿真的类型:*Simulation Type*(仿真类型)由枚举列表 *Simulation Kind*(仿真种类)分类,后者具有 *discrete*(离散)和 *continuous*(连续)两种值,说明是否需要连续解或离散解;*step type*(步长类型)规定了仿真步长是固定还是可变;*Solver*(求解器)定义了所使用的求解器种类。*Flow Simulation Element* 的定义包含了一个名为 *compatibility*(兼容性)的属性。这个属性给出了它所兼容的仿真种类。值 *continuous* 表明该元素只可用于连续仿真。值 *discrete* 表明它既可用于离散仿真,也可用于连续仿真。

这些版型也定义了一些约束,这些约束可影响带有不同应用版型的活动。作用于 *Flow Simulation Element* 的约束说明,一个兼容性属性为 *continuous* 值的元素,只可以在一种情况下使用,即它们活动中的 *Simulation Type* 有 *continuous* 值。另一个约束表明,*Flow Simulation Element* 只可以由包含在 *Flow - Based Simulation* 中的行为引发。作用于 *Flow - Based Simulation* 的约束说明,如果 *step type* 的值是 *variable*(可变的),则必须使用可变步骤的求解器(*ode45* 或 *ode23*)(注意:*ode* 表示常微分方程)。

Probe 的属性 *action*(动作)表示对于被监视元素上的值,某动作将发生。其类型 *Probe Action Kind*(探测动作类型),可以有三个值:*display*(显示)是在仿真窗口显示值;*log*(日志)是记录这些值到一个日志文件中;*both*(都)是以上两个行为都要做。*Flow - Based Simulation* 有一个属性 *Probes*,它引用了 *Flow - Based Simulation* 中定义的所有探测,如同 *Flow - Based Simulation* 与 *Probe* 之间的关联关系所表示的。

由于工具执行的实践原因,版型不是元类,而是定义了附加的元素,这些元素按照用户模型中元类的实例创建。尽管如此,一些版型被视为更像元类,而其他版型被视为更像辅助结构。

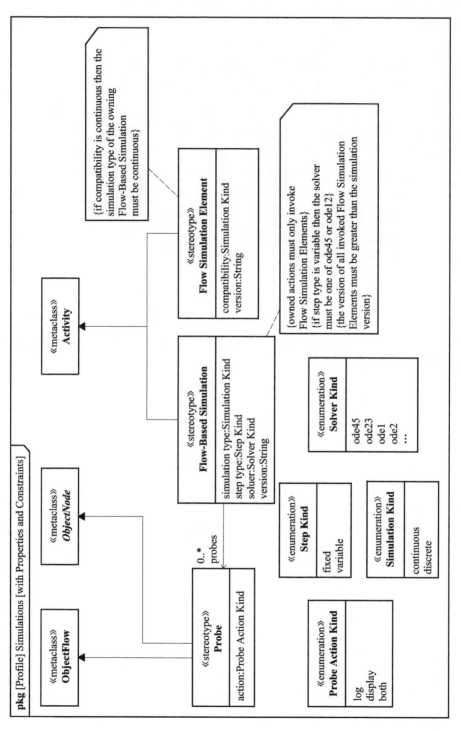

图15.9 提供针对基于流仿真版型的附加细节

例如，建模人员可能想要创建一个 *Flow – Based Simulation*（图15.9）而不是创建一个 *Activity*，然后应用 *Flow – Based Simulation* 版型在 *Activity* 上。*Flow – Based Simulation* 自己有一些约束，而活动不可能满足。另外，图15.15 中的版型 *Audited Item*（被审查项）作为一个版型示例，是辅助信息的提供者。*Audited Item* 给模型元素添加了审查信息，在审查元素开始时只需一次审查。因此，在此场景中，想象创建 *Classifier*（类似一个块）的实例并在晚些时候只应用 *Audited Item* 是自然的。

在用户模型中，版型可以用于任何带有版型所扩展元类的模型元素，或者应用于任何模型元素，该模型元素的元类是版型所扩展元类的一个子类。典型情况下，只有建模人员可以声明版型是否可用；偶尔情况下，配置文件设计者希望强调，特定元类的每个模型元素必须有一个自己采用的特殊版型，则称扩展是**需要的(required)**。当模型的使用依赖于一个具有特殊特征的元类的所有模型元素时，需要的扩展可能是有用的。如果版型是需要的，那么属性关键词[required]将表示在版型的扩展端旁边。图15.15 表示了一个需要扩展的例子，此扩展将配置数据添加到元类的所有模型元素，认为模型元素值得进行配置管理——这些配置数据也许与一些配置管理工具有联系。

15.5 利用配置文件扩展 SysML 语言

配置文件是一种包，作为一组版型及其支持定义的容器。典型情况下，配置文件将包含一组版型，此版型表示针对某个给定建模领域的一组内聚概念。更复杂的配置文件可能包含子配置文件或子包，将整个领域分割为相关领域概念的子集。创建子配置文件和子包的区别是子配置文件可各自分别使用，而配置文件的所有子包要使用它们的归属配置文件。所以，如果配置文件创建人员的意图是为通信方便而简单地分割一个配置文件，那么应该使用子包。但如果配置文件内容的各子集可以各自独立使用，那么应使用子配置文件。

典型情况下，配置文件服务于两种潜在应用之一：一种是它定义一组支持新领域的概念；另一种是它定义一组新概念，为已经支持领域中的模型添加信息。当创建配置文件时，记住这种差别是有用的。

前者也称为领域专用语言，并提供一组新的语言概念。当在该领域建模时，建模人员可以使用此语言概念。图15.9 中显示的 *Simulation*（仿真）配置文件是这种使用的例子。建模人员将使用 *Simulation* 配置文件中的语言概念建造一个仿真，并将以这些概念思考。在这种使用方式下，配置文件中的版型将明显地类似元类，如前所述。

在后一种使用情况下，版型定义了另外一些关于现存模型元素的数据，这些数据可以被储存起来。一个过程的或配置管理的配置文件，图15.15 所示的

Quality Assurance(质量保证)配置文件就是一个这样使用的很好例子。当质量保证信息需要时,来自 *Quality Assurance* 配置文件的版型将被添加到现存的模型元素中;当此信息不再有作用时,这些版型将被移除。

15.5.1 从配置文件中引用元模型或元类

15.4 节描述了如何通过扩展元类或将版型划入子类来定义版型。对于一个将要扩展元类的版型,包含版型的配置文件必须包含一个对元类的引用,或者包含一个对元模型的引用,此元模型本身包含元类,方式为使用一种特殊的导入关系,称为**引用关系(reference relationship)**(见 6.7 节对输入关系的讨论)。为了特殊化一个包含在另一个配置文件内的版型,配置文件必须导入包含版型的配置文件。当配置文件正在导入一个存在的配置文件时,虽然它也可以引用另外的元类,但是对于它的参考元模型,由导入的配置文件生成的元类引用是基础。

引用关系的标记是一个虚箭头,注释带有关键词«reference»,箭头指向参考元类或元模型。导入关系也是一个虚线箭头,箭头指向导入的版型或配置文件,但注释带有关键词«import»。

在图 15.10 中,*SysML* 配置文件引用了 *UML* 元模型,以扩展它的元类。使用了关键词«metamodel»,三角表示这是一个模型。*Simulation* 配置文件导入了 *SysML* 配置文件,因此它的参考元模型也是 *UML*。在 *Simulation* 配置文件中的版型现在可以扩展 *UML*(如 *Activity*)中的元类并将 *SysML* 版型(如 *Block*)归入子类。

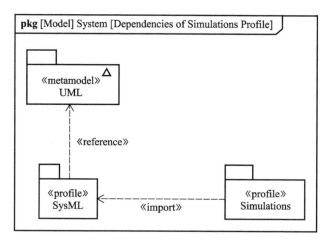

图 15.10 定义所需的输入以规定仿真配置文件

15.6 为使用版型将配置文件应用于用户模型

本章前两节描述了如何定义一个配置文件以及包含在配置文件中的版型。对

第15章 专业领域SysML定制

于使用来自模型中配置文件的结构体的建模人员，需要将配置文件应用于他们的模型或模型的子包。一旦应用了配置文件，版型及配置文件中的其他模型元素，以及来自参考元模型的元类，就可以被用在模型或包的容器层级内的任何地方。

配置文件使用**配置文件应用(profile application)** 关系应用于一个模型或包。配置文件的用户可以通过使用配置文件应用关系的**严格属性(strict property)** 来选择是否严格应用配置文件。一个严格应用意味着只有来自配置文件的参考元模型的元类可以在模型或应用配置文件的包内使用。这就保证应用于包或模型的所有配置文件必须引用相同的一组元类。如果严格属性没有在配置文件应用中设置，那么对于使用哪个元类没有约束，所以包或模型可以应用多个带有不同元类的配置文件。建模人员可以在任何时候添加或移除配置文件应用关系。尽管如此，当配置文件应用被移除后，来自配置文件的任何版型实例也从用户模型中被移除。因此，任何这种移除应小心执行，并且应该做一份模型的备份。

无论何时，只要可能，推荐以这种方式构建配置文件的参考模型，这样配置文件可以严格应用(例如，它拥有支持配置文件领域所有需要的结构体)。如果用户需要使用被配置文件引用之外的元类，而不是被配置文件参考的东西，则很可能没有充分考虑使用它们与配置文件概念相结合的影响。SysML 配置文件已被定义为严格使用，但如果由精心设计的系统和软件开发方法支持，就可以移除这种约束，以便使用另外一些来自 UML 元模型的软件相关概念。

将配置文件应用于用户模型或子包的标记是一个带箭头的虚线，线上带有关键词«apply»标签，箭头头部指向应用的配置文件。

图 15.11 表示的包图中包含 *Physical Elements* (物理元素) 模型库。*Physical Elements* 应用 *Simulation* 配置文件以便于 *Physical Elements* 内部的元素可以有应用

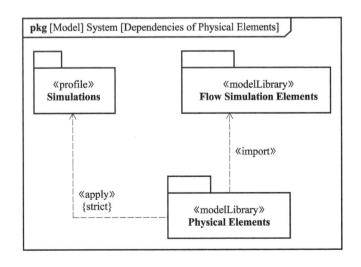

图 15.11　将 *Simulations* 配置文件应用到模型中并导入元素以支持基于流的仿真

的仿真扩展。注意，*Simulation* 配置文件被严格应用，这表明只有来自于它的参考元模型(借助图 15.10 中 SysML 的导入)的元类可以在 *Physical Elements* 模型库中使用。*Physical Elements* 也导入了一个名为 *Flow Simulation Element* 的模型库，以使 *Physical Elements* 可以使用它所包含的仿真元素。

15.7 应用版型建模

一旦用户模型有应用的配置文件，来自配置文件的版型就可以用于用户模型中的模型元素。版型如何使用取决于配置文件希望的目标是一种领域专业语言，还是一个支持模型特殊方面的辅助数据和规则的源。虽然配置文件的规范中没有什么能区分这两种情况，但是当构建配置文件时，工具供应方将给希望的使用添加经裁剪的定制支持。

受限于模型元素要满足由版型定义的额外约束，对于一个给定的版型，它的扩展关系定义了可有效扩展的模型元素。一个模型元素可以有大量的有效版型应用于它，在这种情况下，它必须满足每个版型的约束。

对于针对版型采用 SysML 图形标记，以及许多工具供应方采用配置文件，虽然其意图是隐藏细节，并提供一个与建模人员的期望相匹配的可视化，但是如何应用版型的机制需要做一些解释。在用户模型中，当版型应用于某个模型元素(如一个元类实例)时，版型的实例在用户模型中被创建，并与模型元素相关联。一旦版型的实例存在，建模人员就可以为实例添加版型属性值。版型的实例在没有相关的元类实例扩展时是不能存在的，因此，当模型元素被删除后，与之相关的所有版型实例也被删除。

受这些基本规则的限制，建模人员实际中如何应用版型经常受建模工具左右，军取决于建模工具期望如何使用版型。例如，工具可以在同一时间创建一个版型实例和一个基本元类的实例，或者允许建模人员首先创建一个模型元素，然后作为单独的动作添加或移除版型。

由版型而来的信息作为应用模型元素标识的一部分表示出来，或者表示在一个与标志相连的标注记号中。一个版型化的模型元素以书名号中带有版型名称的形式表示(如«stereotypeName»)，后面跟模型元素名称。版型名称在它的定义中可以大写，并且可以包含空格。尽管如此，SysML 的约定是，当版型应用于用户模型中的模型元素时，对于版型名称显示为一个单词的情况，使用骆驼拼写法(名字的第一字母小写，而第二个词或接下来的词的首字母大写)。

如果模型元素由一个节点标识(如矩形)表示，版型名称就表示在标识的命名分区中。如果模型元素由一个路径标识(如一条线)表示，版型名称就表示为线的标签，并在元素名称的附近。版型关键词也可以表示在分区中，位于元素名称前面。

第15章 专业领域SysML定制

如果模型元素有多个应用的版型,则默认每个版型名称表示在命名分区中的分隔线上。如果没有版型属性显示,多个版型名称可以出现在一组书名号中,以逗号分隔。图15.16是一个多版型应用的示例。无论版型何时应用于模型元素,其标识通常有一个关键词,它的标准关键词显示在版型关键词的前方/上方。版型的属性可以表示在版型标签后的括号内,或者如果标识支持分区,版型属性也可以在单独分区中表示,版型名称作为分区标签。

版型化的模型元素也可以用一个特殊的图像表示,此图像是版型定义的一部分。对于节点标识,那个图像可以出现在标识的右上角,在此情况下,该图像经常显示出来替代版型关键词。另一种可选的做法是图像替代整个标识。

图15.12表示了在 *Flow Simulation Element* 模型库中的一些元素。它们都应用了 *Flow Simulation Element* 版型,因此可以规定它们的 *version*(版本)和 *compatibility* 属性。在这种情况下,*Derivative*(导数)和 *Integrator*(积分器)仅仅和连续型仿真兼容,剩余的与离散型和连续型仿真兼容。除了 *Signal Generator*(信号发生器)具有版本"7.6"之外,其他元素都有版本"7.5"。注意,由于潜在的模型元素全部是活动,关键词«activity»被表示出来,见9.12节。这些元素可以用在基于流仿真的结构中。

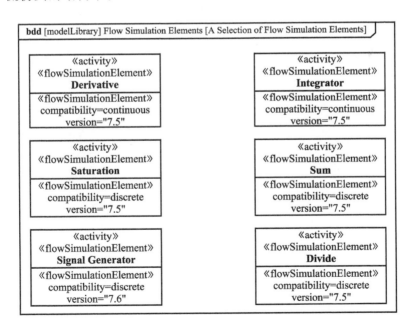

图15.12 应用版型定义基于流仿真的元素库以增加仿真细节

图15.13中的活动图表示了块 *Moving Thing* 运动的仿真模型,该模型在

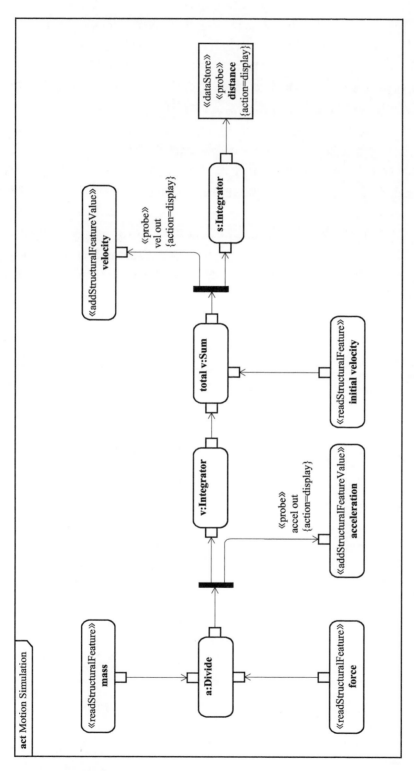

图15.13 仿真定义中基于流的仿真版型和库元素应用

图15.6中首次出现,使用连续性的语义(图中«continuous»关键词被省略)。活动 Motion Simulation(运动仿真)是 Moving Thing 的分类器行为,所以模型表示了在它的生命周期内发生了什么。仿真计算了随时间变化的加速度、速度和距离值。算法首先计算了来源于物体(由 Physical Thing 继承而来)的 mass 和施加的 force 形成的加速度。然后对加速度进行积分以获得速度。最终,它积分了由加速度和 initial velocity(初始速度)构成的速度之和,以获得"走过"的距离,并存储在数据存储器 distance(距离)中(integrator 活动的初始状态是0,所以 distance 的初始值也是0)中。仿真得到的当前加速度值和速度值用于更新 Moving Thing 的相关属性。在仿真模型中,时间对于计算是隐含的,并没有表示出来。

三个监测器随时间显示出 acceleration、velocity 和 distance 的值。前两个值利用对象流上的监测器获得,第三个值利用数据存储器上的监测器获得。图15.14 将 Motion Simulation 表示为一个活动层级(注意,9.2.1 小节中所述的附属关键词未表示)。由于此视图表示了仿真元素的属性,因此它非常有用。Motion Simulation 及其在活动层级中的子项满足了图15.9 中定义的由 Flow-Base Simulation 和 Flow Simulation Element 施加的所有约束。

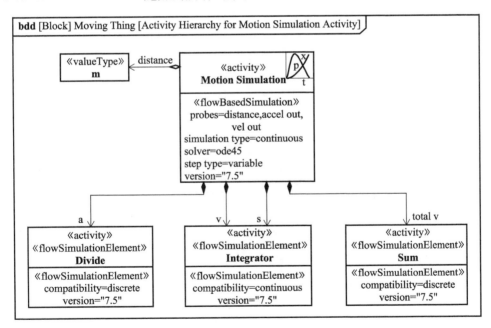

图15.14 表示 Motion Simulation 活动层级的块定义图

(1)所有由 Motion Simulation 引发的活动被 Flow Simulation Element 制成版型。

(2)所有被引发的活动有至少和 Motion Simulation 本身同样高的版本号。

(3)对于可变步长的连续型仿真,ode45 求解器是合适的。

(4) *Motion Simulation* 是一个连续型仿真,所以离散和连续的 *Flow Simulation Element* 都是允许的。

(5) 数据存储 *distance* 由数值类型 *m*(米) 分类。

此图在标识的右上方显示了版型的图像,而没有显示针对 *Motion Simulation* 的关键词«flowBasedSimulation»。图像是版型定义的一部分,并作为配置文件的一部分保存。

15.7.1 由应用版型特殊化模型元素

特殊化分类器易产生潜在的混淆,如一个块在用户模型中有一个应用于自己的版型。将版型应用于分类器并不意味着版型用于分类器的子类。如果希望如此,版型定义就应该包括一个约束,以确保版型应用于分类器的每个子类。

即使当约束强制子类具有与其父类相同的版型,子类也没有继承版型属性的值。如果这是所希望的,则版型应该包含一个额外的约束,即每个子类有应用的版型,并且也继承版型的属性值。

图 15.15 和图 15.16 描述了一个示例,在此例中,无论是应用的版型还是版型的属性值都没有被继承。图 15.15 表示了来自配置文件 *Quality Assurance* (质量保证) 的两个版型。版型 *Audited Item* (审批项) 扩展了元类 *Classifier*,并能够应用于其他模型元素中的块,当一个分类器的质量已被审查,典型情况下当它达到了一定的成熟度后,此版型就被使用。此版型具有属性以捕获 *audit date* (审批日)、*auditor* (审批人) 和 *quality level* (质量等级),*quality level* 值可以取 *low* (低) 或 *high* (高)。版型 *Configured Item* (配置项) 包含必须应用于每个分类器的属性,因而出现{*required*}属性。

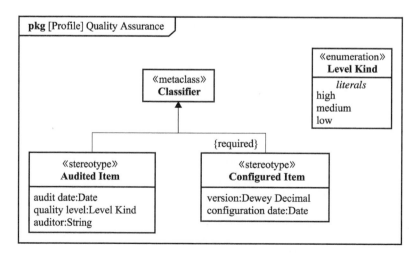

图 15.15 作为模型质量保证部分的两个版型定义

图15.16 表示了使用中的版型 Audited Item 和 Configured Item。在这种情况下，块 General Block（通用块）已经被审查，所以 audit date、auditor 和 quality level 都有值。由于它的子类 Specialized Block（特殊块）还处于早期设计，所以还没有进行审查。因为 General Block 已经有 Audited Item 版型应用于它，而让 Specialized Block 也有这种版型应用很明显是没有意义的。

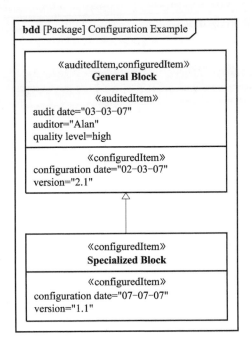

图15.16 质量保证版型应用于两个块，其中一个特殊化另一个

即使当一个如 Configured Item 的版型是需要的，并因此应用于所有块，很明显，块（如 General Block）的配置属性也不能由类似于 Specialized Block 的子类继承。存储在 Configured Item 属性中的信息对于将要应用的模型元素来说是明确的。

注意，General Block 有两个版型应用，表明在应用多版型时可使用其中的一种标记。表示两个应用的版型关键词均出现在一对书名号内，由逗号分开。两个版型的属性出现在单独的分区内，使用自己版型的关键词作为标签。

15.8　定义并使用视角生成模型视图

SysML 模型包括对系统和其环境的综合性描述信息，这些信息可以呈现在贯穿本书的SysML图或表中。尽管如此,能定制这些信息的展现方式以支持多种用户是很重要的。SysML已经采用源于ISO-42010(正式的IEEE-1471)[20]视角和视图的概念来解决这项需求。

视角(viewpoint)是关于约定或规则的规范,用以产生制品,这些制品提供对包含在SysML模型中信息的定制化表示。这些表示可以包含SysML框图,此外,还可以其他方式表示,包括SysML图、文本文件和其他表格形式。由视角产生的制品用来强调系统开发中的一个或多个利益相关方关注点。**利益相关方(stakeholder)**是某个行动方、团队或个人,具有需要考虑的关注点。例如,一个安全性视角可以描述认证鉴定方需要的安全性报告的产生过程和内容。为了考虑利益相关方的所有关注点,可能需要多个视角。**视图(view)**指定了一组模型元素,这些模型元素将由一个视角处理,以产生一个特殊的制品来展示来自那些元素的信息。视角可以由多个视图引用,以描述来自不同组模型的信息。

视角指定了用于生成制品的过程以及制品应该如何展示给利益相关方,可能包括图、表、图样、完整的制品、幻灯片以及视频。用于建造制品的过程以一个视角拥有的行为来规定,作为视角建造者操作的**方法(method)**被识别。在非正式的情况下,该方法可以被表达为一个手工生产制品指南,或一种可自动产生制品的正式语言。此行为可调用由自己拥有的视图和其他视图定义的其他行为。

视角可以表示为一个矩形标识,在它名字区的顶部带有关键词«viewpoint»。视角不同属性显示在第二个区内,标识为«viewpoint»,包括如下内容:

(1)视角打算服务的利益相关方列表;
(2)视角考虑的一组关注点;
(3)视角的目的,可能强调利益相关方关注点如何被满足;
(4)用于描述模型内容的语言,可能是SysML的一些配置文件;
(5)用于产生制品的方法;
(6)生成制品的展示性约束,如文件格式、语言等。

视角关注点可以显示在连接到视角标识的注释标识中。建造者的操作常称为 *view*(*视图*),可以显示在一个标记为 *operations*(*操作*) 的单独的分区中。

利益相关方的标识可以是矩形标识,也可以是执行者的标识。如果是矩形标志,则标识的名字区包含关键词«stakeholder»和一个标有«stakeholder»的分区,此分区列出了利益相关方关注点。如果是执行者标识,则关键词和属性列在执行者名前面。像视角一样,利益相关方的关注点也可以被显示在相连接的注释标识中。

图15.17所示的包图显示了名为 *ICD* 的视角。它的目的是"*To document the interface of a block*(*将块的接口文档化*)"。唯一的利益相关方是 *System Architect*(*系

统架构)，在这种情况下，利益相关方被建模成一个执行者。为了达到完整性目的，由视角强调的利益相关方关注点以单独分割的注释标识表示，也可在视角分区中表示，虽然在典型情况下，只有一种表达可用。建造方法称为 Generate ICD（生成ICD）。

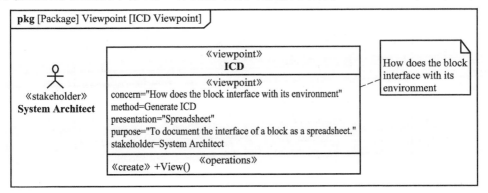

图 15.17　一个视图

为了生成制品，需要提供带有模型元素列表的视角方法，以方便展示模型元素的信息被查询。模型元素列表也由视图定义。当视图被实例化之后，需要用模型元素列表，调用视图指定的视角方法，以产生针对该视图的制品。此方法描述了为抽取需要的信息，模型元素是如何被操纵的。

视图应与生成视图制品的视角一致。在生成的制品中呈现的模型元素集合由视图展现。由视图到视角的一致性用由视图到视角的**遵从（conform）**关系表达。一个视图使用**展现（expose）**关系展现了一个模型元素，此关系使视图与展现的模型元素相关联。

视图用矩形标识表示，在名称区顶部带有一个关键词«view»。另一个分区标记为«view»，显示了与视图相一致的视角，以及视角的利益相关方。遵从关系用带有空三角的虚线表示，空三角在视角端，关键词«conform»在线旁边显示。展现关系以带有开放箭头的虚线表示，箭头指向被展现的元素，关键词«expose»在线旁边显示。

图 15.18 显示了一个视图，称为 Wired Camera Interface（有线摄像头接口），与 ICD 视角相一致。它展现了块 Wired Camera（有线摄像头）。图 15.19 显示了一个源自表单的抽象表达，此表单由来自 Wired Camera Interface 的视角方法 Generate ICD 生成。它显示了 Wired Camera 及其特性的所有方面。

有时希望建立一个能够与其他视图协作的复合视图。为支持这种想法，一个视图可借助属性引用一个或多个视图。每个视图与视角一致。与复合视图一致的视角有权访问视图的这些属性，并可召唤视角的建造者去建造对应的制品。视图的属性可排序，这些信息可用于指定制品的呈现方式。

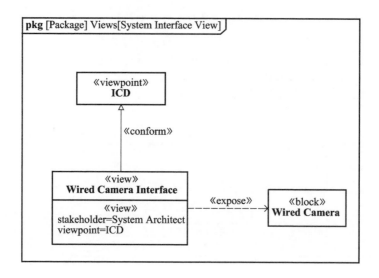

图 15.18 一个视图

Component	Wired Camera		
Port Name	Port Type	Direction	Description
plug	3 Pin AC Plug Interface	inout	Power socket
mount	Bracket	inout	Mounting point
video	Composite Video Interface	out	Physical video out
ethernet	RJ45 Interface(Female)	inout	Network connenction

图 15.19 某个制品的信息提取(由视图产生)

图 15.20 展示了一个视图,名为 Wired Camera Product Description(有线摄像头产品描述),由两个视图组成,分别是 Wired Camera Interface(来自图 15.18)和 Wired Camera Bill of Material(有线摄像头物料清单),它描述了 Wired Camera 的部件列表,以便于建造者知道如何去建造。Product Description(产品描述)是与 Wired Camera Product Description 相一致的视角,可以访问它的属性以建造一个完整的产品描述制品。

SysML 1.4 引入了对视图和视角的重大变化,这些变化总结如下:

(1) 视角使用同以前一样的标识,但是视角的关注点可显示成单独的注释标识。规定视角方法为构造函数,而以前的方法被定义为字符串。

(2) 利益相关方现在由单独的模型元素表示,而以前的利益相关方作为字符串被单独列在视角符号的分区内。

(3) 视图显示为矩形而不是包标识,并且可列出其视角的利益相关方。视图可以拥有按视图分类的属性,并与其他视图关联。

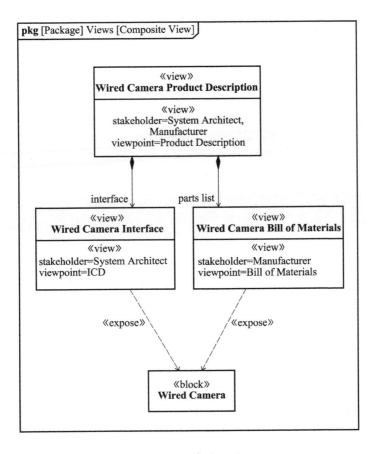

图 15.20 复合视图

(4) 现在使用展现关系代替以前的导入关系,来规定由视图展现的一组模型元素。

(5) 一致性关系现在是头部为空心三角形的实线,代替原来带有开放箭头的虚线。

SysML 规范附录 C.5 包括一些指导原则,将早期版本中的视角和视图转化为 SysML 1.4 版本。

15.9 小结

SysML 作为一类通用目的的系统建模语言,包括一些内在机制,称为模型库和配置文件,来定制语言。模型库和配置文件可支持针对多个领域的专业领域建模。下面是专业领域建模的一些关键概念:

(1) 建模语言使用元模型定义,并包含大量独特的由元类表示的语言概念。

元类有一组属性及其约束。元类也可以与其他元类相关联,因此允许语言概念彼此相关联。基本的 SysML 元模型是 UML 的子集,称为 UML4SysML,一种已存在的建模语言。UML4SysML 包含了系统建模所需的 UML 概念的子集。SysML 定义了基于 UML 的图形标识,来表示元模型中的概念。

(2)模型库是一个特殊类型的包,它包含许多模型元素,目的是为了在多个模型中重用。这些模型元素可以从非常特殊的专业领域(如代表一组电子器件)转变为通用领域(如定义一组通用的单位和计量种类)。

(3)配置文件通过版型给语言添加新概念(如 SysML)。配置文件扩展了一个参考的元模型,对于 SysML 配置文件,它的参考元模型为 UML。SysML 被定义为扩展了 UML 的配置文件,但它也建立了适用于 SysML 建模人员的配置文件机制,以便于它们将来可扩展语言。配置文件可以导入另一个配置文件以重用配置文件中所包含的版型和元类。

(4)版型可以扩展参考元模型中的一个或多个元类。版型可以包含属性和约束,此约束可以限制它自己拥有的属性值和基元类的属性值。即使一个版型扩展了多个元类,任何给定的版型实例只能扩展用户模型中的一个元类实例。

(5)用户模型包含模型元素,模型元素包含来自配置文件的元模型或版型中包含的元类实例。这些模型元素有它们的元类或版型的属性值,并且可根据在它们的元类和配置文件之间定义的关系相关联。

(6)为使用配置文件,建模人员必须将配置文件应用到它的模型或使用配置文件应用关系将配置文件应用到模型或模型子包中。配置文件可以被严格应用,这意味着应用了配置文件的模型或包中的模型元素只能是配置文件的参考元模型中的元类实例。

(7)当应用配置文件时,来自此配置文件的版型可以应用于其内部合适的模型元素。多个版型可以应用于一个模型元素,一旦应用了某个版型,建模人员就可以提供基于版型的属性值以及应用于模型元素的版型约束。SysML 包括一个图形标记,它描述了一个版型化的模型元素如何出现在图中,包括使用特殊图或图标。

(8)SysML 提供了标准的模型信息展现方式,包括 SysML 图和表的形式。SysML 也包括生成定制可视化的能力,来满足各类利益相关方的需要,这些利益相关方可以使用包含在 SysML 模型中的信息。视角描述了一组规则,用于构建用户定制的可视化表达方式。一个视图与单个视角保持一致,并且识别出了应在专业可视化中展现的模型元素。视图可以由其他视图构成,并允许复杂可视化的增量定义。

15.10 问题

(1) 建模语言的抽象语法描述了什么？
(2) SysML 抽象语法由哪两部分组成？
(3) 语言概念如何在元模型中定义？
(4) 什么是配置文件？它包括哪些？
(5) 建模语言的语义描述了什么？
(6) 哪种图用于定义模型库和配置文件？
(7) 列出类似于 SysML、UML 建模语言的三部分。
(8) 用户模型中模型元素与元模型中的元类是什么关系？
(9) 型库用于什么场合？
(10) 版型与其基元类的关系是什么？这种关系如何在图中表示？
(11) 版型和元类之间的关联应用哪条规则？为什么？
(12) 配置文件中包含哪些模型元素？
(13) 引用关系用于什么地方？
(14) 在建模人员可以将版型应用于模型中的元素之前必须做什么？
(15) 在图上，建模人员如何表达版型已经应用于模型元素？
(16) 应用的版型和用于图形路径符号的版型属性值如何显示？
(17) 应用的版型和用于块符号的版型属性值如何显示？
(18) 当一个块为另一个带有应用版型的块分类时，下面哪一个描述了效果？
① 子类自动继承了应用于它的父类的版型；
② 子类自动继承了应用于它的父类的版型，也继承了任何版型属性值；
③ 子类不能继承应用的版型，也不能继承版型属性值；
④ 子类能继承应用的版型和版型属性值，但版型必须用合适的限制条件明确指定。
(19) 命名视角的三个属性是什么？
(20) 在包图中，如何表示与一个视角 VP1 一致的视图 V1？

讨 论

对语言添加新概念时，什么时候适合使用配置文件，什么时候适合使用模型库？

版型属性和块的属性在意义和使用上有什么区别？

第三部分

基于模型的系统工程方法示例

第三部分通过两个示例阐述了SysML如何支持不同的MBSE方法。第16章的示例给出了一个功能分析和分配方法,用于规范和设计水蒸馏系统。第17章的示例为针对某个安全系统的设计,该安全系统包括一个中心监控站和多个监视地点。该示例应用了面向对象的系统工程方法(OOSEM),强调了如何通过建模语言解决系统工程关注点,包括黑盒-白盒设计、逻辑-物理设计和分布式系统设计。这是MBSE通过SysML构建系统模型的两种典型方法,此外SysML也可以支持其他MBSE方法。

第16章 应用功能分析的水蒸馏系统

本章以一个示例描述 SysML 在水蒸馏系统设计中的应用,该系统用于边远未开发地区。本示例始于一个问题描述和应用传统功能分析的基于模型方法,这对于正在从事系统工作的系统工程师来说既非常熟悉也很直观。本方法与3.4节中所介绍的简化 MBSE 方法相一致。

16.1 问题描述——清洁饮用水的需要

考虑到人道主义组织致力于为广大人群,尤其是世界上贫穷缺水地区的人民提供安全饮用水的需要。就本示例而言,假设能在边远贫穷地区经济有效地供应长期可持续的纯净水源是最重要的目标。

另外需假设,研究显示这些地区通常存在水源,但由于病毒和细菌的污染并不能安全饮用。由于向这些地区长期运输水成本非常高,人道主义组织决定订购一套特别简易且成本低廉的水净化器。初步研究表明,基于过滤方法的水净化并不可持续,因为低成本病毒级过滤器有效期短,并且在边远地区更新过滤器的物流成本高。

该人道主义组织已经大量投资部署了数千个简易太阳能低温蒸馏器,并且证明在有光照地区非常有效。针对在太阳光不足地区,如在森林覆盖内、深山峡谷中,大多阴天条件下使用或由于病原菌需要高温消毒的情况,现在他们正寻求替代品。特别是他们想开发部署大量的极简热能、高温水蒸馏器,这些蒸馏器均采用通用设计,具有经济性且适用于各类能源。本示例问题陈述的是热能水蒸馏系统的设计与分析。

考虑到不同解决方案的可行性,制定了多个假设使得问题范围可管理。本例的范围仅限定于蒸馏器单元设计本身,但必须承认,为满足运营需要,实际的解决方案还必须考虑运输、安装、后勤支持和操作培训等问题。

16.2 定义基于模型的系统工程方法

选择基于模型系统工程方法主要取决于需解决问题的特性、期望的输出、可利用的资源。注意这些步骤表面上是按顺序的,但在实践中通常并行且需要多次迭代。

水蒸馏系统的特性既不复杂也非软件密集。选用的 MBSE 方法必须提供一个能够规范系统结构和运行并分析其性能的框架。这将引出一个由领域专家支持的功能分析方法，以帮助定义合适的运行情境。本示例与 3.4 节描述的简化 MBSE 方法一致，内容如下：

（1）组织模型——在 16.3 节中说明。

（2）提取分析利益相关方需要——重点在于提取利益相关方任务陈述、顶层需求和假设。这些将用于建立顶层系统背景和用例。在 16.4.1 小节中说明。

（3）规定功能、接口、物理和性能特征——以利益相关方的需要为基础引出并详细阐述特定的系统需求。16.4.2 小节给出了系统需求层级，从而驱动系统设计。16.4.3 小节说明了需要的系统行为、系统关系和约束。

（4）综合备选方案——16.5 节中提及的系统综合期间的初始目标是确定满足总需求的简单低成本系统。16.6 节中根据热平衡分析对配置的性能做出预测。

（5）权衡分析——在出现备选方案时需考虑权衡。本示例在 16.4.4 小节讨论了对基本行为的权衡，在 16.7 节检查了备选方案以改进基本的功能和用户接口。

（6）维护可追溯性——通过需求关系和功能分配，系统需求的可追溯性在全过程中展现，在 16.4.3 小节和 16.5 节中这是最明显的。

16.3　模型组织

建模工作开展前的一个关键步骤是建立初始模型组织，这主要通过定义模型所有包结构实现。组织需要考虑哪些模型库可以应用于后续开发。6.4 节包含了组织模型的多个方法。但在组织模型时需注意避免对设计不成熟的约束或者是偏好。

图 16.1 所示的包图给出了本模型的组织。图标题表明，本图的描述是根层级模型 *Distiller Project*（蒸馏器项目）。图中的每个包均包含在此模型内。此包图中使用者定义的图名称为 *model organization*（模型组织），以与其他描述 *Distiller Project* 情境的包图区分。在本例中始终按惯例给出图标题，这对于理解模型组织中每个图的内容非常重要。更多有关图标题的内容参见 5.2.3 小节。

本模型的包主要基于选定过程开发的制品类型进行组织，包括需求、用例、行为和结构模型。包 *Engineering Analysis*（工程分析）包含了用于分析性能的约束块和参数模型。

注意，图 16.1 中的包 *Value Type*（值类型）引进了包 *ISO 80000*，其为可重用模型库包，包含有 7.3.4 小节中描述的单位和数量种类系统，以及 OMG SysML 规范附录 E 中内容。包 *Value Type* 应用引进的单位、数量种类定义，创建了专门的值类型，并应用到值属性中，保证了全模型单位的一致性。

包 *Item Types*（项类型）用于提取系统内流动事物的类型。将项类型单独建包可允许建模人员集中于定义流动事物，也允许建模人员利用独立可重用库。这种隔离与建立可重用部件库的方式类似。本例中水和热流经系统。为项类型提供单独的包，允许建模人员合并了所有有关水、热和模型中其他项类型的相关信息。

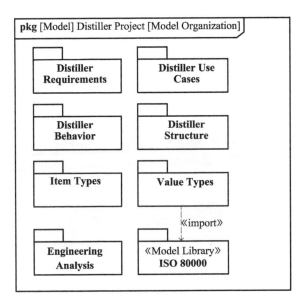

图 16.1 蒸馏系统模型组织的包图

在典型情况下,建模工具浏览器以类似文件夹结构方式提供这些包的视图,这种方式在模型开发中很常见。随着时间的久远,当改进或更新模型时,可以很方便地修订模型组织。例如,在建立初步设计后,可以为每个部件建立一个包,从而易于更进一步的设计与分析。

16.4 建立需求

以下部分描述了如何提取需求,并细化到足够程度以驱动蒸馏系统设计。

16.4.1 利益相关方需要的特征化

系统模型中需提取并跟踪蒸馏系统需求。在 16.1 节给出了一组任务陈述,提供了一个作为更专业任务需求的基础。这些任务需求用于派生出有效性测度,然后通过分析获得系统需求集,用作蒸馏系统规范。图 16.2 给出了容纳这些需求的包结构。图 16.3 给出了由原始任务陈述而得到的需求。此表格形式在 SysML 中是允许的标记,代表了一种观察需求的传统且方便的方法。该表由包含于系统模型内的需求产生,包括在需求图中表示的相同信息——需求编号、名称和文本内容。在这种情况下,表依靠编号来表示由模型中提取的层级,但也可以由缩排层级或其他机制表示该层级。注意每个需求的编号均以字母"MS"开头,表示其为任务陈述部分。

图 16.4 给出了如何在不添加或不改变陈述本意的情况下,将复合的任务陈述拆分为较简单的需求。该过程通常称为"需求分解",但更精确的描述应为"需求拆解"。需要强调的是,在 SysML 中需求拆解和系统分解是两种不同的关系类型。

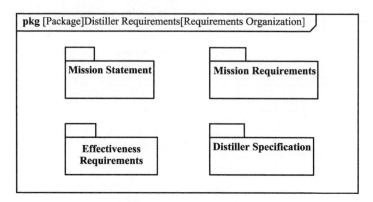

图 16.2 蒸馏器问题需求的组织

#	ID	Name	Text
1	MS.1	Safe Drinking Water	The client is a humanitarian organization dedicated to the purpose of providing safe drinking water to the broadest possible spectrum of people,especially in impoverished parts of the word where it is not readily available.For purposes of this project,we will assume that cost effectively supplying a sustainable long-term source of pure water in remote, impoverished areas is of paramount importance.
2	MS.1.1	Client Definition	The client is a humanitarian organization dedicated to…providing safe drinking water to…parts of the word where it is not readily available.
3	MS.2	Contaminated Sources	The client's studies hane shown sources of water generally available in these target areas of the word,but because of viral and bacterial contamination, it is seldom safe to drink.
4	MS.3	Need for Purifier	Since the cose of transporting water to these remote areas over the long term would be prohibitive, the decision was made by the client to pursue the development of an extremely simple,inexpensive water purfier.
5	MS.4	Not a Filter	Initial studies have indicated that filter-based approaches to water purification are not sustainable,because of the limited effective lifetime of low cose viral grade filters,and the hign logistical cost of maintaining a ready supply of replacement filters in remote areas.
6	MS.5	Economical Distiller	The client would like to explore the viability of developing and deploying a large numer of extremely simple water distiller, of a common design which is both economical to build,and adaptable to use the variety of energy sources anticipated in remote areas.This project addresses the design and analysis of this water distiller system.
7	MS.5.1	Simple Distiller	The client would like… extremly simple water distillers…economical…and adaptable
8	MS.5.2	Project Scope(1)	This project addresses the design and analysis of this water distiller system.
9	MS.6	Project Scope(2)	The svope of this project will also be necessarily limited solely to the design of the distiller unit itself.

图 16.3 捕获任务陈述形成需求集

开发蒸馏系统的目的是在广大的边远未开发地区提供经济的清洁饮用水。针对该地区情况调查产生了以下任务需求,也在模型中捕获:

(1)通常不可使用电能源。

(2)蒸馏过程的热源随地区的天气、天然植物、农作物和矿物资源而变化,需能够支持液体燃料或固体燃料。

(3)非清洁水源可以是静止或流动的。在某些情况下,海拔高度利用重力给水为蒸馏系统提供充足的水源;而在另一些情况下,水源需通过人力抽灌进入蒸馏系统。

(4)当地有充分的人力资源来操作蒸馏系统,但对于未经培训人员而言,系统

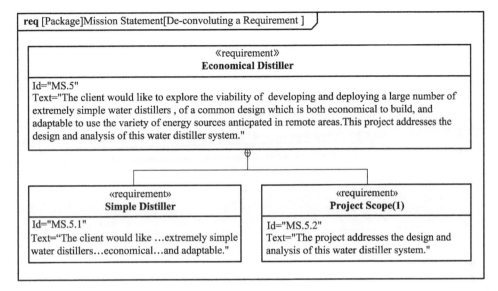

图 16.4　使用包含关系分解需求

应能够根据直觉操作。

（5）蒸馏系统输出能够供给当地的水分配系统,可能包括从储水容器及管路到各种手提水罐等。

这些初始分析产生了以下有效性测度,也在模型中捕获:

（1）提供每单位清洁水可承受的成本,其中必须考虑劳动力、燃料、能源、消耗品和维护费用。

（2）所提供水的质量必须高于最低可接受安全阈值。

（3）每个蒸馏器成本,包括运输成本,这影响采购的数量以及被服务人员的数量。

（4）当地未经培训操作人员的可用性。

由于必须能够适应各类热源和水资源,将它们视为独立的基本蒸馏系统设计较为合适。如果需求适用于广泛部署,设计细化时可综合考虑水处理装备和加热源,包括燃料存储。

块 *Distiller System Context*（蒸馏系统情境）在包 *Distiller Structure*（蒸馏结构）中创建,图 16.5 中给出了其内部块图。注意,该包中还创建了块 *Water Source*（水源）、*Distiller*（蒸馏器）、*Heat Source*（热源）和 *Water Distribution System*（水分配系统）等,用于将块 *Distiller System Context* 的组成分类。其他属性由包含于包 *Distiller Use Cases*（蒸馏器用例）中的 *Operator*（操作人员）和 *Water User*（水用户）等执行者填入。*Distiller* 所进出的流由项流描述,项流由项类型分类,对应的项类型（*H2O*、*Heat*）包含于项类型包中。

最初考虑是:如果可能,则 *Heat Source* 由当地采购,以降低运输成本。因此

Heat Source 作为 *Distiller* 的外部建模。*Water Source* 可以是任何适用的水体或者由存储容器提供。注意：操作人员除操作 *Distiller* 外，还需要与 *Water Source* 和 *Heat Source* 进行交互。

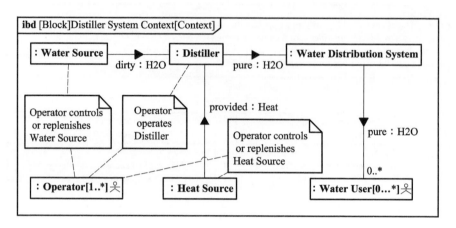

图 16.5　建立蒸馏系统情境

图 16.6 给出了蒸馏系统的初始用例图。为实现本示例目的，强调了 *Distiller* 自身的运行。清洁水分配以及蒸馏系统的运输、安装、维护与拆卸等超出了本示例的范围。做出如此约束是为了使得示例更为紧凑、可管理。

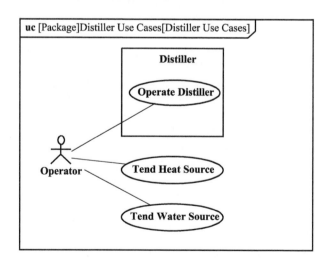

图 16.6　基于系统情境建立蒸馏系统初始用例集

16.4.2　系统需求特征化

本小节描述将利益相关方的需要、假设和约束分解为一个联系紧密的需求集。

有关蒸馏系统的所有必要需求均明确列出,从而它们的满足性可以与系统设计相关。图16.7给出了蒸馏系统净化水的初始派生需求,这些派生需求在任务需求中并未明确给出。注意同时给出了这些派生需求的依据。

系统需求由每个任务需求分析中引出,图16.8中给出了蒸馏系统派生需求的结果。*External Heat Source*(外部热源)、*Gravity Feed*(重力供给)、*Cooling*(冷却)和 *Boiling*(沸腾)需求与原先所列的 *Purification*(净化)需求一起用于驱动初始系统设计。注意组成蒸馏系统规范的需求在 ID 属性中均包含字母"*DS*"。

虽然需求图中可以用图形表示需求树的多重关系,但以表形式查看信息更为紧凑。图16.9表示了系统需求及其派生需求,除了编号和名称,也提取了派生关系。同时期望有工具能够提供表格形式来编辑和观察需求及其他类型建模信息,如5.4节所述。

建模人员可能期望利用13.3节所述的非标准需求类型,和/或使用15.4节中提到的配置文件机制,创建用户定义的扩展。

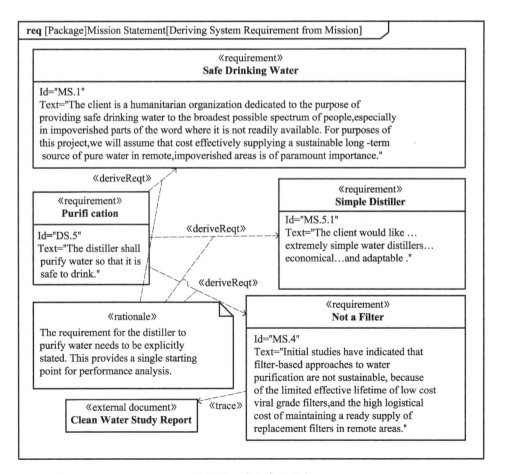

图16.7 建立净化需求

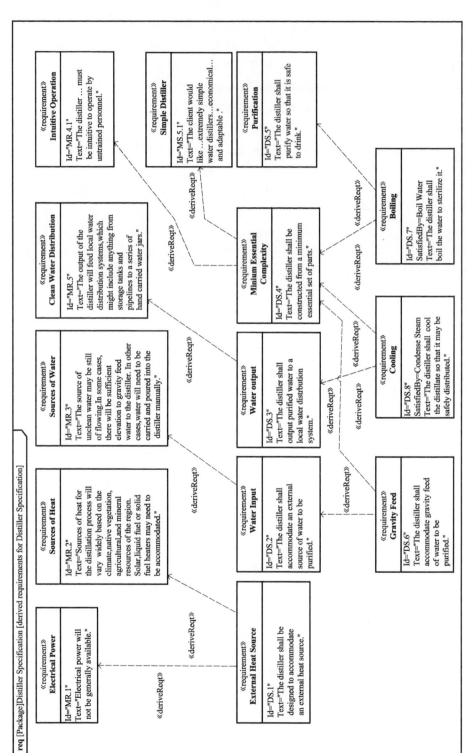

图 16.8 初始蒸馏系统需求派生

Derive Requirement Dependency Matrix	DS.7 Boiling	DS.4 Minimum Essential Complexity	DS.5 Purification	DS.2 Water Input	DS.3 Water Output	MR.5 Clean Water Distribution	MR.1 Electrical Power	MR.4.1 Intuitive Operation	MR.2 Sources of Heat	MR.3 Sources of Water	MR.5.1 Simple Distiller	MR.4 Not a Filter	MS.1 Safe Drinking Water
Distiller Specification													
DS.7 Boiling		↗	↗										
DS.8 Cooling		↗			↗								
DS.1 External Heat Source							↗		↗				
DS.6 Gravity Feed		↗		↗									
DS.4 Minimum Essential Complexity	↙							↗			↗		
DS.5 Purification	↙										↗	↗	↗
DS.9 Residue Removal	↗												
DS.2 Water Input										↗			
DS.3 Water Output						↗							

图 16.9　跟踪矩阵中的派生需求关系

16.4.3　行为特征化

本小节描述基于功能需求特征化系统行为。图 16.10 所示的块定义图给出了 *Distill Water*(*蒸馏水*)功能的初始分解。在整个示例中,单词"功能"与"活动"可互换。图中的方盒为功能而非块,它们用动词命名。组合关联线底端的角色名称表示了包含于 *Distill Water* 中的调用行为动作名称。调用行为动作调用各关联活动(如动作 *a2* 调用活动 *Boil Water*(*煮沸水*))。有关分解活动的方法在 9.12 节讨论。

satisfy(*满足*)关系建立在 *Boiling* 需求和 *Boil Water* 功能之间,也建立在 *Cooling* 需求和 *Condense Steam*(*冷凝蒸汽*)功能之间。冷却需求可能并不能仅由冷凝蒸汽满足,因为产生的冷凝物仍太热而不能轻易分散。为简化初始分析,假设冷凝物分散前允许在外部收集设备中冷却。

satisfy 关系还建立在 *Purification* 需求和顶层 *Distill Water* 功能之间。该关系可在后面通过附加的在净化派生的需求(如最低水温/最短时间)和蒸馏系统附加功能之间(监视水温、监视流速率)的满足关系而补充。

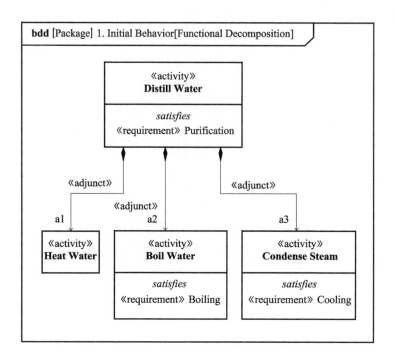

图 16.10 蒸馏水功能初始分解

  Heat Water(加热水)是一项基本功能,尽管其并没有立即满足一个陈述的需求。假设水源处的温度任意,那么必须区分加热水和煮沸水,因为加热转换的机理不一样。*Heat Water* 功能提升了水温,但并没有改变其状态;而 *Boil Water* 功能改变了其状态,但并未改变水温。这些功能如何执行以及在何处执行并没有给出,实际上这些功能可以由同一设备(如火炉上的罐子)执行。然而它们是两个独立功能,必须予以区分。

  在项类型包中 H2O 作为一个块建模。在分析蒸馏系统的性能时必须厘清 H2O 流经蒸馏器时的状态。图 16.11 中的状态机表示了 H2O 在经历 *Distill Water* 过程时在气液之间的状态转换。潜在的蒸发热量必须加到由液态至气态的转化过程中。同样地,由气态转换为液态时,潜在的蒸发热量也必须移除。

  图 16.12 所示的活动图中给出了构成 *Distill Water* 功能的三个功能之间的关系。闭合框架将名为 *Distill Water* 的活动定为图标题。如 9.3 节中所述,圆角方盒指定为能够引发活动(定义)的动作(使用)。虚线为定义动作序列的控制流;代替实线的虚线为可选的标记,有助于清晰区分控制流与对象流。注意:图 16.12 中的控制流是一个顺序过程,在开始下一个动作前前一个动作必须要完成。使用标准角色名称:类型名称标记,动作和动作管脚包括了它们的角色名称(使用)和类型(定义)。

  Distill Water 功能的输入与输出活动参数由项类型包(如 *Heat*、*H2O*)中的块分

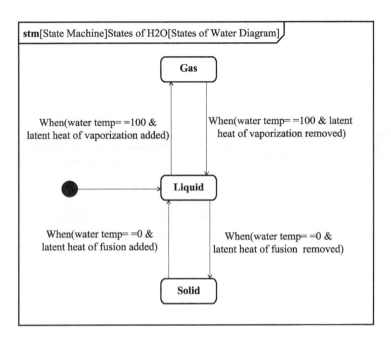

图 16.11　H2O 状态表示

类,以这种方式使用项类型可使系统中流经的事物的表示形式保持一致。活动参数 *external : Heat* 针对蒸馏器规范需求 *External Heat Source* 有一个 *satisfy* 关系,表示热是由蒸馏系统外部产生。

其他构成 *Distill Water* 功能的各项功能均有活动参数,这些参数在项类型包中由块分类。活动图(*a1*,*a2*,*a3*)中调用行为动作上的管脚类型与它们调用活动(功能)的活动参数类型一致。

Distill Water 功能的动作序列用来自初始节点的控制流表示,借助连接动作的虚线,最后到达结束节点。随着行为模型的更全面开发,这个顺序可以随后进行再检验。

图 16.12 中的对象流表示了各种类型和状态的水如何在各动作间流动。*Distill Water* 功能的输入为 *cold dirty : H2O*,输出为 *pure : H2O*。输入参数 *external : Heat* 是 *Boil Water* 和 *Heat Water* 功能的输入。由于该输入在 *a1 : Heat Water* 和 *a2 : Boil Water* 中需要连续,*external : Heat* 必须是一个流参数。相似地,*Condense Steam*(冷凝蒸汽)拥有输出参数 *waste : Heat*。

Boil Water 功能仅有一个输出——*steam : H2O*。但其不能解释沸腾从非挥发性物质(如沉淀物、盐、金属和硝酸盐)中分离了挥发性物质(如水)。在使用高污染水源时这一因素不能忽略。为了满足处理积累的残留物需求,派生出新的需求,同时蒸馏器也需要执行新的功能,这在图 16.13 中给出。*Drain Residue*(排放残留物)功能的使用在后面的活动图中给出(从图 16.15 开始)。

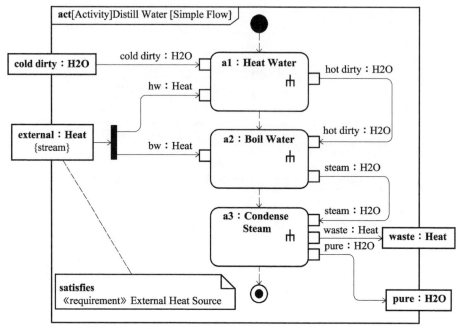

图 16.12　蒸馏水的初始活动图

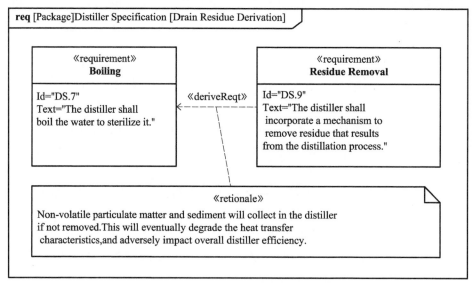

图 16.13　派生排放残留物需求

16.4.4　行为精化

本小节描述了可详细说明蒸馏器行为的技术并对行为分配予以介绍。在初步定义所有行为后,通常需要并行地精化系统行为和系统结构。功能分解的一个关键原则是分别考虑行为和结构(至少在一定的抽象层级)并按类别分配。这种关注点的隔离有助于寻求多种可选结构来实现某个特定功能需求。本示例中,可以权衡满足需求的可选行为架构,选出有效支持那些行为的最简结构。

蒸馏器的分批处理与连续处理展现了根本的不同行为。图 16.14 左侧表示的蒸馏器包含有一个锅炉和一个冷凝器。在分批处理过程中,锅炉装满水,并有热源为锅炉中的水加热。因此产生流,并且蒸馏水从冷凝器收集。当锅炉中没有水时该过程停止。如果净化更多水,则需要再向锅炉中注入水。图 16.14 右侧给出了一个连续处理的蒸馏器,可以有连续水流通过。该蒸馏器锅炉包含有一个内部加热部件和一个热交换器,其中热交换器的圈形管有冷却液体流入,蒸汽在圈形管附近冷凝。

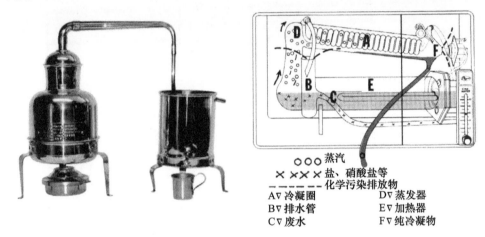

图 16.14 分批处理蒸馏器(左)和连续处理蒸馏器(右)

图 16.12 中的控制流与分批处理的蒸馏器行为相一致。在下一个动作开始前,之前的每一个动作都要求结束。当完成 *Heat Water* 动作后再开始 *Boil Water* 动作。当完成 *Boil Water* 动作后,开始 *Condense Stream* 动作。待这些动作均完成后,*Distill Water* 活动完成。在蒸馏下一批水时,整个过程必须重新开始。

图 16.15 给出了连续蒸馏行为的活动模型。该连续蒸馏行为采用了先前相同的动作,并包括 *a4 : Drain Residue*。每个动作同时执行,每个动作管脚或活动参数为{stream},表示动作执行过程中提供或者接受对象使用的版型为«continuous»,发送和接收对象之间的时间任意短。这精确建立了热和水连续流经系统的蒸馏器模型。

可以分别建立分批处理与连续处理的活动模型并运行,作为两个可选方案的性能比较。本示例假设这两种方法定量比较结果表明:由于分批处理冷却和加注所需额外时间长,连续蒸馏可获得更稳定持久输出的纯净水。因此设计决策采用连续蒸馏装置,并在模型中陈述这个理由。

Distill Water 功能中热既是输入又是输出。为简化功能设计,提高蒸馏效率,*a3 : Condense Stream* 动作的热输出用作 *a1 : Heat Water* 动作的热源。图 16.16 给

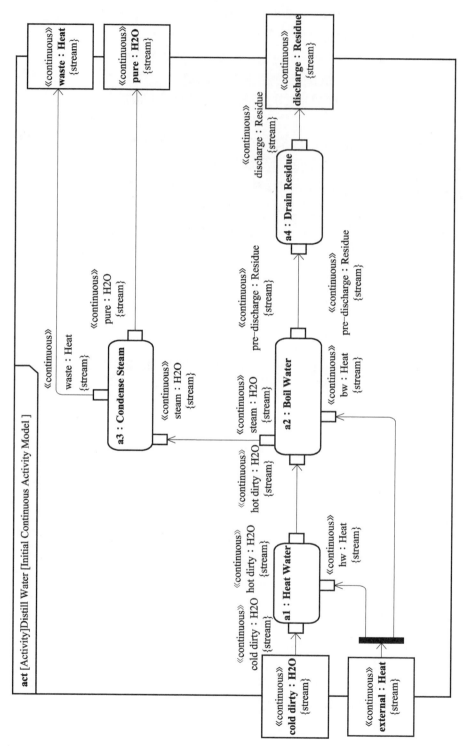

图 16.15 初始连续蒸馏器活动图

第16章 应用功能分析的水蒸馏系统

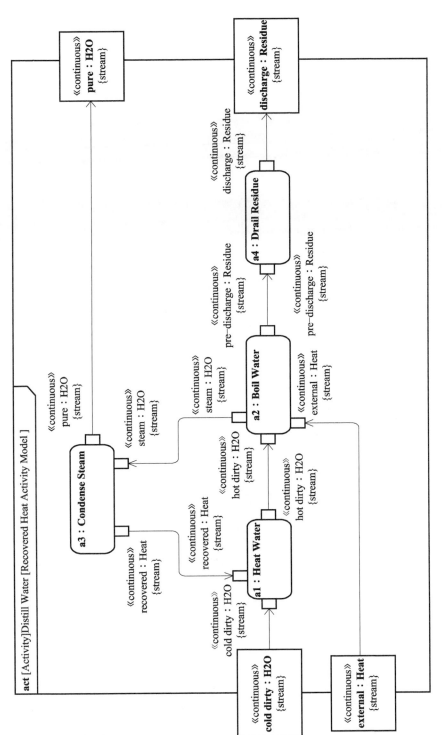

图16.16 带有回收热的连续蒸馏器活动图

出了这种蒸馏行为的改进活动模型。注意 waste : Heat 不再作为 Distill Water 功能的输出参数出现。

16.5 结构建模

本节描述为实现蒸馏器的结构建模和行为分配,块、组成和端口的使用。

16.5.1 在块定义图中定义蒸馏器块

图 16.17 给出了用于蒸馏系统的块定义图。其中块名称为 Distiller,包括块 Heat Exchanger(热交换器)、Boiler(锅炉)和 Valve(阀门)等。组合关系表明,Distiller 由负责 condenser(冷凝器)角色的 Heat Exchanger、负责 evaporator(蒸发器)角色的 Boiler 和负责 drain(排放)角色的 Valve 等组成。

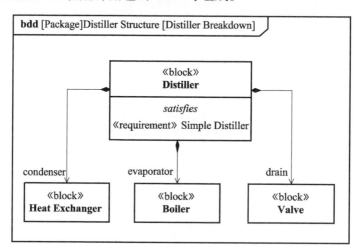

图 16.17 初始蒸馏器结构

块 Distiller 中所示的分区表示其满足 Simple Distiller(简单蒸馏器)需求。当然这并不意味着 Distiller 总是能满足必需的初始任务陈述,而是强调要满足,因此在制定有关影响 Distiller 设计的决策时需要仔细考虑需求。为了保持与任务陈述需求 Simple Distiller 相一致,本项目的设计理念是应用最小数量的组成获得有效运行。图 16.17 所示的三个部件是保持设计简单的开始。必须将需求行为与本结构以及对应的设计(用于可行性和性能分析)相映射。

16.5.2 行为分配

通过分配活动分区(泳道)规定了将初始行为分配到结构:活动图中出现在分配活动区中的动作表示了在动作和由分区代表的组成之间的一个分配关系。图 16.18 中,通过分区表示 Distiller 的组成——condenser : Heat Exchanger、

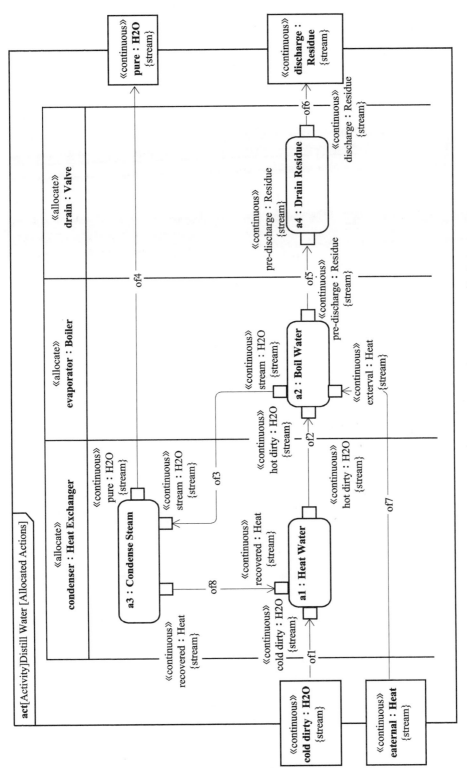

图 16.18 动作分配到蒸馏器组成的蒸馏水活动模型

evaporator : *Boiler* 和 *drain* : *Valve*，规定了初始的动作分配。分区内的关键词《allocate》表明该分区为分配活动分区，对于其中的组成有明确的分配关系，如14.6.3 小节中所述。这反过来也规定了组成需执行其所在分区内的动作。

举例来说，组成 *evaporator* 是块 *Boiler* 的一个使用，*a2* : *Boil Water* 动作被分配给 *evaporator* : *Boiler*。注意角色名称为每个组成而定义，每个组成由块分类。例如角色 *drain* 是类型 *Valve* 的一个组成。这种区分很重要，如同本例后面将介绍的，因为其他具有相同定义的阀门可能有不同的角色。组成和块的规范作为蒸馏结构的一部分将在下面介绍。

该方法表示了使用的分配。换而言之，调用行为动作 *a2* 被分配给了 *evaporator* 部件。*Boiler Water* 活动和块 *Boiler* 之间无关联。该使用分配仅应用于分配在块 *Distiller* 情境内的 *Distill Water* 活动情境中。在不同情境中，块 *Boiler* 可能煮沸不同类型的液体。如果期望每个块的使用表示被分配活动的行为，应完成行为分配定义（分配一个行为到块）。

注意这种分配假设了蒸发器中的稳态流仅仅是煮沸水，并非对其加热。另外，冷凝器仅仅是冷凝蒸汽，并非冷却冷凝物。在海平面高度，该假设意味着 *objectFlow of2* 的水温必须为 100℃，*objectFlow of4* 的水温也必须为 100℃。

这个假设并非广泛有效，尤其是当系统启动时。但它是热能通过蒸馏器的最佳经济应用，同时也是评估初始蒸馏系统设计可行性的合适起始点。随后的蒸馏器设计改进需考虑上述温度低于 100℃ 的情况，以及蒸发器中有附加加热产生和冷凝器中有附加制冷产生的情况。

16.5.3 块端口定义

内部块图可基于块定义图开发，用以表示组成如何相互连接。但在做此项工作前，需进一步分清块定义图中块的端口及其定义，从而在内部块图中连接这些端口。

图 16.19 中对块定义图中这些块的端口做出了识别。本示例中的端口均为未定义端口（既非代理端口，也非完整端口），在 SysML 中允许这种情况存在，且在设计初始阶段是较为合适的。每个端口都由一个内部块分类，因此端口规定了可以流入流出块的项，而没有它们自己的行为。它们也是单一方向，表示将端口分类的接口块有单一流向的流属性。创建了两种类型的接口块（或两种类型的端口）：一个名为 *Fport*，有通过 *Fluid* 的流属性；另一个名为 *Hport*，有通过 *Heat* 的流属性。这两个接口块定义的流方向为 in。块 *Valve* 有针对 *in* : *Fport* 和 *out* : ~*Fport*（表示流属性的反方向）的端口。注意，这些端口定义应用至两端口阀门的所有使用中。*Heat Exchanger* 有一个冷环路（*c in* 与 *c out*）和一个热环路（*h in* 与 *h out*），以及一个对所有反流热交换器通用的特性。注意，详细规定端口配置有助于它们的重用。*Boiler* 有三个由 *Fport* 分类的端口（*top*、*middle* 和 *bottom*）和一个由 *Heat* 分类

的端口(*bottom*)。处于运行状态的锅炉内沉淀物和蒸气的分层能够更有效地从顶端提取蒸气、从底端提取沉淀物、在中端注入水。

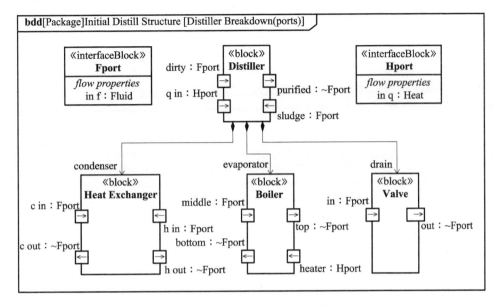

图 16.19 蒸馏器用端口分解

下一步是在内部块图中给出 *Distiller* 情境中的块使用,包括它们之间的连接和流。

16.5.4 创建带有组成、端口、连接器和项流的内部块图

图 16.20 给出了 *Distiller* 系统的内部块图。图题表示了 *Distiller* 闭合块。由使用人员定义的图名称为 *initial distiller internal configuration*(初始蒸馏器内部配置)。组成表示了在*Distiller*情境中这些块如何使用,同时这些块与块定义图中的块有相同的角色名称。端口与其在块定义图中的定义一致。在图 16.18 中表示的各组成的动作分配在此处也以三个各自组成上的分区标记表示出来。这些分配关系清晰地表示在分配分区内,*allocatedFrom* 表示关系的方向,从分区内规定的元素到组成。

在内部块图中,各组成间的连接器和流经连接器的项流提供了块定义图中未给出的信息。连接器的关联端口(包括内部和外部)反映了蒸馏器的内部结构。

如 7.4 节所述,项流描述了流经连接器的事物,规定了流的内容和流的方向。本示例中,描述流动事物的所有块均包含在包 *Item Types* 内。然后用这些块来分类活动参数、动作管脚、接口块的流属性、项流引用的属性(项属性)、消息、信号等。利用通用存储库包含所有流动的事物,是更有效地进行接口管理的关键。

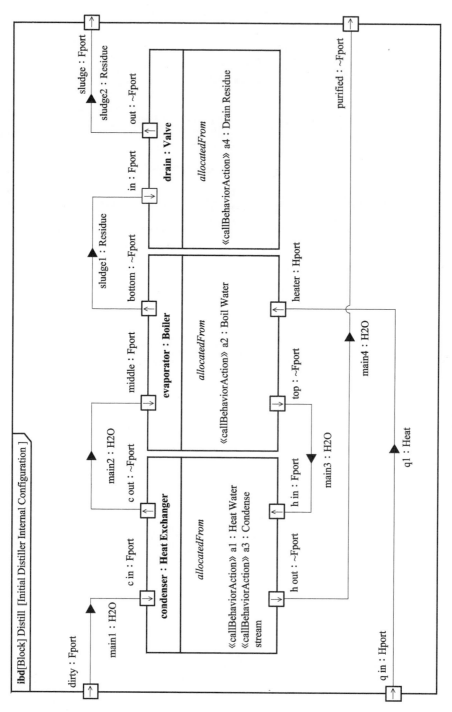

图 16.20 带有预流和分配的初始蒸馏器内部配置

第16章 应用功能分析的水蒸馏系统

针对项属性,采用命名惯例来区分流经系统的项。流经 *Distiller* 的主要水流($H2O$)表示如下:*main1* 为进入系统和 *condenser* 冷循环的 $H2O$ 流;*main2* 为流出 *condenser* 冷循环并进入 *evaporator* 的 $H2O$ 流;*main3* 为流出 *evaporator* 并进入 *condenser* 热循环的 $H2O$ 流;*main4* 为流出 *condenser* 并出系统的 $H2O$ 流。沉淀物流与之相似:*sludge1* 流出 *evaporator* 并进入 *drain* 阀门;*sludge2* 流出 *drain* 阀门并出系统。仅有的附加流为 *q1*,表示流入系统和 *evaporator* 的热流。

块定义图中已经定义了 *Distiller* 的结构,有关其内部元素的连接、元素使用的描述以及物理流等在内部块图中表示。行为(动作)到结构(部件)的分配在 *Distiller* 系统情境中描述,图16.18 以分配活动分区表示。下面可以将活动模型中的流分配到结构模型中的流。

16.5.5 流分配

在活动图中,根据动作管脚的名称和类型来指定流,同时对象流提供了管脚间的情境和连接。当将流规定为结构的一部分时,端口规定了什么可以在块和组成上流动,项流规定了所属块情境中实际流动的是什么。本示例中,对象流被直接分配给项属性,要求核查由对象流连接的动作管脚类型与项属性类型保持一致。活动图(图16.18)中的每个对象流均分配至内部块图(图16.20)中对应的唯一项属性上。后面的系统性能分析重点集中于这些项属性的相关特征,如温度和流速率。

图16.21 中的矩阵描述了流分配。矩阵中的箭头表示了分配关系的方向。一般来说,该类型矩阵较标注或分区能更紧凑地表示流分配关系。

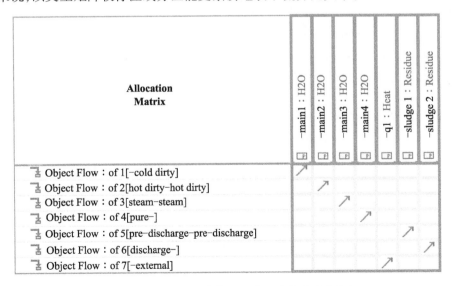

图16.21 从蒸馏水对象流至蒸馏器属性的流分配

16.6 性能分析

本节中分析 *Distiller* 性能,以确定设计可行性。

16.6.1 项流热平衡分析

蒸馏器性能的一个关键点是流经系统的物质流和热流需平衡。为评估流平衡,分析集中于水和热的物理流,以内部块图中的项属性表示。一种在活动图中集中于流的可选分析方法,曾经短暂地出现过但已被放弃,这是为了在内部块图中更直观地分析物理流。

通过确定流经系统的 H2O 质量流速率并分析相关 H2O 温度和相变所需的热流,对设计可行性做出评估。为简化分析,考虑整个系统等压,即整个系统的压强为同等大气压。

图 16.22 给出了支持上述分析的参数图。由图框架规定了块 *Distiller Isobaric Heat Balance*(蒸馏器等压热平衡)。建立一个清晰的分析背景很重要,尤其是在设计过程的早期阶段。本图表示了物理流之间的简单数学关系,与 16.5.2 小节中所列的简化假设一致。图左侧的 12 个矩形盒(*main1. mass flow rate : gm/sec*,*main1. water temp :* ℃ 等)表示了 *Distiller* 内部块图(图 16.20)中项属性(如 *main1*)中的值属性(如质量流速率)。注意每个项属性均有与它的使用唯一对应的值属性,如温度和质量流速率。比热容和潜热是共同的,分析中也需要考虑 H2O 的非变(只读)属性,因此它们也被包括在分析中。图右侧的圆角框表示了块 *Initial Distiller Analysis*(初始蒸馏器分析)的约束属性,每个均有对应的约束,这些约束以括号中的数学公式表示。在进行分析前需创建整个蒸馏系统的一个实例,从而提供每个值属性的特定值。蒸馏器的实例名称为 *initial distiller*(初始蒸馏器)。

基于初始蒸馏设计的拓扑结构,稳态情况下的几个质量流速率(*main1*、*main2*、*main3* 与 *main4*)必须相等,这种等量关系在图 16.22 中以 *initial distiller. main1. mass flow rate*、*initial distiller. main2. mass flow rate*、*initial distiller. main3. mass flow rate* 与 *initial distiller. main4. mass flow rate* 之间的值绑定表示。

如活动图中所规定的,系统必须同时加热水和冷凝蒸汽。在加热液态水时所应用的单相热转换方程与质量流速率、温度变化和热流比热容(*q rate*)相关。注意,*heating feedwater : Single Phase Heat Xfer Equation* 约束表示了小方盒内的每个参数。绑定连接器用于将与 *main1*、*main2* 质量流速率、温度、比热容相关联的值属性与该约束的参数绑定。来自 *Condensing : Phase Change Heat Xfer Equation* 中的 *q rate* 与蒸馏器中间值属性 *initial distiller. q_int : dQ/dt* 绑定,接下来此中间值使 *q rate* 对应于 *s1 : Single Phase Heat Xfer Equation*。这是因为加热水所需的能量来自于冷凝蒸汽。

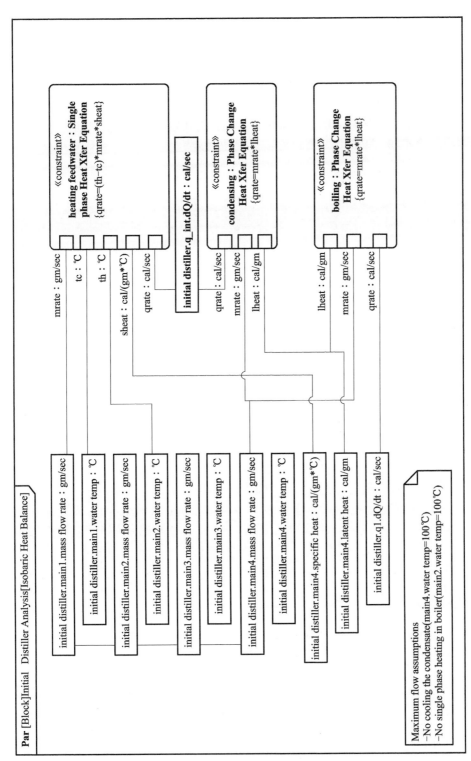

图16.22 定义参数关系作为分析的前提

这个简化的相变方程用于确定针对一个给定的蒸汽质量流速率,需要提取多少热。本示例中,*Phase Change Heat Xfer Equation*(相变热交换方程)约束块既用于冷凝蒸汽也用于沸腾水。该方程作为约束块仅定义一次,但用在 *condensing* 和 *boiling* 两个约束中。这两个约束有相同参数,但绑定了不同的属性。*Specific heat*(比热容)与 *latent heat*(潜热)作为 *main4* 的值属性被绑定,它们均由 H2O 继承而来,在所有四个流中均为常数。

本参数图定义了属性间的数学关系,但还不能开展分析。它清晰地约束了流经蒸馏器的项属性。下一步是通过评估方程开展分析。

16.6.2 热平衡分解

分析工具(约束求解器)用于求解由上述参数图所确定的约束。如图 16.23 所示,流经系统的典型质量流速率作为给定参数,输入热流 $q1$ 则为要求解的目标值。为给规模约 200 人的村庄提供服务,质量流速率选定为 10g/s(约 36L/h)已经足够大。该能力在后面的成本/性能权衡时会重新考量,但足以用作初始热平衡分析。

图 16.23 初始设计中发现的问题

输入值和方程传递给分析工具以求解输入热流目标值。在本例中生成了一个告警,提示系统方程为过约束。检查表明,将固定质量水的水温由 20℃ 提升至 100℃ 所需的热量约为必须从同等质量的蒸汽中完全移除热量的 1/7。通过冷凝器的冷却流不能完全冷凝蒸汽。由于不能从蒸汽中带走更多的热量,因此确定这个设计不可行。

16.7 改进原始设计

上述分析表明,在初始蒸馏器设计中存在根本性缺陷,因此本节介绍对设计的改进以克服性能限制。

16.7.1 行为更新

如图 16.24 所示,在设计改进中增加了名为 *diverter assembly :* 的组成,该组成以一个分配活动分区形式表示,带有名为 *a5 : Divert Feed* 的转移水动作。如此则允许过量的热水退出系统而不进入锅炉。

第16章 应用功能分析的水蒸馏系统 383

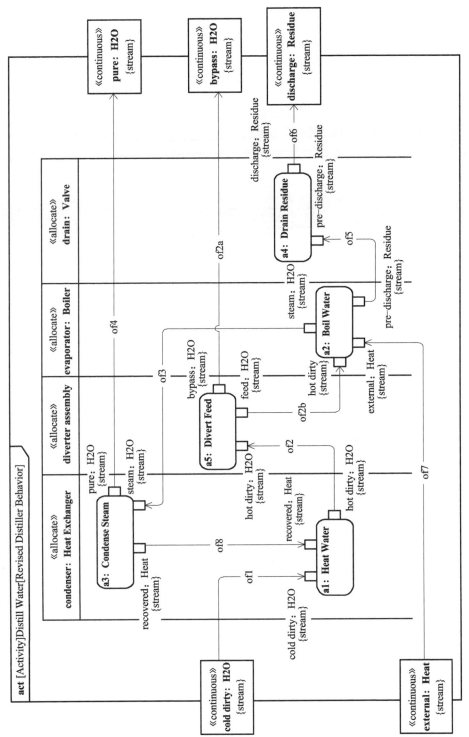

图16.24 修正后的行为以容许水转向

16.7.2 分配与结构调整

该分配活动分区对应了一个新的组成,该组成包括原先定义的块 Valve 的另一个使用。图 16.25 所示的内部块图给出了这个新组成及其内部结构、相关联的流。这个组件被分解为两部分:将大部分流转移出系统($m2.2:H2O$)的 *splitter : Tee Fitting*;将水截流进入锅炉($m2.2:H2O$)的 *feed : Valve*。*diverter assembly* :是各组成的一个简单集合。使用嵌套连接器端避免了在 *diverter assembly*(分流器组件)上使用流端口。

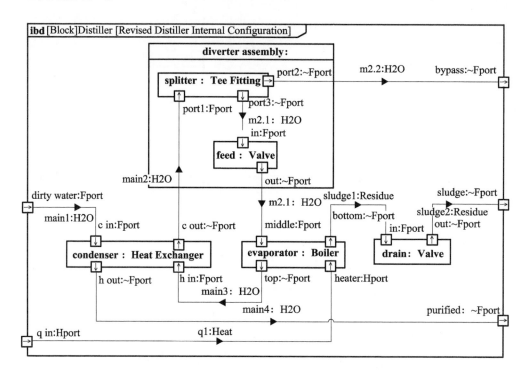

图 16.25　修正后带有流转向器的蒸馏器内部结构

注意 *Valve* 如何被重用。*drain : Valve* 与 *feed : Valve* 各有两个端口,每个端口均有相同定义,但连接各不相同。

经过改进的蒸馏器设计似乎可行,它表示了更为详细的设计。重新进行参数分析,所得结果如图 16.26 所示。分析工具用于求解通过供应阀的相对流,能够正常完成相应计算,没有出现告警和不一致。注意:在稳态条件下,供应阀仅允许占总流量 14.8% 的水流入锅炉。该分析建立了可流入锅炉的流量最大百分比。考虑 16.5.2 小节提及的冷凝器中的冷凝物冷却和锅炉中的水加热,现在已经可以开展更完整的蒸馏器分析。细化此蒸馏器模型至更通用的案例将留给学员练习。注意无须改变蒸馏器的结构设计，但功能分配与参数分析内容需要更新。

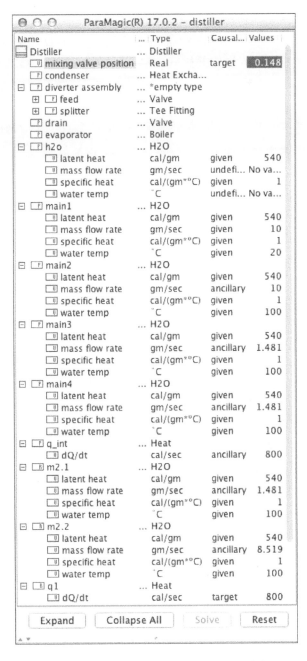

图 16.26　修正后的蒸馏器分析以确认分流器带来的好处

16.7.3 蒸馏器与用户接口控制

到目前为止,设计中还没有考虑用户与蒸馏器如何交互作用。设计似乎对于连续运行很充分,但还需要对蒸馏器的启动和关闭过程做出规定。

如果考虑在有可靠电源提供情况下如何增强蒸馏器操作性,则设计需要改进。电源可用对于方便地控制蒸馏器有两个方面作用:一是允许采用电加热;二是允许采用控制器/处理器来监视操作并执行调整。这样就大大简化了蒸馏器的操作,并降低对培训和技能的要求。仅用一个控制面板即可提供一个统一的以操作者为中心的蒸馏器操作接口。

图 16.6 中提供的原始用例图仍然有效,但需对 Operate Distiller(操作蒸馏器)用例细化,以表达使用基于控制面板的接口实现蒸馏器启动、稳态运行和停止。用例描述如下:

Operator 开启 Distiller 并观察 Power Lamp On(电源灯亮)状态;当 Distiller 到达运行温度时,Operator 观察 Operating Lamp On(操作灯亮)状态,然后在制造蒸馏水过程中持续循环;Operator 关闭 Distiller,后者返回 Power Lamp Off(电源灯灭)信号。

下一小节检查蒸馏器运行过程中操作者、控制面板和控制器之间的交互作用。

16.7.4 用户接口与控制器开发

图 16.27 所示的序列图表示了蒸馏器 Operator、Control Panel(控制面板)和 Controller(控制器)之间的交互作用。该图所反映的并非蒸馏水的详细交互作用,而是与蒸馏器的特定操作接口。该交互作用提出了蒸馏器新增需求和对应的设计变化,包括用于为系统提供输入和将系统状态提供给 Operator 的组成(如显示灯),以及一些蒸馏功能的自动控制。

图 16.28 所示的内部块图给出了用以实现用例的设计更新。增加了 Control Panel、用于开闭 Distiller 的开关和用于操作者观察的灯。增加的 Controller 用于确保阀门按照正确序列运行,并控制所有灯的开闭。

电源供应给 Boiler 内的加热器,由其将电能转换为热能。控制器给 Boiler 的控制提供了能量。一个名为 Boiler Signals(锅炉信号)的接口块用于确定 Controller 与 Boiler 之间的信号种类。接口块 Boiler Signals 中的流属性可以包括诸如锅炉内浮动开关的位置信息,用以表示水面位置高低程度。

图 16.29 给出了先进设计所需的接口块。注意 Boiler Signals 使用了两种流属性(Control(控制)与 Status(状态)),同时提供了图 16.28 所示 heat and valve : Controller 的方向。evaporator : Boiler 使用了一个结对端口,具有与 Controller 上的端口相同的接口块。接口块 Cport 包含了一个用于控制阀门的流属性,接口块 Pport 包含了一个用于电能的流属性。

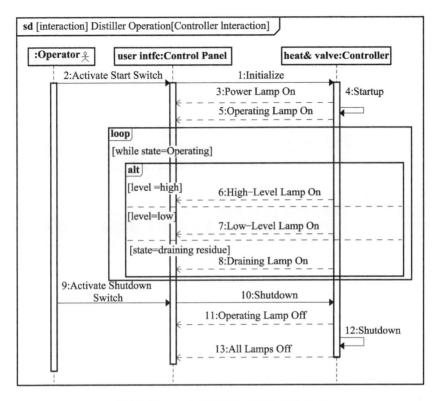

图 16.27 应用序列图定义操作者的交互

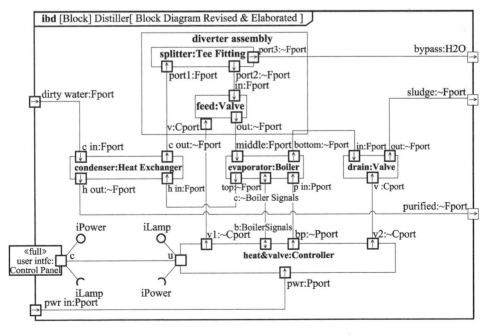

图 16.28 带有控制器和用户接口的蒸馏器内部结构

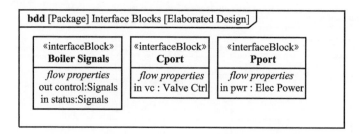

图 16.29　用于锅炉信号的接口块

16.7.5　系统启停的考虑

图 16.30 给出了一个针对 *Controller* 的状态机图，规定系统的启动、关机与系统控制的其他方面。通过检查与用例 *Operate Distiller* 相关联的序列图，可识别出图中的状态与转换。

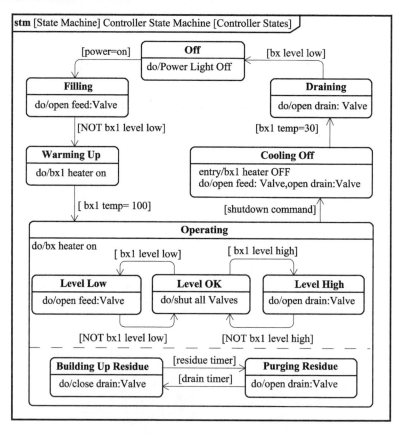

图 16.30　蒸馏器的控制器状态机

在 *Distiller* 由 *Off*(关)状态转换至 *On*(开)状态前需要完成几个步骤，*Off* 状态时蒸馏器是凉且干的，*On* 状态时蒸馏器开始产生结晶水。第一步是向锅炉注入水。当处于 *Filling* 状态时，*feed：Valve* 打开。一旦 *Boiler* 中水到达能够淹没加热器圈形管的高度，加热器就开始工作，系统进入 *Warming Up*（加热）状态。

在加热器温度到达100℃后，系统进入 *Operating*（运行）状态。在该状态，锅炉加热器仍然工作，但同时发生 *Controlling Boiler Level*（控制锅炉水位）和 *Controlling Residue*（控制残留物）两个子状态。本示例采用一个简单定时器来进行残留物控制，实现 *drain：Valve* 关闭时的 *Building Up Residue*（增加残留物）子状态和 *drain：Valve* 开启时的 *Purging Residue*（净化残留物）子状态之间的转换，从而处理残留物。*Distiller* 状态机周期性地排污，减少残留物积累。

在控制 *Boiler* 的水位期间，处于以下三个子状态之一：*Level OK*，此时 *drain：Valve* 和 *feed：Valve* 均需关闭；*Level Low*，此时 *feed：Valve* 需要开启；*Level High*，此时 *drain：Valve* 需要开启。

在操作完成后，*Distiller* 经历关机过程，否则腐蚀将会严重限制其运行寿命。该过程的第一步是冷却系统。在 *Cooling Off*（冷却）状态下，加热器关闭，*feed：Valve* 和 *drain：Valve* 均打开，允许冷却水自由流经整个系统。一旦锅炉温度到达安全阈值，就需排干 *Boiler* 中的水。在 *Draining*（排放）状态下，*feed：Valve* 关闭而 *drain：Valve* 仍打开，所有的水均排出 *Boiler* 之外。在 *Boiler* 排空后，*Distiller* 被安全地关闭。

16.8 小结

本章示例介绍了如何应用传统功能分析方法建立 SysML 模型，同时也诠释了如何应用 SysML 建立具有有限软件功能的物理系统模型。使用了 SysML 图的一些示例来支持规范、设计和分析，其中也应用了 SysML 的一些基本概念（如定义和使用的区别）。

16.9 问题

以下问题可以在课堂上或团队项目环境中表述和讨论。

（1）评估16.5.2小节中的"简化假设"：

①阐述如何修改图16.24中的活动模型，从而说明水可以在蒸发器内加热以及在冷凝器中冷凝，即进入升华器和离开冷凝器的水温可以低于100℃；

②阐述如何修改图16.22中的参数模型以适应这些变化，并阐述增加加热平衡真实度所带来的整体影响。

（2）消费者有新的需求："水蒸馏器应当在高于水源2m条件下操作"。给出该新需求对系统设计的影响，在以下建模制品中给出：

①需求图(将新增需求关联到已有需求);
②活动图(定义并整合新活动以支持新需求);
③块定义图(定义并整合新块以支持新需求);
④内部块图(针对新增部分定义流和接口以支持新需求,支持来自活动图的任何功能和流分配);
⑤参数图(描述热平衡如何被新需求所影响);
⑥用例图(描述操作场景的变化);
⑦序列图(详细描述用例 *Operate Distiller* 的变化);
⑧状态机图(描述 *Controller* 状态机如何被上述设计变化所影响)。

(3)修改后的蒸馏器设计仍存在能量效率问题,进入蒸馏器的水中仅有1/7可成为洁净水,其他的仅用于制冷。减小蒸发器的压力可有效降低水沸腾的温度,从而减少能量消耗,制冷水也相应减少。

①重新设计蒸馏器,使得蒸发器可在低于空气温度情况下工作。调整活动模型和结构模型。

②假设蒸馏器中的水沸腾最低安全温度为70℃。将70℃作为 *main2*、*main3* 和 *main4* 的温度,其他参数与图 16.26 中相同,调整参数模型以确定稳态混合阀位置。

(4)针对图 16.12 和图 16.14 中的蒸馏器活动模型,讨论控制流的可应用性和物理意义。何种情形下控制流可用于表示行为?

第 17 章 应用基于面向对象的系统工程方法的住宅安全系统

本章示例描述了如何应用 SysML 语言并通过**面向对象的系统工程方法**（Object – Oriented Systems Engineering Method，OOSEM）来开发住宅安全系统。该方法的简化版本已在 3.4 节中介绍过，一个源于该应用的建模制品集在 4.3 节的汽车示例中已介绍过。

OOSEM 以及第 16 章功能分析方法的应用是一个通过基于模型的系统工程方法进行 SysML 应用的示例。SysML 也可以应用于其他建模方法中。本章的目的是提供一种健壮的基于模型的系统规范和设计方法，读者可采用该方法来满足应用需要。

本章首先对该方法以及如何将该方法与整个开发过程融为一体进行了简要介绍，然后给出如何将 OOSEM 应用到住宅安全系统示例中。读者可以参考第二部分中的语言描述，作为此例建模的基本语言概念。

17.1 方法概述

本节介绍 OOSEM，包括此方法的起因和背景以及对系统开发过程的高度总结，该过程提供了用于 OOSEM 的背景情境；本节也论述了 OOSEM 系统规范和设计过程，这些过程是系统开发过程的一部分。

17.1.1 起因与背景

OOSEM 是一个自顶向下、场景驱动的过程，该过程使用 SysML 支持系统分析、规范、设计和验证。整个过程利用面向对象的概念和其他建模技术来帮助构建灵活、可扩展的系统，这些系统能够顺应技术发展和需求变化。OOSEM 也可以降低与面向对象软件开发、硬件开发和测试过程的集成度。

在 OOSEM 和其他基于模型的系统工程方法中，系统模型是系统规范和设计过程的主要输出物。模型制品表示系统的不同视图，如行为、结构、属性和需求的可追溯性。OOSEM 为各种视图提供了系统相互一致的表示，如 2.1.2 小节所述。

OOSEM 包含基本的系统工程活动,如利益相关方需要分析、需求分析、架构设计、权衡研究和分析、验证。OOSEM 与其他方法,例如 Harmony 过程[7,8]、针对系统工程的 Rational 统一过程(RUP SE 过程[10,11])具有类似性,这些方法也是自顶向下、场景驱动的方法,使用 SysML 作为建模语言。OOSEM 利用面向对象的概念,如封装和特殊化,但是这些概念在系统层使用,与软件设计中应用略有不同。尤其是 OOSEM 将结构化分析概念(如数据流)与选定的面向对象概念进行了集成。OOSEM 也包含建模技术,如因果分析、黑盒和白盒描述、逻辑分解、分区准则、节点分布、变体设计和贯穿系统生命周期的使能系统,这些建模技术支撑 OOSEM 处理系统的关注点。OOSEM 尤其强调通过**分解关注点(separation of concerns)**来管理复杂性,并将关注点集成于一个高内聚的系统模型上。

OOSEM 诞生于 1998 年[53,54],由洛克希德·马丁公司和前身为软件产品协会[9]的系统与软件协会(SSCI)进一步改进,作为共同工作的一部分。早期执行的试点项目用于评估该方法的可行性[55],该项目由 2002 年成立的 INCOSE OOSEM 工作组进一步提炼。按照最初的形式,OOSEM 使用 UML 并带有非标准化扩充来表达许多建模制品。随着 2006 年采纳 SysML 规范,OOSEM 支持工具也得到持续改进。

17.1.2 系统开发过程概述

完整的系统工程**生命周期过程(lifecycle process)**包括系统的开发、制造、部署、运行、支持、废弃处置等过程。**开发过程(development process)**的成功输出应该是一个经验证、确认的系统,该系统满足运行需求和能力,以及制造、部署、支持和废弃处置等其他生命周期需求。

OOSEM 是开发过程的一部分,该过程最初是基于集成系统和软件工程过程(ISSEP)的[56],当应用于 OOSEM 时,采用了该过程的改进版本,如图 17.1 所示,包含管理过程、系统规范和设计过程以及在下一设计层的开发过程、系统集成和验证过程。图中开发过程包含硬件、软件、数据库、运行程序等。通常,这个过程可以使用类似 V 形开发过程在系统的多个层级中的重复应用。但这个开发过程与典型的 V 形过程不同[57],该过程在 V 形每层上应用管理过程和技术过程,而典型的 V 形过程仅在每层上应用技术过程。

在每个层级上应用该过程会产生系统层级中下一级要素的规范。例如,在系统之系统(SoS)层应用开发过程会产生一个或多个系统层的规范和验证。在系统层应用开发过程将产生系统元素的规范和验证,在元素层应用开发过程产生部件的规范和验证。随后在部件层应用硬件及软件开发过程分析部件需求、设计部件、实现部件和验证部件。

第17章 应用基于面向对象的系统工程方法的住宅安全系统

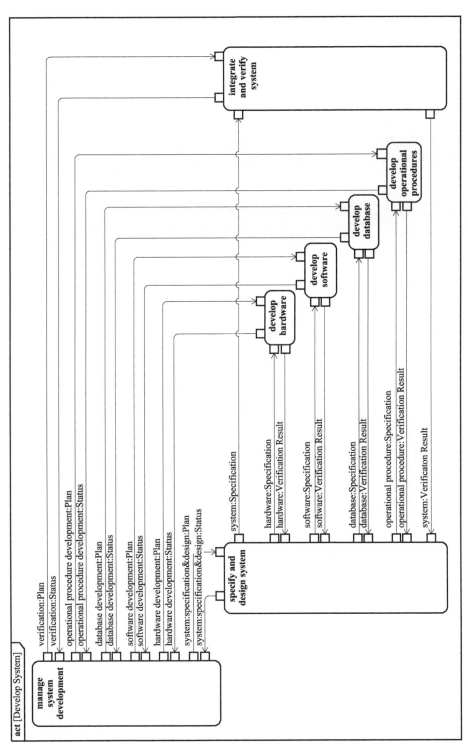

图 17.1 开发系统过程

开发过程的枝叶层是元素或部件的获得层或实现层。在第4章的汽车设计示例中,如果汽车设计团队采购发动机,则团队需要规定图4.16所示的发动机需求,并验证发动机是否满足需求。另外,如果发动机受设计限制,该过程将用于下一层级的发动机设计,以规范发动机部件并验证部件满足需求。

开发过程可迭代应用到整个过程的不同开发阶段,包括概念设计阶段、初步设计阶段、详细设计阶段和后期阶段(图17.2)。然而,规范和设计过程的细节及层级通常与开发阶段相适应。例如,早期概念设计阶段,开发过程应用在系统之系统层,以识别外部系统、关键任务参数和任务性能。接下来的过程是识别主要系统元素、关键功能、物理尺寸约束、关键系统属性(如响应时间、精度、范围、速度和功率消耗)。在初步设计和详细设计阶段,重点分别转移到系统元素和各部件的规范和设计;在后期,重点转换到部件、系统元素和系统的集成和验证。实践中,某些层级的设计和验证活动贯穿于开发全过程来完成。开发团队必须确定规范和设计的范围与严密性,使其与各设计层级、各开发阶段的应用相适应,同时对方法做出相应的剪裁。

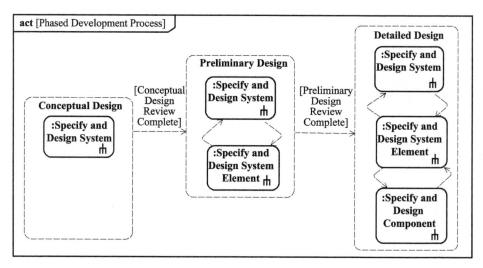

图17.2 在系统开发过程的每个阶段,规范和设计活动应用到系统设计层次(如系统、元素、部件)的逐渐降低层次

下面几小节内容针对图17.1所示的 *Develop System*(开发系统)过程中的每一过程进行了高度概括。

管理系统开发

管理系统开发过程包括项目计划,依据计划控制工作的执行。项目控制包括监视成本、日程进度、性能度量,从而评估对应计划的进展,管理风险、控制技术基线变化。2.2.5小节中描述的基于模型的度量可用来支持管理过程。

管理过程也包括生命周期模型的选择,如瀑布模型、增量模型或螺旋模型,生命周期模型定义了每个设计层级和每个开发阶段的活动顺序。对于一个特殊的螺旋模型或增量模型,模型中定义的用例提供了功能单元,可作为一种有效的组织原则来计划和控制将要完成的工作范围。例如,对于选定任务用例的设计实现或者支持多用例实现的关键设施元素设计,则可优先考虑特殊的设计增量。

管理过程也包括为满足项目需求而裁减的活动和制品,这些活动和制品采用系统工程方法定义。裁减依赖于前面所述的设计层级和开发阶段,加上各种其他因素,可能包括系统新设计的范围(前所未有的)、系统规模和复杂性、可用时间与资源、开发团队经验水平。例如,系统设计可能受限于重要的遗留系统或者预定义的商用现货(COTS)部件的约束。这将极大地影响哪些活动将执行和活动执行顺序。这些活动包括对早期 COTS 能力的描述,也包括其他系统规范与设计活动。设计重点是 COTS 部件如何交互以实现系统需求,系统如何与 COTS 部件形成接口。

对于系统层级中每层的特殊领域可能需要对过程和制品进行额外裁剪。例如,应用方法来规范和设计车辆的能源、车体、刹车和驾驶部件时,每一项都包括执行单独的分析类型,需要特殊的设计技术和建模制品。

规范和设计系统

采用 OOSEM 实施的过程见 17.1.3 小节,该过程应用于 V 形过程的左侧。系统规范和设计过程包括分析系统需求、定义系统架构、规范下一设计层级的需求等活动。设计的下一层级执行相似的活动集合以满足其需求。对于更复杂的系统,可能有多个中间设计层,通常称为元素层级。部件层级是最底层设计,在该层级的硬件、软件、数据库和运行程序要开展设计、实现与测试。规范和设计活动也提供需求和测试示例作为集成与验证过程的输入,该过程在 V 形过程的右侧执行。

开发硬件、软件、数据库和运行过程

这些开发过程包括对来自高层级规范的分析和进一步精化,也包括部件的设计、支持性分析、实现和验证。对于硬件,通过建造和/或构建硬件部件来完成实现;对于软件,通过生成软件部件代码来实现。如果有多个软、硬件中间层,则图 17.1 所示的开发过程能够反复应用于每个中间层。

集成和验证系统

该过程集成系统元素和/或部件,经集成的设计通过验证满足需求。该过程包括开发验证计划、程序和方法(如检查、演示、分析、测试),执行集成和验证,分析结果,生成验证报告。OOSEM 通过在每个设计层级规范测试用例来支持 V 形模型的右侧。随后应用测试用例开发验证计划、程序,以及 17.3.8 小节描述的系统验证需求。

产品集成和验证作为 V 形右侧过程的部分来执行,物理硬件和软件在每层级均会集成,执行测试用例来验证部件级、元素级、系统级需求得到满足。在基于模型的方法中,设计集成和验证也可在设计早期执行,以获得系统、元素和部件满足它们需求的信心。有时也称其为虚拟集成和验证。该过程通过集成低层设计模型

到高层设计模型完成,然后在每层通过分析,验证集成的模型是否满足需求。例如,汽车的设计集成和验证包括通过分析验证发动机控制器设计模型满足需求,然后集成发动机控制器设计模型到发动机设计模型。通过分析验证发动机设计满足需求后,发动机设计模型集成到汽车系统设计模型,然后验证汽车系统设计模型。集成模型通过设计组合和分析模型来验证发动机部件设计是否满足部件需求,发动机设计是否满足发动机需求,汽车系统设计是否满足汽车系统需求。

17.1.3 OOSEM 系统规范与设计过程

图 17.3 是对 OOSEM *Specify and Design System*(规范与设计系统)过程的高度概括。该过程的简化版本在 3.4 节已介绍。每个动作的编号参考了本章的节编号,在相应各节对活动进行详尽说明和描述。参考章节包括了显示下层详细信息的活动图。为了简化过程描述,活动图既不包括过程迭代环,也不包括每个活动的输入、输出制品。但图 17.3 中引用的章节包括对产生建模制品的描述和示例。动作名称以小写字母表示,但参考章节中相应的活动名称首字母大写。

Set-up Model(建立模型)活动建立了开发模型的基本条件,包括建立建模准则、组织模型(参见 17.3.1 小节)。*Analyze Stakeholder Needs*(分析利益相关方需要)活动描绘了系统和复杂体的特征,描述了系统的局限性和潜在需要改进的地方,规范了待建系统必须支持的任务需求(参见 17.3.2 小节)。*Analyze System Requirements*(分析系统需求)活动根据输入与输出响应,规范了系统需求,以及支持任务需求(参见 17.3.3 小节)所需的其他黑盒特性。*Define Logical Architecture*(定义逻辑架构)活动分解系统到逻辑部件,并定义逻辑部件如何交互、以实现系统需求(参见 17.3.4 小节)。*Synthesize Candidate Physical Architectures*(综合候选物理架构)活动分配逻辑部件到物理部件,物理部件使用硬件、软件、数据和程序(参见 17.3.5 小节)实现。*Optimize and Evaluate Alternatives*(优化和评估备选方案)活动通过执行支持系统设计权衡研究和设计优化的工程分析过程完成(参见 17.3.6 小节)。*Manage Requirements Traceability*(管理需求可追溯性)活动用来管理任务层到部件层的需求追溯(参见 17.3.7 小节)。OOSEM 也包括支持 *Integrate and Verify System*(集成验证系统)过程的活动(参见 17.3.8 小节)。每一项活动将用在本章后面的住宅安全系统示例中。3.4 节的简化 MBSE 方法不包括逻辑架构设计活动,仅包括其他活动的子集。

当将该方法用于一个组织或项目时,过程文档的详细层级需经过裁剪来满足组织和项目需要。文档可以细化地描述创建每个建模制品的详细过程,如用例。另外,可以进一步精化过程流来反映设计迭代和输入与输出流。为简化过程描述,本示例中细节层级没有包含在任何过程流程中。该过程可以记录在过程建模和/或过程创作工具中,并发布于网络环境。该方法便于过程的维护、裁剪和过程信息的使用。在下面的示例中,过程模型包含在一个名为 *OOSEM Process*(OOSEM 过程)的包中。

第17章 应用基于面向对象的系统工程方法的住宅安全系统

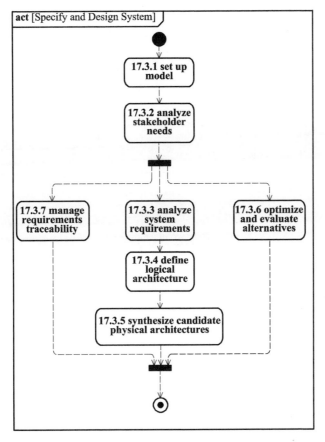

图17.3 OOSEM规范与设计系统过程(动作编号参见描述动作的子节编号)

17.2 住宅安全系统示例概述

本节提供了住宅安全系统示例的概述,包含问题背景和项目启动活动。

17.2.1 问题背景

安全系统公司已经为本地区提供住宅安全系统多年,其安全系统安装在本地居住区,由中心监控站(CMS)监视。系统的目的是探测可能的入侵者。当安全系统探测到入侵者时,CMS的操作员联系本地应急调度员,调度员派遣警察到居住区阻止入侵者。

安全系统公司已经成功运营多年,但近年来销售额显著下降,许多现存客户终止合同,反而支持安全系统公司的竞争者。很明显,对公司的管理而言,他们当前系统的能力已经过时,必须重新建立市场地位。特别是,他们决定发起一项重大举措来开发增强安全系统(ESS),目的是恢复市场占有率。

17.2.2 项目启动

系统工程集成团队(SEIT)负责提供技术管理,该管理作为图 17.1 中 manage system development(管理系统开发)过程的一部分,包括技术计划、风险管理、技术基线管理和技术评审。另外,SEIT 包括团队成员,负责 ESS 的系统需求分析、系统架构设计、工程分析、集成、验证,如 1.4 节所述。实现团队负责分析由 SEIT 分配到 ESS 部件的需求,也负责部件设计和实现,验证部件满足需求。

SEIT 选择一个增量式开发过程作为生命周期模型。在首轮增量期间,SEIT 建立增量项目计划、项目框架。第二轮增量包括利益相关方需要分析、规定黑盒系统需求、评估和选择优选的系统架构,并规定用于建议的 ESS 解决方案的初始部件需求。接下来的增量注重精化架构和实现部件需求,这对于获得与所选 ESS 用例对应的增值能力非常必要。

第一轮增量迭代期间,作为建立项目计划和框架的一部分,建模工作的初始活动包括定义建模目标、审查模型以满足目标、选择和裁剪 MBSE 方法;选择、获得、安装工具;定义建模活动和建模工件交付计划,分配人员工作量,提供必要的培训。

SEIT 选择 OOSEM 作为基于模型的系统工程方法,结合 SysML 作为图形化建模语言。这是基于早期示范项目的结果,该结果评估了方法和工具支持他们需要的效果(参考 19.1.4 小节中关于示范项目的讨论)。SEIT 基于 18.5 节中的工具选择准则来选择工具。系统开发环境包括:SysML 建模工具,一种基于 UML 的软件开发环境;硬件设计工具;工程分析工具;测试工具;配置管理工具;需求管理工具;用于项目计划、调度和风险管理的其他项目管理工具。SEIT 和其他的团队成员接受在 SysML、OOSEM 和选定工具方面的培训。

17.3 应用 OOSEM 规范和设计住宅安全系统

本章示例的目的是描述第二轮增量的建模活动。在这个增量期间,ESS 建模被初始化并用来规范和确认系统需求,建立解决方案,向 ESS 硬件、软件和数据部件分配需求。部件由实现团队开发或者采购 COTS 产品。很显然需要有软件和数据库开发,但是硬件部件,如传感器、摄像头、处理器、网络设备,主要是 COTS 产品。模型也用来为客户和中心监控站操作员开发新的运行程序,这些人员定义了如何与系统进行交互。

下面的子节详细描述了 17.1.3 小节中总结的 *Specify and Design System* 过程和制品。子节号与图 17.3 中的动作引用编号相对应。活动 *Manage Requirements*

Traceability 和 *Optimize and Evaluate Alternatives* 在本节的最后介绍,虽然它们在整个过程中作为支持活动出现。本例建模的目标和范围是以重点聚焦于监视入侵为主线来说明方法,而不是详细说明系统其他功能。

17.3.1 建立模型

在任何建模工作中,建立模型是最关键的第一步,包括建立建模约定和标准,组织模型,如图 17.4 所示。

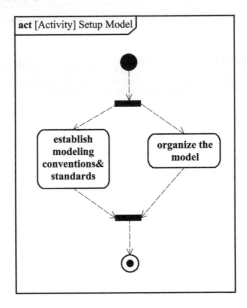

图 17.4 建立模型的过程

建立建模约定和标准

建立建模约定和标准是为了在模型中采用一致的描述和建模风格,确保模型的完整性。约定和标准可以被定义、文档化、在组织层面共享,以便于每个单独的项目能够将它们作为出发点。

约定和标准包括建立图、模型元素的命名约定,如包名称。约定和标准也确定其他语言格式方面的风格,如什么时候使用大写与小写,在名字中什么时候使用空格,也有强加于工具上的约束,如字母数字和特殊字符使用的限制。建议为每种图建立模版,以突出图的布局标准。可以开发附加准则,以生成来自模型的定制报告,通过版型定制语言概念和术语,开发用于模型检查的定制脚本。

本示例应用的准则包括如下几部分:

大小写的使用

所有定义/类型的每个单词的首字母大写,如块和值类型、包和需求,多于 1 个单词的复合名称之间使用空格,如 Video Camcorder。

组成、属性、项属性、动作、状态的名称均用小写字母,多于1个单词的复合名称之间用空格,如 record data(这是一个动作名称)。

动词/名词形式——动词/名词形式通常用来命名活动、动作和用例,如 Monitor Intruder 是一个活动名。

端口类型名称——典型情况下,端口类型名称需要加 IF(表示接口),如 Video IF。

工具特有标记——本章中的图直接由建模工具生成,并有少量后期编辑。由于工具特定的实现方式,某些标记可能与第二部分描述的 SysML 规范有所不同。然而,指南需要注意一些有别于标准标记的特殊工具标记。

模型元素描述——另一个建模准则的示例是为每个模型元素定义文本描述的适当层级。一个标准文本描述可能包含模型元素的扼要定义和可能的信息源。这可以作为大多数工具提供的模型元素的注释或文档字段被捕获。如果处理正确,则能够加强模型的理解和维护。此信息也支持由模型自动生成文档,该文档可以包括图表和文本描述。18.4.5 小节描述了如何由模型自动生成文档和其他视图。*Customized Stereotypes and Model Libraries*(定制版型和模型库)项目通常需要定制使用特定版型的语言,这些特定的版型适用于它们的领域和/或方法。表 17.1 包含一个用户定义的版型列表,该版型针对本例使用的 OOSEM 特定 SysML 配置文件。除这些版型外,使用 OOSEM 的项目可能选择定义额外版型和模型库,这些模型库针对项目所属领域具有唯一性。定义配置文件的方法在 15.4 节中描述。

表 17.1　SysML 用户定义版型的 OOSEM 特定配置文件

OOSEM 版型	基类
«analysis»	块,属性
«caused by»	依赖性
«configuration item»	块,属性
«data»	块,组成属性
«document»	块
«failure mode»	约束块
«file»	块,组成属性
«hardware»	块,组成属性
«logical»	块,组成属性
«mop»	属性
«moe»	属性
«node logical»	块,组成属性

(续)

OOSEM 版型	基类
«node physical»	块,组成属性
«operator»	块,组成属性
«procedure»	块,组成属性
«software»	块,组成属性
«status»	属性
«store»	属性
«system of interest»	块,组成属性
«test component»	块,组成属性
«test objective»	部件,需求
«violates»	依赖性

本示例中使用的一些术语相对这种方法具有唯一性。包括:

(1) *Domain*(*领域*)——用来表示模型的范围。

示例: *Operational Domain*(*运行领域*)指模型的部分,该部分包括运行系统、用户和环境。术语运行情境是运行领域的同义词。

(2) *Enterprise*(*复杂体*)——为了完成共同的目标在一起工作的系统和用户聚合体。在 OOSEM 中,术语 *System - of - System* (*系统之系统*)认为是复杂体的同义词。

示例: *Security Enterprise*(*安全复杂体*)指安全系统、应急服务和用来协同紧急事件响应的通信系统的逻辑集合。

(3) *Logical*(*逻辑*)——物理实体的抽象,其目的是获得功能,而不受特殊技术和实现方法的约束。

示例: *entry sensor*(*输入传感器*)作为逻辑部件,是物理部件如 *optical sensor*(*光学传感器*)或 *contact sensor*(*接触传感器*)的抽象。

(4) *Subsystem*(*子系统*)——部件的逻辑集合体,执行一个或多个系统功能(示例 A)或者拥有组成中的通用特征(示例 B)。

示例 A:电源管理子系统是管理和分配电能的部件集合。

示例 B:电子子系统是电子部件的集合。

(5) *Node*(*节点*)——基于某些准则的实体分区。OOSEM 中的节点通常用来描述一个分布式系统,每个节点表示基于物理位置的一个部件分区。节点也可以基于其他准则定义,例如组织职责(如分配到特定部门的人和资源)。

示例: *Site Installation*(*现场设备*)节点和 *Central Monitoring Station*(*中心监控站*)节点表示在不同物理位置的部件集。

(6) *Mission*(*任务*)——系统和复杂体支持的主要工作。

示例:增强安全系统和应急服务支持"为单家庭住宅、多家庭住宅、小型企业的生命财产安全提供紧急响应,防止偷盗、入室行窃、火灾和健康安全"任务。

(7) *Customized model scripts*(*定制的模型脚本*)——一个项目可以采用多种方式使用模型来改善生产力、质量和提供其他能力。目标通常通过开发和使用定制脚本实现,大多数建模工具都支持定制脚本。脚本可用于实现确认规则,确认模型与项目准则一致。脚本需服从于正确的开发准则且在通用库中生效,从而能够一致地应用于整个项目或组织。

组织模型

模型组织被认为是开发有效系统模型的关键。系统模型的复杂性能够使模型用户很快困惑,进而不知所措,尤其是对大型分布式团队。这种情况会影响模型开发者保持模型统一和对模型基线的控制能力。可参考第 6 章考虑如何使用包来组织模型。

OOSEM 包含一种标准方法,用于组织由包结构定义的模型。模型组织首先建立在 3.3 节和 4.3.1 小节介绍的 SysML – Lite 部分概念上,但包含了附加的包结构以应对更复杂的模型。

模型组织通常包含一个递归的包结构,反映出系统层级。包可以为一个将来要分解的块定义,可以包含嵌套包用于块的需求、结构和行为,也可以包含下一层系统分解块的嵌套包。参数包或分析包也可能包含在系统架构的每个层级上,或者维持在顶层。

模型组织也包含其他包,这些包没有嵌套在每个系统层级上。这些包包含了一些在系统架构的多个层级上可重用的模型元素,如值类型包和视角包。这些包可以包含自己的层级,其由独立于系统层级的嵌套包组成。

本示例的模型组织由图 17.5 中的包图和浏览器视图中的包结构突出显示。名为 *Model Organization* (*模型组织*)的包图反映了浏览器视图中的模型组织。

OOSEM Profile Extensions(*OOSEM 配置文件扩展*)是一个单独包,*Model*(*模型*)是在包含树顶层的另外一个包。包 *Model* 包含用于 *Process Guidance*(*过程向导*)、*Security Domain as – is*(*当前安全域*)、*Security Domain to – be*(*未来安全域*)、*Value Types*(*值类型*)和 *Viewpoints*(*视角*)的包。

包 *Process Guidance* 提供了一种便捷的机制来捕获过程定义、工具问题和系统工程团队在整个建模过程中获取的其他过程信息。如果信息是跨项目相关的,则它将会反映在组织标准过程的更新中。对于本示例,这个包包含描述 OOSEM 的活动图,包括图 17.3 中的活动图,以及在 17.3.1 ~ 17.3.7 小节中的更低层的活动。作为备选方案,其他过程建模工具也可用来捕获过程信息,这些过程信息可参考本包。

包 *Security Domain as – is* 包含当前领域的模型信息,以帮助理解当前系统和复杂体的限制,识别当前模型中的组成,这些组成在未来的模型中可能会被重用。

包 *Value Types* 包含整个模型的值类型单位和使用数量种类。此包引进了包 ISO 80000(没有显示),这些包 ISO 包含标准单位和数量种类的库。值类型和 ISO

80000 模型库在 7.3.4 小节部分已做描述。

包 Viewpoints 包含针对不同 ESS 利益相关方的视角和相关视图。视角和视图在 15.8 节做了描述。本示例的视角在 17.3.5 小节的 Defining Other Architecture View(定义其他架构视图)中讨论。

包 Security Domain to-be 包含嵌套包,该嵌套包包含了实现不同的生命周期过程的系统和复杂体。尤其是此包包含包 Installation(安装)和包 Operational(运行),也可以包含其他生命周期过程包,如制造、支持服务和废弃处理。这些包中的每个包都包含规定系统实现某一特定生命周期过程的模型元素。例如,包 Installation 包含了模型元素,用于规定和设计安装系统和复杂体,以实现安装过程。包中的模型元素表示安装人及安装系统,包括安装车辆和安装设备。包 Installation 在 17.3.9 小节中描述。

由于本示例的重点在名为 ESS(增强安全系统)运行系统的设计上,因此模型的大部分详细阐述包含在包 Operational 中。包 Operational 包含嵌套的包,如 Requirements(需求)、Structure(结构)、Use Cases(用例)、Behavior(行为)、Parametrics(参数)、Interface Definitions(接口定义)和 ESS,它是系统的关注中心。有些包名称以数字开头用于建立出现在包架构中的顺序。然而,在下面的文本中引用这些包时,不包含这些数字。其他生命周期过程包的组织类似于包 Operational。

包 Operational 包含运行领域不同方面的模型元素。包 Requirements 包含 ESS 任务需求。包 Structure 定义了 ESS 的情境,包括外部系统和用户。包 Use Cases 包含了 ESS 必须支持的复杂体用例。包 Behavior 包含每个用例的任务场景。包 Parametrics 包含支持权衡研究和设计优化的顶层工程分析。

包 Interface Definitions 包含输入、输出定义和整个模型使用的端口规范。这些定义没有局限于层级中某个单一层级,因此包含在应用这些定义的最高层级中。包 ESS 包含表示 ESS 系统的模型元素。如图 17.5 所示,ESS 包含嵌套包,用于 Black Box Specification(黑盒规范)、Logical Design(逻辑设计)、Node Logical Design(节点逻辑设计)、Node Physical Design(节点物理设计)和 Verification(验证)。Node Physical Design 包含用于硬件、软件、数据和运行程序(没有显示)的嵌套包。

前述的每一个包包含了模型元素,这些模型元素通过将 OOSEM 应用到系统规范和设计而创建。每个包的内容在本章的各节中都有描述,与创建这些内容的 OOSEM 活动相对应。

特殊包中包含的图在浏览器中使用特殊标识高亮显示,这些标识相对于每一种工具具有唯一性。例如,图 17.5 中指向浏览器底端的标识是指显示在工具图区域的包图 Model Organization(模型组织)。

如 5.2 节所述,图框实际上指定了一种模型元素。由图框指定的模型元素决定了浏览器架构中的图出现的位置。本例中与 Model 相对应的图框在图标题处表

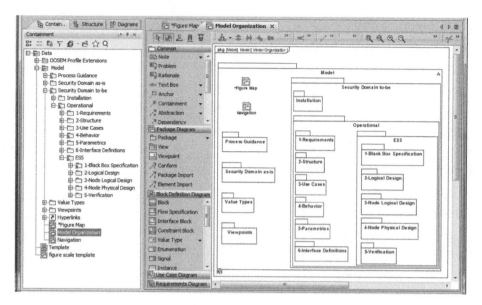

图 17.5　ESS 模型组织

示,所以图标识出现在浏览器中 Model 的下面。

包含在包中的模型元素能够和另一个包中的模型元素关联。当另一包中的模型元素出现在图中时,它的完整限定名称标识了包含它的包。即使在不同包中的两个模型元素具有相同的名称,这也能够使图上的每个模型元素具有唯一性。如 6.6 节所述,完整限定名称以双冒号的形式出现。为了减少图的混乱,将省略本章图中的完整限定名称。

为了简化模型的导航,有时创建一个包含超链接的包图是非常有用的,超链接指向感兴趣的图,这能够便于导航到选定的建模制品上。名为 Navigation(导航)的包图的图标识也可以在浏览器中显示。此图包括超链接,指向包含在整个模型中的其他图的超链接,以便于在不必知道包结构的细节的情况下轻松访问图表。图 17.5 中的包图 Model Organization 显示了一个超链接到图的按钮示例,单击该按钮可以提供到图 Navigation 的超链接。

17.3.2　分析利益相关方需要

Analyze Stakeholder Needs 活动可参考图 17.3,在图 17.6 中表示。如前所述,该简化流程不包括输入、输出或过程迭代。执行该活动提供了分析,来理解利益相关方将要解决的问题、规定必须满足的任务层需求、设定解决问题的系统情境。

该分析包括通过特征化现有系统和复杂体来评估当前系统的局限性,并通过因果分析从每个利益相关方的角度来确定限制和潜在改进领域。分析结果通常用于派生出未来系统和复杂体的任务需求与整体目标,以解决当前系统和复杂体的

第17章 应用基于面向对象的系统工程方法的住宅安全系统　　405

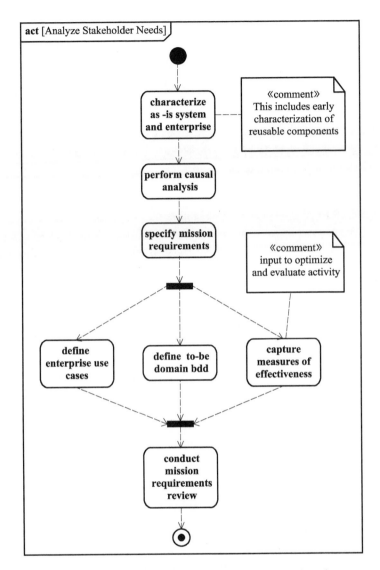

图 17.6　分析利益相关方需要的活动以规范任务需求

局限性。由该活动生成的模型制品包括因果分析、任务需求、未来领域模型、复杂体用例和有效性度量。通过任务需求评审确认任务需求满足利益相关者的需要,并为解决方案设置适当的情境。

利益相关方是指整个生命周期中对 ESS 感兴趣的任何人或组织,生命周期包括 ESS 开发、部署、运行和技术服务支持。利益相关方识别包括系统用户、系统安装人员、系统开发过程的参与者。随着规范和设计过程的进展,其他利益相关方被识别出来,如响应 ESS 警报的警察。利益相关方和他们的关注点在视角中被明确地捕获,该部分将在 17.3.5 小节的最后讨论。

对于本示例，OOSEM 应用在名为 ESS 的单独系统设计中。外部系统（如紧急服务）假定已被规定，不受进一步设计的影响。因此，在 SoS（系统之系统）或复杂体层级开发中对比关注较少。如果需要 SoS 或复杂体架构，那么 OOSEM 规范和设计活动首先应用在 SoS 层[58]，然后递归地应用在系统和更低层的设计中。在特殊情况下，图 17.3 中紧跟着分析利益相关方需要的 OOSEM 活动包括分析 SoS 需求、定义体系逻辑架构和综合候选 SoS 物理架构。这些活动的输出是 SoS 架构，跟在后面的是分析系统需求。如 17.1.2 小节所述，为适应每层设计中的方法，需要进行额外的裁剪。

描述当前系统和复杂体特征

当前系统、用户和复杂体的特征需要描绘到一定层级，才足以理解利益相关方的关注点，这包括仅根据需要对当前系统和复杂体进行建模，以提供对问题的深刻理解。如果当前解决方案不存在，很明显没有特征可描绘，就可以直接规定任务需求。然而，当前用户、系统和复杂体已到位，这些为分析提供了起始点。

Operational Domain as-is（当前运行域）显示在图 17.7 的块定义图中。它包括顶层块，名为 *Operational Domain as-is*，提供了领域中其他块的情境。该块分解为 *Security Enterprise as-is*（当前安全复杂体）和 *Site as-is*（当前现场），其具有多重性，表示可以有一个现场到多个现场。

使用 OOSEM 建立复杂体块来表示系统和用户的聚合，系统和用户协同获得一组任务目标。在本示例中，当前复杂体包括当前安全系统，使用《system of interest》版型；*Emergency Services*（紧急服务）包括 *Dispatcher*（调度员）和 *Police*（警察）；*Communication Network*（通信网络）能使当前安全系统和 *Emergency Services* 进行通信。这些块协同监视存在潜在入侵者的住所。

正在被保护的现场位于复杂体外部。每个现场由带有一个或多个 *Occupants*（居住者）的 *Single-Family Residence*（单家庭住宅）和零到多个 *Intruders*（入侵者）组成。

上述领域模型有助于建立所关注系统与外部系统和用户之间直接或间接交互的边界。当前安全系统包括多个现场设施和单独的中心监控站，多现场设施在关联端用多重性表示。注意到现场表示安装在某个地方的安全设备，由 *Security System as-is*（当前安全系统）拥有（黑菱形），被 *Single-Family Residence as-is*（当前单家庭住宅）引用（白菱形）。引用提供了一种表示更复杂系统边界的表示机制，在此机制下组成被一个块所拥有，被另一个块引用。

如图 17.8 所示，对当前领域的一个可选描述用图标形式表示了系统和外部系统。这种方式提供了一种方法来传达对当前运行域的简单描述，该运行域可以被注释，来表示实体间选定的交互和关系。实体间的关系可以用关联来表示，但是对于本示例，假定这些关系仅是块定义图中的注释。后面这些关系表示为内部块图上带有项流的连接器。

第17章 应用基于面向对象的系统工程方法的住宅安全系统

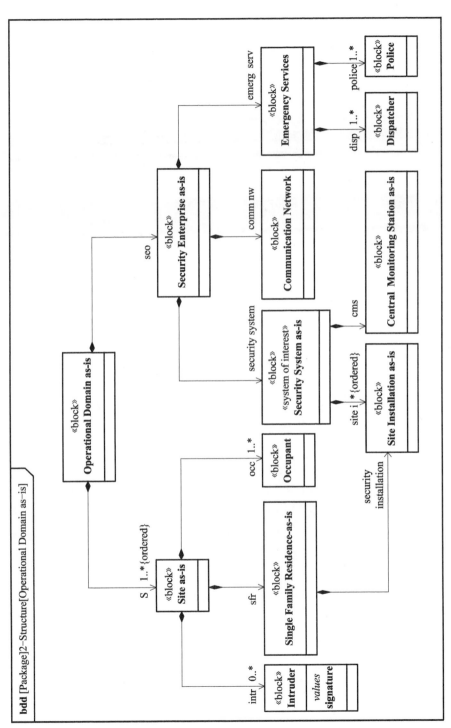

图 17.7 当前运行域

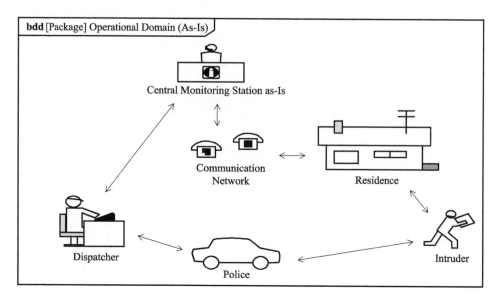

图 17.8 当前运行域(图标表示)

执行因果分析

我们需要分析当前系统和复杂体,评估其能力和局限性,识别潜在的改进领域。为支持这个分析,可能需要其他数据源,包括市场数据,如客户调研和竞争数据。

结构化因果分析的一种有用技术是使用鱼骨图表示因果关系依赖树。*Security Enterprise as – is* 的因果分析鱼骨图如图 17.9 所示。树的根节点表示从每个利益相关方视角看到的问题。此问题与一个或多个表示利益相关方价值的有效性测度相关联。树的支节点可以通过因果依赖性分析影响树根。

贸易销售额对公司拥有者和安全系统公司的投资者都是特别重要的一个有效性测度。*Lack of Sales(缺乏销售)*是相应的树根。因果依赖性显示了销售额受客户满意度和市场规模的影响。客户满意度根据系统费用和安全效果来度量。系统费用根据安装费用和服务费用来度量。安全效果根据响应时间、错误报警、误探测和其他参数来度量。

类似的因果分析可以用来分析其他 ESS 利益相关方,包括客户、警察部门和内部利益相关方,如中心监控站操作人员和系统安装人员。利益相关方对警察部门的关注,包括错误报警数和城市中不必要资源部署的相关费用。每个利益相关方的因果关系能够集成到一个组合鱼骨图上,以提供综合的多利益相关方问题和潜在贡献因子的视图。在 17.3.5 小节结尾部分定义的利益相关方视角将反映这些关注点。

在本例中,鱼骨图没使用 SysML 语言表达,但是图可以在包 *Parametrics* 下引用。如果图需要更正规的形式表达,则可以通过版型来表示相关概念,类似于

第17章 应用基于面向对象的系统工程方法的住宅安全系统

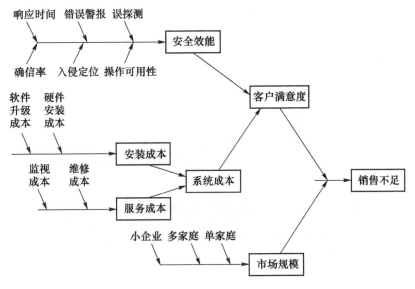

图17.9 公司拥有者角度的当前安全系统因果分析

图17.21所示的方法,该图获取约束冲突和因果依赖关系来支持故障识别。这种建模制品可用来支持各种分析,包括故障模式、效果分析、故障树分析、风险分析及其他。

执行其他的工程分析,可用来量化用鱼骨图暗示的贡献参数的影响,如响应时间、虚假报警和成本参数的贡献对有效性测度的影响。这个分析可能包括时间线分析、可靠性分析和生命周期成本分析。该分析在本节后半部分和17.3.6小节中使用参数图捕获。

对于本示例,在因果分析期间识别出的主要缺陷是当前安全系统相对于竞争系统有限的功能性。一项利益相关方的需要被识别出来以扩展功能性,不仅是对入侵者探测,还包括火警和医疗应急保护。此外,还需要扩展安全系统的市场规模,除保护单家庭住宅,还要提供对多家庭住宅和小型企业的保护。

规范任务需求

基于前面的分析,定义一组优先的任务需求来解决当前领域的局限。任务需求作为文本需求来获取,如图17.10所示的需求图。ESS顶层的任务需求包括文本陈述:通过对单家庭住宅、多家庭住宅和小企业提供紧急响应,以提高针对包括盗窃、入室抢劫、火灾、健康和安全在内的生命财产安全性。任务需求包含在包 Operational :: Requirements 中。任务需求和更低层级需求之间的可追溯性在17.3.7小节中讨论。

捕获有效性测度

有效性测度是任务层的性能需求,反映客户和利益相关方的价值。有效性测度从利益相关方需要中分析派生而来,包含因果分析和其他任务分析。ESS

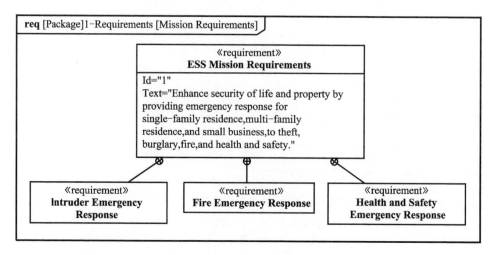

图 17.10　ESS 任务需求

的有效性测度是指紧急响应时间、入侵确定概率、可用性和运行成本。每个有效性测度目标值的建立是为了解决利益相关方的需要并获得竞争优势。

有效性测度通过图 17.11 中的顶层参数图捕获。根据对与目标函数相关的各个参数的效用权重求和,«Objective Function»定义设计方案的总体成本效益。目标函数的参数与有效性测度绑定,同时这些参数也是 Security Enterprise 的属性。

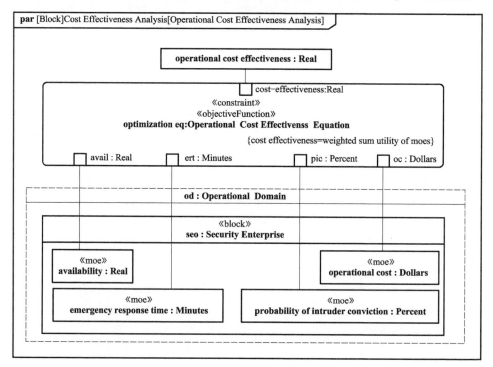

图 17.11　ESS 顶层参数图(表示运行成本效益及其与有效性测度的关系)

工程分析贯穿整个研制工作,支持依据有效性测度的设计方案评估、选择和优化。定义参数图用来支持每一个有效性测度的分析。参数图使有效性测度与影响该测度的下层参数关联。随着模型的进一步细化,这种方式提供了有效性测度至关键系统参数的向下传递机制,关键系统参数也称为技术性能度量(tpm)或性能度量(mop)。这部分在 17.3.6 小节中进一步讨论。

定义未来域模型

基于前面的分析,可以建立未来的系统和复杂体的范围。未来运行域的块定义图如图 17.12 所示。该图展示了 Operational Domain(运行域)作为顶层块的块层级结构。本块包含在包 Operational :: Structure 中。未来运行域包含从图 17.7 中引出的当前运行域的重要变化。未来的运行域反映了更广泛的由因果分析派生得到的任务需求集合。

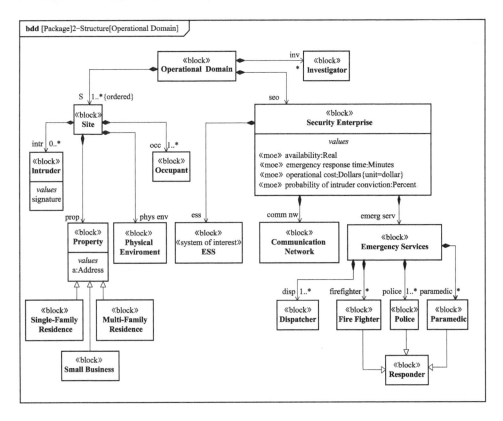

图 17.12 未来运行域

Emergency Services 除包含当前域中的 Police(警察)、Dispatcher 之外,还包括 Fire Fighter(消防人员)和 Paramedic(护理人员)。Police、Fire Fighter 和 Paramedic 是 Responder(响应者)的子类。Multi - Family Residence(多家庭住宅)、Small

Business(小企业)和 *Single - Family Residence* 是未来域 *Property*(属性)的特殊化。因为系统现在必须监视火灾环境,*Physical Environment*(物理环境)也包含在内。

通常,捕获物理环境和对不同类型环境进行分类是系统设计时重要的考虑因素。作为示例,ESS 环境也可以包含由照明产生的电磁环境。然后对这些影响进行分析,并纳入规范和设计中。

Security Enterprise 负责满足任务需求并为客户与 *Occupant* 提供保护服务。有效性测度连同它们的相应单位是块 *Security Enterprise* 的一种特殊类型的值属性(«moe»)。目标值和/或值的分布同样可以被规定。*Security Enterprise* 由 ESS、*Emergency Services* 和 *Communications Network* 组成。ESS 替代当前安全系统,是研制工作的«system of interest»。

Investigator(调查者)调查盗窃、抢劫和其他灾祸以增加给入侵者定罪的可能性。这个有效性测度通过要求 ESS 捕获和存储关于紧急事件的信息,显著地影响 ESS 的规范和设计,此紧急事件可通过 *Investigator* 来访问。

伴随着复杂性的增加,有必要为外部系统和用户创建特殊化架构的独立块定义图,以减少单个图上显示的信息量。

定义复杂体用例

如前所述,*Security Enterprise* 负责满足任务需求。任务目标源于图 17.10 的任务需求,用来定义 *Security Enterprise* 用例。任务目标和相关用例将为入侵者、火灾和医疗紧急状况提供响应,如图 17.13 所示的用例图。每个用例都是从一个名为 *Provide Emergency Response*(提供紧急响应)的更通用用例中特殊化而来。

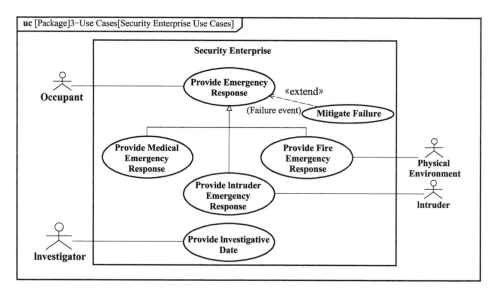

图 17.13　安全复杂体用例

Mitigate Failure(*缓解故障*)的扩展用例也被定义。在任务层级引入此用例提供了开发容错解决方案的起点,以减轻可能影响任务成功的失效模式。

用例 *Provide Investigative Data*(*提供调查数据*)支持后紧急响应行动,如提供确认入侵的证据。该用例将 *Investigator* 作为执行者包含在内。

用例图中 *Security Enterprise* 是主体,被执行者使用以获得用例目标(如任务目标)。执行者被分配给块,该块独立于图 17.12 中块定义图 *Operational Domain* 中的复杂体。*Physical Environment* 也显示为一个执行者,参与到用例 *Provide Fire Emergency Response*(*提供火警紧急响应*)中,表明其作为火源的角色。

本例中的用例使用精化关系精化任务需求。精化关系的示例表示在图 17.56 中。用例也可以追溯到其他源文档,如运行概念或市场数据。复杂体用例通过任务场景进一步详细说明,定义执行者和复杂体或复杂体部门之间的关系。这个分析用来帮助规定 ESS 黑盒需求,如下节所述。

每个用例可以使用用例描述(如 12.4.2 小节所讨论)来展开,用例描述包括用例场景的文本描述。为进行软件分析,很多书籍描述了如何编写和建立软件用例模型[49]。文本描述也可以被捕获为 SysML 需求,这些需求可追踪到其他模型元素,如活动图中的特定动作。用例描述可以包含其他信息,如备选流和前置、后置条件。

17.3.3　分析系统需求

Analyze System Requirement 活动如图 17.14 所示。此活动根据系统的输入、输出行为和其他外部可观察特征,将系统作为黑盒规定需求。针对每个复杂体用例的场景分析描述了系统如何与外部系统和领域模型定义的用户进行交互,从而实现任务目标。

通过使用带有活动分区的活动图或序列图建立场景模型。使用运行域的内部块图来描述系统情境,以定义系统和外部系统、用户的接口。可能影响有效性测度的关键系统属性被识别出来。基于该分析,系统按功能、结构、存储、性能和物理属性等方面被规定为一个黑盒。系统状态机规定触发系统功能或操作的条件和事件,系统通过执行这些功能或操作支持用例场景。如 17.3.7 小节所述,规定系统的文本需求与系统黑盒及其特征相关,其中的可追溯性在任务层至部件层均要保持。

除了规定黑盒外,施加于系统设计上的设计约束(如必须使用 COST 部件)也要被识别和捕获,并在后面集成到架构中。基于系统功能分析的潜在故障识别支持容错系统设计的开发。需求变化分析用来评估需求变化的可能性,其结果在架构活动中应用,目的是要构建一个能适应潜在需求变化的健壮性解决方案。

执行系统需求评审是为了确认系统需求充分表达了利益相关方需要和任务需求,确保需求质量(如充分性、明确性、简洁性和可验证性)。这种评审也可以分步执行,如可以在每一个复杂体用例分析完成后进行。

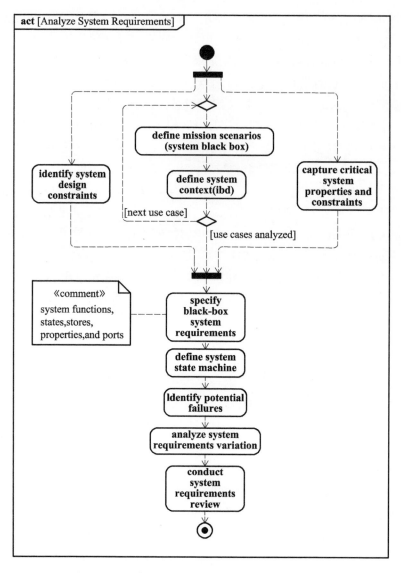

图 17.14 分析系统需求活动以规定黑盒系统需求

定义任务场景

在该活动中,为每个复杂体用例定义一个或多个任务场景,用于规定系统与外部系统、用户之间的交互活动,从而实现用例目标(如任务目标)。任务场景提供了规定系统行为需求的基础。为完整规定系统需求,需要有对应于每个用例的每个主路径和可选路径上的一组完整场景集合。某些用例可以重构,以便将通用功能在不同的用例中共享。通过考虑如下要求,选择用例场景时应确保要求的功能被充分覆盖:

(1)高可能性场景;

(2)性能突出的场景和显著影响有效性测度的场景;
(3)故障和例外场景;
(4)关键系统功能;
(5)新系统功能性;
(6)包括所有外部系统和用户的交互活动。

任务场景模型使用活动图和序列图创建。活动图中的活动分区(也称为泳道)或序列图中的生命线表示了系统、未来领域模型中的外部系统和用户。例如,任务场景使用活动图表达。活动分区中的动作通过对应于活动分区的实体来执行。

具有代表性的名为 *Provide Intruder Emergency Response*(*提供入侵紧急响应*)的复杂体用例场景如图 17.15 所示。该场景包含在包 *Operational : Behavior* 中,对应于图 17.13 所示的用例 *Provide Intruder Emergency Response*。场景使用带有 *ESS*、*Emergency Services*、*Occupant*、*Intruder* 分区的活动图表达。*ESS* 和 *Emergency Services* 是 *Security Enterprise* 的子分区(注:如果在体系层使用该方法,复杂体被认为是黑盒,未定义子分区直到下一层设计)。每一活动分区的动作规定了相应块该做的动作。*ESS* 必须响应块 *Occupant* 输入来激活和取消激活系统,必须通过监视环境来监测 *Intruder*。14.6.3 小节描述的分配活动分区可为动作分配职责。

接收事件动作表示一个 *Intruder* 的到来。*monitor intruder*(*监视入侵*)动作的流管脚表示当它监控环境以监测 *Intruder* 时,动作持续接收输入和/或提供输出。来自 *monitor intruder* 动作的输出 *Alert Status*(*报警状态*)判定对于发送到 *Emergency Services* 的报警消息,输出必须是 *validated*(*已确认*)状态,这将会对 ESS 增加新的需求。

活动图中的另一个特性是三个流终端节点的使用(使用圆圈内加×符号表示)。示例表示了从 *deactivate system*(*取消激活系统*)而来的输出控制流,该流在流终端节点终止。这使得动作 *deactivate system* 完成,而不中止整个活动。

为了完整地规定动作的输入和输出,动作的管脚必须归类。图 17.16 所示的块定义图规定了活动图 *Provide Intruder Emergency Response* 中动作的输入与输出管脚类型。工具需执行类型检查来确认输入与输出类型的兼容性,如果不能与匹配规则一致,则工具将提供验证错误信息。这些类型也用来对下一节中所描述的内部块图中的项属性进行分类。

定义系统情境

System Context(*系统情境*)表示为图 17.17 所示的内部块图。该图描述了 *ESS* 及其与外部系统、参与任务场景的用户的接口。内部块图的框架对应于块 *Operational Domain*。*Operational Domain* 中的组成与 *Security Enterprise* 以及来自图 17.12 块定义图中的复杂体执行者相对应。按照 *ESS* 和 *Emergency Services* 分类的组成内嵌在 *seo : Security Enterprise* 中,按 *Occupant*、*Property*、*Intruder* 和 *Physical Environment*

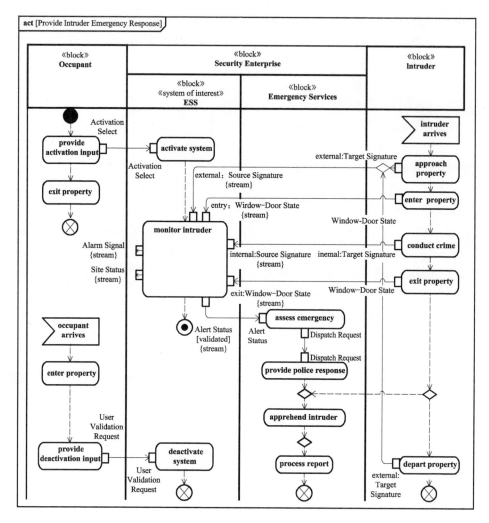

图 17.15 提供入侵紧急响应场景实现复杂体用例

分类的组成内嵌在 *s : Site* 中。如图 17.15 所示,来自活动图 *Provide Intruder Emergency Response* 的输入、输出流(如对象流)被分配到项流,项流在组成之间的连接器流动(参见 14.7 节)。项属性按照活动图中输入、输出管脚的类型分类。

  端口用来规定接口,这些接口描述了组成之间如何相互连接。具体细节按照端口类型来规定,某些情况下按照连接器类型规定。端口类型可以规定详细的接口规范,如 7.6 节描述的逻辑、物理接口。端口类型包含流属性,以规定可以流过端口的项。项流表示流过连接器的事物类型,包括 *Electrical Power*(电能)、*Occupant Input*(居住者输入)、*Site Status*(现场状态)、*Target Signatures*(目标特征)和 *Alert Status*。连接器上的项流和包含在端口中的流属性必须遵循 7.4.3 小节中描述的兼容性规则。

第17章 应用基于面向对象的系统工程方法的住宅安全系统

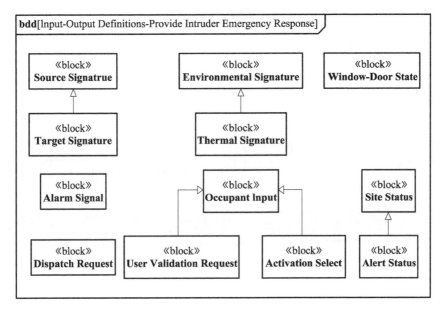

图 17.16　提供入侵紧急响应场景的输入与输出定义

捕获关键系统属性和约束

关键性能需求作为系统块或者流动项的值属性捕获。例如，要求的系统响应时间可以被规定为系统黑盒的值属性，系统能够支持的最大流速可以被规定为一个项的值属性，该项在系统黑盒中流入、流出。性能需求基于工程分析派生得到。

性能分析的一个示例是时间线分析。图 17.18 所示的时间图规定了图 17.15 中 Provide Intruder Emergency Response 场景的任务时间生命线。

来自活动图的动作在 y 轴显示，执行动作必需的或假定的时间在 x 轴显示。为了满足任务响应时间被识别为一个有效性测度值，时间线用来向场景中的每个动作分配时间。本例中，入侵探测响应时间是指从入侵者进入房间直到 ESS 向应急服务提出报警的时间。这可以视为关键系统属性，作为性能度量的引用，在模型中表达为«mop»。本属性的值可根据该值对整个安全效果的影响来规划预算。图 17.18 是 UML 的时间图，不是 SysML 的内容。时间线是将工程分析结果可视化的一种表示。

其他需要通过分析来满足需求的关键系统属性包括 probability of intruder dection（入侵探测概率）、probability of intruder identification（入侵识别概率）和 probability of intruder false alarm（入侵错误报警概率）。这些属性的约束在参数图中被捕获，作为 17.3.6 小节中描述工程分析的一部分，有助于生成图 17.11 所示的有效性测度。

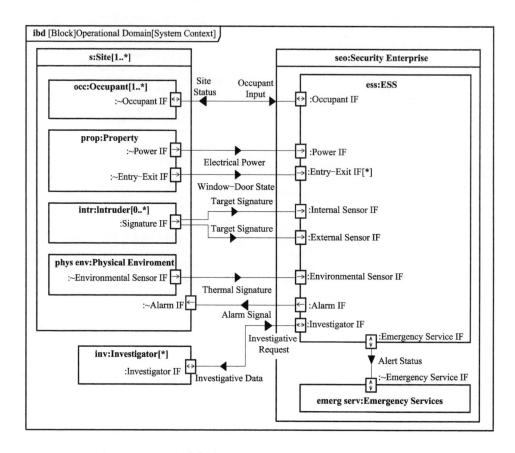

图 17.17 ESS 与外部系统、用户、物理环境之间接口的系统情境

规范黑盒系统需求

如本节前面所述的内容,基于场景分析和其他工程分析,OOSEM 的应用产生系统规范。规范通常称为黑盒规范,因为该规范定义了系统外部可观察到的行为和物理特征。黑盒规范并不规定系统如何实现外部可观察到的行为,此部分由系统设计来定义。设计约束可能扩充黑盒规范,来约束黑盒需求如何实现。例如,在设计时使用特殊的 COTS 部件或特殊算法就是一个设计约束的示例。黑盒规范被表示为一个带有如下特性的块:

(1) 必须执行的功能以及相关的输入和输出。需要的功能作为活动建模,分配给块或块的操作方法。相关的输入与输出是动作或调用活动的操作的输入与输出。

(2) 要求的外部接口能使接口与外部系统和用户交互。接口由块端口和关联端口类型规定。

(3) 要求的性能和质量特征,它们影响功能必须执行的程度,或者影响一个物

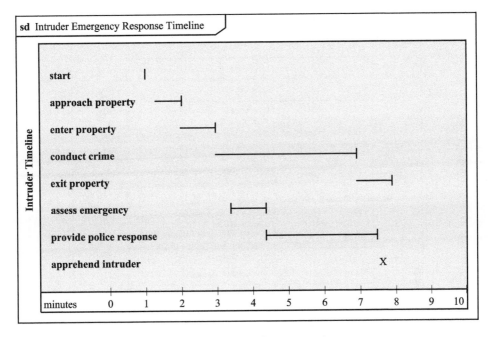

图17.18 入侵紧急响应时间线

理特性,如质量、尺寸。这些特征被规定为值属性,由值类型分类,并定义了单位和数量种类。值属性可以有确定值或者与它们的值关联的概率分布。值属性的约束用参数约束捕获。OOSEM 将«mop»版型应用于这些属性,这些属性被识别为关键属性(可能对任务性能的影响很大)。

(4)根据输入事件和决定功能何时执行的前置条件所确定的要求的控制。要求的控制通过块的状态机来表达,状态机规定了对应于不同的触发事件和相关的守护条件,哪些活动可以执行。

(5)系统必须存储的项包括数据、能量和质量。要求的存储作为块的引用属性建模。OOSEM 将«store»版型应用于此属性。

块 ESS 规范的特性如图17.19 所示。在本例中,块 ESS 中定义的操作与图17.15中 ESS 泳道活动图中的每个动作相对应。在分析的其他任务场景中针对每个动作的附加操作被定义出来。活动图中 ESS 活动分区的动作可以是一个**调用操作动作(call operation action)**或**调用行为动作(call behavior action)**。调用操作动作调用块的一个操作。操作方法可以是一个活动。另一种情况是,动作可以是一个调用行为动作,该动作调用了分配给块 ESS 的活动。本例中使用了调用行为动作,但是调用行为动作被分配到同名块的操作。被调用行为动作调用的活动被分配到块。混合方法能使操作作为动作代理被使用,这些动作可以被继承和重定义。

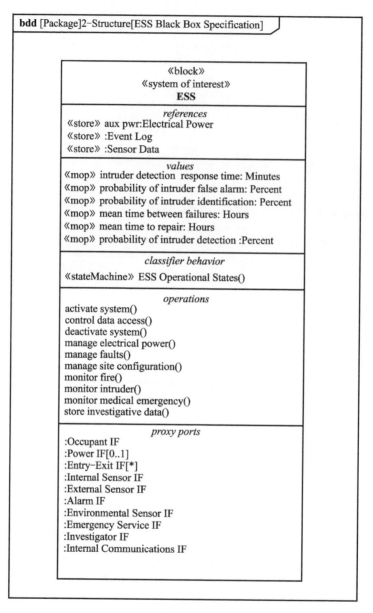

图 17.19　ESS 黑盒规范

性能属性，如 probability of intruder detection、probability of intruder false alarm、intruder detection response time（入侵探测响应时间）和 mean time between failures（平均故障时间），被作为有效性测度《mop》的版型。这些属性的参数性约束可支持各种工程分析。端口及其类型指定了系统接口。被存储的项，如 : Event Log、: Sensor Data 和 aux pwr : Electrical Power 作为《store》版型的引用属性。在分类器行为分区中显示的状态机也是黑盒规范的组成，这将在下一小节中讨论。

第17章 应用基于面向对象的系统工程方法的住宅安全系统

黑盒规范及其特性可以通过适当的要求关系与 17.3.7 小节中概述的任务需求相关联。可追溯性可在合适的颗粒特征层或者在依赖需求的更小颗粒度层面定义。

黑盒规范可应用在任意设计层,包括系统层、元素层和部件层。这种规定块特性的方法在后续章节中使用,以规范部件需求。

定义系统状态机

每个任务场景的活动图定义了 ESS 必须执行的动作。ESS 状态机规定了 ESS 必须执行的、基于来自 ESS 参与的所有场景中动作的组合行为。状态机规定了 ESS 什么时候执行特定的动作。这个过程通过规定一个状态什么时候进入和退出来完成,也通过在特殊的状态中使能特殊的行为来实现。状态之间的转移通过遵循守护条件的事件触发,事件与输入接收(如信号或调用事件)、变更事件或时间事件相关联。状态机的详细描述已在第 11 章讨论。

ESS 通过评估与输入事件相对应的守护条件来决定是否转换到下一状态。守护条件可以规定输入值的条件、当前状态和资源的可利用性。如果转换触发,块从当前状态执行退出行为,执行转换行为(如影响),进入下一状态。然后执行下一状态的进入行为,紧接着是状态的执行行为,这由一个活动来定义(注:如果下一状态是组合状态,ESS 从初始伪状态转换到嵌套状态)。转换行为可能包括发送信号动作,该动作可以触发外部系统状态机的转移。进入、退出、执行和转换行为可以与由 ESS 活动分区中调用行为动作所调用的活动相对应。系统的逻辑、物理设计必须实现由系统状态机强加的控制需求,包括输入接收、守护条件评估、状态变化和行为引发。

状态机规定了如下一系列陈述的控制需求。如果在当前状态下一个输入事件发生,且守护条件会满足,那么系统转换到下一状态,并在规定的性能约束条件下执行规定的动作。此转换逻辑可以使用构造反映在活动图中,构造包括动作的前置/后置条件、控制节点的守护条件、可中断范围、接受事件动作和发送信号动作。

ESS 状态机的分区表示在图 17.20 中。状态机包括 *power off*(关机)、*power up*(开机中)、*power on*(开机)、*power down*(关机中)。*power on* 状态是一个带有多个区域的组合状态,用于 *activation – deactivation*(激活 – 取消激活)、*intruder monitoring*(入侵监视)、*fire monitoring*(火灾监视)、*fault monitoring*(故障监视)和 *power source management*(电源管理)等。在任何规定的时间内,每个非相干区域都有系统的一个激活状态。

基于 *Activate Select*(激活选择),系统从 *deactivated*(取消激活)状态转换到 *activated*(激活)状态。如 *intruder monitoring* 区域所示,ESS 初始转换到 *intruder nonalert*(入侵无报警)状态。如果一个入侵者被检测到,且 ESS 处于激活状态,

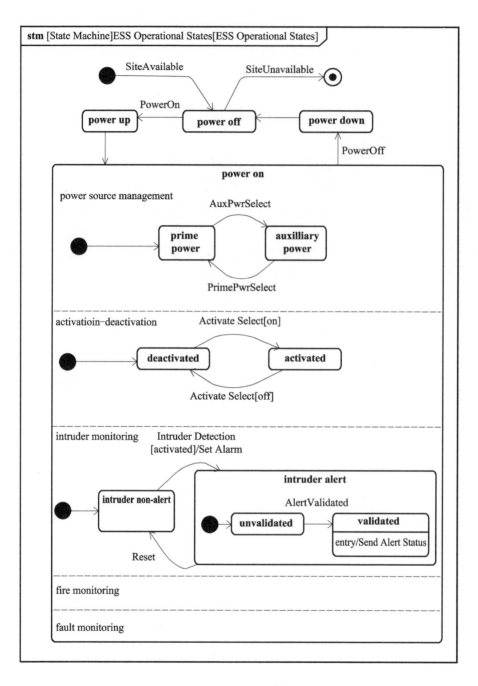

图 17.20 ESS 状态机

系统设置警报并转移到 intruder alert（入侵报警）状态。在 intruder alert 状态，警报初始为 unvalidated（未确认）。一旦警报被确认生效，系统转换到 validated 状态，发送有效入侵警报给 Emergency Services。

第17章 应用基于面向对象的系统工程方法的住宅安全系统

识别潜在故障

一个识别潜在故障模式和/或非正常条件的系统性方法是实现容错设计的必需步骤。通常的故障分析方法包括故障树分析和故障模式、效果和危害性分析(FMECA)。

使用 OOSEM,图 17.13 中的用例 *Mitigate Failure* 提供了这种分析的起点。该用例通过本节前面部分注释的故障和例外场景的进一步分析来详细说明。通过清晰地规定系统功能和其他可能故障的黑盒特性,黑盒规范更便于进行潜在故障模式和非正常条件的识别。随着设计进行,系统故障模式与由系统元素和部件引入的故障模式相关联,也与其他对故障有贡献的外部因素相关,如诱发故障的高压力环境条件和威胁。

故障及其依赖性识别是故障树和 FMECA 的输入,也与故障树和 FMECA 保持一致。FMECA 是自底向上的分析,识别与部件相关联的故障模式,而故障树分析是自顶向下的分析,识别与功能和性能相关联的故障模式和故障事件。

基于功能需求,对于每个功能,潜在故障可通过评估所执行的动作是否丧失来识别。这包括在正常的性能边界范围内,功能不能产生期望的输出。例如,如果一部空调在可接受的最低 T_{min} 和最高 T_{max} 温度范围内期望维持稳定状态的空气温度(T),那么当温度低于最低值或高于最高值时空调处于非正常状态。非正常状态下的性能并不必须意味着故障。故障模式可能依据更极端的阈值,而不是异常性能来定义。在空调案例中,当温度超出最小或最大阈值时,如当 $T < T_{min} - 10$ 或 $T > T_{max} + 10$ 时,**故障模式(failure mode)** 可以被定义。

当输出空气温度低于更低的阈值时,出现空调故障模式,并且与输出温度超出更高的温度阈值是不同的故障模式。例如,低于更低阈值的房间温度可能由于开关切换故障模式引起,开关在低温位置不能工作,然而高于更高阈值的房间温度可能由压缩机故障模式引起,所以空调不能够制冷空气。通常,对于每个功能的输出,当输出低于某个最小性能阈值时,至少有一个故障模式能够被识别,当输出高于某个最大性能阈值时,另一个故障模式可能被识别。

非名义性能的阈值和故障模式可能随时间变化,或者随系统或部件的状态功能而改变。对于空调示例,温度阈值在夜间和白天可能不同。

当系统产生始料未及的输出时,可能出现另一种故障模式。例如,空调不应该为用户产生除了空调空气和状态数据以外的其他输出。如果空调制冷剂漏到环境中,认为这是一种异常条件和/或故障模式,由它的严重程度决定。

OOSEM 包含捕获故障模式及其依赖性的特殊版型。故障模式可以基于如图 17.15 的 ESS 功能分析来识别。在图 17.21 中,名为报警信号卡住为关闭状态的 ESS 潜在故障模式是指监测入侵警报信号无法生成。当报警信号不能关闭时,第二种名为报警信号卡住为开启状态的故障模式发生。报警信号卡住为关闭状态的故障模式可能是由于 ESS 无效激活系统而引起,该故障模式需要基于图 17.20

所示的状态机来设定报警。另一种针对监视入侵而没有显示出来的故障模式与报警状态输出相关联,称为入侵错误报警的高概率和入侵检测的低概率。

故障模式有各种促成因素。功能的异常输入可能促成功能的异常输出。接下来的异常输入可能来自另一功能的故障输出,如图 17.21 所示的无法激活故障模式的影响,引起无法生成报警信号。这种失效也可能由连接故障产生,以致源于一个功能的输出没有被作为另一功能的输入所接收。故障也可能由于异常环境条件下的部件失效引起,如由热或结构应力导致一个组成破裂时。接下来部件故障可能影响部件执行的功能,如过热电路卡故障引起一个或多个功能故障。如上所述,部件故障通常通过 FMECA 来识别。

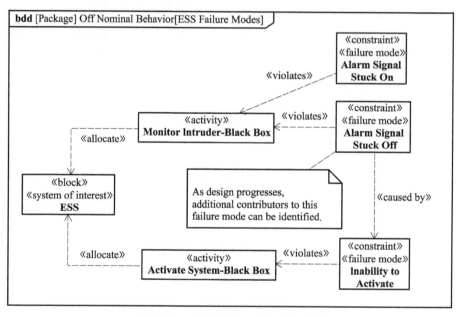

图 17.21　故障模式识别与因果依赖

随着设计进行,伴随故障模式的低层功能被识别。与低层功能不满足性能相关联的故障模式,可能导致父功能不满足性能的故障模式。例如,流动空气无法通过阻塞的空气过滤器反过来影响了冷却空气的父项功能。

名为管理故障的黑盒操作施加了一个需求到 ESS 上,用来提供故障管理功能。可替代的方法被识别出来,以减少失效的可能性,如果确实发生失效,则还可以检测、隔离故障或从失效中恢复。供选择的故障管理方法被评估、选择作为架构和设计权衡的一部分。此外,测试用例被定义出来用于注入潜在的故障,以验证缓解措施是否按预期执行。

分析系统需求变化

需求变化分析的目的是定义需求方面潜在变化,这些变化可能来自不同的源头。例如,可能是外部接口的变化,可能是系统用户数量增加,或者可能是新的功能。识别潜在需求变化的系统方法是评估图 17.19 中系统块的每一特性，这些特性与系统功能、接口和性能需求相对应，也包括图 17.17 中的每个项流和外部实体。该评估能够识别系统黑盒块规范及其情境可能的变化方式。对于 ESS，一些潜在需求变化可能源于评估期望的现场设施数量有潜在增加，如图 17.17 所示，由 *Site Installation* 的多重性表示。其他需求变化可能源于评估 ESS 可能的其他功能，如监测一氧化碳或灭火，这些可以定义为图 17.19 中 ESS 的其他操作。

需求变化依据需求将要变化的概率及其潜在影响来评估，此变化可量化为高、中或低。分析结果被输入到风险分析中，以评估变化造成的技术、费用和进度影响，用于开发风险降低策略。此策略反映在架构和设计方法里，如在设计中隔离变更需求源。类似的方法可应用于评估潜在技术变化。

除了上述描述的潜在需求变化之外，常有些按计划改变设计的情况，每个设计具有不同需求。对于每种变化都需要捕获黑盒规范。典型情况下，这个过程包含识别黑盒中通用的和变化的特性，生成按要求重定义的子类。随着设计演变，变化的规范将产生变化的设计。开发变化架构的方法在 17.3.4 小节中简要描述。

识别系统设计约束

设计约束是强加于设计解决方案的约束，在本例中指 ESS 设计。典型情况下，这些约束由客户、开发组织或外部规章制度强制。约束也可能强加在硬件、软件、数据、操作流程、接口或者系统其他部分。案例可以包含一种约束，如系统必须使用预定义的 COST 硬件或软件、使用特殊算法或者实现特殊接口协议。对于 ESS 系统，设计约束为要包含遗留下的中心监控站硬件以及中心监控站与安装现场之间的通信网络。

设计约束对设计有重要的影响，在施加约束于解决方案之前需要提前确认。表示设计约束的直接方法是把约束类型归类（如硬件、软件、程序、算法），为每种类别识别特殊约束，捕获这些设计约束作为需求包中的系统需求，也包括相应的依据。然后，设计约束集成到物理架构中，这将在 17.3.5 小节讨论。

17.3.4 定义逻辑架构

Define Logical Architecture（*定义逻辑架构*）活动如图 17.22 所示。该活动是系统架构设计的一部分，系统架构设计包括将系统分解到**逻辑部件**（**logical component**），这些逻辑部件相互作用满足系统需求。逻辑部件是物理部件的抽象，在没有施加实现约束的条件下执行系统功能。逻辑部件的一个示例是用户接口，可以通过网页浏览器或显示控制器实现，或者是一个输入/输出传感器，可以通过光学传感器或接触传感器实现。逻辑架构充当黑盒系统需求和物理架构之间中间抽象层的作用。逻辑架构能够帮助设计团队管理需求和技术变化带来的影响。例如，如果 ESS 检测到入侵者的性能需求变化，输入/输出传感器将作为逻

辑设计部分继续使用,但是技术选项可能变化。另外,逻辑架构能充当家族产品的参考架构,此家族产品支持用不同的物理实现来满足任务需求。

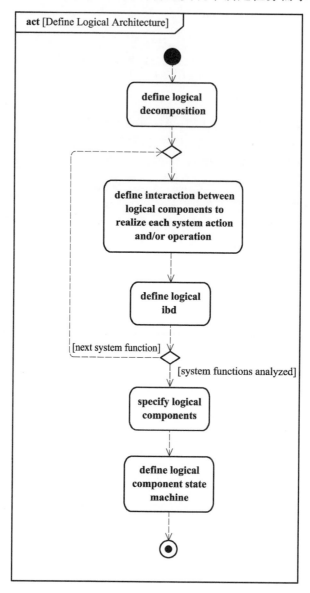

图 17.22　定义逻辑架构活动分解系统为逻辑部件

逻辑架构定义活动包括将系统分解到逻辑部件。逻辑场景用来描述逻辑部件是如何相互作用从而实现系统块的每一个操作(如功能)的。系统的内部块图定义了逻辑部件之间的互相连接。从初始逻辑分解识别出来的逻辑部件可能被进一步分解和精化以再分配其功能、储存和属性。每一个逻辑部件按同样的方式被规定,像前面部分 ESS 的黑盒规范一样。如果逻辑部件有重要的基于状态的行为,则逻辑部件可能包含状态机作为其规范的一部分。保持系统需求和逻辑部件之间的可追溯性在 17.3.7 小节讨论。逻辑部件被分配到物理部件以开发物理架构,如 17.3.5 小节所述。

定义逻辑分解

规定块 ESS 作为 17.3.3 小节中系统需求分析的一部分。在 OOSEM 中,系统块有单独的逻辑和物理分解。为了达到逻辑、物理分解的目的,需要为逻辑、物理分解创建系统块的单独子类。块 ESS Logical(ESS 逻辑)是块 ESS 的一个子类,继承块 ESS 的所有特性,包括操作、存储、属性和端口。块 ESS Logical 被分解为逻辑部件。ESS 物理块用同样的方法创建,但是被分解为如 17.3.5 小节中所描述的物理部件。

OOSEM 包含分解块 ESS Logical 到逻辑部件的特定技术,块 ESS Logical 定义图如图 17.23 所示。逻辑部件应用«logical»版型。系统被分解为逻辑部件的三个类:

(1) *External Interface Components*(*外部接口部件*):管理到每一个外部系统或用户的接口,接口包含提供给外部系统或用户的连接、传输和处理用的编码与解码信号,参见图 17.17 中的 ESS 外部系统和用户。

(2) *Application Components*(*应用部件*):提供基本功能(如业务逻辑)以处理每一个外部输入输出项流(参见图 17.17 中 ESS 情境图中的项流)。

(3) *Infrastructure Components*(*基础设施部件*):管理内部资源,如时间、存储、流程、内部发热和相互连接基础设施(如接线和水管设施)。内部资源由设计导出,不必从外部环境如 *External Interface Components* 和 *Application Components* 导出。

在 ESS 逻辑分解中,*Occupant IF Mgr*(*居住者接口管理*)是 *External Interface Components* 的一个示例,*Site Configuration Mgr*(*现场配置管理*)是 *Infrastructure Components* 的一个示例,*Event Detection Mgr*(*事件探测管理*)和 *Alert Validation Mgr*(*报警确认管理*)是 *Application Components* 的示例。该方法确保系统逻辑架构包含功能性部件,以便与外部系统通信和交互、处理输入和输出、管理内部生成的资源。

基于上述分解启发法的所选 ESS 逻辑部件包括:

(1) 连接到外部环境以生成能被处理信号的传感器;

(2) *Event Detection Mgr* 和 *System Controller*(*系统控制器*)提供处理来自传感器信号的业务逻辑,控制对应检测事件的动作,这是有广泛应用的典型模式;

(3) 由 *Power Manager*(*电源管理器*)管理的 *Auxiliary Power*(*备用电源*),该电源被引入从而支持严格的 ESS 可用性需求;

(4) *Occupant Input Data Mgr*(*居住者输入数据管理*),当用户输入代码时确认用户。

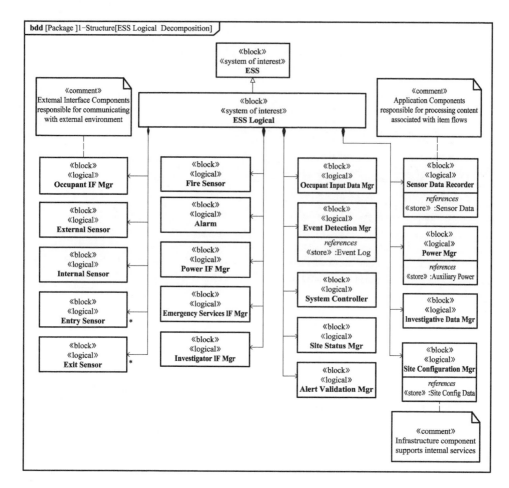

图 17.23 表示 ESS 逻辑块及其分解的块定义图

定义逻辑部件交互以实现每一系统操作或分配的活动

块 ESS Logical 的操作源自块 ESS。如前一节所述,每个操作对应于 ESS 必须执行的动作,该操作由逻辑设计中的活动来实现。

图 17.24 表示了活动图 Monitor Intruder – ESS Logical(监视入侵 – ESS 逻辑),该活动图实现了块 ESS Logical 的 monitor intruder 操作。活动的输入、输出与图 17.15 中 Provide Intruder Emergency Response 场景中 monitor intruder 动作的管脚相匹配。活动分区与源自图 17.23 中 ESS Logical Block Definition Diagram(ESS 逻辑块定义图)的逻辑部件相对应。

External Sensor(外部传感器)、Entry Sensor、Exit Sensor(出口传感器)和 Internal Sensor(内部传感器)生成 Detections(探测)。Event Detection Manager(事件探测管理器)处理 Detection 以生成一个 intruder : Event,在 event log(事件日志)文件中储存生成事件信息。然后 System Controller 控制响应事件的系统动作。控制器动作请

第17章 应用基于面向对象的系统工程方法的住宅安全系统

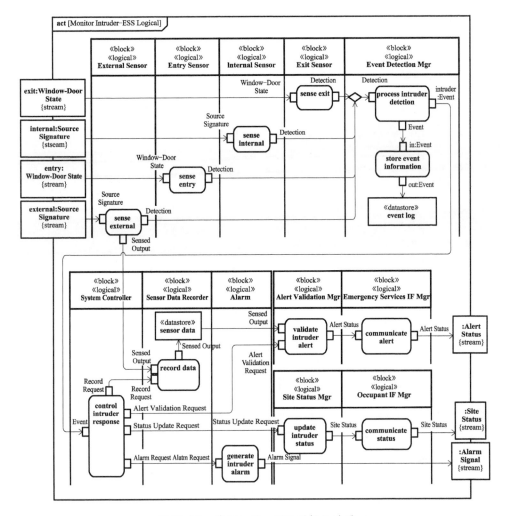

图17.24 监视入侵-ESS逻辑活动图

求 Site Status Mgr（*现场状态管理*）提供状态更新。如果系统已被激活，则系统控制器发送信号以触发警报，将外部传感器数据记录在 Sensor Data Recorder（*传感器数据记录*）中并请求警报确认。如果警报得到确认，则警报状态传递到 Emergency Services。控制逻辑能够被 System Controller 状态机捕获或者由控制器动作上的前置、后置条件表达。活动图中的一些动作包含流输入和流输出，但为简化活动图而没有表示出来。

活动图用类似的上述方法创建，以实现每个 ESS 的黑盒操作，如图17.19所示。例如，用于 *manage faults*（*管理故障*）的活动图定义了逻辑部件如何交互，以减少 Analyze System Requirements 时识别的潜在系统故障。

定义系统逻辑内部块图

内部块图 ESS Logical 如图17.25所示，表示了按照逻辑部件进行分类的组成连接关系,其框架与块 ESS Logical 相对应。块 ESS Logical 上的端口与图 17.17 中为 ESS 定义的端口相一致。端口表示块 ESS Logical 上的外部接口,能够被连接到逻辑组成的端口上或直接连接到无端口的逻辑组成上。

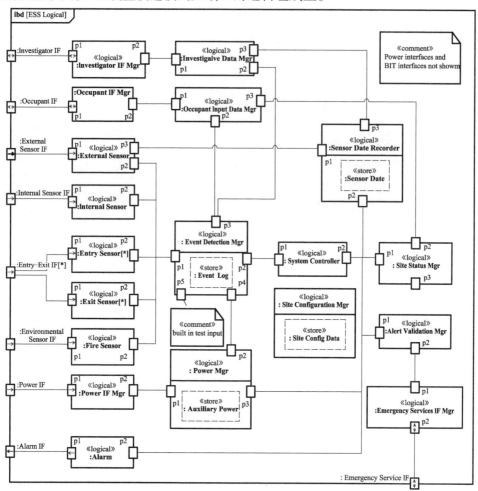

图 17.25 表示系统逻辑部件间交互的 ESS 逻辑内部块图

按照外部接口部件进行分类的组成提供与 ESS 外部环境的通信和接口。按照应用部件进行分类的组成提供了业务逻辑。例如,图中的传感器是外部接口部件。*Event Detection Mgr* 和 *System Controller* 是应用部件,这些部件提供业务逻辑以处理来自传感器的探测,并控制到入侵检测的响应。组成间的连接器能够使控制器向 *Alarm*、*Sensor Data Recorder*、*Site Status Mgr*、*Alert Validation Mgr* 发送请求。另外,*Investigative Data Mgr*(调查数据管理)有权访问调查数据(包括 *Event Log* 和 *Sensor Data Recorder*)。为简化图形,图中未表示项流。

当完成时,逻辑设计的内部块图包含所有系统逻辑组成。然而,有时基于特殊需要仅希望查看组成子集。一个通用方法是创建内部块图的一个视图,该图仅表示针对特殊子系统的逻辑组成,在此视图中,子系统对应于那些执行了特殊系统功能的组成或其他交叉视图。一个示例是内部块图,它表示了带有供电组成的电源子系统或带有管理故障组成的故障管理子系统。

规定逻辑部件

每个逻辑部件的规范包含特性的规范,这些特性在他们各自的块中被捕获,与17.3.3 小节描述的 ESS 系统块使用的方法相同。活动图中的动作作为操作被捕获,逻辑接口作为端口被捕获,固有存储作为带有«store»应用版型的引用属性被捕获,性能和物理属性作为值属性被捕获。

定义逻辑部件状态机

如果部件有依赖于输入事件和条件的状态行为,则部件规范可包含状态机。部件的简单状态依赖行为可包含一个等待状态,在此状态下部件等待直到接收输入事件。然后,部件转换到另一状态,以执行一个由活动定义的特殊动作/行为。当活动完成,部件转换回等待状态,等待下一个触发事件。

例如,*Event Detection Mgr* 和 *System Controller* 是拥有复杂状态依赖行为的逻辑部件。*System Controller* 是逻辑部件,负责控制响应 *Event Detection Mgr* 生成事件的动作。因为控制器必须响应不同的事件,其行为依赖于系统当前状态,所以使用状态机表示控制器行为是恰当的。控制器状态反映了图 17.20 所示的系统状态机中的多个状态,但是,转换和行为将反映系统控制器的输入和行为而不是 ESS 系统的输入和行为。

通常,规定部件状态用于实现由系统状态规定的行为。一个简单示例是,当系统状态转换到 on 状态并执行时,每个部件必须转换到其 on 状态。作为转换到 on 状态的部分,系统可能执行一个自测试来验证其工作正确,在该种情况下,部件也可能被要求执行自测试。

17.3.5 综合候选物理架构

Synthesize Candidate Physical Architectures(综合候选物理架构)活动如图 17.26 所示。该活动综合可选物理架构来满足系统需求。架构根据物理部件、部件间关系和跨越系统节点的交互分布等要素定义。系统的物理部件包含硬件、软件、固有数据、操作过程。系统节点基于物理位置或其他标准,如组织职责,来划分部件。非分布系统是包含单节点的退化示例。

定义划分准则用来划分物理部件和解决关注点,如性能、可靠性、安全性。首先定义系统节点,然后逻辑节点架构决定了逻辑部件及其关联的功能、固有数据和控制如何交叉分布到系统节点。随后,物理节点架构被定义,每个节点的各个逻辑部件被分配至一个或多个物理部件。与操作者执行操作流程一样,物理部件可包

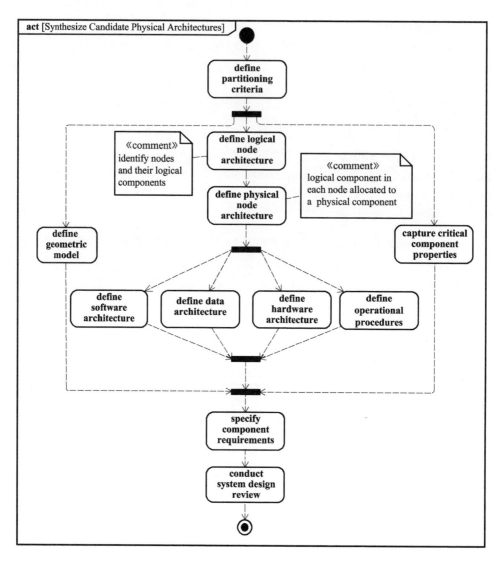

图 17.26　综合候选物理架构活动规定系统的物理部件

含硬件、软件和固有数据部件的组合。17.3.3 小节所识别的系统设计约束将被施加到物理架构上。

软件、硬件和数据架构是物理架构的特殊视图,物理架构仅包含可应用软件、硬件和数据部件。例如,软件架构重点关注软件部件和它们的行为和结构关系,而硬件架构描述硬件部件和其行为以及结构关系。几何模型与用 SysML 描述的系统模型并行开发,以提供物理系统必要的几何和空间表示。定义这些架构包含基于实现特殊关注点的部件划分。每个物理部件的需求被规定并追溯到系统需求。

此活动中识别的关键部件属性是工程分析和权衡研究的输入,执行权衡研究用于评估、选择、精化更优的物理架构,如 17.3.6 小节所述。需要注意的是,权衡研究和分析始于 *Analyze Stakeholder Needs*,并贯穿于整个 OOSEM 过程。系统设计评审逐步执行,确保物理架构满足系统需求和利益相关方需要。

定义划分准则

划分是系统架构的基本方面。通过建立准则可划分功能、固有数据、逻辑与物理部件间的控制,也可划分子系统、节点和架构层次内的部件。在整个设计过程中应用划分准则,能够使部件设计的聚合最大化,耦合最小化,从而减少接口复杂性。应用准则也能够减少需求和技术变化带来的影响,更有效地表达关键需求,如性能、可靠性、可维护性和安全性。有时参考某个 X 设计(如装配设计、可维护性设计)的设计实践,通常包括划分准则的定义和应用,如同其他设计的指导方针和标准。划分考虑因素的示例包含如下内容:

(1) 重构通用功能到共享部件;

(2) 基于部件的更新率来划分部件和功能性,如使用高更新率,而不是低更新率来划分部件;

(3) 基于所提供的服务或功能依赖性等级将软件部件划分到架构层;

(4) 基于数据安全分类层次,将数据划分到单独的库;

(5) 进行物理划分以减轻可维护性,如产生低可靠性部件以利于更容易地访问;

(6) 部件进行物理划分,从而减少装配和分解时移动组成的数量;

(7) 基于通用模式的应用来划分部件;

(8) 划分部件以减少需求或技术(作为规定黑盒系统需求部分的需求变化分析,可用来识别最有可能的需求变化)变化时带来的影响;

(9) 基于开发考虑,如它们是否为特殊过程交付物的部件,来划分功能和部件。

需要依据其他设计策略从而确保健壮性和可扩展行设计:

(1) 使用标准接口(如插头和播放键);

(2) 通过软件更新补充功能;

(3) 使用模块化和可配置部件;

(4) 故障检测、隔离和恢复策略,包括在降级模式下的操作能力(如安全模式);

(5) 不同的设计策略。

定义几何模型

几何模型也称为三维计算机辅助设计模型,是设计物理系统所必需的关键表示形式。几何模型不是 SysML 模型的一部分,但是两类模型能够且应该集成从而确保系统相互间表示一致。集成的通用方法是确保系统模型中系统元素与几何模型中的部件具有一致性。一致性的层次取决于两类模型的范围。例如，系统元素可以表示由多个物理部件组成的装配。几何模型是系统及其部件的另一个视图。几何模型描述了几何关系，规定了给定部件的空间范围。CAD模型也可以包含许多其他属性，如材料属性。一个典型的CAD工具具有计算部件质量特性的能力，能够与其他工程分析工具集成来评估其他物理特性，如压力和热剖面图。

一个平衡的系统架构必须把系统行为、结构、物理布局并行地合并到一块表示。例如，一名海军架构师正在设计一条新船，根据稳定性和机动性获得期望性能，他必须对系统部件重量负责，并根据船内设备位置和总体重心完成部件的空间布局。

使用SysML描述的系统模型和CAD模型应并行开发，从系统的概念设计开始，贯穿整个研发生命周期。系统模型提供了部件的抽象表示，规定了部件的功能、接口、性能和质量特征，而CAD模型提供了部件的几何表示。系统模型能够建立部件和需求的关联关系，定义更通用的部件，规定部件环境。系统模型提供几何模型可以实现的规范信息。同时，几何模型提供了系统模型的必要信息，包括关键尺寸和公差、其他物理属性和机械连接关系。两类模型之间的接口在18.2.2小节中总结。

定义节点逻辑架构

到目前为止，还没有讨论如何将功能分配到系统节点。节点通常表示部件和关联功能、控制和基于部件的物理位置固定数据的划分，这些划分都基于部件的物理位置。节点可以包含固定设施或移动平台，如飞机。许多现代系统的分配跨多个系统节点。节点也可以基于其他准则定义，如组织职责（分配到特殊部门的人和资源）。在OOSEM中，逻辑节点表示在特殊位置上逻辑部件的组合（集合），物理节点表示特殊位置上物理部件的组合（集合）。逻辑节点的逻辑部件分配到物理节点的物理部件，如本节后面所述。

功能、控制和固有数据能够以多种方式分布。系统可以高度分散，以便每个节点能够自动处理所有功能、控制和数据。或者，该分布可能高度集中，大多数功能、控制和数据被关联到中心节点，本地节点主要提供一个在特殊位置与外部系统和用户的接口。在高度分散和高度集中之间，功能、控制和数据能够被部分地分布到区域节点或本地节点，每个节点执行整体功能的一个子集。

基于上述描述，分布式系统能够以完全分散、部分分散或集中为特征。分布选项可包含中心节点、多个区域节点、每个区域中的多个本地节点的任意组合。通常情况下，基于性能、可用性、安全性和成本等因素来执行权衡研究，以优化分布方法。许多类型的系统是高度分散的，包括网络化通信的信息系统、电源分布系统和复杂的系统之系统，如运输系统。

第17章 应用基于面向对象的系统工程方法的住宅安全系统

对于 ESS,节点表示 Central Monitoring Station(中心监控站,简写为 CMS)和 Site Installations,它们被安装在 Single-Family Residence、Multifamily Residence 或 Small Business。虽然 CMS 备份设施不包括在本例中,但是它可以是个额外节点,以提供灾难恢复来满足系统可用性需求。

块定义图 ESS Node Logical(ESS 节点逻辑)如图 17.27 所示。ESS Node Logical 是块 ESS 的另一子类,该类继承其所有属性,类似于 17.3.4 小节所描述的块 ESS Logical。每个子类有其自己的分解。此块被分解为 Site Installations 节点和 Central Monitoring Station(CMS)节点,节点版型为«node logical»。这些节点可以包含定义位置的属性。例如,Site Installations 节点可以通过一个位置属性来规定它们的地址。

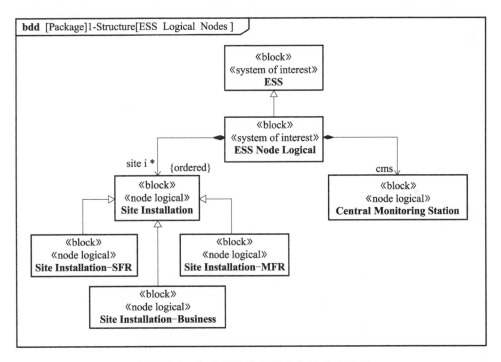

图 17.27 表示 ESS 节点逻辑块的块定义图

Site Installations 逻辑节点进一步特殊化为 Site Installation-SFR、Site Installation-MFR 和 Site Installation-Business,相应的节点分别表示单家庭住宅、多家庭住宅和小企业。Site Installation 每个子类能容纳唯一的需求,支持变化的设计方案。

Site Installation 节点和 Central Monitoring Station 节点由图 17.28 和图 17.29 所示的各自逻辑部件组成。这种分解包括 17.3.4 小节中由逻辑设计定义的逻辑部件。

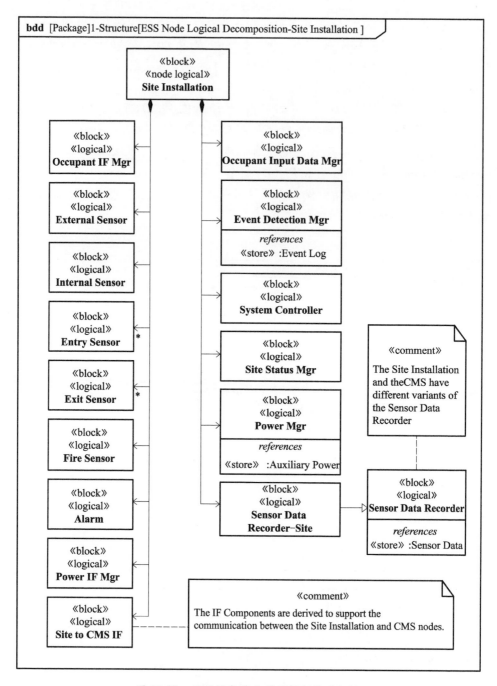

图 17.28 现场设备节点到逻辑部件的分解

一个特殊的逻辑部件可能是多个节点的组成。然而,逻辑部件可能对每个节点有不同的需求。该情况的示例是 *Sensor Data Recorder*,该节点是 *Site Installations* 节点和 *Central Monitoring Station* 节点的组成。节点的分布由需求驱动,如在现场

第17章 应用基于面向对象的系统工程方法的住宅安全系统

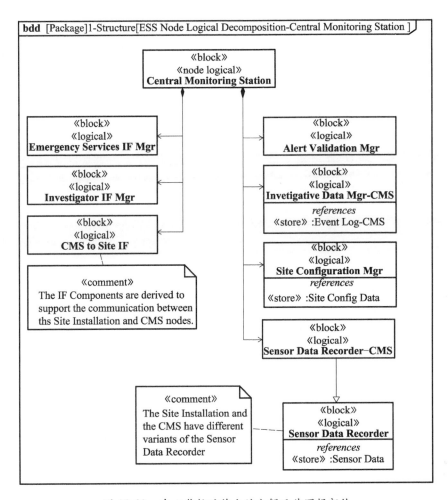

图17.29 中心监控站节点的分解及其逻辑部件

记录本地传感器数据的需求,在中心监控站存储来自多个现场的传感器数据,并被集中访问需求。中心监控站和现场传感数据记录仪的需求在数据存储量、备份的数量以及访问控制方面是非常不同的。在此情况下,要为 Site Installations 和 Central Monitoring Station 节点及它们的特殊需求定义 Sensor Data Recorder 逻辑部件的子类。

Event Log 也是 Site Installations 和 Central Monitoring Station 的组成,所以来自多个现场的事件数据能够集中访问。这就需要施加需求来同步 Site Installations 和 Central Monitoring Station 之间的数据,数据库设计必须考虑这种需求。如图17.27 所示,Site Installations 和 Central Monitoring Station 节点也包括名为 Site to CMS IF 和 CMS to Site IF 的部件,以支持节点间通信。这些部件源自分布概念,不是 17.3.4 小节中原始逻辑设计的组成部分。

前一节中用来定义 ESS Logical 架构的类似建模制品集也能用于定义 ESS Node Logical 架构。这包括针对 ESS Node Logical 的活动图和内部块图。对于为 ESS Logical 架构创建的活动图,其详细描述为 ESS Node Logical 架构,以规定活动如何由跨节点的逻辑部件执行。

活动图表示了每个节点内部和跨交互节点部件间的相互作用。名为 Monitor Intruder – ESS Node Logical(监视入侵 – ESS 节点逻辑)的活动图如图 17.30 所示。为了适合页面,活动图仅包含整个 Monitor Intruder 行为的一部分,此行为在图 17.24 的逻辑活动中规定。节点表达为活动分区,逻辑部件内嵌在相应的逻辑节点中。在本例中,process intruder detection(处理入侵探测)动作和 control intruder response(控制入侵响应)动作在 Site Installation 节点完成,validate intruder alert(确认入侵报警)动作在 Central Monitoring Station 节点完成。事件数据和传感器数

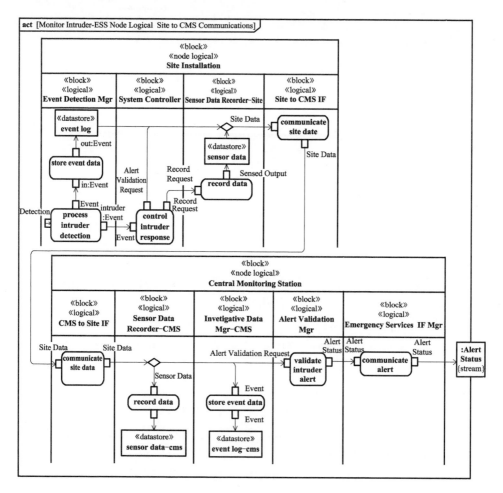

图 17.30　监视入侵 – ESS 节点逻辑活动图

据的存储在这两个节点处执行。*Site to CMS IF* 和 *CMS to Site IF* 支持 *Site Installation* 和 *Central Monitoring Station* 节点之间互相通信。整个活动图的行为与图 17.24 中活动图 *Monitor Intruder – ESS Logical* 逻辑设计部分规定的行为相一致。图 17.31 和图 17.32 中的 *ESS Node Logical* 内部块图表示每个节点内逻辑部件之间是如何互相连接的，以及节点之间的接口是如何连接的。这包括组成间的互相连接，支持活动图 *Monitor Intruder – ESS Node Logical* 中规定的通信。系统外部接口又一次被维持在封闭块端口上，但是本示例的节点没有端口。相反，外部连接器直接连接到节点的嵌套组成端口上。

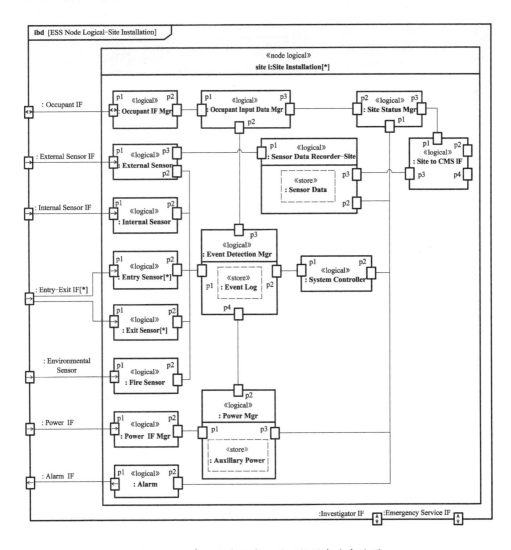

图 17.31　表示组成间交互的现场设备内部块图

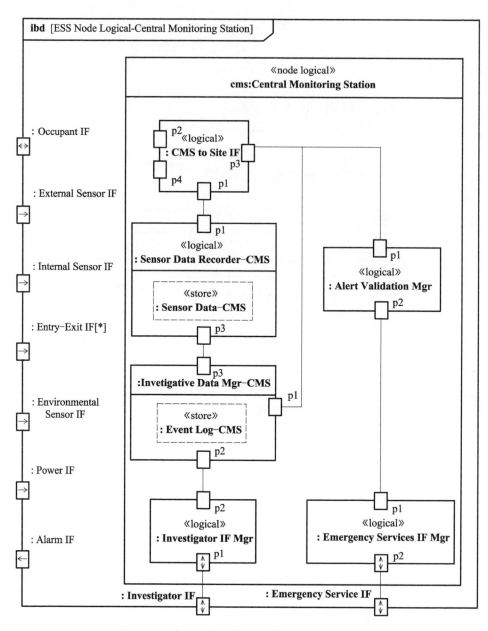

图 17.32 表示组成间连接的中心监控站内部块图

定义变体设计

变体设计方法必须集成到所有的 OOSEM 活动中。17.3.2 小节通过识别变化的任务需求、有效性测度和复杂体用例来启用这种方法,17.3.3 小节继续开展系统需求变化分析。OOSEM 的逻辑、物理架构设计活动必须识别可支持系统需求变化的架构变化。

如上所述，有各种针对单家庭住宅、多家庭住宅和小企业的 *Site Installation* 设计方案。针对变体设计 *Site Installation – Business*（现场设备 – 企业）的示例是针对雇员盗窃进行防范，这一方案适合于小企业，但是不适合于住宅。在这种情况下，*Intruder* 是一名雇员。始于前一节逻辑设计的活动图 *monitor intruder* 的一个变体被创建出来用于表示雇员盗窃场景。类似地，内部块图变体也相应地创建。

变体设计方法利用了 7.7.1 小节描述的父类特性重定义。例如，一种特殊传感器类型可以用来监视雇员接触收银机，此传感器用于重定义更通用的 *Internal Sensor*。当根据需要增加特有的特征时，针对每个变体部件的设计会重用通用特性。

选项树（options tree）定义了所有可允许的部件，这些部件对所有变体均适用。选项树中的顶层块代表所有可能变体配置的超集，例如，车辆有 4 缸和 6 缸变体设计。顶层块被分解为多层，每层定义了通用块，如果通用块不是所有变体设计部分，通用块就会有可选择的多重性。以车辆为例，一个天窗可以是某些设计变体的组成而不是其他的，所以其多重性为 0..1。每一个通用块被进一步特殊化到所有可能的变体上。本例中，通用发动机包含了针对 4 缸发动机和 6 缸发动机的特殊化。

一种特殊的变体系统设计是选项树中顶层块的子类。此变体重定义了通用部件，以表示用于变体的特殊部件。这可能包含重定义多重性。例如，一个带有 6 缸发动机和天窗的变体车辆配置，重定义了通用发动机为 6 缸发动机，天窗的多重性由 0..1 变为 1。约束定义了部件可允许的组合，例如，有一个约束，宽边轮对 6 缸发动机选项有效，但是对 4 缸发动机选项无效。一旦变体设计在块定义图中捕获，通过生成和/或精化其他 OOSEM 建模制品，针对所选变体进行的需求捕获、设计、分析和验证工作将进一步细化。

定义节点物理架构

如前节所述，ESS 逻辑架构中针对逻辑部件的功能在逻辑节点中被划分，在 ESS 节点逻辑架构中被捕获。该过程通过将逻辑部件分配到基于划分因素考虑的每一个逻辑节点来完成，划分因素在一定程度上独立于部件如何实现。例如，不管使用什么技术来实现 *Entry Sensor*，*Entry Sensor* 逻辑部件都是 *Site Installation* 节点的一部分，而不是 *Central Monitoring Station* 节点的一部分，这是很有意义的。

每个节点的逻辑部件被分配到每个节点的**物理部件（physical components）**中，组成 ESS 节点物理架构。如图 17.33 和图 17.34 相应的分配表，部分逻辑部件被分配到 *Site Installation* 节点和 *Central Monitoring Station* 节点的硬件部件，部分逻辑部件分配到 *Site Installation* 节点和 *Central Monitoring Station* 节点的软件部件。分配决策是关键设计决策，所以需捕获其中的依据及分配关联关系。

在 17.3.3 小节中，系统需求分析期间识别的设计约束施加于物理架构上作为

Logical to physical Allocation (Hardware)	Auxiliary Battery	Console	Contact Sensor	Fire Detector	Hard Drive	IR Motion Detector	LAN-Site	Memory Card	Modem	Multi-Mode Alarm	Power Strip	Power Switch	Site Hardware	Site Processor	Video Camcorder	Wiring-Site	Application and?	Cabling-CMS	CMS Hardware	Disk Drive	LAN-CMS	Modem-CMS	Video Server	Video Storage D?	Workstation
Alarm										↗															
Emergency Services IF Mgr																						↗			
Entry Sensor			↗																						
Exit Sensor			↗																						
External Sensor						↗																			
Fire Sensor				↗																					
Internal Sensor						↗																			
Investigator IF Mgr																									
Occupant IF Mgr	↗																								
Power IF Mgr												↗													
Power Mgr	↗																								
Sensor Data Recorder																									
CMS to Site IF																						↗			
Connection Infrastructure?																↗									
Connection Inrrastructure?																		↗							
Invetigative Data Mgr–CMS																									
Sensor Data Recorder–CMS																				↗	↗				
Sensor Data Recorder–Site																									
Site to CMS IF							↗																		

图 17.33　在现场设备和中心监控站节点中逻辑部件到硬件部件的分配

Logical to physical Allocation (Software)	Alarm IF	Camcorder IF	Comm IF	Console IF	Contact Sensor IF	Controller	Event Mgr	Fire Detector IF	Image processing	IR Sensor IF	power IF	Power Manager	Site Software	Site Status Mgr	User Validation?	Admin IF	Alert Validation?	CMS Software	CommIF–CMS	Data Access Mgr	Database Mgr	DB IF	Operator IF	Site Confg Mgr
Alarm	↗																							
Alert Validation Mgr																	↗						↗	
Event Detection Mgr							↗																	
Occupant IF Mgr				↗																				
Occupant Input Data Mgr														↗										
Power Mgr											↗	↗												
Site Configuration Mgr																								↗
Site Status Mgr														↗										
System Controller						↗																		
CMS to Site IF																			↗					
Invetigative Data Mgr–CMS																				↗	↗	↗		
Site to CMS IF			↗																					

图 17.34　在现场设备和中心监控站节点中逻辑部件到软件部件的分配

逻辑到物理分配的一部分。例如，逻辑部件可以分配至特别的 COST 部件，后者已经被强制为设计约束。参考物理架构也可以包含伴有预定义的或继承部件的解空间，如一个通用服务集合。作为示例，针对 Central Monitoring Station 软件的参考软件架构是一个多层软件架构，包含与每一架构层关联的特殊部件类型，即表示层、任务应用层、基础层和操作系统层。

　　逻辑到物理部件分配也可以基于正在使用的架构样式。该样式可以代表通用的解决方案和相关技术。例如，Event Detection Mgr 和 System Controller 组成了一个逻辑设计样式,该样式可通过通用软件设计方案实现。

可选的物理架构通常通过将逻辑部件分配到可选物理部件来定义,后者受权衡分析支配。例如,*Entry Sensor* 包括到 *Optical Sensor* 和 *Contact Sensor* 的可选分配,*Contact Sensor* 被选定为首选方案。这是关键决策,决策依据依附于分配关系,并参考导致该决策的权衡研究。

基于选择准则,通过执行权衡研究来选择更优的物理架构,优化了有效性测度和性能测度。本例中,ESS 的入侵检测概率和错误报警概率可驱动 *Site Installation* 性能需求,而被监视的 *Site Installation* 的数量和类型,以及紧急响应时间可驱动 *Central Monitoring Station* 性能需求。性能需求必须满足关于可用性、成本和其他关键需求的权衡研究,以达成一个平衡的系统解决方案。

当逻辑部件被分配到软件,软件部件也必须分配到相应的硬件部件用于执行。除了软件分配,固有数据需要分配到存储数据的硬件部件,操作程序分配到执行程序的运算符上。这些分配也体现在类似图 17.33 和图 17.34 的分配表上。

建立 ESS 节点逻辑架构模型的类似方法可用来建立 ESS 节点物理架构。块 *ESS Node Physical*(*ESS 节点物理*)定义为块 ESS 的子类,被分解到如图 17.35 的物理节点。除了 *Site Installation* 和 *Central Monitoring Station* 节点,*Communication Network* 也是节点物理架构中的一个节点,然而该节点在节点逻辑架构中是抽象的。

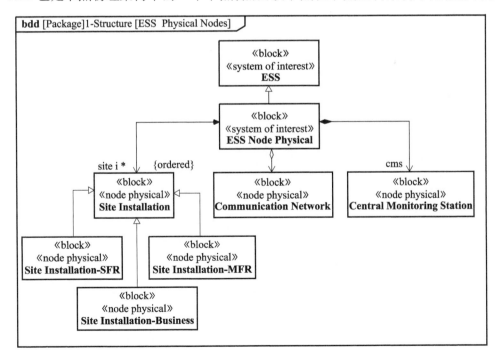

图 17.35　表示 ESS 节点物理块的块定义图

物理节点 Site Installation 被进一步特殊化到 Site Installation – SFR、Site Installation – MFR 和 Site Installation – Business，与单家庭住宅、多家庭住宅和小企业相对应，因为它是针对逻辑现场安装节点的。

针对 Site Installation 和 Central Monitoring Station 的 ESS Node Physical 块定义图分别如图 17.36 和图 17.37 所示。在这些块定义图中，源于图 17.28 和图 17.29 中逻辑节点的逻辑部件已被分配到基于图 17.34 和图 17.34 中分配表的物理部件上。物理部件包含物理节点 Site Installation 和 Central Monitoring Station。物理部件通过应用的版型来表示部件种类，如《hardware》或《software》。

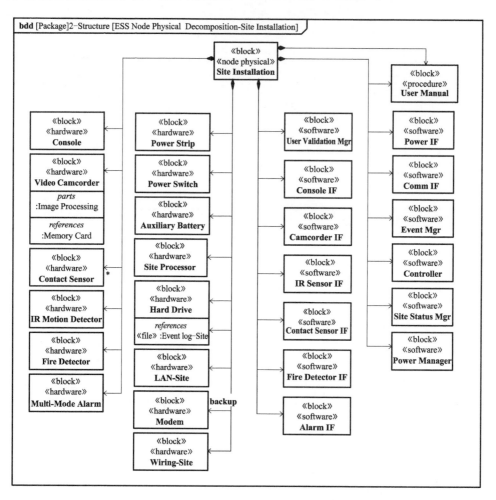

图 17.36　表示物理部件层级关系的现场设备物理节点块定义图

针对 Site Installation 和 Central Monitoring Station 的活动图 Monitor Intruder – ESS Node Physical（监视入侵 – ESS 节点物理）如图 17.38 所示。活动分区对应于 ESS 节点物理架构的部件。活动图捕获硬件与 Site Software（现场软件）之间的交

第17章 应用基于面向对象的系统工程方法的住宅安全系统

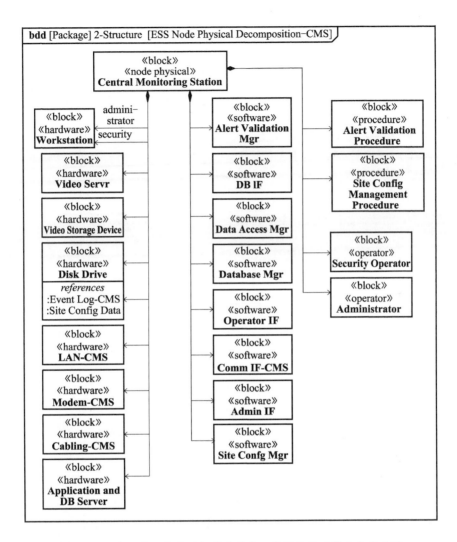

图17.37 表示物理部件层级关系的中心监控站物理节点块定义图

互,也捕获硬件与系统操作员之间的交互。Site Software 聚集了所有被分配到 Site Processor（现场处理器）的软件部件,版型化为 configuration item（配置项）。尽管 Site Processor 在活动图中没有表示为活动分区,此软件在 Site Processor 上执行。对于本节后面所述软件部件间的详细交互,其必须保持在逻辑架构和节点逻辑架构规定的交互中。其他活动分区与硬件部件和安全操作员对应。

活动图必须与图17.24和图17.30中对应逻辑和节点逻辑活动图的行为相一致,活动图也实现了图17.15所示的由针对监视入侵动作规定的基本行为,包括活动输入、输出和一些前置、后置条件。活动图包含更多的细节以表示每个节点中的物理部件如何交互。

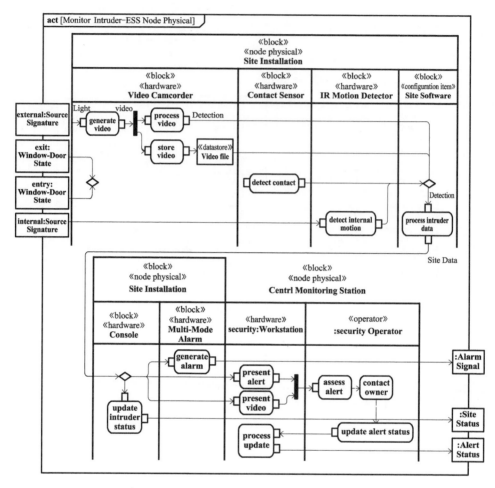

图 17.38　表示物理部件间的交互的监视入侵 – ESS 节点物理活动图

如图 17.39 和图 17.40 所示，针对 Site Installation 和 Central Monitoring Station 的 ESS Node Physical 内部块图表示了物理组件如何在每个节点内进行内部连接，以及跨节点之间通过接口的连接，块 ESS Node Physical 是一封闭框架。

每个部件上的物理端口被规定为物理接口。Video Camcorder（视频摄像机）的外部端口是 p2，按照 Optical Interface（光学接口）分类，重定义了按照 External Sensor IF（外部传感器接口）（参考图 17.17）分类的 ESS 端口。Video Camcorder 上的其他端口包含按照 Video IF 分类的 p1 端口和按照 Power IF（没显示）分类的端口。内部组件的大多数端口在本例中没有完全定义，因此没有显示流方向。

由于块 ESS Node Physical 是块 ESS 的子类，该块继承了块 ESS 的特性，包括它的端口。然而，块 ESS Node Physical 上的物理端口可以不与原始 ESS 黑盒上的端口共享通用类型，后者可以被定义为逻辑端口。当处理数据流时，物理接口通常由通信协议规定，逻辑接口表示信息内容。因此，块 ESS Node Physical 上的这些物理

第17章 应用基于面向对象的系统工程方法的住宅安全系统

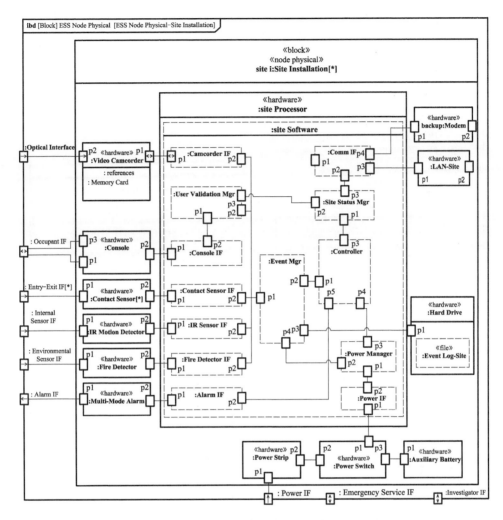

图17.39 现场设备物理节点内部块图

端口需要替代来自原始块 ESS 上的逻辑端口。该过程可以通过在原始端口上定义多重性,如0..1来完成,如此块 ESS Node Physical 不必使用原始端口定义。实现方式可以是重定义多重性为0,然后根据需要增加它自己的端口。一旦实现,来自块 ESS Node Logical 的逻辑端口能够被分配到块 ESS Node Physical 的物理端口。替换端口的另一种方法是推迟在原始 ESS 黑盒端口上分类,而在块 ESS Node Logical 和 ESS Node Physical 上分类。

逻辑架构中的项流定义为逻辑项流,该逻辑项流在物理架构中被分配到的物理项流中。项流定义在本例中已推迟,直至组成的详细接口规范被确定。

ESS 节点物理架构定义了系统的物理部件,包括硬件、软件、固有数据、其他存储项(如流体、能量)和由运算符执行的操作程序。软件部件和固有数据存储内嵌

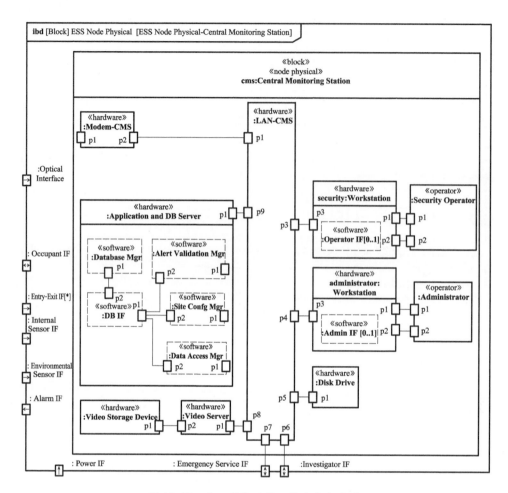

图 17.40 中心监控站物理节点内部块图

在分配给它们的硬件部件。如图 17.39 所示，几个软件组成被分配到 Site Processor 上。软件到硬件的分配是一种将软件部件用 UML 部署到硬件处理器上的抽象。

ESS 节点物理架构用来集成硬件和软件部件和系统操作符。图 17.5 所示的包 ESS Node Physical Design（ESS 节点物理设计）包含了节点物理架构的 Structure（结构）和 Behavior（行为）嵌套包。另外，包 Node Physical Design 也包含针对 Site Installation 和 Central Monitoring Station 的包，每个包又包含针对硬件、软件、固有数据和操作过程的额外的内嵌包。系统物理部件作为 ESS 节点物理架构组成包含在这些嵌套包中。下面子节描述了建立和规定软件、数据和硬件架构的活动。另外，下面子节描述了如何定义架构的特殊视图，如安全性，并规定操作系统所需的操作程序。

定义软件架构

软件架构是整个系统架构的一个视图，包含软件部件及其相互关系。软件架构对于有效地规定支撑系统需求的软件部件是非常重要的。

ESS Software(ESS 软件)块定义图如图 17.41 所示。块 Site Software 和 CMS Software(中心监控站软件)分别聚合了 ESS 节点物理分解中定义的软件部件,这些软件部件用于图 17.36 和图 17.37 中的 Site Installation 和 Central Monitoring Station。块 Site Software 和 CMS Software 提供了一种将软件聚合到《configuration item》的方法。软件部件包含在软件包中,软件包依次被包含在可应用的包 Site Installation 和包 Central Monitoring Station 中。

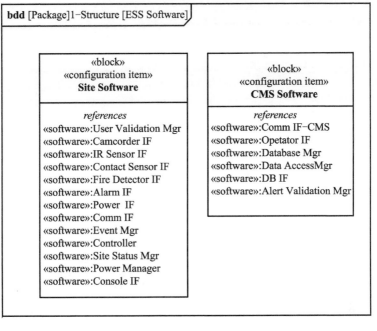

图 17.41　ESS 软件块定义图

系统层软件架构的建模制品包括类似于前面描述的那些建模制品。软件行为可以被规定,与被规定为逻辑、节点逻辑和节点物理活动图中组成的活动图一致。行为可被规定为活动图、序列图和/或状态机图。这可以包含定义活动图、序列图和/或状态机图从而精化软件部件间的交互,这些软件交互最初在逻辑部件的活动图中规定。针对块 Site Installation 和 CMS Software 的内部块图能够被创建,用来进一步精化软件间的交互,从而与图 17.39 和图 17.40 中的 ESS 节点物理架构内部块图相一致。接口可包括按需要和提供接口分类的端口。行为图和内部块图均需要与由物理架构活动图和内部块图规定的行为需求和结构需求一致。软件架构的精化可以用 SysML 或 UML 表达,如本节后面所述。

从逻辑到物理部件的初始分配可以不包含到所有基础设施和操作系统部件的分配,所以这必须作为定义软件架构的一部分来考虑。另外,软件部件可能需要附加的精化来处理软件特有的关注点,并充分地规范软件需求。有些软件架构关注点取决于应用领域。对于信息系统,软件架构通常是一个层级架构,在此架构中,每层包含软件部件,这些软件部件可以依赖于更低层级的服务。如图 17.42 中针对 CMS 软件的包图所示,软件架构可包含表示层、任务应用层、基础设施层、操作系统层和数据层。来自物理架构的软件部件被进一步细化处理,划分到这些不同的层中。一个参考架构可以被强加为设计约束,包含定义基础设施层的可重用部件,如消息、访问控制服务和数据库接口。对于嵌入式实时软件设计,架构必须考虑与时序算法相关的关注点,也必须考虑如何处理并发、优先次序以及总线、内存和处理器资源争用等问题。这些和其他关注点必须被考虑以完整地定义软件架构。

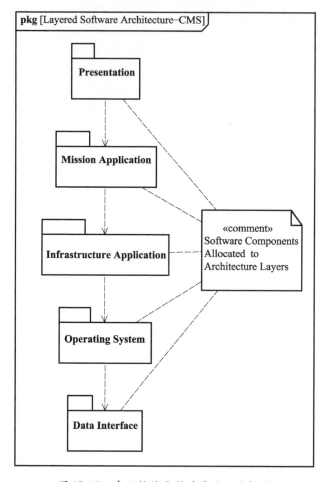

图 17.42 表示软件依赖关系层级的包图

定义数据架构

数据架构是物理架构的一个视图,表示了固有数据是如何使用数据以及数据存储在哪里。物理架构提供集成框架来确保数据架构与整个系统设计一致。固有数据需求可以源于场景分析。固有数据通过部件(逻辑的或物理的)保存,表达为带有《store》版型的部件引用属性。作为逻辑设计的一部分,固有数据封装在操作它们的逻辑部件中。逻辑部件被分配到物理架构的物理部件和软件应用程序中,物理部件可以包括数据文件和存储数据的内存存储设备,软件应用程序诸如管理数据的关系型数据库。

如图 17.43 所示,用于 *Site Installation* 和 *CMS* 的固有数据定义类型在 *ESS Persistent Data*(*ESS 固有数据*)块定义图中规定。其中,块定义图包含 *Event Log*、*Video*(*视频*)和 *Site Config Data*(*现场配置数据*),它们作为版型《*file*》的固有数据类型。数据定义可以是复杂的数据结构,表达为块或者值类型。例如,*Event Log* 是一个复杂数据结构,包含许多不同类型的事件记录,如通电事件、系统激活事件、入侵检测事件和其他源于场景分析的事件。固有数据被包含在包 *Site Installation* 和 *Central Monitoring Station* 的嵌套包中。

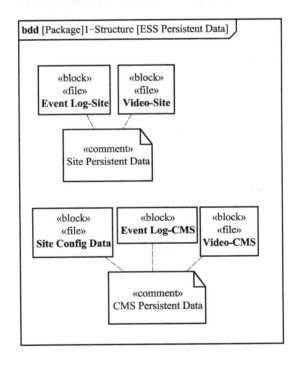

图 17.43　表示由现场设备和中心监控站所在系统存储固有数据的块定义图

数据结构可能包含专业领域制品,来精化数据规范。数据关系可以通过实体关系属性(ERA)图规定或直接在块定义图上使用定义数据的块之间的关联来规定。这种描述可视为概念数据模型,表示实现数据库的需求。概念数据模型的实现依赖于使用的技术,如平面文件、关系型数据库和/或面向对象数据库。

必须考虑数据架构的其他多个专业领域,如数据归一化、数据同步、数据备份、数据恢复和数据转换策略。数据同步的一个示例是,需要将每个来自 *Site Installa-*

tion 的事件日志与 Central Monitoring Station 的事件日志同步。数据架构和特定技术的选择通过权衡研究和分析决定，如 17.3.6 小节所述。

定义硬件架构

硬件架构是物理架构的一个视图，表示硬件部件及其相互关系。图 17.44 所示的 ESS Hardware（ESS 硬件）块定义图包含块 Site Hardware（现场硬件）和块 CMS Hardware（中心监控站硬件）。这些块以类似于图 17.41 的 ESS Software 方法聚合了硬件部件。

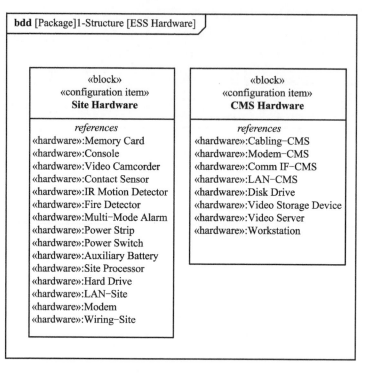

图 17.44　表示现场设备和中心监控站硬件的 ESS 硬件块定义图

硬件部件由图 17.33 中的逻辑部件分配，如前所述。图 17.39 和图 17.40 中的 ESS Node Physical 内部块图表示了硬件部件的内部连接。该连接可通过更详细的硬件接口描述来细化，包括信号特征、物理连接器和线缆等。如 17.3.6 小节所述，硬件架构和部件技术的特定选择源于工程分析和权衡研究。这包含性能分析以支持规模需求和其他硬件部件需求，也包括可靠性、可维护性和可用性分析，以评估可支持性需求。硬件部件的几何视图通过本节早期描述的几何模型捕获。几何模型中的部件映射到系统模型的硬件部件，如前对 Define Geometric Model（定义几何模型）的描述。

定义操作程序

操作者可以在系统的外部或内部，取决于系统边界如何定义。对于 ESS，财产的占有者相对系统是外部,如图 17.12 所定义的 *Operational Domain* 块定义图。另一方面,图 17.37 中的 *Central Monitoring Station Security Operator*(中心监控站安全操作员)和 *Administrator*(管理员)相对于 ESS 是内部的。一些逻辑部件被分配到内部操作者以执行选定的任务。系统的内部和外部操作者/用户都被表示在活动图上,描述他们如何与系统的剩余部分相互作用。他们像其他外部系统或系统部件一样,也被包含在其他图中。

操作者必须做什么来满足操作系统的需求,可以由定义了每个操作员所需工作的操作程序来规定。通过执行任务分析、时间线分析、认知分析和其他辅助性分析来决定工作性能层级,这些层级与规定的技能层级相一致。ESS 操作程序在图 17.45 的 *ESS Procedures*(*ESS 程序*)块定义图中识别。每个操作程序应用 «*procedure*» 版型。

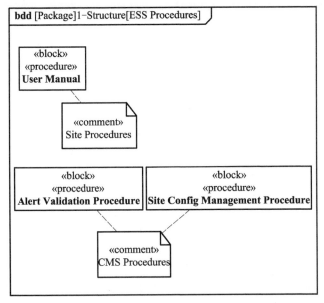

图 17.45　表示 ESS 外部用户和内部操作者的操作程序块定义图

规定部件需求

物理架构包含对软件架构、数据架构、硬件架构和操作程序的详细说明,产生系统架构的部件规范,此规范由各自的软件、数据、硬件和操作程序实现。部件规范是系统规范和设计过程的主要输出。部件规范通常作为块来捕获,具有黑盒规范特征,采用的方法类似于 17.3.3 小节规定黑盒系统需求中描述的方法。图 17.46 给出了软件部件规范和硬件部件规范模型的一个示例。图中的软件部件是 *Controller*(控制器),作为 *Site Software* 的一部分,带有 OOSEM 应用的«*software*»版型。名为 *Status*(状态)的版型属性表示这是一个 *Development Item*(开发项)。控制器操作和端口被规定。要求的和提供的接口可以用端口类型反映。活动图用来定义操作方法，以规定计算和/或逻辑密集型算法。参数图可根据期望的输入/输出响应来规定算法性能需求。状态机根据触发操作的事件定义控制器的主行为。

图 17.1 所示的 *develop software*（*开发软件*）流程用于执行软件需求分析以派生出更详细的需求，执行软件设计，实现和测试软件部件。UML 能够支持该过程。SysML 模型可作为规范模型供软件设计团队参考。类可定义为 SysML 软件部件规范的子类，或者从 SysML 软件部件规范分配并表示在类图上。UML 组合结构图可精化来自图 17.39、图 17.40 中节点物理架构的 SysML 内部块图，反映软件部件间相互的内部连接和接口关系。通过引入更详尽的结构和行为，软件设计实现了软件部件接口、操作和 SysML 模型中规定的状态机行为。软件序列图被进一步说明，以表示更低层软件设计部件间的交互。UML 部件图和部署图也可用于软件设计，以更加明确地表示如何将软件部署，超越了图 17.39 和图 17.40 中软件到硬件的抽象分配。

图 17.46 中的硬件部件规范是 *Video Camcorder* 规范，*Video Camcorder* 是 *Site Hardware* 的一部分，带有应用的 OOSEM «hardware» 版型。名为 *status* 的版型属性

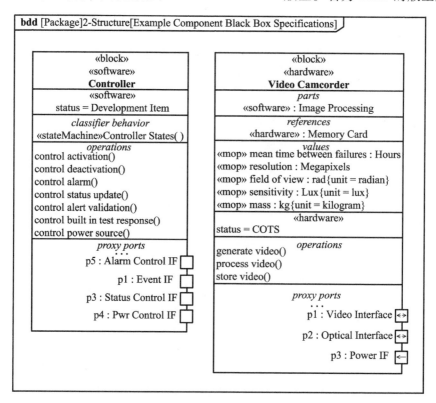

图 17.46　软件和硬件部件规范示例

指出该部件是 COTS 项。黑盒部件规范包括源于场景分析的功能需求和带有《mop》版型的性能属性,后者的值通过工程分析和权衡研究确定,如 17.3.6 小节所述。端口规定接口,表示流属性方向。从分区处能够明显看出,*Video Camcorder* 有一个 *Memory Card*(*内存卡*),并包含 *Image Processing*(*图像处理*)软件。如果软件部件被分配到硬件,它们可表示在一个分配的分区中。另外,参照部件几何图,属性也可以加到硬件部件上,或者基于本节前一部分描述的映射机制,工具可以直接访问几何模型中的部件。考虑到需求,可以增加其他规范特性。

部件块表示部件的黑盒规范,方法与块 ESS 表示系统黑盒类似。部件块的规范特性与 17.3.3 小节中描述的特性相似。特性能够作为定义每个部件文本需求的基础。块的每个特性可以包含一个文本描述,与需求中应当陈述的全部或部分内容对应,特性也能够精化文本需求。例如,针对操作的文本能够规定功能需求,针对端口的文本能够规定接口需求,针对值属性的文本能够规定性能和物理需求。文本可以通过相应模型元素的描述来捕获,也可以被捕获为 SysML 需求,然后通过合适的需求关系(如精化、满足)关联到规范特性。文档生成工具能够以规范模板为基础,自动生成文本规范(参见 18.4.5 小节)。

这里描述的部件规范可进一步具体化,以容忍将来规范和设计的变化,如视频摄像头能够有多个设计变化,特殊的系统设计配置可利用重定义来规定特殊的变化。

定义其他架构视图

系统的其他视图可以考虑特殊的利益相关方观点,如安全架构。安全架构可表示为一个经过滤的节点物理架构的子集,包含考虑安全性需求的硬件、软件、数据和过程。视图提供了一种机制以帮助规定、分析和集成架构的关键剖面。这可以包含与特殊关注点关联的剖面上行为、结构、参数和需求。

视角表示一个利益相关方的观点,如安全架构视角。视角规范模型的一个子集,该子集是利益相关方所感兴趣的,考虑了利益相关方的关注点。17.3.2 小节的因果分析提供识别利益相关方关注点的输入。

如 5.6 节、15.8 节所述,视角包括一些规则,规定如何建立一个特殊视图以反映利益相关方的观点。规则可通过视角方法来规定以查询模型。视图表示模型被过滤的部分,通过返回与模型查询相对应的模型元素来与视角保持一致。视图可以有多种表示格式,如图、表、矩阵和树的组合。

包 *Viewpoints* 在 17.3.1 小节对模型组织的讨论中介绍过,如图 17.5 所示。选定的 *ESS Stakeholder Viewpoints*(*ESS 利益相关方视角*)如图 17.47 所示,包括 *Emergency Services* 视角和 *System Security*(*系统安全*)视角。*System Security* 视角可以规定查询准则以返回满足系统安全需求的所有部件,如保密性、集成性和可用性需求。安全视图表示了呈现给利益相关方、与查询相对应的信息,并包括满足安全需求的模型元素。其他利益相关方视角可表示 Company Owner（公司所有人）、Customer（客户）和其他开发团队角色。

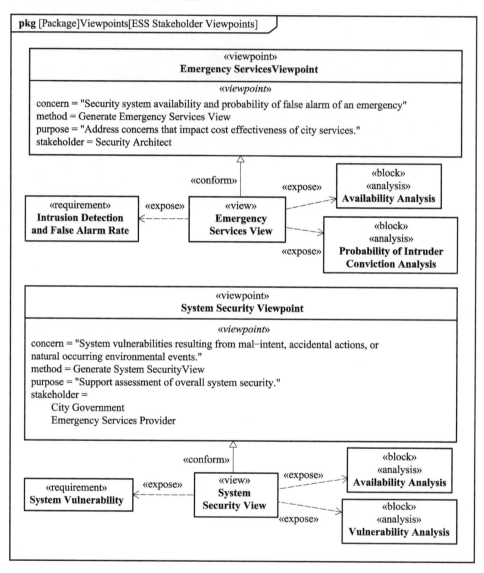

图 17.47 规范利益相关方视角的 ESS 视角

17.3.6 优化和评估备选方案

Optimize and Evaluate Alternatives 活动如图 17.48 所示。该活动贯穿于其他 OOSEM 活动，以支持工程分析和权衡研究。活动包括识别所需的分析、定义分析情境、在参数图中规定分析、执行工程分析等内容。

第17章 应用基于面向对象的系统工程方法的住宅安全系统

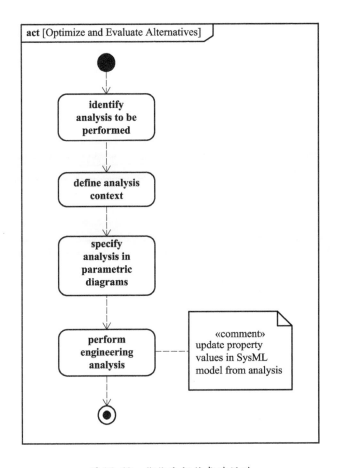

图 17.48 优化和评估备选活动

第 8 章描述了如何使用参数为约束建模。SysML 使得关键系统特征能够在模型中被捕获,以便于进行分析。这提供了一种机制,将系统设计模型和多个工程分析模型(如性能分析、可靠性分析、质量特性分析等)集成在一起。第 18 章的内容进一步讨论了在系统开发环境中如何将工程分析模型、仿真模型与 SysML 模型进行集成。

识别需执行的分析

需执行的分析应支持特定的分析目的,包括如下内容:
(1)特征化或预示系统的某些方面,如性能、可靠性、质量特性、成本等;
(2)通过敏感度分析优化设计;
(3)在备选的设计方法中,评估并选择一个优选方法;
(4)使用分析来验证一个设计;
(5)支持技术计划,如成本预算和风险分析。

在整个设计过程中,需要识别不同类型和精确度的工程分析,以满足分析目标。版型也可以定义为包含一些属性,这些属性捕获其他分析元数据,如分析的假设条件、关于分析工具或求解器的信息(参见第 15 章的仿真配置文件和模型库)。

定义分析情境

块定义图用于定义每个分析。图 17.49 表示了一个名为 *ESS Analysis Context*(*ESS 分析情境*)的块定义图。块 *Analysis Context*(*分析情境*)包括若干块,表示将要执行的每种分析。«analysis»版型应用于每个分析块。在此例中,对于 17.3.2 小节列出的每个 moe 都识别出一项分析,包括 *availability*(可用性)、*emergency response time*(应急响应时间)、*probability of intruder conviction*(入侵确定概率)、*operation cost*(运行成本)。另外,块 *Cost Effectiveness Analysis*(成本效益分析)用于分析系统总价值。

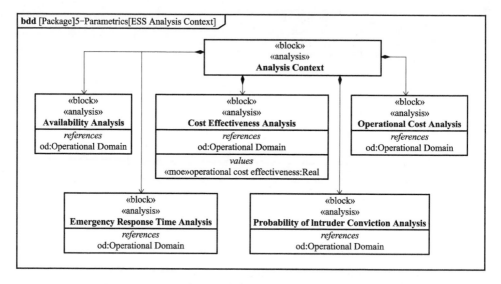

图 17.49 定义分析块支持有效性测度分析的 ESS 分析情境

在 *Analysis Context* 中识别出的每个分析块规定了进一步的分析。在图 17.50 中,块 *Cost Effectiveness Analysis* 由一个名为 *Operational Cost Effectiveness Equation*(运行成本效益方程)的约束块构成。这个约束块具有应用的«objectiveFunction»版型,并规定了一个方程,将运行成本效益与对应于 moe 的参数关联起来,如 *availability*、*emergency response time*、*probability of intruder conviction* 以及 *operation cost*。在这个例子中,方程是多个效用函数的加权求和、多处用函数的参数与各个 moe 相关联。

块 *Cost Effectiveness Analysis* 也引用块 *Operational Domain* 作为分析的目标。在这个例子中,分析的目标是系统层级的顶层块。通过引用这个块,可以定义一个参数图,将分析等式中参数与 ESS 及外部系统乃至用户的属性相关联。*Operational Domain* 或更具通用性的分析目标可以子类化,用于支持变体的设计权衡分析(参见 8.1.1 小节)。

使用与上面想同的方式,可以定义每项分析,具体方式是将分析块分解成合适的分析等式,并引用分析目标。

在参数图中规定分析

参数图可以将设计与分析模型集成在一起。执行的方式是将为每个分析定义的分析等式的参数绑定到分析目标(如系统)的属性。

17.3.2 小节讨论的 ESS 的顶层参数图表示在图 17.11 中。此参数图派生自图 17.50 块定义图中的 *Cost Effectiveness Analysis*。参数图将目标函数的参数与图 17.12 中 *Security Enterprise* 的有效性测度绑定在一起。

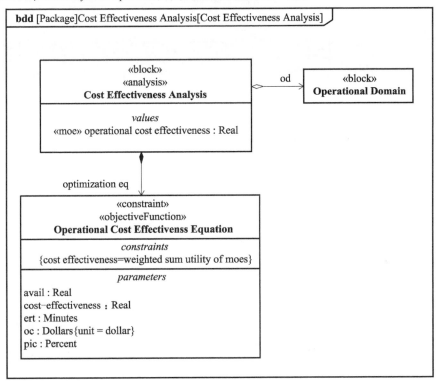

图 17.50　由目标函数和引用组成的成本效益分析

随着系统设计的进展,也需要其他的工程分析来评估有效性测度的系统设计属性的影响。图 17.11 中的 *availability* 属性表示了一个有效性测度,它的值由图 17.49 中识别的 *Availability Analysis*(可用性分析)决定。图 17.51 显示了针对 *Availability Analysis* 的块定义图,它包括针对可用性、可靠性、维修时间的约束块。图 17.52 中表示的对应,参数图将等式的参数与 ESS 属性(包括 *mean time between failures*、*mean time to repair*(平均维修时间)等)绑定。参数图提供了一种机制,可在有效性测度与向下展开的关键系统属性、元素属性以及部件属性之间保持明确的关系。

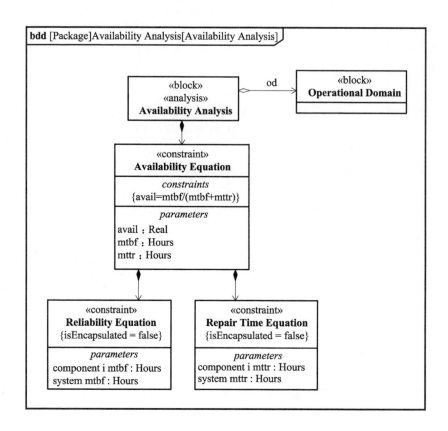

图 17.51　由约束块和引用的分析主题组成的可用性分析

参数可以用于约束输入、输出以及与系统或部件行为相关的输入、输出关系。在图 17.38 所示的 *Monitor Intruder – ESS Node Physical* 活动图中，定义一个限制块，用于规定信号输出的探测概率与 *Video Camcorder* 信号输入的信噪比之间的数学关系。然后在参数图中应用约束块，绑定到部件的特定属性，以分析探测性能。

系统的状态可以看作在参数中使用的值属性。这个属性值代表系统在任何一个时间点的状态，此属性值由 ESS 状态机的行为决定。通过将一个状态依赖的约束绑定到状态属性，该属性可以用在参数中。例如，弹球作用在球上的约束力取决于球的状态，这种状态与球是否与地面接触相关。依赖于状态的约束可以以球的状态作为条件。在此例中，当球的状态为"接触地面"时，依赖状态的约束表达为一组等式；当球的状态为"不接触地面"时，依赖状态的约束表达为另一组等式。对于 ESS 的例子，*Video Camcorder* 可以包含一个状态机，此状态机规定了在低光照条件下和高光照条件下 ESS 的性能。后面参数图中的性能约束依赖于摄像机的状态属性，这个属性可以在状态入口设置。

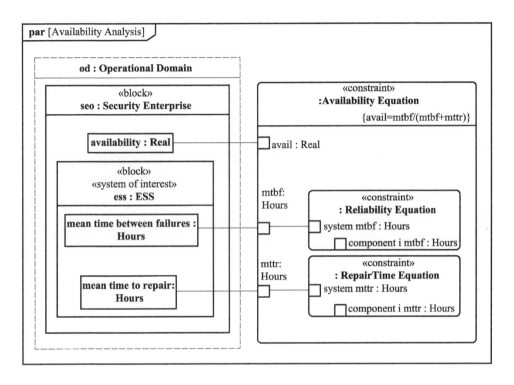

图 17.52 在参数图中捕获的可用性分析模型

执行工程分析

在参数图中,为了让等式运行,SysML 必须具备计算能力。这可以借助工程分析工具实现,详见第 18 章描述。详细的等式通常在分析模型中捕获,而不是在 SysML 的约束块中捕获。参数图规定了分析所需的输入和输出参数,并保证这些参数被绑定到对应的系统设计属性。分析结果决定了满足约束的系统属性的特定值或者范围。这些值可以返回到 SysML 的系统模型中。例如,执行了图 17.52 中的 *Availability Analysis* 后的任务可用性结果可以评估图 17.19 中的 ESS 属性 *mean time between failures* 和 *mean time to repair* 的范围,确定其是否满足可用性需求。

17.3.7 管理需求的可追溯性

Manage Requirement Traceability(管理需求的可追溯性)活动如图 17.53 所示。此活动贯穿所有 OOSEM 活动,以便在利益相关方需求、系统规范和设计模型间建立需求的可追溯性。这包括定义规范树,捕获模型中基于文本的需求;使用派生、满足、验证、精化等关系在基于文本的需求与模型元素间建立关联,生成可追溯性报告以及规范文件。需求建模的语言概念参见第 13 章。

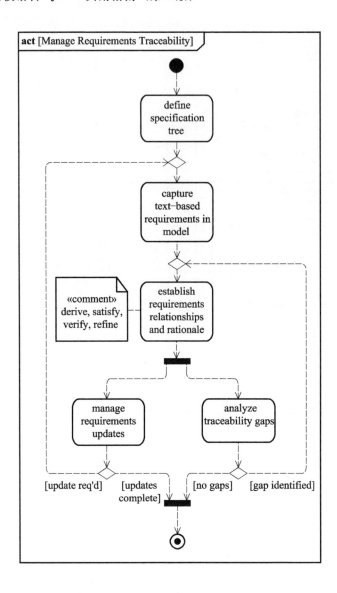

图 17.53 管理需求的可追溯性

定义规范树

ESS Specification Tree（*ESS 规范树*）如图 17.54 所示。该规范树表示了在系统架构每个层级的规范。规范树包括 *ESS Mission Requirements*（*ESS 任务需求*）、*ESS System Specification*（*ESS 系统规范*）、*Site Installation Specification*（*现场设备规范*）、*Central Monitoring Station Specification*（*中心监控站规范*）、*Site Installation* 和 *Central Monitoring Station* 的 *Hardware and Software Specification*（*硬件和软件规范*）。追溯

第17章 应用基于面向对象的系统工程方法的住宅安全系统

关系表示了每层规范之间的可追溯性。规范树也表示了由 *ESS Mission Requirements*（*ESS 任务需求*）到 *Stakeholder Needs Assessment*（*利益相关方需要评估*）文档之间的可追溯性。

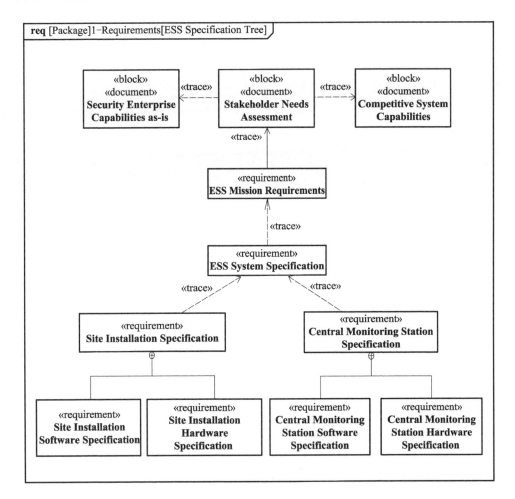

图 17.54 需求图中表示规范层级的 ESS 规范树

追溯关系用于建立需求规范之间粗颗粒度的可追溯性，不包含单个需求之间精颗粒度的可追溯性。精颗粒度的可追溯性利用其他需求关系，将需求与设计、分析、验证要素等关联，详见第 13 章及本节后面部分。

捕获模型中基于文本的需求

在建模环境或需求管理工具之外，利益相关方需求经常以文本规范形式文档化。通过为每个文本需求创建一个 SysML 需求，可以在模型中捕获基于文本的需求。许多SysML建模工具提供了一种机制,从文档或需求管理工具中导入文本需求,并保持源工具与SysML建模工具之间需求的同步性。另一种方法是,文本需求可以在SysML建模工具中创建,这些需求可导出到需求管理工具,或以文字或表格形式的文档输出。

包 Requirement(需求)在17.3.1小节中有简短的讨论,并在图17.5中的模型组织中表示。为ESS中的每个规范创建一个嵌套包。包 Requirement 包括针对规范的需求。针对每个规范的需求包嵌套在系统架构的应用层级。

作为一个例子,ESS Requirements 嵌套在包 ESS :: Black Box Specification 内。需求表示在图17.55需求图中。顶层需求是 ESS System Specification,并作为规范中其他需求的容器。在每个单独的规范中,需求的包含层级一般对应基于文本的规范文档的组织结构,如图中表示的第一层需求。需求层级包括若干容器,用于 Inferface(接口)、functional and Performance(功能与性能)、Reliability(可靠性)、Maintainability(可维护性)、Availability 及其他典型种类的需求,每个需求都有名称、编号、文本,也可以包括其他需求属性,如重要度、不确定性、变更概率、验证方法等,虽然此信息不显示在图中。表格标记经常作为更紧凑的需求表述,如13.7.1小节所述。

建立需求关系和依据

通过在模型中基于文本的需求与对应于需求、设计元素、测试用例等的模型元素之间建立关系,可以维持需求的可追溯性。这种关系的依据也可在模型中捕获。

图17.56需求图中给出了需求的可追溯性,以及自任务需求到系统需求再到部件需求向下传递的例子。图中表示了由任务需求 Intruder Emergency Response(人侵紧急响应)到 Video Camcorder 的性能需求的可追溯性,这些性能需求包括 Field of View(视场)、Resolution(分辨率)、Sensitivity(敏感度),以及由任务需求 Intruder Emergency Response 到功能需求 Capture Video(捕获视频)的可追溯性。

任务需求 Intruder Emergency Response 由名为 Provide Intruder Emergency Response 的用例精化。ESS 系统需求 Intruder Detection(入侵探测)和 False Alarm Rate(错误报警率)派生自任务需求,并由 Monitor Intruder – ESS Node Physical 活动满足。虽然未在图中显示,但需求也可以被 ESS 黑盒性能测度(probability of intruder detection 和 probability of intruder false alarm)精化。Verify Entry Detection(验证进入探测)测试用例验证 Intruder Detection False Alarm Rate(入侵探测和错误报警率)需求被满足。

第17章 应用基于面向对象的系统工程方法的住宅安全系统

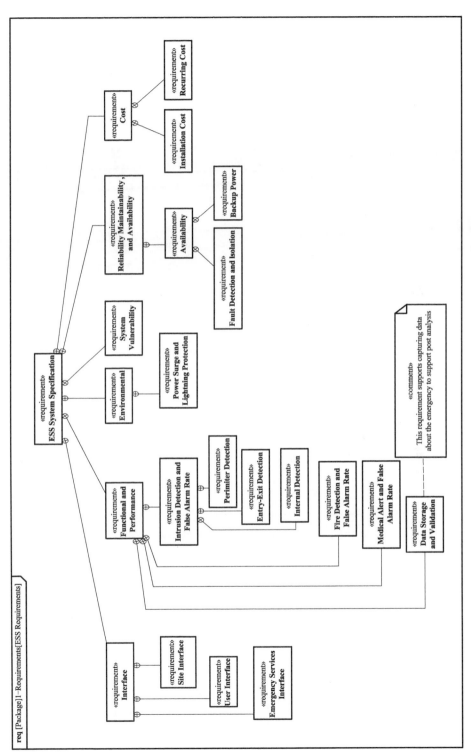

图 17.55 表示需求包含在系统规范中的 ESS 系统规范需求图

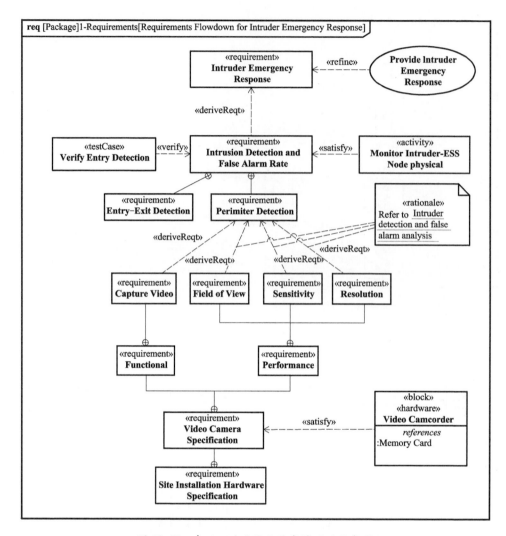

图 17.56 表示可追溯性和需求展开的需求图

Intruder Detection and False Alarm Rate 需求包括 Entry – Exit Detection（入口-出口探测）和 Perimeter Detection（周边探测）需求。包含在 Video Camera Specification（视频摄像头规范）中的需求派生自 Perimeter Detection 需求。Video Camcorder 被断定满足 Video Camera Specification。从 Perimeter Detection 需求派生出 Video Camcorder 性能需求的依据参见 Intruder detection and false alarm analysis（入侵探测和错误报警分析）。

可追溯性被维持的颗粒度水平作为过程剪裁的一部分被确定。例如，如果能够断定一个特殊的部件满足了某个需求，如图 17.56 中的 Video Camcorder，这可能就足够了。换言之，部件的某个特定特性（如某个值属性）需被表示出来，从而满足某个特定的性能需求。精细的颗粒度增加了可追溯性的精度（如对变更影响评估有帮助），但是需要更多的工作来建立和维持可追溯性关系。

分析可追溯性缺陷

可追溯性报告生成后可用于分析可追溯性缺陷，并评估系统设计满足系统需求的程度。矩阵图可依据满足和验证关系来确定需求的覆盖性。来自这项分析的结果用于驱动更新系统设计和验证，并更新可追溯性。矩阵图和表格表示法经常用于捕获需求关系和缺陷报告，详见13.7.2小节。在此例中，生成一份报告，描述了哪些系统需求被满足，还留下什么缺陷。

视角及对应的视图可以在需求的可追溯性分析方面提供帮助，方式为提供一种方法查询针对元素的模型，此元素满足一组特定的需求。这在17.3.5小节的 *Defining Other Architecture Views* 子节中已经讨论。如果被选需求得到满足为一个视角定义查询准则的基础，与视角一致的视图可以是满足所选需求的模型元素的报告。视图可以表现为许多不同的格式，如图表、矩阵、树以及包含这些信息的文档。

管理需求更新

需求管理活动可导致对现有的需求的更新或生成新的需求。在某些情况下，对每个黑盒规范特性定义新的文本需求，如图17.19和图17.46所示的ESS及其部件定义。模型帮助揭示模糊性、不一致性、不完整性或不可验证的需求，这些在后面被精化，方式为对需求建议更改，以及通过项目变更管理过程管理变更。

在较大的项目中，需求管理工具通常与系统建模工具一起协调使用。为保证需求及其关系在工具间同步，两种工具的集成是非常重要的。变更过程必须确定如何处理对需求的变更。一种方法是在需求管理工具中进行对需求的变更，在建模工具中的模型元素和文本需求之间建立关联。第18章包含了将需求管理工具与系统建模工具集成方面的讨论。利用工具的文档自动生成能力和标准的需求模板，文本需求的规范文档也可以由建模工具直接输出。

17.3.8 OOSEM 支持集成和验证系统

Integrate and Verify System（*集成和验证系统*）过程是图17.1所示的系统开发过程的一部分，详见17.1.2小节。这个过程的目的是验证系统满足其需求。一般情况下，系统、元素、组件的验证通过检查、分析、演示和测试等手段的组合完成。其中验证过程包括开发验证计划和程序、执行验证程序、分析验证结果、生成验证报告等。

OOSEM以多种方式支持这个过程。系统模型可用作开发测试用例及相关验证程序的基础。系统模型也可用作支持其他验证计划的建模制品，还可用作支持验证环境的设计。另外，运行系统的模型可以与执行环境集成在一起，以支持早期的需求确认和设计验证。

如13.12节所述，SysML包括测试用例和验证关系，这个关系与需求一起可表示需求在系统层、元素层和组件层是如何被验证的。从图17.56可以看出，测

试用的 *Verify Entry Detection* 验证了 *Intrusion Detection and False Alarm Rate* 需求。通过规定输入、条件和期望输出,此需求可以被详细描述,以确保可验证。测试用例表示为一个活动图(图17.57),图标题中带有关键词«test case»。*ESS Node Physical* 是 *unit under test*(测试中的单元)。在此例中,*Video Source*(视频源)和 *Contact Sensor Emulator*(接触传感器仿真器)代表了 ESS 的外部环境,产生对 ESS 的激励,*Test Monitor*(测试监视器)将 ESS 的响应与期望的响应进行比较。

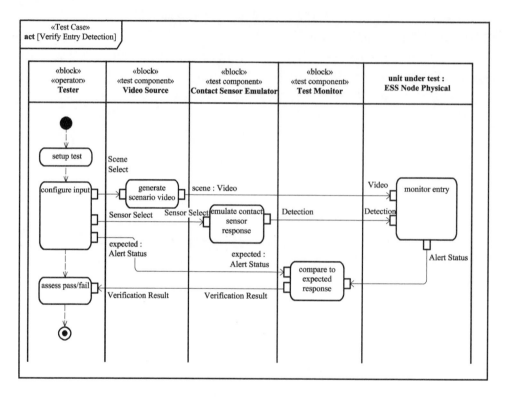

图 17.57 验证进入探测测试用例

  测试用例规范定义了激励、条件和期望响应。将来自测试用例执行的验证结果与期望响应相比较,结果被记录,以确定系统是否提供了期望的响应。结果被称为"裁决",可能包括通过、失败、不确定或其他值。更新需求验证状态,反映来自验证用例执行的验证结果。

  如前所述,验证方法包括检查、分析、演示和测试等。测试用例的定义和执行依赖于验证方法。例如,针对系统需求"系统重量应在98~100磅之间"的验证方法可以由测试或分析执行。为了通过测试来验证需求,定义一个测试用例,对系统按比例称重,比较测量的重量与要求的重量。为了通过分析来验证需求,每个部件的估计重量被相加,从而评估系统的重量。在后一种情况下,可应用参数图以分析手段验证需求。

为了通过分析来验证需求,使用可执行模型表示测试单元,代替实际的硬件或软件。使用系统模型执行测试用例的结果可用于在建造硬件或软件之前需求验证的早期预示。在系统规范和设计过程的前期阶段,系统模型可以用于确认系统或部件的需求满足了任务需求。这可以包括使用离散的事件仿真,如 fUML,见 9.14 节。随着开发的进行,更加细化的部件设计模型可以与系统模型集成,从而验证部件设计是否满足了系统需求。如何高效地利用一个系统模型来支持这种能力,有多种考虑。第 18 章讨论了关于 SysML 如何与不同仿真和分析工具一起使用,这些仿真和分析工具可用于支持需求验证。

执行测试用例需要验证环境生成激励和评估响应,也需要测试单元来响应激励。验证环境可以包括硬件、软件、设备和人员。下一节将讨论如何应用 OOSEM 为验证环境建模。

17.3.9 开发使能系统

使能系统(enabling system) 需要开发或修改,从而开发一个支持全系统生命周期的完整能力。使能系统包括生产系统的制造系统、支持系统(如维护系统的支持设备)和验证系统。这些生命周期的考虑因素应该在早期提出,以避免后期产生不利影响。例如,如果制造系统能力在早期没有考虑,由于施加了高成本加工方法,生产系统的成本可能会增加。因此,使能系统应与运行系统并行开发,以便使可能影响到生命周期其他部分的特殊关注点在开发过程中被较早地考虑。

图 17.58 给出了 ESS 的运行系统与用于验证和安装的使能系统的并行开发过程。更通用的情况下,此过程还包括其他使能系统的开发,如制造系统。在前几节中,OOSEM 用于开发运行系统。尽管如此,方法和相关制品可以被裁减和使用,从而规定和设计使能系统。对于非常复杂的使能系统,需要使用全部方法。对于较简单的系统,只需使用方法中的选定方面。

作为一个例子,验证系统可能非常复杂,例如当需要精度测量设备验证系统时,测量设备方面的需求比测试中运行系统的需求更严格。如果测量设备需要设计和开发,就需要严格应用 OOSEM,与 UML 测试配置文件[50]的应用一起,提供额外的建模结构用于测试领域。在图 17.59 中,*Verification Domain(验证域)* 包括针对图 17.56 中测试用例 *Verify Entry Detection* 的 *Verification Context – Entry Detection(验证情境–进入探测)*。这支持广泛的测试目标,以验证入侵者能够被探测到。测试用例被看作运行 *Verification Context(验证情境)*,它的方法是图 17.57 中的活动图。*Verification Context* 包括作为测试系统中一部分的测试部件,引用了测试单元。*Verification Domain* 块定义图类似于图 17.12 中块定义图 *Operational Domain*。OOSEM 可用于开发全部验证系统,使用与运行系统规范和设计类似的方法。

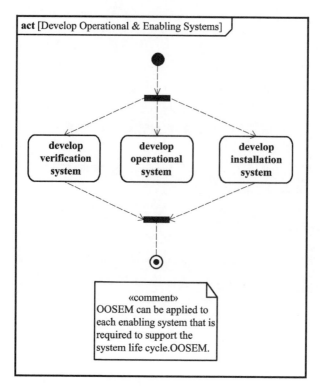

图 17.58　运行系统和使能系统的并行开发过程

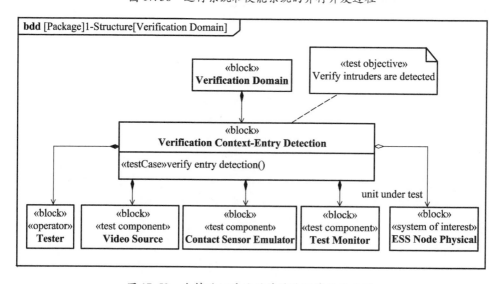

图 17.59　支持验证系统设计的验证域块定义图

ESS Installation System（ESS 安装系统）也可以很复杂，可保证 OOSEM 应用于该系统的规范和建造。图 17.15 中的包 Installation 包括了在系统生命周期内支持这部分能够实现的模型元素。ESS Installation Domain(ESS 安装域)的块定义图如图 17.60 所示。Installation Enterprise(安装复杂体)包括 ESS Installation System 和外部 Suppliers(供应商),它们支持安装用例定义的安装目标。ESS Installation System 包括 Installers(安装人员)和它们的 Installation Equipment(安装设备),如 Installation Trucks(安装车辆)和 Installation Tools(安装工具)。ESS Installation Domain 作为规定和设计 ESS Installation System 的起点,与 Operational Domain 块定义图(图 17.12)类似,后者是规定和设计 ESS 运行系统的起点。图 17.5 中的包 Installation 有相似的嵌套结构包,并包含与包 Operational 类似的建模制品。

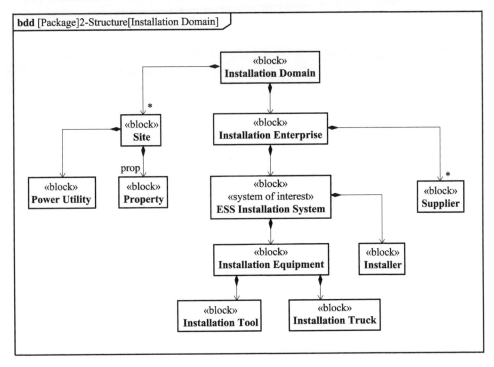

图 17.60 安装域块定义图

17.4 小结

本章描述的示例阐述了 SysML 作为 OOSEM 基于模型系统工程方法的一部分是如何解决一个系统工程问题的。自顶向下的场景驱动方法,用于将需求从利益相关方的需要向下传递到部件层规范,部件层包括硬件、软件、固有数据和操作程序。OOSEM 包括利益相关方需求分析、黑盒系统需求分析、逻辑架构定义、候选物理架构综合等活动,以及优化和评估供选方案和管理需求可追溯性等支持性活动。

该方法也支持 V 型开发过程右半部分的验证过程和其他使能系统的开发过程,如安装系统。该方法阐述了如何考虑系统关注的功能、接口、性能、分配、生命周期以及需求与技术的变化等来分析系统的不同方面,从而开发出满足利益相关方需要的健壮性解决方案。

通过清晰地定义建模目标、范围、工具和资源约束等,OOSEM 应该被定制和裁剪来满足特殊项目目标和约束。裁剪包括选择应用于每个 OOSEM 活动的严格等级,决定生成哪些建模制品,到什么细节程度,以及将活动与制品并入项目计划中。

17.5 问题

(1)开发下列制品用于图 17.13 中 *Provide Fire Emergency Response* 用例:
①提供火警紧急响应活动图(类似图 17.15);
②监视 ESS 的火警逻辑活动图(类似图 17.15)。

(2)客户已经介绍如下新需求;ESS 需提供与火灾消防系统的集成能力,当检测到对财产有极小不利影响时用来扑灭火灾。在系统层设计时,识别如下每一个建模制品的变化对新需求的影响:
①ESS 需求(图 17.55);
②安全复杂体用例(图 17.13);
③提供火警紧急响应活动图(参考问题(1)中①的响应);
④系统情境(图 17.17);
⑤ESS 黑盒规范(图 17.19);
⑥*ESS Logical* 分解(图 17.23);
⑦*Monitor Fire – ESS Logical* 活动图(参考问题(1)中②的响应);
⑧*ESS Logical* 内部块图(图 17.25);
⑨*ESS Node Logical* 块定义图(图 17.28 和图 17.29);
⑩*ESS Node Logical* 内部块图(图 17.31 和图 17.32);
⑪逻辑部件到硬件分配表和逻辑部件到软件分配表(图 17.33 和图 17.34);
⑫现场设备内部块图(图 17.39)。

(3)这种需求变化如何影响有效性测度?
(4)如何影响图 17.11 顶层参数图?
(5)还额外需要什么类型的分析,如何反映在参数图中?
(6)讨论先前的需求变化如何影响整个模型,模型如何帮助考虑需求变化?

第四部分

向基于模型的系统工程转化

第四部分讨论了向使用SysML的MBSE方法转化的关键考虑因素。其中第18章描述了如何将SysML集成到一个包含多学科工程工具的系统开发环境中，第19章描述了利用SysML在组织中部署MBSE的流程和策略。

第18章 系统开发环境中的 SysML 集成

本章讨论了在系统开发环境中将 SysML 与其他模型、工具相集成的方法与关键考虑因素,包括不同类型模型与相互关系、开发环境中的不同类型工具、开发环境中系统建模工具与其他工具之间的逻辑接口、配置管理概念、工具间数据交换方法与应用、选择 SysML 工具准则等。

18.1 开发情境中的系统模型

本节讨论系统模型如何与其他类型模型(包括描述性与分析性模型)相关,以及模型如何与仿真相关。

18.1.1 作为集成框架的系统模型

如2.1.2小节所述,系统模型是基于 MBSE 方法的主要制品,同时也是系统技术基线的必要的基本组成。系统需求或设计的任何变化均反映在系统模型中,并传播至模型制品、视图和其他不同利益相关方链接中。当工业领域普遍接受 MBSE 的这一目标时[60],有关如何建立与维护这些制品、视图和链接则因不同的 MBSE 方法而变化。

图18.1 将图2.1 中的系统模型作为一个系统开发的集成框架来描述。系统模型提供了有关系统规范、设计、分析和验证信息的一致的源头,同时维护了关键决策的可追溯性和合理性。这部分信息提供了用于更详细的硬件与软件设计和验证活动的情境和关键输入。尤其是系统模型将文本需求与系统设计相关,提供了多学科分析所需的系统设计信息。作为硬件和软件设计规范,提供了支持验证所需的测试用例和相关信息。各个技术学科(包括机械电子、软件、测试等)对系统模型细化,形成更为详细的规范、设计、分析和验证信息。为确保对系统的综合整体表示,在更详细的学科-专业信息与系统模型信息之间保持可追溯性。

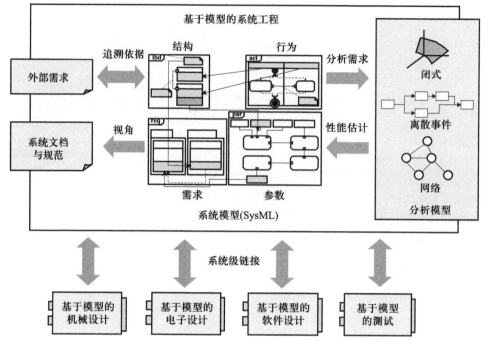

图 18.1　系统模型框架

18.1.2　系统开发环境中的模型种类

如 2.2.1 小节所述,模型是物理世界中可实现的一个或多个概念的表示。应用 MBSE 开发系统涉及构建表示系统及其环境的模型。不同的模型描述了系统的不同方面,同时精确度也不相同。**比例模型(scale model)** 或**物理样机(physical mockup)** 是表示实际系统或其他物理实体的一个物理构建。典型例子是建筑物比例模型或者是风洞中用于确定气动特性的车辆比例模型。与之对比的是**符号模型(symbolic model)**,是由人和/或计算机解释的一个系统抽象。

图 18.2 为本章中各类符号模型的分类。如 15.2 节中所述,这些模型由正式定义的建模语言所构建,其中建模语言包含了抽象语法、具体语法和语义的规则。1.5 节中总结了一些有代表性的建模语言。下面将介绍符号模型的更进一步分类,但需指出的是任何给定的模型都可能包括多种符号模型的特征。

描述性模型

描述性模型(descriptive model) 表示了一个系统或其他实体以及与环境的关系,通常用于规定和/或理解系统是什么、系统做什么以及系统如何做。

几何模型(geometric model) 或**空间模型(spatial model)** 是一种描述性模型,表示了几何和/或空间关系。机械三维计算机辅助设计(CAD)模型是包含详细信息的几何模型,这些信息包括尺寸、公差和材料特征等其他描述性数据。土地地形

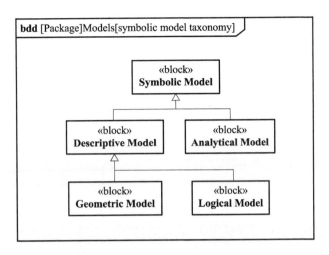

图18.2 模型分类

和其他特征的三维表示,通常作为地图和其他可视化的表现形式,这也是一种空间模型。

逻辑模型(logical model) 是一种描述性模型,主要表示了逻辑关系和依赖性(如功能)、连接性和跟踪关系。逻辑模型的例子包括有描述电子部件及其相互连接的电路设计模型、材料清单等系统组成模型。

系统模型(system model) 是一种逻辑模型,如2.1.2小节所述,它提取了需求、结构、行为和与系统及其环境相关联的参数约束,以及这些元素之间的相互关系。正如本书通篇讨论的,SysML就是一种用于捕获系统模型的建模语言。SysML支持多种抽象技术,提供了表示系统不同视图的能力,如黑盒视图、白盒视图以及安全视图。出于不同目的也可以查询分析系统模型,例如,提供跟踪能力分析、评估模型完整性、验证模型正确性。

分析模型

分析模型(analytical model) 本质上是量化的或计算的,它通过一系列数学方程来表示系统。这些方程以时间、空间和/或其他参数的函数规定了参数关系及其相关联的参数值。一般通过对潜在现象建模并预测或评估系统如何更好地运行或者评估其他系统特征来实现。各种分析模型用来表示系统及其环境的不同方面,如性能、可靠性或重量特性。

分析模型可以表示参数值。这些参数值可以作为一个时间的函数,如机车动力学模型;参数值也可以不随时间改变,如重量属性或一个静态结构的几何特征。分析模型可以通过闭式解来求解,例如给定初始位置、速度和定加速度的质点位置。其他解决方案需要由数值分析方法来确定系统状态随时间、空间和其他参数的变化。另外参数值可以是确定性的或者是概率性的,后者情况下模型参数以概率分布方式定义。

为实现模型目的,模型中定义的方程必须是对系统和环境的精确表达。例如对于一个弹簧质量模型,仅包含一阶效应也许就可预测加速度、速度和位置。但在其他情况下,需要有更详细的方程来提供有关二阶效应的表示。

分析结论通过参数值表示,表达方式可为图、表或其他可视化方式。可视化方式举例为响应曲面、蜘蛛图表、毯式曲线等。动画是一种特殊的可视化表达方式,它描述了系统或其他实体的状态变化。

模型与仿真的关系

系统仿真(simulation)将系统响应作为一个时间和空间的函数来表达。仿真可以由多种形式,例如,仿真可以评估模拟失重环境下航天员执行特定任务完成情况。此例中航天员和他们执行任务所用工具均为真实实体,但环境为模拟物理环境。

本讨论的重点为模拟系统及其环境的某些方面的计算机仿真。**计算机仿真(computer simulation)**包括系统及其环境**动力学模型(dynamic model)**、初始条件、有关系统外部输入如何随时间变化的规范、用以执行模型的**运行环境(execution environment)**。动力学模型包括定义系统状态如何随时间变化的一系列方程,同时需要确定求解的数值方法,而不是**闭式解(closed form solution)**。动力学或其他分析模型如表达充分、精确,则可由一个运行环境执行,也称为**可执行模型(executable model)**。该模型通常以可运行的 Java 或 C++编程语言表示,或者是可转为代码的更高层级建模语言表示。运行环境应用初始条件表示系统及其环境的初始状态,随时间向系统更新外部输入,求解由模型表达的方程,确定系统及其环境随时间的状态变化。模型检查器通常用于在仿真启动前确认模型和初始条件。

真空清洁机器人的仿真可用于预测评估机器人在大范围轨迹和控制算法下的清洁性能。仿真可以包括一个被清洁房间的模型,包括地毯、灰尘以及其他障碍物的表示;一个机器人系统模型,包含有传感器、处理器和控制轨迹和清洁动作执行器。仿真可以表示在给定机器人和环境初始条件下,机器人如何清洁地毯的特定区域。仿真也可以包括实际环境和/或系统的实际硬件和软件部分,以取代模型的相应部分。另举一例,仿真可以包括与系统交互的实际或模拟的操作人员。

仿真有多种分类方式。**系统性能仿真(system performance simulation)**提供了分析系统行为、资源消耗和其他基于物理的现象学的能力。性能仿真也可以包括评估系统性能随机特性的能力(如提供蒙特卡洛能力)。通过数据分析工具、先进可视化工具和动画等方式可表示仿真执行的结果。

分布式仿真(如高层体系架构(HLA)标准[26])在分布式运行环境下执行。基于 HLA 的仿真需要开发联邦对象模型(FOM),该模型表示可相互通信的个体仿真模块。运行支撑环境(RTI)提供了计算环境,用以管理时间、发布/订购信息交换、整合消息、执行其他特性以协调分布式仿真运行。

其他类型仿真根据其特征分类,如方程形式和/或求解方式。例如,离散事件仿真描述了系统如何响应一个事件序列,而连续仿真则求解微分代数方程组或微分方程组以描述系统对时间的响应。仿真可依据方程是使用程序性或陈述性(基于约束)求解器求解做进一步分类。当实际硬件或软件为仿真环境的一部分时,可分为硬件在回路仿真或软件在回路仿真。其他有关仿真分类和仿真应用可见文献[61]。

模型进一步分类

如本节前面所述,不同种类的符号模型是描述性模型和分析模型。描述性模型可以是几何的或是逻辑的。图18.2中的分类法可进一步包括其他模型分类,如表示技术、功能和应用领域的模型等。一个例子就是汽车系统(应用领域)的电源分系统(功能领域)的电子设计(技术领域)。一个特定模型可以有多个分类方法,如表示电路层(几何)、电路互连(逻辑)和/或电路分析(分析)的电子设计模型。该模型分类法可对系统开发环境中的不同模型做出分类,对理解它们的不同角色起到辅助作用。

18.1.3 不同模型的相关数据

系统模型通常用于表示某一抽象层级上系统的多个方面。如2.1.2小节所述,系统模型通常用于规范系统和部件,直至到达系统架构的某一低层级。系统模型也与其他表示系统详细方面或者表示系统模型不能解决的其他方面的模型一起使用。由于包含于系统模型中的信息通常与其他模型和数据仓库中的信息相关,必须保持不同模型和库中数据的一致性。

图18.3表示包含于不同模型中的数据关系。图中除给出一个需求库和一个配置管理库外,还提供了一个系统模型、一个几何设计模型(CAD)和一个分析模型。这些模型均表示同一系统的不同方面。包含于不同模型中的数据元素以圆点表示,线表示了数据元素之间的关系。实线关联包含于单个模型内的数据元素(内部关系),虚线关联包含于不同模型内的数据元素(外部关系)。如果两个模型或数据库中元素表示的概念均为同一事物(即在语义上等效),则称这两个元素**等同(equivalent)**。

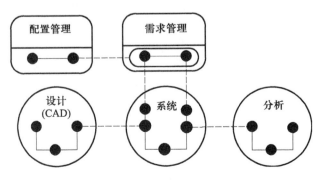

图18.3 模型和库内与内部数据元素的关系

图 18.4 中给出了一个特定的 *Vehicle*(*车辆*)示例。*Vehicle Acceleration*(*车辆加速度*)、*Total Weight*(*总重量*)需求和 *Engine Power*(*发动机功率*)、*Engine Weight*(*发动机重量*)(未显示)等其他需求均包含于需求管理库内。系统模型的需求等同于需求管理库内的需求。系统模型还表示了 *Vehicle* 及其一些属性,包括 *maxAcceleration*(*最大加速度*)和 *Weight*(*重量*)。一个满足关系连接了 *maxAcceleration* 属性和 *Vehicle Acceleration* 需求,另一个满足关系连接了 *weight* 属性与 *Total Weight* 需求。系统模型表示了由 *Vehicle* 至 *Engine*(*发动机*)、*Transmission*(*传动器*)的分解关系。*Engine* 包含了 *maxPower*(*最大功率*)和 *weight* 属性。示例规范 *veh01 : Vehicle* 提供了这些属性值的特定规范。

系统模型中 *Engine* 示例的 *maxPower* 值等同于 3D CAD 模型中的 *Est Power*(*预计功率*)值。系统模型中 *Vehicle* 示例的 *maxAcceleration* 值等同于分析模型中的 *Max Acceleration* 属性值。本例中,假定分析模型为最大加速度值的权威源,则系统模型中的 *maxAcceleration* 值需更新以反映分析模型中的 *Max Acceleration* 参数。注意分析模型需要有其他参数值来计算 *Max Acceleration*,其中一些参数由系统模型导出(如初始燃油重量,未显示),另一些参数由其他源导出。源可以包括其他分析模型,例如基于各个部件重量值计算总重量的模型(未显示)。由此简单示例中可以看出,在不同模型之间有多个关系和相关的依赖。

等同关系的一个特殊情况是两个模型表示了同一事物的不同抽象层级。例如,两个分析模型可以包含表示设计的同一属性但精度不同的某个参数,如各有一个低精度分析模型和一个高精度分析模型来预测 *maxAcceleration*。相似地,图 18.4 中系统模型的 *maxAcceleration* 属性可以与一个简单约束绑定,这个约束将最大加速度与发动机最大力矩和车辆重量关联,而分析模型中 *Max Acceleration* 随时间变化的参数可以将发动机的扭矩曲线作为发动机转速、传动比、效率及其他发动机参数、驾驶条件的函数。

不同模型和库中数据间的其他类型关系并不表示等同性(非等效关系)。例如,一个模型可以表示某一部件的需求,另一个模型可以表示该部件的设计。在图 18.4 中,系统模型中的 *Engine* 表示了针对关键发动机特性的一个相当抽象的规范,例如接口、功能、关键性能和物理特性。而 3D CAD 模型中的 *6 Cyl Turbo Engine*(*六缸涡轮发动机*)则表示了一个满足该规范的发动机详细设计。系统模型中的发动机 *weight* 属性表示 *Engine* 的要求重量,而 CAD 模型中的 *Est Weight*(*预计重量*)属性表示预估的设计重量。这两个数据元素并不等同,但可以通过某个由规范至设计的关系而相关,如满足关系或实现关系。

图 18.4 中,配置管理库包含了需求管理库中有关需求的版本数据。该版本数据是有关需求的元数据,包括了其版本号、更新时间、更新人员等内容。必须建立并维护需求和元数据之间的关系。

在一个特定模型内部数据元素间的关系是模型的一部分,而模型之间的数据

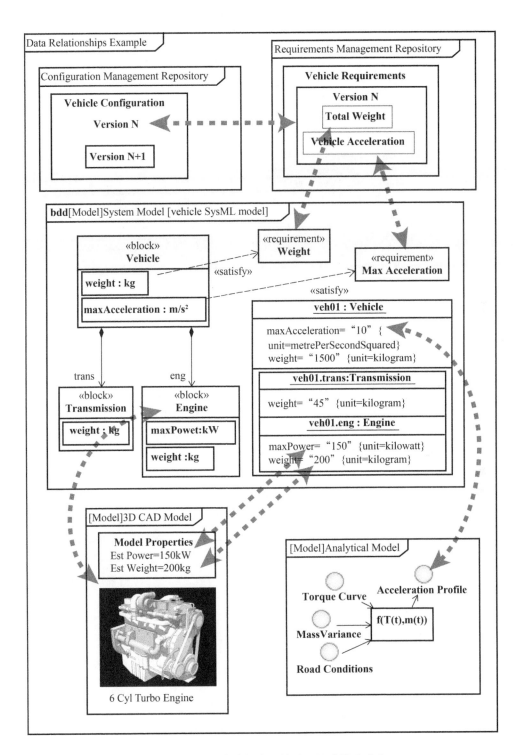

图18.4 系统建模与其他模型之间的等同关系

元素关系并非必须是各模型的一部分，但必须维护管理该数据关系，确保一致性以支持模型间的影响评估。需应用模型管理方法来解释这种关系的性质、关系各端数据元素的含义和元素间的依赖性。尤其是关系的某一端可以指定为源，另一端指定为客户。当更新源端后，客户端也必须予以更新。随着模型数量及模型之间依赖性的增加，模型间的变更传播和需求同步变得至关重要。18.2.3 小节配置管理中讨论了管理模型更改的一些内容。

系统模型与其他工程学科开发的模型、结构化数据的集成对于形成一个结合紧密的基于模型解决方案而言特别重要。每个学科都依赖于开发描述性模型以表示他们的设计、分析模型和仿真，从而支持性能分析和其他设计决策。对位于不同模型内数据之间的关系进行管理，可以减少不一致性，提高设计完整性和设计质量，同时可减少影响分析的次数。系统建模工具与其他系统开发工具之间的数据接口必须维护这些数据关系，这将在 18.2.2 小节讨论。

18.2 规范集成的系统开发环境

系统开发环境（systems development environment）指的是开发团队所应用的工具和知识库，用于从概念阶段至交付系统验证、确认整个过程中的系统开发。典型的工具包括系统建模工具、硬件/软件设计与开发工具、仿真与分析工具、测试工具、需求管理、配置关系、项目管理工具等。工具和知识库均是基于计算机的多用户网络化应用，由计算及网络设备所支撑。一个集成系统开发环境表示了这些工具和知识库之间的逻辑连接，以支持并行工程。

建立一个集成的系统开发环境需要应用系统工程方法。必须考虑系统开发环境的全生命周期，从初始采购到安装、配置、运行和维护。系统开发环境的构建应包括其接口定义以及为支持这些接口所需的标准。本节根据系统开发环境中的工具类型、功能和工具之间的信息交换，规范了集成系统开发环境。信息交换必须保存不同模型间的数据关系，如 18.1.3 小节中所述。18.3 节描述交换该信息的机制与方法，18.4 节介绍将系统建模工具与其他基于标准的工具相集成的示例。

18.2.1 系统开发环境中的工具

系统开发环境包含广泛的建模工具和其他应用。模型类型可根据 18.1.2 小节中所述的分类法进行分类。建模工具用于创建、修改、保存、呈现、交换和分析模型，检查其有效性。建模工具可支持不同标准/非标准的机制，以交换建模信息。

本小节定义了用于支持系统开发的一系列工具角色。工具角色描述了工具提供的功能类型，而不考虑某一个特定工具供应商实现。特定工具供应商实现可以支持一个或多个工具角色的所有或部分。例如，某个特定工具供应商可以支持 SysML 系统建模和一些分析建模。在本小节的后面部分，工具指的是工具角色。

第18章 系统开发环境中的SysML集成

图 18.5 描述了一个环境,该环境集成了支持系统开发过程(如系统规范与设计、硬件与软件开发、系统集成和验证、项目管理活动等,参见 17.1.2 小节)不同部分的多种类型工具。该环境中的工具创建和维护系统模型,如同机械、电子与软件设计模型、仿真与分析模型、验证模型等。其他工具支撑需求管理、配置和数据管理、项目管理和文档与视图生成。在某一特定开发环境中可能也还有其他很多工具以支撑其他学科专业活动,但工具分类给出了一组有代表性的集合。这些工具总结如下:

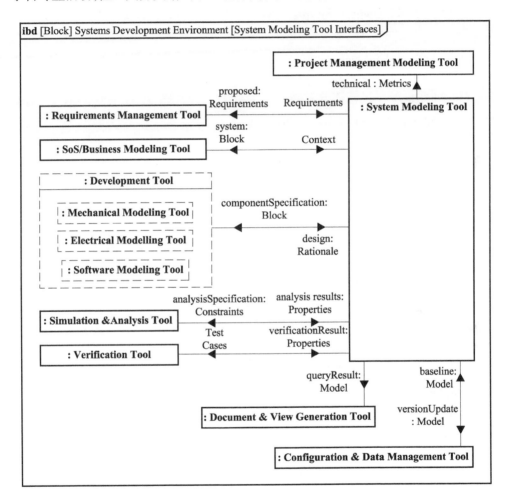

图 18.5 系统建模工具与其他工具之间的高层信息交换

项目管理(project management) 工具支持整个开发工作的规划、评估和控制,管理成本、进度和技术性能。这些工具也包括工作流引擎,控制开发过程的执行,如策划任务分配和交付批准。

系统之系统建模(system-of-systems modeling) 工具支持系统之系统、企业和业务过程建模,包括支持 DoDAF 和 MODAF 等架构框架,应用 DoDAF/MODAF

统一配置文件(UPDM)等建模语言和业务过程建模标记(BPMN)。

系统建模(system modeling)工具支持系统模型开发,如 18.1.2 小节所述。该建模工具设定为 SysML 建模工具。

仿真与分析(simulation and analysis)工具支持在系统各层级的权衡分析、敏感度分析、优化、特征化和预测。这些工具提供了运行环境和求解器,支撑专业分析(如性能、可靠性、安全性、成本、重量特性分析等)的求解以及设计集成检查。

需求管理(requirement management)工具生成、追溯、跟踪、报告基于文本的需求,并整合至规范文档。

机械建模(mechanical modeling)工具用于设计、实现、测试系统与部件的机械部分,包括了二维/三维 CAD 建模,可以包括材料、几何维度与公差、制造过程设计建模。机械建模工具由许多不同仿真与分析工具支持,对设计的机械部分展开分析,包括重量特性、强度、动力学和热特征等。

电子建模(electrical modeling)工具用于设计、实现、测试系统与部件的电子部分,包括电路设计/原理图提取、电路层、FPGA 设计和制造过程设计。电子建模工具由许多不同仿真与分析工具支持,对电子设计展开分析,包括电源、接地、信号和数据等。

软件建模(software modeling)工具用于设计、实现、测试软件部分,包括 UML 建模工具、编译器、汇编器和作为集成软件开发环境组成的其他工具。软件开发的 OMG 模型驱动架构(MDA)方法依赖于提取维护模型中软件产品的技术基线、由模型生成代码、按模型变化同步更新代码。

专业软件工具支持实时嵌入式(RTE)系统开发。RTE 建模语言包括实时嵌入系统建模与分析(MARTE)UML 配置文件[62],SAE 架构分析设计语言(AADL)标准[27]。被多个不同仿真分析工具支持的软件建模工具可分析软件设计,包括规划、实时性能分析和复杂性分析。

软件建模也支持信息密集型系统设计,包括概念、逻辑和物理数据库设计以存储、查询和同步数据。

验证(verification)工具用于验证整个系统开发生命周期内验证系统架构各层级(从系统之系统至部件层级)的需求是否得到满足。验证工具强调的是功能、接口、性能、物理和环境等需求的广度。工具可以支持不同的验证方法,包括检查、分析、验证与测试等。验证环境可以包括一些工具,这些工具覆盖的范围可以从简单驱动到激励部件并评估其响应,再到复杂设施和设备(如环境测试设备),用于验证系统或部件振动、冲击、温度和寿命末期需求。

这里假设确认工具可以是验证工具的一种。但是确认工具必须支持多种确认方法,其中一些方法与验证并无关联。例如,确认方法可包含检查利益相关方的需求以确保他们的需要得到满足,以及在真实环境中开展运行测试以确定系统满足用户需要的程度。后者是验证的一个示例,而前者不是。

文档和视图生成(document and view generation)工具用于创建系统规范与

设计文档。在一个基于模型的环境中,文档表示的是系统的不同视图,通过按需查询模型、提供对客户有用信息的结果来创建。

配置和数据管理(configuration and data management)工具使得模型及相关开发制品(规范、设计、分析和验证制品)保持在受控状态。产品数据管理工具包含配置和数据管理工具,用于管理全生命周期技术数据。

18.2.2 系统建模工具与其他工具间的接口

图18.5是一个集成系统开发环境的内部块图,突出了系统建模工具与前面总结的其他类型工具之间的逻辑连接。由于焦点集中于系统建模工具的接口上,因此并未给出其他工具之间的连接。

各连接间的交换信息是为了保存模型间的数据关系,这在18.1.3小节中已经讨论过。图18.5中也给出了系统建模工具与其他类型工具之间交换的典型信息,下面将予以讨论。图中所描述的交换是在概要层上,但可作为一个起点来详细定义特定环境下的接口。18.3节中讨论了信息如何交换的机制。

与需求管理工具的接口

图18.5给出了系统建模工具和*需求管理*工具之间的数据接口,其中包括需求交换和/或它们的相互关系。这可以是单向或双向的高度依赖过程的信息交换,也是一个功能,指定了哪个工具为需求源,哪个工具为客户。

系统开发环境中的一个典型方法是从系统建模工具的*需求管理*工具中提取某些需求子集以及建立等同关系的连接。系统建模工具用于提出需求更新建议,而需求是在*需求管理*工具中被正式更新与控制。需求间的派生关系(如 *deriveReqt*)在*需求管理*工具中维护,因为该关系仅位于基于文本需求之间。其他需求关系,如需求和其他模型元素间的满足、验证和精化关系等,均在系统建模工具中维护。这两个工具内的需求与关系均同步以保持等同。

与系统之系统/业务模型和工具的接口

图18.5给出了系统建模工具与系统之系统/业务建模工具之间的数据接口。系统之系统建模工具提供了待开发系统的情境和每个利益相关方的需要。系统模型则定义了系统以及系统如何满足需求。

架构框架提供了描述这些情境和需要的结构。UPDM 等建模语言[23]直接支持这些框架。UPDM 也以 SysML 为基础,因而有利于 SysML 模型与 UPDM 模型的集成。集成可通过应用系统之系统和系统模型中的通用模型元素实现,或者通过维护以它们之间的带有等同关系的独立模型来实现。

与开发模型和工具的接口

开发系统模型的一个主要原因是规范系统部件的需求和约束,包括硬件和软件两方面。系统建模工具与硬件/软件开发工具之间的接口非常关键。系统建模工具给硬件/软件工程开发工具提供部件规范,后者反过来提供了设计数据以表明硬件/软件设计模型如何满足规范要求。

图 18.5 描述了系统建模工具与软件建模工具、机械建模工具、电子建模工具之间流经的信息类型。在每种情况下，系统建模工具提供部件规范和系统情境给专业领域。由系统建模工具至开发工具的接口可以以块表示，代表了部件黑盒规范及其端口、功能/操作和值属性（参见 17.3.5 小节，规范部件需求部分）。黑盒规范可以附带基于文本的需求，这些需求通过精化关系相关。作为回应，软件建模工具、机械建模工具、电子建模工具提供了它们的设计与其需求之间的关系。

软件开发

对于使用 UML 的软件开发环境，即使潜在的语言概念均有相同的根源。系统建模工具与 UML 软件开发工具之间的接口依赖于特定的基于模型方法，由 SysML 模型而来的软件规范输入至 UML 建模工具，进而开展软件设计。由系统模型而来的部件黑盒规范映射到对应的软件开发模型元素，以保持设计的追溯性（注意这其中可能有分配或实现关系）。

如 18.1.2 小节中所述，可应用仿真与分析工具来规范和分析系统性能。其中有些工具可同时提取硬件中的处理约束和软件中实现的算法设计，有些能够自动由模型生成代码。

机械硬件开发

基础机械模型为由 3D CAD 工具开发的几何模型。系统建模工具与 3D CAD 工具之间的接口一般通过产品数据管理（PDM）应用间接实现。特别是 PDM 应用根据组成分解或者物料清单（BOM）管理配置。PDM 工具保持组成与对应 CAD 文件之间的关系。以 SysML 表示的系统分解中的系统元素可以与物料清单中的对应组成相映射。然后由黑盒规范规定机械设计需求，包括功能、机械接口、关键属性和环境需求等。系统建模工具中表示的物理约束可通过机械仿真与分析工具分析，其中包括有重量属性、强度、动力学和热分析等。

包括 3D 动画在内的虚拟组装能力正变得越来越重要，它可用于确认制造过程与可用性需求。保持系统模型与虚拟组装中对应机械组成之间的连接可有助于搭建起用户至产品至过程的需求可追溯能力。

电子硬件开发

通过与上面提及的机械硬件开发相似的方法，系统建模工具中与电子设计相关的元素（如传感器、执行器、处理器、总线、控制器和网络等）可采用上述机械硬件开发相类似的方法，与电子建模工具中的对应元素相映射（如电子计算机辅助设计（ECAD）或计算机辅助工程（CAE））。系统模型中的黑盒规范可规定电子的接口与行为，包括非正常行为。系统建模工具中表示的电子性能和能源约束可通过电子仿真与分析工具分析。

与仿真分析工具的接口

如 18.1.2 小节中所述，系统模型作为一种描述性模型，描述了系统之间的逻辑关系,例如整体－部分关系、连接关系和信息流。为对系统开展分析以确保其满足需求,需要有适当详细准确的分析模型和仿真。系统建模工具可与仿真分析工具集成,前者可向后者提供分析模型所需的关键系统规范与设计信息。集成的性质可能会有很大的不同,这取决于所交换的信息类型。

虽然以 SysML 表示的系统模型为描述性模型,但是在执行环境的支持下,SysML 模型子集的语义可以被执行。一个例子就是 7.9 节中给出的活动执行语义。当模型执行时,可激励动作、输入/输出、消息流和状态切换按序执行。通过预描述语义可执行仿真,或者仿真可针对专门的用户交互作用而反应(例如,"触发该输入,观察会发生什么现象")。通过这种方法,以 SysML 表示的系统行为可提供充分的信息以辅助功能与接口需求确认、执行假设行为分析、探寻用户交互作用概念。

系统或部件的行为可能需要进一步规定,根据微分方程来分析性能和其他设计的关键方面。以 SysML 表示的系统模型可与使用 SysML 参数的其他分析模型集成,提取约束和它们的参数。对于该情况,系统模型必须精确表示,确保分析可执行。这通常是通过将扩展指定为配置文件和/或使用不透明结构来实现,这种结构封装其他语言的语句。

系统模型通常用于表示一个更高层的抽象,它并不提取详细的属性与方程。虽然系统模型提取了关键的性能与物理属性,但通常并非目的,例如,为运行一个高精度热分析,捕获所有详细的热属性与方程。通常有许多更好的工具适用于完成这些工作,这些工具有合适的构建来表示该分析领域的细节。在此情况下,可将系统模型中表示与分析相关的抽象信息单独提取出来,转换后与分析模型中的必要细节合并,然后在分析工具中运行。有些情况下,系统模型中的相关组成也是分析的输入与输出参数规范。对于这种情况,分析的输入和输出参数与使用 SysML 参数的设计属性绑定。

一些 SysML 工具包括可直接运行参数模型的方程求解器,因此,在同一个工具中集成了系统模型和分析模型。也有第三方插件支持 SysML 参数模型与外部数学求解器及其他分析工具建立接口。

如果系统结构有修改,则分析模型必须相应地做出修改以反映该结构上的变化。一个简单示例是表示带有两个组件的系统模型。重量分析模型可以累加这两个组件的重量。但如果系统模型中引入了第三个组件,分析模型不能自动加入第三个组件的重量,除非更新该分析模型以反映新的结构。分析模型必须能够维护,与系统模型中的结构保持一致。在每次有模型改变时,可以通过运行转换来更新模型。一个示例就是 SysML 至 Modelica 的转换,该转换将以 SysML 表示的系统模型转换为 Modelica 模型,从而可以在 Modelica 运行环境下执行(参见 18.4.1 小节)。

在上述方法中,分析结果均可返回给系统模型,以反映更新后的属性值。

15.8节中的SysML视角概念可用于描述目标、利益相关方和某个特定分析模型应解决的关注点。视角也可展现系统模型支撑分析问题的相关部分，也可进一步规定应用何种建模语言与工具来运行分析，规定需要输出何种结果以与视角相一致。

与验证工具的接口

如图18.5所示，系统建模工具可向验证工具提供情境、测试用例，以及针对特定系统配置需要被验证的相关需求。系统模型也可提供相关信息以规定验证环境和验证计划，如17.3.8小节和17.3.9小节所述。所提供的验证结论可用于更新系统建模工具。

与项目管理工具的接口

对于一个复杂项目，有效的项目和技术管理可能需要系统开发环境中所有模型与工具的信息。项目管理可利用系统模型的信息来辅助开展规划、控制技术工作。2.2.5小节中的基于模型的度量即为一例，由系统模型中提取的度量用于评估设计质量，帮助跟踪状态，支持成本、进度和技术性能的估计。有关模型自动生成度量报告一般通过某个给定工具的脚本功能实现。

扩展SysML可支持项目管理，具体包括根据执行的活动提取过程信息以及它们所关联的交付物、里程碑事件、组织角色和工作包。增加工作包版型有助于开展工作和促进系统规范、设计之间的可追溯性。在UPDM与其他配置文件中，已经包含一些项目管理扩展，如项目、组织、里程碑等。开发过程的可执行模型可与工作流引擎集成，以促进开发过程的自动化。

与文档和视图生成工具的接口

文档和视图生成工具用于准备、管理系统文档。对于在利益相关方群体内(如客户、经理、设计工程师、测试工程师)组织、交流系统规范和设计信息，文档与表格化数据是一种传统且高效的手段。

图18.5表示了系统建模工具与文档生成工具之间的信息交换。采用SysML视图和视角机制来查询系统模型，获得要求的信息，然后将该信息传递给翻译工具，从而按照要求的格式输出信息。这可能包括多种不同媒介(如HTML)的文本、表格、图形格式的组合。除了报告模型中的信息，一些附加能力也支持来自外部应用程序(如web客户端)模型信息的注释与更新，从而更广泛地使用模型信息。

许多SysML工具具备一定的文档生成能力，包括以HTML格式的模型web发布。还需要额外的文档和视图生成能力，以有效地跨越多个模型和信息源，提供有关系统设计信息的更完整、全面的视图。在18.4.5小节中讨论了与一个典型系统建模工具集成的文档与视图生成方法。

与配置和数据管理工具的接口

配置和数据管理工具用于管理在整个系统研制生命周期内由系统开发环境产生的基线技术数据变化。这需要数据在几个粒度层级形成不同的版本。由这些工具来控制对数据的更新与访问。图18.5给出了系统建模工具与配置和数据管理工具之间的典型信息交换。配置和数据管理工具向系统模型提供了基线技术数据,系统模型向这些工具提供了模型更新。18.2.3小节讨论了基于模型环境中应用的配置管理概念。

18.2.3 应用配置管理工具管理模型版本

配置管理(CM)工具确保了模型和其他研制制品(如规范、计划、分析、测试结果等)保持在受控状态,因此能够识别最新的版本。配置管理工具也支持考虑每项更新的影响。随着模型生成制品和工具配置创建模型,模型的内容也得到管理。

本部分的重点是管理系统模型的变化,在给定时间内可能有一位或多位建模人员对模型进行变更。这种改变的复杂性随着建模人员的数量、改变的频率,以及被改动模型的组成间关系的数量和种类而增加。管理更新建立系统模型的通用基线,使得变化的影响能够随着设计改进而被正确考虑。

模型管理更通用的范围是在跨分布式开发环境下处理更新和同步不同类型的模型与工具,确保信息的一致性。这项更广泛的挑战必须解决基于数据关系(在18.1.2小节中叙述)的变更在不同模型间的传播。模型间的数据交换是支持模型管理的先决条件。18.3节和18.4节将讨论数据交换机制与应用。

管理配置的功能与工具

作为系统开发环境的组成,配置管理环境通常满足如下三项功能:

(1)管理开发制品(通常称为配置项),包括控制对当前工作制品集的访问(通常称为一个配置)及将工作集的版本存档(称为基线)。实现该功能的工具称为**配置管理工具(configuration management tool)**。

(2)管理工作集的更改,包括实施一致的更改控制过程(如基于更改请求)及分析配置项变化的影响。实现该功能的工具称为**更改管理工具(change management tool)**,通常与配置管理功能合并。

(3)确保由项目基线建造的产品完整且一致,包括识别系统部件不同的变体以及这些变体之间的兼容性。这支持识别有效变体配置与关联的物料清单。实现该功能的工具称为**产品数据管理工具(product data management tool)**。这些功能通常与更改管理功能、配置管理功能合并。

上述每一项工具均存储了有关配置项的附加数据(通常称为元数据),如它们的相互依赖性与兼容性。产品数据也包括元数据,如物料清单中的组成包含了其版本,这就要求产品数据与配置元数据需保持一致。

开发环境中的不同工具均会维护一致的一组配置项版本,配置管理环境通过识别这一组配置项版本建立了一个有效的配置。任何给定的工具均是在由配置管理环境所识别的配置项版本下操作。实际中一些工具既充当识别版本角色,又在配置项版本下操作。

模型配置维护

一些模型是由传统的非基于模型制品所描述,这对配置管理是一项挑战,因此需对 18.1.3 小节所描述的不同模型内的模型元素间的精细数据关系予以维护。这可能会影响确定配置项进行版本化和控制的解析层级。对于以 SysML 表示的系统模型,很明显两种候选者是不同类型的包(包括模型、模型库与配置文件)和不同类型的定义(如块与活动)。

在将包作为配置项考虑时,项目需要制定一条如何处理包层级的策略。最简单的方法是仅将模型最顶层的包作为配置项。该方法的一个优势是配置项不会包含其他配置项。但对于一个大型项目,这会导致一个扁平的模型结构,在模型顶层会有大量的包,使得难以理解、操纵与控制。同时,也会导致配置项变得非常庞大,使得难以给工程人员划分工作。因此大型项目通常需要带有包及其他模型元素组合的分层配置项。

为应对上述挑战,一项名为 MOF 版本[63]管理的 OMG 标准提供了模型配置管理的一个框架。图 18.6 给出了一个 *Workspace*(*工作区*)的概念,该工作区是由团队或个人使用以管理他们的模型数据。*Workspace* 包含了 *Configuration*(*配置*)和 *VersionedExtent*(*版本范围*)。*VersionedExtent* 等同于传统配置管理下的一个配置项,指向一组模型元素(注意:它提供了一个返回元素集合的查询)。*VersionedExtent* 可以有不同层级的颗粒度,例如它可以指一个包以及该包中的所有模型元素,或者是指一个块以及该块中的所有模型元素。

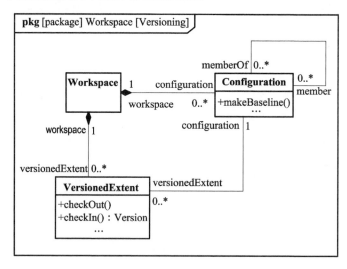

图 18.6　MOF 版本控制规范中的工作区

Configuration 可以识别一组 *VersionedExtent*,这些 *VersionedExtent* 共同包含一些模型元素集。*Configuration* 并不直接指向模型元素,而仅仅识别 *VersionedExtent* 集。

VersionedExtent 也可以是 *Configuration*,它将一个或多个元素识别为 *VersionedExtent*。

按照该思路,配置可以层级化。一个例子就是父 *VersionedExtent* 指向一个包及其内容,子 *VersionedExtent* 指向嵌套包及其内容。父与子也均为配置。

VersionedExtent 原先的内容以 *Version*(版本)保存,*Configuration* 原先内容以 *Baseline*(基线)保存。这些版本管理概念定义了管理 *VersionedExtent* 与配置历史的操作。*VersionedExtent* 的 *checkOut*(检出)操作使其可编辑,*checkIn*(检入)操作通过生成当前状态的快照创建一个新的 *Version*。*Configuration* 的 *makeBaseline*(生成基线)操作由 *Configuration* 内所有 *VersionedExtent* 的当前 *Version* 创建一个新的 *Baseline*。

图18.7 表示了 *VersionedExtent* 与 *Configuration* 的版本控制。*VersionHistory*(版本历史)包含 *VersionedExtent* 的 *version* 集合,其中有一个名为 *rootVersion*(根版本)的初始版本。任何 *Version* 可以有任意数量的 *previousVerion*(先前版本),并支持由于长期变体与短期并行开发而产生的分支。*VersionedExtent* 的 *baseVersion*(基础版本)是根据最新内容而复制的版本。当 *Configuration* 识别一组 *VersionedExtent* 时,*Configuration* 的 *Baseline* 识别这些 *VersionedExtent* 的版本集,这些版本集代表了一个完整连续的 *Configuration* 集合。*Baseline* 集合中的 *Configuration* 当前源称为 *baseline*。由此可见,*Baseline* 模式与 *Version* 模式相似,使得 *Baseline* 也有一个表示 *Configuration* 所有重要状态的历史。*Baseline* 可以有分支表示变体与并行开发。*Baseline* 也可是其他 *Baseline* 的 *member*(成员)。

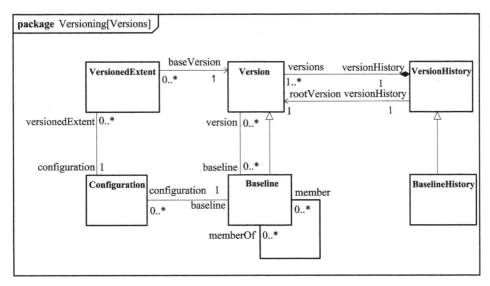

图18.7 MOF 版本管理中版本与基线的工作方式

在第 6 章中已经讨论了系统模型的组织,16.3 节和 17.3.1 小节的示例中也给出了典型模型组织。如上面所述,通常用包来对模型分区,并作为配置控制的一个单元。对于大型项目,开发团队访问并更新由其所控制模型的一个专用部分。

Configuration Management(*配置管理*)工具通过检入/检出或只读访问方式控制对模型元素的访问,从而控制模型的变化。配置管理工具也确保了在更新模型元素时对每个包进行合适的版本控制,并通常保存在 *Repository*(*知识库*)内。

成功的大型项目系统工程需要有技术基线的分学科管理。技术基线的开发与持续更新跨越了系统开发环境中的所有信息,并需应用配置管理环境来实现对该信息的控制。

技术基线的更新必须进行评审和评估,以掌握该变化对基线剩余部分的影响。*System Modeling*(*系统建模*)工具可用于评估更新影响、查询模型及生成影响报告。例如一个需求改变后,可通过系统模型内的内部关系识别出受影响的元素。与其他模型或知识库内数据的外部关系可通过外部链接引导,来评估对这些模型和工具的影响。18.3 节与 18.4 节中讨论系统建模工具与其他建模工具集成的方法。

18.3 数据交换机制

18.2 节讨论了系统开发环境中的工具类型与它们之间交换的典型信息。当某个模型更新时,由于该模型与其他模型有数据关系,因此需**数据交换**(**data exchange**)以维持不同模型间信息的一致性。这种交换可以是手动、自动进行,也可以是两者混合。

在 18.1.2 小节和图 18.3、图 18.4 中描述了不同模型中所包含相关信息的一个简单示例。一组是系统模型中的重量属性与分析模型或 CAD 模型中对应参数的关系。系统建模工具中的系统模型包含了系统及各个部件的重量属性,分析工具基于各部件的重量计算系统重量。本部分讨论了工具间数据交换的标准与方法,以维持模型之间的这些关系及一致性。

18.3.1 数据交换考虑因素

在选择工具和模型间的数据交换方法时,需考虑以下因素:
(1)交换什么数据?
(2)数据是否为双向交换?
(3)数据量多大?
(4)数据交换的频率与持续时间?
(5)交换要求的性能有哪些?
(6)什么是交换要求的可靠性?
(7)工具是否使用相同的建模语言或者是否需要翻译?如果是,是否需要额外的信息?

选择任何两个工具之间的数据交换方法必须考虑工具集成在效率和质量方面的长期价值,而不是实现成本。

数据交换机制

应用以下交换机制,可以实现系统开发环境中工具间的数据交换:

(1)手工交换,由一个工具至另一个工具重新输入数据;

(2)基于文件交换,使用专有文件格式或标准交换格式(如 XMI);

(3)基于交互作用的交换,使用 API。

在基于文件方法中,定义了由领域语言至文件格式的映射,工具按照该格式写/读文件。在基于 API 的方法中,领域语言映射为 API 集,后者调用工具将数据读/写到模型中。

交换方向

数据交换可以是单向,也可以是双向。当交换的某一方被指定为供应方,另一方指定为客户方时,交换可以是单向。这可以由过程驱动,也可能由过程或供应方是更准确的数据来源这一假设所驱动。对于该情况,客户方被更新确保与供应方保持一致。例如,代码产生器、文档产生器等生成工具即为典型的由模型至代码或文档的单向工具。建模工具间(如系统建模工具与分析建模工具之间)的数据交换可以是双向,这取决于模型元素之间的关系。这就提供了能力使建模工具可以提供输入参数值以支持分析,分析工具向系统建模工具返回分析结果。**往返(round – tripping)**用于描述两工具之间的双向交换,工具通过它们的等同关系修改同一数据。

转换

当交换双方的语言不一致时,为支持数据交换需进行转换。转换包含了两种语言之间的映射概念,这种映射概念可以是单向或是双向。两种语言可以有相似的概念,部分内容有可能是一对一映射。在此情况下,转换仅需要由一个建模语言转为另一个建模语言,双向交换也相对直接。

另一种情况下,某语言可以较另一语言更为抽象。当数据源语言更为抽象时,源概念可以映射为目标概念集以建立等同关系。例如,状态机中的某一状态转换可以映射为对应于 C++ 语言中类的多行代码。当数据源语言更为具体时,需要有额外的数据以确定相对应的目标概念。常见的例子是源为编程语言、目标是建模语言。例如,为支持由某些 C++ 类至 UML 类的映射,代码中转换需要有额外的注释。

在往返场景下(由模型至代码的转换以及由代码至模型的转换),模型可能需要附加于代码中的注释。例如,状态机进入动作的转换可能需要包括某一附加于代码中的注释。注释包含有一些信息,这些信息在由代码至状态机的转换中使用。

数据交换架构

通过两工具间的点 – 点连接或是通过某一共享知识库,可以实现模型数据的交换。当两个工具均遵循相同数据交换标准时(如相同文件格式或 API),点 – 点交换是最简单的方式。当两个工具未遵循相同标准时,应用**桥(bridge)**或者其他接口软件应用可以实现交换。

另外一种方法是使用中间的共享信息**库（repository）**。该库通常为一个配置管理数据库，可由两个或多个工具访问，库中保存了这些工具共享的数据。库通常支持多种文件或者 API 标准，以支持不同工具的集成。对库中系统工程数据的维护使得整个库内数据可以进行一致性检查，而不用依赖于个体工具中的一致性检查。保持这种系统工程数据的库可以发布元数据表，从而允许其他工具访问数据及数据含义。

18.3.2 基于文件的数据交换

传统上建模工具间的数据交换通过工具间的桥来实现，应用的机制如前所述。这种方式代价较高，因为每个工具配对均需要有其接口机制。对于 n 个工具，实现点－点接口需要开发 n^2 个接口。另外，当每个工具改变时均需要更新接口机制。对于集成系统开发环境，需要强调的是数据交换和其他建模标准的使用以支持工具和模型互操作性。下面将讨论与 SysML 相关的一些标准。

XML 元数据互换

XMI 是 eXtensible Markup Language（XML）Metadata Interchange（XML 元数据交换）的缩写[29]，它是工具间 UML 交换和 SysML 模型交换的一种标准格式。针对 SysML 的 XMI 基于三种工业标准，即 XML、元对象设备（MOF）[24]和 UML[52]。UML 与 MOF 为 OMG 的建模和元数据库标准。XML 为由万维网协议（W3C）而来的基于文本的语言，支持使用标签来描述结构化数据。本质上 XMI 是一个规则集，用于将以 MOF、UML 和 UML 配置文件表示的元模型转换为一组以 XML 表示的标签。SysML 是一个 UML 配置文件，因此它也有使用 XML 的数据交换标准。反过来这使得 SysML 模型作为一个 XMI 文件被交换。OMG 模型互换工作组[64]建立了测试用例，示范并强化了 UML、SysML 和 UPDM 工具供应商之间基于 XMI 交换的质量。

图 18.8 给出了一个简化的 SysML 图，其中 *Block1* 由 *Block2* 组成，两者均有属性。图 18.9 为由模型而生成的等同 XMI 表示。XMI 根据模型元素的 UML 元类型、唯一编号和依赖于其元类的其他信息来识别各个模型元素。

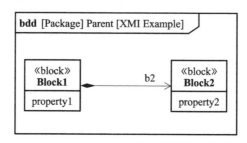

图 18.8 用于阐述 XMI 的简化的 SysML 图

注意图 18.9 中的编号已经简化,因为全局唯一编号不便在图中表示。图框架表示了一个名为 *Parent*(父)的包,该包在 XMI 中作为 *Block1* 和 *Block2* 的所有者被提取。但是,图类、用户定义的图名和其他信息(如符号位置)不包含在交换中。

```
-<ownedMember xmi:type="uml:Package" xmi:id="ID0" name="Parent" visibility="public">
  -<ownedMember xmi:type="uml:Class" xmi:id="ID1" name="Block1" visibility="public">
  <ownedAttribute xmi:type="uml:Property" xmi:id="ID2" name="Property1" visibility="private"/>
    <ownedAttribute xmi:type="uml:Property" xmi:id="ID3" name="b2" visibility="private"
    aggregation="composite" type="ID=" association="ID4"/>
  </ownedMember>
  -<ownedMember xmi:type="uml:Class" xmi:id="ID=" name="Block2" visibility="public">
    <ownedAttribute xmi:type="uml:Property" xmi:id="ID6" name="Property2" visibility="private"/>
  </ownedMember>
  -<ownedMember xmi:type="uml:Association" xmi:id="ID4" visibility="public">
    <memberEnd xmi:idref="ID3"/>
    <memberEnd xmi:idref="ID7"/>
    <ownedEnd xmi:type="uml:Property" xmi:id="ID7" visibility="private" type="ID1" association="ID4"/>
  </ownedMember>
</ownedMember>
...
<SysML:Block xmi:id="ID8" base_Class="ID1"/>
<SysML:Block xmi:id="ID9" base_Class="ID5"/>
<SysML:BlockProperty xmi:id="ID10" base_Property="ID2"/>
<SysML:BlockProperty xmi:id="ID11" base_Property="ID3"/>
<SysML:BlockProperty xmi:id="ID12" base_Property="ID6"/>
```

图 18.9 与图 18.8 等效的 XMI

如果模型元素代表 SysML 概念,它们表示为 SysML 元类型的实例,如 15.4 节与 15.7 节所述。在此情况下,元类型的实例参考了它们扩展的 UML 元素。

应用协议233

产品模型数据交换标准 STEP(ISO 10303[30])是一种计算机可理解的用于产品数据交换的国际标准,其目标是提供一个能够描述整个产品生命周期内产品数据的机制,该机制能够独立于任何特定系统。这种描述性质使得该协议不仅适用于中立文件交换,而且可作为实现、共享产品数据库与档案的基础。

应用协议 233(AP233)是一个基于 STEP 的数据交换标准,目的是支持系统工程界的要求。它与 CAD、结构、电子、工程分析标准一致。SysML 与 AP233 标准并行开发,因此产生了共享系统工程域这一概念。SysML 工具可进一步促进将 AP233 作为 SysML 模型交换的中立格式进行应用。

图交换标准

图交换与数据交换有重大区别。先前的标准可以支持模型数据的交换,但不能清楚地记录如何交换图层信息,包括标识定义以及这些标识在图中的位置。如果模型信息被交换,则一些工具提供了由模型知识库自动生成图的能力。但是图并不反映原始图层,因为该信息并非交换的部分。

OMG 图定义标准[65]提供了基于文件的图信息交换。该标准包含——**图互换(Diagram Interchange,DI)** 规范和**图制图(Diagram Graphics,DG)** 规范两部分。图互换规范规定了一种以 XML 表述的文件格式,允许两个工具交换图拓扑信息,例如某个模型元素是由节点或圆弧表示,某个节点是否有嵌套标识、节点相对于图原点的位置等。图制图规范支持图的几何与内容描述,例如节点形状和节点中出现的文本。每个制图语言都定义了一个图交换规范的特定版本,以及一个从语言规范、图交换规范混合体至图制图规范的转换。

图 18.10 概述了定义 SysML 图交换的方法。*SysML DI*(*SysML 图互换*)扩展了 *UML DI*(*UML 图互换*),其本身也是 *DI*(*图互换*)的一个特殊化。*SysML Mapping Specification*(*SysML 映射规范*)解释了 *SysML DI* 中的图元素如何映射为 *DG*,该规范被期待成为未来 SysML 规范的一部分。图 8.10 下部给出了一个用例示例 *Purchase*(*购买*),*Purchase* 为某用户模型的一个元素,它是元类 *Use Case*(*用例*)的一个实例。图元素表示为一个包含标签的外形,该元素使用继承自 *UML DI* 的类 *DI*。类 *DI* 和 *SysML Mapping Specification* 包含所有必要信息,从而将用例图元素映射为由 *DG* 元素规范的图的一个标识。

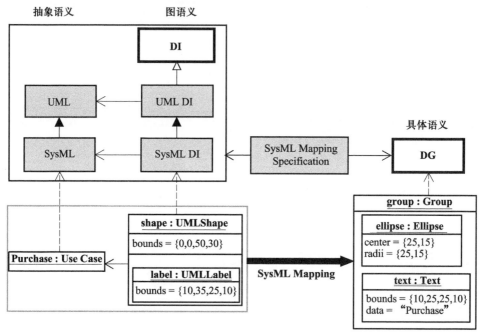

图 18.10　SysML 中的图交换

对于支持从 SysML DI 到图制图标准转换和支持图制图标准的 SysML 工具,可以交换模型的图互换信息和模型数据(图 18.10 的左下角方框内)。期待可以定义图制图规范和标准制图语言(如 SVG)之间标准映射,从而可提供附加交换能力。

18.3.3　基于 API 的数据交换

工具间的数据也可以不通过文件交换,而通过工具间的直接交互作用。这种方式采用**应用编程接口**（application programming interface，API）可方便地实现。通过 API，一个工具可以与另一个工具交换，访问它所需要的数据并进行任意转换。该方法非常快速，可重复使用并且可靠。但非常重要的一点是需要了解使用每个工具的开发过程、工具间的数据依赖性、交互作用发生的频次。

对于基于文件的建模数据交换有多个标准，但对基于 API 的交换则没有这些标准。每个工具都有自己的 API，从而便于进行点 - 点交换。基于 MOF 的建模工具（如 UML 和 SysML）可提供相似但非标准的 API。尽管没有 API 标准，但工具供应商通常尽量保证它们的 API 适应于不同的工具版本。

18.3.4 执行转换

如 18.2.1 小节中所述，在某个针对系统、硬件和软件的开发项目中通常会应用多个不同建模工具，以及针对业务过程建模、实时分析和其他功能的专业语言。在 18.1.3 小节中讨论了不同模型中数据间的层叠。对于交换以不同建模语言表示的模型信息的工具，通过模型转换将数据由一个建模语言转至另一个建模语言。这包括将一个语言中的概念转换为另一个语言中的概念。

将基于 OMG 元对象设备（MOF）[24]的转换标准称为**查询、视图与转换**（Queries，Views，and Transformations，QVT）标准[35]。如果两种语言的元模型均以 MOF 表示，则该标准提供了转换的基础。另外，还有很多其他方法进行模型转换。当标准基于模型方法与专业领域语言变得越来越主流时，这种转化正变得越来越重要。

一个普遍的转化场景是由某个抽象模型转换为一个更为专业的模型。该场景是 OMG **模型驱动架构**（Model Driven Architecture，MDA）方法的基础[33,34]。在 MDA 中通过增加一些平台相关数据，**平台独立模型**（Platform Independent Model，PIM）被转换为**平台专用模型**（Platform Specific Model，PSM）。例如，某个 PIM 可能包含用于处理雷达信号的算法细节以及信号到达至有效之间的最大允许时间延迟。某个对应的 PSM 可能包含算法如何在处理节点间分配的细节，允许对实际时间延迟有更好的估计。

转换的基础是转换双方语言的描述，表示了一种语言概念如何映射为另一种语言概念。这种映射既可以单向定义（由源端至目标端），也可以双向定义（参见 18.3.1 小节）。然后一种语言内定义的模型（或模型片段）作为基于转换的翻译输入，从而在另一种语言中产生了转换后的模型或模型片段。

18.4 基于当前标准的数据交换示例

模型间基于标准的数据交换方法将能够继续发展普及。以下部分介绍由 SysML 模型与其他基于标准的模型或数据表示的五个示例。

18.4.1 SysML 与 Modelica 模型转换

SysML 和 Modelica 之间的转换展示了如何用一种模型转换方法将两种模型语言集成。Modelica 是一种分析建模语言[25]，它支持多工程领域的基于物理建模和其他分析建模的微分代数方程。OMG SysML – Modelica 转换规范[67]定义了这两种建模语言之间的标准映射，目的是利用这两种语言来提供健壮性系统设计和分析建模能力。

Modelica 是一种面向对象的语言，对非因果关系的陈述性方程做出规范。Modelica 建模方法使用陈述方程对部件动力学和部件间接口建模，建模通过应用转换定律（如基尔霍夫定律）实现。例如，两个电路部件之间的接口（一个电阻和一个电容）通过方程来定义，保证两个连接末端的电压相等而接口的电流和为零。电压是一个名为横跨的变量，而电流则是一个名为通过的变量。采用相似的方法可规范许多不同类型物理部件的接口，这些接口遵从于相似的守恒定律，如机械配合面、液压和电磁接口。附加方程定义了部件行为，从而支持系统中互连部件的分析。

如图 18.11 所示，SysML – Modelica 转换规范（SysML – Modelica Transfor-

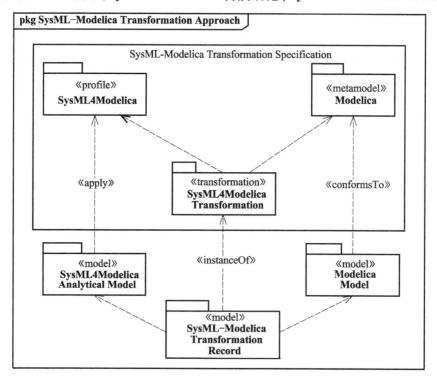

图 18.11 用于将 SysML4Modelica 分析模型转换为 Modelica 模型的 SysML – Modelica 转换规范

mation Specification）包含 *SysML4Modelica profile*（*SysML4Modelica* 配置文件）、抽象语法定义 *Modelica metamodel*（*Modelica* 元模型）和这两者之间的 *SysML – Modelica Transformation*（*SysML – Modelica* 转换）。通过定义直接对应于 *Modelica metamodel* 结构的 SysML 元型，*SysML4Modelica profile* 简化了转换。这类映射包含了表映射与应用 QVT 的正式映射。

在规范转换后，对于某特定模型，转换引擎可执行 *SysML – Modelica Transformation*。例如，某个特定系统的 *SysML4Modelica* 模型可作为转换引擎的输入，对应的 *Modelica model*（*Modelica* 模型）为转换的输出。输入 *SysML4Modelica Analytical Model*（*SysML4Modelica* 分析模型）为 XMI 格式，输出 *Modelica Model* 以 Modelica 工具能够翻译的数据格式表示。该转换为双向，即 *Modelica Model* 也可以为转换引擎的输入，对应的 *SysML4Modelica Analytical Model* 为转换的输出。

在 SysML – Modelica 转换规范中给出了一个简单机器人模型转换规范的示例。图 18.12 给出了以 SysML 内部块图表示的机器人内部结构。图 18.13 给出了分配应用，定义了由 SysML 模型而来的 *SysML4Modelica Analytical Model*。然后该模型转换为一个可由 Modelica 工具执行的等价 *Modelica Model*。执行的结果可通过逆转换转换为 SysML 模型。

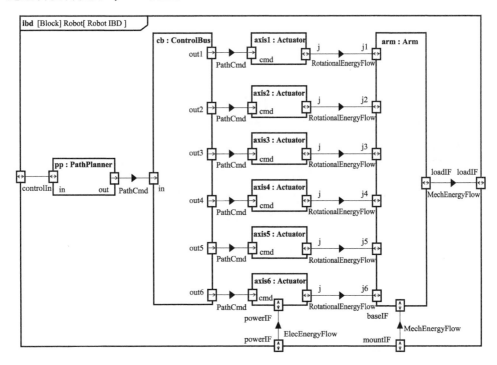

图 18.12　遵从 SysML – Modelica 转换规范的机器人内部结构示例

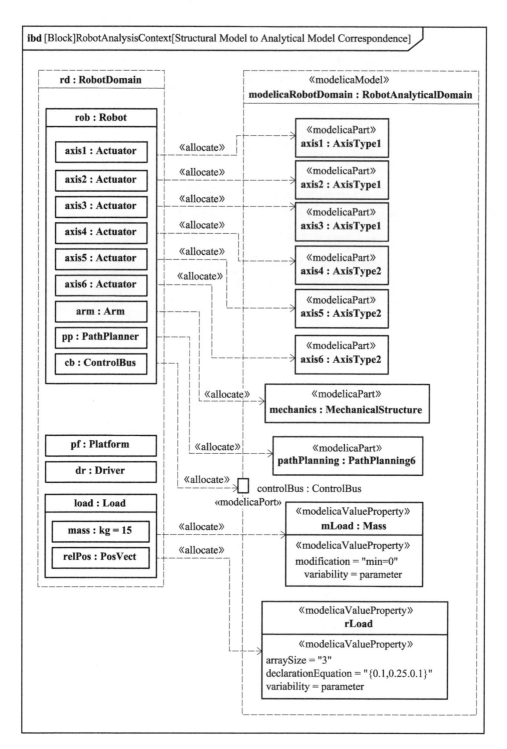

图 18.13 机器人示例 SysML4Modelica 模型定义

18.4.2 应用 OSLC 和链接数据支持数据交换与工具集成

生命周期协作开放服务（Open Services for Lifecycle Collaboration，OSLC）[31]倡议是由一个开放社区发起来开发基于 web 技术的工具集成标准。其焦点特别集中于使用链接数据概念来构建一个 web 服务体系和规范，以连接不同工具间的数据。与 API 类似，每个 OSLC 兼容工具都可以通过这些服务来定义其选择公开哪些数据。

链接数据（linked data）指的是应用 Web 技术来建立相关数据元素之间的连接，如 18.1.3 小节中所述。将被连接的每个数据元素称为一个**资源（resource）**，并由统一资源识别器（URI）[68]来唯一识别。URI 的应用方式类似于统一资源定位器（URL），后者用于访问 web 网页。

链接数据可表示成资源描述框架（RDF）[69]的格式，从而将主语、谓语、宾语三部分数据编码。这三部分表示了某件事物的状态，例如"机动车满足重量需求"，其中*机动车*为主语，*满足*为谓语，*重量需求*为宾语。谓语规定了主语与宾语如何相关。主语和谓语均通过 URI 识别，宾语可以是一个字面值，例如字符串或者由其 URI 识别的资源。

链接数据通过 HTTP 访问，后者为访问互联网网页的基本协议。HTTP 用于创建、读取、更新和删除链接数据。HTTP 提供动词，如 GET、PUT、POST、DELETE 等，使得 web 客户端调用 web 服务来对链接数据操作。对比于要求 XML 有附加信息的基于 SOAP web 服务，仅由应用 HTTP 调用的 web 服务称为 RESTful web 服务或者 RESTful web API，因为它们遵从代表状态转换（REST）架构原理。通过 RESTful web API，链接数据在 web 上可利用。

OSLC 资源是对应于某个工程概念的链接数据资源，如需求或者更改请求。为了符合 OSLC 资源形状，一个 OSLC 资源通常被限制，这与 MOF 元类或者 SysML 原型类似（15.2.1 小节和 15.4 节）。资源形状定义了资源所需有的属性集，包括了其类型、允许值和基数。一个 OSLC 规范定义了某一特定领域的资源形状集。

按照 OSLC 规范，可进行 OSLC 工具间的互操作。支持 OSLC 的工具可向其他兼容 OSLC 的工具请求或是响应其请求。例如，OSLC 需求管理规范定义了领域专用的概念，如某一需求和派生的需求关系。按照 OSLC 需求管理规范以及其他格式（如 HTML），兼容 OSLC 的工具可响应另一工具提出的请求，该请求为基于其 URI 的特定需求，并在 RDF 中返回该请求。

OSLC 资源（数据元素）的列表和 OSLC 兼容工具的服务可通过其 OSLC 服务供应商目录获得。资源的存储媒介并不受 OSLC 所限制，可以是某个相关的数据库、硬盘上的某个文件、某个资源代码控制系统或者是一些其他媒介。

OSLC 兼容工具提供了一个核心能力集，这在 OSLC 核心规范中进行了定义[70]。OSLC 核心规范定义了一些 OSLC 服务所提供的能力，包括：

(1)查询能力,支持资源查询和资源发掘;

(2)资源分页,支持客户机一次检索一个页面的资源;

(3)通过 HTTP 进行资源管理操作(创建、恢复、更新和删除);

(4)授权用户接口,允许服务供应商应用 HTML 和 JavaScript 代码混合体将创建或选择的 UI 内嵌至另一个应用中;

(5)预览用户接口,用于在显示至某一资源的链接时展示用户所在情境信息,在用户鼠标悬停在链接上时展示更多的信息。

OSLC 组织内不同的组负责定义领域专用规范。每个领域专用规范建立于上述核心规范基础之上。OSLC 规范通过 OASIS 标准体管理,OASIS 标准体负责许多其他 web 标准。

多个 OSLC 规范与系统建模相关,如需求和更改管理,但目前没有更广泛覆盖系统建模的规范。OMG 系统工程和 OSLC 社区合作发起成立 OSLC4MBSE 工作组[71],开发一个支持 MBSE 的 OSLC 方法。第一步是开发 SysML 的 RDF 表示,能够与现有 OSLC 规范集成。针对 SysML 的标准 OSLC 规范提供了标准 API,使得 OSLC 兼容工具能够请求 SysML 数据,而对于 SyML 工具也能够请求 OSLC 兼容工具的 OSLC 数据。

18.4.3 交换数据支持协同仿真

功能样机接口(Functional Mock-up Interface,FMI) 是一个标准,支持模型交换和以常微分方程(ODE)表示的模型协同仿真。FMI 应用了 XML 文件和编译 C 代码。虽然最初 FMI 是作为 Modelisar 项目[72]的一部分而被开发,但是目前 FMI 的维护与进一步开发是由 Modelica 协会项目进行的[32]。FMI 标准是为了支持以下用例:

(1)仿真由多个建模工具开发的混合系统;

(2)分隔、并行化大型系统仿真以提高仿真性能;

(3)易于在回路将硬件集成至仿真。

将实现 FMI 的部件称为**功能样机单元(Functional Mockup Unit,FMU)**。FMU 为一个压缩文件(*.fmu),包含了一个 XML 描述文件和一个以源或二进制格式表示的实现,该实现是执行表示部件行为的方程。XML 文件包含了 FMU 所有变量的定义,这些变量用于表示 FMU 所使用的环境,包括输入、输出、参数和其他模型信息,如单位等。部件实现包含了一组 C 函数集,以源或二进制格式提供。在同一模型压缩文件中也可以包括不同平台的二进制格式。

FMI 支持如下两类运行:

(1)协同仿真,在一个协同仿真环境下结合两个或多个 FMU。这些 FMU 之间的数据交换被限制为离散的通信点。在两个通信点之间的时间内,FMU 由它们各自的解算器进行解算。在协同仿真环境内的主算法控制了 FMU 之间的数据交换和所有从仿真解算器的同步。

(2)模型交换,在一个由集成仿真环境提供的解算器下执行所有的FMU。该方法在不同仿真环境下可使用相同FMU,包括可变步长解算器解算。FMU(没有内部解算器)微分、代数和离散方程,其中包括由公用解算器引发的时间事件、状态事件、阶跃事件的实现。

目前,已有一些将SysML块作为FMU输出的实验[73]。后续工作需将块接口的SysML定义映射为FMI XML文件,同时也必须注意FMI设计为支持基于ODE系统的仿真,因此并不覆盖所有其他能以SysML模型表示的行为语义。

18.4.4 SysML模型和本体互换

本体代表了作为某一领域概念集的知识域以及这些概念之间的关系。本体作为MBSE方法的一部分正越来越多被使用,它用于提取系统开发中有关域的知识,包括通用域和专业应用域。

网络本体语言(Web Ontology Language,OWL)[28]是一种用于编写本体的知识表达语言。一个OWL类表示了一个本体概念,可有相对其他类的属性和关系。一个特定的本体定义了一系列OWL类。一个特定项目创建了这些类的实例以描述域内的实体。一些工具支持推出这些实例。

另一方面,SysML用于描述系统的结构与行为,支持其部件的开发。现在人们对于以形式体系提升SysML模型的表示能力和由OWL模型提供的关联推理能力越来越感兴趣。

一些组织正采用将它们的本体映射到SysML配置文件的方法。该方法建立了以SysML表示的专用领域语言。OWL本体中的类被映射为一个或多个SysML配置文件中的版型。然后应用本体元型的SysML模型可转换为OWL,从而基于OWL的工具可推出模型。基于文件和基于API的交换均可用于SysML建模工具和OWL推理工具之间的数据交换。

一个例子是NASA喷气推进实验室(JPL)建立了SysML与OWL之间的一个映射,以支持飞行项目开发[74]。其中转换的基础是将JPL本体中的概念和属性映射为SysML建模概念。例如,JPL的部件概念映射为SysML块,JPL的工作包概念映射为SysML包。

18.4.5 模型文档与视图创建

由基于文档系统工程方法成功转换为基于模型系统工程方法的一个关键因素是由模型自动产生文档和其他传统制品的能力。大多数MBSE建模工具均有文档产生器,能够产生Office Open XML、PDF、DocBook、HTML等格式的文档。基于模型的文档产生器实现的是由模型至语言的单向转换。语言自身并不了解模型含义,但能够按照大多数利益相关方所能理解的方式提供模型的信息。

文档产生器可采取由模型至文档的默认映射(如将每个包映射为一个章节)。

不同的 SysML 工具供应商使用不同的文档产生工具,其格式化机制也各不相同。

一种方法,作为欧洲南方观测站主动调相试验(APE)[75]的一部分实施,应用 SysML 配置文件来定义文档布局和格式。APE DocBook 配置文件包含与 DocBook 文档语言中元素相对应的版型,如章、节、附录和术语表。然后应用配置文件创作出 DocBook 文档的模型和文档模型中的元素,该元素参照了系统模型中的元素。因此基于配置文件的文档产生器能够理解系统模型结构与创建文档结构之间的映射。其他元型包括了图元型,用于表示图的缩放比例和剪裁方式等。针对需要由模型产生的各个文档,可以有不同的文档模型。按照 18.4.1 小节中的考虑,该应用执行了一个由抽象至更具体语言的单向转换,并通过文件进行交换。

不断的实践是为了便于产生模型中所包含信息的不同视图。视图也可以将模型中信息与模型外信息集成。这些方法利用了 15.8 节所述的 SysML 视图和视角能力应用查询方法的标准库来查询模型,按照不同格式来展现这些信息(参见 18.2.2 小节文档和视创建工具接口)。

18.5 系统建模工具选择

本节给出了集成系统开发环境的 SysML 建模工具选择指导。根据其与建模标准的一致性以及其他优点、缺点,系统建模工具可不同程度地支持 SysML 和 MBSE。

18.5.1 工具选择标准

评估选择 SysML 建模工具有以下基本**标准(Criteria)**:
(1)遵从 SysML 规范(最新版本)。
(2)可用性。
(3)文档、视和报告生成能力。
(4)度量支持。
(5)模型执行能力,包括 fUML 和参数解算器的集成。
(6)遵从于 XMI 和其他交换标准。
(7)通过 API 访问模型知识库。
(8)与其他工程工具集成(包括现有系统开发环境中的已有工具):
①需求管理;
②配置和数据管理(包括产品数据管理);
③工程分析工具;
④性能仿真工具;
⑤软件开发工具;
⑥电子设计工具;

⑦机械CAD工具;
⑧测试和验证工具;
⑨项目管理工具。

(9)性能(用户最大数量、模型尺寸)。

(10)模型核查,验证模型是否遵从良好性规则。

(11)培训、在线帮助和支持。

(12)模型库的可用性(如单位)。

(13)生命周期成本(采购、训练、支持)。

(14)其他工具生命周期考虑(如获取、配置、安装、操作、支持、升级等)。

(15)供应商的生存能力。

(16)需方先前与工具相关的经历。

(17)对基于模型方法的支持(如自动匹配方法、标准报告中某部分的脚本)。

(18)通过配置文件和符号增强实现进一步的定制支持(即图标表示)。

18.5.2 SysML 符合性

上一节中有关评估标准的重要一项是工具对 SysML 规范的**工具符合性(tool conformance)**。选用具有符合性的工具可有多个益处,如提升模型交换能力、减少工具自封闭,增加后续对语言修订的机会,提高利用行业可用的培训、实践和其他资源的能力等。

按照 SysML 规范,"SysML 实现必须与 UML4SysML 和 SysML 扩展兼容"(两者在 15.2 节中已给出总结)。这包括与抽象语义的符合性(抽象语义规范了潜在语言架构,如元类、元型和约束等)、与具体语义的符合性(如图形注释)、与 XMI 规范的符合性(支持数据交换)。标准测试用例可评估 UML、SysML 和 UPDM 建模工具间模型互换的符合性[64]。预计这些测试用例将不断更新以反映正在完善的规范版本。然而,它们也可以用作示例来开发定制测试用例,这些测试用例是组织或项目需求所特有的。

18.6 小结

将 SysML 集成至系统开发环境需考虑以下方面:

(1)SysML 中的系统模型为描述性模型,它是整个系统开发工作的一个组成部分,并建立了用于将文本需求与设计相关联的技术基线,提供支持分析所需的设计信息,作为子系统和组部件设计模型的规范,提供支持验证所需的测试用例和相关信息。

(2)在开发环境中有许多不同类型的模型,包括描述模型和分析模型,描述模型包括几何模型和逻辑模型。模型可以通过应用程序、功能和技术领域进一步分类。仿真包括可执行模型和执行环境以及初始条件。

(3) 必须管理不同模型中包含的数据之间的关系，以确保模型之间的信息一致性，并支持影响分析。

(4) 系统建模工具不是孤立的，必须集成到系统开发环境中，其中包括许多其他类型的工具，这些工具支持需求管理、工程分析、硬件和软件开发、验证、项目管理、配置管理和文档生成。

(5) 应运用系统工程方法来规范集成系统开发环境的需求和接口。

(6) 工具之间的数据交换可以通过手工、基于文件和基于交互(API)的机制来完成。模型的部分可以在语言和工具之间转换以促进数据交换。其连接可能是点对点或通过共享存储库。

(7) 基于标准的数据和模型交换方法是降低成本和提高数据交换质量的首选方法。XMI 是模型内容的数据交换标准，图定义是针对图布局的交换标准。其他新兴标准，如 OSLC，提供了一种使用 web 技术进行数据交换的链接数据方法。

(8) SysML 工具的选择应该基于对定义的准则集评估，这些准则集包括对供应商信息的审查和在预期环境中该工具的实际使用。工具符合 SysML 标准是一个关键原则。

18.7 问题

(1) SysML 如何推动建立基于模型的系统开发环境？

(2) 描述性模型与分析性模型之间的区别。

(3) 什么是仿真？其与描述性模型和分析性模型之间是如何关联的？

(4) SysML 模型如何与分析性模型一起应用？哪些 SysML 模型的信息需在分析性模型中应用，以及哪些分析性模型信息需在描述性模型中应用？

(5) 列举出管理 MBSE 项目配置所需的三项功能。

(6) SysML 模型提供给组件开发人员哪些信息？

(7) 描述 XML 和 AP233 如何与 SysML 共同应用。

(8) 描述基于文档的交换与应用 API 的基于交互的交换之间的区别。

(9) 为什么需应用模型传递？

(10) 列举选择 SysML 工具的五条标准。

(11) 考虑你的系统开发环境成本，针对将来工具变化或者升级可以有哪些限制。

讨 论

描述系统模型在系统开发环境中的作用。

描述"可执行模型"术语的含义,以及开发可执行模型的目的。

描述系统模型使用如何提高系统开发环境的有效性。

构建一个列出8种工具的矩阵,这些工具可以从共享数据和系统建模工具中获益。在一个列中,列出可以从系统建模工具中流出的有用信息,在另一个列中,列出可以流向系统建模工具的列表信息。

描述在系统开发环境中,在工具之间交换数据的不同方式,以及何时最合适。

第 19 章 组织中的 SysML 部署

本章讨论在一个组织中如何部署 SysML 和基于 MBSE 的方法。第一部分描述一个改进过程以部署 MBSE,第二部分描述部署战略的关键要素。

在本章中,**组织(organization)**指的是具有责任、授权和支持设施的一群人,目的是为了研制交付多个系统和服务。**项目(project)**则是一个组织,其范围限定于在要求时间内开发交付特定系统和服务。组织通常包括多个项目。

19.1 改进过程

在组织中引入任何显著变化都需要战略、计划和严格实现。部署 MBSE 方法应利用组织的**改进过程(improvement process)**。首先需建立清晰的责任,利益相关方应理解接受改变所导致的预期成本和收益。

部署 SysML 的改进过程如图 19.1 所示,包括监督与评估,改进计划,对过程、方法、工具和培训的更改定义,方法示范,持续改进部署。下面介绍部署 MBSE 方法的改进过程。

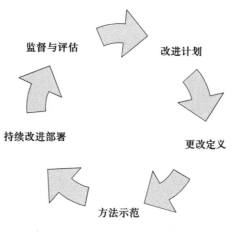

图 19.1 部署 SysML 的改进过程

19.1.1 监督与评估

为引入改变以提高组织能力,需建立测量改进基线。尤其是组织应评估目前系统工程是如何实践，识别相关事项、改进目标和转换为 MBSE 所预估的成本。2.1.2 小节论述的 MBSE 受益可能是改变的动机。要解决的事项和改进目标用于推出度量。这些度量可用于评估改变的成本和有效性，提供建立业务事例的基础，提供后续改进计划的输入。

在一个大型组织内，MBSE 的成熟度随项目而各有不同。在一些项目中可能还是应用基于文档的系统工程方法，并没有系统模型的概念，所开发的系统模型并非作为技术基线维持。在有些项目中可能有先进的系统建模，系统模型是项目基线的一个集成部分，并且与其他工程模型一起由项目的系统开发环境维护（参见 18.2 节）。组织可开展实践状态的评估，评估 MBSE 的成熟度和项目中 MBSE 如何发挥作用。评估结果可用于识别优先的实践活动和需由改进计划解决的事项，也可用于识别选择候选示范项目和潜在的目标项目。

为支持评估可准备一个问卷表，其中包括项目 MBSE 目的和范围的问题、即将应用的方法、工具和培训以及它们如何工作、事项和汲取的教训等。可采用 OMG 发布的一个调查（作为系统建模语言信息请求（RFI）[76]的一部分）以支持组织的 MBSE 评估。该问卷主要对组织或项目代表进行调查，可以通过远程或面对面的会议形式进行。问卷应充分考虑多项目和多学科的分布性，以提供综合评估。

为评估组织的 MBSE 能力可定义度量。度量反映了组织机构支持 MBSE 的成熟度和能力、MBSE 被项目采纳的程度和 MBSE 对项目的结果值。成熟度度量反映了组织的基于模型工具、方法、培训和专业知识的准备程度。潜在部署度量包括接受 SysML 和 MBSE 培训的人员数量和百分比、应用 MBSE 的项目数量和类型。根据对生产力和质量的增量改进来衡量 MBSE 的价值，例如评估需求或设计更改影响所减少的时间以及集成测试中识别的需求更改或差异减少的数量。这些信息提供了 MBSE 对项目成本、计划、技术性能和风险（依据 2.1.2 小节）的影响。总的改进有效性测度根据进程相对于改进目标、识别事项被解决的程度、对业务目标的影响而获得。

19.1.2 改进计划

改进计划（improvement plan）描述了如何实现改进目标以及如何开发、部署组织范围内的更改。计划包含了图 19.1 改进过程中的活动和为实现这些活动所需的责任、资源与计划。

与任何计划一样，在改进计划的编制和执行过程中利益相关方的参与都是必要的。在过程的早期阶段确定关键利益相关方的代表非常重要，可确保他们的关注被强调并获得支持。为部署 MBSE 的利益相关方包括改进组的成员（负责定义更改）和项目的利益相关方（期待实现改变）。利益相关方的代表包括了项目管理组、系统工程组，以及软件、硬件、测试等开发组，可能也包括客户和分包商。

19.1.3 对过程、方法、工具和培训的更改定义

为转换为以 SysML 表达的 MBSE,组织的过程、方法、工具和培训需要改变。这些改变应当经定义、文档化、评审,并由相关利益相关方批准,以确保改变可实现并能达到预期的效果。

过程改变

假定已经定义了针对组织和/或项目的基线系统工程过程。如果未定义,则重要的第一步是建立反映当前过程的基线。1.5 节中提及的过程标准是定义系统工程过程的起始点。组织的归档化过程与项目中实现的过程方式有时明显不同,但这并非此处讨论的焦点。应对系统工程过程进行评估,确定以 SysML 表达的 MBSE 转换对当前过程的影响程度,包括对技术过程和管理过程的影响,如项目计划、配置管理、评审过程和度量。

方法改变

选择 MBSE 方法是为了支持系统工程过程。方法可以由现有系统工程方法提炼修改,也可以由从各行业获得的 MBSE 方法提炼修改。3.4 节描述了一个简化的 MBSE 方法,第 16 章和第 17 章描述了另外两种方法。在一份关于 MBSE 方法论的调查中给出了其他一些方法[6]。

选择方法的标准包括了该方法解决项目关注的程度、工具支持的层级和培训需求。方法以及示例问题和相关建模制品一起被文档化用于表示如何应用该方法。方法也包括通用建模约定(参见 17.3.1 小节示例)和推荐的模型组织(参见 6.4 节和第 16 章、第 17 章的示例)。

工具改变

MBSE 工具需要被评估和选择。18.5 节给出了选择 SysML 建模工具的标准。评估也包括对工具的试用,以检查其满足评估标准的程度。需开发文档以描述工具如何获得、安装、配置、使用和维护,以及工具如何集成入系统开发环境(参见 18.2 节)。同时文档还必须描述为了应用工具如何改进方法以及如何在工具中生成建模制品。

培训改变

在语言、方法和工具的应用过程中需进行培训以提高技能水平。SysML 的培训应集中于本书第二部分中的语言概念。方法培训应包括方法如何应用到相关领域的示例,如第三部分中的示例。介绍性的工具培训可由工具供应商提供,表示工具如何使用。其他的培训包括工具如何作为特定系统开发环境的一部分(参见第 18 章)来使用。

19.1.4 方法示范

与其他任何重大改变一样,在学会跑步之前应先学会走路,这包括示范改变以

确认和精化 MBSE 方法,构建建模语言、方法和工具的专门知识。毫无疑问,基于示范项目的结果将对初始 MBSE 方法进行修改。

示范项目(pilot project)也需要周密地计划、积极地参与、必要的资源和管理支持。典型的示范计划包括以下几点:

(1) 示范目标和度量。
(2) 示范范围。
(3) 示范可交付。
(4) 示范计划。
(5) 责任和人员。
(6) 过程和方法指导:高层级过程流;模型输出核查;专业工具指导。
(7) 工具支持。
(8) 培训。

示范目标通常包括确认提出的 MBSE 方法、工具和培训满足组织和项目的需要。小的团队应该在领队的带领下一起开展示范工作。在示范过程中核心团队成员的连续性需予以维持。

选择的工具必须可获得、安装和配置。示范团队接受有关语言、方法和工具的培训。示范团队应包含熟悉语言、方法、工具的成员,并给其他成员指导,也可利用外部的专业支持。

通过选择贯穿系统的一条线路并产生至少一个模型输出示例,示范项目可充分检验方法和工具。示范计划包括创建各个建模输出的里程碑、开展同行评审过程的团队,后者可评审每项建模输出并精化 MBSE 方法。

在有关示范实现目标程度、MBSE 方法修改、获得教训的报告中可获得示范结论,包括定量的数据和度量。第 17 章中给出了一个早期 OOSEM 方法应用的示范报告,该报告给出了如何开展示范[55]。

基于示范结论,更新过程、方法、工具、度量和培训以反映新的基线 MBSE 方法。该结论可作为后续 MBSE 普及的培训材料。示范参与人员也成为项目中部署 MBSE 的推动者。

19.1.5 持续部署改进

示范项目有助于确定项目中部署 MBSE 的需求和方法。示范项目为评估所需训练类型、达到一定熟练水平所需的时间、如何使组织的 MBSE 方法和工具适应项目的需要、建模工作对结果的现实期望提供了基础。

为部署 MBSE 选择一个还是多个项目需建立标准,内容包括项目阶段、寿命、规模、内部和客户支持水平,以及 MBSE 收益在多大程度上可以为项目提供短期和长期的公认价值。另外,19.1.1 小节中的实践状态评估可有助于识别潜在项目机遇,从而根据业务需要和其他考量引入 MBSE。

不同的项目引入不同程度的 MBSE，取决于这些项目的当前状态、建模专业知识水平和项目的特定需要。理想情况下，以 SysML 表示的 MBSE 在项目启动初始或者在适合引入改变的点（如新的持续开发点）引入。项目领导者和客户的改变意愿对于引入 MBSE 非常重要。

项目计划中应集成 MBSE 方法。计划反映了关于时间、工作和可交付物等的现实期望和由建模工作得到的期望结果。建模计划的大纲与 19.1.4 小节中的示范计划大纲相似。所定义的工作目标和范围与项目资源相平衡，如 2.2.2 小节和 2.2.5 小节所述。初始的建模环境设置（包括工具、人员）和培训在计划中反映，如同 MBSE 活动、建模输出和相关项目可交付物。17.2.2 小节讨论了典型的项目起始活动。

为满足建模目标、范围和项目约束，需对选择的 MBSE 方法予以剪裁。剪裁可以包括增加或删除一定的活动、剪裁活动序列、定制建模输出，以满足项目可交付物要求。有关剪裁的一些考虑取决于系统开发是否由某个遗留系统设计约束或者是开发一个新系统、开发的阶段、可用的开发团队建模专家。

可以利用该模型为项目交付物提供信息。18.4.5 小节描述的由模型自动生成项目文档可提高改进的效率和质量。

项目组织应包括负责建模活动的角色。可建立一个小型核心建模团队，团队领导和代表可来自项目其他工程团队。建模团队与项目其他团队密切合作，通过由项目组代表获得模型输入以建立模型。建模领导规划模型的定期同行评审以确保模型反映项目组的设计意图，同时有相应的 MBSE 方法和建模准则。模型是技术基线的基础部分，如同项目技术评审过程中的其他主要工程输出一样受控。对 MBSE 方法和建模准则定期评审并基于项目经验教训定期更新。

为支持项目目标，需识别 **MBSE 度量(MBSE metric)**，如 2.2.5 小节和 2.2.6 小节所介绍的。模型可以是一个优良的信息源，用于支持技术、成本、规划性能和风险的评估。同时定义收集度量数据的方法，包括数据如何由工具采集。项目计划中包含度量报告，包括哪些度量、数据采集频次、数据如何使用等。

为能够使用，需获得、安装并配置所选择的工具。在较大型项目中，工具配置为多用户环境。另外，可能也需其他层级的工具集成，如第 18 章中所述。同时为控制模型基线，需定义配置管理方法和模型组织。

MBSE 部署包括 SysML、MBSE 方法和工具的启动培训。培训材料利用示范项目文档和结果。对于不同的利益相关方适合采用不同层级的培训。例如，对于指定的核心建模团队，需要详细培训 SysML、MBSE 方法和建模工具。而其他系统工程师和一些硬件、软件开发人员可能仅需要有限的 SysML 培训，就能够解读 SysML 模型。这些专业领域的相关培训强调的是模型如何影响特定任务或方法。例如，测试人员需要理解如何从模型中导出详细的测试用例，负责需求管理的人员需要了解 SysML 建模工具如何与需求管理工具一起使用。

一个成功的部署也需要在方法、工具方面具有专业知识的专家进行持续支持、指导。需要监测改进度量以评估 MBSE 工作,并提取经验教训以进一步精化过程、方法、工具,并驱动提升过程。

19.2 部署策略的元素

上节描述了如何以 SysML 部署 MBSE。本节讨论从组织和项目的角度**部署策略(deployment strategy)**要素,包括:

(1) 利益相关方识别。
(2) 价值主体。
(3) 与其他倡议的关系。
(4) 方法:
①方法选择;
②工具选择与集成;
③技能获取和部署;
④度量;
⑤组织和角色。

19.2.1 组织化的部署策略

利益相关方识别

开发完善组织化的战略包括基本的组织变更管理原则,这就需要有人愿意并能够倡议、领导改变。详细战略和主要利益相关方取决于组织采纳的阶段。例如,在每个采纳的早期阶段,可能适合在底层倡议改变,实践者愿意承担成为早期采纳者所带来的挑战和风险。早期采纳者有能力示范早期的成功,并鼓励其他人参与,从而构建起以 SysML 表示 MBSE 实践的知识。在采纳的后期阶段,吸引那些看到改变的潜在价值并愿意以资金、资源赞助倡议的高级管理人员。在此基础上,扩大参与范围,包括其他利益相关方,以使实践成熟、建立技能、并在组织内建立明确的所有权关系,从而使得改变制度化。

价值推广

MBSE **价值推广(value proposition)**必须适应于组织和特殊利益相关方。价值推广最终必须根据有益于利益相关方而定义。例如,实践者必须看到他工作价值的提升。同时高层管理人员的价值推广必须与组织和业务目标结合在一起。一个例子就是以 SysML 表示的 MBSE 如何提供给辨别者,以帮助其赢得新的业务机会或者解决在质量、产出和/或日程削减改进过程中的系统性问题。通常这些系统性问题与跨学科集成和/或跨生命周期阶段相关。这些问题必须按照与组织相关的方式陈述,并且 MBSE 及 SysML 如何解决这些问题并提供有价值的案例必须引人注目。

需要注意的是,赞助商和其他人可能从一开始就要求投资回报。但在采纳的早期阶段很难获得这个数据。一个人可以查看外部数据,但很多公司并不能分享该数据,即使它们有这数据。另外,除非在一个受控环境下进行改变,否则很难度量由于某一专门改变而产生的回报。通常更为可行的是提供一个基于已证明的小型成功业务案例。

与其他计划的关系

将某个改变引入组织可被视作另一个计划。组织可能有很多进行中的计划,另一项计划可能被很多人视作一个负担,需要他们开展更多的工作。也许将MBSE SysML集成至一项正在进行的计划中会更加有效,尤其是后者有充足资金支持时。

方法

组织战略应解决两个关键要素:一是为实现以 SysML 表示的 MBSE,根据其所需的方法、工具、培训和熟练实践人员建立组织架构;二是在项目中部署以 SysML 表示的 MBSE。19.1 节中已经讨论了有关这两个要素的一些特殊考虑,下面做进一步详述。

建立 MBSE 的组织架构

与 **MBSE 架构**(**MBSE infrastructure**)相关的一个重要方面是建立一个**实践社区**(**Community of Practice,COP**)以分享跨组织间的知识与经验教训。实践社区应当有一位领导者。资助领导角色对于实践社区非常重要。领导者可以定期主持远程电话会议和网络会议,从而供实践人员分享他们的经历、供工具供应商和其他外部专家介绍新的能力。

领导者也可以开发维护一个网站,发布建模实践、指导和资源,也可以包括主题专家、培训机会和其他信息。实践社区领导者或其他成员也可以在项目启动时提供直接项目支持,包括辅助制订 MBSE 工作计划。实践社区应当记录不断获得的经验教训,并予以分享。这也提供了跨组织间共享模型、实现重用的机会,有助于构建 MBSE 业务案例和价值推广。

将 MBSE 引入组织的一个重要方面是阐明 MBSE 并将其与当前实践相关联。这有助于将 MBSE 方法与当前实践相映射,展示如何应用基于模型的方法生成传统的系统工程输出,如运行构想、规范、架构描述、测试文档及其他。此活动可由 COP 执行。

组织也可确定管理建模工具环境的工具负责人。此负责人负责挑选标准建模工具,用于跨项目间使用以及将建模工具与系统开发环境中的其他工具相集成。工具负责人也负责在建模工具环境中构建项目,提供全生命周期支持,包括获得工具、安装配置工具以及管理工具版本。

组织也可以为项目提供内部和供应商提供的培训,这些培训包括建模语言、方法和工具等方面。特别是该培训可在项目起始阶段进行,并在整个项目周期内按需开展。由培训计划给出培训需求,定义如何为组织提供培训。

组织也可资助特定示范项目,以证实以 SysML 表示的 MBSE 应用。MBSE 在特定项目中的示范应用非常有帮助,示范结果可为项目提供直接帮助,示范聚焦于实际需求。最好是示范先于项目启动,其人员可直接支持项目。

将 MBSE 部署于项目中

如 19.1 节所述,组织战略必须包括选择合适项目、合适时间部署以 SysML 表示的 MBSE 的标准。该战略还必须能够解决项目带来的持续需求,以及还需要明确对 MBSE 基础设施进行哪些修改才能提供最有效的支持。

组织的角色

本部分所描述的组织的角色对于维持、改进组织的整体 MBSE 能力均有帮助。战略应当包括考虑为确保整体成功如何管理、协调跨组织间的 MBSE 工作。

19.2.2 项目部署策略

部署有 MBSE 的项目并不一定能够影响上述的组织架构。如果是在采纳的早期阶段,架构也许并不存在或者资源并不能支持影响架构。无论组织架构是否有效,项目都应当开发一个部署战略,应对其独特需求。

利益相关方确定

MBSE 方法的主要项目利益相关方包括项目的总工程师、系统工程团队、硬件/软件开发人员、测试人员和带来/利用建模信息的开发团队其他成员,也包括客户、分包商和项目管理人员,这些人员可能都受到项目过程和/或交付变化的影响。

价值推广

2.2.2 小节中明确了应用 MBSE 的典型目的,2.1.2 小节中明确了一些潜在的受益。如 2.2.2 小节所述,在某种程度上建模目的依赖于项目的生命周期阶段,如概念设计、详细设计、集成测试、制造或运行维护阶段。当转至生命周期后一阶段时,建模工作的重点由寻找系统设计可选方案转换至管理技术基线变化。

设定建模工作预期对于理解建模提供哪些/不提供哪些非常重要,同时对于理解该工作需要来自建模团队和带来/利用模型的项目其他成员的一个稳定的保证也非常重要。

建模方法

项目部署战略和计划的关键一部分是定义模型范围以支持其目的。2.2.4 小节讨论了建立模型范围的方法,聚焦于确定模型宽度、深度和精确度的合适层级。该范围必须与其他项目约束一致,如项目计划与经费。

如 19.2.1 小节所述,最初模型应当用于建立传统系统工程输出,这些输出对于项目团队和系统工程团队较为熟悉。另外,初始范围应当较小并且聚焦,然后随时间拓宽。例如,初始建模工作可聚焦于开发系统块图,建立对顶层需求的追踪能力。这可提供短期价值,同时项目组逐步熟悉模型并开始看到其价值。一个定义良好的系统块图可提供一个对系统的共享理解,有助于集成分系统和其他学科。块图的层级和详细程度可随时间而逐步加强,如具有更详细接口信息的端口等。此外,模型可用于明确、管理用于支持工程分析且与性能、物理和其他质量特性相关的关键属性。获取关键任务、系统和分系统需求、在系统设计中追踪这些需求也可称为初始建模工作的一部分。这些建模输出可用于生成传统的系统工程文档,如规范、追踪能力报告、系统架构和接口描述。

模型可以用于许多不同的目的。其中一些目的是预定义的,而其他一些目的是随着模型进化而被发现。新的内容可以由基于对模型的持续审查和根据创建以前没有的新类型报告的需要来确定。一些内容和/或相当数量的建模输出也许并非很有用,因此可以做出决定终止该部分的建模工作。始终基于目的驱动模型,并且认识到目的会改进,这点非常重要。

MBSE 方法必须支持项目目标,并与 19.1.5 小节中所述的整个项目相集成,包括明确并剪裁建模方法和输出、工具环境、员工需要、培训、度量和角色。建模里程碑应提供要求的可视能力,以追溯建模工作的进程,对于项目非常有意义,应当按需更新。

组织建模工作

组织建模工作是 MBSE 方法的一个重要部分。建模团队通常最初由一些建模人员组成,这些人员具有充分的开发建模专业知识。建模工作的领导者必须有该项目的技术威望,并有很强的领导能力。他需要管理或者预见模型开发,推动其在项目中的应用。领导者将保持一个严格的方法开展模型开发,并对工作范围管理以确保不断成功。

建模团队中分组进行模型开发。例如,团队中的一些成员可负责获取需求,其他人可负责选择用例。建模领导者应确保其应用了一致的指导原则,并且该模型服从于持续的质量评审。

建模工作中的利益相关方参与

很多对建模工作有贡献的人员可能并不直接参与建模,但对模型的内容有贡献。特别重要的是建立模型数据的所有权。例如,分系统领导者负责与分系统相关的模型内容。他们确定模型中的分系统领域内容,评估模型结果以确认模型反映了其意图。最后模型与源数据的质量保持一致。清晰的所有权增加了模型的可信度,确保项目利益相关方在模型中有真实的利害关系。

在将新的设计信息输入至模型前,获得一定等级的稳定度也非常重要,它可以限制模型的不必要重复工作。团队可以使用其他非正式的画图工具来提出原始概念,在该概念达到一定层级的稳定度后仅从模型提取信息。当该信息由模型中正式提取并与系统其他部分集成时,再发布附加设计。

接受模型的一个关键挑战是对比于更为习惯的基于文档格式,模型中的信息表示。模型在内容上可非常精确、丰富,但使用建模信息的项目利益相关方必须习惯于建模信息如何表达。在很多情况下,利益相关方可能更倾向于以一种他们更为熟悉的方式看数据,如表数据、文本型报告或者以领域专用图标表示的图形。这可通过由模型中提取数据并使用 15.8 节、18.2.2 小节、18.4.5 小节所述的视图和视角概念,按照要求的格式表示信息来实现。

建模信息通常表示为技术评审的一部分,它可以用前文所述的传统输出表示,对于一些听众,使用预定义的故事板直接检查所选中的模型部分来进行评审可能更有利。按照这种方式提供系统规范、设计、分析和验证信息提升了模型导航能力,从而将整个故事中的重要线索编织在一起。

模型维护

对模型更改进行管理以确保一致、最新的信息对于模型的成功非常关键。在设计的早期阶段,只需要简单的版本控制。随着设计的进步和不断成熟,管理更改变得更为复杂严格。对模型做出的某项更改都必须有更改影响分析以了解系统模型的哪些其他部分受到影响。引入如分叉、合并以确保多个独立的更改被正确综合至新的模型版本中。其他工程模型和输出也许同样被影响,这必须通过项目更改管理过程来管理。此外,也可引入新的建模工具版本。这必须作为这个配置管理方法的一部分予以考虑,如 18.2.3 小节中所述。

将模型作为技术基线的一部分予以维持非常重要。一项持续的挑战是确保模型作为主要信息源予以识别。项目其他成员在多大程度上将模型作为他们工作所用的信息来源,即意味着项目有多大程度的成功。这需要专门的方法以确保根据其质量、可信度、价值、内容和表示的有效性来保持模型整体价值。

19.3 小结

SysML 作为 MBSE 方法的一部分是通过组织的改进过程进行部署的。成功的部署必须是有计划、有引导和增量部署的,建模工作在一个项目上的成功,是激励其他项目的关键因素。建模工作的结果包括它的好处和经验教训,在实际应用中将作为未来部署和改进的基础。

MBSE 部署策略有很多元素。组织的部署策略取决于所采用 MBSE 的阶段,该策略包括 MBSE 价值推广的清晰定义、专注于构建基础设施以便于在项目中应用 MBSE、在合适的时间选择合适的项目进行部署,以及帮助项目获得成功所需的支持。

项目的部署策略侧重于以一种规范的方式逐步构建和维护一个模型,从而为项目带来价值,并使项目利益相关方参与进来,从而使他们成为模型内容的贡献者和消费者。

19.4 问题

(1) 在部署 SysML 时,还应考虑 MBSE 的哪些方面?
(2) 改进过程中有哪些活动?
(3) 谁是改进过程中的一些利益相关方?
(4) 监测和评估活动的目的是什么?
(5) MBSE 方法的示范目的是什么?
(6) 在将 SysML 部署到项目时,必须计划哪些前期项目活动?
(7) 部署策略应该处理的关键元素是什么?

讨 论

通过一个大的组织部署 MBSE 应该如何组织改进工作?
描述从一个新的模型研究到初期设计评审需要的建模计划中的示例内容。

附录 A SysML 参考指南

本附录给出 SysML 图形化描述的参考指南,其中的一系列标记表由图类型组织而成。

A.1 概述

本附录给出以一组标记表表示的 SysML 图形化标记参考指南。本指南由下面所列的图类型组织而成,相关内容在第二部分中已展开介绍:
(1) 包图;
(2) 块定义图;
(3) 内部块图;
(4) 参数图;
(5) 活动图;
(6) 序列图;
(7) 状态机图;
(8) 用例图;
(9) 需求图。

本附录还给出了有关分配和版型使用的标记表,主要应用于不同图之间的交互。

阅读本附录之前,建议首先阅读 4.3 节,初步了解 SysML 图及其内容。

A.2 标记约定

这部分描述如何解释附录中的标记表,包括识别出 OCSMP 基本特性集中的标记元素。

1. 标记表

每个图都至少用一个标记表来描述。对于有多个标识的图,按照节点和路径拆分成不同的表格,节点标识通常为矩形和椭圆形,路径标识为线条。包图和块定义图拥有多个子模块,利用相应的标记表来描述图的不同使用。表的每一行都按照相关章节介绍的顺序来排列。

标记表包含 4 列内容:

(1) 图元素(Diagram Element)——表示的图元素名称,一般定义为一个节点或者路径。当其既非节点也非路径时用特殊标识表示,如括号里的文本表达式。

(2) 标记——图元素的图形化记号。

(3) 描述——通过图元素表示的 SysML 概念的描述。

(4) 章节——参考第二部分各章节,包含相关 SysML 概念的进一步解释。

在表中采用以下约定:

(1) < Name > ——通过标识表示的模型元素名称。

(2) < Element > ——一些模型元素的名称。

(3) < Type > ——一些类型的名称(块、值类型等)。

(4) < String > ——文本字符串。

(5) < Expression > < Value Specification > ——表示某种数学表达式的文本字符串。

(6) < Element Kind > ——表示某种模型元素类型的关键词。

(7) < Multiplicity > ——多重性的表示,例如 < Lower Bound > … < Upper Bound >,下界是任何自然数,上界是任何自然数或者"*"。

括号内的名称是针对 SysML 模型元素的解释,但是有时候标识需要额外的解释栏。

需要注意的是:不同部分的图形化和文本标记会被建模者省略,表格未提供省略什么以及什么时候省略的参考说明。另外,有一些模型元素有附加关键词和属性,列在相关标识的描述栏中。

2. OCSMP 和 SysML 1.3

表格阴影部分标出包含在 OCSMP 基本特性集内的 SysML 元素。增加的阴影部分如下:

(1) 节点和注解标识用阴影表示它们包含在基础特性集内。如果节点标识有多个分区,只有包含在基本特性集内的部分用阴影表示。

(2) 基础特性集包含的路径标识用阴影区域填充。

(3) 描述基本特性集的描述列用阴影作为背景。

SysML 1.3 新增部分新特性,同时删除一些特性。表 A.7 列出删除特性的标识。表 A.4 和表 A.6 包含了 SysML 1.3 中新增部分的标识。SysML 1.3 的标记在相应的描述列中表示。

A.3 包图

包图主要用来描述模型的组织,也可用来定义名为配置文件的 SysML 语言扩展。

表 A.1 包图节点和路径

图元素	标记	描述	章节
注释说明	`<String>`	说明是模型元素的自由格式描述	5.5.1
元素组	«elementGroup» {name=<String>, size=<Integer>} **<String>**	元素组为模型元素编组提供轻量化机制。编组目的由用户定义	5.5.2
包节点	<Name> {uri=<String>} / <Name> {uri=<String>}	包是其他模型元素的容器,任何一个模型元素都包含在一个容器中,当容器删除或者复制时,包含的模型元素也一起被删除或者复制	6.3
模型节点	<Name> {uri=<String>} △ / <Name> {uri=<String>} △	SysML 中的模型是嵌套包层级中的顶层包。在包层级中,模型可以包含其他模型、包和视图	6.3
可封装元素节点	«<ElementKind>» <Name>	称包含在包里的模型元素为可封装元素,包括块、活动和值类型	6.5
包含路径	⊕—⊕	包含关系涉及包层级中父类和子类	6.4
导入路径	«import» <Name> → / «access» <Name> ⇢	导入关系使元素或元素集合进入命名空间。私有的入口用«access»标记	6.7
依赖路径	«<DependencyType>» ⇢	依赖关系指的是供方的变化可能导致依赖另一端的变化	6.8

表 A.2 在包图中描述 SysML 扩展的标记

图元素	标记	描述	章节
元模型节点	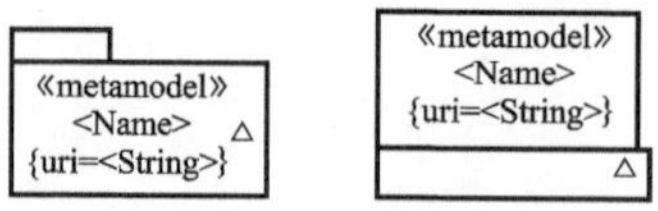 «metamodel» <Name> {uri=<String>}	元模型表述了建模语言概念、它们的特征和内部关系	15.2.1
元类节点	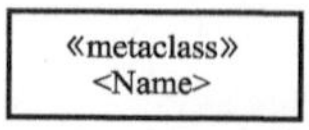 «metaclass» <Name>	通过元类来描述元模型中个体概念	15.2.1, 15.4
模型库节点	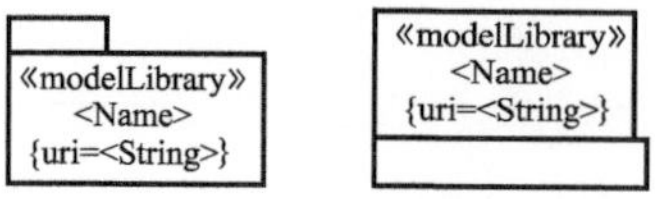 «modelLibrary» <Name> {uri=<String>}	模型库是一种特殊的包,包含给定域内一系列可重用的模型元素	15.3
版型节点	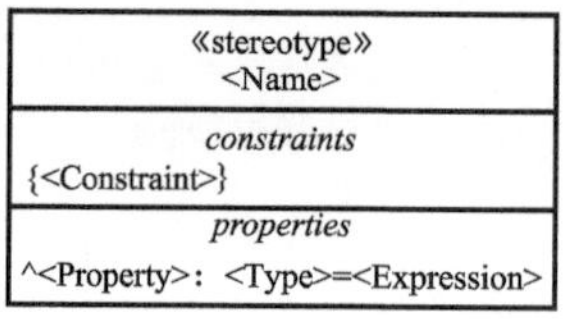 «stereotype» <Name> constraints {<Constraint>} properties ^<Property>: <Type>=<Expression>	版型节点用于增加新的语言定义,通常支持特殊系统工程域	15.4
配置文件节点	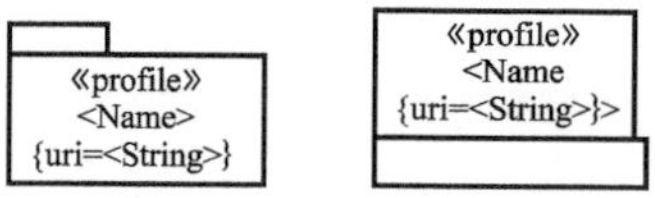 «profile» <Name> {uri=<String>}	配置文件是一种包含版型和支持定义的包	15.5
泛化路径	 <GeneralizationSet>	利用泛化机制,通过特殊化现有的版型来定义版型	15.4
扩展路径	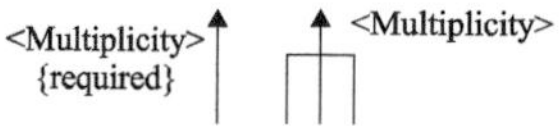 <Multiplicity> {required} <Multiplicity>	元类和版型之间的关系称为扩展,是一种关联	15.4
关联路径	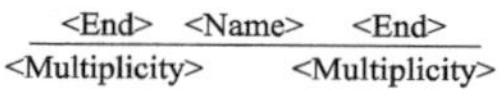 <End> <Name> <End> <Multiplicity> <Multiplicity>	版型属性可通过关联关系定义	15.4.1
引用路径	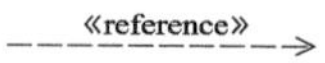 «reference»	引用是一种特殊类型的导入关系,用来导入配置文件需要的元类	15.5.1
配置文件应用程序路径	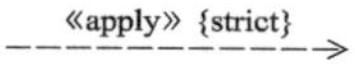 «apply» {strict}	通过配置文件应用关系将配置文件应用到模型或者包	15.6

A.4 块定义图

块定义图根据结构和行为特性、块间关系来定义块的特征,如层级关系。扩展的块定义图用来定义参数约束和表示活动的层级视图。

表 A.3 表示块结构和值的块定义图节点

图元素	标记	描述	章节
块节点	«block» <Name> *properties* ^<Property>: <Type>[<Multiplicity>] *parts* ^<Part>: <Block>[<Multiplicity>] *references* ^<Reference>: <Block>[<Multiplicity>] *boundReferences* ^{/bindingPath=<Property>,…} <Reference>: <Block>[<Multiplicity>] *values* ^<ValueProperty>: <ValueType>=<ValueExpression> *classifierBehavior* <Behavior> *ownedBehaviors* <Behavior>(<Parameter>,…): <Type>	块是 SysML 中描述系统结构的基本模块单元。分区用于表示块的结构化特性和行为特性。更多关于块分区的内容可见本节后面的表。 块中附加的属性有:{封装,抽象},抽象也可通过<Name>斜体化表示。结构属性中附加属性包括:{顺序,无序,唯一,非唯一,子集<属性>,重定义<属性>,只读}。属性名前的"/"表示是派生出的。静态属性用下划线表示	7.2, 7.3, 7.5, 7.7.4
值类型节点	«valueType» <Name> *values* ^<ValueProperty>: <ValueType>=<ValueExpression> *operations* ^<Operation>(<Parameter>,…): <Type> unit=<Unit> quantityKind=<QuantityKind> *valueType*	值类型提供了带数量单位的统一定义,这些单位可以被多个值属性共享	7.3.4
枚举节点	«enumeration» <Name> *literals* <EnumerationLiteral>	枚举定义一系列文字的命名值	7.3.4
执行者节点	«actor» <Name> / <Name>	执行者表示人、组织或者任何外部系统的角色,参与了系统的应用	12.3

块拥有两个附加分区:

(1)结构:具有和内部块图相同的标识。

(2)命名空间:具有和块定义图相同的标识。

表 A.4　表示接口的块定义图节点

图元素	标记	描述	章节
接口块节点	«interfaceBlock» <Name> *flow properties* ^<Direction><FlowProperty>: <Item> *references* ^<Direction><Reference>: <Block>[<Multiplicity>] *Values* ^<ValueProperty>: <ValueType>=<ValueExpression> *operations* ^<Direction><Operation>(<Parameter>,…): <Type> ^<Direction>«signal»<Signal>(<Parameter>,…) *proxy ports* ^<Direction><Port>: ~<InterfaceBlock>	**注意，接口块在 SysML 1.3 中介绍。**通过接口块定义了代理端口，这是一种特殊的块，不包含任何内部结构和行为。供流属性和端口的《Direction》可以是其中之一：in、out 或者 inout。供操作和引用的 < Direction > 可以是 prov、reqd 或者 provreqd。值也可以有 < Direction >，但是不会显示。代理端口利用"~"表示它们的结对	7.6.2
接口节点	«interface» <Name> *operations* ^<Operation>(<Parameter>,…): <Type> ^ «signal» <Signal>(<Parameter>,…)	接口规定了由一个标准端口请求或者提供的行为特性集	7.6.5
信号节点	«signal» <Name> ^<Attribute>: <Type>	信号定义了一组可以通过块发送和接收的消息。它具有一系列属性，规定了消息内容	7.5.2
块节点的接口分区	«block» <Name> *ports* ^<Direction><Port>: <Block> *full ports* ^<Direction><Port>: <Block> *proxy ports* ^<Direction><Port>: ~<InterfaceBlock> *operations* ^<Direction><Operation>(<Parameter>,…): <Type> ^<Direction>«signal»<Signal>(<Parameter>,…)	端口在一个标明完整端口和代理端口的块单独分区内表示。< Direction > 可以是 in、out 或者 inout。代理端口用"~"表示结对关系。供操作的 < Direction > 可以是 prov、reqd 或者 provreqd。注意，完整端口、代理端口和操作 < Direction > 在 SysML 1.3 中介绍	7.5.2, 7.6.1, 7.6.2

表 A.5　块定义图路径

图元素	标记	描述	章节
复合关联路径	<Reference> <Name> <Part> <Multiplicity> <Multiplicity> ◆<End> <Name> <Part> <Multiplicity> <Multiplicity> <Reference>◆ <End> <Multiplicity> <Multiplicity> <Part> <Multiplicity>	组合关联将整体和部分联系起来，表示整体和部分节点的多重性。复合关联在整体中定义组成属性（由 < Part > 表示）。在关联的非菱形端点没有箭头规定组成中到整体的引用属性（由 < Reference > 表示）。否则如果有箭头，则整体端的名称简单给出到关联端的名称	7.3.1

（续）

图元素	标记	描述	章节
引用 关联路径	（引用关联路径示意图，含 `<Reference>`, `<Multiplicity>`, `<End>`, `<Name>` 等标记）	引用关联规定两个块之间的关系。引用关联可规定其中一端或两端的块引用属性。 白色菱形和无菱形一样，但是通过规定附加属性可以用配置文件来区分它们	7.3.2
关联块路径和节点	（关联块示意图，含 `<Reference>`, `<Multiplicity>`, `<Name>`, `«participant» {end=<Reference>} «participant»：<Block>`）	关联块是关联和块的结合，它将两个块关联在一起，同时也可以有内部结构和它的其他属性。 参与者是占位符，表示关联块各端的块，在分解某个连接器时使用	7.3.3
泛化路径	`<GeneralizationSet>`	泛化描述一般分类器和特殊分类器之间的关系，可以是{disjoint}或{overlapping}，也可以是{complete}或{incomplete}	7.7

表 A.6 表示端口的节点

图元素	标记	描述	章节
完整端口节点	（完整端口示意图，含 `«full» <Name>：<Block> [<Multiplicity>]`, `«proxy» <Name>：~<InterfaceBlock> [<Multiplicity>]`）	完整端口类似于组成，包含在其归属块的组成树内。与组成不一样的是，它以图形化表示在父类的边界。端口标识包含描述端口特性的分区。 注：完整端口在 SysML 1.3 中介绍	7.6.1
代理端口节点	（代理端口示意图，含 `«proxy» <Name>：~<InterfaceBlock> [<Multiplicity>]`, `«proxy» <Name>：<Block> [<Multiplicity>]`）	代理端口与完整端口不同，它不表示系统的不同组成，表示的是自己归属块或者块组成属性的模型结构。 注：代理端口在 SysML 1.3 中介绍	7.6.2
带接口的代理端口节点	`<Interface>○—[«proxy» <Name>[<Multiplicity>]` `<Interface>⊃—[«proxy» <Name>[<Multiplicity>]`	接口用圆形或凹槽标识表示，接口名称列于标识旁。圆形表示提供接口，凹槽表示请求接口。代理端口可以是一个行为端口，表示其归属块的特性访问	7.6.5

表 A.7　SysML 1.3 中删除的标识

图元素	标记	描述	章节
流规范节点	«flowSpecification» <Name> flow properties <Direction><FlowProperty>: <Item>	流规范为非组合流端口定义了一组输入/输出流。 < Direction > 可以是 in、out 或者 inout	7.10.1
块节点的端口分区	«block» <Name> standard ports <Port>: <Interface> flow ports <Direction><Port>: <Type>	端口在单独分区中表示,表明流端口和标准端口。 < Direction > 可以是 in、out 或者 inout。非原子流端口没有方向。 非原子流端口具有关键词{conjugated}	7.10.1
非原子流端口节点	<Name>: <FlowSpecification>[<Multiplicity>] <Name>: <FlowSpecification>[<Multiplicity>]	非原子流端口描述了某个交互点,该点处的多个不同项可以流入或者流出块。 阴影标识表示一个结对的端口	7.10.1
原子流端口节点	<Name>: <Item>[<Multiplicity>] <Name>: <Item>[<Multiplicity>] <Name>: <Item>[<Multiplicity>]	原子流端口描述某个交互点,该点处的项可以流入或者流出块,也可以二者兼有,见原子流端口节点箭头方向	7.10.1

表 A.8　块定义图中定义模型参数的新增标记

图元素	标记	描述	章节
带约束分区的块节点	«block» <Name> constraints {{<Language><Constraint>}} ^<ConstraintProperty>: <ConstraintBlock>[<Multiplicity>]	块的约束可用标注为约束的特殊分区表示。< Constraint > 包含一个表达式,前面是表达约束所用的语言说明	8.2
约束块节点	«constraint» <Name> parameters ^<Parameter>: <Type>[<Multiplicity>]=<ValueExpression> constraints {{<Language><Constraint>}} ^<ConstraintProperty>: <ConstraintBlock>[<Multiplicity>]	约束块封装某个约束,定义后可在不同的情境中使用	8.3

表 A.9 块定义图中定义活动模型的新增标记

图元素	标记	描述	章节
活动节点	«activity» <Name> *parts* ^<Part>: <Block>[<Multiplicity>] *references* ^<Reference>: <Block>[<Multiplicity>] *values* ^<ValueProperty>: <ValueType>=<ValueExpression> *constraints* {{<Language>}<Constraint>} ^<ConstraintProperty>: <ConstraintBlock>[<Multiplicity>]	块定义图中,活动通过带关键词"activity"的块标识表示	9.12.1
活动组合路径	<End> <Name> «adjunct» <Action> <Multiplicity> <Multiplicity> <End> <Multiplicity> «adjunct» <Action> <Multiplicity>	活动的引发通过调用行为动作建模,利用标准组合关联,调用活动表示在黑色菱形端,被调用的活动在关联的另外一端。使用连接属性版型将属性与活动元素相关联	9.12.1
对象节点组合路径	<End> <Name> <ObjectNode> <Multiplicity> <Multiplicity> <End> <Name> <ObjectNode> <Multiplicity> <Multiplicity> <End> <Multiplicity> «adjunct» <ObjectNode> <Multiplicity>	在块定义图上可表示参数和其他对象节点。按照惯例,活动到对象节点之间的关系通过引用关联来表示	9.12.2

表 A.10 块定义图中定义实例规模和物理量的新增情况

图元素	标记	描述	章节
实例规范节点	<InstanceSpecification>/<Property>: <Type> <ValueSpecification> <InstanceSpecification>/<Property>: <Type> <Property>=<ValueSpecification> …	实例规范描述块或值类型的规范实例。标识可包含一个单独的值,或带有几个属性值的单独分区。在实例规范是一个封闭块标识的属性值的情况下,属性的名称是标识名字字符串的一部分	7.8
关联实例规范路径	<InstanceSpecification> <Property>	实例规范可以通过两个块之间关联的实例连接,两端以及名称字符串与这个实例中相关联的名称一致	7.8
数量种类节点	<Name>: <QuantityKind> definitionUri=<String> symbol=<String>	数量种类定义一个物理量,如长度,该物理量的值可根据定义的单位说明,如米或者英尺	7.3.4
单位节点	<Name>: <Unit> definitionUri=<String> quantityKind=<QuantityKind> symbol=<String>	定义某一物理量的测量单位	7.3.4

A.5 内部块图

内部块图描述了一个块内部结构之间的交互关系。需要注意的是,端口标识在内部块图中也会使用。

表 A.11 内部块图节点

图元素	标记	描述	章节
组成节点	`^<Name>: [<Block>]` `<Multiplicity>` *initialValues* `<Property>=<ValueExpression>`	组成是归属块的一种属性,该块由另外一个块定义(分类)。组成表示在归属块情境中被定义块的使用。注:组成节点可以有与块节点相同的分区,在分区标签前面用冒号表示。[<Block>]表示特定属性类型	7.3.1, 7.7.5
执行者组成节点	`^<Name>: <Actor>[<Multiplicity>]`	执行者组成是归属块的一个属性,由执行者定义(分类)	12.5
引用节点	`^<Name>: [<Block>]` `<Multiplicity>` *initialValues* `<Property>=<ValueExpression>`	块的引用属性是对另一个块的引用。注:引用属性节点可以有与块节点相同的分区,在分区标签前面用冒号表示。[<Block>]表示特定属性类型	7.3.2
参与属性节点	«participant» {end=<Reference>} `^<Participant>: <Block>`	参与属性表示关联块的一端。利用参与属性,建模者能够表示关联块内部结构与其相关末端的内部结构之间的相互关系	7.3.3
绑定引用节点	«boundReference» `^<Reference>: <Block>`	绑定引用提供一种方法,规定块内部可以在它的子类中变化的变体点	7.7.4
值属性节点	`^<Name>: [<ValueType>]=<Expression>` `<Multiplicity>` *initialValues* `<Property>=<ValueExpression>`	值属性表述块的定量特征。注:值属性节点可以有与值类型节点相同的分区,[<Value Type>]表示特定属性类型	7.3.4

表 A.12　内部块图路径

图元素	标记	描述	章节
连接器路径	<End> <Name> <End> <Multiplicity> <Multiplicity> <End><Name> : <Association><End> <Multiplicity> <Multiplicity>	连接器绑定两个组成（或者端口），为组成交互提供机会。 标识的名称字符串可表示连接器的类型	7.3.1, 7.3.3
连接器属性路径和节点	<End> <End> <Multiplicity> <Multiplicity> <Name>:<Association>	通过关联块定义连接器可以规定更多的细节。当连接器被关联块分类时，它可以有关联连接器属性	7.3.3
项流节点	<Name>:<Item>,… <Name>:<Item>,…	项流规定在某一特殊情境中流经连接器的项。项流规定流动的项类型和流的方向。它也可以与封闭块的一个属性（名为项属性）相关联，来识别封闭块情境中一个项的特定应用	7.4.3

A.6　参数图

参数图用来创建系统方程，用来约束块的属性。

表 A.13　参数图标记

图元素	标记	描述	章节
约束节点	{<Constraint>}	约束表示受约束模型元素必须满足的规则。约束的定义可包含定义语言	8.2
约束参数节点	<Name>:<Type>[<Multiplicity>]	约束参数是一种特殊的属性，用在约束块的约束表达式中。约束参数没有方向	8.3
约束属性节点	<Name>:<ConstraintBlock> {<Constraint>} «constraint» <Name>:<ConstraintBlock> {<Constraint>}	约束属性由约束块定义，用来绑定参数。这使得多个基本方程组合成复杂系统方程，并且使公式的参数更加准确地限制块的属性。把形标识表示约束属性指向另外一个参数图	8.4
值绑定路径	<Multiplicity> <Multiplicity> <Multiplicity> «equal» <Multiplicity>	绑定连接器来连接约束参数到各自的值属性。表示它们边界元素之间的对等关系	7.3.1, 8.5

A.7 活动图

活动图用于模型行为,包含输入流、输出流和控制流。活动图与传统功能流图类似。

表 A.14 活动图结构节点

图元素	标记	描述	章节
活动参数节点	act<Activity> <Parameter>: <Type>: <Multiplicity> <Parameter>: <Type>: <Multiplicity>	活动参数节点标识是跨活动框架边界分叉的矩形。 其他注释包括《noBuffer》、《optional》、《overwrite》、《continuous》、《discrete》、{rate = < Expression >}。 参数可组织成参数集,指出围绕参数集的边界框。参数集会有重合,有{probability = < Expression >}的注释	9.4.1
可中断区域节点	<InterruptibleRegion>	可中断区域汇集了活动中动作的子集,并包含一个停止它们执行的机制。停止这些动作执行不影响活动中的其他动作	9.8.1
活动分区节点	<Partition> / <Partition>	一系列活动节点汇集成一个活动分区(即泳道),活动分区用来表示这些节点执行。< Partition >可以是一个块的名称,或者是组成/引用的名称或类型。在网格模式下分区可以重叠	9.11.1
动作节点中的活动分区	(<Partition>,…) <Name>: <Behavior>	调用动作的活动分区的另一种表示方法是,在节点括号中包含分区名称,且位于动作名称的上方。这使得在使用泳道标记时更容易展示活动	9.11.1
结构化活动节点	«structured» <StructuredActivityNode>	结构化活动节点单独执行它嵌套的动作。结构化活动节点有一系列的管脚,通过这些管脚令牌从其内部动作中流入或者流出	9.8.2

表 A.15 活动图控制节点

图元素	标记	描述	章节
合并节点	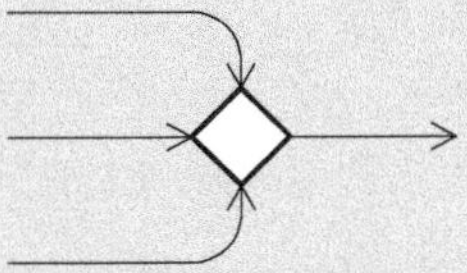 (合并节点图示)	合并节点有一个输出流和多个输入流,将每个输入流上接收到的各输入令牌路由至输出流。与汇合节点不同,在提供给输出流之前,合并节点不需要所有输入流令牌。当合并节点接收到令牌时,即向输出流提供该令牌	9.5.1, 9.6.1
决策节点	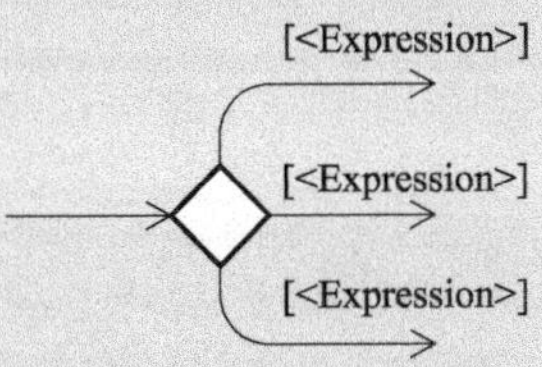 [<Expression>] [<Expression>] [<Expression>]	决策节点有一个输入流和多个输出流,一个输入令牌只能经过一个输出流。通过在所有输出流上设置相互排斥的守护,并且向满足守护表达式的流提供令牌,从而建立输出流	9.5.1, 9.6.1
汇合节点	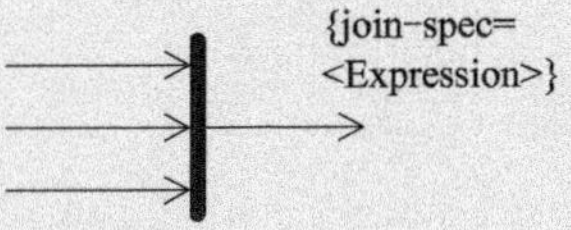 {join-spec=<Expression>}	汇合节点有一个输出流和多个输入流,从而同步来自多个源的令牌流。 通过规定其他控制逻辑的汇合规范,可以推翻默认行为	9.5.1, 9.6.1
分支节点	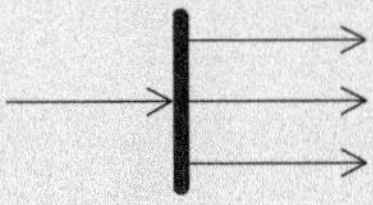 (分支节点图示)	分支节点有一个输入流和多个输出流,它将接收到的每一个输入令牌复制到每一个输出流上。输出流上的每一个令牌可以独立并行处理	9.5.1, 9.6.1
初始节点	 ●-->	活动开始执行时,控制令牌放置在活动中每一个初始节点。令牌可以通过外向控制流触发动作执行	9.6.1
活动结束节点	 -->◉	在活动执行过程中,当控制或者对象令牌到达活动结束节点时,执行将会终止	9.6.1
流结束节点	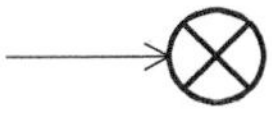 -->⊗	流结束节点接收到的控制和对象令牌被销毁,但是不会影响封闭活动的执行。一般在不终止活动的前提下,用来终止一个特殊动作序列	9.6.1
决策输入行为节点	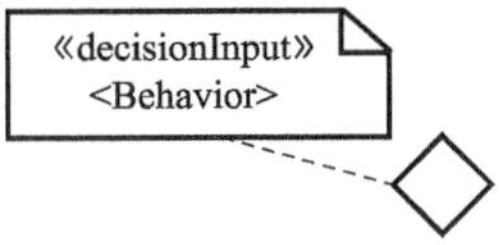 «decisionInput» <Behavior>	决策节点有一个伴随决策输入行为,用来评估每个到达的对象令牌,以及哪个结果可用在守护表达式上	9.5.1, 9.6.1

表 A.16　活动图对象和动作节点

图元素	标记	描述	章节
调用动作节点	(图示：«Name»: «Behavior» 带管脚；«Name»: «Operation» via «Port»；target；localPrecondition/localPostcondition 约束)	调用动作可以直接或者通过某个操作引发其他行为,指的分别是调用行为动作或调用操作动作。调用动作必须具有一系列管脚,该管脚在参数数量和类型上与被调用行为或调用操作相匹配。被调用操作需要一个目标。 流化管脚可以标记为|stream|或者加载。 如同被调用实体的参数组成参数集一样,相应的管脚也是如此。可规定前置条件和后置条件来约束动作,所以只有前置条件满足时才会开始执行,并且必须满足后置条件才可以成功地完成执行	9.1, 9.3, 9.4.2
中央缓冲区节点	«centralBufferNode» «Name»: «Type» [«State»,…]	中央缓冲区节点为管脚外的对象令牌和参数节点提供一个存储空间。令牌流入中央缓冲区节点并且存储在这里,直到它再次流出	9.5.3
数据存储节点	«dataStore» «Name»: «Type» [«State»,…]	数据存储节点提供被存储令牌的一个备份,而非原始令牌。当输入令牌表示已经存在的对象时,它会覆盖之前的令牌	9.5.3
控制操作符动作节点	«controlOperator» «Name»: «ControlOperator»　{control}	控制操作符提供输出参数的控制值,同时可以接收输入参数的控制值。它用来规定使能或者禁止其他动作的逻辑	9.6.2
接收事件动作节点	«Event» «from» («Port»,…)	活动能通过接收事件动作接收事件。对于接收的数据动作有输出管脚(有时隐藏)	9.7
接收时间事件节点	«TimeExpression»	时间事件对应于一个超时的定时器。这种情况下动作有一个单输出管脚(通常隐藏),输出一个包含接收到的事件发生时间的令牌	9.7

（续）

图元素	标记	描述	章节
发送信号动作	signal → <Signal>via<Port>,… target →	活动能利用发送信号动作发送信号。一般具有对应于即将发送的信号数据和信号目标的管脚	9.7
基本动作节点	«<ActionType>» <Expression>	基本动作包含:对象访问、升级/处理动作(带有属性和变量)、值动作(允许配置值)。<Expression>依赖于动作特征	9.14.3

表 A.17 活动图路径

图元素	标记	描述	章节
对象流路径	[<Expression>] ——→	对象流连接输入与输出。附加注释包含«continuous»、«discrete»、{rate = <Expression>}、{probability = <Expression>}	9.1, 9.5
控制流路径	[<Expression>] - - - → [<Expression>] ——→	控制流提供包含在活动中的动作什么时候、以什么顺序将要执行的约束。控制流可通过实线表示，或者使用虚线来区别于其他对象流	9.1, 9.6
对象流节点	○—[<Name>: <Type> [<State>,…]]—○	当对象流在两个管脚之间且这两个管脚具有相同的特征时,可使用备选记号,管脚标识省略并且被一个名为对象节点标识的单一矩形标识替换时使用	9.5
中断边界路径	[<Expression>] ⚡→ [<Expression>] ⚡→	中断边界用来中断可中断区域内动作的执行。其源头是区域内的一个节点,终点是区域外的一个节点	9.8.1

A.8 序列图

作为信息交互序列,序列图用来表示块的结构元素之间的交互。

表 A.18 序列图结构节点

图元素	标记	描述	章节
生命线节点	`<Name>: <Type> [<ValueSpecification>] ref<Interaction>`	生命线表示实例的生命周期,该实例是交互归属块的一部分,可以由组成属性或者引用属性表示。生命线可以引用描述生命线子行为的另一交互	10.4
单一分区片段节点	`<UnaryOp> [<Constraint>]`	组合片段用来对消息的复杂序列建模。组合片段中对于所有的操作数,拥有只带单一分区的操作符,表示为 < UnaryOp >。包括 seq、opt、break、strict、loop、neg、assert、critical	10.7.1, 10.7.2
多分区片段节点	`<N-aryOp> [<Constraint>] [<Constraint>]`	两个组合片段的操作符对于每一个操作数都有独立的分区,表示为 < N - aryOp >。包括 par、alt。参与片段的生命线覆盖在片段上面,不参与的生命线隐藏在片段后面	10.7.1
过滤片段节点	`<FilterOp>{<Message>,…}`	两个组合片段包含过滤操作符:考虑和忽略,表示为 < FilterOp >。在这个结构内部,利用符合的路径交叉存取明确的忽略消息	10.7.2
状态常量标识	`<State> {<Constraint>}`	生命线上状态常量用来在事件发生序列给定的点上增加请求状态的约束。常量约束包含属性值和参数值,或者状态机的状态	10.7.3
交互使用节点	`ref <Attribute>=<Interaction> (<Attribute>=<Argument>,…) : <Argument>`	交互使用允许一个交互引用另一个交互,作为它定义的部分。参与交互的生命线隐藏在片段后面,不参与的生命线覆盖在片段上面。交互使用可包含与交互参数对应的变量。耙形符号表示一个子图	10.8

表 A.19 序列图路径和动作节点

图元素	标记	描述	章节
同步消息	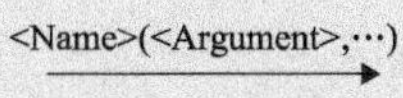 `<Name>(<Argument>,…)` ──▶	同步消息对应于操作的同步激发,一般伴随着一个应答消息	10.5.1
异步消息	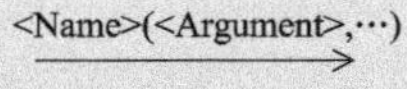 `<Name>(<Argument>,…)` ─▶	异步消息相当于发送一个信号或者操作的异步激发,不需要应答消息	10.5.1
应答消息	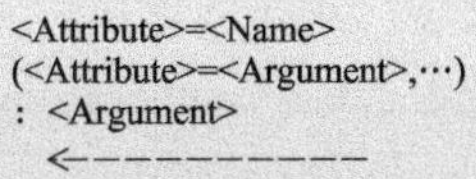 `<Attribute>=<Name>` `(<Attribute>=<Argument>,…)` `: <Argument>` ◀----	应答消息表示对同步操作调用回复,同时包含返回参数	10.5.1
丢失消息路径	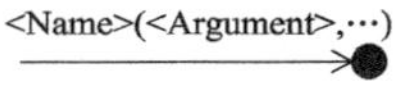 `<Name>(<Argument>,…)` ──●	丢失的消息描述有发送的消息事件,但没有接收事件的情形	10.5.2
发现消息路径	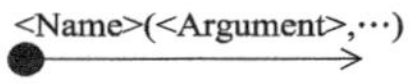 `<Name>(<Argument>,…)` ●── ▶	发现消息描述有接收消息事件,但没有发送事件	10.5.2
激活节点	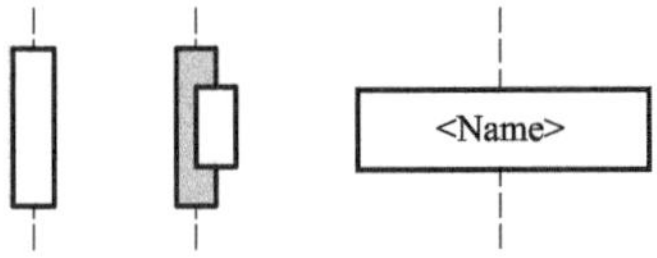 (激活矩形图示) `<Name>`	激活覆盖在生命线上,并对应于执行操作;激活在执行开始事件开启,在执行结束事件停止。在执行是嵌套的情况下,激活从左到右存储在堆栈中。激活可选择标记是覆盖在生命线上、具有行为或动作名称的一个矩形标识	10.5.4
创建消息路径	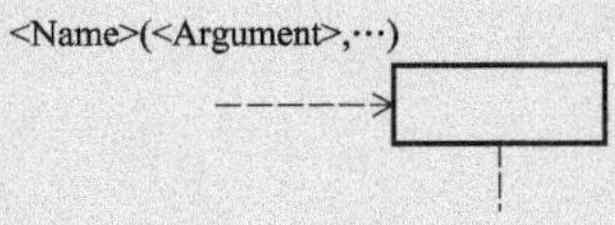 `<Name>(<Argument>,…)` --▶□	创建实例通过收到创建消息表示	10.5.5
销毁事件节点	 ✕	实例销毁由销毁事件的发生表示	10.5.5
协作区域标识	 (协作区域图示)	在一个协作区域内,生命线上发送和接收的消息之间没有指定的顺序	10.7.1

表 A.20　序列图时间观测和约束节点

图元素	标记	描述	章节
持续期观察标记	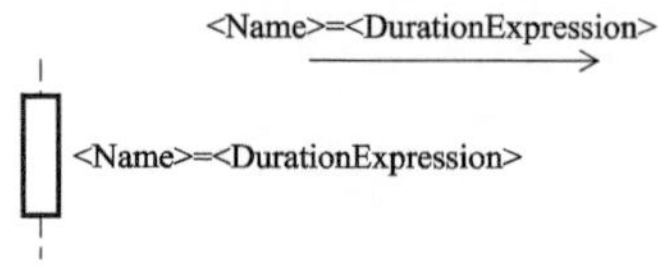 `<Name>=<DurationExpression>`	持续期观察用来记录两个瞬时时刻间隔的时间,表示交互执行期间发生的事件	10.6
持续期约束标识	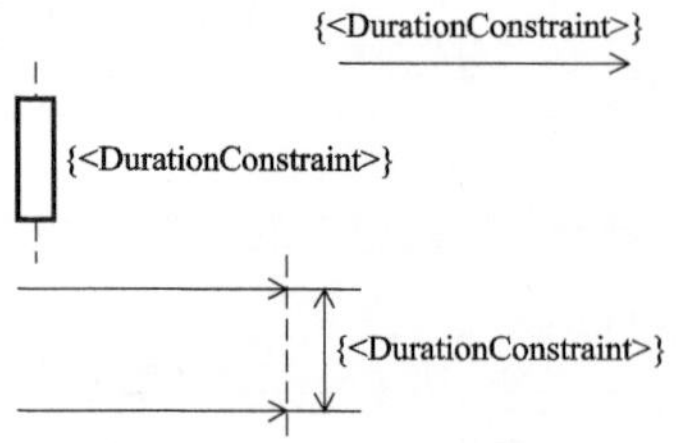 `{<DurationConstraint>}`	持续期约束识别两个事件,称作开始事件和结束事件,表达它们之间持续期约束。持续期约束在它的定义中,可使用持续期观察期	10.6
时刻观察标识	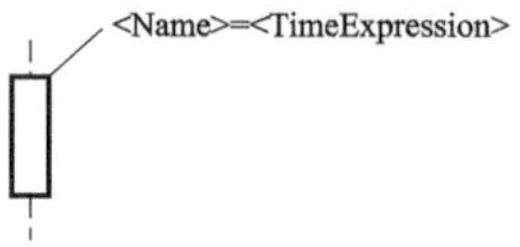 `<Name>=<TimeExpression>`	时刻观察用来记录交互执行期间的某些瞬间	10.6
时刻约束标识	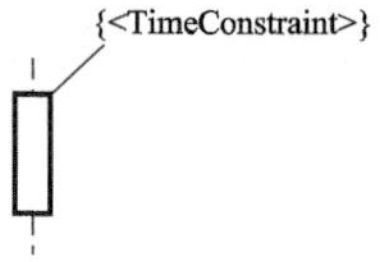 `{<TimeConstraint>}`	时刻约束识别应用在交互执行单一事件发生时刻的约束。时间约束在它的定义中,可使用时刻观察	10.6

A.9　状态机图

SysML 中的状态机图以状态和状态之间转换的角度描述块在全生命周期中依赖状态的行为。

表 A.21　状态机图状态节点

图元素	标记	描述	章节
包含入口点、出口点的伪状态节点的状态机	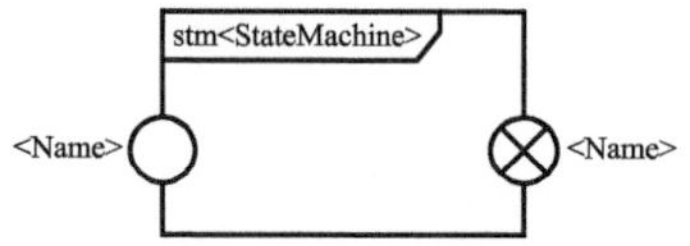 stm<StateMachine> `<Name>` ○　⊗ `<Name>`	状态机具有入口点、出口点的伪状态,与连接点类似。在状态机中,入口点伪状态可以只有输出转换,出口点伪状态可以只有输入转换	11.6.5

图元素	标记	描述	章节
原子状态节点	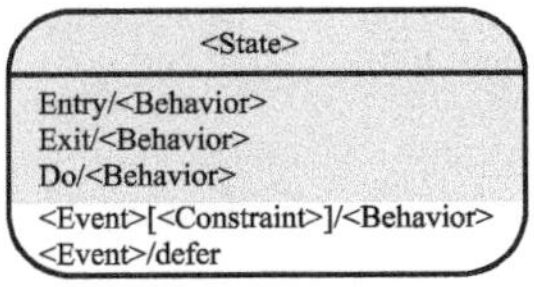 `<State>` Entry/`<Behavior>` Exit/`<Behavior>` Do/`<Behavior>` `<Event>`[`<Constraint>`]/`<Behavior>` `<Event>`/defer	状态表现了块全生命周期的重大情况。每个状态具有入口和出口行为，还有执行行为。 原子状态节点还可表示状态机当前状态根据推迟的状态和事件的转变	11.3
包含入口点、出口点伪状态的组合节点	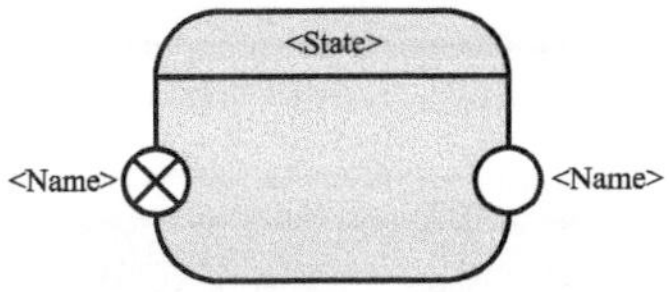 (图示)	组合状态是有嵌套区域的状态，最常见的例子就是单一区域。 组合状态有入口点、出口点伪状态，与连接伪状态类似。入口点具有来自外部状态的输入转换，出口点相反	11.6.1
具有多个区域的组合状态节点	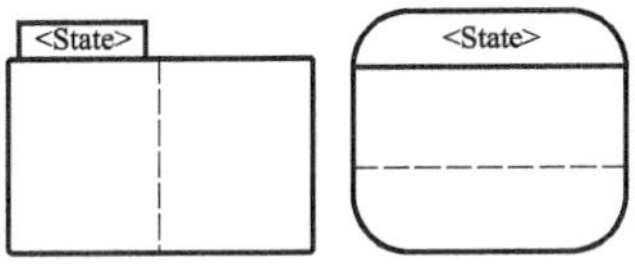 (图示)	组合状态有多个区域，每个都包含子状态。这些区域彼此间非相关，因此具有不止一个区域的组合状态，有时称作非相关组合状态	11.6.2
具有连接端点的子状态机节点	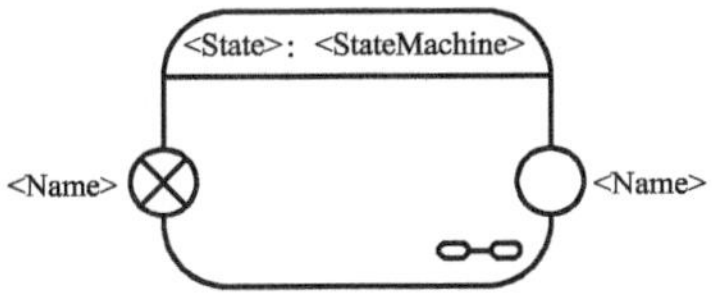 (图示)	通过子机状态可以实现状态机重用。子状态机结束的转换开启它的引用状态机。转换可以连接至状态边界的连接点。右边低一点的标识表示低一层的状态机图。也可以用靶形标识表示	11.6.5

表 A.22 状态机图伪状态和过渡节点

图元素	标记	描述	章节
终止伪状态节点	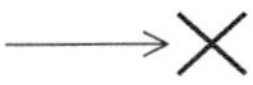 →✕	到达终止伪状态时，状态机的行为终止	11.3
初始伪状态节点	 ●→	初始伪状态表示一个区域的初始状态	11.3
最终状态节点	 →◉	最终状态表示完成执行的区域	11.3
选择伪状态节点	 ◇	选择伪状态的去向转换到达时对其评估	11.4.2
连接伪状态节点	●	连接伪状态用于建立状态间的复合转换路径	11.4.2

（续）

图元素	标记	描述	章节
触发节点	><Event>,...[<Constraint>]	该节点表示所有的转换触发器,在标识内描述触发事件和转换守护	11.4.3
动作节点	<EffectExpression>	<EffectExpression>描述转换效果,可以是行为名称或者不透明行为主体	11.4.3
发送信号节点	<Signal>(<Argument>,...)	该节点表示发送信号动作。信号名和参数一起发送,在标识内表示	11.4.3
汇合伪状态节点	（图示）	汇合伪状态有单一输出转换和多个输入转换。当所有的输入转换执行时,汇合的输出转换有效,所有的转换执行	11.6.2
分支伪状态节点	（图示）	分支伪状态有单一输入转换和多个输出转换。当输入转换执行到分支伪状态时,所有的输出转换执行	11.6.2
历史伪状态节点	H H*	历史伪状态表示其所属区域的最后一个状态,历史伪状态的转换终点可以返回上一状态	11.6.4

表 A.23 状态机图路径

图元素	标记	描述	章节
时间事件转换路径	after<TimeExpression>[<Constraint>]/<Behavior> at<TimeExpression>[<Constraint>]/<Behavior>	时间事件表示由于已进入当前状态,某个给定的时间间隔已通过,或者是某个给定的瞬时时刻已经到达。转换可以包含守护和结果	11.4.1
信号事件转换路径	<Signal>(<Attribute>,...)[<Constraint>]/<Behavior>	信号事件表示新的异步消息到达。信号事件可以伴随着参数,后者包含指定的属性。转换可以包含守护和结果	11.4.1
调用事件转换路径	<Operation>(<Attribute>,...)[<Constraint>]/<Behavior>	调用事件表示状态机所属块的操作已被请求。调用事件可跟随着参数,后者包含指定的属性。转换可以包含守护和结果	11.5
更改事件转换路径	when<Expression>[<Constraint>]/<Behavior>	更改事件表示满足某种条件(一般有些指定的属性值保持)。转换可以包含守护和结果	11.7

A.10 用例图

用例图对系统、主体、执行者和用例之间关系建模。

表 A.24 用例图标记

图元素	标记	描述	章节
执行者节点	«actor» «Name» / «Name»(人形符号)	用户以及其他外部参与者用执行者描述。执行者表示某个人、组织或者任何外部系统的角色,他们都参与某一主体的应用。执行者可以直接与主体交互或者通过其他执行者间接地与系统交互	12.1, 12.3
用例节点	‹Name› extension points ‹ExtensionPoint›,...	用例通过用户如何使用系统达到预期目标的形式描述系统功能。用例可定义一系列扩展端点,表示扩展。耙形符号表示有子用例图	12.1, 12.4
主体节点	‹Name› (‹Use Case›)	提供功能性支持用例的实体被称为考虑中的系统或主体,用矩形表示。它经常用来表示一个正在开发的系统	12.4
关联路径	‹End› ‹Name› ‹End› ‹Multiplicity› ‹Multiplicity›	执行者通过关联与用例相关联。执行者的多重性描述参与的执行者数量。用例端的多重性描述执行者可能涉及用例的数量	12.4.1
扩展路径	Condition: {‹Constraint›} extension points: ‹ExtensionPoint›,... ----«extend»---->	扩展用例是功能性的一个片段,是基础用例的扩展。它常用来描述主体和执行者之间交互的异常行为,如错误处理,不会直接影响基础用例。扩展关系的箭头端指向被扩展的基础用例	12.4.1
包含路径	----«include»---->	包含关系允许基础用例包含被包含用例的功能,作为其功能的一部分。基础用例执行时,被包含的用例也执行。包含关系的箭头端指向被包含用例	12.4.1
泛化路径	‹GeneralizationSet› ‹GeneralizationSet›	利用泛化关系为用例和执行者分类。通用用例的场景和执行者关联被特殊化的用例继承	12.4.1

A.11 需求图

需求图用图形化的方式描述需求层级,同时描述个体需求和它与其他模型元素之间的关系。

表 A.25 需求图节点

图元素	标记	描述	章节
需求节点	«requirement» <Name> text= "<String>" id= "<String>" *satsifiedBy* «<ElementType>» <Element> *derived* «requirement» <Requirement> *derivedFrom* «requirement» <Requirement> *refinedBy* «ElementType» <Element> *master* «requirement» <Requirement> *verifiedBy* «<ElementType>» <TestCase>	需求规定了一种必须满足的能力或者条件,一种系统必须实现的功能,或一种系统必须达到的性能条件。每个需求包含预定义的属性,作为它的识别号和文本描述。SysML 包含明确的关系,将需求与其他需求、其他模型元素相关联。 分区标记是展示需求和其他模型元素之间需求关系的一种方法	13.1, 13.3, 13.4, 13.5.2
需求关联类型节点	«<ElementType>» <Name> *refines* «requirement» <Requirement> *satisfies* «requirement» <Requirement> *verifies* «requirement» <Requirement>	需求可以与出现在不同层级或者不同图中的模型元素关联。当需求和关联模型元素出现在不同的图中时,利用分区标记可以表示这些关系	13.5, 13.11, 13.12, 13.13
追溯分区	*tracedTo* «ElementType» <Element> *tracedFrom* «ElementType» <Element>	当需求和相关模型元素出现在不同的图中时,追溯关系可以利用分区标记表示	13.5, 13.14
包节点	<Name> <Name>	需求可以组成包结构。包结构中的每个包对应于不同的规范,每个包包含对应于该规范的文本需求	13.8
测试用例节点	«testCase» <Name> *verifies* «requirement» <Requirement>	测试用例表示执行验证的方法,包含检查、分析、验证、测试的标准验证方法	13.12

表 A.26　需求图路径

图元素	标记	描述	章节
包含路径	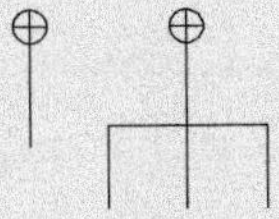 （图示）	包含关系用来表示需求如何包含在规范(包)中,或者一个复杂的需求如何在不增加或者改变本意的情况下,拆分成一系列简单的需求	13.9
派生路径	«deriveReqt»	在分析源需求的基础上,派生关系发生在一个源需求和一个派生需求之间	13.10
满足路径	«satisfy»	满足关系用来声明对应于设计和实现的模型元素满足特殊需求	13.11
验证路径	«verify»	验证关系用在需求和测试用例或者其他元素之间,表示如何验证需求满足	13.12
精化路径	«refine»	精化关系用来减少需求歧义,通过将需求与其他阐明需求的模型元素相关联而实现	13.13
追溯路径	«trace»	追溯关系是关联需求和其他模型元素的通用方法,对于将需求关联到文档非常有用	13.14
复制路径	«copy»	复制关系将需求的复件与原始需求相关联,以支持需求的重用	13.15

表 A.27　需求图标注

图元素	标记	描述	章节
追溯标注	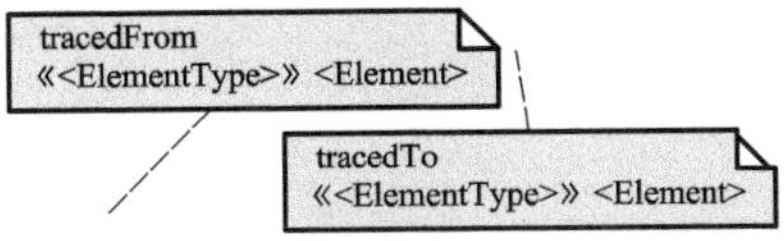 tracedFrom «<ElementType>» <Element> / tracedTo «<ElementType>» <Element>	这个标注标记是用来描述追溯关系的可选标记。它可以在任何图中用来表示需求与其他模型元素之间关系的最小约束标记	13.5.3, 13.14

(续)

图元素	标记	描述	章节
派生标注	derived «requirement» <Requirement> / derivedFrom «requirement» <Requirement>	用来描述派生关系的可选标记	13.5.3, 13.10
验证标注	verifies «requirement» <Requirement> / verifiesdBy «testCase» <TestCase>	用来描述验证关系的可选标记	13.5.3, 13.12
满足标注	satisfiedBy «<ElementType>» <Element> / satisfies «requirement» <Requirement>	用来描述满足关系的可选标记	13.5.3, 13.11
精化标注	refines «requirement» <Requirement> / refinedBy «<ElementType>» <Element>	用来描述精化关系的可选标记	13.5.3, 13.13
主需求标注	master «requirement» <Requirement>	用来描述复制关系的可选标记	13.5.3, 13.13
依据标注	«rationale» <Text>	依据通常与需求或需求间的关系相关联。它可以应用在整个模型中，捕捉任何类型决策的原因	13.6
问题标注	«problem» <Text>	问题是一种特殊的注释，用来识别或者表明模型中的设计事项	13.6

A.12 分配

SysML 包含若干个可选标记，用于在系统模型中灵活地表示模型元素的分配。图形化的表示形式与将需求和其他模型元素关联的表示形式相似。

表 A.28 分配标记

图元素	标记	描述	章节
分配至标注	allocatedTo «<ElementType>» <Element>	该标注标记用于表示模型元素对面端点的分配关系。在这种情况下,标注被固定至一个元素,该元素被分配到标注中的元素名称	14.3
从标注分配	allocatedFrom «<ElementType>» <Element>	该标注标记用于表示模型元素的分配关系相反端。在这种情况下,标注被固定至一个元素,该元素由被调用元素名称分配	14.3
带有分配分区的块节点	«block» <Name> / allocatedFrom «<ElementType>» <Element> / allocatedTo «<ElementType>» <Element>	分区标记识别在模型元素分区中分配关系相反端的元素。当使用块时,精确地表示去向/来自块的分配定义	14.3
带有分配分区的组件节点	<Name>: <Block>[<Multiplicity>] / allocatedFrom «<ElementType>» <Element> / allocatedTo «<ElementType>» <Element>	分区标记标识在模型元素分区中分配关系相反端的元素。当使用组成时,它精确地表示去向/来自组成使用的分配。推断的分配不应该通过组成分区来描述	14.3
带有分配到分区的调用动作节点	<Name>: <Behavior> / allocatedTo «<ElementType>» <Element> / allocatedFrom «<ElementType>» <Element>	当分配分区在动作中应用时,它精确地表示去向/来自动作使用的分配。推断的分配不应该通过动作分区来描述	14.3
分配路径	------«allocate»------>	当分配关系的两端在同一个图中表示时,分配关系可被直接描述。箭头表示分配到端	14.3
分配活动分区节点	«allocate» <Partition>	活动图中分配活动分区表示分区中任一动作节点和分区表示的组成之间的分配关系。该分区表示提供了分配使用(动作到组成),但不是分配定义(活动到块)。也可以使用活动分区标记	14.6.3

A.13 版型和视角

版型用来介绍 SysML 相对于传统语言而言,具体领域内新的概念或增加的概念。版型可用于任何关系图上的元素,利用一个公共标记贯穿整个图。关于应用的版型信息可以在节点标识内作为名称字符串的一部分表示,或者利用标注标记表示。

视和视角允许建模人员生成其 SysML 模型的定制可视化。

表 A.29 版型元素的标记

图元素	标记	描述	章节
有关键词和属性的名称分区	«\<Stereotype>» {\<Property>=\<Value>,…} \<Name>	版型化的模型元素表示为:用书名号表示名称,后面跟随着版型属性值,然后是模型元素名称。多重版型和它们的属性在模型元素名称前表示	15.6
有关键词的名称分区	«\<Stereotype>,…» \<Name>	如果在名称分区中没有版型属性,则多个版型名称可出现在书名号的列表中,用逗号分隔	15.6
有关键词和属性的名称字符串	«\<Stereotype>» {\<Property>=\<Value>,…} \<Name> label \<Stereotype>» {\<Property>=\<Value>,…}\<Name> …	如果模型元素通过路径标识(如一条线)表示,则版型名称和属性在线旁边的标签上表示,并且在元素名称前。 当元素在元素名称前表示时,原型关键词和属性可以表示分区内的元素	15.6
版型标注	«\<Stereotype>» \<Property>=\<Value> …	不考虑表示模型元素的标识,应用的版型属性值可以用标注标识表示。多重版型的属性值可以用单个注释标识表示	15.6
带有版型分区的节点	«\<Stereotype>,…» \<Name> «\<Stereotype>» \<Property>=\<Value> …	在标识支持分区的地方,应用的版型属性值可以在指定该版型的分区中表示	15.6

表 A.30 表示视图和视角的节点

图元素	标记	描述	章节
视图节点	«view» <Name> «view» stakeholders=<Stakeholder>,… viewpoint=<Viewpoint>	视图遵从于视角,视图根据视角方法展示一系列模型元素,并且以视角语言表达利益相关方的相关信息	15.8
视角节点	«viewpoint» <Name> «viewpoint» stakeholders=<Stakeholder>,… purpose=<String> languages=<String>,… method=<Behavior> concerns=<String>,… operations «create» View()	视角描述了提供给利益相关方的关注点,用来规定模型的一个视图	15.8
利益相关方节点	«Stakeholder» <Stakeholder> concerns=<String>,… «Stakeholder» <Stakeholder> «stakeholder» concerns=<String>,…	利益相关方是需要关注的一个角色、组织或者个体	15.8
遵从路径	——«conform»——>	用来声明视图遵从于视角	15.8
展现路径	– – «expose» – –>	用来规定被视图所展示的模型元素	15.8

参 考 文 献

[1] Object Management Group. OMG Systems Modeling Language(OMG SysML^{TM}). V1.4. Available at: http://www.omg.org/spec/SysML/.

[2] BKCASE Editorial Board. The Guide to the Systems Engineering Body of Knowledge(SEBoK), V1.3. R. D. Adcock(EIC). Hoboken, NJ: The Trustees of the Stevens Institute of Technology; 2014. Available at: http://www.sebokwiki.org/. BKCASE is managed and maintained by the Stevens Institute of Technology Systems Engineering Research Center, the International Council on Systems Engineering, and the Institute of Electrical and Electronics Engineers Computer Society.

[3] ANSI/EIA 632. Processes for Engineering a System. Am Natl Stand Inst/Electronic Industries Alliance 1999.

[4] IEEE Standard 1220 – 1998. IEEE Standard for Application and Management of the Systems Engineering Process. Inst Electrical and Electronic Eng December 8, 1998.

[5] ISO/IEC. Systems and Software Engineering—System Life Cycle Processes. Int Organ Standardization/Int Electrotechnical Comm March 18, 2008; 15288; 2008.

[6] Estefan Jeff A. Survey of Model-Based Systems Engineering(MBSE) Methodologies. Rev B INCOSE Technical Publication, Document No. INCOSE-TD-2007-003-01. San Diego, CA: International Council on Systems Engineering; June 10, 2008.

[7] Douglass Bruce P. The Harmony Process. I-Logix Inc March 25, 2005. white paper.

[8] Hoffmann Hans-Peter. Harmony-SE/SysML Deskbook: Model-Based Systems Engineering with Rhapsody Rev. 1.51, Telelogic/I-Logix white paper, Telelogic AB. May 24, 2006.

[9] Lykins, Friedenthal, Meilich. Adapting UML for an Object-Oriented Systems Engineering Method(OOSEM). Proc INCOSE Int Symp July 15 – 20, 2000. Minneapolis.

[10] Murray Cantor. RUP SE: The Rational Unified Process for Systems Engineering, The Rational Edge. Rational Software November 2001.

[11] Murray Cantor. Rational Unified Process® for Systems Engineering. RUP SE Version 2.0, IBM Rational Software white paper. IBM Corporation May 8, 2003.

[12] Ingham Michel D, Rasmussen Robert D, Bennett Matthew B, Moncada Alex C. Generating Requirements for Complex Embedded Systems Using State Analysis. Acta Astronautica June 2006; 58(12): 648 – 61.

[13] Long James E. Systems Engineering(SE)101, CORE:® Product & Process Engineering Solutions. Vienna, VA: Vitech training materials, Vitech Corporation; 2000.

[14] Dov Dori. Object-Process Methodology: A Holistics System Paradigm. New York: Springer Verlag; 2002.

[15] Zachman John A. A Framework for Information Systems Architecture. IBM Sys J 1987; 26(3): 276 – 92.

[16] C4I Architecture Working Group. C4ISR Architecture Framework Version 2.0, December 18, 1997.

[17] US Department of Defense. DoD Architecture Framework(DoDAF). Version 2.02, August 2010. Availableat: http://cio-nii.defense.gov/sites/dodaf20/index.html.

[18] Ministry of Defence. Architecture Framework(MODAF), Version 1.2.004, May, 2010.

[19] ANSI/IEEE Std. IEEE Recommended Practice for Architectural Description of Software-Intensive Systems. Am Natl Stand Inst/Inst Electrical and Electronic Eng September 21, 2000; 1471 – 2000.

[20] ISO/IEC 42010: 2007. Systems and Software Engineering—Recommended Practice for Architectural Descrip-

tion of Software-intensive Systems. Int Organ Stand/Int comm Comm September 12,2007.

[21] The Open Group. The Open Group Architecture Framework(TOGAF), Version 8.1.1, Enterprise Edition. New York:VanHaren;2007. Available at:http://www.opengroup.org/bookstore/catalog/g063v.htm.

[22] Standard for Integration Definition for Function Modeling(IDEF0). Draft Federal Information Processing Standards. Publication December 21,1993;183.

[23] Object Management Group Unified Profile for DoDAF and MODAF(UPDM). Available at:http://www.omg.org/spec/UPDM/.

[24] Object Management Group. Meta Object Facility Core Specification. Available at:http://www.omg.org/spec/MOF/.

[25] Modelica Association. Modelica Specification. Available at:https://www.modelica.org/documents/.

[26] IEEE Standard 1516. IEEE Standard for High Level Architecture. Inst Electrical and Electronic Eng.

[27] Society of Automotive Engineering(SAE). Architecture Analysis & Design Language(AADL). Available at:http://standards.sae.org/as5506a/;January 2009.

[28] World Wide Web Consortium(W3C). Web Ontology Language(OWL). Available at:http://www.w3.org/2004/OWL/.

[29] Object Management Group. XML Metadata Interchange(XMI) Specification. Available at:http://www.omg.org/spec/XMI/.

[30] ISO TC-184(Technical Committee on Industrial Automation Systems and Integration). SC4(Subcommitteeon Industrial Data Standards). ISO 10303-233 STEP AP233;Available at:http://www.ap233.org/ap233-public-information/.

[31] Open Services for Lifecycle Collaboration. Available at:http://open-services.net/.

[32] Modelica Association Project. Functional mock-up interface(FMI). Available at:https://www.modelica.org/projects/.

[33] Object Management Group. Model-Driven Architecture(MDA) Guide. Available at:http://www.omg.org/mda/presentations.htm.

[34] Object Management Group. The MDA Foundation Model, Draft. OMG document number ormsc/2010-09-06 September 2010.

[35] Object Management Group. Query/View/Transformation. Available at:http://www.omg.org/spec/QVT/.

[36] Wymore W. Model-Based Systems Engineering. Boca Raton,FL:CRC Press;1993.

[37] International Council on Systems Engineering(INCOSE). Systems Engineering Vision 2020. Version 2.03, TP-2004-004-02 September 2007.

[38] Object Management Group. Object Constraint Language(OCL). Available at:http://www.omg.org/spec/OCL/.

[39] Object Management Group. OMG Certified Systems Modeling Professional(OCSMP). Available at:http://www.omg.org/ocsmp.

[40] Cecilia Haskins,editor. INCOSE Systems Engineering Handbook:A Guide for System Life Cycle Processes and Activities. v.3.2.1,INCOSE-TP-2003-002-03.2.1 Int Council Syst Eng January 2011.

[41] Object Management Group. Semantics of a Foundational Subset for Executable UML Models(FUML). Available at:http://www.omg.org/spec/FUML/.

[42] ISO TC-184(Technical Committee on Industrial Automation Systems and Integration),*ISO 18629* Process specification language(PSL).

[43] Object Management Group. Precise Semantics of UML Composite Structures. Available at:http://www.omg.org/spec/PSCS/.

[44] Object Management Group. Action Language for Foundational UML(ALF). Available at:http://www.omg.

org/spec/ALF/.

[45] Peak R, et al. Georgia Tech response to "UML for Systems Engineering RFI". May 2002. Available at: http://eislab.gatech.edu/pubs/misc/2002-omg-se-dsig-rfi-1-response-peak/.

[46] Reisig, Wolfgang. A Primer in Petri Net Design. New York: Springer-Verlag;1992. Available at: http://link.springer.com/book/10.1007%2F978-3-642-75329-9.

[47] Haider Wagenhals, Synthesizing Levis. Executable Models of Object Oriented Architectures. J Int Council Sys Eng 2003;6(4):266-300.

[48] Conrad Bock. SysML and UML 2.0 Support for Activity Modeling. J Int Council Sys Eng 2006;9(2):160-86.

[49] Alistair Cockburn. Writing Effective Use Cases. Boston: Addison-Wesley;2000.

[50] Object Management Group. UML Testing Profile. Available at: http://www.omg.org/spec/UTP/.

[51] Object Management Group. UML for Systems Engineering RFP OMG document number ad/03-03-41. March 28,2003.

[52] Object Management Group. Unified Modeling Language(OMG UML). Available at: http://www.omg.org/spec/UML/.

[53] Sanford Friedenthal. Object Oriented Systems Engineering. In: Process Integration for 2000 and Beyond: Systems Engineering and Software Symposium. New Orleans: Lockheed Martin Corporation; May 1998.

[54] Meilich Abe, Rickels Michael. An Application of Object-Oriented Systems Engineering to an Army Command and Control System. In: A New Approach to Integration of Systems and Software Requirements and Design. Brighton, England: Proceedings of the INCOSE International Symposium; June 6-11,1999.

[55] Steiner Rick, Friedenthal Sanford, Oesterheld Jerry, Thaker Guatam. Pilot Application of the OOSEM Using Rational Rose Real Time to the Navy CC & D Program. Melbourne: Proceedings of the INCOSE International Symposium; July 1-4,2001.

[56] Rose Susan, Finneran Lisa, Friedenthal Sanford, Lykins Howard, Scott Peter. Integrated Systems and Software Engineering Process. Herndon, VA: Software Productivity Consortium;1996.

[57] Forsberg Kevin, Mooz Harold. Application of the "Vee" to Incremental and Evolutionary Development. St. Louis: Proceedings of the Fifth Annual International Symposium of the National Council on Systems Engineering; July 1995.

[58] Izumi L, Friedenthal S, Meilich A. Object-Oriented Systems Engineering Method(OOSEM) Applied to Joint Force Projection(JPF), a Lockheed Martin Integrating Concept(LMIC). Proceedings of the INCOSE International Symposium; June 2007.

[59] Pearce P, Friedenthal S. A Practical Approach for Modeling Submarine Subsystem Architecture in SysML, Proceedings from the 2nd Submarine Institute of Australia(SIA) Submarine Science. Technology and Engineering Conference; October 2013. pp. 347-360. Available at: http://www.omgsysml.org/A_Practical_Approach_for_Modelling_Submarine_Sub-system_Architecture_in_SysML-Pearce_Friedenthal.pdf.

[60] National Defense Industrial Association(NDIA) Systems Engineering Division. Modeling & Simulation Committee Model Based Engineering(MBE) Final Report. February 2011.

[61] Law A. Simulation Modeling and Analysis. 4th ed, New York, NY: McGraw Hill;2007.

[62] Object Management Group. UML Profile for Modeling and Analysis of Real-Time and Embedded Systems (MARTE). Available at: http://www.omg.org/spec/MARTE/.

[63] Object Management Group MOF Versioning and Development Lifecycle. Available at: http://www.omg.org/spec/MOFVD/2.0/.

[64] Object Management Group(OMG). Model Interchange Working Group(MIWG). at http://www.omgwiki.org/

model-interchange/doku. php.

[65] Object Management Group. Diagram Definition. Available at: http://www.omg.org/spec/DD/.

[66] World Wide Web Consortium(W3C). Scalable Vector Graphics(SVG). Available at: http://www.w3.org/Graphics/SVG/.

[67] Object Management Group. SysML Modelica Transformation Specification. Available at: http://www.omg.org/spec/SyM/.

[68] World Wide Web Consortium(W3C). Uniform Resource Identifiers(URI). Available at: http://www.w3.org/Addressing/.

[69] World Wide Web Consortium(W3C). Resource Description Framework(RDF). Available at: http://www.w3.org/RDF/.

[70] OSLC Core Specification. Available at: http://open-services.net/bin/view/Main/OslcCoreSpecification./.

[71] OSLC4MBSE Working Group. Available at: http://www.omgwiki.org/OMGSysML/doku.php?id=sysml-oslc:oslc4mbse_working_group.

[72] Modelisar Project. Available at: https://itea3.org/project/modelisar.html.

[73] Yishai A. Feldman, Lev Greenberg, Eldad Palachi. Simulating Rhapsody SysML Blocks in Hybrid Models with FMI. Lund, Sweden: Proceedings of the 10th International Modelica Conference; March 10-12, 2014. Available at: http://www.ep.liu.se/ecp/096/004/ecp14096004.pdf.

[74] Jenkins Stephen, Rouquette Nicolas. OWL Ontologies and SysML Profiles: Knowledge Representation and Modeling. NASA-ESA PDE Workshop May 2010. Available at: http://www.congrex.nl/10m05post/presentations/pde2010-Jenkins.pdf.

[75] International Council on Systems Engineering(INCOSE) Telescope Modeling Challenge Team Active Phasing Experiment(APE). http://www.omgwiki.org/MBSE/doku.php?id=mbse:telescope.

[76] Object Management Group(OMG). SysML Request for Information(RFI). OMG document number syseng/2009-06-01 June 2009. Available at: http://www.omg.org/cgi-bin/doc?syseng/2009-06-01.

内 容 简 介

本书内容分为四部分，共 19 章。第一部分（第 1~4 章）概要介绍了系统工程、基于模型的系统工程（MBSE）概念，并通过一个简单示例对 SysML 做了基本介绍；第二部分（第 5~15 章）详细描述了 SysML 语言，对 SysML 构造予以具体说明，并给出了各组成的含义、注释和应用示例；第三部分（第 16、17 章）通过两个示例说明 SysML 能够支持不同的 MBSE 方法，特别是针对面向对象的系统工程方法（OOSEM）进行了详细介绍；第四部分（第 18、19 章）描述了如何在包含多学科工程工具的系统开发环境中集成 SysML、SysML 建模工具的选取准则，以及应用 SysML 开发 MBSE 的过程和策略。

本书读者对象包括从事基于模型的系统工程方法工作的科研人员、系统产品开发人员，以及系统工程相关专业的高校师生或不同层级的相关从业人员。